Qualität von Fleisch und Fleischwaren
Band 1

Wolfgang Brandscheid/Karl-Otto Honikel/Gerhard von Lengerken/Klaus Troeger (Hrsg.)

Qualität von Fleisch und Fleischwaren

Band 1

DEUTSCHER FACHVERLAG

Die Deutsche Bibliothek – CIP-Einheitsaufnahme

Qualität von Fleisch und Fleischwaren / Wolfgang Branscheid ...
(Hrsg.). - Frankfurt am Main : Dt. Fachverl.
 ISBN 3-87150-513-7

 Bd. 1 (1998)

 Bd. 2 (1998)

ISBN 3-87150-513-7

© 1998 by Deutscher Fachverlag GmbH, Frankfurt am Main
Alle Rechte vorbehalten. Nachdruck, auch auszugweise, nur mit Genehmigung des Verlages gestattet.
Lektorat: Bettina Quabius
Herstellung: Karl-Heinz Paczkowski
Umschlaggestaltung: art + work, Frankfurt am Main
Satz: Graphische Werkstätten Lehne GmbH, Grevenbroich
Druck und Bindung: Westermann, Zwickau

Vorwort

Die menschliche Ernährung ist von Vielfalt geprägt, und so haben schon die Jäger und Sammler beides gesucht: pflanzliche und tierische Kost in möglichst ausgeglichener Mischung.

In dieser Mischung ist Fleisch ernährungsphysiologisch gesehen der Lieferant für Eiweiß mit dem Aminosäuremuster der höchsten biologischen Wertigkeit, für Vitamine – vor allem des B-Komplexes – mit vielfältigen Wirkungen im Stoffwechsel und für lebenswichtige Mineralstoffe, wie Eisen und Zink. Fleisch ist somit in der bedarfsgerecht zusammengesetzten Mischkost die Komponente, die wichtige Bereiche der Versorgung abzudecken hat. Der Wissenschaft kommt die Aufgabe zu, dieses aus ernährungsphysiologischer Sicht aufzuzeigen.

Gerade in der geschmacklichen Vielfalt der Wurstsorten und Fleischwaren, die in Deutschland als regionale Spezialitäten traditionell hergestellt werden, zeigt sich aber, daß Qualität nicht nur im Sinne der Ernährungsbilanz gesehen werden darf. Vielmehr sucht der Verbraucher beim Essen auch Genuß und Abwechslung, die damit zum gleichberechtigten Anliegen der Ernährungsforschung werden.

Dennoch greift dies zu kurz: Besonders die jungen Verbraucher fordern zunehmend ethische Komponenten ein. Art der Tierhaltung und Umgang mit den Tieren werden in Frage gestellt. Tierkrankheiten, Einsatz von Medikamenten und Masthilfsmittel haben die Veredelungsproduktion in eine schwierige Argumentationssituation gebracht. Auch diese Situation ist – wenigstens teilweise – durch sachliche Information zu lösen.

Das vorliegende Handbuch greift diese Forderungen und Fragen mit hohem wissenschaftlichen Anspruch auf und überführt sie in ein gesamtheitlich gesehenes System der Qualitätssicherung und des Qualitätsmanagements. Mit der angestrebten transparenten, „gläsernen" Produktion sollen Fehlerquellen erkannt und vermieden werden. Damit gerät Fleisch auch von „innen" heraus auf den Prüfstand. Grundlage einer solchen Prüfung kann aber nur gesicherte Erkenntnis sein.

Die Autoren des Handbuches machen in diesem Sinne den aktuellen Wissensstand über Fleisch umfassend von der tierischen Erzeugung über Transport, Schlachtung, Verarbeitung bis zu den wichtigsten Aspekten der Vermarktung und Qualitätssicherung für Fachwelt und Verbraucherberatung verfügbar. Sie sind einerseits ein Beweis für den Weitblick und das Engagement unserer Wissenschaft. Andererseits schaffen die Wissenschaftler mit diesem umfassenden Werk eine wichtige Plattform zum Erhalt und zum Ausbau einer verbesserten Wettbewerbsstellung unserer Land- und Fleischwirtschaft.

Dr. Thomas Hambüchen

Vorwort der Herausgeber

Dieses Werk ist ein Kind der Wiedervereinigung und sicher auch nur aus der Euphorie dieser Epoche denkbar. Es war der besondere Wunsch der Herausgeber, west- und ostdeutsche Arbeitsgruppen miteinander zu verknüpfen und damit auch ein Stück weit die Gemeinsamkeiten deutscher Wissenschaftler zu dokumentieren, die trotz der jahrzehntelangen Trennung fortbestanden haben. Daß dieses Bestreben nun einem Lebensmittel zugute kommt, das der Zuwendung besonders bedarf, ist ein erwünschter Effekt.

Ein Handbuch der vorliegenden Art, in dem vor allem Autoren zu Wort kommen sollten, die ihr Thema aus dem Primärwissen heraus behandelten, bedarf – neben der Bereitschaft zu enormer Anstrengung – vor allem der Geduld. Daher sei besonders den Autoren gedankt, die uns alle, trotz großer Widrigkeiten der Planungsphase, die Treue gehalten haben. Gedankt sei aber auch dem Deutschen Fachverlag, der das Wagnis unternimmt, zwei aufwendig gestaltete und voluminöse Bände einem spezialisierten Fachpublikum anzubieten. Im Verlag betreut haben uns Jürgen Frühschütz, Karl-Heinz Paczkowski und – stets in allem geduldig – Bettina Quabius, mit denen das Lösen von Problemen eine gewisse Schwerelosigkeit erhielt. Die redaktionellen Vorarbeiten besorgte Heike Braunsdorff, Halle, die sich mit ihrer akribischen Sorgfalt große Verdienste um das Handbuch erworben hat. Klaus Mayer, Webenheim, wirkte wesentlich an der Gestaltung des Einbandes mit, auch ihm sei verbindlich gedankt.

Wolfgang Branscheid
Karl-Otto Honikel
Gerhard von Lengerken
Klaus Troeger

Dezember 1997

Inhaltsverzeichnis Band 1

1 Produktion, Verbrauch und Vermarktung von Fleisch
W. Branscheid

1.1	Einleitung	1
1.2	Die Produktion	2
1.3	Der Fleischverbrauch und seine Einflußfaktoren	10
1.4	Der Verbraucher als Käufer, der Käufer und sein Umfeld	18
1.5	Die Vermarktung im intermediären Handel	22
1.6	Der Absatz im Endverbrauch	27

2 Marketing von Fleisch und Qualitätsmanagement
W. Branscheid

2.1	Prinzipielle Anmerkungen zum Marketing in der Fleischwirtschaft	39
2.2	Ziele des Marketing und Marketingstrategien	41
2.3	Marktbeeinflussung und Marktgestaltung	44
2.4	Produktdifferenzierung, Bildung von Marken und anderen Warenzeichen	49
2.5	Produktpolitik	53
2.6	Preispolitik	60
2.7	Distributionspolitik	64
2.8	Kommunikationspolitik	66
2.9	Qualitätsmanagement	71
	2.9.1 Qualitätsmanagement und seine Rolle im Handelsgeschehen	71
	2.9.2 Aufbau und Instrumentarium der Normenserie EN ISO 9000	75
	2.9.3 Spezielle Probleme der Übernahme von QM-Systemen in der Fleischwirtschaft	81

3 Begriffe des Schlachttierwertes

3.1	Die Komponenten des Schlachttierwertes *(W. Branscheid)*	85
3.2	Der Qualitätsbegriff bei Fleisch *(K. Hofmann)*	91
	3.2.1 Qualitätsdefinition	92
	3.2.2 Produktions-(Prozeß-)qualität und Wertschätzung	92
	3.2.3 Das Qualitätsschema	93
	3.2.4 Qualitätsfleisch und Qualitätsbewertung	95

4 Die Erfassung der Schlachtkörperzusammensetzung und die Einstufung in Handelsklassen
W. Branscheid und G. v. Lengerken

4.1	Prinzipien und Zielsetzung	97
4.2	Direkte Methoden zur Erfassung	98
4.3	Erfassung über Hilfsmerkmale	99
4.4	Nichtinvasive Methoden zur Erfassung der Schlachtkörperzusammensetzung	105
	4.4.1 Ultraschall	105
	4.4.2 Röntgen-Computer-Tomographie (CT)	108
	4.4.3 Magnet-Resonanz-Tomographie (MRT)	109
	4.4.4 Total Body Electrical Conductivity (TOBEC), Elektromagnetic Scanning (EMS)	110
	4.4.5 Bioelektrische Impedanzanalyse (BIA)	111
	4.4.6 Videobildauswertung (VIA)	112
4.5	Invasive Methoden zur Erfassung der Schlachtkörperzusammensetzung	114
4.6	Ziele und Bedeutung der Handelsklasseneinstufung von Vieh und Fleisch	116
4.7	Handelsklassen für Fleisch	117
	4.7.1 Die Handelsklassen für Rindfleisch in der EU und in Deutschland	117
	4.7.2 Handelsklassen für Rindfleisch in Drittländern	126
	4.7.3 Perspektiven der Handelsklassen für Rindfleisch	128
	4.7.4 Die Handelsklassen für Schaffleisch in der EU und in Deutschland	130
	4.7.5 Handelsklassen für Schaffleisch in Drittländern	131
	4.7.6 Die Handelsklassen für Schweinehälften in der EU und in Deutschland	133
	4.7.7 Perspektiven der Handelsklassen für Schweinefleisch	140
	4.7.8 Vermarktungsnormen für Geflügelfleisch	141

5 Schlachttierwert von Rind und Kalb
K. Ender und C. Augustini

5.1	Komponenten des Schlachttierwertes	165
	5.1.1 Schlachtkörper	166
	5.1.2 Teilstücke	167
	5.1.3 Gewebliche Zusammensetzung	169
	5.1.4 Beurteilung der Ausprägung der Muskulatur (Konformation) und des Fettansatzes	172
	5.1.5 Fleischbeschaffenheit	173
	5.1.6 Nährstoffe	175

5.2	**Einflüsse tierspezifischer Faktoren**		178
	5.2.1 Rasse		178
	5.2.2 Geschlecht		187
5.3	**Einflüsse produktionstechnischer Faktoren**		190
	5.3.1 Fütterungsintensität		191
	5.3.2 Kompensatorisches Wachstum		192
	5.3.3 Alter und Mastendgewicht		193
	5.3.4 Ochsenmast (Stall- und Weidemast)		196
	5.3.5 Nachmast von Kühen		198
5.4	**Besonderheiten von Kalbfleisch**		199

6 Schlachttierwert des Schweines
G. v. Lengerken, M. Wicke, K. Fischer

6.1	**Komponenten des Schlachttierwertes**	205
	6.1.1 Schlachtgewicht, Schlachtausbeute, gewebliche Zusammensetzung, Teilstücke	205
	6.1.2 Qualität des Skelettmuskelfleisches	210
	6.1.3 Beschaffenheit des Fettgewebes	217
6.2	**Einflüsse tierspezifischer Faktoren**	220
	6.2.1 Einfluß von Alter bzw. Gewicht	220
	6.2.2 Einfluß von Rasse bzw. Genotyp	222
	6.2.3 Einfluß des Geschlechtes	227
6.3	**Einflüsse produktionstechnischer Faktoren**	231
	6.3.1 Einfluß der Ernährung	231
	6.3.2 Einfluß der Haltung	236

7 Schlachttierwert des Schafes und der Ziege
R. Süß und G. v. Lengerken

7.1	**Komponenten des Schlachttierwertes**	241
7.2	**Einflüsse tierspezifischer Faktoren**	248
	7.2.1 Alter und Mastendmasse	248
	7.2.2 Rasse	251
	7.2.3 Geschlecht	255
7.3	**Einflüsse produktionstechnischer Faktoren**	257
	7.3.1 Einfluß der Ernährung	258
	7.3.2 Einfluß verschiedener Futtermittel	260
	7.3.3 Einfluß der Haltung	261
7.4	**Schlachttierwert der Ziege**	262

8 Schlachttierwert von Gehegewild
W. Branscheid

- 8.1 Komponenten des Schlachttierwertes 269
  - 8.1.1 Lebendgewicht, Jagdgewicht und Schlachtgewicht 269
  - 8.1.2 Teilstück- und Gewebeanteile 270
  - 8.1.3 Inhaltsstoffe des Fleisches 271
  - 8.1.4 Physikalische, histologische und sensorische Kriterien der Fleischqualität 273
- 8.2 Einflüsse tierspezifischer Faktoren 274
  - 8.2.1 Geschlecht 274
  - 8.2.2 Alter und Gewicht 277
  - 8.2.3 Auswahl des Nutzungstermins 278
- 8.3 Einflüsse produktionstechnischer Faktoren 279
  - 8.3.1 Einflüsse der Fütterung und Haltung 279
  - 8.3.2 Einflüsse durch die Art der Erlegung und die Weiterbehandlung des Fleisches 280

9 Schlachttierwert des Kaninchens
H. Pingel

- 9.1 Komponenten des Schlachttierwertes 289
- 9.2 Einflüsse tierspezifischer Faktoren 291
  - 9.2.1 Rasse 291
  - 9.2.2 Alter und Geschlecht 293
- 9.3 Einflüsse produktionstechnischer Faktoren 295
  - 9.3.1 Ernährung 295
  - 9.3.2 Haltung 296
- 9.4 Schlachtung und Kühlung 297
- 9.5 Gesetzliche Regelungen 299

10 Gewinnung und Qualität von Geflügelfleisch
H. Pingel, M. Wicke, G. v. Lengerken

- 10.1 Komponenten des Schlachttierwertes 301
- 10.2 Methoden zur Erfassung des Schlachttierwertes 305
- 10.3 Einflüsse tierspezifischer Faktoren 309
  - 10.3.1 Einfluß der Herkunft 309
  - 10.3.2 Einfluß von Geschlecht und Alter 315
- 10.4 Einflüsse produktionstechnischer Faktoren 317
  - 10.4.1 Einfluß der Ernährung 317
  - 10.4.2 Einfluß der Haltung 320

		10.4.3 Transport der Schlachttiere	323
	10.5	**Schlachtung, Kühlung und Zerlegung**	325
		10.5.1 Betäuben	327
		10.5.2 Entbluten	328
		10.5.3 Brühen	328
		10.5.4 Rupfen	329
		10.5.5 Ausnehmen	329
		10.5.6 Kühlen	330
		10.5.7 Zerlegung	330
		10.5.8 Reifung	331
		10.5.9 Verpacken und Lagern	332
	10.6	**Gesetzliche Regelungen**	334

11 Schlachttiertransport
K. Troeger, G. v. Lengerken, W. Branscheid

11.1	**Nüchterung vor dem Transport und bis zum Schlachten**	340
11.2	**Be- und Entladen**	342
	11.2.1 Physiologische Reaktionen	342
	11.2.2 Ver- und Entladevorrichtungen	345
	11.2.3 Handling der Tiere	346
11.3	**Transportbedingungen**	347
	11.3.1 Art und Ausstattung der Transportfahrzeuge	347
	11.3.2 Ladedichte	349
	11.3.3 Transportentfernung und -zeit	351
	11.3.4 Klima	352
	11.3.5 Fahrweise	353
11.4	**Wartestall**	354
11.5	**Kontrollen**	356

12 Fleischgewinnung und -behandlung
K. Troeger

12.1	**Zuführung zur Betäubung**	363
12.2	**Schweineschlachtung**	364
	12.2.1 Betäubungs-/Tötungsverfahren	364
	12.2.2 Entblutetechniken	367
	12.2.3 Brüh-, Enthaarungs- und Nachbearbeitungssysteme	368
	12.2.4 Ausweiden, Spalten und Herrichten	371
12.3	**Rinderschlachtung**	373
	12.3.1 Betäubungsverfahren	373

		12.3.2 Entblutetechniken	374
		12.3.3 Elektrostimulierung	375
		12.3.4 Enthäuten	376
		12.3.5 Ausweiden, Spalten und Herrichten	378
	12.4	**Schlachtung kleiner Wiederkäuer**	379
		12.4.1 Betäubung	380
		12.4.2 Entblutung	381
		12.4.3 Enthäuten und Ausweiden	382
	12.5	**Kühlen und Kühllagerung**	383
		12.5.1 Allgemeines	383
		12.5.2 Kühlverfahren	384
		12.5.3 Kühlung von Schweineschlachtkörpern	386
		12.5.4 Kühlung von Rinderschlachtkörpern	389
		12.5.5 Qualitätssichernde Maßnahmen beim Kühlprozeß	390
		12.5.6 Kühllagerung	390
	12.6	**Gefrieren und Gefrierlagerung**	392
		12.6.1 Gefrierverfahren	392
		12.6.2 Gefriervorgang und Fleischqualität	394
		12.6.3 Gefrierlagerung	395
	12.7	**Zerlegung und Fleischtransport**	396
		12.7.1 Allgemeines	396
		12.7.2 Bauliche Anforderungen	398
		12.7.3 Technische Ausstattung	400
		12.7.4 Betriebsablauf in der Zerlegung	402
		12.7.5 Fleischtransport	404

13 Schlachtnebenprodukte und Schlachtabfälle
W. Branscheid

	13.1	**Definition**	409
	13.2	**Aufkommen**	411
	13.3	**Verwertung**	418
		13.3.1 Allgemeines	418
		13.3.2 Verwertung von Fettgewebe	420
		13.3.3 Verwertung von Blut	426
		13.3.4 Verwertung von Knochen	427
		13.3.5 Verwertung von Häuten und Schwarten	428
		13.3.6 Verwertung von Drüsen	429
		13.3.7 Schlachtabfälle	430
		13.3.8 Perspektiven der Verwertung	432

Inhaltsverzeichnis Band 2

14 Fleischhygiene: Mikrobiologische Risiken
F. K. Lücke und K. Troeger

- 14.1 Für Fleisch bedeutsame Mikroorganismen-Gruppen und ihre Übertragungswege 439
  - 14.1.1 Bakterien 439
  - 14.1.2 Pilze und Hefen 442
  - 14.1.3 Viren und Parasiten 442
  - 14.1.4 Übertragungswege 443
- 14.2 Hemmung und Abtötung von Mikroorganismen 443
  - 14.2.1 Nährstoffgehalt und Nährstoffversorgung 444
  - 14.2.2 pH-Wert 444
  - 14.2.3 Wasseraktivität 445
  - 14.2.4 Antimikrobielle Stoffe 445
  - 14.2.5 „Schutzkulturen" und Bacteriocine 446
  - 14.2.6 Sauerstoff und Kohlendioxid 447
  - 14.2.7 Temperatur 447
  - 14.2.8 Erhitzung 448
  - 14.2.9 Behandlung mit ionisierenden Strahlen 448
  - 14.2.10 „Hürden-Effekt" und Vorhersagende Mikrobiologie 449
- 14.3 Erreger von Lebensmittelinfektionen und -intoxikationen 451
  - 14.3.1 Bakterielle Erreger von Lebensmittel-Infektionen mit Bedeutung für Fleisch 451
  - 14.3.2 Bakterielle Lebensmittelvergifter mit Bedeutung für Fleisch 459
  - 14.3.3 Mykotoxinbildende Schimmelpilze mit Bedeutung für Fleisch und Fleischwaren 463
  - 14.3.4 Viren und „Prionen" 464
  - 14.3.5 Parasiten 464
- 14.4 Mikrobieller Verderb 465
  - 14.4.1 Die Mikroflora von verdorbenem Frischfleisch 466
  - 14.4.2 Die Mikroflora verdorbener Fleischerzeugnisse 469
- 14.5 Sicherung der hygienischen Qualität: Gute Hygienepraxis und HACCP 472
  - 14.5.1 Einrichtung eines HACCP-Systems 473
  - 14.5.2 Elemente des HACCP-Systems 474
  - 14.5.3 Besondere Probleme bei der Einführung von HACCP-Systemen in kleinen und mittleren Betrieben 478

14.6		Hygienische Maßnahmen auf der Erzeugerseite	479
	14.6.1	Allgemeines	479
	14.6.2	Gesundheitsvorsorgeprogramme	480
14.7		Die amtliche Schlachttier- und Fleischuntersuchung	484
14.8		Hygienisch kritische Punkte bei der Fleischgewinnung und -behandlung	488
	14.8.1	Allgemeines	488
	14.8.2	Hygienisch kritische Punkte bei der Schlachtung	489
	14.8.3	Hygienisch kritische Punkte bei der Zerlegung	493
14.9		Hygienisch kritische Punkte bei der Fleischverarbeitung	495

15 Rückstände und unerwünschte Substanzen (Schadstoffe)

15.1		Definition der Begriffe *(K.-O. Honikel)*	507
15.2		Rückstände in Fleisch *(W. Arneth)*	508
	15.2.1	Einleitung	508
	15.2.2	Futterzusatzstoffe	509
	15.2.3	Tierarzneimittel	509
	15.2.4	Stoffe mit pharmakologischer Wirkung als mögliche Rückstände	510
	15.2.5	Wartezeit	511
	15.2.6	Höchstmengenregelung	512
	15.2.7	Mißbräuchliche Anwendung	513
	15.2.8	Nationaler Rückstandskontrollplan	514
	15.2.9	Risikovergleich	514
15.3		Rückstände in Fleischerzeugnissen *(F. Bauer)*	516
	15.3.1	Biogene Amine	516
	15.3.2	Polyzyklische Kohlenwasserstoffe	516
	15.3.3	Rückstände von Zusatzstoffen und Verpackungen	517
	15.3.4	Reinigungs- und Desinfektionsmittel	517
15.4		Umweltschadstoffe *(H. Hecht)*	518
	15.4.1	Einleitung	518
	15.4.2	Wege der Kontaminationen zum Menschen	519
	15.4.3	Belastungen der Lebensmittel	523
	15.4.4	Bedeutung und zeitliche Trends der Umweltschadstoffe	527
	15.4.5	Mykotoxine	530
	15.4.6	Analytische Bewertung der Umweltkontaminationen	531
15.5		Verfahren der Rückstandsuntersuchung *(W. Arneth, H. Hecht)*	536
	15.5.1	Mikrobiologische Verfahren (Hemmstofftest)	536
	15.5.2	Physikalisch-chemische Verfahren	537
	15.5.3	Immunologische Verfahren	544

15.6	**Toxikologische Bewertung** *(D. Wild)*	545
	15.6.1 Einleitung	545
	15.6.2 Grundlagen der toxikologischen Bewertung	546
	15.6.3 Verfahren der toxikologischen Bewertung	549
	15.6.4 Stand der toxikologischen Bewertung	550

16 Anatomisch-physiologische Grundlagen der Fleischqualität
M. Wicke, S. Maak, G. v. Lengerken, C. Rehfeld

16.1	**Struktur und Funktion der Gewebe**	555
	16.1.1 Muskelgewebe	555
	16.1.2 Fettgewebe	566
	16.1.3 Bindegewebe	572
16.2	**Physiologische Grundlagen der Fleischqualität**	577
	16.2.1 Hormonelle Regelkreise und Fleischqualität	577
	16.2.2 Exogene hormonelle Beeinflussung der Fleischqualität	583
	16.2.3 Konstitution und Fleischqualität	589

17 Biochemische Prozesse der Fleischbildung
K.-O. Honikel und F. Schwägele

17.1	**Definition von Begriffen**	593
17.2	**Zustand des Muskels intra mortem**	593
17.3	**Einfluß von Betäubung und Entblutung auf die Muskelfunktionen**	594
	17.3.1 Einleitung	594
	17.3.2 Elektrostimulierung	597
17.4	**Energiestoffwechsel intra und post mortem**	599
	17.4.1 ATP als universelle Energiequelle der Zellen	599
	17.4.2 Aerober Energiestoffwechsel	600
	17.4.3 Anaerober Energiestoffwechsel	601
	17.4.4 Rigor mortis	602
	17.4.5 Abweichungen in der Fleischbeschaffenheit	603
17.5	**Einfluß der Temperatur post mortem**	605
17.6	**Reifung von Fleisch**	607
	17.6.1 An der Fleischreifung beteiligte Proteinasen	609
17.7	**Einfluß von Zubereitung und Bearbeitung**	610
	17.7.1 Einleitung	610
	17.7.2 Zartmacher	611
	17.7.3 Warmzerlegung (Hot boning)	612
	17.7.4 Erhitzen	612
	17.7.5 Salzen	613

18 Ernährungsphysiologische Bedeutung von Fleisch und Fleischerzeugnissen
I. Seuß-Baum

18.1	Zusammensetzung von Lebensmitteln	617
18.2	Zusammensetzung von Fleisch	618
	18.2.1 Makronährstoffe	618
	18.2.2 Mikronährstoffe	626
	18.2.3 Sonstige Inhaltsstoffe von Fleisch	630
18.3	Einfluß von Fleischbeschaffenheitsmängeln auf den Nährwert	633
18.4	Bedeutung von Fleisch für die Nährstoffversorgung	634

19 Bestimmung der Komponenten und Eigenschaften von Fleisch und Fleischwaren

19.1	**Probenahme** *(J. v. Lengerken)*	637
19.2	**Chemisch-physikalische Analyse von Makroinhaltsstoffen** *(W. Arneth)*	642
	19.2.1 Analytik	642
19.3	**Analyse von Mikronährstoffen** *(W. Arneth)*	654
	19.3.1 Vitamine	654
	19.3.2 Nucleostoffe (Purine)	656
	19.3.3 Cholesterol	657
	19.3.4 Mineralstoffe *(J. v. Lengerken und K. Zimmermann)*	659
19.4	**Chemische Analyse von Zusatzstoffen** *(W. Arneth)*	668
	19.4.1 Extraktion	668
	19.4.2 Chromatographische Verfahren	669
	19.4.3 Enzymatische Verfahren	672
	19.4.4 Elektrophoretische Verfahren	674
19.5	**Tierartbestimmung bei Fleisch und Fleischerzeugnissen** *(K. Hofmann)*	678
	19.5.1 Gründe für die Tierartbestimmung bei Fleisch	678
	19.5.2 Bemerkungen zur Terminologie	679
	19.5.3 Methoden zur Tierartbestimmung bei Fleisch und daraus hergestellten Produkten	680
	19.5.4 Schlußbemerkungen	692
19.6	**Analyse von aufgetautem Gefrierfleisch** *(K.-O. Honikel)*	695
19.7	**Physikalische Meßmethoden zur Erfassung der Fleischqualität** *(K.-O. Honikel)*	696
	19.7.1 Physikalische Messung der Muskelverkürzungen	696
	19.7.2 Messung der Zartheit des Fleisches	702

		19.7.3 Physikalische Messung der Farbe	706
		19.7.4 Physikalische Messung des Wasserbindungsvermögens	709
		19.7.5 Messung des pH-Wertes	715
		19.7.6 Messung der Leitfähigkeit und Impedanz im Fleisch	719
	19.8	**Methodik der sensorischen Analyse** *(G. F. Hammer)*	722
		19.8.1 Rahmenbedingungen	722
		19.8.2 Prüfverfahren	724
	19.9	**Histologische und histochemische Untersuchung des Skelettmuskelgewebes** *(I. Fiedler und W. Branscheid)*	729
		19.9.1 Apparative Grundlagen der Mikroskopie	729
		19.9.2 Untersuchung des Skelettmuskels und seiner Komponenten	732
	19.10	**Histologische Untersuchung von Fleischerzeugnissen mit Gemengecharakter** *(W. Branscheid)*	739
		19.10.1 Zielsetzung der histologischen Wurstuntersuchung	739
		19.10.2 Methoden der histologischen Wurstuntersuchung	741
		19.10.3 Auswertung histologischer Wurstpräparate	745
	19.11	**Mikrobiologische Untersuchungsverfahren** *(L. Krökel)*	747
		19.11.1 Vorschriften und Normen	748
		19.11.2 Untersuchung von Fleisch und Fleischerzeugnissen	749
		19.11.3 Klassische Untersuchungsmethoden	753
		19.11.4 Moderne Untersuchungsmethoden	759
		19.11.5 Ausblick	764

20 Fleischwaren

	20.1	**Systematik** *(K. Troeger)*	773
	20.2	**Brühwurst** *(K. Troeger)*	774
		20.2.1 Qualitätskriterien	774
		20.2.2 Rohstoffauswahl und -standardisierung	776
		20.2.3 Zutaten und Zusatzstoffe	780
		20.2.4 Zerkleinerungstechnik	784
		20.2.5 Pökeln, Umrötung und Farbhaltung	787
		20.2.6 Füllen, Räuchern und Erhitzen	790
		20.2.7 Haltbarkeit und Vorverpackung	796
	20.3	**Kochwurst** *(A. Fischer und C. Hilmes)*	801
		20.3.1 Qualitätskriterien	801
		20.3.2 Rohstoffauswahl und -behandlung	803
		20.3.3 Herstellungstechnologie	807
		20.3.4 Verpackung, Lagerung, Haltbarkeit	821
	20.4	**Rohpökelware** *(R. Lautenschläger)*	826

	20.4.1 Qualitätskriterien	827
	20.4.2 Rohstoffauswahl und -behandlung	830
	20.4.3 Herstellungstechnologie	835
	20.4.4 Lagerung	850
	20.4.5 Beschreibung häufig auftretender Pökelfehler	850
20.5	**Kochpökelware** *(W. D. Müller)*	853
	20.5.1 Qualitätskriterien	853
	20.5.2 Rohstoffauswahl und -behandlung	854
	20.5.3 Pökeln	858
	20.5.4 Verpackung, Lagerung, Haltbarkeit	871
20.6	**Rohwurst** *(A. Stiebing)*	875
	20.6.1 Qualitätskriterien	876
	20.6.2 Rohstoffauswahl und -behandlung	877
	20.6.3 Zusatzstoffe und fleischfremde Zutaten	880
	20.6.4 Zerkleinern und Füllen	884
	20.6.5 Reifung	886
	20.6.6 Lagerung, Verpackung, Haltbarkeit	894
Stichwortverzeichnis		902

1 Produktion, Verbrauch und Vermarktung von Fleisch

W. Branscheid

1.1 Einleitung

Seit der Verwirklichung der Europäischen Union im Jahre 1993 ist die europäische Veredelungswirtschaft einem vehementen Wandlungsprozeß unterworfen. Obwohl schon bisher **Intensivierung** und **regionale Konzentration,** insbesondere der flächenunabhängigen Produktion, steigenden Kosten und sinkenden Erzeugerpreisen erfolgreich entgegenwirkten, werden zukünftig der freie Binnenhandel und die weltweite Liberalisierung des Agrarhandels im Rahmen von GATT-Regelungen diese Reaktionen noch verstärken. Auf EU-Ebene setzen der Abbau der Interventionsmaßnahmen zugunsten der direkten Einkommensübertragung, die Quotenregelungen und die Förderung der extensiven Pflanzen- und Tierproduktion Effekte, welche die Agrarstruktur verändern werden. Insbesondere die „grenzenlose" Freiheit des EU-Marktes wird dazu führen, daß sich in Europa ein System der arbeitsteiligen Tierproduktion herausbildet. Nur *die* Produktionsregion wird Bestand haben, die Standortvorteile gegenüber anderen Regionen aufweist.

Für die deutsche Veredelungswirtschaft ergibt sich eine Reihe erheblicher **Standortnachteile,** die schon jetzt zum Rückgang der Produktion geführt haben. Diese haben nicht nur mit der teilweise ungünstigen Betriebsgrößenstruktur zu tun, die zudem noch regional verstärkte Akzente (Süddeutschland) aufweist. Vielmehr ergeben sich auch im *Umfeld* der landwirtschaftlichen Urproduktion Probleme, die auf deren Rentabilität Einfluß nehmen. Ein wesentlicher Faktor ist der geringe Organisationsgrad der landwirtschaftlichen Betriebe, denen Gemeinschaftseinrichtungen zur Steuerung der Vermarktung auf den verschiedenen Stufen weitgehend fehlen. Die großen Lieferpartien einheitlicher Qualität, die in den Niederlanden und in Dänemark bezogen werden können, haben im Gegensatz dazu in straff organisierten Kooperationsketten ihre Basis. Hinzu kommen die vergleichsweise niedrige Auslastung der deutschen Schlachtbetriebe und deren nicht hinreichende Ausstattung ebenso wie die spezifisch beim deutschen Verbraucher gegebene Skepsis gegenüber jeder Form von Technologie in der Lebensmittelproduktion. Intensivhaltung, Umweltbelastungen und die Verwendung von Tiermehlen selbst in der Fütterung monogastrischer landwirtschaftlicher Nutztiere sind die besonderen Reizthemen der Öffentlichkeit. Aus der hohen Sensibilisierung der deutschen Verbraucher resultieren politische Entscheidungen aber auch Verwaltungsmaßnahmen, die die deutsche Tierproduktion wirtschaftlich stärker belasten, als dies in den benachbarten EU-

Mitgliedsstaaten der Fall ist. Einzelstaatliche Alleingänge in Fragen der Umwelt, des Tierschutzes und der Hygiene wirken sich in einem nur hinsichtlich des Handelsverkehrs grenzfreien Raum als Wettbewerbsnachteile aus, die zu einer Verschiebung der Produktionsschwerpunkte in weniger reglementierte Regionen führen, nicht jedoch die vom Verbraucher gewünschten Verbesserungen wirksam auslösen.

Für die deutsche Produktion bleiben nur wenige, aber möglicherweise entscheidende **Vorteile.** Bei Lebensmitteln, die generell kritisch gesehen werden, hat die Zusicherung und Gewährleistung der heimischen Herkunft besonderes Gewicht. Auf der Stufe des Endhandels kann sich daraus ein Wettbewerbsvorteil ergeben, der aber nur dann Bestand hat, wenn es der heimischen Erzeugung gelingt, sich „sauber" zu präsentieren, d. h. skandalfrei zu bleiben. Hierin liegt eine besondere Schwierigkeit, die in der Vermarktung der tierischen Lebensmittel zu einer gewissen Bevorzugung „kleiner" Lösungen geführt hat – im Extrem also zur Direktvermarktung, die aber nur bei Geflügelfleisch einen nennenswerten Umfang erreicht, dann aber auch zur Ausbildung von Marken, die sich bemühen, ein begrenztes Angebot effizient zu kontrollieren. Die vertraglich gebundene vertikale Integration der Produktions- und Vermarktungsstufen wird ebenfalls zunehmend als Maßnahme der Vertrauensbildung genutzt, die für große Produktionseinheiten besonders geeignet ist.

Im folgenden wird die Situation von Produktion, Verbrauch und Vermarktung aufgezeigt, um nicht zuletzt auch auf die besonderen Probleme in Deutschland und deren Ursachen hinzuweisen. Absicht der Darstellung ist, einen Einblick in die wirtschaftlichen Zusammenhänge zu geben, die beeinflußt werden müssen, um die **Entwicklung deutscher Qualitätsprodukte** im Fleischbereich zu fördern.

1.2 Die Produktion

Die deutsche Fleischproduktion ist von 1990 auf 1994 um 23 % zurückgegangen (Bruttoeigenerzeugung, ZMP). Besonders stark betroffen ist die Rindfleischerzeugung (-30 %), die aber gemessen am Selbstversorgungsgrad weiterhin Überschüsse liefert (1994: SVG = 109 %). Schweinefleisch hat um 23 % abgenommen und hierdurch den Selbstversorgungsgrad von 94 % im Jahre 1990 (ABL) auf nunmehr 77 % vermindert. Nur Geflügelfleisch hat im genannten Zeitraum in der Produktionsmenge zugelegt (+ 7 %) und erreicht einen Selbstversorgungsgrad von 61 % (gegenüber 58 % 1990 – ABL).

Trotz der Einbußen in den Produktionsmengen bleibt Deutschland nach Frankreich mit einem Anteil von 17 % der zweitgrößte Erzeuger von Fleisch in der EU, ohne daß diese Situation sich durch die drei neuen Mitgliedsstaaten (EU-15) wesentlich verändert hätte (Tab. 1.1). Dieser hohe Anteil fußt im wesentlichen auf der Schweineproduktion, für die Deutschland unangefochten der Spitzenreiter ist. Frankreich erreicht nur knapp 60 % der deutschen Produktion, die „gefürchteten" Importländer Niederlande und Dänemark nur 56 % bzw. 44 %. Bei Rindfleisch steht Deutschland nur um 15 % hinter Frankreich, während alle anderen EU-Mitgliedsstaaten nicht einmal 60 % des deutschen Produktionsvolumens erreichen.

Tab. 1.1: Die wichtigsten fleischerzeugenden Mitgliedsstaaten der EU (1994; Bruttoeigenerzeugung in 1.000 t; ZMP)

Land	Fleischart			
	Rind/Kalb	Schwein	Geflügel	Fleisch (ges.)
Dänemark	193	1.539	185	2.006
Spanien	443	2.095	866	4.065
Frankreich	1.820	2.061	1.986	6.859
Italien	925	1.295	1.092	3.848
Niederlande	536	1.927	587	3.223
Verein. Königr.	927	1.054	1.159	3.735
Deutschland	1.542	3.462	639	6.095
EU-12	7.454	15.085	7.248	33.909
EU-15	7.939	16.038	7.464	35.657
Anteil (%) D : EU(15)	19,4	21,5	8,6	17,1

Die hohen Produktionsmengen werden in Deutschland in einer aus wirtschaftlicher Sicht meist wenig vorteilhaften, vor allem kleinbäuerlichen Betriebsstruktur erzielt. Die Größe der Tierbestände je Einzelbetrieb ist im westlichen Teil der Bundesrepublik und namentlich in der Schweineproduktion für EU-Verhältnisse weit unterdurchschnittlich, in der Rinderproduktion befindet sie sich am unteren Level (Abb. 1.1). Diese Größennachteile konzentrieren sich auf die alten Bundesländer, obwohl auch hier im letzten Jahrzehnt ein spürbarer Konzentrationsprozeß stattgefunden hat. Die in großen Betrieben gehaltenen Rinder (Abgrenzung wie in Abb. 1.1) haben sich zwischen 1980 bis 1992 verdoppelt (+105 %), die entsprechende Zahl der Schweine hat sich sogar um das Zweieinhalbfache erhöht (+150 %).

Die unternehmerische Isolation der kleinbäuerlichen Betriebe kommt besonders stark in der Rinderproduktion zum Tragen, da hier ein viel geringerer Grad der horizontalen Integration in Erzeugergemeinschaften gegeben ist. Die auf viele Betriebsleiter aufgeteilte unternehmerische Einflußnahme wirkt sich in

- der Wahl der Rassen und der Zuchtstrategien,
- der Kälberbeschaffung und
- der Gestaltung des Fütterungs- und Mastregimes

besonders nachteilig auf die Standardisierung der Endprodukte in grundlegenden Qualitätskriterien aus. Allein die Durchführung von Gebrauchskreuzungsprogrammen, mit denen auf Basis der deutschen Zweinutzungsrassen innerhalb kürzester Zeit und mit hoher Flexibilität marktgerechte Masttiere erstellt werden können, stößt auf erhebliche organisatorische Widerstände, obwohl ihre positiven Effekte unbestritten sind.

4 Produktion, Verbrauch und Vermarktung von Fleisch

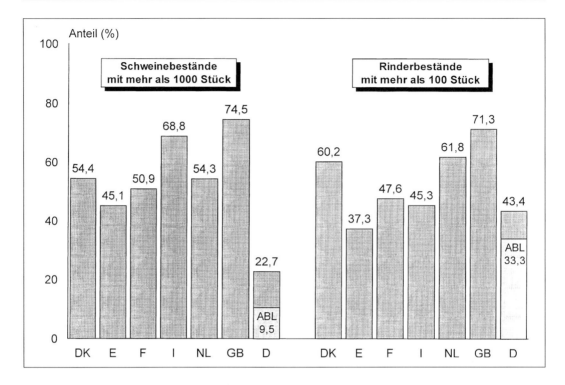

Abb. 1.1: Struktur der Rinder- und Schweinehaltung in den wichtigsten Erzeugerländern der EU – Anteile großer Betriebe am Gesamtbestand (1992; Eurostat, ZMP)

Für alle EU-Mitgliedsstaaten war in den letzten Jahrzehnten eine starke **Steigerung der Produktions*mengen*** je Produktionseinheit zum Ausgleich der ungünstiger werdenden Kostenstruktur unerläßlich. In Deutschland hatten diese Mechanismen aber besonders starke Wirksamkeit und sind sicher auch für allgemein beklagte Qualitätseinbußen mit verantwortlich. Trotzdem müssen Mengenerhöhungen nicht mit Qualitätseinbußen verbunden sein.

Am augenfälligsten zeigt sich der Mengenaspekt im Anstieg der **Schlachtgewichte** von Schweinen und Rindern, der als jahrelanger Trend verfolgt werden kann (Abb. 1.2). Bei den Rindern ist der Gewichtsanstieg vor allem durch die stärkere Ausmast von *Jungbullen* bedingt. Die markante Gewichtsabnahme in den Jahren 1990 und 1991 beruht auf dem starken Bestandsabbau in den neuen Bundesländern.

Sollte der Gewichtsanstieg bei den Rindern mit höherem Schlachtalter verbunden sein, würden sich hieraus unmittelbar Nachteile für die Qualität des Endproduktes ergeben. Allenfalls aufgrund der Prämienregelungen für männliche Rinder, von denen die zweite erst nach 23 Monaten, also im oberen Bereich des Schlachtalters, gewährt wird, kann ein höheres Alter unterstellt werden. Statistisch sichere Daten fehlen hierzu. Aber selbst bei gleichem Schlachtalter ist eine zu starke Erhöhung der Schlachtgewichte nicht vorteilhaft, weil die

Teilstückgrößen im oberen Gewichtsbereich vielfach nicht mehr dem handelsüblichen Zuschnitt entsprechen.

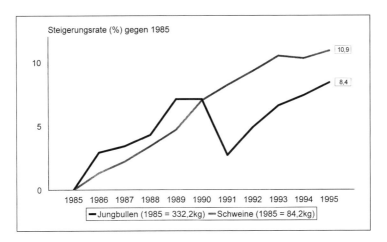

Abb. 1.2: Entwicklung der Schlachtgewichte bei Rindern (Kategorie Jungbullen) und Schweinen (Veränderung gegen 1985 in %; BLE, eigene Berechnung)

Im Gegensatz zu den Rindern bringt der Gewichtsanstieg bei den Schweinen sicher keine negativen Auswirkungen auf die Qualität mit sich. Relevante Verbesserungen, etwa durch Verstärkung der intramuskulären Fetteinlagerung, sind in diesem Gewichtsbereich (unter 120 kg) bei den in Deutschland üblichen genetischen Herkünften jedoch auch nicht zu erwarten.

Problematischer ist bei den **Schweinen** in bezug auf die **Anteile der Handelsklassen** der Anstieg der Handelsklasse E, der ein seit Einführung der visuellen Handelsklasseneinstufung gegebenes Faktum ist, das in jüngerer Zeit sogar noch an Dynamik gewonnen hat (Abb. 1.3). Die Einführung der apparativen Klassifizierung (1987) hat dem ganz natürlicherweise nicht entgegengewirkt, da auch in diesem neuen Handelsklassenschema E-Schweine zunächst uneingeschränkt bessere Preise erzielten als niedriger eingestufte Schlachtkörper. Die in die Entwicklung der Handelsklassenanteile eingeschlossene Steigerung des Muskelfleischanteils – über die exakte statistische Daten fehlen – ist bedenklich, weil ein hoher Muskelfleischanteil mit einer stärkeren PSE-Anfälligkeit verbunden ist (vergl. Kap. 6.3). Zumindest in Nord- und Nordwestdeutschland wird aber über die Gestaltung der Preismasken bereits eine Richtungsänderung eingeleitet. Muskelfleischanteile von mehr als 59 % gelten zunehmend als unerwünscht und werden preislich benachteiligt.

Trotz solcher positiver Signale sollte nicht verkannt werden, daß die Erzeugung von stark bemuskelten Schweinen durchaus als charakteristisch für die deutsche Fleischwirtschaft angesehen werden kann: selbstschlachtende Fleischereien, die vor allem in Bayern und Baden-

Württemberg noch bedeutsam sind, bevorzugen Schweine mit möglichst großer Fleischausbeute, da größere Mengen an Abschnittsfetten im eigenen Betrieb nicht verarbeitet werden können. Der deutsche Markt wird daher auch weiterhin zu einem beachtlichen Anteil diese „Metzgerschweine" nachfragen, ungeachtet der damit verbundenen Fleischqualitätsprobleme.

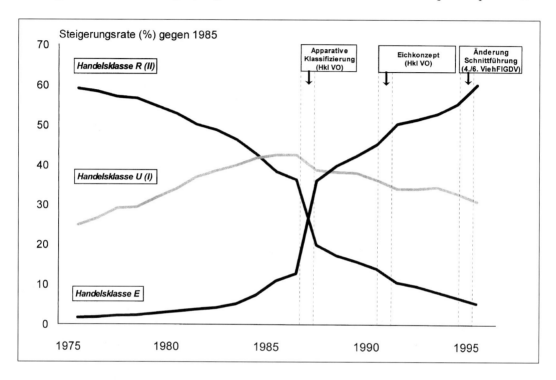

Abb. 1.3: Entwicklung der Handesklassenanteile bei Schweinehälften von 1975–1995 (BLE, ergänzt)

Die starke Konzentration der Schlachtschweine in nur zwei Handelsklassen (Hkl E + U = 91 %) bringt als erwünschten Effekt eine stärkere Standardisierung der Schlachtkörper in diesem Kriterium mit sich. Dort, wo die Schlachtgewichte ebenfalls in den Preismasken berücksichtigt werden, wird auch dies zu größerer Homogenität der Produkte beitragen. Die konsequente Durchsetzung derartiger Bezahlungssysteme wird letzten Endes die getrenntgeschlechtliche Mast bei Schweinen zwingend erforderlich machen, weil nur so, namentlich in größeren Betrieben, Geschlechtsunterschiede in Verfettung und Zunahme über Ernährung und Ausstallungstermine sachgerecht gehandhabt und in Preisvorteile umgesetzt werden können.

Bei **Rindern** läßt sich eine ähnlich starke Entwicklungsdynamik in den **Handelsklassenanteilen** nicht belegen. Allerdings hat der Anteil der Hkl U bei Jungbullen zwischen 1986 und 1994 etwa 5 %-Punkte zu- und der Anteil Hkl R um etwa 9 %-Punkte abgenommen. Aus

Qualitätssicht wichtiger ist bei Rindern der **Anteil der Kategorien,** der sich in Deutschland seit Einführung der Handelsklasseneinstufung (1969) wenig verändert hat: die Jungbullen machen seit Jahren weit über 40 % des Tieraufkommens unter Einschluß der Kälber aus (1994: 44 %), die Kühe liegen um 30-35 % (1994: 37 %) und die Färsen erreichen zwischen 10 und 20 % (1994: 12 %). Die Ochsen sind schon in den 60er Jahren ihrer Tierzahl nach unbedeutend. Berechnet man das Fleischaufkommen der Jungbullen (Nettoerzeugung nach Schlachtgewicht), so erreichen diese heute sogar über 50 % Anteil.

Nur Italien hat unter den großen Rindfleischerzeugern einen ähnlich hohen Anteil an Jungbullen, der sich aber erst in den letzten 20 Jahren entwickelt hat. In den 70er Jahren lag in Italien der Anteil der Ochsen noch um 50 % und erreicht heute nicht einmal 1 %. Sehr hoch ist in Italien ebenfalls der Anteil der Kälber (um 30 %, Abb. 1.4), während der Anteil der weiblichen Kategorien auffällig unterrepräsentiert ist. Diese Verschiebung in den Relationen der Kategorien erklärt sich durch die hohe Zahl importierter Mastkälber. Frankreich beeindruckt durch noch höhere Kälberanteile (35 %), der Anteil der Bullen ist vergleichsweise gering, der der Ochsen dementsprechend höher. Eine andere Situation liegt im Vereinigten Königreich (V. K.) vor, hier machen die Ochsen allein fast 40 % der Rinder- und Kälberschlachtungen aus. Kalbfleisch fehlt übrigens im V. K. fast völlig. In der EU legt nur Irland noch ein stärkeres Gewicht auf die Ochsenmast, indem hier praktisch alle männlichen Tiere kastriert gemästet werden.

Diese Unterschiede der vier wichtigsten Rindfleischerzeugerländer der EU geben Einblick, wie qualitätswirksame Faktoren sich je nach Umfeld unterschiedlich ausprägen:

- Deutschland ist das typische Land der Bullenintensivmast. Die hervorragend ausschlachtenden Bullen geben einen hohen Anteil an hochwertig nutzbarem Verarbeitungsfleisch bei geringem Anteil an Abschnitten. Die Qualität der wertvollen Teilstücke des Hinterviertels reicht zur Versorgung eines Marktes aus, in dem Kurzbratenware erst noch im Vormarsch ist. Die Intervention verstärkte allenfalls den ohnedies vorhandenen Trend zur Erzielung gehobener Fleischigkeitsklassen im hohen Gewichtsbereich, wie er am ehesten mit Jungbullen erreicht werden kann.
- Die anderen drei Rindfleischerzeugerländer haben andere strukturelle Grundlagen des Rindfleischaufkommens. Frankreich und das V. K. repräsentieren die klassischen Steakesser mit vorwiegendem Bedarf an Kurzbratenware. Dieser wird aus Ochsen und Kälbern, in Frankreich mit sorgfältiger Produktpflege auch aus Kühen abgedeckt. Die Jungbullenproduktion in diesen beiden Ländern ist nicht zuletzt eine Reaktion auf die Spielregeln der Intervention und wird – bei ausbleibenden Interventionsmaßnahmen der EU – zukünftig wieder zurückgehen. Italien ist in seinem Rindfleischkonsum ein besonderes Land, helles Rindfleisch (und Schweinefleisch), das dem Kalbfleisch angenähert ist, und in dünn zugeschnittener Form kurzgebraten wird, wird bevorzugt. Kalbfleisch und die leichtgewichtigen Jungbullen („vitelloni"-Typ) dominieren dementsprechend den Markt. Anzumerken bleibt aber in diesem

Zusammenhang, daß nur Italien und Frankreich einen relativ hohen Pro-Kopf-Verbrauch von Rind- und Kalbfleisch haben (1994: 29,9 kg bzw. 26,1 kg), während das V. K. um ca. 10 kg niedriger liegt (16,9 kg).

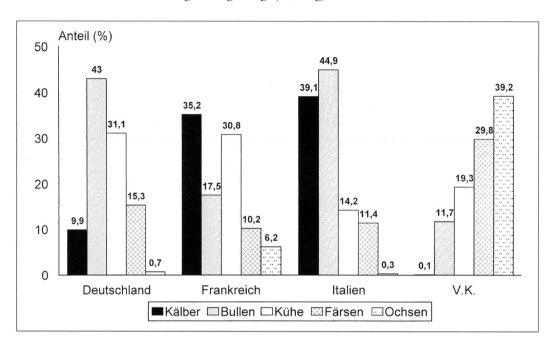

Abb. 1.4: Die Anteile der Kategorien in den wichtigsten Rindfleisch erzeugenden Mitgliedsstaaten der EU (Nettoerzeugung 1993 in Stück; Eurostat, ZMP; eigene Berechnung)

Auch bei den **Geflügelarten** hat es in den letzten Jahrzehnten eine starke Entwicklung in Richtung auf die **Mengenerhöhung** gegeben, die sich letzten Endes in einer Verkürzung der Schlachtalter bei erhöhtem Endgewicht äußert (Übersicht bei RISTIC 1993). Diese Entwicklung läuft weltweit ab. So hat sich bei Masthähnchen in den Vereinigten Staaten zwischen 1923 und 1991/92 das Schlachtalter von 112 auf 46 Tage verringert, gleichzeitig aber die Schlachtgewichte von 1,0 kg auf 2,0 kg exakt verdoppelt. In Deutschland hat sich – gleiches Endgewicht vorausgesetzt – die Mastdauer zwischen 1980 und 1992 von etwa 40 Tage auf etwa 35 Tage verkürzt. Daß hieraus sensorische Einflüsse resultieren, ist schon wegen des niedrigeren Fettgehaltes der schneller gemästeten Tiere evident. Die negativen Auswirkungen der verkürzten Mast kommen am stärksten im Brustfleisch zum Tragen, in dem der Fettgehalt ohnedies relativ niedrig ist.

Angesichts der Herausforderungen im Absatz bleibt die deutsche Veredelungsproduktion auch in grundlegenden produktionstechnischen Maßnahmen nicht statisch. So haben sich – forciert durch das CMA-Prüfsiegel für Fleisch – **Qualitätsfleischprogramme** für Rind- und

Schweinefleisch entwickelt, die in einer Serie der wichtigsten Qualitätskriterien neutral kontrolliert werden. Diese Kontrollen betreffen nicht nur die landwirtschaftliche Urproduktion, sondern die gesamte folgende integrierte Kette (s. Kap. 2). Ihr Anteil liegt ziemlich konstant unter 10 %, dennoch üben sie ihre Wirkung auch auf außenstehende Betriebe aus, die zumindest Teile des Kontrollsystems nutzen und allgemein aus dem verstärkten Know-how in der Qualitätssicherung Vorteile ziehen.

Zwei weitere Entwicklungen erscheinen demgegenüber zunächst eher punktuell, könnten aber zukünftig noch an Bedeutung gewinnen, da beide durch die EU-Förderung von Extensivierungsmaßnahmen zumindest indirekt Anschubkraft bekommen. Dies ist zum einen die Entwicklung von Mastsystemen auf Basis der **Mutter- und Ammenkuhhaltung.** Die Zahl der Mutter- und Ammenkühe hat sich zwischen 1991 und 1994 mehr als verdoppelt (+127 %; ZMP), ihr Anteil am Gesamtkuhbestand liegt damit aber immer noch bei nur etwa 9 % (1994). Das zweite ist die starke Zunahme der **ökologisch bewirtschafteten Anbaufläche**[1] (Abb. 1.5), die allerdings bisher lediglich zu einem Anteil der Ökobetriebe an der gesamten landwirtschaftlichen Nutzfläche von 1,8 % geführt hat. Die Fleischerzeugung wird in diesen Betrieben nur sehr zögerlich in Angriff genommen, so daß der Anteil des Ökofleisches am Gesamtfleischaufkommen noch niedriger ist.

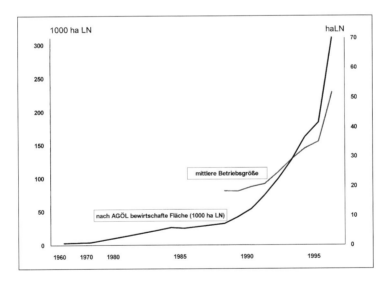

Abb. 1.5: Zunahme der nach AGÖL-Richtlinien bewirtschafteten Fläche (in 1.000 ha) und Anstieg der mittleren Größe der Ökobetriebe (in ha) in Deutschland (AGÖL, Darmstadt)

---

[1] ökologisch im Sinne der Arbeitsgemeinschaft ökologischer Landbau (AGÖL)

An der zahlenmäßigen Entwicklung der Ökobetriebe seit 1991 haben die neuen Bundesländer einen überproportionalen Anteil. Mecklenburg-Vorpommern trägt heute (1996) 29 % der gesamten Ökofläche, gefolgt von Bayern mit knapp 20 %. Die Auswirkungen auf die mittlere Betriebsgröße der Ökobetriebe in Deutschland ist erheblich: In Mecklenburg-Vorpommern werden im Mittel 200 ha, in Bayern dagegen nur 27 ha erreicht. Bei weiterer Förderung der Extensivierung durch die EU ist aber auch in den alten Bundesländern mit größeren Betriebsflächen zu rechnen.

1.3 Der Fleischverbrauch und seine Einflußfaktoren

Fleischverbrauch und **Fleischverzehr**[1] (in kg pro Kopf) haben in Deutschland zwischen 1990 und 1995 um fast 10 % abgenommen (Abb. 1.6). Von der Minderung des Verbrauches ist Rindfleisch besonders betroffen (−24,8 %), Schweinefleisch hat in der Relation geringer nachgelassen (−8,2 %) und konnte sich seit Beginn der BSE-Problematik sogar etwas stabilisieren. Lediglich bei Geflügelfleisch hat der Verbrauch im genannten Zeitraum zugenommen (+13,7 %). Der menschliche *Verzehr* liegt derzeit bei knapp 60 kg pro Jahr.

Mit Blick auf den Rückgang ist der deutsche Fleischverbrauch allerdings nur unvollständig charakterisiert. Deutschland bleibt der *Gesamtmenge* nach weiterhin der größte Verbraucher von Fleisch in der EU (Tab. 1.2). Etwa ein Fünftel des Gesamtfleisch- und des Rindfleischverbrauches der EU entfallen auf die Bundesrepublik, bei Schweinefleisch ist es fast ein Drittel. Die nächstfolgenden Länder (Frankreich, Spanien, Italien) haben jeweils noch nicht einmal die Hälfte des deutschen Schweinefleischkonsums. Damit ist Deutschland gleichzeitig der größte Fleischmarkt der EU und weckt das Interesse der Partnerstaaten, die auf Exporte angewiesen sind. Das gilt vor allem für Schweinefleisch, für das bei niedrigem Selbstversorgungsgrad (1994: 77 %; ZMP) große Einfuhrmengen erforderlich sind. Da gewisse Anteile der heimischen Erzeugung exportiert werden, kommen mehr als 25 % des verbrauchten Schweinefleisches aus Importen, die ihrerseits fast ausschließlich aus der EU stammen. Von den 1,156 Mio. t importierten Schweinefleisches liefern die Niederlande fast 37 %, Belgien/Luxemburg 25 % und Dänemark 19 %. Bei Rindfleisch mit zwar hohem Selbstversorgungsgrad (108 %) sind aber immer noch Einfuhren in Höhe von 0,44 Mio. t erforderlich, von denen 33 % aus Drittländern (Argentinien, Brasilien, Ungarn) stammen (ohne Österreich). Die wichtigsten Einfuhrländer der EU sind Frankreich, die Niederlande und Dänemark. Daß Deutschland gleichzeitig seinem größten Einfuhrland Frankreich etwa dieselbe Menge exportiert, wie dieses hier importiert, sei angemerkt. Die Exporte in die Niederlande sind sogar erheblich höher als dessen Importe nach Deutschland.

---

[1] Verbrauch = Nahrungsverbrauch, Tierfutter, industr. Verwertung, Verluste
Verzehr = Verbrauch abzügl. Tierfutter, industr. Verwertung, Verluste

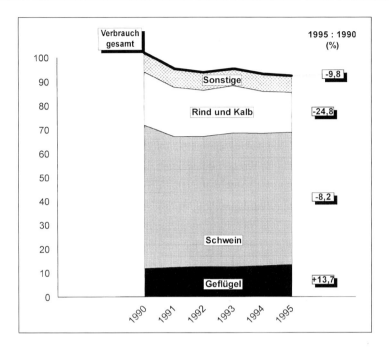

Abb. 1.6: Fleischverbrauch (kg pro Kopf) in Deutschland (ZMP)

Tab. 1.2: Die wichtigsten fleischverbrauchenden Mitgliedsstaaten in der EU (1994; in 1.000 t; ZMP)

Land	Fleischart			
	Rind/Kalb	Schwein	Geflügel	Fleisch (ges.)
Spanien	479	2.035	921	4.074
Frankreich	1.582	2.089	1.290	6.165
Italien	1.480	1.899	1.071	5.107
Verein. Königr.	1.018	1.397	1.260	4.229
Deutschland	1.421	4.520	1.045	7.567
EU-12	7.054	14.158	6.773	32.207
EU-15	7.471	15.070	6.975	33.867
Anteil (%) D : EU (15)	19,1	29,9	15,0	22,3

Die **Einflußfaktoren** auf den Fleischverbrauch interessieren vor allem im Hinblick auf dessen Rückgang in den letzten Jahren. Statistisch gesehen ist der sinkende Fleischverbrauch keine Überraschung: bereits seit den 50er Jahren gehen die Zuwachsraten kontinuierlich zurück und haben nunmehr den Umschlagpunkt zum negativen „Zuwachs" überschritten (Abb. 1.7). Diese Entwicklung läßt sich mit dem Phänomen der **Sättigung** schon weitgehend erklären. Denn tatsächlich lag der deutsche Fleischverbrauch im Spitzenjahr 1988 mit 103 kg/Kopf (ABL) etwa in dem Bereich, in dem heute die europäischen Spitzenreiter liegen. Unter diesen dürfte Frankreich mit 111,5 kg im Jahre 1992 den überhaupt unter europäischen Verhältnissen erreichbaren Höchstwert realisiert haben. Aber auch in Frankreich ist der Verbrauch jetzt stark rückläufig. Allerdings steigt der Verbrauch in Spanien (und auf niedrigerem Niveau in Portugal) noch stark an und liegt 1994 bei 106 kg/Kopf (zwischen 1989 und 1994 Anstieg +13 %).

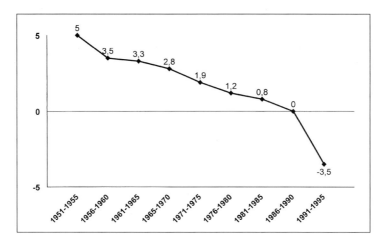

Abb. 1.7: Zuwachsraten des Pro-Kopf-Verbrauches von Fleisch in Deutschland (Veränderung gegenüber den Vorjahren in %; GfK-Haushaltspanel, CMA-Mafo)

Die Entwicklung der Zuwachsraten geht konform mit **Befragungsergebnissen** zum Fleischverzehr, die ebenfalls schon frühzeitig die negative Tendenz signalisierten (Abb. 1.8). Bereits 1984 fühlten sich 56 % der Befragten im Kreis derer, die den Fleischkonsum einzuschränken beabsichtigten oder bereits eingeschränkt hatten. 1989 gehörten zu dieser Gruppe 72 % und 1994 ist ihr Anteil nun auf 79 % angewachsen. Daß hier Verbrauchermeinungen und Marktfakten kohärent gleichlaufen, ist unstrittig. Dennoch sind die Ursachen des Rückganges im Fleischverzehr verwickelter. Aus wissenschaftlicher Sicht bieten sich mehrere theoretische Möglichkeiten an, von denen als wichtigste von ALVENSLEBEN (1995) aufgezählt werden:

- Die Überschreitung der **optimalen Reizintensität** des Fleischverzehrs. Fleisch als selten erhältliches Festessen war hoch geschätzt, als Alltagsgut hat es sein Renomee verloren, so daß mehr Produktvarianten innerhalb, aber auch außerhalb des Fleischsortimentes nachgefragt werden.
- Der Wunsch nach **Abwechslung** (Diversifizierung). Mit höherem Einkommen steigt die Nachfrage nach Produktvielfalt. Diese aber fehlt bei Fleisch und zwar letzten Endes auch deswegen, weil die Fleischbranche mit Innovationen eher zurückhaltend

gewesen ist. Dies stellt sich z. B. bei Milchprodukten (Joghurt), aber auch Fleischwaren gänzlich anders dar.
- Die Veränderung der **Verbrauchermotive.** Fleisch gilt nicht mehr als der Gesundbrunnen schlechthin, vielmehr ist es für viele Verbraucher zeitgemäß, „gesündere" Alternativen für sich zu reklamieren. Der Trend zu „Vollwert"- und „Biokost" belegt dies.
- **Wahrnehmungspsychologische Zusammenhänge.** Es ist menschlich, daß man versucht, die Welt so wahrzunehmen, daß sie ein in sich geschlossenes Bild liefert. Das Vorurteil spielt als Entscheidungshilfe des Verbrauchers eine besondere Rolle. Bei Produkten, die unter Marktsättigung und damit unter Preisdruck gehandelt werden, wie eben Fleisch, ist der Trend zum negativ gefärbten Vorurteil vorgezeichnet.

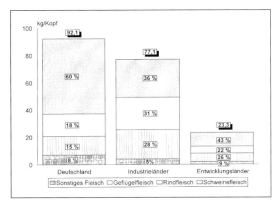

Abb. 1.8: Der Pro-Kopf-Verbrauch von Fleisch in Deutschland im Vergleich zu den Industrie- und den Entwicklungsländern (1995; FAO)

In diesem Ursachenszenario ist die Rolle der **Medien** nicht einmal schlüssig zu beantworten, da diese nur solche Themen „verkaufen", die auch beim Verbraucher ankommen. Gerade für Fleisch, aber auch für andere Lebensmittel scheinen die Medien eher als Verstärker von Verbrauchermeinungen zu fungieren. Dies zeigt sich z. B. an dem durch die Medien forcierten Verzehrsrückgang bei Rindfleisch im Jahr 1994 (Abb. 1.9): durch die BSE-Diskussion unmittelbar verursacht sank der Rindfleischverzehr bis zum Juli dieses Jahres sukzessive auf ein Minimum von 66 % des Vorjahresmonats ab, erholte sich dann aber erstaunlich rasch bis zum Jahresende, nachdem politische Entscheidungen die Diskussion abflauen ließen. Auch von anderen Lebensmitteln ist bekannt, daß die Einbußen aufgrund *einer* Medienkampagne nachfolgend kompensiert werden können (Glykol in Wein, Nematoden in Seefisch, Salmonellen in Kartoffelchips und Eiern). Die Erholungsphase ist jedoch häufig zeitlich ausgedehnt. Wird der Bogen überspannt, wobei die Ursachen hierfür durchaus nicht in den Medien liegen, so bleibt die Erholung letzten Endes aus. Dies zeigt sich an der Serie der

Kälberskandale, die zu einer irreparablen Minderung des Kalbfleischverzehrs seit 1987 auf jetzt die Hälfte des früheren Verzehrs geführt hat. Die überwiegend leichte Substituierbarkeit dieser Fleischart wirkt zusätzlich verhärtend auf die Situation. Bei Rindfleisch ist ein ähnlicher Effekt im weiteren Verlauf der BSE-Krise nach 1994 zum Tragen gekommen: im Sinne der Substituierung erhöhte sich während dieser Krise der Verzehr von Geflügelfleisch, und der von Schweinefleisch konnte sich, nach vorangegangener Rückläufigkeit, stabilisieren.

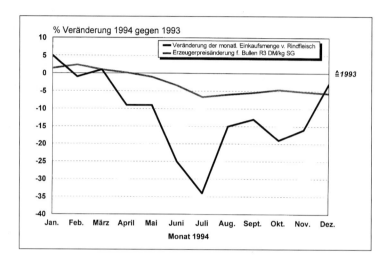

Abb. 1.9: Einfluß der BSE-Krise von 1994 auf den Rindfleischverzehr: Veränderungsraten (%) gegenüber Vorjahr in der monatlichen Einkaufsmenge und in den Erzeugerpreisen (aus: HAHN 1995)

Die gleichsam als allgemein wirkenden Einflüsse werden durch das unterschiedliche Verzehrsverhalten der verschiedenen Bevölkerungsschichten überlagert. Hervorzuheben sind vor allem Alters- und Einkommensgruppen sowie regionale Aspekte. Hinsichtlich des **Alterseffektes** kann unterstellt werden, daß ältere Verbraucher erheblich mehr Fleisch verzehren, als jüngere (Abb. 1.10), wobei ältere gleichzeitig konventionelle Lebensmittel (z. B. im Gegensatz zu Bioprodukten) positiver als jüngere einschätzen. Für Prognosen ist vor allem das Verhalten der jüngeren Generation bedeutsam. So scheint zwar schon früher die junge Generation dem Fleischverzehr kritisch gegenüber gestanden zu haben, was dann vor allem ein Generationeneffekt wäre. Es könnte sich hier aber zusätzlich eine gemeinsame Sozialisationserfahrung einer Altersgruppe äußern, die sich mit zunehmendem Alter dieser Gruppe nicht verwischt, sondern wirksam bleibt. Die damit sich herausbildenden lebenslang bestehenden Verhaltens„kohorten" scheinen jedenfalls im Kaufverhalten von Bioprodukten nachweisbar zu sein (ALVENSLEBEN u. a. 1994). So stellt sich die Kohorte im Alter um 25 Jahre (bezogen auf 1993) unkritischer und somit weniger Bioprodukten zugeneigt dar als ältere Kohorten. Dies hätte auch auf die Zukunft des Fleischverzehrs Auswirkungen.

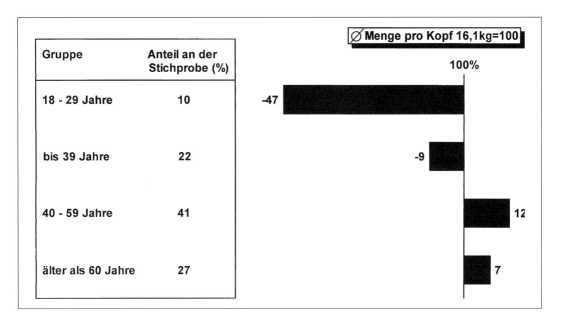

Abb. 1.10: Altersstruktur des Verzehrs von Frischfleisch (Privatkonsum, Pro-Kopf-Verzehr 1995 in kg; GfK-Panelservices, CMA-Mafo)

Das **Einkommen** der Haushalte hat einen ähnlich starken Einfluß wie das Alter. Auch hier verzehrt die höchste Gruppe (Einkommen > 4.000 DM) doppelt soviel Fleisch wie die niedrigste Gruppe (Einkommen < 2.000 DM; Abb. 1.11). Die jeweiligen Anteile von Frischfleisch, Wurstwaren und Geflügelfleisch sind in den Einkommensschichten dagegen relativ konstant, wenn auch mit steigendem Haushaltseinkommen *anteilig* weniger Geflügelfleisch verzehrt wird.

Von geradezu historischem Interesse als Einflußfaktor ist die **regionale Zugehörigkeit,** die aber nur für Fleisch- und Wurstwaren belegt ist (Abb. 1.12). Mitteldeutschland mit Betonung in Thüringen und Franken verzehrt etwa ein Fünftel mehr an Fleischwaren als der Durchschnitt. Die nordwestlichen Bundesländer (Niedersachsen, Schleswig-Holstein) und Nordrhein-Westfalen bilden dagegen die Schlußlichter mit weit unterdurchschnittlichem Verzehr an Fleischwaren. Die Unterschiede werden noch einmal dadurch greifbarer, daß die Länder mit traditionell hohem Wurstverzehr erheblich stärker auf lose Ware zurückgreifen als die anderen Länder (Abb. 1.12). Zumindest in den norddeutschen Bundesländern wird der mindere Wurstverzehr teilweise durch höheren Käsekonsum kompensiert.

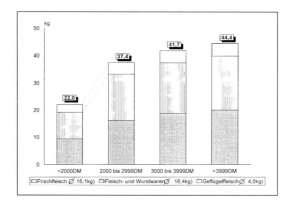

Abb. 1.11: Der Fleischverzehr im Verhältnis zum Haushaltseinkommen (Privatkonsum, Pro-Kopf-Verzehr 1995 in kg; GfK-Panelservices, CMA-Mafo)

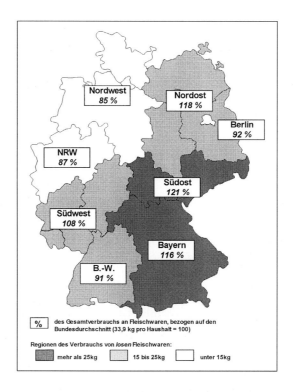

Abb. 1.12: Regionale Unterschiede des Verzehrs von Fleisch- und Wurstwaren in Deutschland (Privatkonsum 1995 in kg pro Haushalt bezogen auf Nielsengebiete; GfK-Panelservices, CMA-Mafo)

Unter den Einflußfaktoren des Fleischverzehrs, die wie dargestellt, vor allem im Verbraucher selbst begründet sind, spielt als externer Faktor der **Preis** eine bedeutende Rolle. Er ist beim Fleischeinkauf in der Regel das entscheidende Argument, nur wenn es um den „Festtagsbraten" geht, wird er gegen Argumente der Produktqualität in den Hintergrund gestellt (Abb. 1.13). Teilstück und Fleischgattung spielen dann die bei weitem überragende Rolle, obwohl sonst der Preis und, wohl bis zu gewissem Grade mit diesem gekoppelt, die Einkaufsstätte die Kaufentscheidung tragen. Hiermit könnte auch zum Teil die seit langen Jahren zu verfolgende Entwicklung der Verbraucherpreise für die Edelteilstücke von Schwein und Rind zu erklären sein: zwischen den Preisen für die edelsten Teilstücke, z. B. Rinder- und Schweinefilet, weitet sich eine „Schere" mit überproportionalen Erhöhungen beim Rinderfilet. Diese Schere ist bei den weniger edlen Teilstücken von Schwein und Rind dagegen nicht festzustellen (Abb. 1.14). Diese Gegebenheiten drücken die besondere Wertschätzung für das hochwertige Festtagsprodukt aus, die sich dann auch in der Bereitschaft, einen höheren Preis zu zahlen, manifestiert.

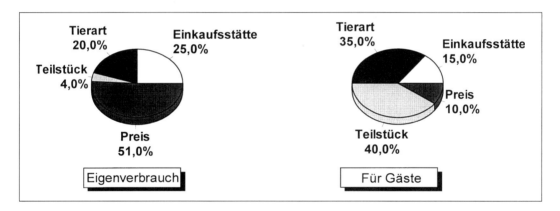

Abb. 1.13: Die relative Bedeutung der Einkaufskriterien für Fleisch in zwei verschiedenen Einkaufssituationen (ALVENSLEBEN 1995)

Gegensinnig dazu ist, daß die Abhängigkeit vom Preis die „erfolgreiche" Strategie von Sonderangeboten bei Fleisch überhaupt ermöglicht. Der Preis ist es aber auch, der seinen Teil zum Renomeeverlust des Produktes und zu der psychologisch begründeten Abwendung von Fleisch (s. o.) beiträgt. Die Bedeutung des Preises begründet zudem die geringe *Einkommens*-elastizität des Fleischeinkaufs: wie bei anderen Lebensmitteln auch führen Erhöhungen des durchschnittlichen Einkommens nicht zu proportionalen Veränderungen der Ausgaben für Fleisch. Hierdurch ist der Anteil der Ausgaben für Lebensmittel und Fleisch an den Gesamtausgaben der Verbraucher in den letzten Jahrzehnten ständig gesunken.

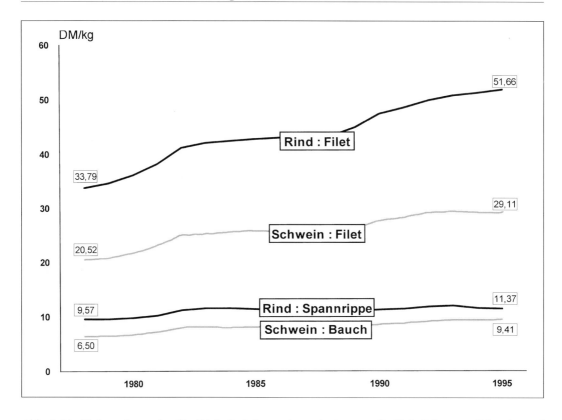

Abb. 1.14: Verbraucherpreise für Edelteilstücke und weniger wertvolle Teilstücke von Schwein und Rind (PROBST, pers. Mitt.)

1.4 Der Verbraucher als Käufer, der Käufer und sein Umfeld

Als Ganzes gesehen ist der Markt für Frischfleisch ein **Käufermarkt,** der seit Mitte der 70er Jahre von **Überschüssen der Produktion** und seit Anfang der 90er Jahre zusätzlich von **zurückgehender Nachfrage** geprägt ist. Der Käufer ist dadurch im Vorteil, daß das Produkt Frischfleisch in verschiedenen, leicht substituierbaren Fleischsorten vorliegt (wobei die Austauschbarkeit durch die zunehmende Präferenz von Kurzbratenware sowie einfach verwendbaren Produkten noch verschärft wird), daß es auf niedrigem Preisniveau gehandelt wird, und daß es ungeachtet dessen durch andere Lebensmittel zunehmend ersetzbar wird.

Spätestens seit dem Wegfall der Marktstützung (Intervention) für Rindfleisch aufgrund der Agrarreform von 1992 und seit Vollendung des Binnenmarktes ist Fleisch auch in Deutschland den Regeln dieses Käufermarktes ausgesetzt, dessen Problem weniger die Suche nach verbesserten Produktionsmethoden als die stärkere Orientierung an Verbraucheransprüchen ist.

Die sinkenden Verzehrsziffern zeigen, daß das Produkt nicht mehr in demselben Ausmaß wie früher im Einklang mit den Ansprüchen der Verbraucher und des Handels steht und daß bisher nicht ausreichend auf etwa geänderte Ansprüche reagiert wurde. Die zunehmende Importrate (sinkender Selbstversorgungsgrad) weist zudem darauf hin, daß die Kostenstruktur der deutschen Produktion überproportional ungünstig ist.

Die hier bedeutsamen Aspekte auf seiten der Verbraucher bestehen in gesellschaftlichen Entwicklungen, die sich bestimmten Haupttrends zuordnen lassen. Im **sozialen Umfeld** (Übers. 1.1) ergibt sich als wichtigste Entwicklungslinie eine Reihe von Polarisierungen der Verbrauchertypen. Während noch in den ersten Jahrzehnten der Nachkriegszeit der Fleischmarkt auf eine scheinbar homogene, undifferenzierte Nachfrage mit starker Preiselastizität rechnen konnte, treten nunmehr Segmente gegensätzlicher Ansprüche auf. Für diese spielen die Abgrenzungen zwischen Genußorientierten und Umwelt- bzw. Gesundheitsbewußten sowie zwischen Preisbewußten und den in ihren Qualitätsansprüchen eher Verschwenderischen eine besondere Rolle (PUDEL 1990). Tatsächlich zahlenmäßig fassen läßt sich diese Polarisierung in der Entwicklung der Segmente des Lebensmittelwarenkorbes (Abb. 1.15). Das Segment der Spitzenqualität hat zwischen 1980 und 1995 ebenso zugenommen wie das Segment der Massenware, während das mittlere Segment um 23 % zurückgegangen ist. Es ist aber bemerkenswert, daß Fleisch- und Wurstwaren nur moderat an der Polarisierung teilnehmen (Absinken des mittleren Segmentes um 11 %) und daß hier das Premiumsegment zwischen 1990 und 1995 spürbar abgenommen hat.

Übers. 1.1: Moderne Trends des Käufermarktes – Das soziale Umfeld des Verbrauchers
- Polarisierung der Gesellschaft, z. B. in „sozial Schwache/wirtschaftlich Saturierte" oder „Ökobewußte/Hedonisten (Yuppies)"
- Zunehmendes Anspruchsdenken auch über materielle Ansprüche hinaus sowie Vervielfältigung der Ansprüche (auch in der Ernährung)
- Wachsendes Umweltbewußtsein mit der Konfrontation von Ökonomie und Ökologie
- Stagnierendes Bevölkerungswachstum und Überalterung der Gesellschaft
- Wachsender Anteil sozial schwacher Gruppen mit mangelhaften Zukunftsaussichten (sinkende Realeinkommen, Dauerarbeitslosigkeit)
- Wachsender Ausländeranteil (Balkan, Osteuropa)
- Verlust der konventionellen Wertorientierung und Kritik an bisherigen Verhaltensnormen bei gleichzeitigem Aufbau moderner Zielrichtungen sozialen Druckes (insbesondere im Öko- und Gesundheitsbereich; Rolle der Frau)
- Sinkende Fortschrittsgläubigkeit und zunehmende Fortschrittskritik mit Technikfeindlichkeit
- Suche nach Selbstverwirklichung sowie Freizeit als zentrales Lebensanliegen (bei Sinken der Arbeitszeit?)

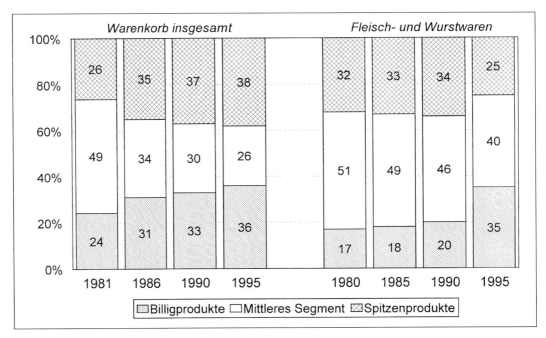

Abb. 1.15: Polarisierung des Angebots im Warenkorb allgemein und bei Fleisch und Wurstwaren (FROHN 1996)

Dies ist nicht unbedingt allein auf Effekte der Einkommensminderung während der Rezession zurückzuführen, die bei Fleisch stärker durchschlagen. Vielmehr spielt das für den deutschen Lebensmitteleinzelhandel typische Angebotsverhalten, nämlich Fleisch als Leitprodukt der firmenbezogenen Imagepflege und zur Erhöhung der Kundenfrequenz einzusetzen (Sonderangebote), eine wichtige Rolle.

Die Polarisierungseffekte dürften charakteristische Erscheinungsformen einer hochindustrialisierten Gesellschaft sein und gehen daher mit weiteren Trends einher. Sie wirken als neue, bisher so nicht bestehende Einflüsse und lassen sich auf drei Grundprinzipien zurückführen:

- Die **neuen Lebensmaximen:** Alte Verhaltensnormen unterliegen einer zunehmenden Kritik, die auch das Verzehrsverhalten betrifft. Fortschritts- und Technikgläubigkeit nehmen ab, während ein durchaus egozentrisch gesehenes Anspruchsdenken (Selbstverwirklichung) zunimmt. Die wachsende Bedeutung der Freizeit für die Lebensgestaltung, wie auch die gesicherte wirtschaftliche Situation, sind wichtige Motoren dieser Entwicklung.
- Die **neuen Lebensformen:** Die Zunahme der Single-Haushalte kennzeichnet am eindringlichsten den Trend. Die veränderte Rolle der Frau und die Umordnung der Familienstrukturen gehören hinzu und wirken sich auf das Konsumverhalten aus. Der

Außer-Haus-Verzehr nimmt zu. Er scheint übrigens besonders empfänglich für neue Formen der Kooperation und des Marketings zu sein (Franchising; Catering).
- Die **neuen Lebensmittel:** Diese stehen zu den neuen Lebensformen in Entsprechung. Vielfalt, Bekömmlichkeit und Genußfreude sind Ansprüche, die erfüllt werden sollen. Die Zubereitung darf (ebenso wie der Einkauf) nicht zeitaufwendig, aber technisch durchaus raffiniert sein. Der starke Trend zur Convenience wird diesem Bedarf gerecht. Frische hat einen hohen Stellenwert. Bei der Speisenzubereitung kommt die Technikfeindlichkeit praktisch nicht zum Ausdruck. Die amerikanischen Trends zeichnen vor, welche Lebensmitteltypen teils schon heute, teils zukünftig besondere Beachtung verdienen: Ethnic food, Finger und Snack food, Functional und Medical food. Die zukünftige Entwicklung in Deutschland läßt sich aber auch anders prognostizieren: Kurzbratenware, optimierte Formfleischprodukte, Geschnetzeltes in verschiedenen Versionen und Hackfleisch sowie natürlich fleischhaltige Mischgerichte werden die Produktformen sein, die sich am besten den Verbraucheransprüchen anpassen werden.

In diesem Zusammenhang muß auch berücksichtigt werden, daß weltweit gesehen die Trends des Lebensmittelverbrauchs in eine grundlegend andere Richtung gehen. Die globale Situation wird nach wie vor von Mangel (insbesondere an Eiweiß) beherrscht, und für den überwiegenden Teil der Weltbevölkerung ist Fleisch ein Luxusartikel ersten Ranges.

In den **Entwicklungen in Produktion und Vermarktung** (Übers. 1.2) zeichnen sich die gedämpften Perspektiven der Agrarwirtschaft und besonders der konventionellen Tierproduktion, dahinter aber auch erste aktive Gegenreaktionen der Landwirtschaft deutlich ab. Die Gestaltung des Rahmens wird im Prinzip von den sozialen Strukturen in Gang gesetzt. Dabei macht der Wandel auf der Ebene der Verbraucher die Entwicklung neuer Instrumentarien in der Landwirtschaft erforderlich, zu denen vor allem neue Organisationsformen, wie Qualitätsmanagement einschließlich der Zertifizierung, bisher nicht verwendete Unternehmensformen und die vertikale bzw. horizontale Integration ebenso gehören wie das Marketing. Es ist bezeichnend, daß in diesem Entwicklungsschub die neuen Bundesländer Vorreiterfunktion haben. Für Landwirtschaft und Verbraucher treten hierbei auch durchaus ambivalente Faktoren auf wie etwa die Konzentration in Verarbeitung und Handel, der Trend zu wachsender Artikelvielfalt oder die Entwicklung rechnergestützter Organisationsformen.

Ein letzter wichtiger Aspekt ergibt sich daraus, daß der Verbraucher am Markt zwar die entscheidenden Signale gibt, in seinem **Verzehrsverhalten** aber zukünftig immer stärker **fremdbestimmt** sein wird. Dies wird für Fleisch – wie im Kapitel 1.6 (z. B. Außer-Haus-Verzehr) gezeigt – in besonderem Ausmaße gelten. Gleichsam als Gegenreaktion steht der Trend zur **Individualisierung** der Bedürfnisse, der Chancen im Bereich der kleinen Segmente und Nischen bietet. Auch hierin wird eine Polarisierung des Marktes deutlich.

Übers. 1.2: Moderne Trends des Käufermarktes bei Fleisch – Entwicklungen in Produktion und Vermarktung
- Sinkender Anteil der Lebensmittel und von Fleisch (weit überproportional) an den Ausgaben der Privathaushalte
- Rückzug der Marktstützung (Intervention) in der konventionellen Erzeugung bei wirtschaftlicher Förderung im Ökobereich (Agrarreform)

- Grenzen der Intensivierung und Grenzen des Wachstums in der landwirtschaftlichen Urproduktion (Ökologie, Verbraucherakzeptanz)
- Entwicklung neuer Organisationsformen landwirtschaftlicher Betriebe (Marketing, Qualitätsmanagement mit Rechnerstützung; vertikal/horizontale Integration)
- Konzentration in Verarbeitung und Handel
- Marktsättigung und zunehmende Artikelvielfalt; Marktnischen

1.5 Die Vermarktung im intermediären Handel

Die Vermarktung der Rotfleischarten weist strukturelle und organisatorische Besonderheiten auf, die so bei Geflügelfleisch nicht gegeben sind. Sie sind für die Entwicklung von Qualitätsprodukten hinderlich, wenn nicht durch weitere Maßnahmen gegengesteuert wird. Hervorzuheben sind vor allem zwei Aspekte: der in Stufen verlaufende Vermarktungsweg vom Masttier bis zum Endprodukt und die Handelsklassen.

Der **gestufte Vermarktungsweg** ist stark differenziert und einer Vielzahl auch qualitätsbezogener Einflüsse ausgesetzt. Er kann am ehesten als Kaskade mit Richtung vom Züchter auf den Mäster bis hin zum Verbraucher beschrieben werden (Abb. 1.16) und ist von einer Vielzahl von Eigentumsübergängen geprägt, die den Stufen der Kaskade entsprechen. Charakteristisch sind die sich von Stufe zu Stufe wandelnden Bewertungsmaßstäbe, die den gleichfalls sich verändernden Zustandsformen des Produktes entsprechen. Die Beziehung zwischen den Zustandsformen ist so unvollkommen, daß etwa aus der Beurteilung des frisch aufgestallten Masttieres nicht sicher auf die Qualität, die den Verbraucher erreicht, rückgeschlossen werden kann. Erst mit abnehmender Entfernung von der Stufe des Endhandels wird eine einigermaßen zuverlässige Vorhersage der Qualität des verbrauchsfertigen Endproduktes möglich.

Auf diesem Vermarktungsweg sind die **Handelsklassen** ein relativ starres Bewertungsschema, das vor allem zur Orientierung über die Erzeugerpreise dienen soll (Einzelheiten s. Kap. 4.7). Obwohl sie auch gewisse Informationen über die Qualität des Endproduktes liefern können, sind sie im Grundsatz ein Instrument der quantitativen Bewertung der Schlachtkörper, das in Kombination mit dem Schlachtgewicht wertvolle Informationen über die erzielten Mengenerträge (z. B. an Muskelfleisch) liefern kann. Zur Qualitätsbewertung und zur kurzfristigen Reaktion auf die Verbrauchernachfrage sind sie wenig geeignet.

In der Beurteilung der Handelsklassen darf aber nicht vergessen werden, daß sie die in sie gesetzten Erwartungen offensichtlich seit vielen Jahren erfüllen. So hat der Anteil der nach

Handelsklassen abgerechneten Schlachtkörper ständig zugenommen (Daten bei BACH 1993) und erreicht heute 78 % (Rind) bzw. 96 % (Schwein; nach Preismeldungen 1994, BLE). Im Gegenzug beträgt der Anteil der Lebendvermarktung nur noch 2 % (Rind) bzw. 1 % (Schwein), so daß diese Vermarktungsform modernen Ansprüchen offensichtlich nicht mehr gerecht wird. Dementsprechend haben die Lebendviehmärkte ihre frühere Leitpreisfunktion vollständig verloren. Die Abrechnung nach Schlachtgewicht und Handelsklassen reicht also für eine treffsichere Bestimmung der *quantitativen* Leistung der Veredelungsbetriebe aus, für die nachfolgenden Anbietermärkte hingegen sind – vielfach visuell vorgenommene – Nachsortierungen erforderlich.

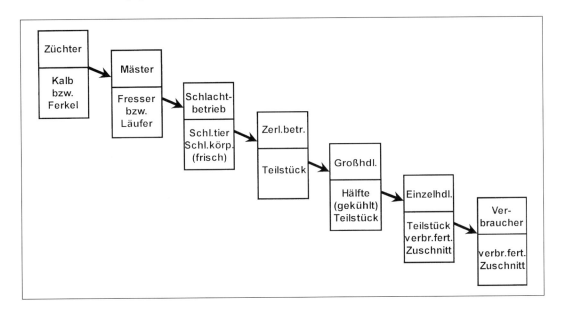

Abb. 1.16: Die Vermarktungskaskade von Fleisch: Marktstufe und Zustandsformen des Produktes

Qualität im Verbrauchersinne ist unter den heutigen Verhältnissen der Fleischwirtschaft nicht punktuell bewertbar und somit auch nicht sinnvoller Teil von Preissystemen. Vielmehr muß Qualität gerade von Fleisch als das Ergebnis des komplexen Prozesses gesehen werden, an dem alle Stufen der Vermarktungskaskade ihren Anteil haben. Dies zieht Organisationsstrukturen nach sich, die dem modernen Verständnis der Qualitätssicherung (s. Kap. 2) besser entsprechen und an denen auch qualitätsorientierte Bezahlungssysteme auszurichten sind. Die stufenübergreifende, vertikale Koordination, präziser noch die vertraglich gebundene vertikale Integration, sind die Instrumente der Wahl, die sich geradezu zwangsläufig auf einem verbraucherorientierten Markt ergeben (HANF und DRESCHER 1994).

Vertikal integrierte **Qualitätsfleisch- und Markenprogramme** wie auch die Programme in der Spezialproduktion der Ökobetriebe demonstrieren, wie marktgerechte Steuerung *und*

Bewertung der Fleischerzeugung möglich ist. Die Qualitätsbezahlung erfolgt eben nicht produktbezogen aufgrund einer punktuellen Einstufung, sondern **prozeßbezogen.** Die Erzeuger verpflichten sich zur Einhaltung von bestimmten Produktionsrichtlinien (z. B. des Prüfsiegels für Qualitätsfleisch der CMA, im Ökobereich der AGÖL-Richtlinien oder firmenbezogener Richtlinien wie Thönes Natur; Übersicht bei POPP 1996) und erhalten dafür Abnahmegarantien und gegebenenfalls Preiszuschläge. Diese werden üblicherweise in Form pauschaler Jahresboni oder in garantierten Mehrerlösen über den Notierungspreis gegeben. In allen Systemen behalten aber die Handelsklassen als Medium der Mengenbewertung ihren Rang.

Im intermediären Vermarktungsgeschehen haben die **Schlachtbetriebe** eine zentrale Bedeutung. Die gesetzlichen Regelungen zur Bestimmung des Schlachtgewichtes und der Handelsklassen sowie zur Meldung der Erzeugerpreise (s. Kap. 4.7) sehen für die Schlachtbetriebe eine „Flaschenhalsfunktion" vor, die auch für die Qualitätsorientierung der Produktion Bedeutung hat. Dieser Funktion werden sie vor allem dann gerecht, wenn sie in starker betrieblicher Konzentration und mit hoher Auslastung fungieren können. Beides ist allerdings in Deutschland nur in unzureichendem Ausmaß gegeben.

Die **Auslastung der Schlachtbetriebe** ist in Deutschland traditionell schlecht. Für Hessen, Baden-Württemberg und Nordrhein-Westfalen lag sie in den 80er Jahren unter 40 %, für Bayern bei 55 % (TIMM 1986; FUCHS 1988). Selbst für das Jahr 1993 gibt FREUND (1996) immer noch eine durchschnittliche Auslastung der bayerischen Schlachtbetriebe von nur etwa zwei Drittel an. Die kommunalen Schlachtbetriebe sind von den Auslastungsproblemen besonders betroffen.

Die geringe Auslastung der Schlachtbetriebe führt immer wieder zu Preisbeeinflussungen, da die Betriebe versuchen, über den Preis das Aufkommen an Schlachttieren zu erhöhen und damit die Kapazitäten wirtschaftlich besser zu nutzen (TIMM 1986). Allerdings sind die je nach Marktlage günstig beeinflußten Marktpreise nicht die einzige Konsequenz. Vielmehr ergeben sich regionsweise sehr unterschiedliche Schlachtkosten, die um bis zu 100 % voneinander abweichen können. Nach TIMM (1986) ist in einer solchen Wettbewerbssituation zudem mit höherer Neigung zu Manipulationen zu rechnen.

Hinsichtlich der **Konzentration** der Schlachtbetriebe erweist sich die deutsche Struktur als besonders nachteilig, obwohl gerade bei den kommunalen Schlachthöfen ein drastischer Ausdünnungsprozeß stattgefunden hat (Tab. 1.3). So gab es in den alten Bundesländern 1970 noch 381, 1993 aber nur noch 63 kommunale Schlachtbetriebe. Gleichzeitig nahmen aber die Privaten von 144 auf 325 Betriebe zu, so daß ihr Anteil 1993 fast 84 % betrug (gegen 27 % 1970).

Die **Schlachthofstruktur,** gemessen an der Zugehörigkeit zu den Gruppierungen nach der Schlachtleistung, hat sich **in den alten Bundesländern** dennoch nicht grundlegend verändert: immer noch 67 % der Schlachtbetriebe hatten 1993 jährliche Schlachtleistungen von weniger als 10.000 t (1970: 89 %); allerdings hatte sich die Zahl der großen Betriebe (über 50.000 t jährlich) von 3 auf 15 Betriebe erhöht. Diese 15 Betriebe vereinten auf sich etwa ein Viertel des

Schlachtvolumens der alten Bundesländer, was aber immer noch als relativ geringe betriebliche Konzentration zu interpretieren ist. **In den neuen Bundesländern** hat im Vergleich dazu seit der Wiedervereinigung eine vehemente Entwicklung eingesetzt. Zwischen 1990 und 1993 wurde die Zahl der Schlachthöfe etwa halbiert, gleichlaufend ging die Zahl der gewerblichen Schlachtungen von Schweinen auf etwa die Hälfte, von Rindern sogar auf etwa ein Viertel der Ausgangszahlen zurück. Hierin drückt sich auch der drastische Rückgang der Tierbestände in den neuen Bundesländern während desselben Zeitraumes aus.

Tab. 1.3: Entwicklung der Schlachthofstruktur in den alten Bundesländern zwischen 1970 und 1993 (KERN 1994; Nachberechnung der Anteile)

	1970		1993	
	Anzahl	Anteil (%)	Anzahl	Anteil (%)
Zahl der Schlachtbetriebe[1]	525	100,0	388	100,0
– kommunal	381	72,6	63	16,2
– privat	144	27,4	325	83,8
Gruppierung nach Schlachtleistung				
< 10.000 t SG	468	89,1	259	66,8
10–20.000 t SG	37	7,0	54	13,9
20–50.000 t SG	17	3,2	60	15,5
> 50.000 t SG	3	0,6	15	3,9

[1] Betriebe mit einer jährlichen Schlachtleistung von mehr als 500 t SG

Nach weitgehendem Abschluß dieser Entwicklung ist die Schlachthofstruktur in den neuen Bundesländern aber deutlich günstiger als in den alten Ländern (Tab. 1.4). Die mittlere Betriebsgröße ist in den neuen Ländern etwa dreimal so groß und der Anteil der Betriebe unter 10.000 t Schlachtkapazität nicht einmal halb so hoch. 10 Betrieben mit mehr als 50.000 t Schlachtkapazität in den neuen Bundesländern stehen 15 Betriebe dieser Größe in den alten Ländern gegenüber. Die Auslastung der Betriebe in den neuen Ländern ist allerdings relativ niedrig, so daß 1993 nur etwa 5 % der Rinder und 12 % der Schweine (nach Stückzahlen; ZMP) in den neuen Bundesländern geschlachtet werden. Die Imbalanz zwischen den fehlenden Tierbeständen einerseits und den vorhandenen Schlachtkapazitäten andererseits stellen ein spezifisches Strukturproblem der neuen Bundesländer dar.

Im internationalen Vergleich werden die in Deutschland insgesamt bestehenden Strukturprobleme noch einmal deutlicher (Tab. 1.5). Deutschland hat (außer zu Frankreich) um das Zehnfache mehr Schlachtbetriebe und weist relativ weniger Großbetriebe als die drei Vergleichsländer auf, die zudem einen wesentlich niedrigeren Anteil der Gesamtschlachtungen an sich ziehen. Die größten Betriebe der Vergleichsländer sind anderthalb- bis zweimal so groß wie der größte deutsche Betrieb (nach Stückzahlen).

Tab. 1.4: Schlachthofstruktur in den alten und neuen Bundesländern im Vergleich (1993; KERN 1994)

Schlachtleistung	Alte Bundesländer		Neue Bundesländer	
	Anzahl	Anteil[1] (%)	Anzahl	Anteil[2] (%)
< 10.000 t SG	259	15,4	18	6,2
10–20.000 t SG	54	17,9	5	5,2
20–50.000 t SG	60	41,1	14	36,8
> 50.000 t SG	15	25,6	10	51,8
mittl. Betriebsgröße (1.000 t SG)	**11,4**		**29,3**	

[1] Anteil an der Schlacht*leistung* der alten Bundesländer
[2] Anteil an der Schlacht*kapazität* der neuen Bundesländer

Die Folgen der geringen Kapazitätsauslastung und des geringen Konzentrationsgrades führen letztlich auch dazu, daß Marktschwankungen, wie sie etwa durch den weiterhin in der gesamten EU gegebenen Schweinezyklus auftreten, ausgesprochen schwer gegengesteuert werden kann. Die Preisausschläge, die in Deutschland besonders stark ausfallen, haben zum Teil damit zu tun. Zum Teil sind sie aber auch auf das Geschäftsgebaren der deutschen Schlachtbetriebe zurückzuführen, welche die Abwicklung kurzfristiger Geschäfte bevorzugen (FUCHS 1988).

Tab. 1.5: Struktur der Schweineschlachtung in bedeutenden Erzeugerländern der EU (KERN 1994)

	Dänemark (1990)	Niederlande (1992)	Frankreich (1991)	Deutschland[1] (1993)
Schlachtbetriebe, ges.				
– Anzahl	27	37	378	402
Schlachtbetriebe über 50.000 t				
– Anzahl	10	9	10	11
– Schlachtg./Betrieb (1.000 t)	65	72	90	65
– Anteil an Schlachtleistung	55	41	54	20
Größter Betrieb				
– Schlachtg. (1.000 St.)	2.000	1.500	1.500	1.000
– Schlachtg. (1.000 t)	150	130	130	90

[1] Deutschland gesamt

Die Situation der Vermarktung von Fleisch befindet sich heute in einem drastischen Wandel, der nicht nur die Konzentration und Kapazitätsauslastung, sondern auch die verwendete **Technik** und die **organisatorischen Instrumente** der Betriebe betrifft. Die sich neuerdings im Schlacht- und Zerlegebereich entwickelnden rechnergestützten Informationssysteme erlauben nunmehr eine wesentlich effektivere Erfassung und Auswertung der schlachtkörperspezifischen Daten. Hierdurch wird eine treffsichere Sortierung und Zielsteuerung der Produkte möglich.

Als weiteres werden neue Preisbildungs- und Preismeldesysteme hinzutreten, von denen das interessanteste die für 1997 vorgesehene **Warenterminbörse** für Schlachtschweine in Hannover ist. Sollte es gelingen, die Börse mit hohem Marktanteil zu etablieren, so dürfte dies eine spürbar beruhigende Wirkung auf die Preisausschläge des Schweinemarktes haben (PFLUGFELDER 1991). Eine ungefähre Vorstellung geben Berechnungen von MUSFELDT u. a. (1993), die für den Terminmarkt Amsterdam durchschnittliche *tägliche* Preisänderungen von 2,5 Pf/kg Schlachtgewicht angeben. Die durchschnittlichen *wöchentlichen* Preisänderungen in Weser-Ems betragen hingegen 7,1 Pf/kg Schlachtgewicht. Dabei muß berücksichtigt werden, daß die mittlere *wöchentliche* Preisänderung eine bereits nivellierte Angabe darstellt und die Verhältnisse in Weser-Ems somit auf ein sehr viel unruhigeres Tagesgeschäft hindeuten. Nach den Erfahrungen mit der Warenterminbörse in Amsterdam ist damit zu rechnen, daß auch in dieser Form der Preisbildung Schlachtgewicht und Handelsklassen als Elemente der Strukturierung ihre Bedeutung behalten werden.

1.6 Der Absatz im Endverbrauch

Die Absatzwege von Fleisch und Fleischwaren zum Endverbraucher sind vielfältig. Im einzelnen zu berücksichtigen sind:

- **Direktvermarktung** auf Wochenmärkten, Straßenständen und über den Direktbezug beim Landwirt. Bedeutend vor allem für Geflügelfleisch (z. T. gegart) und Wildfleisch sowie Ökoprodukte und rustikale Fleischwaren.
- **Fleischerfachgeschäfte** mit und ohne Filialbetriebe: Erschlachtung der Rohware nur noch teilweise in eigener Regie (ca. 60 %); weit überwiegender Anteil an selbstproduzierten Fleischwaren; Verkauf in der Bedienungstheke, überwiegend lose Ware.
- **Lebensmitteleinzelhandel** (LEH)[3]: Zulieferung der Roh- und Verarbeitungsware von der verarbeitenden Industrie, vereinzelt integrierte Fleischerfachgeschäfte
  - Lebensmittel-SB-Läden (Nachbarschaftsläden): weniger als 200 m^2 Verkaufsfläche; zumeist Einzelbetriebe mit Anschluß an größere Ketten; gemischtes Lebensmittelangebot nur teilweise in Selbstbedienung; für Fleisch und Fleischwaren zumeist Bedienungstheke, daneben aber größeres SB-Sortiment.
  - Lebensmittel-SB-Märkte: 200 bis 400 m^2 Verkaufsfläche; zumeist Betriebe größerer Unternehmen (Ketten); neben Lebensmitteln auch Nonfood-Artikel in das SB-Angebot integriert; neben einem SB-Sortiment auch eine Bedienungstheke für Fleisch und Fleischwaren üblich.
  - Supermarkt: vom SB-Markt vor allem durch die Größe – mindestens 400 m^2 – und einen relativ hohen Anteil von Nonfood (aber nicht mehr als 25 %) unterschieden.

- **Verbrauchermärkte**[1]: Einzelhandelsgeschäfte mit mindestens 1.500 m^2 Verkaufsfläche; überwiegend Selbstbedienung von Lebensmitteln sowie Ge- und Verbrauchsgütern des kurz-, mittel- und langfristigen Bedarfs (Anteil deutlich mehr als 30 %); Fleisch und Fleischwaren vielfach zusätzlich zu SB auch in Bedienung.
- **Discounter**[1]: reine SB-Geschäfte mit umschlagstarken Artikeln und ausgeprägter Niedrigpreispolitik; als reine Lebensmitteldiscounter oder gemischt mit Nonfood-Sortiment: jegliche Bedienungstheke ausgeschlossen, Betonung des Fleischwarensortiments, Frischfleisch nur mit einzelnen Artikeln oder fehlend.
- **Unternehmen bzw. Einrichtungen des Außer-Haus-Verzehrs (Großverbraucher):** Der wirtschaftlichen Intention und der Organisationsstruktur nach sehr heterogene Gruppierung mit qualitativ außerordentlich unterschiedlichem Angebot. Gemeinsam ist die vollständige Vorfertigung der Produkte, so daß hier der Verbraucher auf Qualität und Zusammensetzung der Rohware keinen direkten Einfluß mehr hat. Im einzelnen gehören hierzu:
  - Gaststätten, Systemgastronomie, Hotelgastronomie;
  - Gemeinschaftsverpflegung in Betriebskantinen und -kasinos, Mensen, Großküchen sozialer Einrichtungen und der Einrichtungen der öffentlichen Hand (Bundeswehr; Strafanstalten) einschließlich der Unternehmen des Catering.

  Überschneidungen ergeben sich dort, wo Lebensmittel zwar vollständig außer Haus produziert, aber zu Hause verzehrt werden (z. B. Partyservice, z. T. Catering).

Im folgenden ist es sinnvoll auf die Verkaufsgeschäfte (privater Verbrauch) und den Außer-Haus-Verzehr (Großverbrauch) getrennt einzugehen. Unter diesen beiden Absatzkanälen nimmt der private Verbrauch bei Fleisch und Fleischwaren etwa zwei und der Großverbrauch etwa ein Drittel der Menge ein, bei Geflügel macht der Großverbrauch mehr als die Hälfte aus (Abb. 1.17). Gemessen an den geringen Veränderungsraten der letzten Jahre, scheint auch zukünftig nicht mit drastischen Veränderungen dieser *Mengenverhältnisse* zu rechnen zu sein, obwohl im *Ausgabenvolumen* bei den Großverbrauchern mit überproportionalen Steigerungsraten gerechnet wird (FROHN 1996).

Die dem **privaten Verbrauch** zugeordneten Verkaufsgeschäfte dienen in ganz unterschiedlicher Weise dem Absatz von Frisch- und Geflügelfleisch sowie Fleischwaren (Abb. 1.18). So weisen bei **Frischfleisch** die der Menge nach höchsten Marktanteile die Verbrauchermärkte und die Fleischerfachgeschäfte mit zusammen fast 75 % auf. Die Discounter sind in diesem Bereich bisher bedeutungslos. Bei **Geflügelfleisch** (das nur etwa ein Fünftel des Verbrauches von Frischfleisch erreicht) haben die Verbrauchermärkte wiederum

---

[1] Definition nach Industrie und Handelskammer Oberfranken, pers. Mitt. 1995, ergänzt

einen klaren Überhang, mit Abstand gefolgt vom traditionellen Lebensmitteleinzelhandel und den Supermärkten. Bemerkenswert ist der mit 10 % hohe Anteil der Vermarktungsformen, die der Direktvermarktung zuzuordnen sind. Fleischerfachgeschäfte spielen bei Geflügel wegen der bisherigen hygienisch begründeten Vermarktungsbeschränkungen keine Rolle. Bei den **Fleischwaren** haben insgesamt gesehen die Fleischerfachgeschäfte mit einem Drittel den höchsten Anteil.

Für die Fleischwaren ist aber eine weitere Differenzierung angebracht (Abb. 1.19). Die Anteile der Geschäftstypen an den Angebotsformen zeigen nämlich deutlich die unterschiedlichen Absatzstrategien. So vereinigen bei der losen Ware die Fleischerfachgeschäfte bereits fast die Hälfte des Absatzes auf sich, gefolgt von den Verbrauchermärkten sowie dem traditionellen Lebensmitteleinzelhandel und den Supermärkten, die zusammen weitere 40 % aufbringen. Bei der vorverpackten Ware haben dagegen die Discounter mit fast 60 % das Hauptgeschäft in der Hand, gefolgt von den Verbrauchermärkten mit gut einem Viertel des Absatzes. Die Fleischerfachgeschäfte sind in diesem Bereich praktisch nicht vertreten. Bei den Konserven, die ja vom Anteil an den gesamten Fleischwaren her weniger bedeutend sind, dominieren die großen Einzelhandelsketten und die Discounter mit fast drei Viertel des Absatzes.

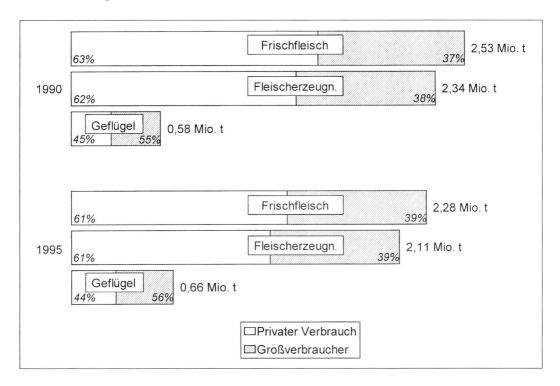

Abb. 1.17: Absatzkanäle für Fleisch in Deutschland – Anteile des privaten Verbrauchs und der Großverbraucher (CMA, GV-Jahrbuch)

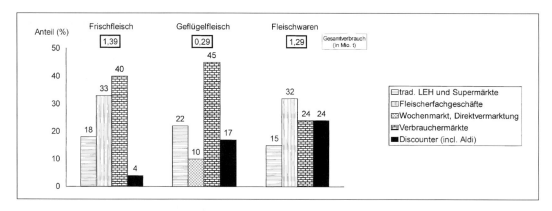

Abb. 1.18: Marktanteile der Geschäftstypen am privaten Verbrauch von Frischfleisch, Geflügelfleisch sowie Fleisch- und Wurstwaren (in %; Basis Gesamtverbrauch 1995; FROHN 1996)

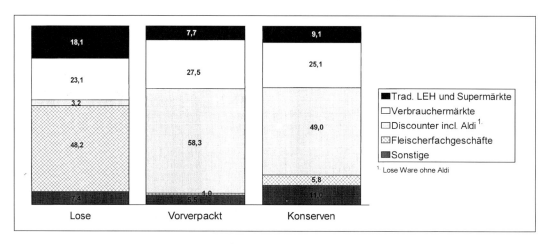

Abb. 1.19: Anteil der Geschäftstypen an den Angebotsformen von Fleischerzeugnissen und Wurstwaren (in %, Basis Menge je Haushalt 1995; FROHN 1996)

Betrachtet man die **Angebotsformen** der *drei* Produktgruppen in der zeitlichen Entwicklung, so werden bei **Frischfleisch** und **Fleischwaren** zunehmend die Vermarktungsformen bevorzugt, die eher dem Lebensmitteleinzelhandel und den Discountern entsprechen. Bei Frischfleisch haben die vorverpackte und die Tiefkühl-Ware seit 1985 um 7 %-Punkte im Anteil zugelegt, bei den Fleischwaren hat die lose Ware seit 1980.22 %-Punkte an die vorverpackte Ware verloren (Abb. 1.20). Bei **Geflügelfleisch** hat sich in den letzten 15 Jahren eine hiermit nicht vergleichbare Entwicklung ergeben: der Anteil der frischen Ware hat zu Lasten der gefrosteten seit 1980 um 12 %-Punkte auf jetzt 30 % zugenommen. Mit dieser Reaktion gelingt es offensichtlich der Geflügelbranche, dem geringeren Renommee der gefrorenen Ware entgegenzuwirken und das hochwertige ausländische Frischangebot abzuwehren. Hierin zeigt sich auch ein bedingt durch den höheren Organisations- und Konzentrationsgrad besonderes Reaktionsvermögen dieser Branche auf Verbraucheransprüche. Die Entwicklung geht übrigens mit einer stärkeren Zuwendung zur Teilstückvermarktung einher. Vor allem die Teilstücke besetzen den Frischmarkt, während ganze und halbe Hähnchen weiterhin tiefgefroren vermarktet werden.

Bei Frischfleisch tritt die **Tiefkühl-Ware** im Gegensatz dazu angesichts des dort bisher außerordentlich niedrigen Niveaus vorerst noch den Weg nach oben an. Für eine Erweiterung des Anteils sind zumindest aufgrund der kühltechnischen Voraussetzungen in den Haushalten gute Voraussetzungen gegeben: So hat in den alten Bundesländern der Bestand an Tiefkühlgeräten zwischen 1971 und 1991 um 70 % zugenommen, und die Haushaltssättigung für diese Geräte liegt heute bei etwa 70 % (Deutsches Tiefkühlinstitut DTI, Köln). Tatsächlich wird auch in den meisten Gefriergeräten Frischfleisch gelagert. Dennoch ist der in den letzten Jahren markant steigende Bedarf vor allem auf die Großverbraucher zurückzuführen (PAWLICK 1993). Da die geringe Akzeptanz von Tiefkühlware durch den Verbraucher keinesfalls mit einer qualitativen Verschlechterung des Produktes zu begründen ist, könnten Hinderungsfaktoren dieses Segmentes lediglich sein:
- leichte Substituierbarkeit durch Frosten im eigenen Haushalt,
- Widerspruch zwischen dem klassischen Frischeprodukt Fleisch und der gefrorenen Zustandsform,
- dunkle Farbe und scheinbare „Alterung" des tiefgefrorenen Fleisches.

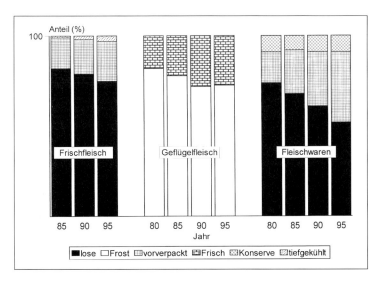

Abb. 1.20: Wandel der Angebotsformen (Anteil in %, Basis Menge pro Person; FROHN 1996)

Es gibt aber Anzeichen dafür, daß der Convenience-Aspekt des tiefgefrorenen Produktes sowie die stark erweiterten Möglichkeiten der Produktinnovation auch im privaten Verbrauch zur Zunahme des Tiefkühl-Segmentes bei den Rotfleischarten führen werden. So hat der Absatz dieser Fleischarten (einschl. Wild) als Tiefkühlware im privaten Endverbrauch zwischen 1985 und 1995 um 73 % zugenommen (von 10.905 t auf 18.000 t; DTI, Köln).

Ein wichtiger Motor in der Entwicklung der Angebotsformen von Frischfleisch und Fleischwaren ist die **Konzentration im Lebensmitteleinzelhandel,** die zu einem erhöhten Bedarf an vorverpackten Produkten für den SB-Handel führt. Diese Konzentration bedingte eine Verminderung der Geschäfte des Lebensmitteleinzelhandels von über 200.000 (1960) auf nur mehr 75.000 (1993), bei gleichzeitigem Anstieg des Gesamtumsatzes von 35 Mrd. DM auf jetzt 230 Mrd. DM (Abb. 1.21). Der mittlere Jahresumsatz je Geschäft stieg dadurch im gleichen Zeitraum von 170 TDM auf 3 Mio. DM, wobei dies praktisch nur durch Ausweitung des SB-Geschäftes möglich war.

Diese Entwicklung dürfte mit ungebrochener Schubkraft anhalten. Allerdings ist ungewiß, ob sie sich im Fleischbereich gleichsinnig fortsetzt, da sich der Rückgang der Fleischerfachgeschäfte verlangsamt zu haben scheint. Hierfür spielen die zunehmende Gründung von Filialbetrieben und Rationalisierungs- und Modernisierungsmaßnahmen eine Rolle. Hinzu kommen gewandelte Ansprüche der Verbraucher, die der Anonymität der *verpackten* Ware bei Fleisch weniger Vertrauen entgegenbringen und daher in der Bedienungstheke des Fachgeschäftes das sicherere Produkt erwarten. Ungeachtet dessen bleibt das Faktum bestehen, daß die Geschäfte des traditionellen Lebensmittelhandels und die Fachgeschäfte derzeit die Verlierer der Entwicklung sind.

Dabei führen diese Verschiebungen nicht nur zu veränderten Marktanteilen, sondern haben gleichzeitig starke Effekte auf die **Endverkaufspreise.** Dies zeigt sich insbesondere bei den Preisen der vorverpackten im Vergleich zu den losen Fleischwaren (Abb. 1.22): 1974 lagen die vorverpackten Fleischwaren im Preis mit einem Abstand von lediglich 6 % (= 0,65 DM) noch dicht auf, 1995 hat sich dieser Abstand aber auf 39 % (= 6,48 DM) vergrößert. Dies hängt vor allem damit zusammen, daß der Lebensmitteleinzelhandel bei der verpackten Ware Preissteigerungen in diesem Zeitraum praktisch verhindern konnte (+5 %), während die lose Ware kräftig anzog (+60 %). Angesichts dieser Preisentwicklung muß der Verlust der Marktanteile bei der losen Ware (Abb. 1.20) sogar als relativ gering eingeschätzt werden. Bei Frischfleisch lose/vorverpackt dürfte die Preisentwicklung ähnlich gelaufen sein, wobei hier für die verpackte Ware die Sonderangebotspolitik des Lebensmitteleinzelhandels speziell zum Tragen kommt.

Das Drängen des Lebensmitteleinzelhandels und der Discounter auf den Fleischmarkt hat zwar einerseits den Vorteil, daß über diese Absatzwege eine erhebliche Mengenbewegung erzielt werden kann, bringt aber neben dem Problem der tendenziell niedrigen Preise weitere Schwierigkeiten mit sich. So wird Frischfleisch in diesem Bereich überwiegend als anonymes Produkt gehandelt, wenn sich auch kurzfristig vermehrt Handelsmarken – allerdings mit geringer Produktspezifizierung – als Reaktion auf den stagnierenden Rindfleischabsatz im Zuge der BSE-Krise gebildet haben. Angesichts der Bevorzugung des anonymen Produktes ist es überaus schwierig, Markenfleischprogramme mit Spezialprodukten oder gar beratungsintensive Innovationen im Lebensmitteleinzelhandel stabil zu etablieren, da die Instrumente des Marketing für diese und für andere Agrarprodukte nicht ausreichend zur Verfügung stehen. Insbesondere fehlen als nicht bezahlbar die klassische Werbung, aber z. B. auch das Merchandising, mit denen bundesweit agierende Konzerne neue Produkte anderer Kategorien in den Markt einführen.

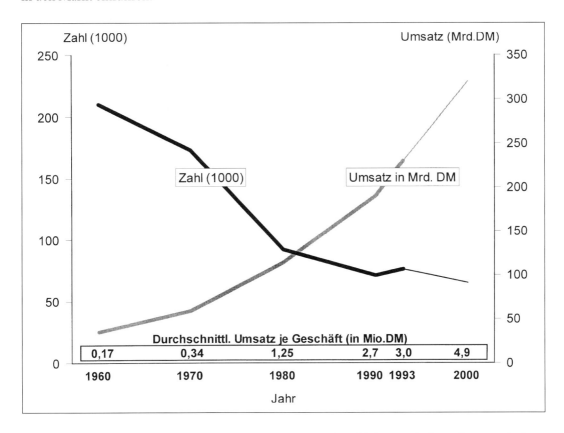

Abb. 1.21: Strukturveränderung im Lebensmitteleinzelhandel (Zahl der Geschäfte und Umsatz in DM; CMA-Mafo)

Die aufgrund ihrer begrenzten Möglichkeiten im Marketing für den Lebensmitteleinzelhandel weniger attraktiven Produkte erhalten dann allenfalls zurückhaltend geringe Anteile des knappen Thekenplatzes, wodurch ihre Marktchancen weiter gemindert werden. Das gilt noch einmal verstärkt, wo versucht wird, Convenience-Produkte zu etablieren, da dieses Segment von Großunternehmen mit allen Möglichkeiten der Produkteinführung und -pflege dominiert wird. Weitere Erschwernisse ergeben sich dadurch, daß der Lebensmitteleinzelhandel zunehmend die Austauschbarkeit relativ hoch standardisierter und relativ eindeutig definierter Produkte (z. B. Schweinehälften und -teilstücke) nutzt und zu kurzfristiger Lieferterminierung bis hin zur „Just-in-time"-Belieferung großer Verbrauchermärkte übergeht.

Der zweite große Absatzkanal sind die **Großverbraucher (Essen außer Haus)**, die im Gegensatz zu den Ausgaben für Lebensmittel insgesamt ihren Anteil an den Ausgaben des privaten Verbrauchs bis heute beachtlich steigern konnten (Tab. 1.6), wenn dieser Anteil auch weiterhin auf niedrigem Niveau liegt.

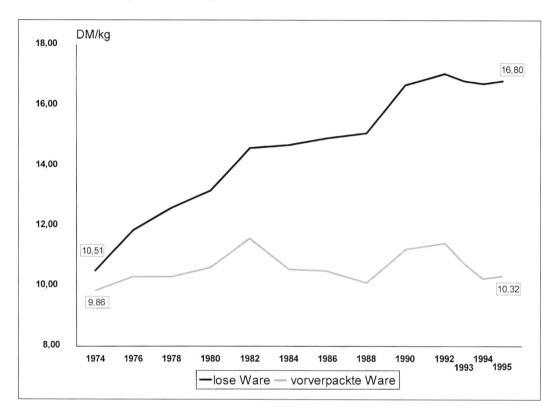

Abb. 1.22: Entwicklung der Preise von losen und abgepackten Fleischwaren (DM/kg; GfK-Panelservices)

Essen außer Haus findet einerseits als Individualverpflegung in der Gastronomie und andererseits als Gemeinschaftsverpflegung statt. In beiden Bereichen werden mit 10 bis 11 Mio. warmen Essen pro Tag etwa gleich viele Essen ausgegeben, obwohl die Zahl der Gastronomiebetriebe mehr als sechsmal so groß ist wie die der Gemeinschaftsverpflegung (Tab. 1.7).

Tab. 1.6: Anteil der Ausgaben für Nahrungsmittel insgesamt und für Essen außer Haus am privaten Verbrauch (in %; Stat. Bundesamt)

	1965	1985	1995
Nahrungsmittel gesamt	36	26	22
Essen außer Haus	2,5	4,3	4,7

Tab. 1.7: Unternehmen und Einrichtungen des Außer-Haus-Verzehrs in Deutschland (1993; afz 1993)

Kategorie	Betriebe (n)	Warme Essen pro Tag (n)
Gastronomie	225.000	über 10 Mio.
Betriebskantinen	20.000	7 Mio.
Anstalten/Mensen	15.000	4 Mio.

In den Jahren seit 1975 haben die Betriebe der Gastronomie nach Anzahl und Umsatz kräftig zugelegt, wobei diese Entwicklung noch nicht abgeschlossen ist. So wird sich in den dann 25 Jahren bis zum Jahr 2000 der Umsatz der Gastronomie von 28 Mrd. DM (1975) auf 52 Mrd. DM beinahe verdoppelt haben. Für die Kantinen und Anstalten kann mit einer ähnlichen Zunahme gerechnet werden (FROHN 1992). In diesem Volumen der Gastronomie sind allerdings Teilbereiche nicht enthalten, die, wie die Imbißanbieter unter den Metzgereien, gerade für Fleisch erhebliche Bedeutung haben. Der Imbißsektor der Fleischerfachgeschäfte soll etwa 5 % von deren Gesamtumsatz und somit etwa 1,5 Mrd. DM ausmachen (für 1990; s. FROHN 1992). Auch der Mengenumsatz der Großverbraucher ist eindrucksvoll: Für 1995 ergibt sich für sie ein Verbrauchsvolumen von ca. 1,71 Mio. t Fleisch und Fleischwaren sowie 0,37 Mio. t Geflügelfleisch (vgl. Abb. 1.17).

In Anbetracht des hohen Anteils der Großverbraucher am Verbrauch von Fleisch und Fleischwaren leuchtet die große Bedeutung von Fleisch als *Hauptkomponente* der warmen Mahlzeiten im Außer-Haus-Verzehr ohne weiteres ein (Tab. 1.8). Etwa die Hälfte der Hauptmahlzeiten in Gaststätten, Kantinen und Anstalten enthalten Fleisch als Hauptkomponenten, allerdings mit unübersehbar sinkender Tendenz. Diese Tendenz wird noch erhärtet durch die generelle Zunahme der völlig fleischlosen Gerichte. Geflügelfleisch und Fleischerzeugnisse treten in 10 bis 15 % der Mahlzeiten als Hauptkomponente auf, wobei die Tendenz stabil oder leicht steigend ist. Zunahmen – vor allem bei den Gaststätten – weist der Fisch auf.

Dynamik im Bereich der Großverbraucher ergibt sich über die Zusammensetzung der Gerichte hinaus auch durch Strukturveränderungen, die sich vor allem in der Gastronomie abzeichnen. Während der Verbrauch in deutschen Gaststätten stagniert, legen die Bereiche Fast food (1995 : 1991 +52 %), Imbiß (+23 %) und ausländisches Restaurant kräftig in den Umsätzen zu (CMA-Mafo). Die in diesen Gruppierungen angebotenen Gerichte enthalten überwiegend verminderte Anteile an Fleischbeilagen.

Für die Großverbraucher liegen schließlich auch Angaben über die **Bezugsquellen** von Frischfleisch (Tab. 1.9) und Frischgeflügel vor. Hauptlieferant der Großverbraucher für **Fleisch** ist das Fleischerfachgeschäft, allerdings mit unterschiedlicher Gewichtung: während Kantinen und Anstalten über 40 % des Fleisches beim Metzger beziehen (zudem mit steigender Tendenz), sind es bei den Gaststätten heute lediglich noch 27 %.

Tab. 1.8: Anteile (%) warmer Mahlzeiten mit den jeweiligen Hauptkomponenten im Außer-Haus-Verzehr[1] (aus FROHN 1992)

Mahlzeiten mit . . .	Kantinen		Anstalten		Gaststätten	
	1984	1990	1984	1990	1984	1990
Fleisch (Rind, Schwein)	58	51	52	44	59	51
Geflügelfleisch	13	14	16	16	12	11
Fleischerzeugnisse	13	14	11	14	12	11
Fisch	9	11	11	12	10	15
ohne Fleisch	7	10	10	14	7	12

[1] Nur Betriebe mit durchschnittl. 30 und mehr warmen Essen pro Tag (d. h. für 1990 28 % aller Betriebe der Gastronomie und der Gemeinschaftsverpflegung)

Tab. 1.9: Die wichtigsten Bezugsquellen für Fleisch im deutschen Großverbrauch[1] (Anteile in %) (aus FROHN 1992)

Bezugsquelle	Kantinen		Anstalten		Gaststätten	
	1984	1990	1984	1990	1984	1990
Fleischerfachgeschäft[2]	36	44	38	41	35	27
Schlachthof	16	19	13	9	21	20
Versandschlachter	k. Ang.	7	5	9	3	11
Großverbr.-Liefergroßhdlg.[3]	17	13	18	28	16	17
Nahrungsmittelindustrie	19	15	18	9	8	11
C & C-Selbstabholung						

[1] vgl. Tab. 1.7, Fußnote 1; Doppelnennungen möglich
[2] vereinzelt Lebensmitteleinzelhandel
[3] einschl. Fachabteilungen des Lebensmittelgroßhandels, C & C mit Auslieferung

Hier wird diese Bezugsquelle zunehmend vom Direktbezug beim Versandschlachter und vom Bezug in der verarbeitenden Industrie und der C & C-Selbstabholung abgelöst. Während bei den Kantinen ebenfalls eine zunehmende Betonung des Direktbezuges auf der Ebene der Schlachtbetriebe festzustellen ist, trifft dies für die Anstalten nur bedingt zu. Hier weist der

Großverbraucher-Liefergroßhandel sehr starke Zunahmen auf. Die C & C-Selbstabholung befindet sich bei allen drei Großabnehmern nach wie vor auf niedrigem Niveau, weist aber generell ein gewisses Wachstum auf.

Bei **Frischgeflügel** spielen die Fleischerfachgeschäfte keine Rolle, hier sind mit jeweils über 25 % Anteil der Großverbraucher-Liefergroßhandel und der Direktbezug von der Geflügelfarm (d. h. Geflügelschlachterei) die Hauptbezugsquellen der drei GV-Kategorien. In der Bedeutung folgen der geflügelspezifische Fachhandel, der Lebensmitteleinzelhandel und als letztes die C & C-Abholmärkte. Die Unterschiede in den Anteilen der Bezugsquellen für Geflügelfleisch sind relativ gering.

Insgesamt ist aber der Außer-Haus-Verzehr von großer Heterogenität geprägt, die sich nicht nur in den Umständen und dem Komfort der Verzehrssituation äußert, sondern auch in der Zusammensetzung der gereichten Kost und damit letztlich im Anteil von Fleisch und Fleischwaren. Immerhin ist bemerkenswert, daß die Bezugsquellen der Gaststätten, Kantinen und Anstalten für Frischfleisch und Geflügel nach wie vor zu weit über 50 % im „Fachhandel" (Fleischerfachgeschäfte, Schlachtbetriebe) liegen. Dies weist auf gute Möglichkeiten der Branche hin, auch eigene Vorstellungen am Markt zu realisieren und innovativ tätig zu werden. Zu beachten ist dabei, daß im Segment der Großverbraucher durchaus auch kleine Lieferanten willkommen sind und daß daher auch Erzeugergemeinschaften der verschiedensten Ausrichtungen hier Chancen nutzen könnten.

Literatur

afz-Allgemeine Fleischer Zeitung (1993): Vom Erzeuger zum Verbraucher. Vermarktung von Fleisch und Fleischwaren in Deutschland. afz fleisch lebensmittel markt Nr. 10 (1993), M22–M23

ALVENSLEBEN, R. v. (1995): Die Imageprobleme bei Fleisch. Ursachen und Konsequenzen. Ber. Landwirtsch. 73, 65–82

ALVENSLEBEN, R. v., M. PLÖGER und A. FRICKE (1994): Die Nachfrage nach Bio-Produkten. Eine Anwendung der Kohortenanalyse. Agrarwirtsch. 43, 99–105

BACH, H. (1993): Entwicklungstendenzen in der Fleischvermarktung. Kulmbacher R. Bd. 12, 214–244

FROHN, H. (1992): Kompendium für Lebensmittel-Marketing. (Hrsg. CMA) Hamburg: Behr's Verlag.

FROHN, H. (1996): Absatzkanäle für Nahrungsmittel. Vortrag anl. des Forums d. „Lebensmittel-Praxis" 28. 2. 96, Bonn. Folienkonvolut (unveröffentl.)

FREUND, U. (1996): Die optimalen Betriebsgrößen und Standorte der Schlachthöfe in Bayern. Agrarwirtschaft, Sonderheft 149

FUCHS, C. (1988): Regionalvergleich, Preisprognosen und Strategiemodelle zur Wirtschaftlichkeit der Schweineproduktion in der Bundesrepublik Deutschland. Agrarwirtschaft, Sonderheft 117

HAHN, G. (1995): Verbrauchertrends und Marktanforderungen bei Frischfleisch. Fleischwirtschaft 76, 228–233

HANF, C.-H. und K. DRESCHER (1994): Der Einfluß von Verbraucherverhalten, Produktqualität und technischem Fortschritt auf die vertikale Koordination im Nahrungsmittelsektor. Agrarwirtschaft 43, 423–430

KERN, C. (1994): Optimale Lösungen von Schlachtbetrieben unter ausschließlicher Berücksichtigung der Schlacht- und Erfassungskosten. Agrarwirtschaft, Sonderheft 144

MUSFELDT, E., E. TREYER, E. BÖCKENHOFF und U. KOESTER (1993): Notwendigkeit zur Schaffung einer deutschen Terminbörse für Agrarprodukte. Gutachten erst. im Auftr. des Bundesministeriums für Ernährung, Landwirtschaft und Forsten (Forschungsauftr. 93HS019): Unveröff. Manuskript

PAWLICK, H. (1993): Die Nachfrage nach Tiefkühlkost. – Struktur, Bestimmungsgründe und Perspektiven. Hamburg, Berlin: Parey. (Agrarmarkt-Studien, Heft 39)

PFLUGFELDER, R. (1991): Der Beitrag der Warenterminbörsen zur Informationsverbesserung und Risikoabsicherung bei Agrarprodukten. Agrarwirtschaft, Sonderheft 128

POPP, B. (Hrsg.) (1996): Fleisch mit Etikett(e). Markenfleischprogramm in Deutschland. Bonn: VI-Verlags- und Handels GmbH

PUDEL, V. (1990): Die Psychologie des Verbrauchers. 13. Hülsenberger Gespräche 1990, 14–21

RISTIC, M. (1993): Schlachtkörperwert und Fleischqualität von Geflügel. Kulmbacher Reihe Bd. 12, 82–102

TIMM, U. (1986): Probleme und Lösungsmöglichkeiten der Schlachtschweinevermarktung. Hamburg, Berlin: Parey (Agrarmarkt-Studien, Heft 31).

2 Marketing von Fleisch und Qualitätsmanagement

W. Branscheid

2.1 Prinzipielle Anmerkungen zum Marketing in der Fleischwirtschaft

Marketingkonzepte mit den dazugehörenden strategischen Zielen gibt es bei Fleisch in ersten Ansätzen erst seit dem Aufkommen von Markenfleischprogrammen Anfang der 80er Jahre. Seither lassen sich zunehmend verschiedene Markentypen mit unterschiedlichen Strategieansätzen differenzieren. Die Entwicklung der Marktnachfrage und die Entwicklung des Produktes spielen nunmehr eine wichtigere Rolle als dies in einem stark durch die Stützungsmaßnahmen der EG beeinflußten Umfeld möglich war. Forcierend wirkt sich zudem aus, daß auch die ausländischen Anbieter versuchen, sich durch gut erkennbare Marken und mit den Instrumenten des Marketing zumindest auf den intermediären Handelsstufen hervorzuheben.

Marketing soll in der Situation des Wettbewerbs dazu beitragen, daß das Unternehmen seine Ziele durchsetzen kann. Hauptziel ist die **Sicherung des Absatzes,** das nach dem Verständnis des Marketing aber nur zu erreichen ist, wenn das Unternehmen seine Strategien auf die Kundenzufriedenheit und damit auf die Anforderungen des Marktes ausrichtet (KOTLER 1982; KOTLER und BLIEMEL 1991; NIESCHLAG u. a. 1994). Das Marketing stellt hierfür Instrumente bereit, die die **Entscheidungsfindung** und die **Marktbeeinflussung** und **-gestaltung** möglich machen. Diese Instrumente finden sich im **Marketing-Mix** wieder, das auf Entscheidungen zum Produkt, zur Distribution, zum Preis und zur Kommunikation aufbaut. Der Einsatz der Komponenten des Marketing-Mix richtet sich darauf, menschliche Verhaltensweisen und kommerzielle Transaktionen so zu beeinflussen und zu steuern, daß die unternehmenseigenen Ziele durchgesetzt werden können (MEFFERT 1991). Marktbeeinflussung meint in diesem Sinne also das aktive Eingreifen des Unternehmens in den Markt, aus dem die Kunden und das Unternehmen selbst gleichermaßen Nutzen ziehen. Auf die einzelnen Möglichkeiten des Eingreifens wird im Kapitel 2.3 eingegangen.

Marketing wird dadurch zu einer **Führungskonzeption,** die auf vertikal gestuften Vermarktungswegen besonders erfolgversprechend ist. Die Definition und die Durchsetzung von Qualitätsstandards auf den verschiedenen Vermarktungsstufen ist bei Fleisch ohne ein solches Führungskonzept nicht denkbar. Aber auch das Zusammenspiel von Beschaffung und Absatz bedarf einer solchen Führungskonzeption, und es muß in der Fleischwirtschaft als

Mangel an Marketingmanagement gelten, wenn gerade in diesem Bereich besondere Probleme auftauchen. Diese Probleme beruhen sicher zum Teil auf der **Diskontinuität des Absatzes** im Endverbrauch, wie sie bei Fleisch durch jahreszeitliche Einflüsse, immer wieder aber auch durch Skandalmeldungen in den Medien eintreten. Sie haben aber auch mit der **Diskontinuität der Anlieferung** zu tun, die von der landwirtschaftlichen Seite durch zyklisch auftretende Überschuß- und Mangelsituationen (Schweinezyklus) oder durch saisonale Anlieferung der Produkte (Weideabtrieb) verursacht wird.

Ein besonderes Fehlmanagement äußert sich in den regional z. T. beachtlichen Überkapazitäten der Schlachtbetriebe, die sich mit dem Zwang zur Auslastung dieser Überkapazitäten dem Druck eines Beschaffungsmarktes aussetzen, in dem der Verkäufer zumindest zeitweise die Preise entscheidend beeinflußt. Dadurch kann es zu Preisentwicklungen auf der Ebene der industriellen Vermarkter kommen, die der Situation auf den Absatzmärkten der Letztverteilerstufe nicht entsprechen.

Solche Entwicklungen lassen sich, wenn die Konstellation eingetreten ist, praktisch nicht mehr verhindern. Vielmehr muß versucht werden, über vorsorgende Maßnahmen, eben über die Instrumente des Marketing, solchen Brüchen des Vermarktungsablaufes und der Preisbildung entgegenzutreten. Daß die deutsche Fleischwirtschaft in den 90er Jahren verschärft in den Zwang zur Umstrukturierung geraten ist, beruht nicht zuletzt auf Fehlern in der Anwendung dieser Steuerinstrumente. Die daraus abzulesende Insuffizienz betrifft aber nicht einmal vorrangig die handelnden Marktpartner, sondern vielmehr die gemeinschaftliche und staatliche Förderungspolitik, aufgrund derer die Entwicklung von Marketingkonzepten über viele Jahre hinweg nicht notwendig erschien bzw. die diese sogar geradezu verhindert hat. Dabei hatten die meisten EG-Mitgliedsstaaten diese Problematik lange erkannt, so daß nationale Institutionen zur Förderung der Absatzmärkte mit Hilfe des Marketing frühzeitig gegründet wurden. In Deutschland basiert dieses nationale Gemeinschaftsmarketing auf dem Absatzfondsgesetz (1969) und wird im wesentlichen von der Centralen Marketinggesellschaft der deutschen Agrarwirtschaft (CMA) getragen.

Für die Fleischwirtschaft, wie generell im Marketing, bestehen zur Schaffung und Erhaltung ihrer **Absatzmärkte** theoretisch drei Möglichkeiten (vgl. NIESCHLAG u. a. 1994):

- Erkennen von Problemen der Verbraucher, Anbieten von Problemlösungen und als Folge daraus **Erschließung gänzlich neuer Märkte** (innovative Phase).
- **Ausweitung von Märkten** durch Erhöhung des Absatzvolumens aufgrund von Steigerungen im angestammten Markt bzw. durch Erschließung neuer Abnehmerschichten oder durch Erweiterung des Angebotsprogrammes mit neuen Produkten, die in angestammten oder auch in neuen Märkten herausgebracht werden (expansive Phase).
- **Erfolgssicherung** z. T. über die vorgenannten Maßnahmen, am zuverlässigsten aber über Qualität und Preiswürdigkeit der Leistung (konservative Phase).

Die Nutzung dieser Möglichkeiten ist bereits mit der praktischen Umsetzung eines Marketingkonzeptes verbunden.

2.2 Ziele des Marketing und Marketingstrategien

Um sinnvoll wirken zu können, muß die Absatzpolitik von kurzfristigen sowie langfristigen und daher strategischen Zielen des Unternehmens gesteuert werden, die sich im Rahmen der Entscheidungsfindung aus Informationen und Managementfunktionen gewinnen lassen. Die Formulierung von **kurzfristigen operativen Zielen[1], die sich direkt in Handlungsanweisungen umsetzen lassen, setzt, je differenzierter sie formuliert werden, um so mehr auch das Vorliegen einer langfristigen Marketingstrategie,** also der *übergeordneten* Linien der Marketingkonzeption voraus. So ist die Entscheidung, Qualitätsfleisch am Markt positionieren zu wollen, ein so weit gehendes Ziel, daß es einer Marketingstrategie gleichkommt. Aus weiter ins Detail gehenden Zielen (z. B. Aufbau eines Gourmet-Programmes, Ausrichtung auf hygienisch-mikrobiologische Aspekte) ergeben sich erst die erforderlichen weiteren Schlußfolgerungen, die schließlich in die Formulierung des gesamten Marketing-Mix und damit in die Fundierung der Marketingstrategie einmünden. Ziel- und Strategiefindung begleiten einander.

Marketingstrategien sind – bereits kenntlich an ihrer Überordnung über die Marketingziele – langfristige Vorgaben der Unternehmensplanung, die allerdings nicht starr festgelegt sein dürfen, um auf sich ändernde Bedingungen der wirtschaftlichen Umwelt reagieren zu können. In der Marketingstrategie enthalten sind das Marketing-Mix, die Festlegung der Höhe des Marketing-Budgets und die Aufteilung des Budgets auf die Komponenten des Marketing-Mix (KOTLER 1982).

Mit der Marketingstrategie ist zwar die oberste Hierachie-Ebene des Marketing erreicht, sie ist dennoch nur Teil einer **Unternehmensstrategie** mit **Unternehmenszielen,** die über das Marketing hinausgehen und die in eine weitere hierarchische Stufung einzuordnen sind. Die vollständige hierarchische Abfolge der Zielebenen wird von MEFFERT (1991) folgendermaßen beschrieben:

- **Übergeordnete Ziele**
    - Unternehmenszweck,
    - Unternehmensidentität (Corporate Identity),
    - Unternehmensgrundsätze (insbes. Unternehmenspolitik).

---

[1] In der Literatur wird im Zusammenhang mit kurzfristigen Maßnahmen häufig auch der Begriff der taktischen Ziele verwendet (NIESCHLAG u. a. 1994)

- **Handlungsziele**
    - Oberziele der Unternehmung (Unternehmensziele),
    - Funktionsbereichsziele (Beschaffung, Produktion, Marketing, Finanzierung),
    - Geschäftsfeldbezogene Zwischenziele des Marketing und die Unterziele der Marketing-Mix-Bereiche.

Namentlich zwischen den Unternehmenszielen und dem Marketingmanagement kann es zu Zielkonflikten kommen. Bei Fleisch bestehen solche Konflikte z. B. dort, wo Schlachtbetriebe von Erzeugergenossenschaften betrieben werden und nun in der Funktion des Abnehmers von den Erzeugern einerseits und des Lieferanten für die Weitervermarktung andererseits stehen. Die in der Tendenz erzeugerfreundlichen Unternehmensziele kollidieren gravierend mit den Marketinginteressen des Unternehmens als Weitervermarkter (z. B. in der Preisbildung oder in der Sortierung der Schlachtkörper).

Im Gegensatz zu den langfristigen Zielen werden die **kurzfristigen Ziele** des Marketing in einem ständigen Zyklus von Information, Planung, Organisation, Kontrolle und Führungsfunktion formuliert, der auf der Managementebene abläuft. Auf diesen muß hier nicht im einzelnen eingegangen werden. Unter diesen Zielen beanspruchen die **operativen Ziele,** die die Erfolgsindikatoren für Marketingmaßnahmen verfügbar machen, besonderes Interesse (STRECKER u. a. 1990). Marktanteile, Bruttogewinne, Bekanntheitsgrad und Wiederkaufraten gehören hier hinzu. Naturgemäß sind derartige Ziele gleichzeitig in den **Basiszielen des Unternehmens** enthalten, die sich gruppieren lassen in:

- betriebswirtschaftliche Ziele,
- Ziele bezüglich des Einsatzes an Produktionsfaktoren,
- Ziele im Hinblick auf die Produktionsmengen und
- Ziele, die nicht quantifizierbar sind.

Unter den nicht quantifizierbaren Zielen verdient gerade bei Fleisch das **Image des Produktes und des Unternehmens** besondere Beachtung. Imageziele kommen auf allen Produktions- und Vermarktungsstufen, besonders aber auf der Letztverteilerstufe zum Tragen.

Das **Produktimage** von Fleisch wird schon im landwirtschaftlichen Betrieb gegründet, sei es durch die Wahl der verwendeten Rassen zur Erzeugung von Masttieren (z. B. Schwein: Sattelschweine, Duroc; Rind: Angus, Charolais), des Mastverfahrens (z. B. Landkornhähnchen, Weideochsen, Jungmastrinder) oder des Produktionssystems (z. B. intensive/extensive Haltung mit oder ohne Auslauf, Ökobetriebe). Die auf einer solchen Basis angestrebten Imageziele richten sich durchaus nicht vorrangig auf rational begründbare Faktoren der Produktqualität, sondern eher auf die emotional bedingten Aussagen zum Produkt, die für den Endverbraucher ebenfalls besonderes Interesse beanspruchen (vgl. Kap. 1.4).

Die Pflege des Produktimage von Fleisch und speziell von Rindfleisch hat sich aber aufgrund der bekannten Situation zunehmend auch zu einer Aufgabe des **Gemeinschaftsmarketing** entwickelt. Diese Aufgabe wird auf der Ebene der EU, auf nationaler Ebene und in den Bundesländern mit erheblichem Mitteleinsatz wahrgenommen. In Deutschland werden die umfassendsten Aktivitäten durch die **CMA** durchgeführt. Dabei wird die Imageförderung als klassischer Aufgabenbereich der Öffentlichkeitsarbeit (PR-Maßnahmen) und der Gattungswerbung aufgefaßt. Maßnahmen der Verkaufsförderung (Vermittlung von Informationen am Point-of-Sale) treten hinzu.

Die gezielt von der CMA betreute Klientel dürfte in ihrer Breite dem Bevölkerungsquerschnitt entsprechen. Besonders beachtet werden allerdings Multiplikatoren wie Ärzte, Ernährungsberater und -lehrer sowie die Medien. Da eine Reihe von Argumenten, die das Image von Fleisch belasten, auf wissenschaftlich nicht fundierten Aussagen beruhen, hat sich in diesem Bereich die Kooperation mit wissenschaftlichen Instituten als sinnvoll erwiesen.

Die spektakulärsten Maßnahmen zur Imagepflege für Fleisch sind naturgemäß die **Werbelinien,** die in der Vergangenheit unterschiedliche, an die jeweils aktuelle Marktsituation angepaßte Ziele verfolgten. Grundlage der Auffindung dieser Ziele ist die CMA-Marktforschung, die, zum Teil mit langjährigen Befragungsserien, weitgehende Rückschlüsse zuläßt.

Auch in den Bundesländern existieren Institutionen, die sich dem Gemeinschaftsmarketing (BALLING 1994) und ebenfalls mit Schwerpunkten der Imagepflege von Fleisch widmen. In enger Ausrichtung auf die jeweiligen Länderbedürfnisse ergänzen sie die übergeordnete Funktion der CMA. Selbständige Institutionen (z. B. Niedersachsen, Nordrhein-Westfalen, Sachsen, Saarland) und Teile von Länderministerien (z. B. Bayern, Rheinland-Pfalz) sind hier tätig.

Ziele, die auf das **Image des Unternehmens** gerichtet sind, können schon im intermediären Handel eine Rolle spielen (z. B. Liefertreue), sind aber auf der Letztverteilerstufe noch wichtiger. Soweit es Fleisch anbetrifft, setzen jedoch die Betriebe des Lebensmitteleinzelhandels ihr Unternehmensimage zumeist nur einseitig ein, da sie dieses Produkt regelmäßig vor allem über den Preis herausstellen. Im Gegenzug sind es gerade Imagekomponenten des Unternehmens (z. B. Zuverlässigkeit oder Vertrauenswürdigkeit durch Sachverstand), welche die nach wie vor feste Position der Fleischerfachgeschäfte am Markt begründen. Für dieses Image ist die Nähe des Kunden zum Betriebsleiter ebenso entscheidend wie die entsprechenden Aktivitäten des Gemeinschaftsmarketing. Allerdings setzt der Lebensmitteleinzelhandel diesen Vorzügen seinen hohen **Bekanntheitsgrad** entgegen, der ja enge Beziehungen zum Unternehmensimage aufweist. Weitere Imagevorteile des Lebensmitteleinzelhandels liegen in seiner Sortimentspolitik, die eine wesentlich größere Breite und Aktualität erreicht als sie im Fachgeschäft möglich sind.

Ein spezielles Unternehmensziel im Hinblick auf das Image ist die Schaffung einer „**Corporate Identity**", also die Schaffung eines einheitlichen und prägnanten Unternehmensbildes („Unternehmenspersönlichkeit"; NIESCHLAG u. a. 1994). Stößt dieses Ziel schon in straff organisierten Industriebetrieben auf erhebliche Schwierigkeiten, so dürfte es in der vertraglich verbundenen Vermarktungskette von Fleisch fast nicht zu realisieren sein. Genau in dieser einheitlichen Identität vom Landwirt bis zum Letztverteiler lägen aber große Chancen, die Imageziele Glaubwürdigkeit und Zuverlässigkeit zu erreichen. Mit der Direktvermarktung wird dies aufgegriffen, obwohl diese Vermarktungsform u. a. wegen der hygienischen Bedenken für Fleisch weniger zu empfehlen ist.

2.3 Marktbeeinflussung und Marktgestaltung

Die **Ziele der Marktbeeinflussung und -gestaltung** sind das Kernstück des Marketingkonzeptes. Diese Ziele sollten so gewählt sein, daß sie dem Verbraucher anschaulich und erstrebenswert gemacht werden können. Die Auswahl kann die Landwirtschaft vielfach nicht aus eigener Kraft leisten und greift deshalb auf ihre Selbsthilfeorganisationen des Marketingbereiches zurück. Die umfassendsten Aktivitäten werden bundesweit hierzu im **Basismarketing** und in den Kooperationsprojekten des „**Zentral-regionalen Marketing**" der CMA erbracht, in denen die Landwirtschaft, die Verarbeitungs- und Handelsstufen sowie die regionalen Institutionen der Absatzförderung, die regionalen Bauernverbände und Organe der Länderministerien zusammengeführt werden. Fleisch hat mit einem Anteil von fast 40 % (1993) den höchsten Anteil an diesen Projekten. Entsprechend der Zielsetzung der Marktgestaltung und -beeinflussung werden in den Projekten neue Produkte entwickelt bzw. die Qualität von Produkten verbessert und Qualitätssicherungssysteme aufgebaut. Hierbei wird das gesamte Marketing-Mix genutzt.

Die geeigneten **marketingstrategischen Ziele** zur Marktbeeinflussung können anhand von Matrizen dargestellt werden. Sie gehen von bestimmten Marktsituationen, wie z. B. Wachstumsmärkten oder gesättigten Märkten, aus (NIESCHLAG u. a. 1994), wobei auf gesättigten Märkten nur noch Wettbewerb um die Umverteilung des bestehenden Marktvolumens getrieben werden kann. Wenn auch Fleisch insgesamt auf gesättigten Märkten gehandelt wird, so erscheint doch zumindest zu Beginn der Strategieentwicklung die Strukturierung auf der Basis der **Produktangebot-Marktnachfrage-Matrix** (oder verkürzt Produkt-Markt-Matrix), trotz ihrer Ausrichtung auf Wachstumsmärkte, angemessener (vgl. MEFFERT 1991): die Ausdehnung von Marktsegmenten ist für Fleisch eine wichtige Grundfrage. In der Anpassung an die Verhältnisse bei Fleisch zeigt diese Matrix vier strategische Möglichkeiten auf (Übers. 2.1):

- Die **Marktdurchdringung** mit einem konventionellen Produkt erfolgt überwiegend durch die Differenzierung über den Preis, da das Fleisch als anonymes und uniformes Gattungsprodukt gehandelt wird. Serviceleistungen haben ergänzend Bedeutung. Über Jahrzehnte hin war diese Strategie die einleuchtendste und wurde mit erheblichem Druck auf die Kosten geführt. Sie machte andere Marketingkonzepte entbehrlich und hat mit Sicherheit ursächlichen Anteil am Renommeeverlust von Fleisch; Sonderangebote wirken forcierend. Langfristig führt die Strategie zu

sinkenden Mengen des Fleischabsatzes und bietet jedenfalls keine Möglichkeit, die Nachfrage nachhaltig auszuweiten.
- Die **Angebotsentwicklung** ohne Nachfrageerschließung stellt einen Widerspruch in sich dar, wird aber gerade seitens der Landwirtschaft immer wieder versucht. Hier wird verkannt, daß der erforderliche Mehrpreis für Spezialprodukte vom Markt nur erbracht wird, wenn dieser durch Marketingmaßnahmen vorbereitet ist. Das Scheitern des von der Qualität her sehr überzeugenden Produktes Baby beef in den 80er Jahren, aber auch verschiedener Öko-Fleischprodukte sind Beispiele dieser verfehlten Strategie.

Übers. 2.1: Marketingstrategien für Fleisch (BRANSCHEID 1994a, verändert)

Markt-nachfrage	Produktangebot	
	Konventionelle Produkte	**Neue Produkte**
Kon-ventionell	**Strategie**: Marktdurchdringung (erhöhte Marktanteile) mit konventionellen Produkten durch Preiskampf **Hilfsgröße**: Steigerung des Fleischverbrauches **Effekt**: ▸ Preisverfall ▸ Renommeeverlust langfristig: ▸ sinkender Absatz **Schweinefleisch (Sonderangeb.), Jungbullen konventionell**	**Strategie**: Entwicklung neuer Produkte auf anonymem Markt bei geringen Aufwendungen des Marketing **Effekt**: ▸ Kein Erfolg **Baby Beef (80er Jahre)**
Neu	**Strategie**: Marktentwicklung ohne Produktentwicklung bei erhöhten Marketinganstrengungen (Distribution, Qualitätsmanagement zur Produktstandardisierung), Preiskampf **Effekt**: ▸ Befriedigung des Grundbedarfs ▸ Fehlende Expansionschancen ▸ Preise in Höhe der Grenzkosten, Umsatzorientierung **Standardisierte Basisqualität**	**Strategie**: Entwicklung neuer Produkte und diversifizierter Märkte bei umfassenden Marketinganstrengungen (Qualitätsmanagementsystem im Sinne TQM) **Effekt**: ▸ Befriedigung neuer bzw. neu geweckter Bedürfnisse ▸ Expansionschancen in fremde Segmente ▸ gehobene Preise, Gewinnorient. **Qualitätsfleisch, Ökofleisch**

- Die **Entwicklung neuer Nachfrage** für ein im wesentlichen nicht verändertes Produkt stellt dagegen eine gangbare Strategie dar, die zu einem stark durch Marketing begleiteten und günstigenfalls höher standardisierten Produkt führt. Die Ausweisung von Qualitätsmanagementsystemen eines niedrigen Anspruchsniveaus sowie deren Zertifizierung werden wesentliche Instrumente sein. Die typische Ware ist das auf dem EU-Binnenmarkt zwischenstaatlich sowie unter starkem Preisdruck und Umsatzorientierung gehandelte Produkt mit hohen Marktanteilen. Vor allem in diesem Quadranten der Matrix werden von den EU-Mitbewerbern Wachstumschancen genutzt, wobei sich die Funktionen des Marketing weniger auf der Letztverteilerstufe als im intermediären Handel abspielen.

- Die **Entwicklung neuer Marktnachfrage für ein neues Produktangebot** stellt eine Strategie dar, die im Vergleich zur vorangehenden deutlich mehr Risiken, sicher aber auch mehr Möglichkeiten birgt. Richtig angewendet führt sie zu Produkten, die nicht nur durch Erfüllung gehobener Qualitätsansprüche und eine stringente Qualitätssicherung (Total quality management – TQM), sondern auch durch bisher wenig genutzte Produkteigenschaften gekennzeichnet sind. Hierzu gehören Spezialprodukte des Gourmetsegments und Snacks ebenso wie speziell ausgewiesenes Qualitätsfleisch oder Öko-Fleisch. Für Fleisch liegen in dieser Strategie nicht die größten Wachstumschancen. Allein schon die Abwendung von der Umsatz- zur Gewinnorientierung läßt die Schwierigkeiten abschätzen, die diese Produkte in der Positionierung im Lebensmitteleinzelhandel (LEH) haben. Im Grundsatz wird es sogar so sein, daß für die Strategie des vierten Quadranten vor allem klein strukturierte Unternehmen mit günstigen internen Voraussetzungen zur Differenzierung bzw. Diversifizierung optieren werden. Die Kombination Erzeugergemeinschaft + mittelständischer Verarbeiter + Handwerk bietet sich vielfach an. Der Mangel dieser Kombination liegt darin, daß kleine Unternehmen kaum die wirtschaftliche Kraft haben, um die Markteinführung eines neuen Produktes mit einer entsprechend aufwendigen Kommunikationspolitik zu begleiten. Für den Absatz im LEH sollte versucht werden, Thekenbereiche außerhalb der eigentlichen Frischfleischtheke (z. B. Convenience-Produkte) stärker zu infiltrieren, so daß damit eher auf Nischenprodukte reflektiert wird.

Ergänzend zum Strategieansatz, der mit Hilfe der Produkt-Markt-Matrix formuliert werden kann, sollte aber – möglichst sogar simultan – ein **wettbewerbsorientierter Zieleansatz** geprüft werden, der insbesondere für gesättigte Märkte angemessen ist. Bei diesem geht es (MEFFERT 1991; NIESCHLAG u. a. 1994):
- einerseits um die **Art des Wettbewerbs,** sei es als **Kosten-** oder als **Qualitätsführerschaft** (wobei letztere durch Differenzierung des Produktes bis hin

zur Einzigartigkeit zustandekommt und sich normalerweise in einer höheren Preisklasse ausdrückt),
- andererseits um den **Ort des Wettbewerbs,** der am *Gesamtmarkt* oder in *Teilmärkten* bzw. *Nischen* stattfindet und jeweils im Hinblick auf Kosten- oder Qualitätsführerschaft geführt wird.

Für Fleisch können sowohl Kosten- als auch Qualitätsführerschaft sinnvolle Marketingziele sein, die aber sorgfältig auf den jeweiligen Teilmarkt abzustimmen sind. Da Kostenführerschaft naturgemäß eine zutreffende Kostenermittlung voraussetzt, ergeben sich namentlich für die Landwirtschaft gewisse Probleme, ein solches Ziel in Angriff zu nehmen.

Die beiden Grundtypen von Marketingstrategien mit ihrer Ausrichtung auf Angebot/Nachfrage bzw. Wettbewerb können durch weitere ergänzt werden, von denen hier die **gesellschaftsorientierten Strategien** als die wichtigsten erscheinen (HAMM 1991). Auf die Beweggründe hierfür wird in Kapitel 1 eingegangen. Derartige Strategien sind besonders als **Öko-Marketingstrategien** ausgeprägt. Diese sind zwar einerseits ein Instrument der Produktdifferenzierung und fügen sich somit auch in die Produkt-Markt-Matrix ein. Andererseits haben Öko-Marketingstrategien eine eigenständige Funktion, die die Einstellung der Unternehmen auf einen sich wandelnden Markt betrifft und damit auf eine Stabilisierung für die Zukunft ausgerichtet ist. Es muß gerade für das Produkt Fleisch einleuchten, daß Krisenbewältigung, etwa beim Auftreten von Lebensmittelskandalen, aus einer ökologisch gestützten Position heraus glaubhafter und damit wirksamer betrieben werden kann. Über diese im Unternehmen selbst gelegenen Funktionen hinaus folgen Öko-Marketingstrategien einer **volkswirtschaftlichen Verantwortung,** die für die Landwirtschaft besonders einleuchtend ist, da sie einer intakten natürlichen Umwelt zur Erzeugung gesunder Nahrungsmittel bedarf. Natürlich erzielen auch diese Strategien Nachfrage- und Wettbewerbseffekte, die das Unternehmen zu seinem Vorteil nutzen kann.

Die marketingstrategischen Ziele zwischen Wachstum und Wettbewerb müssen von **operativen Zielsetzungen** begleitet werden, die die Marktpräsenz charakterisieren und ihrerseits in hohem Maße von der **Preispolitik** getragen werden. Solche Ziele können sein (KOTLER und BLIEMEL 1991):
- **Kurzfristige Gewinnmaximierung.** Dieses Ziel ist zumindest im landwirtschaftlichen Bereich weniger erstrebenswert, da es nur erreichbar ist, wenn die Nachfrage- und Kostenfunktionen hinreichend bekannt sind. Auch die Kurzfristigkeit unter Vernachlässigung langfristiger Gewinnerwartungen dürfte den eingeschränkten Nutzen für den Fleischbereich ausweisen.
- **Kurzfristige Umsatzmaximierung.** Diese wird gerade bei Fleisch ohne weiteres und häufig über den Preis, d. h. durch Sonderangebotsaktionen erreicht. Auch andere Verkaufsförderungsaktionen wirken zunächst im Sinne der Umsatzmaximierung, sind aber zumeist in Marketingkonzepte anderer Intention eingeordnet.

- **Maximales Absatzwachstum.** Dies beinhaltet die Strategie der Marktdurchdringung, die vor allem auf preisempfindlichen Märkten möglich ist. Die Preise werden dabei in der Regel so niedrig wie möglich gesetzt. Das maximale Absatzwachstum hat dann einen Sinn, wenn die Erhöhung des Absatzvolumens zu niedrigen Stückkosten (Kostenführerschaft) führt. Die Verdrängung der deutschen Erzeuger (sinkender Selbstversorgungsgrad bei Fleisch) könnte eine solche Zielsetzung ausländischer Anbieter darstellen.
- **Maximale Marktabschöpfung.** Diese Politik möglichst hoher Preise ist für den Fleischbereich kaum diskutabel, da vor allem der stark innovative Hintergrund einer solchen Politik fehlt und angesichts der Marktmacht des Lebensmitteleinzelhandels auch wenig nützen würde.
- **Qualitätsführerschaft.** In der strikten Definition ist diese mit hohen Preisen und hoher Produktqualität verbunden. Selbst für Fleisch der **Premiumqualität** (z. B. CMA-Prüfsiegel) sind aber deutlich angehobene Erzeuger- und Verbraucherpreise nur schwierig realisierbar. Auch diese Produkte gelangen immer wieder in die Sonderangebotspolitik. Der Vorteil der Qualitätsführerschaft dürfte daher für Fleisch eher im Halten der Marktanteile in Krisensituationen als im Erzielen hoher Preise zu finden sein. Im Lebensmitteleinzelhandel (z. B. Aldi) besteht sogar eine starke Tendenz, Qualitätsführerschaft bei *niedrigen* Preisen zu erreichen. Dies ist letztlich nur über gleichzeitige Kostenführerschaft (z. B. Kostendegression über Mengenabnahme) möglich.

Als weiteres mögliches Ziel wird in diesem Zusammenhang von KOTLER und BLIEMEL (1991) der **Fortbestand des Unternehmens** genannt, der natürlich nur in der Extremsituation in das Gesichtsfeld des Marketing-Management gerät. Für die Fleischwirtschaft ist in den 90er Jahren gerade diese Situation nicht außergewöhnlich. Die Sicherung des Fortbestandes wird nämlich dann zur basalen Notwendigkeit, wenn Überkapazitäten, intensiver Wettbewerb und sich verändernde Verbraucherwünsche das Unternehmen in nachhaltige Schwierigkeiten bringen. Soweit es die Schlachtbetriebe anbetrifft, führt dies teilweise zu dem geradezu ungesunden Verhalten, daß das Bemühen um Auslastung der Schlachtkapazitäten zu Zugeständnissen bei den Erzeugerpreisen führt. Langfristig wird hierdurch die Frage des Fortbestandes für das Unternehmen nicht befriedigend zu lösen sein.

Die Beeinflussung und Gestaltung des Marktes im Sinne der vorgenannten Ziele stützt sich auf ein absatzpolitisches Instrumentarium, dessen Kernstück das Marketing-Mix ist. Dieses ist in folgende konzeptionelle Ebenen gegliedert (KOTLER 1982; MEFFERT 1991):
- **Produktpolitik** richtet sich auf die Gestaltung des Produktes, die Entwicklung von Produktlinien, die Entwicklung der Produktidentität (soweit aus dem Produkt selbst heraus möglich) und den Aufbau von mit dem Produkt verbundenen Serviceleistungen.

- **Preispolitik** legt Größenordnung und Grenzen, ggf. auch Zahlungsmodalitäten fest und führt Mechanismen für Preisbildung und Preisveränderung ein.
- **Politik des Absatzweges** entscheidet über dessen Stufen und mögliche Veränderungen und schließt die technischen Fragen der Distribution ein.
- **Politik der Marketingkommunikation** bezieht sich auf Werbung, Verkaufsförderung und den Verkaufsvorgang selbst und sollte in jedem Fall auch Medienwirkungen (Publicity) berücksichtigen.

Auf diese Ebenen der Absatzpolitik wird im folgenden noch eingegangen.

2.4 Produktdifferenzierung, Bildung von Marken und anderen Warenzeichen

Für die Fleischwirtschaft ist **die Differenzierung der Produkte** in den letzten Jahren *das* große Marketingproblem schlechthin und bildet hier den grundlegenden Ansatzpunkt für Marketing überhaupt. Das zunächst ausschließlich als Gattungsprodukt allenfalls mit **Preisdifferenzierung** auf den Markt gebrachte Frischfleisch gewinnt zunehmend unterschiedliche Facetten, die in Marketingstrategien ausgenutzt werden können. Auf diese Fragen sei hier vorab eingegangen, weil sie grundsätzlich Bedeutung haben und weil sie sämtliche Politikbereiche des Marketing-Mix berühren.

Generell können Produkte anhand der folgenden Elemente variiert und dadurch gegeneinander differenziert werden (vgl. MEFFERT 1991):

- **Physische** und auf die Grundfunktionen bezogene Eigenschaften, bei Fleisch also die Fleischqualität mit ihren unterschiedlichen Ausprägungen (vgl. Kap. 3.2);
- **Ästhetische** Eigenschaften, die sich bei Fleisch im Zuschnitt, Herrichtung und Verpackung äußern;
- **Symbolische** Eigenschaften, die vor allem durch den Markennamen suggeriert werden;
- **Zusatzleistungen,** die bei Fleisch stark auf den Vorstufen des Handels zum Tragen kommen (Finanzierungsservice, Flexibilität der Lieferung) und sich beim Endverbraucher etwa in besonderer Preiswürdigkeit oder überhaupt in der kontinuierlichen Verfügbarkeit des Produktes äußern können.

Eine weitere Kategorie, die bei Fleisch besondere Bedeutung hat und zur Produktdifferenzierung genutzt wird, sind die **ethischen Eigenschaften,** die sich auf Umweltverträglichkeit und Tierschutz beziehen.

Die Möglichkeiten gehen also weit über das hinaus, was im vorangegangenen Abschnitt mit Kosten- und Qualitätsführerschaft als differenzierende Marketingstrategien angesprochen wurde. Die Umsetzung ist bei Frischfleisch in erheblichem Umfang mit der Bildung von Marken verbunden. Der in den 80er Jahren aufgekommene Begriff der Markenfleischprogramme macht dies deutlich. Er hat sich allerdings nur als eingeschränkt brauchbar erwiesen, da er die Unterscheidungsmerkmale der Programme nicht hinreichend aufgreift. Darüber hinaus sollte der Begriff „Markenfleisch" nicht im gängigen Sinne des Markenartikels, also als Kennzeichen eines gehobenen Anspruchsniveaus verstanden werden. Immerhin bleibt als Vorteil der Marke, daß sie mit einem Marketingkonzept verbunden ist und daß sie einen Verantwortlichen benennt, der für das Produkt einsteht. Daraus läßt sich rückschließen auf eine, wenn schon nicht gehobene, so doch gleichbleibende und damit den Erwartungen entsprechende Qualität. Da mit der Marke gleichzeitig die Wiedererkennbarkeit des Produktes sichergestellt ist, können die gemachten Erfahrungen schließlich auch in Wiederkäufen umgesetzt werden.

Natürlich kann Produktdifferenzierung auch ohne Markenbildung betrieben werden, wobei dies um so näher liegt, je kleiner die vertriebenen Produktmengen sind. Aus dieser Sicht verlangt also auch die Entscheidung, ob eine Marke gebildet werden soll, eine abwägende Kosten/Nutzen-Analyse. Die Entscheidung kann dabei für dasselbe Produkt je nach Vermarktungsweg (z. B. LEH vs. Fleischerfachgeschäft) unterschiedlich ausfallen.

Bei Fleisch hat die Markenbildung enge Beziehung nicht nur zur Kommunikations-, sondern auch zur Produktpolitik. Sowohl „Produktkern" als auch „Produktumfeld" (vgl. Kap. 2.4) können zur Charakterisierung von Markentypen herangezogen werden.

Zumindest zwei Markentypen lassen sich in dieser Hinsicht unterscheiden:

- **Marken für kontrolliertes Qualitätsfleisch**
  Charakteristikum ist die vollständige vertikale Integration über alle Produktions- und Vermarktungsstufen hinweg, die unterschiedliche Intensitätsgrade der vertraglichen Bindung annehmen kann. Wichtigstes Ziel der Integration ist dabei die **stufenübergreifende Qualitätssicherung,** die sich letztlich auf die verbraucherrelevanten Aspekte Tierschutz, Gesundheit und Hygiene, Genußwert sowie Herkunftssicherung bezieht. Die Sicherungsmaßnahmen berücksichtigen also gleichzeitig die Produkt- und Prozeßqualität, um ein für den Verbraucher in seiner Gesamtheit attraktives Produkt anbieten zu können. Die am weitesten entwickelten Marken dieses Typs sind unter dem Prüfsiegel der CMA für kontrolliertes Qualitätsfleisch zusammengefaßt.

- **Marken für Fleisch aus besonderen Haltungsverfahren**
  Schwerpunkt der Produktdefinition ist die Prozeßqualität mit **Ökologie** (Stoffkreisläufe), **Tierschutz** und gewissen gesundheitlichen Aspekten („Produktion in Harmonie mit Tier und Umwelt führt zu gesunden Nahrungsmitteln"). Während hiermit tatsächlich drängende Anliegen einer modernen Industriegesellschaft getroffen werden, bleibt die Sicherung der Qualität des Produktkernes sekundär.

Diese beiden Markentypen müssen nicht als Gegensätze zueinander gesehen werden, vielmehr bieten sich die fruchtbarsten Ansätze dort, wo Betriebe, die den Ökoverbänden angehören (z. B. BUND), gleichzeitig das CMA-Prüfsiegel führen. Hierfür gibt es Beispiele schlagkräftiger mittelständischer und genossenschaftlich organisierter Unternehmungen.

Während früher diesen unternehmungsbezogenen Markentypen auch Marken zuzurechnen waren, die die **regionale Herkunft** zur Markierung verwendeten, kann dies nach den Entwicklungen infolge der BSE-Problematik so nicht mehr stehen bleiben. Herkunftsdeklaration geschieht heute – z. T. aufgrund massiver Unterstützung der Bundesländer – auf breiter Ebene, um mit dem alleinigen Hinweis auf die Regionalität Vertrauen zu erwecken. Diese breite Verwendung (bis zu 80 % Anteil am Markt) wandelt die Herkunftszeichen zu Gattungsmarken, die den unternehmensbezogenen Marken nebengeordnet werden. Langfristig scheint die EU eine Herkunftsdeklaration wenigstens auf freiwilliger Basis anzustreben, wie sie bei Obst und Gemüse bereits gesetzlich geregelt ist.

In spezifischer Weise mit dem Vermarktungsweg verbunden ist die Bildung von **Erzeugermarken** bzw. **Herstellermarken** (bei Fleischwaren) einerseits und **Handelsmarken** andererseits (Abb. 2.1). Während bei der Erzeugermarke das Marketingkonzept in Händen der produzierenden Seite liegt (sei es Erzeugergemeinschaft oder Schlachtbetrieb), liegt es bei der Handelsmarke in Händen des Handelsunternehmens. Dieses ist in der Regel ein Unternehmen, das in einer Ladenkette zusammengeschlossene Geschäfte betreibt. Es ist evident, daß die Handelsmarke die Einflußmöglichkeiten der Erzeugerseite mindert. Als Gegenreaktion wird z. B. in genossenschaftlich organisierten Großunternehmen mit erzeugernahen **Dachmarken** versucht, gegenzuhalten, da unter diesen größere Mengen gebündelt und somit die Marktmacht verstärkt werden kann.

Das Gegenstück zu den Dachmarken – die **Produktmarke** – hat im Fleischbereich vor allem bei hochspezifischen Wurstwaren Bedeutung. Sie wird aber auch mit Erfolg bei einzelnen Frischfleischprogrammen eingesetzt. Im Bereich der kurzen Vermarktungswege (Abb. 2.1) – wie z. B. in Fleischerfachgeschäften – wird völlig auf Marken mit Unternehmensbezug verzichtet. Die Lücke der Kommunikationsfunktionen wird hier über das Gemeinschaftsmarketing geschlossen. Zudem schreibt der Verbraucher dem Metzgermeister die „Marke" gleichsam ad personam zu. Ähnliches gilt für die Direktvermarktung und den Gastronomiebetrieb. Hiervon auszunehmen sind die Betriebe der Systemgastronomie, die ähnliche Kommunikationsformen wie die Handelsmarken entwickeln.

Neben den genannten Marken werden im Fleischbereich auch andere **Warenzeichen** wie Gütezeichen (CMA, DLG), Prüfsiegel (CMA) und Verbandszeichen (Deutscher Fleischerverband, Ökoverbände) verwendet. Bei diesen Zeichen handelt es sich um Instrumente des Gemeinschaftsmarketing.

Als solche werden sie nicht von einem einzelnen Unternehmen getragen, sondern unternehmensübergreifend und teilweise sogar bundesweit eingesetzt. Dies ermöglicht naturgemäß auch den Einsatz überregionaler Medien in der Kommunikationspolitik, wodurch diese – zumindest auf das jeweilige Zeichen bezogen – schlagkräftiger gestaltet werden kann. Die Überwindung der Regionalität erscheint dabei als entscheidender Vorteil. Der Nachteil zusätzlicher Warenzeichen ist, daß sie im Kampf um die Aufmerksamkeit des Kunden in

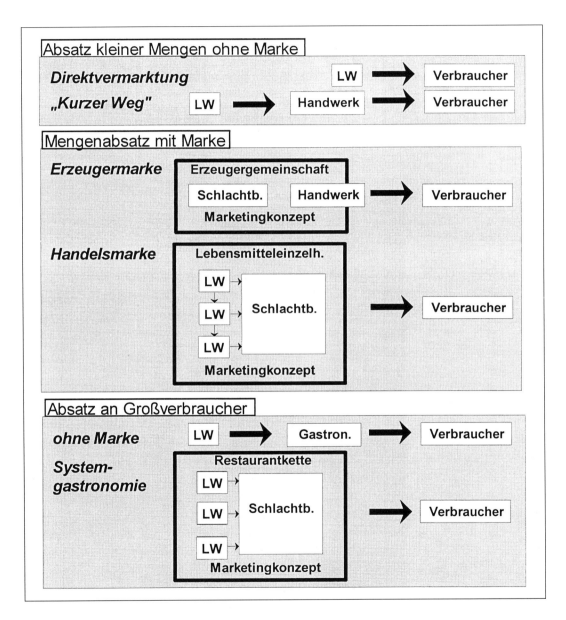

Abb. 2.1: Kommunikationskonzepte und Absatzwege für Fleisch (schematisch; BRANSCHEID 1994c, verändert)

Konkurrenz zu den Markenzeichen treten können. Somit sollte die Zahl zusätzlicher Warenzeichen auf einem Produkt begrenzt werden, damit nicht zu starke Informationsüberlagerungen die Identifizierung durch den Verbraucher behindern.

2.5 Produktpolitik

Die Produktpolitik sollte beim Verbraucher beginnen, also vom Endzustand des Produktes ausgehen. Hierin liegt für Fleisch eine besondere Problematik, weil sich die Landwirtschaft daran gewöhnt hat, das Produkt so anzudienen, wie es eben ist, und sich dabei allenfalls von der Stufe der unmittelbaren Abnehmer (Schlachtbetriebe) beeinflussen zu lassen. Im Marketing wird die Richtung der Produktdefinition umgekehrt gesehen: vom Verbraucher aus wird – auf der Basis von Ergebnissen der Marktforschung – ein Anforderungskatalog definiert, der mit Hilfe der entsprechenden Organisationsstrukturen und Prozesse so zurückgegeben wird, daß das Rohprodukt mit den Anforderungen auf der Endstufe konform geht. Zwei Dinge sind für Fleisch hierbei besonders hinderlich:

- der mehrfach **gestufte Produktions- und Vermarktungsweg,** in dessen Verlauf vielfältige Eigentumsübergänge und Zustandsänderungen des Produktes ablaufen und der durch stufenspezifische Eigeninteressen geprägt ist sowie
- die schwierige **Vorausbestimmbarkeit der Endqualität** in der Rohstufe, da aus dem Zustand des Jungtieres aufgrund der zahlreichen noch folgenden Stufenwirkungen nicht ohne weiteres die zu erwartende Qualität des Endproduktes einzuschätzen ist.

Für die Fleischwirtschaft führt als einzige Lösung aus diesem Dilemma die Gestaltung einer **vertikal integrierten** (über die Stufen übergreifenden) **Produktionskette,** die die Umsetzung einer *vorausschauenden* Produktpolitik und auch des Marketing selbst überhaupt erst ermöglicht. Diese vertikale Integration bringt eine Reihe von weiteren Vorteilen mit sich (ZUREK 1993), die nicht nur auf die Produktpolitik bezogen sind. Auf der landwirtschaftlichen Seite führt sie vor allem zu einer Minderung des Marktrisikos, auf der Abnehmerseite zusätzlich zu einer verbesserten Kapazitätsauslastung bei gleichzeitiger Senkung der Erfassungs- und Verarbeitungskosten. Wichtigster Punkt ist aber die Möglichkeit, im vertikalen Verbund eine auf allen Stufen gleichgerichtete Produktpolitik zu realisieren, die an klaren Zielen ausgerichtet ist. Solche Ziele richten sich auf die Produktqualität, die Produkthülle und die Abgrenzung von Produktlinien (MEFFERT 1991; KOTLER und BLIEMEL 1991; NIESCHLAG u. a. 1994).

Die **Produktqualität** ist im Sinne des Marketing der möglichst hohe Grad *der Eignung für einen bestimmten Verwendungszweck,* über den nicht allein die Letztverbraucher, sondern stets auch die Abnehmer im Handel entscheiden. Auch der intermediäre Handel ist also Kunde und richtet bestimmte Anforderungen an die Qualität. Daraus resultiert ein mehrschichtiger

Qualitätsbegriff, in dem die unmittelbar am Produkt selbst nachweisbare Eignung nur ein Teil ist. Ebenso zu berücksichtigen sind die Zweckmäßigkeit des Produktionsprozesses (Prozeßqualität) und das Produktumfeld (Abb. 2.2). Diese Zuordnung hat sich für landwirtschaftliche Produkte besonders bewährt (HAMM 1991).

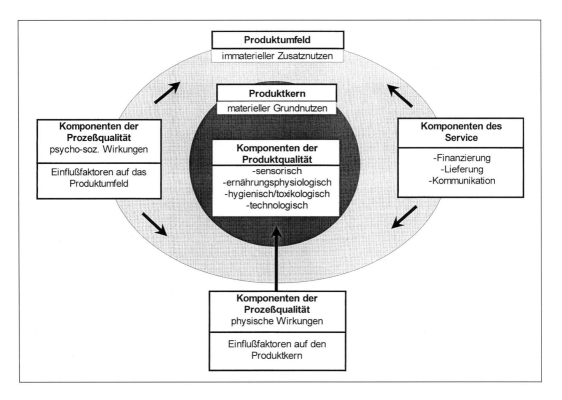

Abb. 2.2: Fleischqualität im Marketing

Die definitorischen Probleme der naturwissenschaftlichen Qualitätskriterien werden in Kapitel 3.2 dargestellt. Diese Kriterien beziehen sich auf den **Produktkern,** den die physisch wirkenden Einflußfaktoren der **Prozeßqualität** in starkem Maße modifizieren können. Darüber hinaus spielt aber für alle Beteiligten zunehmend das **Produktumfeld** eine Rolle. Dieses setzt sich schematisierend zusammen aus (Abb. 2.2):

- **Psycho-sozial wirkenden Komponenten der Prozeßqualität**
  Hierzu gehören *Tierschutz, Ökologie, Vertrautheit* („Regionalität"; z. B. durch Herkunftssicherungssysteme), *Vertrauenswürdigkeit* (z. B. durch Kontrollsysteme). Diese Komponenten richten sich auf Ansprüche des Verbrauchers und finden sich als kommunikative Elemente im Produktumfeld wieder. Diese Komponenten werden durch angehobene Preise argumentativ gestützt.

- **Komponenten des Service**
Hierzu sind zu rechnen: der *Lieferservice* mit Kontinuität, Frequenz, Geschwindigkeit und Pünktlichkeit sowie überhaupt der Verfügbarkeit des Produktes, der *Service im Marketing* mit Kommunikationsleistungen und der *Finanzierungsservice* mit Krediten, Skonti, Rabatten etc. Auch *Qualitätsmangementsysteme* umfassen Serviceleistungen (s. Kap. 2.9), die sich u. a. als den Handel erleichternde Prozeß- und Produktinformation (bzw. -kommunikation) darstellen. Serviceleistungen treten bei Fleisch ausschließlich auf den Handelsstufen auf.

Zusammengefaßt schließt die Qualität im Sinne des Marketing die *materiellen* Komponenten der Fleischqualität, die *materiell* (physisch) wirkenden und die *psycho-sozial* wirkenden Komponenten der Prozeßqualität und die *wirtschaftlich* oder *immateriell* wirkenden *Serviceleistungen* ein. Die dem Produktumfeld zuzuordnenden Komponenten machen den **Zusatznutzen,** die zentralen Komponenten der Fleischqualität, die auch naturwissenschaftlich meßbar sind, den **Grundnutzen** aus (Abb. 2.2).

Die **Produkthülle,** also die Verpackung einschließlich eventueller gestalterischer Elemente, ist in der Produktpolitik für Frischfleisch besonders zu beachten. Erst in der Verpackung wird Fleisch zur Selbstbedienungs(SB)-Ware und erst mit der Verpackung gelingt es, Fleisch vom undifferenzierten Gattungsprodukt zur Markenware zu machen. Damit sind die zwei wichtigsten Funktionen bereits angedeutet, die die Produkthülle für Fleisch haben kann (WÖHLKEN 1993):

- Sie ist **Transport- und Umverpackung** (für Großteilstücke und Gebinde) sowie **Verkaufsverpackung** und erfüllt damit grundlegende Funktionen der Logistik und des Handels. Außer bei Hälften, Vierteln und Großteilstücken („am Haken") kann bei Fleisch keinesfalls auf eine Transportverpackung verzichtet werden (Eurokasten, Vakuumierung, Atmos-Schalen). Die Verkaufsverpackung ist als Griffschutz in den SB-Linien obligatorisch. In diesem Sinne erfüllt sie vor allem die Funktionen des Schutzes und der Bildung von Verkaufseinheiten. Zumal bei der Verkaufsverpackung kommt eine Conveniencefunktion hinzu.
- Sie ist **Kommunikationsmedium** und erfüllt damit Funktionen der Deklaration, der Produktwerbung und der unmittelbaren Produktdarstellung. Hierauf wird in Kapitel 2.8 noch eingegangen.

Die Entscheidung über die **Produktlinien** schließlich ist die komplexeste der Produktpolitik. Die Produktlinien für Frischfleisch können folgendermaßen systematisiert werden:
- nach Tierart und Teilstück bzw. Zubereitungsart (Kurzbraten-, Braten-, Siedfleisch);
- nach Verpackungs- und Aggregatzustand (unverpackt, vorverpackt, tiefgekühlt);

- nach Grad der Vorfertigung (Großteilstück, verbrauchsfertiger Zuschnitt, Vorfertigung mit Marinaden, Panaden oder durch Strukturveränderungen wie Wolfen, Restrukturieren etc.);
- nach der Intensität der qualitätssichernden Maßnahmen am Produktkern (Sortierung von Qualitätsstufen; kontrolliertes Qualitätsfleisch mit Prüfsiegel; Herkunftsgarantie aus „gesunden" Regionen);
- nach der Art des Vermarktungsweges und der Angebotsform (SB, Bedienungstheke)

Aus dieser Aufzählung wird deutlich, daß die Produktlinien entsprechend den strategischen Marketingzielen auszudifferenzieren, ja sogar deren Ausdruck sind.

Die Prinzipien der Produktpolitik von Fleisch lassen sich an den beiden grundsätzlichen Typen **„kontrolliertes Qualitätsfleisch"** und **„Öko-Fleisch"** deutlich machen. Die Gemeinsamkeit beider Programmtypen liegt darin, daß ihre Produktpolitik nur stufenübergreifend gestaltet werden kann. Vertragliche Vereinbarungen zwischen den Stufen sind der beste Garant, daß auch tatsächlich alle Bemühungen zur Einhaltung der Produktpolitik unternommen werden (ZUREK 1993; LOHNER 1995).

Für **kontrolliertes Qualitätsfleisch** stellt das – auch international gesehen – umfangreichste Programm einer Produktpolitik bei Fleisch das *„CMA-Prüfsiegel für kontrolliertes Qualitätsfleisch aus deutscher Aufzucht"* dar. Schwerpunkt ist die Einhaltung bestimmter Prozeßschritte sowie einer Reihe von Qualitätskriterien, die zusammen dafür sorgen, daß gesichert werden:

- der Schutz der Zucht- und Masttiere in der Haltung und beim Transport;
- die Gesundheit der Zucht- und Masttiere;
- die Hygiene und Rückstandssituation des Endproduktes;
- der Genußwert des Endproduktes;
- der Herkunftsnachweis des Produktes auf allen Stufen.

In diesem Programm kommen Produktkern und Produktumfeld gleichgewichtig zu ihrem Recht (Übers. 2.2). Das Prüfsiegel stellt aber nicht nur eine innerhalb des Unternehmens wichtige Maßnahme dar, sondern wird durch die CMA gleichzeitig im Sinne des Gemeinschaftsmarketing genutzt. Dadurch ergeben sich auf nationaler Ebene **positive Effekte,** die auch die Produktpolitik betreffen:

- Aufbau einer Schicht der Qualitätsführer mit ihrer Beispielfunktion für die Gesamtproduktion und damit Verbesserung des Image von Fleisch allgemein;
- Differenzierung des Marktangebotes und Erfüllung des Verbraucherwunsches nach Vielfalt des Angebotes;
- Einleitung eines Innovationsschubs der Verfahrenstechnik, speziell im Schlacht- und Zerlegebereich;
- Stabilisierung der werblichen Präsentation von deutschem Fleisch in Krisensituationen und damit Absicherung des Absatzes.

Übers. 2.2: CMA-Prüfsiegel für deutsches Qualitätsrindfleisch aus kontrollierter Aufzucht – Produktpolitik im Sinne der durchgehenden Produkt- und Prozeßkontrolle

Mastbetrieb

- Herkunftsnachweis
- Enge Definition des Programms n. Rasse, Geschlecht, Mastintensität
- Tierbeschaffung (Standardisierung)
- Fütterung/Haltung
- Gesundheitliche Versorgung (incl. Stallklima)
- Rückstandskontrolle

Tiertransport

- Herkunftsnachweis
- Transportvorbereitungen
- Logistik
- Technische Einrichtungen
- Durchführung (inkl. Ladedichte, Transportdauer)

Schlachtbetrieb

- Herkunftsnachweis
- Anlieferung
  - techn. Einrichtungen
  - Wartezeiten
  - Tierbehandlung
- Schlachttechnik
  - Betäubung
  - Entblutung
- Schlachtkörperqualität
  - Alter und Gewicht
  - Handelsklasse
- Betriebs- und Schlachthygiene
- Kühlung
  - Kühlverfahren, Temp.
  - Elektrostimulierung
- Rückstandssit. Fleisch

Fleischtransport

- Herkunftsnachweis
- Kühlkette
- Temperaturen
- Fahrzeughygiene

Zerlegebetrieb

- Herkunftsnachweis
- Zerlegung und Verpackung
  - Schnittführung
  - Zeitpunkt
  - Temperaturen
- Produkteigenschaften
  - pH, Helligkeit
  - intram. Fettgehalt
  - Textur
  - Fettabdeckung
  - Tropfsaftverlust
- Betriebs- u. Produkthygiene
- Verpackung
- Reifung
- Kühllagerung
  - Lagerbedingungen
  - Kühlkette

Letztverteilerstufe

- Herkunftsnachweis
- Deklaration
- Rückwärtige Lagerung
- Fleischzuschnitt
- Auslage
- Produkteigenschaften nach Reifung
  - Fettabdeckung
  - Zartheit
  - pH-Wert
  - Textur
- Sensorische Eigenschaften
  - Saftigkeit
  - Grillverlust
  - Aroma
- Betriebs- u. Produkthygiene

Wenn auch vielfach die Auswirkungen auf die Erzeugerpreise als zu gering betrachtet werden, so hat das Prüfsiegel doch unbestreitbare Vorteile für die Gesamtheit und ist eher als eine **branchenorientierte Maßnahme,** denn als eine unternehmensorientierte Maßnahme des Gemeinschaftsmarketings anzusehen.

Aufgrund der nicht selten fehlenden Möglichkeiten der Vermarktung werden in der **Öko-Fleischproduktion** vielfach die über den landwirtschaftlichen Betrieb hinausgehenden Aspekte nicht realisiert. Die in Übers. 2.3 charakterisierten Grundlagen einer ökologischen Produktpolitik ganz allgemein bleiben daher auch in Öko-Programmen vorerst eher Möglichkeit als Realität.

Hinsichtlich der ökologischen Aspekte in **Schlachtung** und **Zerlegung** besteht heute auch in konventionellen Betrieben ein enormer Druck. Es ist denkbar, daß auf dieser Ebene stringente ökologische Konzepte eher und in größerer Breite als im landwirtschaftlichen Bereich zum Tragen kommen. Die Übers. 2.3 zeigt im übrigen, daß die ökologische Produktpolitik auch Konsequenzen für die Distributionspolitik nach sich zieht.

Übers. 2.3: Grundzüge einer ökologischen Produktpolitik: Produkt- und Prozeßqualität im Sinne von Ökologie und Tierschutz

Stufe	Ökologische Aspekte	Tierschutzaspekte
Zucht- bzw. Mastbetrieb	• Bestandsgröße (?) • Bestandsgröße zur Betriebsfläche • Extensive Haltungsform • Fütterung (heim. Futtermittel) • Emissionen von N, P, K und Methan	• Bestandsdichte • Verbessert tiergerechte Haltung • Robuste Genotypen
Transport Tier	• Logistik (Ablaufplanung)	• Ausstattung der Fahrzeuge • Auf- und Abladen
Schlachtbetrieb	• Verwertung der Schlachtnebenprodukte • Vermeidung von Verlusten (incl. Kühlung) • Wasserbilanz	• Zutrieb • Schlachtgeschwindigkeit • Betäubung, Entblutung
Zerlege-/ Verarbeitungsbetrieb	• s. Schlachtbetrieb • Verpackung (incl. Entsorgung)	
Transport Fleisch	• Rückführungssysteme für Verpackung und Recycling • Logistik	

Die **Abgrenzung der Produktlinien** erfolgt also letzten Endes mit Hilfe einer mehrdimensionalen Qualitätsdefinition, wie sie in Abbildung 2.1 dargestellt ist. D. h., trotz straffer vertraglicher Einbindung in eine vertikale Produktionskette gewinnen in den verschiedenen Stufen durchaus unterschiedliche Nutzenaspekte Interesse. Dies läßt sich an den bereits genannten Produktlinien und gleichzeitig an **Produkten mit höherem Verarbei-**

Übers. 2.4: Vergleich möglicher Produktlinien für Fleisch – Erfüllung von Anforderungen des Handels (BRANSCHEID 1996)

Anforderung	Anonymes Produkt	Geprüftes Qual. Fl.	Ökofleisch	Hackfleisch	Formfleisch (Convenience)
Kapazitätsauslastung, Verfügbarkeit	sehr gut	schlecht	schlecht	sehr gut	gut
Beschaffungskosten	niedrig	hoch	sehr hoch	niedrig	niedrig
Qualitätsorientierung	gering	vielseitig, hoch	gering	einseitig, mittel	spezifisch hoch
Standardisierung	gering	hoch	gering	sehr hoch	sehr hoch
Substituierbarkeit	hoch	gering	sehr gering	hoch	mittel
Produktimage	gering	hoch	hoch	gering	u.U. hoch
Bekanntheit	üblich	begrenzt	sehr hoch	üblich	gering

tungsgrad darstellen. Letztere treten als direkter Ersatz für Frischfleisch auf und können somit als Konkurrenten um denselben Markt simultan mitbetrachtet werden. Im einzelnen kommen in Frage: Hackfleischprodukte, restrukturiertes Fleisch, panierte und tiefgefrorene Produkte sowie Spezialitäten mit Frischfleischcharakter (z. B. Lachsschinken vom Schwein oder Carpaccio vom Rind mit entsprechenden Marinaden).

Bei den verschiedenen Produktlinien stellen sich die Anforderungen des Handels (von der Stufe der Schlachtbetriebe ab) und die Verbraucheransprüche unterschiedlich dar (Übers. 2.4 und 2.5). Die Darstellung ist insofern unvollständig, als die Verbraucheransprüche selbstverständlich auch im Handel größte Aufmerksamkeit besitzen und hier nur allgemein als „Qualitätsorientierung", „Produktimage" und „Bekanntheit" angesprochen sind (Übers. 2.4). Die Anforderungen des Handels sind vorwiegend kostenorientiert und technisch-organisatorischer Art. Für den Verbraucher sind dagegen der Grundnutzen und in dessen Nähe der Preis sowie Komponenten des Zusatznutzens von Interesse (Übers. 2.5).

In dieser Schematisierung zeigt das reine Öko-Produkt (soweit es als Produkt *ohne* zusätzliche Maßnahmen der Qualitätssicherung angeboten wird) bei der überwiegenden Zahl der Einzelanforderungen eher Nachteile, hat aber, eben weil es als Ausdruck sozialer Verantwortlichkeit angesehen wird, das höchste Renommee beim Verbraucher. Kontrolliertes Qualitätsfleisch weist demgegenüber große Vorteile auf, die überwiegend durch die hohe und gut standardisierte Produktqualität begründet sind. Die theoretisch größten Vorzüge hätte das als Convenience-Produkt charakterisierte und technologisch in die gewünschte Richtung

Übers. 2.5: Vergleich möglicher Produktlinien für Fleisch – Erfüllung der Ansprüche der Verbraucher (BRANSCHEID 1996)

Anforderung	Anonymes Produkt	Geprüftes Qual. Fl.	Ökofleisch	Hackfleisch	Formfleisch (Convenience)
Preis	**niedrig**	hoch	hoch	**günstig**	**günstig**
Genuß	gering	**hoch**	gering	mittel	**mittel-hoch**
Gesundheit	gering	**hoch**	fraglich	gering	u.U. hoch
Bequemlichkeit	mittel-hoch	gering	sehr gering	**hoch**	**hoch**
Vielfalt	fehlt	mittel	mittel	gering	**hoch**
Vertrauen	gering	**hoch**	**hoch**	gering	gering
Zusatznutzen	fehlt	**hoch**	**sehr hoch**	fehlt	fehlt?

veränderte Formfleisch, das es aber derzeit auf der Ebene der Rotfleischarten gar nicht gibt. Am Geflügelfleisch lassen sich die Möglichkeiten derartiger Produkte abschätzen.

2.6 Preispolitik

Die Preispolitik als Basis von Marketingstrategien für Fleisch gewinnt ihre Attraktivität dadurch, daß mit dem Preis Wirkungen zu erzielen sind,
- die rasch eintreten,
- die keiner besonderen Vorbereitung des Marktes bedürfen und
- die in ihrem Erfolg (z. B. als Umsatz) leicht meßbar sind.

Nachteilig ist, daß Absatzsteigerungen am ehesten durch *Senkung* des Preises zu erzielen sind. Andere Produktgruppen zeigen aber, daß die Preispolitik auch konstruktiver eingesetzt werden und daher durchaus auf angehobene Preise abzielen kann. Dennoch ist die **Preisentscheidung** stets limitierenden Bestimmungsgründen unterworfen, die von den **Kosten,** dem Verhalten der **Nachfrager** und dem Verhalten der **Abnehmer** abhängig sind. Somit gibt es drei Richtungen, die bei der **Preisfindung** zu berücksichtigen sind (NIESCHLAG u. a. 1994), die aber hier nur im Sinne von Denkmodellen und nicht etwa direkt anzuwendenden Handlungskonzepten genannt seien:

- **Kostenorientierte Preisfindung.** Ausgangspunkt ist die Deckung der Voll- oder doch bestimmter Teilkosten. In der Fleischwirtschaft bereitet diese Form der Preisfindung besondere Probleme, weil
    - die Ermittlung der Kosten außerordentlich schwierig ist und
    - der Markt eher geneigt ist, seine Lieferanten mit unumstößlichen Vorgaben zu konfrontieren und damit Kostenziele festzulegen (Target costing).

Die Schwierigkeiten der Kostenermittlung betreffen vor allem den landwirtschaftlichen Betrieb (speziell in den alten Bundesländern), der ohnedies zumeist nur in der Lage ist, **Teilkosten** (als Deckungsbeitrag) auszuweisen. Darüber hinaus läßt sich an der Entwicklung der **Bruttomargen** (= Differenz zwischen Erzeugerpreis und Kosten für Bestandsergänzung sowie Futterkosten) für Kalb- und Schweinefleisch[1] zeigen, daß Perioden der großzügigen Kostendeckung von – wenn auch kürzeren – defizitären Zeiträumen abgelöst werden (Abb. 2.3). Zumindest für die Tierproduzenten hat somit die Kostenorientierung nicht die ausschlaggebende Bedeutung für die Preisfindung, für das begleitende Controlling sind die Kosten jedoch in jedem Fall zu beachten. Unternehmen, die langfristig ihre Kosten in der Preisfindung unberücksichtigt lassen, räumen bekanntlich eher früher als später ihren Platz als Anbieter.

- **Abnehmerorientierte Preisfindung.** Sie ist, wie auch die wettbewerberorientierte Preisfindung, an den Verhältnissen des Marktes ausgerichtet. Bei reiner Abnehmerorientierung besteht kein unmittelbarer Zusammenhang zwischen den festgesetzten Preisen und den Kosten. Die abnehmerorientierte Preisfindung rechnet vielmehr mit der Bereitschaft des Abnehmers, einen bestimmten Preis zu zahlen (Preisobergrenzen) und auf Preisänderungen zu reagieren (Preiselastizität). Das führt letztlich zum Instrument der **Preisdifferenzierung,** das auch zum Einsatz hoher Preise (im Vergleich zu konkurrierenden Angeboten) verwendet werden kann. Diese lassen sich mit Erfolg vor allem dann realisieren, wenn der Anbieter exklusiv über bestimmte Ressourcen oder Know-how verfügt. Dies ist im Fleischbereich zumeist nur in Pioniersituationen und damit kurzfristig der Fall.
- **Wettbewerberorientierte Preisfindung.** Die Orientierung an den Preisen der Wettbewerber bietet gerade für landwirtschaftliche Unternehmen die geringsten Risiken, zu Fehleinschätzungen zu kommen, die nicht zuletzt mit den oben erwähnten Schwierigkeiten der Vollkostenermittlung und der erschwerten Vergleichbarkeit der Kosten verschiedener Betriebe zusammenhängen. Diese Probleme begründen auch den Nutzen von Erzeugerpreisnotierungen. Auf dem polypolistisch strukturierten Markt der Landwirte bleiben die Abweichungen einzelner Anbieter

---

[1] Nur für diese beiden Fleischarten sind Daten verfügbar.

vom Marktpreis ohne Folgereaktionen, so daß die wettbewerberorientierte Preisfindung hier relativ unproblematisch ist. Zu- oder Abschläge beeinflussen die Preisfestsetzungen der Konkurrenten nicht wesentlich (HAMM 1991). Somit kann im Rahmen der wettbewerberorientierten Preisfindung im Prinzip durch **Anpassung an den Marktpreis** sowie durch **Preisunter-** oder **Preisüberbietung** reagiert werden. Eine wettbewerberorientierte **Niedrigpreispolitik** empfiehlt sich u. U. zur raschen Einführung von neuen Produkten und ist dann ein Instrument der Markterschließung (s. Kap. 2.2). Natürlich wird die Niedrigpreispolitik auch sinnvoll im Sinne der Verkaufsförderung eingesetzt, wenn Produkte zu aktualisieren und Lager zu räumen sind.

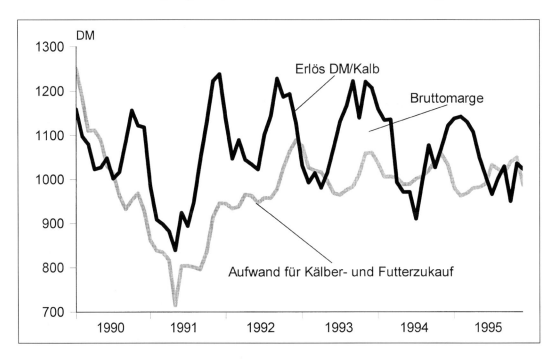

Abb. 2.3: Entwicklung der Bruttomarge bei Kalbfleisch (ZMP-Bilanz 1996)

Ein für Fleisch speziell interessierender Fall der Niedrigpreispolitik ist die **Sonderangebotspolitik,** zu der hier wegen ihrer großen Bedeutung noch einige Anmerkungen zu machen sind. Als besondere Nachteile dieser Politik werden üblicherweise hervorgehoben (BALLING 1990):

- Unglaubwürdigkeit des Angebots durch unverständliche Preissprünge,
- Qualitative Schwankungen des Angebots,
- Negative Folgen für das Image von Fleisch insgesamt,
- Verschlechterung der Ertragssituation im Frischfleischsektor.

Hinzu kommt das Problem, daß Sonderangebotsaktionen die Lieferanten kurzfristig vor kaum lösbare Lieferschwierigkeiten stellen. In Aktionswochen können die Umsätze (eben im Sinne der kurzfristigen Absatzmaximierung) auf mehr als das Doppelte des Normalen ansteigen. Aus mittelständisch strukturierten Markenfleischprogrammen sind derartige Forderungen nur unter Vernachlässigung anderer Kunden zu befriedigen.

Im Sinne des Marketing greift diese überwiegend negative Beurteilung aber zu kurz. Für heutige Verbraucher stellt das Sonderangebot durchaus nicht etwas anrüchiges dar. Vielmehr geht er mit dieser Form der Verkaufsförderung mit großer Selbstverständlichkeit um und erwartet sie nicht etwa nur bei Fleisch, sondern bei der Mehrzahl der Produkte. So treten selbst hochwertige Markenprodukte nicht selten unter Sonderangeboten am Markt auf, ohne daß dies unbedingt ihrem Produktimage Abbruch tut. Ein Problem für Fleisch könnte aber in diesem Zusammenhang darin liegen, daß es vielfach kein hinreichend stabiles Produktimage besitzt und dann eben doch von den zitierten Nachteilen tangiert wird. Gleiches könnte für Produkteinführungen im Premiumsegment zum Tragen kommen.

Aufgrund der Nachteile wäre es daher aus theoretischer Sicht sinnvoll, wenn nicht ganz auf Sonderangebote zu verzichten, dann diese wenigstens moderat im Hinblick auf die Preisabschläge zu gestalten. Häufigkeit und Ausmaß der üblichen Preisreduktionen sollten zumindest für Qualitätsfleisch keinesfalls beibehalten werden, da sie mit dem angezielten Produktimage nicht kompatibel sind. Reduktionen um 10 bis 15 % des sonstigen Angebotes werden als auch noch für Qualitätsfleisch vertretbar angegeben (BALLING 1990).

Gerade diese letzten Argumente weisen aus, daß der Preis im Marketingmix nicht nur die Rolle der internen Unternehmenssaturierung hat, sondern ihm eine bedeutsame **Außenwirkung** zukommt. Dem muß in der Preisgestaltung für Spezialprodukte unbedingt Rechnung getragen werden, da Preis und Produktimage ein kohärentes System bilden müssen.

Die Preisfindung in der hier dargestellten Form ist – namentlich was den landwirtschaftlichen Sektor anbetrifft – ein eher *reagierendes* Instrument. Preispolitik sollte aber auch von *aktiv definierten* Zielen ausgehen, wie sie oben im Zusammenhang mit der Produktangebot-Marktnachfrage-Matrix beschrieben wurden (Kap. 2.3, Übers. 2.1). Speziell die dort angesprochenen operativen Zielsetzungen des Marketingkonzeptes weisen enge Verflechtungen mit der Preispolitik auf, die hier als Optionen aktiven Handelns zu berücksichtigen sind.

Bei den bisher angesprochenen Preisentscheidungen wurde stillschweigend davon ausgegangen, daß für *ein* Produkt zu gleicher Zeit nur *ein* Preis festgesetzt wird. Die **Differenzierung der Preise** eines Produktes für verschiedene Kunden stellt aber ein wichtiges preispolitisches Instrument zur differenzierten Marktbearbeitung dar (MEFFERT 1991). Dieses Instrument ist auch in gewissem Umfang bei Fleisch einsetzbar. Es fußt darauf, daß es speziell mit dem Gegensatz von Lebensmitteleinzelhandel und Fleischerfachgeschäften scharf gegeneinander abgegrenzte Marktsegmente gibt, die gegeneinander auch nur über eine beschränkte Markttransparenz verfügen. Am besten dürften unterschiedlich hohe Preise dann durchsetzbar sein, wenn dasselbe Produkt unter verschiedenen Markierungen abgesetzt wird, die spezifisch auf die Anforderungen der Marktsegmente zugeschnitten sind. Im Grunde handelt es sich dann aber auch schon um verschiedene Produktlinien.

Abschließend sei darauf hingewiesen, daß neben der bisher behandelten **direkten Preispolitik** auch die **indirekte Preispolitik** bedeutsam ist. Zu dieser gehören Rabatte, Kredite und Zahlungsbedingungen, also überwiegend Komponenten mit regelrechtem Servicecharakter. Als Besonderheit des Geschäftsgebarens im landwirtschaftlichen Umfeld setzt hier zumeist nicht der Lieferant, sondern der Abnehmer die Zahlungsbedingungen, etwa durch Vorgabe von Preismasken oder Jahresboni, fest. Unter solchen Verhältnissen wird die Preispolitik nicht im Einzelbetrieb, sondern sinnvoll nur über die Erzeugergemeinschaft zu gestalten sein. Auch im Verhältnis zum LEH hat die indirekte Preispolitik ihr besonderes Gewicht, da hier die entsprechenden Leistungen geradezu eingefordert werden. Zu den im LEH genutzten Instrumenten der Konditionenpolitik gehören u. a. Einführungsrabatte, Einlistungsgebühren, Jahresrückvergütungen, Mengenstaffeln und Werbekostenzuschüsse (WKZ). Da solche Vergünstigungen fallweise nur Abnehmern mit besonders starker Marktposition gewährt werden, können sie gegen geltendes Recht verstoßen (NIESCHLAG u. a. 1994).

2.7 Distributionspolitik

Für Frischfleisch hat die Distributionspolitik deswegen einen eigenen Rang, weil die Verteilung des Produktes im Verlauf des gestuften Vermarktungsweges gleichzeitig mit Arbeitsschritten verbunden ist, die die *Qualität nachhaltig* beeinflussen, und weil der gewählte Absatzweg maßgeblich für die *Gestaltung des gesamten Marketingkonzeptes* ist. Wie bei Lebensmitteln generell sind nämlich bestimmten Absatzwegen bestimmte Produktlinien zuzuordnen.

Damit sind auch bereits die beiden grundlegenden Komponenten, d. h. die physische und die akquisitorische Distribution (KOTLER 1982; NIESCHLAG u. a. 1994) angesprochen:

- Die **physische Distribution** bezieht sich auf den körperlichen Transfer der Güter vom Anbieter bis zum Nachfrager und schließt Transport, (Zwischen)lagerung und die dazugehörige Logistik ein.
- Die **akquisitorische Distribution** richtet sich auf den Verkauf der Ware und die Anbahnung des Kontaktes zum Kunden (Vertrieb).

Gerade in der Distributionspolitik spielen Personen als Akteure, die den Absatzweg unterhalten, eine große Rolle (NIESCHLAG u. a. 1994). Neben den **internen Aufgabenträgern** (Verkaufs- bzw. Vertriebsabteilung) können **verschiedene externe Aufgabenträger** beteiligt werden. Hierzu zählen:

- Absatzmittler: Handelsbetriebe des Groß- und Einzelhandels sowie Großverbraucher (Gastronomie etc.)

- Absatzhelfer: Handelsvertreter, Kommissionäre, Spediteure
- Marktveranstaltungen und Waren(termin)börsen.

Der Absatzweg selbst kann – und dies hat für Fleisch ebenfalls Bedeutung – verschieden gestaltet werden:
- **Indirekter** oder **direkter Absatz,** von denen der letztere ohne Einsatz von Absatzmittlern direkt an den Abnehmer (Verbraucher) gerichtet ist.
- **Mehrgleisiger Absatz,** sei es direkt *und* indirekt oder sei es gleichzeitig über Fachgeschäfte, Supermärkte und Verbrauchermärkte etc. Die Kombination direkt/indirekt ist in der Fleischwirtschaft allenfalls durch die Kopplung Direktvermarktung mit gleichzeitigem Absatz an die Gastronomie zu erreichen, da namentlich die Direktvermarktung kaum mit anderen Absatzformen kompatibel ist (z. B. Andienungspflicht in Erzeugergemeinschaften). Der mehrgleisige Absatz führt dann zu Problemen, wenn die Preisniveaus der Absatzwege stark differieren (Fachgeschäft vs. Discounter). Dieses Problem ist am sichersten über absatzwegspezifische Marken zu lösen.
- **Intensiver, selektiver** und **exklusiver Absatz** sind zumeist keine Alternativen in der Fleischvermarktung, da i.d.R. der **intensive** Absatz mit hoher Produktpräsenz angestrebt wird. Eine gewisse **Exklusivität** läßt sich allerdings über den Handel in Fleischerfachgeschäften erzielen.

Unter diesen Optionen kommt also der Wahlmöglichkeit zwischen direktem und indirektem Absatz und bei letzterem der unterschiedlichen Stufung des Absatzweges die größte praktische Bedeutung im Fleischmarketing zu. Im Hinblick auf den **Grad der Mehrstufigkeit** werden vor allem die folgenden Varianten praktiziert, die jede für sich mit spezifischen Marketingkonzepten verbunden ist (vgl. Abb. 2.1):
- **Absatz kleiner Mengen unter Umgehung industrieller Verarbeiter**
    - **Direktvermarktung.** Sie ist für Fleisch in der Regel mit einem Zwischenschritt (Zuschnitt und Verpackung in einem verarbeitenden Schlachtbetrieb bzw. Fleischerfachbetrieb) verbunden. Die Installation von Schlachtung und Kühlung im landwirtschaftlichen Betrieb ist aufgrund der hohen Fixkosten allenfalls in großen Betrieben möglich. Entscheidendes Kennzeichen der Direktvermarktung ist, daß der Landwirt als Vermarkter auf der Endhandelsstufe direkt dem Verbraucher gegenübertritt.
    - „**Kurzer Weg**". Er führt vom Landwirt direkt zum Fleischerfachgeschäft und ist wenigstens unter klein- und mittelstädtischen Verhältnissen in Erzeugergebieten eine günstige Lösung. Die Zuverlässigkeit der Herkunftssicherung dürfte, wenn kontrolliert wird, kaum zu übertreffen sein. In diesem Weg liegen auch die am kurzfristigsten realisierbaren Möglichkeiten zur Lösung der Vermarktungspro-

bleme von Öko-Betrieben. Als entsprechende Modifikation dieses Weges können die örtlich organisierten Verkaufsstellen für Agrarprodukte („Bauernmärkte") gelten, die teilweise auch Fleisch und Fleischwaren zum Verkauf bereithalten.

- **Absatz großer Mengen unter Einbeziehung der industriellen Verarbeiter**
  - **„Mittlerer Weg".** Auch dieser führt vom Landwirt direkt zum Fleischerfachgeschäft, jedoch schaltet das Fachgeschäft für die Schlachtung den Schlachtbetrieb dazwischen. Der Schlachtbetrieb hat in diesem Fall lediglich die Funktion des Dienstleisters, die Informationsvorteile des „Kurzen Weges" bleiben erhalten. Die ökonomischen Vorteile der Schlachtung im Schlachtbetrieb werden genutzt.
  - **„Langer Weg".** Er führt vom Landwirt zum Schlachtbetrieb, der die Schlachtkörper übernimmt und seinen Möglichkeiten entsprechend auf die verschiedenen Abnehmer verteilt (Zerlegebetriebe, LEH, Fleischerfachgeschäfte, Verarbeiter, Export).
- **Absatz an Großverbraucher**
  - **Direktabsatz.** Direkt vom Landwirt an die Gastronomie werden praktisch nur Wildspezialitäten abgesetzt. Allerdings ist dies keine Form der Direktvermarktung im strengen Sinne (s. o.).
  - **Systemgastronomie.** Hier handelt es sich um die Vermarktung großer und zudem hoch standardisierter Produktmengen. Daher ist unter diesen Umständen die Einschaltung industrieller Verarbeiter erforderlich, wobei vielfach zusätzlich zu Schlachtung und Zerlegung auch noch eine industrielle Vorfertigung erfolgt. Im Catering ist der Absatzweg ähnlich, hierbei ist aber das Anspruchsniveau u. U. höher.

Für alle stärker gestuften Absatzwege ist eine längerfristige *vertragliche* Bindung wenigstens dann unerläßlich, wenn diese im Rahmen ihres Marketingkonzeptes bestimmte Qualitätszusagen enthalten, die auch den landwirtschaftlichen Betrieb betreffen.

2.8 Kommunikationspolitik

Die Kommunikationspolitik bereitet im Marketing-Mix für Fleisch besondere **Schwierigkeiten.** Dies hängt nicht zuletzt damit zusammen, daß dieses Lebensmittel
- besonders von biologischer Variabilität gekennzeichnet ist,
- ohnedies in vielfacher qualitativer Ausprägung vorliegt (Fleischarten, Teilstücke),
- darüber hinaus im Handel weiterhin überwiegend als Gattungsprodukt behandelt wird und
- daher kaum in der Lage ist, eine wirklich mitteilbare Identität aufzubauen.

Die vorverpackte Ware weist hier einige Vorteile auf, da die **Verpackung** gleichzeitig als Kommunikationsmedium genutzt wird. Auf der Verpackung werden nicht nur die wichtigsten

Verbraucherinformationen (Gewicht, Preis, Haltbarkeit, Herkunftsnachweis, Produktinformationen wie Tierkategorie und Teilstück) angegeben, sondern sie dient auch der Produktwerbung (Marke, Warenzeichen, gestalterische Elemente) und der unmittelbaren Produktdarstellung. Diese letztere Funktion ist bei Frischfleisch geradezu unabdingbar, so daß nur Klarsichthüllen mit Blick auf das Produkt in Frage kommen (STRECKER u. a. 1990).

Wie auch in den vorangehenden Abschnitten immer wieder gezeigt, gibt es bei Fleisch heute zwar eine starke Tendenz zur Markenbildung. Es handelt sich aber hierbei vielfach um Kleinmarken, die keine überregionale Bedeutung erlangen und in ihrer Wiedererkennbarkeit eingeschränkt sind. Die Fragen der Kommunikation über Fleisch im Rahmen des Marketing sind daher alles andere als gelöst.

In der Kommunikationspolitik lassen sich vier Instrumente der Absatzförderung differenzieren (MEFFERT 1991; KOTLER und BLIEMEL 1991; NIESCHLAG u. a. 1994), die sich voneinander unterscheiden im Hinblick auf:

- die Kosten,
- die Reichweite nach Zahl und Gruppenzugehörigkeit erreichter Personen und nach der Fläche der überdeckten Region,
- die Dichte (Häufigkeit) und Schnelligkeit der Kontaktaufnahme,
- das Wirkungsoptimum während der Kaufbereitschaftsphasen und
- das Wirkungsoptimum während der Lebenszyklusphasen.

Die folgenden Instrumente können im Rahmen der Kommunikationspolitik zur Absatzförderung eingesetzt werden:

Werbung
Die Werbung ist das Instrument der Kommunikationspolitik, das sich der modernen Mittel der Massenkommunikation (Rundfunk, Fernsehen, Zeitungen, Zeitschriften, Plakate) bedient. Hierbei kann **Produkt-**, **Programm-** und **Firmenwerbung** in Form von **Individual-** oder **Kollektivwerbung** betrieben werden. Soweit hier von Interesse zielt sie auf bestimmte Marktpartner, Bevölkerungsschichten oder Zielsegmente ab (NIESCHLAG u. a. 1994).

Sie ist das Kommunikationsinstrument der **indirekten Ansprache** und der großen regionalen **Reichweite** und damit auch besonders von **Streuverlusten** betroffen. Ihr Einsatz wirkt am nachdrücklichsten bei Produkteinführungen und in der Phase, in der Verbraucher mit einem Produkt erstmals bekannt werden. Wenn auch die absoluten **Kosten** zumeist hoch sind, so ergeben die Kosten bezogen auf die Größe des erreichten Personenkreises vielfach eine weitaus günstigere Einschätzung. Von den für Werbung genutzten Medien ergeben sich aus *dieser Sicht* beispielsweise für den *Hörfunk* relativ günstige Verhältnisse, zumal wenn preisgünstige Regionalsender genutzt werden. *Fernsehen* und *Zeitschriften* schneiden wegen der außerordentlich hohen Absolutkosten, *Tageszeitungen* und z. B. *Filmtheater* wegen der eingeschränkten Reichweite weniger gut ab. Die *Plakatwerbung* erscheint wegen der hohen

Reichweite und der Dichte der Kontaktaufnahmen wiederum günstiger. Werden andere Kriterien wie die **Kontaktchancen,** die Stärke der **Ansprache** und die **Nachhaltigkeit** der Information berücksichtigt, die etwas darüber aussagen, wie oft, wie intensiv und wie lange die Werbemaßnahme wirkt, so kann sich durchaus eine andere Reihung ergeben, die naturgemäß für jede Produktsituation neu zu ermitteln ist. Für Konsumgüter wie Fleisch sind aber von vornherein die Printmedien am meisten zu empfehlen.

Insgesamt sind es die hohen *Absolutkosten,* die den Einsatz der Werbung in der Fleischwirtschaft stark limitieren. Darüber hinaus kommt Werbung mit *überregionalem Charakter* wenigstens für Erzeugermarken bei Fleisch nur bedingt in Frage, da eine überregionale Produktbetreuung aus *einem* Programm heraus in der Regel von der Menge her nicht möglich ist. Erst die Bündelung von Liefermengen in *Dachmarken* oder unter *Handelsmarken* rückt selbst sehr aufwendige Werbemaßnahmen in den Bereich des Möglichen. Auch das Prüfsiegel der CMA und die *Gütezeichen* der Bundesländer, der Deutschen Landwirtschaftsgesellschaft (DLG) und der CMA lassen umfassendere Werbung zu. Bundesweite Werbung bleibt allerdings im allgemeinen der CMA vorbehalten.

Beim Einsatz der Werbung ist darauf zu achten, daß diese (wie die anderen Instrumente auch) nur im Rahmen eines konsistenten strategischen Systems, eben des Marketing-Mix, Sinn hat. **Preispolitische Aktionen** mit dem durch diese initiierten Renommeeverlust sind nicht mit einer auf **Imagepflege** abzielenden Produktwerbung vereinbar. Dies ist naturgemäß auch bei aufwendig beworbenen Güte- und Prüfzeichen zu beachten.

Übers. 2.6: Mögliche Werbebotschaften für Frischfleisch auf den verschiedenen Erlebnisebenen des Verbrauchers und in den Phasen der Produktnutzung (in Anlehnung an KOTLER und BLIEMEL 1991)

Erlebnisebene	In Aussicht gestellte „Belohnung" ...		
	... direkt mit Produktnutzung	... nach Produktnutzung	... ergänzend zur Produktnutzung
rational	gelingt immer	Sättigung	Haltbarkeit und Herkunft, Preis (↓)
sensorisch	zart und saftig	leicht und bekömmlich	beim Kauf angenehm anzufassen
sozialbezogen	fördert die Geselligkeit	Beliebtheit im Familienkreis	tierartgerecht erzeugt und modern, Preis (↑)
Ichbezogen	zum Genießen und bequem	Schlankheit, Gesundheit, Fitneß	Preis (↓)

Mit diesem Aspekt ist gleichzeitig die Frage angerissen, welche **Werbebotschaften** für Fleisch überhaupt übermittelt werden können. Dabei ist zu unterscheiden nach den *Erlebnisebenen,* die angesprochen werden sollen, und nach dem Verhältnis, in dem die in Aussicht gestellte Werbebotschaft zur *Produktnutzung* steht (Übers. 2.6). Unter den hier genannten Erlebnisebenen kommt ein *günstiger Preis* in der rationalen und der ichbezogenen

Ebene als Werbebotschaft in Frage. Sozialbezogen, also in der Ebene, in der zukünftig sehr wichtige Werbebotschaften zu finden sein dürften, ist sogar eher eine Favorisierung *höherer Preise* zu vermuten, weil diese die Bereitschaft zu sozialer Verantwortung ausdrücken oder weil sich ganz einfach mit hohem Preis eine Verstärkung des gesellschaftlichen Ansehens verbinden läßt. Daß sich die Werbebotschaften auch im Rahmen der anderen Kommunikationsinstrumente nutzen lassen, sei ergänzend angemerkt.

Öffentlichkeitsarbeit (Public Relations)

Während mit der Werbung die Erhöhung der Absatzchancen angestrebt wird, soll die Öffentlichkeitsarbeit für ein Unternehmen oder eine Produktsparte eine **wohlwollende Atmosphäre** schaffen (NIESCHLAG u. a. 1994). Die Produktwerbung läßt sich ohne weiteres von dieser Intention abgrenzen, Firmen- und Programmwerbung gehen aber vielfach in die Öffentlichkeitsarbeit über. Die Medien, die in der Öffentlichkeitsarbeit genutzt werden können, sind im Prinzip dieselben wie bei der Werbung, so daß auch das dort zu den Kosten, der Reichweite und der Streuung Gesagte Gültigkeit hat.

Für Fleisch spielt die Öffentlichkeitsarbeit eine wichtige, den gesamten Produktbereich betreffende Rolle. Hierauf wird auch in Kapitel 2.2 ausführlich eingegangen. Sie wird – auch der hohen Kosten wegen – vor allem **oberhalb der Firmenebene** von zentralen Institutionen (CMA, z. T. Länderministerien und deren Institutionen) betrieben, um aus übergeordneter Sicht eine harmonische Absatzstruktur im Agrarbereich zu gewährleisten. Die für Fleisch überwiegend eingesetzten Medien sind Reportagen oder Anzeigen in Publikumszeitschriften und Pressekonferenzen bzw. Workshops für diese, Rundfunkaktionen, Verbraucherveranstaltungen (Feste), Informationsveranstaltungen für Multiplikatoren wie Verbraucher- und Ernährungsberater, Fachjournalisten oder Ärzte sowie Plakataktionen. Letztere sind vor allem dann für die Imagepflege von Interesse, wenn sie terminlich konzentriert, aber überregional gestreut ausgegeben werden.

Verkaufsförderung

Unter Verkaufsförderung werden alle unmittelbar und kurzfristig wirkenden Aktivitäten der Absatzförderung verstanden, die direkt am Ort des Warenangebots (Point of sale) eingesetzt werden. Diese Aktivitäten sind vielfach nicht rein kommunikationspolitischer Art, sondern weisen Dimensionen der Distributions-, Preis- und Produktpolitik auf (NIESCHLAG u. a. 1994). Die verwendeten Medien sind entsprechend der unterschiedlichen Zielsetzung völlig andere als in der Werbung. Neben Prospekten, Werbebriefen und Katalogen gehören hinzu Produktvorführungen, Gutscheine, Preisausschreiben, Beilagen, aber auch Schulungs- und Informationsveranstaltungen, Verkaufs- und Finanzierungshilfen (Werbekostenzuschüsse) etc. (KOTLER und BLIEMEL 1991; MEFFERT 1991; NIESCHLAG u. a. 1994).

Die Verkaufsförderung ist das Instrument der **starken und schnellen Kaufreaktion,** hält in der Wirkung aber meist nur kurz an und taugt daher nicht zum Aufbau dauerhafter Markenpräferenzen. Sie wird vor allem benutzt, um Produkte besonders und erstmalig herauszustellen und Absatzflauten zu überwinden. Die Reichweite der Verkaufsförderung ist zumeist gering.

Verkaufsförderung muß nicht allein auf den privaten Endverbraucher ausgerichtet sein, sondern kann auf den Handel, das Fachgeschäft oder die Gastronomie abzielen. Gerade im Handel wird es schwierig sein, ohne konkrete Vergünstigungen im Sinne der Verkaufsförderung eine Listung der Produkte zu erreichen.

Die **Verbraucher-** und die **Handelspromotion** werden in ihrer Wirkungsweise unterschiedlich dargestellt (NIESCHLAG u. a. 1994): Verbraucherpromotion schafft Kaufanreize, wodurch das Produkt in einer regelrechten Sogwirkung abfließt **(Pull-Effekt),** während die Händler-Promotion für einen „Überdruck" an Produktmenge sorgt, der mit einer Schubwirkung auf den Markt übergeht (**Push-Effekt**). In beiden Formen der Verkaufsförderung werden starke Effekte erreicht, wenn sie mit Preisvergünstigungen verbunden sind (in Form von Werbekostenzuschüssen u. ä. bzw. als Sonderangebote). Namentlich Sonderangebote haben ausschließlich sehr kurzfristige Wirkungen, auf die oben bereits eingegangen wurde (Kap. 2.6).

Die Verkaufsförderung dürfte, soweit sie nicht mit Instrumenten der Preispolitik arbeitet, an relativer Bedeutung im Kommunikations-Mix gewinnen, je kleiner das betreffende Unternehmen ist. Dies erklärt die große Bedeutung der Verkaufsförderung in der Direktvermarktung.

In allen Formen der Thekenbedienung hat (ebenso wie in der Direktvermarktung) der **persönliche Verkauf** unmittelbar Funktionen der Verkaufsförderung und ist somit eine Sonderform dieses Kommunikationsinstrumentes. Er kann sowohl gegenüber den weiterverkaufenden Handelsstufen als auch gegenüber dem Verbraucher eingesetzt werden. Gegenüber dem Verbraucher ist der persönliche Verkauf ein wichtiges Element der **Vertrauensbildung,** das in Zeiten von Absatzkrisen (Lebensmittelskandale) stabilisierend wirkt. Die Reichweite ist naturgemäß gering, aber gerade angesichts der kleinen Klientel kommen die **Dichte** und die **Schnelligkeit** der Kontaktaufnahme stark positiv zum Tragen. Allerdings sind die **Kosten,** zumal bezogen auf den erreichten Personenkreis, relativ hoch und mit langfristigen Bedingungen (Arbeitsverträge) verbunden. Hieraus resultiert eine verminderte Dispositionsfreiheit des Managements.

Auch für den persönlichen Verkauf gilt, daß er vor allem für das kleine Unternehmen charakteristisch ist. Der Bonus der Fleischerfachgeschäfte liegt in dieser Kommunikationsform begründet. Es dürfte auch sicher sein, daß sich bei Fleisch angehobene Preise am ehesten an der Bedienungstheke realisieren lassen. Dies hängt allerdings auch mit dem hier darstellbaren Frischecharakter der Produkte zusammen.

Daß die **Kommunikationspolitik** als Teil des Marketing-Mix gehandhabt werden muß, hat Konsequenzen für ihre konsistente Formulierung. In Fällen, in denen diese Konsistenz fehlt und in denen die Erwartungen, die durch die Kommunikationsmaßnahmen geweckt werden, durch das Produkt nachher gar nicht erfüllt werden können, führt dies beim Verbraucher zu heftigen Reaktionen des Mißfallens und zu negativen Folgewirkungen. Aus dieser Sicht erweist die gerade in Verbrauchermärkten gerne benutzte Anpreisung von „Rindfleisch zart und saftig" diesem Produkt dann einen Bärendienst, wenn nur der Preis, aber von der Qualität nichts zutrifft. Hier wäre also zunächst an der Produkt-(und Preis-)politik zu arbeiten, ehe eine solche Werbeaussage gemacht werden kann.

Aus vergleichbaren Gründen ist es fatal, wenn durch umfangreiche Kommunikation ein Bedarf nach dem Produkt erzeugt wird, der nachfolgend nicht schnell genug befriedigt werden kann, weil das schlagkräftige Distributionsnetz fehlt. Kommunikationspolitik kann also nur soweit erfolgreich sein, wie es die Leistungsfähigkeit der produkt- und distributionspolitischen Maßnahmen zuläßt.

2.9 Qualitätsmanagement

2.9.1 Qualitätsmanagement und seine Rolle im Handelsgeschehen

Im Rahmen des Siegeszuges, den das Marketing für praktisch alle Produktgruppen weltweit angetreten hat, hat sich zunehmend herausgestellt, daß Marketingaktivitäten nur einen Sinn haben, wenn sie mit wirksamen Maßnahmen der **Qualitätssicherung** verbunden sind. Dabei bedarf Qualitätssicherung, wenn sie derart in den wirtschaftlichen Rahmen gesetzt wird, nicht nur einer naturwissenschaftlichen Behandlung, sondern muß auch soweit formal und organisatorisch betreut werden, daß sie als Teil des Marketing genutzt werden kann. Damit wird die Qualitätssicherung ein Teil der Produktpolitik, in deren Rahmen sie zur Definition des Produktes und zur Organisation des Produktionsprozesses beiträgt. Auf die Serviceleistungen, die ein Qualitätssicherungssystem in das Produktumfeld einbringt, wurde oben hingewiesen (Kap. 2.5).

Namentlich für Unternehmen der industriellen Fertigung gibt es unterschiedliche Möglichkeiten, die Qualitätsorientierung in Produktentwicklung und Produktion zu fördern. Derartige Methoden führen Marketing und Produktion in einer qualitätsorientierten Prozeßkette zusammen, wenn sie als **Total quality management** (**TQM**, vielfach auch als Total quality control – TQC bezeichnet), d. h. also als „**Unternehmensweite Qualitätsverbesserung**" (FREHR 1988) betrieben werden. Die mit dem TQM verfolgten Ziele lassen sich nur erreichen, wenn das Unternehmen seine **Qualitätspolitik** auf folgenden Grundsätzen aufbaut, die in allen Qualitätssicherungssystemen enthalten sind (FREHR 1988):

- Qualität und Qualitätsverbesserung stehen in der Verantwortung des Managements, d. h. Durchsetzung der Qualität ist eine Führungsaufgabe.
- Die Erfüllung der Kundenwünsche ist oberstes Ziel, wobei der unmittelbare Abnehmer und der Letztverbraucher als Kunden zu berücksichtigen sind.

- Nicht nur Produkte, sondern auch Dienstleistungen und Tätigkeiten (Verfahren) sind in Qualitätsverbesserungen einzubeziehen. Daraus folgt auch, daß alle Mitarbeiter und alle Tätigkeitsbereiche des Unternehmens betroffen sind.
- Intensive Aus- und Weiterbildung müssen das TQM permanent begleiten. Sie beziehen sich durchaus nicht nur auf die unteren Tätigkeitsebenen.
- Umfassende und systematische Informationen sind auf allen Ebenen unerläßlich. Das schließt ein, daß Informationen nur soweit dienlich, weitergegeben werden und daß jeder, der informiert werden muß, zeitnah informiert wird.

Diesen Vorgaben entspricht, allerdings mit unterschiedlicher Akzentuierung, eine Reihe von Konzepten, von denen die beiden wichtigsten genannt seien:

Quality Function Deployment (QFD)

QFD ist ein ideales Instrument zur Transformation von Anforderungen der Kunden in technische Ziele. Es arbeitet mit Matrixdarstellungen von Abhängigkeiten, die während der Produktentwicklung und der Produktion auftreten (AKAO 1990; HAUSER und CLAUSING 1988). Solche zweidimensionalen Matrizen ergeben sich z. B. zwischen den Kundenanforderungen und den Entwurfsparametern, zwischen den Entwurfs- und den Komponentenparametern, zwischen den Komponenten- und den Prozeßparametern und schließlich zwischen den Prozeß- und Produktionsparametern. Das System funktioniert dann am besten, wenn es gelingt, die Parameter jeder Stufe möglichst vollständig zu erfassen und auch vollständig in Beziehung zu den Parametern der nächsten Stufe zu setzen. Gelingt dies, so werden die Kundenanforderungen letztlich vollständig in Produktionsparameter umgesetzt. Probleme ergeben sich naturgemäß dort, wo die Vielschichtigkeit von Parametern die durchgehende Matrixdarstellung zunehmend undurchsichtig macht. Dies läßt auch die Übernahme des QFD im Fleischbereich und bei Lebensmitteln generell nicht sinnvoll erscheinen.

Failure Mode and Effect Analysis (FMEA)

Die Fehlermöglichkeits- und -einfluß-Analyse ist eine Methode, die sich sowohl bei Neuentwicklungen als auch zur Qualitätsbewertung fertiger Produkte bewährt hat (ZÄSCHKE 1988). Das Prinzip liegt darin, daß die verschiedenartigsten Fehlermöglichkeiten und deren Einflüsse auf Qualitätsmerkmale frühzeitig erkannt und durch geeignete Maßnahmen ausgeschlossen werden. Verkürzt hat die Analyse folgende Teilschritte (vgl. ZÄSCHKE 1988):
- systematische Auflistung aller möglicher Fehler,
- Folgenabschätzung und Ursachenbestimmung für jeden Fehler,
- Einschätzung der Wahrscheinlichkeit des Auftretens,
- Festlegung von konstruktiven sowie fertigungs- und prüftechnischen Maßnahmen und Bestimmung der Verantwortlichkeiten und

- Neubewertung von Fehlererkennung und -vermeidung nach Einsatz der Maßnahmen.

Auch die FMEA ist eine in der industriellen Fertigung technischer Produkte eingesetzte Methode. Sie weist aber zumindest von der ursprünglichen Intention her durchaus Ähnlichkeit mit dem **HACCP**-Konzept auf, das als Teil der Qualitätssicherung gerade für Fleisch und Fleischwaren breiten Einsatz findet (vgl. Kap. 14.5). Allerdings sollten diese beiden Methoden eher als Teil, denn als Gesamtheit eines TQM-Konzeptes angesehen werden.

In neuerer Zeit ist auch durch die EU der Gedanke des TQM stärker in den Vordergrund gerückt worden. Die EU sieht darin keine isolierten Maßnahmen, sondern stellt sie in einen größeren Zusammenhang, dem die EU-Kommission mit dem **„Globalen Konzept für Prüfwesen und Zertifizierung"** den ersten Anschub gegeben hat. Hiermit wurde eine EU-weite Strömung mit enormer Sogwirkung in Gang gesetzt, deren übergeordnetes Ziel der dauerhafte Abbau von Handelshemmnissen im Binnenmarkt ist. Dabei geht es um die Beseitigung technischer Grenzen, die am besten möglich ist, wenn technische Kompetenz transparent gemacht und damit Vertrauen zwischen den Geschäftspartnern geschaffen werden kann. Dieses Vertrauen ist die tragfähige Basis gedeihlicher Geschäftsbeziehungen.

Als wichtigstes Instrument zur Herstellung der Transparenz des grenzübergreifenden, durchaus aber auch des nationalen Handels nennt schon das globale Konzept die **Normenserie EN ISO 9000,** mit welcher QM-Systeme standardisiert dargestellt werden können. Die Normenserie hebt nicht etwa auf die Standardisierung der Inhalte von QM-Systemen ab, sondern nur auf die **Standardisierung der Darstellung** dieser Inhalte. Auf diesem Weg wird die Qualität von Produkt und Prozeß soweit transparent, daß auch unterschiedliche Anspruchsstufen für den Handel sicher kenntlich werden. Im übrigen sind nur auf der Basis einer derartigen standardisierten Darstellung Auditierungen und Zertifizierungen von QM-Systemen möglich.

Bezüglich der Anwendung und Darstellung von QM-Systemen gibt es grundsätzlich keine verbindlichen Vorgaben. Ein hoher Grad an Verbindlichkeit ergibt sich erst dann, wenn entsprechende Darstellungen Teil eines Vertragssystems werden, auf das sich ein Abnehmer berufen kann. Für diese Darstellungen ist eine der Normen **EN ISO 9001, 9002** oder **9003** zu beachten.

Selbst wenn man sich für ein vollständiges QM-System entscheidet, bleibt die Frage, ob man dieses unbedingt entsprechend diesen Normen darstellen und darüber hinaus durch eine neutrale Prüfung (Audit) sanktionieren lassen will. Eine derartige Prüfung durch ein akkreditiertes Prüflabor führt im Sinne der Normenserien DIN EN 45000 und DIN ISO 10011 ff. zur **Zertifizierung** des standardisiert dargestellten QM-Systems (Übers. 2.9).

Folgende Aspekte mindern den *generellen* Wert von QM-Systemen:
- Die Regelung von QM-Systemen über Normen ist stärker an **angelsächsisches** als an deutsches Denken angepaßt. Es ist unter deutschen Verhältnissen zumindest gewöhnungsbedürftig, daß man in einem zunächst unverbindlichen Rahmen freiwillig zu bindenden Verpflichtungen kommt.

- Die Normenserien sind in äußerst **abstrakter** Form abgefaßt, für die der Bereich der **großtechnischen** Produktion ersichtlich Pate gestanden hat. Insbesondere die große Durchdringungstiefe in alle Einzelaktivitäten des Herstellungsprozesses hinein schmälert die Attraktivität der Normen für Kleinbetriebe.
- Das zentrale Anliegen der EU und der Normenserie EN ISO 9000 ist der **freie Handelsverkehr**. Sobald in einem Wirtschaftsbereich generell zertifizierte QM-Systeme vorliegen, bedeutet aber freier Handelsverkehr nichts anders als freie **Austauschbarkeit** der Lieferanten, die vor allem zur Stärkung der Marktstellung der Letztabnehmer führt.

Der Aufbau und die Darstellung von QM-Systemen im Sinne der europäischen Normen hat somit in seiner **externen Funktion** eher den Charakter einer Serviceleistung für den abnehmenden Kunden, die auf die zuverlässige Information über Produkt und Produktionsprozeß abzielt. Natürlich lohnt es sich in jedem Fall, diesen Service auch in der Kommunikationspolitik zu berücksichtigen, der Drang zur Zertifizierung resultiert hieraus.

In der Diskussion um QM-Systeme wird vielfach vergessen, daß diese ursprünglich ausschließlich auf **interne Funktionen** der Unternehmen ausgerichtet sind, denen u. a. der administrative Druck der EU erst sekundär zusätzliche Ziele zugeordnet hat. Intern führt die konsequente Durchsetzung von QM-Systemen dazu, daß Schwachstellen der Qualitätssicherung deutlich gemacht und abgestellt werden können. Dies senkt die **Fehlerkosten.** Die positive Wirkung auf die Kostenstruktur des Unternehmens sollte in der Regel so groß sein, daß sie die Kosten des QM-Systems auffängt, da wenigstens langfristig ein QM-System kaum über den **Preis** des Produktes zu bezahlen sein wird.

Aufgrund seiner wichtigen internen Funktion kann der Aufbau eines QM-Systems selbst dann sinnvoll sein, wenn eine Zertifizierung und eine Nutzung in Lieferverträgen nicht beabsichtigt ist. Unter solchen Verhältnissen ist es auch nicht erforderlich, die Normenserie EN ISO 9000 exakt einzuhalten. Die Norm selber gibt in ihrem Teil **EN ISO 9004** die Hinweise, die zum Aufbau variabel gestalteter QM-Systeme notwendig sind, welche eben nicht für ihre Darstellung der Basisnorm folgen. Dieser Normenteil ist demzufolge ausschließlich für interne Zwecke geeignet, will aber gerade durch die internen Problemlösungen zu Kundenzufriedenheit und Kundenvertrauen führen. Er kann demzufolge gleichberechtigt neben die oben angesprochenen TQM-Methoden gestellt werden.

Ein besonders zu beachtender Spezialfall des QM stellen die Umweltmanagementsysteme dar, die in logischer Folge psycho-soziale Komponenten der Prozeßqualität (vgl. Kap. 2.5) auch in das QM hineinentwickeln. Es liegt bereits ein Entwurf einer Norm „**DIN ISO 14001** – Umweltmanagementsysteme. Spezifikationen und Leitlinien zur Anwendung" vor, der in großen Teilen Entsprechungen zur EN ISO 9001 enthält und auch ausdrücklich ausweist.

2.9.2 Aufbau und Instrumentarium der Normenserie EN ISO 9000

Die Normenserie EN ISO 9000 besteht aus fünf Einzelnormen, von denen die 9000 und die 9004 in Teile untergliedert sind (Übers. 2.7).

Die grundlegende Norm **EN ISO 9000** dient selbst nicht der Normierung, sondern führt in die Begriffswelt und die Anwendbarkeit der anderen Normen ein. Sie ist daher auch unverbindlich formuliert.

Die Normen **EN ISO 9001 bis 9003** dienen jeweils in gleicher Weise der Darlegung von QM-Systemen für externe Zwecke, d. h. in der Regel für Verträge. Durch die Erfüllung der Norm weist der Lieferant dem Auftraggeber nach, daß er zur Lenkung der Prozesse befähigt ist, welche die ,,Annehmbarkeit" des Produktes bestimmen. Für die Verwendung in Verträgen müssen die Normen jeweils in allen 20 Elementen erfüllt werden, sie sind daher als imperative Verpflichtung formuliert. Die drei Normen sind nicht völlig deckungsgleich: die EN ISO 9001 ist als weitestgehende anzuwenden, wenn Design, Entwicklung, Produktion und Montage in der Darlegung des QM-Systems berücksichtigt werden sollen; die EN ISO 9002 bezieht sich nur auf Entwicklung, Produktion und Montage, während die EN ISO 9003 allein auf die Endprüfung beschränkt ist. Im Grundsatz sind die drei Normen dennoch als gleichwertig anzusehen, die EN ISO 9001 wird aber vielfach für die erstrebenswerteste gehalten.

Die Norm **EN ISO 9004** dient der Erarbeitung von QM-Systemen für ausschließlich interne Zwecke. Sie läßt dem Anwender weitgehend Freiheit in der Übernahme der einzelnen Elemente entsprechend den Anforderungen des zu bedienenden Marktes und ist daher nicht verbindlich formuliert. Die Anwendung dieser Norm wäre auch für solche Unternehmen empfehlenswert, die den Aufbau eines QM-Systems beabsichtigen, ohne noch sicher zu wissen, wie weit dieses System reichen soll.

Das Instrumentarium des QM, wie es die Normenserie EN ISO 9000 zur Verfügung stellt, läßt sich in die Aufgaben des Managements, das System der Dokumente und Aufzeichnungen sowie das Prüfwesen gliedern (BRANSCHEID 1994 a und b). Da sich im Bereich inzwischen eine eigenständige Nomenklatur entwickelt hat, ist es zum vollständigen Verständnis der Normenserie unerläßlich, die EN ISO 8402 (Übers. 2.7) begleitend zu Rate zu ziehen.

Übers. 2.7: Die Normen der EN ISO 9000-Familie und ergänzende Normen (Beuth Verlag, Berlin)

	EN ISO 9000-Familie	
DIN EN ISO 9000-1	(08.94)	Normen zum Qualitätsmanagement und zur Qualitätssicherung/QM-Darlegung; Teil 1: Leitfaden zur Auswahl und Anwendung
DIN ISO 9000-4★)	(06.94)	Normen zu Qualitätsmanagement und zur Darlegung von Qualitätsmanagementsystemen; Leitfaden zum Management von Zuverlässigkeitsprogrammen

		EN ISO 9000-Familie
DIN EN ISO 9001	(08.94)	Qualitätsmanagementsysteme; Modell zur Qualitätssicherung/QM-Darlegung in Design, Entwicklung, Produktion, Montage und Wartung
DIN EN ISO 9002	(08.94)	Qualitätsmanagementsysteme; Modell zur Qualitätssicherung/QM-Darlegung in Produktion, Montage und Wartung
		EN ISO 9000-Familie
DIN EN ISO 9003	(08.94)	Qualitätsmanagementsysteme; Modell zur Qualitätssicherung/QM-Darlegung bei der Endprüfung
DIN EN ISO 9004-1	(08.94)	Qualitätsmanagement und Elemente eines Qualitätsmanagementsystems; Teil 1: Leitfaden
DIN ISO 9004-2	(06.92)	Qualitätsmanagement und Elemente eines Qualitätssicherungssystems; Leitfaden für Dienstleistungen
		Unterstützende Normen
DIN EN 45001	(05.90)	Allgemeine Kriterien zum Betreiben von Prüflaboratorien
DIN EN 45002	(05.90)	Allgemeine Kriterien zum Begutachten von Prüflaboratorien
DIN EN 45003	(05.90)	Allgemeine Kriterien für Stellen, die Prüflaboratorien akkreditieren
DIN EN 45011	(05.90)	Allgemeine Kriterien für Stellen, die Produkte zertifizieren
DIN EN 45012	(05.95)	Allgemeine Kriterien für Stellen, die Qualitätsmanagementsysteme begutachten u. zertifizieren
DIN EN 45013	(05.90)	Allgemeine Kriterien für Stellen, die Personal zertifizieren
DIN EN 45014	(05.90)	Allgemeine Kriterien für Konformitätserklärungen von Anbietern
DIN ISO 10011-1	(06.92)	Leitfaden für das Audit von Qualitätssicherungssystemen; Auditdurchführung
DIN ISO 10011-2	(06.92)	Leitfaden für das Audit von Qualitätssicherungssystemen; Qualifikationskriterien für Qualitätsauditoren
DIN ISO 10011-3	(06.92)	Leitfaden für das Audit von Qualitätssicherungssystemen; Management von Auditprogrammen
DIN ISO 10012-1	(08.92)	Forderungen an die Qualitätssicherung für Meßmittel; Bestätigungssystem für Meßmittel

Unterstützende Normen		
DIN ISO 10013	(02.94)	Leitfaden für die Erstellung von Qualitätsmanagement-Handbüchern
DIN EN ISO 8402	(08.95)	Qualitätsmanagement; Begriffe
Beiblatt 1 zu DIN ISO 8402	(08.95)	Qualitätsmanagement; Anmerkungen zu Begriffen

Folgende Funktionen ergeben sich schematisierend im einzelnen:

Die **Aufgaben des Qualitätsmanagements** (Übers. 2.8) lassen sich zentralen und stufenbezogenen Aufgaben zuordnen, die für stark arbeitsteilige Produktionsprozesse charakteristisch sind:

- **Zentrale Basisaufgaben** sind einerseits nach innen gerichtet (Organisation, Schulung), betreffen aber andererseits auch das Verhältnis nach außen (Beschaffung, Verträge). Teilaspekte hiervon lassen sich auch dezentral lösen.
- Die **Qualitätsplanung** wird zentral wahrgenommen. Wichtigster Punkt ist das QM-Handbuch, in dem auch die Qualitätspolitik formuliert ist.
- **Qualitätssicherung** und **Qualitätslenkung** haben zentral *und* stufenbezogen zu realisierende Anteile. Stufenbezogen sind die Überwachungs- und Prüfungsfunktionen am Produkt selbst; zentrale Aufgaben liegen in der Verifizierung von Prozessen und Verfahren, aus der die Lenkungsfunktion der Korrekturmaßnahmen folgt. Auf die gleichermaßen zentral und stufenbezogene Aufgabe der Sicherung der Rückverfolgbarkeit sei gesondert hingewiesen.

Das **System von Dokumenten und Aufzeichnungen** wird gleichfalls stark von der Arbeitsteiligkeit beeinflußt und ist um so aufwendiger je stärker der Produktionsprozeß gestuft ist. Schematisierend ergeben sich je nach Organisationsebene unterschiedliche Schwergewichte (Übers. 2.9):

- Die **untere Ebene des Managements** arbeitet im Rahmen der Produktionstätigkeit vor allem mit Arbeits- und Verfahrensanweisungen sowie mit Aufzeichnungen über Produktvertifizierungen.
- Die **mittlere Ebene des Managements** als Leitungsebene von Teilbetrieben oder Abteilungen arbeitet mit einem rein organisatorischen Instrumentarium. Sie steuert damit Ort, Zeitpunkt sowie Art und Weise der Durchführung von Aktivitäten. Die Betreuung der stufenspezifischen Lastenhefte, der aus diesen erarbeiteten Prüfpläne und Verfahrensanweisungen sowie der Auditpläne (interne Audits) gehören hierher. Speziell hervorzuheben sind die Identitätsnachweise (Rückverfolgbarkeit) und die Verträge und Lieferantenvereinbarungen.
- Die **oberste Ebene des Managements** handelt im Sinne der langfristigen Planung, deren Grundsätze im QM-Handbuch festgehalten sind. Als Ausdruck der stark

mittelbaren Aufsichtsfunktion kann die Erstellung der übergeordneten Reviews des Unternehmens gesehen werden, die auf den Qualitätsaudits der mittleren Ebene fußen.

Übers. 2.8: Aufgaben im Qualitätsmanagement nach EN ISO 9000 (BRANSCHEID 1994 a)

Zentrale Basisaufgaben	Qualitätsplanung*	Qualitätssicherung / Qualitätslenkung	
		zentral	stufenbezogen
• Organisatorische Strukturen • Schulungen • Schulungskonzepte • Beschaffung (Produkte, Dienstleistungen) • Verträge	• QM-Handbuch • Qualitätspolitik • Qualitätsziele • Planung von Reviews, Audits und Prüfungen • Lenkung der Dokumente	• Erstellung von Reviews • Durchführung von Audits (in den Stufen) • Lenkungen von Korrekturmaßnahmen	• Prozeßlenkung • Durchführung von Produktverifizierungen • Kontrolle der Prüfmittel • Feststellung des Prüfstatus • Lenkung fehlerhafter Produkte • Sicherung der Rückverfolgbarkeit • Handhabung, Lagerung, Verpackung, Versand • Durchführung der Schulungen

*einschließlich Qualitätsverbesserung

Das **Prüfwesen** ist in gleichsinniger Hierarchie gegliedert wie das System der Dokumente (Abb. 2.4).
- Auf der **unteren Ebene** werden **Produktprüfungen** (Produktverifizierungen) im engeren Sinne durchgeführt, indem durch Messen und Untersuchen von Merkmalen und Vergleich mit festgelegten Forderungen die Konformität des Produktes festgestellt wird. Dies gilt entsprechend für einfache **Prozeßprüfungen.**
- Auf der **mittleren Ebene** werden unabhängige Prüfungen im Sinne von **internen Qualitätsaudits** durchgeführt, um festzustellen, ob die qualitätsbezogenen Tätigkeiten, die erzielten Ergebnisse wie auch die installierten Betriebssysteme den Planungen entsprechen (Produkt-, Verfahrens- bzw. Systemaudits). Die internen Audits sind ein übergeordnetes Instrument für **Korrekturen** des QM-Systems.
- Auf der **obersten Ebene** sind **Management-Reviews** das wichtigste Instrument, in denen auf der Basis interner Qualitätsaudits (und anderer Prüfungen) eine Bewertung vorgenommen wird, ob das QM-System weiterhin insgesamt wirksam ist. Das

Review bewertet die Qualitätspolitik und die Qualitätsziele des Unternehmens und schließt Überlegungen zur Anpassung des QM-Systems an neue technische oder soziale Entwicklungen ein.

Übers. 2.9: Das System der Dokumente und Aufzeichnungen nach EN ISO 9000 (BRANSCHEID 1994 a)

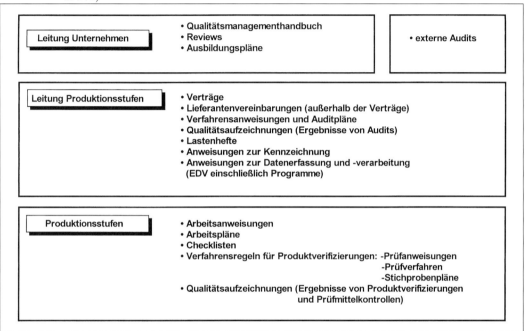

Darüber hinaus veranlaßt die oberste Ebene die **externen Qualitätsaudits,** die von unabhängigen Dritten durchgeführt werden. Unumgänglich sind die externen Audits, wenn eine Zertifizierung auf Konformität der Darlegung des QM-Systems zur Normenserie EN ISO 9000 angestrebt wird (z. B. für den Abschluß von Verträgen).

Die bereits eingangs (2.7.1) erwähnte Norm DIN ISO 14001 (Entwurf) zum Umweltmanagement stützt sich auf praktisch das gleiche Instrumentarium. Als Elemente sind hervorzuheben:

- **Erstellung** einer Umweltpolitik;
- **Planung** im Hinblick auf Umweltaspekte gesetzliche und andere Forderungen, Zielsetzungen und Einzelziele; Umweltmanagementprogramme;
- **Durchführung** unter Berücksichtigung von Organisationsstruktur und Verantwortung; Schulung, Bewußtseinsbildung und Kompetenz; Kommunikation; Dokumentation des Umweltmanagementsystems; Lenkung der Dokumente; Ablauf-(Prozeß)-lenkung sowie Notfallvorsorge und Maßnahmenplanung;

- **Überwachung** und Korrekturmaßnahmen unter Einschluß des Umweltmanagementsystems selbst mit Überwachung und Messung; Erfassung von Abweichungen und Treffen von Korrektur- und Vorsorgemaßnahmen; Aufzeichnungen und
- **Bewertung** durch die oberste Ebene des Managements mit dem Ziel der kontinuierlichen Verbesserung des Umweltmanagements.

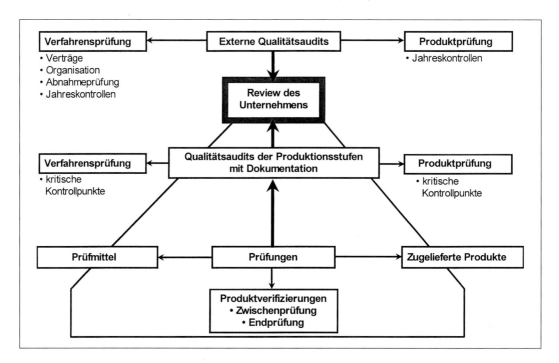

Abb. 2.4: Die Hierarchie des Prüfwesens nach EN ISO 9000 (BRANSCHEID 1994 a)

Entsprechend der Norm soll ein Umweltmanagementsystem also vor allem geeignet sein, nicht nur gegenwärtig, sondern auch zukünftig den gesetzlichen und unternehmenspolitischen Forderungen gerecht zu werden. Zu den unternehmenspolitischen Forderungen zählen naturgemäß nicht allein ökologische, sondern auch ökonomische Ziele. Über die Verbindung zu wettbewerblichen Vorteilen ergibt sich letztlich auch eine Verbindung zur Marketingstrategie des Unternehmens.

2.9.3 Spezielle Probleme der Übernahme von QM-Systemen in der Fleischwirtschaft

In der Produktion technischer Produkte bereitet die Übernahme von QM-Systemen weniger Probleme als die Anwendung auf Lebensmittel. Immerhin sind die Schlacht-, Zerlege- und Verarbeitungsbetriebe insofern auf die EN ISO 9000 vorbereitet, als sie ohnedies im hygienischen Bereich durch nationale und gemeinschaftliche Verordnungen zu mehr oder weniger systematischem QM verpflichtet sind. HACCP-Konzepte, die ebenfalls als QM-Systeme im Hygienebereich verstanden werden können, sind für diese Betriebe eine Selbstverständlichkeit. Insbesondere die Richtlinie Frisches Fleisch und die Empfehlung der Kommission über die „Besichtigung in den für den innergemeinschaftlichen Handel zugelassenen Fleischbetrieben" reglementieren die entsprechenden Tätigkeiten und Einrichtungen soweit, daß die Formulierungen ohne weiteres in QM-Handbücher übernommen werden könnten. Allein diese Vorbereitung läßt es wahrscheinlich erscheinen, daß die Vorlage eines QM-Systems für diese Betriebe zukünftig die Regel sein wird.

Für ein übergreifendes QM-System wirkt sich allerdings der hoch arbeitsteilige Produktionsprozeß nachteilig aus. Hier sind dieselben Probleme zu nennen, die auch für die Produktpolitik bei Fleisch (s. Kap. 2.5) einschränkend wirken. Größter Schwachpunkt sind die landwirtschaftlichen Betriebe, nicht nur wegen ihrer relativen Ferne vom Endprodukt und den Verbraucheransprüchen, sondern auch aus strukturellen Gründen. Während in Unternehmen, die auf einer hohen Zahl von Fremdarbeitskräften basieren, der Sinn von QM-Systemen für die oberste Managementebene ohne weiteres einleuchtend ist, ist im landwirtschaftlichen Familienbetrieb dem Betriebsleiter QM zunächst kaum zu vermitteln. Immerhin haben die bestehenden Qualitätsfleischprogramme auch hierfür das Feld gut vorbereitet. So weist z. B. das Prüfsiegelprogramm der CMA eine Reihe von Charakteristika auf, die eine Überführung in ein QM-System nach EN ISO 9000 sehr erleichtern. Insbesondere die vertragliche vertikale Integration, die prozeßbegleitenden Produktkontrollen, die Herkunftssicherung (Rückverfolgbarkeit) und die zentrale Zusammenführung aller Informationen über die Maßnahmen der Qualitätssicherung bei der siegelnehmenden Unternehmensstufe wie auch beim Siegelgeber sind hier zu nennen. Gerade diese Maßnahmen sprechen auch für eine Übernahme von QM-Systemen in der Landwirtschaft.

Soll das QM-System bis zur Zertifizierung vorangetrieben werden, so verschärfen sich die Probleme wiederum auf der landwirtschaftlichen Stufe. Das für die Zertifizierung notwendige externe Audit ist in kleinbäuerlichen Betrieben nicht bezahlbar und auch nicht denkbar. Die Lösung des Problems liegt in der „Gruppenzertifizierung" von Erzeugerzusammenschlüssen, von denen der Anstoß zum QM-System auszugehen hat. Dies trägt auch der Tatsache Rechnung, daß Marketing, welches ja stets hinter einem QM-System stehen muß, in der Landwirtschaft in aller Regel als Verbundmarketing organisiert werden muß. Bei der „Gruppenzertifizierung" wird davon ausgegangen, daß der Erzeugerzusammenschluß die zu zertifizierende Einheit darstellt, aus der stichprobenartig einzelne Erzeugerbetriebe für die physischen Prüfungen gezogen werden.

Zusammengefaßt ist die Notwendigkeit der Übernahme von QM-Systemen in der Fleischwirtschaft aus Sicht des modernen Käufermarktes und des internationalen Handels unmittelbar einleuchtend, die hierbei auftretenden Probleme sind lösbar und bei richtiger Anwendung ergeben sich Vorteile, die sich in der Position am Markt umsetzen lassen.

Obwohl die Entwicklung von QM-Systemen in der Fleischbranche derzeit erst am Anfang steht, ist daher als **Perspektive** die breitflächige Übernahme in relativ kurzer Frist wahrscheinlich. Die treibende Kraft wird dabei vor allem vom LEH ausgehen. Da dieser vollständig integrierte Systeme fordert, wird der landwirtschaftliche Sektor sich beteiligen müssen. In kleineren landwirtschaftlichen Betrieben ist jedoch der Aufbau von QM-Systemen nur sinnvoll, wenn diese im Kontext eines größeren Erzeugerverbundes stehen.

Literatur

AKAO, Y. (Hrsg.) (1990): Quality function deployment. Integrating customer requirements into product design. Cambridge, Massachusetts, Norwalk, Connecticut: Productivity Press

BALLING, R. (1990): Marketing-Konzeption für einen Markenartikel Rindfleisch. Agrarwirtschaft, Sonderheft 125

BALLING, R. (1994): Agrarmarketing. (Hrsg.: Auswertungs- und Informationsdienst für Ernährung, Landwirtschaft und Forsten, AID) – AID-Heft Nr. 1252

BRANSCHEID, W. (1994 a): Qualitätsmanagementsysteme bei Rind- und Schweinefleisch – EG-Normen und praktische Konsequenzen. Teil 1. Fleischwirtschaft 74, 144–149

BRANSCHEID, W. (1994 b): Qualitätsmanagementsysteme bei Rind- und Schweinefleisch – EG-Normen und praktische Konsequenzen. Teil 2. Fleischwirtschaft 74, 245–256

BRANSCHEID, W. (1994 c): Wettbewerbsfähige Vermarktungsstrategien für Qualitätsfleisch. Arch. Tierz. 37, 131–136

BRANSCHEID, W. (1996): Zur Qualität von Fleisch und Milch – Ansprache der Verbraucher und Maßnahmen der Tierproduktion. Ber. Landwirtschaft 74, 103–117

FREHR, H. (1988): Unternehmensweite Qualitätsverbesserung. In: W. MASING (Hrsg.): Handbuch der Qualitätssicherung. 2. Auflage. München, Wien: C. Hanser. p. 797–814

HAMM, U. (1991): Landwirtschaftliches Marketing. Stuttgart: Ulmer

HAUSER, J. R. und D. CLAUSING (1988): The house of quality. Harvard Business Rev. 66, 63–73

KOTLER, P. (1982): Marketing-Management: 4. Aufl. (deutsche Übersetzung von H. REBER). Stuttgart: Poeschel

KOTLER, P. und F. BLIEMEL (1991): Marketing-Management: 7. Aufl. Stuttgart: Schäffer-Poeschel

LOHNER, M. (1995): Verändertes Nachfrageverhalten bei Nahrungsmitteln durch Wertewandel und Auswirkungen auf den Umfang der vertikalen Kooperation in der Agrar- und Ernährungswirtschaft. Agrarwirtschaft Sonderh. 146

MEFFERT, H. (1991): Marketing: Grundlagen der Absatzpolitik. 7. überarb. u. erw. Aufl. Wiesbaden: Gabler

NIESCHLAG, R.; E. DICHTL und H. HÖRSCHGEN (1994): Marketing. 17. Aufl. Berlin: Duncker u. Humblot

STRECKER, O.; J. REICHERT und P. POTTEBAUM (1990): Marketing für Lebensmittel. Grundlagen und praktische Entscheidungshilfen. Frankfurt/M. DLG

ZÄSCHKE, J. (1988): Qualitätsbewertung. In: W. MASING (Hrsg.): Handbuch der Qualitätssicherung. 2. Auflage. München, Wien: C. Hanser. p. 421–436

ZUREK, E. C. (1993): Vertragslandwirtschaft in der Nahrungsmittel der BR Deutschland – Situation und Perspektiven. Ber. Landwirtsch. 71, 625–644

WÖHLKEN, E. (1993): Lebensmittelverpackung in der umweltpolitischen Diskussion. Agrarwirtschaft 42, 169–170

3 Begriffe des Schlachttierwertes

3.1 Die Komponenten des Schlachttierwertes

W. Branscheid

Der Schlachttierwert kann definiert werden (Lit. bei AUGUSTINI u. a. 1988)
- im Sinne seiner wertbestimmenden Komponenten (Abb. 3.1),
- nach den Möglichkeiten seiner Weiterverwendung (Abb. 3.2) und
- in Form einer Folge von Gewichten[1], die sukzessive an Schlachttier und Schlachtkörper sowie während der Zerlegung erfaßt werden können (Abb. 3.3 und 3.5).

Der **Schlachttierwert** als übergeordneter Begriff stellt die Gesamtheit von Schlachtertrag, Schlachtkörperqualität mit Schlachtkörperzusammensetzung und Fleischqualität sowie dem Schlachttierabgang dar (Abb. 3.1). Der Schlachttierwert basiert allein auf objektiv erfaßbaren Maßzahlen und stützt sich nicht auf eine geldliche Bewertung. Diese kommt erst im **Handelswert** zum Tragen, der sich aus den Preisen auf der jeweiligen Handelsstufe ergibt und der unterschiedlichen Bewertungsmaßstäben (d. h. unterschiedlichen monetären Gewichtungen der Komponenten des Schlachttierwertes) unterliegt.

Der Schlachtertrag (Abb. 3.1) wird durch das **Schlachtkörpergewicht** mit seinen Teilgewichten (vgl. auch Abb. 3.3) und durch die **Schlachtausbeute** charakterisiert. Die Schlachtausbeute ist der prozentuale Anteil des Schlachtkörpergewichtes am Schlachttiergewicht. Die Differenz zwischen Schlachttiergewicht und Schlachtkörpergewicht ist der **Schlachttierabgang,** der **vor der Feststellung des Schlachtkörpergewichtes** anfällt. Schlachttierabgang und Schlachtkörpergewicht stehen damit in enger Abhängigkeit. Die Definition des Schlachttierabgangs ist durch EG- und nationales Recht so geregelt, daß die Teile angegeben werden, die über den beim Schlachten und Ausweiden anfallenden Abgang hinaus vor der Waage zu entfernen sind (Tab. 3.1). Somit können als Teilfraktionen des Schlachttierabgangs ungeachtet ihrer tatsächlichen weiteren Verwendung festgehalten werden (VANSELOW 1970; FREUDENREICH und BACH 1993):
- die auf der „unreinen" Seite der Schlachtung und beim Ausweiden anfallenden **Schlachtabfälle,**

---

[1] Hier wird ausschließlich der im Handelsgebrauch der alten Bundesländer übliche und in allen relevanten nationalen und EG-Verordnungen herangezogene Begriff „Gewicht" mit der diesem entsprechenden Maßeinheit g bzw. kg verwendet. Physikalisch korrekter wäre „Masse".

- die auf der „reinen" Seite der Schlachtung anfallenden und im Prinzip genußtauglichen **Schlachtnebenprodukte** (Teile der Eingeweide aus Brust-, Bauch- und Beckenhöhle sowie des Kopfes),
- die aufgrund der Vorgaben der 4./6. DVO anfallenden **Fleisch- und Fettabschnitte**.

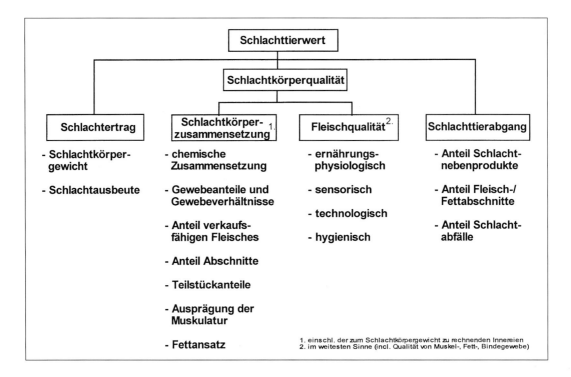

Abb. 3.1: Der Schlachttierwert in seinen Komponenten (AUGUSTINI u. a. 1988, verändert)

Allerdings werden die vor und nach der Waage entfernten Abschnitte und Knochen sowie die Schlachtnebenprodukte zunehmend den Schlachtabfällen zugeführt, sofern sich keine entsprechenden Absatzmärkte finden (Abb. 3.2). Trotzdem gelingt auch dann noch zumeist eine hochwertige Verwendung in Spezialbetrieben (z. B. der Fett- und Gelatineherstellung). Im Kapitel 13 werden diese Fragen ausführlich behandelt.

Der Schlachttierwert wird entscheidend von der **Schlachtkörperqualität** (Abb. 3.1) bestimmt, zu der die Schlachtkörperzusammensetzung und die Fleischqualität zu rechnen sind. **Fleischqualität** soll dabei in ihrem weitesten Sinne, d. h. also als Qualität der Gewebefraktionen Muskel, Fett, Bindegewebe sowie der Innereien verstanden werden. Hierauf wird in Kapitel 3.2 noch gesondert eingegangen.

Die Komponenten des Schlachttierwertes 87

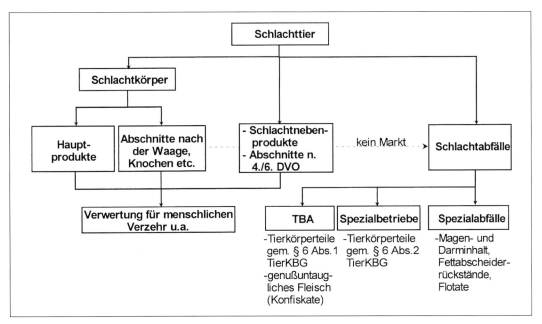

Abb. 3.2: Die Verwertung von Schlachttieren (NIEMANN 1991, verändert)

Tab. 3.1: Zur Definition des Schlachtkörpergewichtes[1]: Vor der Erfassung des Schlachtkörpergewichtes entfernte Teile (FREUDENREICH und BACH 1993, ergänzt)

Entfernte Teile	**Rind**	**Kalb/Schaf**	**Schwein**
Haut	+	+	
Kopf	+	+	
Gehirn			+ [2]
Zunge			+
Gliedmaßen	+	+	
Organe Brust/Bauch	+	+	+
Nieren	+		+
Nieren-/Beckenfett	+		+ [3]
Zwerchfell (Saumfleisch)	+		+
Zwerchfellpfeiler (Nierenzapfen)	+		+
Schwanz	+		
Rückenmark	+		+
Sack-, Euterfett, Gesäuge	+		
Oberschalenkranzfett	+		
Halsvene mit anhaftendem Halsfett	+		

[1] Die Verordnungen verwenden den Begriff Schlachtgewicht
[2] Sofern der Kopf gespalten wird
[3] Flomen

Die **Schlachtkörperzusammensetzung** (Abb. 3.1) umfaßt Merkmalsgruppen, die die chemische und grobgewebliche Zusammensetzung, die Kenngrößen der Körperproportionen – wie Teilstückanteile, aber auch Ausprägung und Verteilung des Muskel- und Fettgewebes – kennzeichnen. Im einzelnen sind anzusprechen:

- **Chemische Zusammensetzung:** Die chemische Zusammensetzung von Teilstücken oder des Schlachtkörpers insgesamt wird über die sog. „Vollanalyse" bestimmt, mit deren Hilfe der Gehalt an Protein, Fett, Wasser und Asche erfaßt wird. In diese Analyse kann auch die Berechnung des Energiegehaltes eingeschlossen werden. Andere Analysen gehören nur im Einzelfall (z. B. Fettsäuremuster beim Schwein) zu den chemisch-analytischen Kriterien des Schlachtwertes.
- **Gewebeanteile:** Sie setzen sich zusammen aus den Gewichten von Muskel-, Fett-, Knochengewebe sowie der Sehnen und des Blutigen bezogen auf das Schlacht- bzw. Hälftengewicht oder die Gewichte einzelner Teilstücke. Diese Gewichte werden in der grobgeweblichen Zerlegung ermittelt, in der die Gewebe soweit sie mit dem Messer erfaßt werden können, voneinander getrennt werden.
- **Gewebeverhältnisse:** Sie werden vor allem im Zusammenhang mit dem Fleischanteil berechnet, z. B. als Fleisch/Fettverhältnis bzw. Fleisch/Knochenverhältnis. Hierbei können auch planimetrisch ermittelte Hilfsgrößen verwendet werden, ohne daß auf die tatsächlichen Verhältnisse im Schlachtkörper oder Teilstück Bezug genommen wird.
- Die **Teilstückanteile** und speziell der **Anteil wertvoller Teilstücke.** Dieser wird tierartlich unterschiedlich definiert:
    - für Schweinefleisch als Anteil von Schinken, Kotelett, Filet und Bug am Schlachtkörper,
    - für Rindfleisch als Anteil von Keule, Roastbeef, Filet, Bug und Fehlrippe bzw. Pistolenanteil am Schlachtkörper,
    - für die übrigen Tierarten in Entsprechung hierzu,
    - für Geflügel als Anteil von Brust- und Schenkelfleisch.
- **Anteil verkaufsfähigen Fleisches ("saleable meat"):** ist eine Größe, auf die in wissenschaftlichen Untersuchungen zurückgegriffen wird, wenn ein besonderer Bezug zu praktischen Gegebenheiten hergestellt werden soll. Zur Ermittlung dieses „Fleischanteils" (in der Literatur auch „Fleischausbeute", „yield") werden dabei alle Teilstücke so zugeschnitten, wie sie handelsüblich sind, d. h. einschließlich Fett und ggf. Knochen. Es bietet sich an, nach Braten-, Koch- und Verarbeitungsfleisch zu differenzieren.
- **Ausprägung der Muskulatur:** Sie ist bei allen Tierarten zunächst ein rein morphologisches Merkmal, wird aber in der Praxis vielfach mit dem Handelswert gleichgesetzt. Diesem Merkmal entsprechen bei Rind und Schaf die Fleischigkeitsklassen der Handelsklasseneinstufung, beim Schwein die früher verwendeten „Typklassen".
- **Fettansatz:** Er charakterisiert die Einlagerung von Fett in die Körperhöhlen und die Abdeckung durch das subkutane bzw. Oberflächenfett. Es handelt sich hier bereits um

Kriterien, die auf die Gewebeanteile Bezug nehmen und bei Schaf und Rind als Fettgewebeklassen in die Handelsklasseneinstufung eingehen.

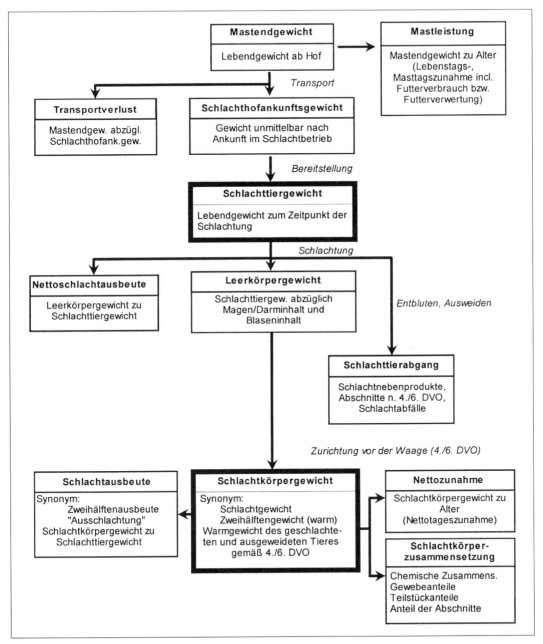

Abb. 3.3: Abfolge der Körpergewichte bei Mast und Schlachtung

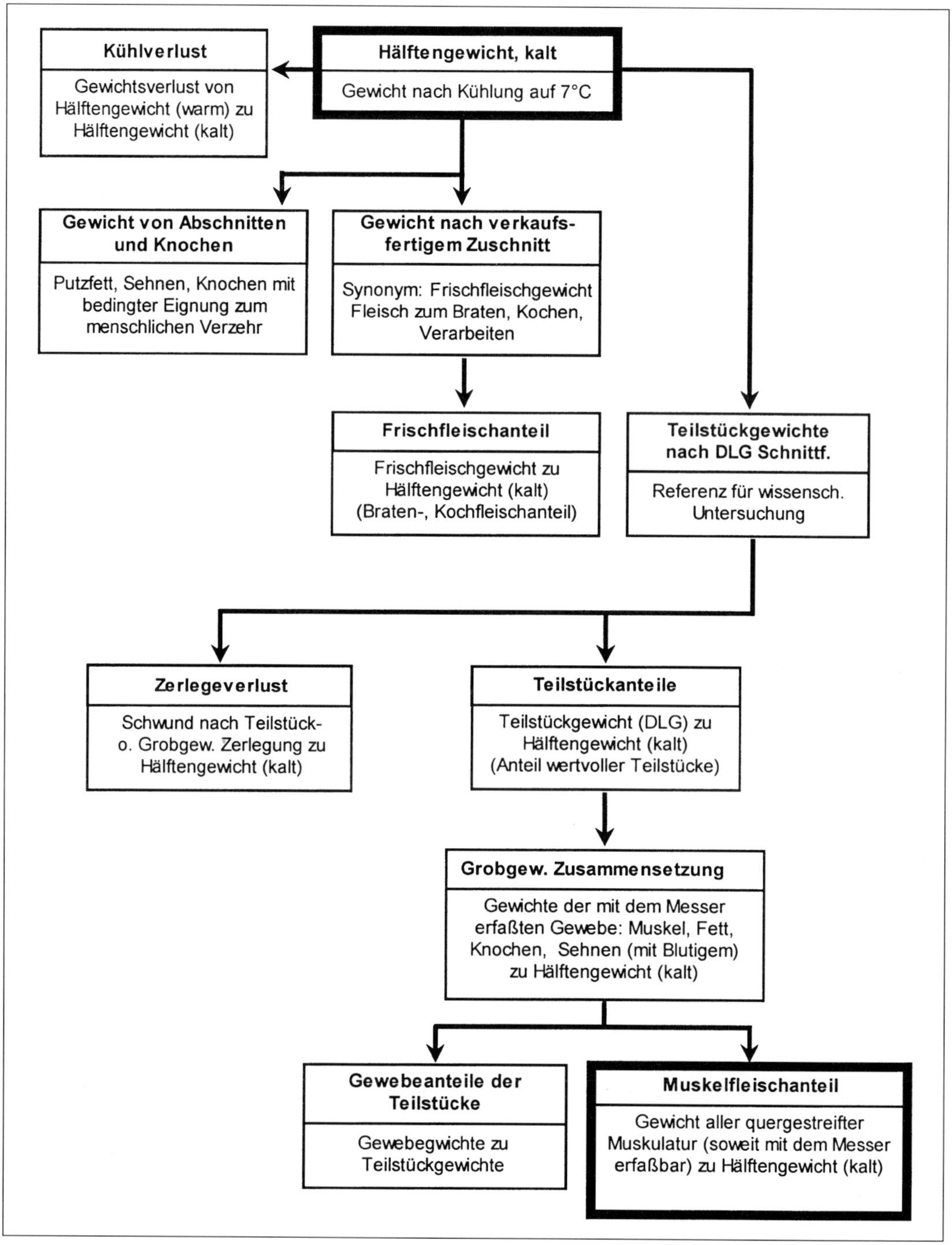

90 *Begriffe des Schlachttierwertes*

```
┌─────────────────────────┐    ┌─────────────────────────────┐
│      Kühlverlust        │◄───│   Hälftengewicht, kalt      │
│ Gewichtsverlust von     │    │ Gewicht nach Kühlung auf 7°C│
│ Hälftengewicht (warm) zu│    └─────────────────────────────┘
│ Hälftengewicht (kalt)   │
└─────────────────────────┘
```

Gewicht von Abschnitten und Knochen
Putzfett, Sehnen, Knochen mit bedingter Eignung zum menschlichen Verzehr

Gewicht nach verkaufsfertigem Zuschnitt
Synonym: Frischfleischgewicht
Fleisch zum Braten, Kochen, Verarbeiten

Frischfleischanteil
Frischfleischgewicht zu Hälftengewicht (kalt)
(Braten-, Kochfleischanteil)

Teilstückgewichte nach DLG Schnittf.
Referenz für wissensch. Untersuchung

Zerlegeverlust
Schwund nach Teilstück- o. Grobgew. Zerlegung zu Hälftengewicht (kalt)

Teilstückanteile
Teilstückgewicht (DLG) zu Hälftengewicht (kalt)
(Anteil wertvoller Teilstücke)

Grobgew. Zusammensetzung
Gewichte der mit dem Messer erfaßten Gewebe: Muskel, Fett, Knochen, Sehnen (mit Blutigem) zu Hälftengewicht (kalt)

Gewebeanteile der Teilstücke
Gewebegwichte zu Teilstückgewichte

Muskelfleischanteil
Gewicht aller quergestreifter Muskulatur (soweit mit dem Messer erfaßbar) zu Hälftengewicht (kalt)

Abb. 3.4: Abfolge der Gewichte aus den Zerlegungen

Als letztes ist für die Bestimmung des Schlachttierwertes eine ganze Reihe von **Gewichten** von Interesse, die einerseits einer Serie von Körpergewichten und andererseits einer Serie von Gewichtskomponenten der Zerlegung zugeteilt werden können.

Die **Körpergewichte** (Abb. 3.3) gehen vom **Mastendgewicht** aus und schaffen damit die rückwärtige Verbindung zur Mastleistung. Das nachfolgende **Schlachthofankunftsgewicht** ist als Kenngröße, aus der der Substanzverlust durch den Transport ermittelt werden kann, von Bedeutung. Die für die Einschätzung der nachfolgenden Gewichte entscheidende Größe ist aber das **Schlachttiergewicht,** das Tiergewicht direkt zum Zeitpunkt der Schlachtung, von dem mit fortschreitender Schlachtung sukzessive Teilfraktionen abgezogen werden. Die Unterscheidung zwischen Schlachthofankunfts- und Schlachttiergewicht bleibt zumeist theoretisch, da in diesem zeitlichen Bereich allenfalls die Erfassung eines dieser Gewichte möglich ist.

Das **Leerkörpergewicht,** d. h. das um den Inhalt des Magen-Darm-Traktes reduzierte Schlachttiergewicht ist als Kenngröße der Gesamtansatzleistung, also des Ansatzes von rein körpereigener Substanz, aufzufassen.

Das **Schlachtkörpergewicht** schließlich ist die Abrechnungsgröße der Geschlachtetvermarktung und beansprucht damit die größte Aufmerksamkeit des Handels. Dieses Gewicht ist zudem Grundlage der Bilanzen von Fleischproduktion und -verbrauch.

Die aus der **Zerlegung hervorgehenden Gewichte** (Abb. 3.4) beziehen sich auf die Verhältnisse der Praxis, also speziell auf das Gewicht nach verkaufsfertigem Zuschnitt, und die Verhältnisse der wissenschaftlichen Untersuchung, die mit der Erfassung der Teilstückgewichte nach der DLG-Schnittführung auf nationaler Ebene standardisierbar sind. Für die nachfolgende grobgewebliche Zerlegung existieren ähnlich schlüssige Vorgaben nur für Schweinehälften, für die eine EG-Referenzmethode festgelegt wurde. Leitlinie derartiger Zerlegemethoden sollte aber auch bei den anderen Tierarten sein, daß sie als entscheidende Größe den Muskelfleischanteil der Hälfte erfassen, der durch das Gewicht aller quergestreifter Muskulatur, soweit diese mit dem Messer erfaßbar ist, repräsentiert wird.

3.2 Der Qualitätsbegriff bei Fleisch

K. Hofmann

Qualität kann „Güte" bedeuten (wie bei „Qualitätserzeugnis", „Qualitätsfleisch") oder - völlig wertfrei – „Beschaffenheit" (lat. *qualitas*). Beide Bedeutungen existieren nebeneinander und sollten nicht miteinander vermengt oder verwechselt werden, andernfalls kommt es zu Mißverständnissen.

Auch der zusammengesetzte Begriff „Fleischqualität" (im Sinne von Fleischbeschaffenheit) ist wertneutral, im Gegensatz zu „Qualitätsfleisch", das von positiven Vorstellungen – im Sinne von Güte – geprägt ist.

Der Begriff „Fleischqualität" kann jedoch nicht einfach durch „Fleischbeschaffenheit" ersetzt werden (was zweifellos zur Vermeidung von Mißverständnissen beitragen würde), denn die Bedeutung von „Fleischqualität" ist – wie wir noch sehen werden – umfassender. Aus diesem Grund ist es auch nicht möglich, den Begriff „Qualitätssicherung" etwa durch „Beschaffenheitssicherung" zu ersetzen.

3.2.1 Qualitätsdefinition

Qualität im allgemeinen wurde von der Deutschen Gesellschaft für Qualität (DGQ) definiert als „die Gesamtheit von Eigenschaften und Merkmalen eines Produktes oder einer Tätigkeit, die sich auf deren Eignung zur Erfüllung gegebener Erfordernisse beziehen" (DGQ 1980). Diese Definition entspricht dem lateinischen Ursprung von „Qualität" (Beschaffenheit). „Gegebene Erfordernisse" sind die Ansprüche des Verbrauchers und sonstiger Interessenten an das betreffende Produkt (bzw. die Tätigkeit).

Zur Qualität eines Lebensmittels tragen somit alle Eigenschaften und Merkmale (Qualitätsfaktoren) bei, die für seine Verwendung als Lebensmittel von Bedeutung sind. Die Qualitätsfaktoren des Fleisches können je nach ihrer Bedeutung für seinen Nähr- und Genußwert, für seine Hygiene und Verarbeitung in vier Gruppen unterteilt werden:

- **Sensorische Faktoren** (Geruch, Geschmack, Farbe usw.);
- **Ernährungsphysiologische Faktoren** (Gehalt an Nährstoffen und deren Zustand);
- **Hygienisch-toxikologische Faktoren** (Mikroorganismen, Toxine, Rückstände);
- **Verarbeitungstechnologische Faktoren** (Wasserbindungsvermögen, Konsistenz, Textur usw.).

Dementsprechend wird **„Fleischqualität"** definiert als „die Summe aller sensorischen, ernährungsphysiologischen, hygienisch-toxikologischen und verarbeitungs-technologischen Eigenschaften des Fleisches" (HOFMANN 1973), oder kurz: „Qualität ist die Summe aller Qualitätsfaktoren" (HOFMANN 1974).

„Lebensmittelqualität" kann allgemein definiert werden als die Summe aller Eigenschaften und Merkmale eines Produktes, die für seine Verwendung als Lebensmittel von Bedeutung sind.

3.2.2 Produktions-(Prozeß-)qualität und Wertschätzung

Von den Qualitätsfaktoren des Fleisches, d. h. von seinen konstituierenden Bestandteilen, sind jene Faktoren zu trennen, die die Qualität des Endproduktes Fleisch auf den verschiedenen Stufen der Produktion mitbestimmen und beeinflussen. Hierzu gehören in erster Linie die Fütterung und Haltung der Tiere, die Transportbedingungen, die Betäubung und Schlachtung der Tiere sowie die anschließende Behandlung der Schlachttierkörper. All diese Produktionsschritte und Einflüsse bilden die **„Produktionsqualität"** („Prozeßqualität"). Sie sind nicht Bestandteil des Produktes (der Produktqualität) und können demzufolge auch nicht in die Qualitätsdefinition des Produktes einbezogen werden.

Die Aspekte der Produkt- und Produktionsqualität werden jedoch häufig miteinander vermengt. Auch die **Wertschätzung,** die der Mensch einem Produkt entgegenbringt, ist von der Produktqualität zu trennen: Die Qualität befindet sich im Produkt und die Wertschätzung im Kopfe des Menschen!

Die Wertschätzung wird beeinflußt von individuellen und sozialen Einflußfaktoren, wie Gewohnheiten, Traditionen, Image, von ökologischen, ethischen, religiösen und politischen Aspekten, aber auch von Vorurteilen und Ängsten des Menschen. Häufig werden auch diese Einflüsse und Aspekte – zum Teil mit dem Argument der „ganzheitlichen Betrachtung" – in den Qualitätsbegriff einbezogen.

Die Vermengung der Aspekte der **Produktqualität** und der **Produktionsqualität** einerseits und der objektiven Qualitätsfaktoren mit den subjektiven Aspekten der Wertschätzung andererseits führt häufig zu Mißverständnissen und kontroversen Qualitätsdiskussionen. Eine entsprechende und konsequente Trennung dieser unterschiedlichen Aspektbereiche ist daher unerläßlich. In welcher Weise diese miteinander verknüpft sind und sich gegenseitig beeinflussen, wird im nächsten Abschnitt behandelt.

3.2.3 Das Qualitätsschema

Das Schema in Abbildung 3.5 ermöglicht es, alle **objektiven** und **subjektiven** Aspekte der Qualität, wie sie oben diskutiert wurden, in ihrer Beziehung zusammenhängend darzustellen – ohne sie in unzulässiger Weise miteinander zu vermischen. Auch weitere, bisher nicht einbezogene Gesichtspunkte, können an entsprechender Stelle problemlos eingeordnet werden. Eine wesentliche Erweiterung erfährt das Schema in Abbildung 3.5 durch die Einbeziehung der wichtigsten Regelmechanismen des Marktes, also von Preis, Angebot und Nachfrage. Hierdurch werden die dynamischen Beziehungen, die zwischen Produkt, Verbraucher und Markt bestehen, deutlich, so daß man daraus ersehen kann, wie sich Veränderungen und Wandlungen in einem bestimmten Bereich auf andere Bereiche auswirken.

Die in dem Schema eingezeichneten Pfeile bringen die **Einflußrichtungen** zum Ausdruck. Werden z. B. durch negative Schlagzeilen in den Medien beim Verbraucher Ängste gegenüber einem Produkt erzeugt (medienbedingter Einflußfaktor), so sinkt zwangsläufig dessen Wertschätzung, auch wenn die Produktqualität nach wie vor dieselbe bleibt. Sinkende Nachfrage, zurückgehender Absatz und Preisverfall sind die Folge.

Die **Wertschätzung** kann aber auch – durch Aufklärung, sachliche Information und Werbung – positiv beeinflußt werden, so daß man auf diese Weise dem, die Wertschätzung herabsetzenden, Einfluß wirksam entgegentreten kann.

Der **Preis** ist bekanntlich das Ergebnis von Angebot und Nachfrage, wobei die Nachfrage sehr wesentlich von der Wertschätzung und Akzeptanz durch den Verbraucher abhängt. Der Einfluß der Qualität des Produktes auf den Preis ist damit nur ein sehr indirekter.

Die Wertschätzung des kritischen Verbrauchers ist von zahlreichen individuellen (psychologischen) und sozialen Einflüssen abhängig, wobei heutzutage bei Fleisch auch die **Produktionsqualität** (Tierhaltung, Fütterung, Transportbedingungen usw.) besondere Beachtung findet. Der Preis eines Produktes kann auch aus diesem Grunde nicht als Maßstab der Qualität eines Produktes betrachtet werden, sondern eher als Maß seiner Wertschätzung. In diesem Sinne ist auch die bekannte Definition von HAMMOND (1955) zu verstehen: „Quality can best be defined as that which the public likes best and for which consumers are prepared to pay more than average prices." Diese Definition gilt somit für Qualität im Sinne von Güte (Qualitätsprodukt, Qualitätsfleisch).

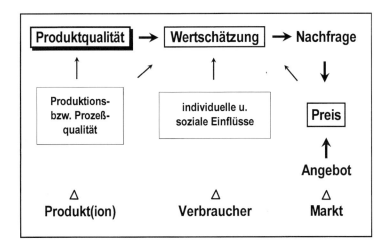

Abb. 3.5: Beziehungen zwischen Produkt, Mensch und Markt (Qualitätsschema nach HOFMANN 1987).

Das Qualitätsschema ermöglicht es auch, die Frage des Ökonomen zu beantworten, in welcher Weise wirtschaftlicher **Gewinn und Qualität** miteinander verknüpft sind: Die Produktion und die damit verbundene Qualitätssicherung verursachen Kosten (Ausgaben und Investitionen). Dem stehen die Einnahmen aus den erzielten Preisen gegenüber, die unter anderem von der Nachfrage und der Wertschätzung (und diese von der Qualität) abhängen. Der Gewinn ergibt sich aus der Differenz zwischen den Kosten und den Einnahmen. Qualitätsverbesserungen wirken sich also letztlich gewinnsteigernd aus.

3.2.4 Qualitätsfleisch und Qualitätsbewertung

Die Bewertung der Qualität eines Produktes ist grundsätzlich von den subjektiven Maßstäben und Wertvorstellungen des Menschen abhängig. Die Beurteilung einer bestimmten Qualität kann zu verschiedenen Zeiten und in verschiedenen Ländern sehr unterschiedlich sein. So galt z. B. in Deutschland in der ersten Hälfte unseres Jahrhunderts (und in den USA heute noch) „fettes Ochsenfleisch als bestes Qualitätsfleisch" (Dikoff 1935), während heutzutage bei uns ausgesprochen mageres Fleisch bevorzugt wird.

Qualitätsfleisch ist Fleisch, das sich auf Grund besonders positiver Eigenschaften allgemeiner Beliebtheit und Wertschätzung erfreut. Während also „Qualitätsfleisch" eine positive Hervorhebung aus dem Gesamtangebot an Frischfleisch darstellt, ist die wertungsfreie Fleischqualität (ohne Prädikat) der übergeordnete Begriff. Er gilt auch für den Schlachtkörper. Jedes produzierte Fleisch ist von einer bestimmten Qualität: Wir unterscheiden Fleisch normaler Qualität, Fleisch abweichender Qualität (PSE- und DFD-Fleisch von streßanfälligen Tieren) und Fleisch von hervorragender Qualität (Qualitätsfleisch).

Auch der **Eignungs- oder Nutzungswert des Fleisches** ist ein wichtiger Aspekt. So kann z. B. DFD-Fleisch, das als Frischfleisch zum Verkauf über die Theke wenig geeignet ist, auf Grund seines hohen Wasserbindungsvermögens für die Herstellung von Kochschinken hervorragend geeignet sein. Im Hinblick auf den Eignungswert ist es daher zweckentsprechender, nicht von „guter" (oder „schlechter") Qualität, sondern von einer für den entsprechenden Verwendungszweck „geeigneten" (oder „ungeeigneten") Qualität zu sprechen.

Bei der **Qualitätskontrolle** von Schlachttierkörpern werden unter anderem der pH-Wert, die elektrische Leitfähigkeit und die Farbe des Fleisches herangezogen. Zu bestimmten Zeitpunkten nach der Schlachtung lassen die erhaltenen Meßdaten Rückschlüsse auf die Fleischqualität zu.

Qualitätsprüfungen bei Fleischerzeugnissen erfolgen vorwiegend durch die Sinnenprüfung (Sensorik), die von der Beliebtheitsprüfung (Organoleptik) zu unterscheiden ist. Die Sensorik wird von geschulten Prüfern an Hand objektiver Beurteilungskriterien durchgeführt, wobei die Sinne des Menschen wie „biologische Meßinstrumente" eingesetzt werden (JELLINEK 1981).

Bundesweite Qualitätsprüfungen bei Fleischerzeugnissen, die vorwiegend auf sensorischen Untersuchungen beruhen, werden jährlich von der Deutschen Landwirtschafts-Gesellschaft (DLG) durchgeführt.

Die Züchtung fettarmer, fleischreicher Schlachttiere hat in der modernen Tierproduktion zu einer Zunahme der **Streßanfälligkeit** der Tiere und damit zu einem vermehrten Auftreten von Qualitätsmängeln geführt (PSE- und DFD-Fleisch). Die Verhinderung dieser Mängel und eine Verbesserung der Fleischqualität insgesamt erfordert umfassende und lückenlose Maßnahmen auf allen Stufen der Fleischerzeugung (integrierte Qualitätssicherung). In den letzten Jahren wurden in Deutschland zahlreiche **Qualitäts- und Markenfleischprogramme** zur Erreichung dieser Ziele eingeführt.

Literatur

AUGUSTINI, C.; V. TEMISAN und L. LÜDDEN (1988): Schlachtwert: Grundbegriffe und Erfassung. Fleischwirtschaft 68, 1375–1387

DGQ (1980): Begriffe und Formelzeichen im Bereich der Qualitätssicherung. Schrift Nr. 11–04, 1. korr. Nachdruck der 3. Auflage. Beuth-Verlag Berlin.

DIKOFF, G. (1935): Zur Geschichte der Qualitätsbeurteilung des Fleisches. Z. Fleisch- u. Milchhyg. 45, 401.

FREUDENREICH, P. und H. BACH (1993): Anfall und Verwertung von Schlachtnebenprodukten. Kulmbacher Reihe Bd. 12, 103–130

HAMMOND, J. (1955): Quality Meat Production. J. Yorkshire Agric Soc., 1.

HOFMANN, K. (1973): Was ist Fleischqualität? Fleischwirtsch. 53, 485.

HOFMANN, K. (1974): Notwendigkeit und Vorschlag einer einheitlichen Definition des Begriffes „Fleischqualität". Fleischwirtschaft 54, 1607.

HOFMANN, K. (1987): Der Qualitätsbegriff bei Fleisch. Definition und Anwendung. Fleischwirtschaft 67 (1), 44.

JELLINEK, G. (1981): „Sensorische Lebensmittel-Prüfung". Verlag Doris & Peter Siegfried, Pattensen.

NIEMANN, H. (1991): Rechtliche Grundlagen der Entsorgung von Schlacht- und Spezialabfällen. Fleischmehl-Industrie 43, 236–242

VANSELOW, U. (1970): Zur Verwertung und Bedeutung der Schlachtnebenprodukte. Diss. München (TU)

4 Die Erfassung der Schlachtkörperzusammensetzung und die Einstufung in Handelsklassen

W. Branscheid und G. von Lengerken

4.1 Prinzipien und Zielsetzung

Die Schlachtkörperzusammensetzung schließt alle Merkmale ein, die ihrer Menge nach erfaßbar sind und sich auf die chemische, gewebliche oder grob-anatomische Zusammensetzung beziehen (s. Kap. 3.1 und Übers. 3.1). Sie kann am lebenden Tier vorhergesagt und am Schlachtkörper ermittelt werden. Hierzu ist nur im Ausnahmefall eine **direkte Bestimmung** durch Zerlegung möglich, zumeist werden geeignete **Hilfskriterien** herangezogen, über die die gesuchten Merkmale der Schlachtkörperqualität geschätzt werden. Solche Kriterien können visuell oder palpatorisch oder durch Meßtechniken erfaßt werden. Hilfskriterien sind dann unerläßlich, wenn die Bestimmung am lebenden Tier erfolgt bzw. wenn die direkte Erfassung eines Merkmals aus Kosten- und Zeitgründen nicht möglich ist.

Die Wahl der Bestimmungsmethode ist von der **Zielsetzung** und der erforderlichen **Genauigkeit** abhängig:

Ziele der Züchtung

Für die Eigenleistungsprüfung kommen nur am *lebenden* Tier einsetzbare Methoden in Frage. Nachkommen- und Geschwisterprüfungen können sich auch auf Ermittlungen *am Schlachtkörper* beziehen. Während bei den Einzeltierprüfungen die Anforderungen an die **Genauigkeit** sehr hoch sind, können Feldprüfungen von Nachkommen hinreichend sichere Informationen bereits unter Schlachtbetriebsbedingungen erhalten. **Zielgrößen** der Züchtung können sein die Ansatzleistung (Protein, Fett, Energie im Gesamtkörper) während des Wachstums und bei Mastabschluß, die Gewebeanteile (Fleisch/Fett), die Muskelproportionen (einschl. allometrischer Verhältnisse während des Wachstums), die Teilstückanteile und die Verteilung der Gewebe auf die Teilstücke.

Ziele der Forschung

Die **Zielgrößen** sind ähnlich denen in der Tierzüchtung, die geforderten **Genauigkeiten** in der Ermittlung sind aber in der Regel hoch. Die angezielten Arbeitsgebiete reichen von grundlegenden biologischen und (ernährungs)physiologischen Fragestellungen bis hin zu

Referenzuntersuchungen für kommerziell nutzbare Methoden und für die Handelsklasseneinstufung. Sie müssen teilweise auf Untersuchungen am lebenden Tier gestützt werden.

Ziele der Vermarktung

Unter den Bedingungen der Schlacht- und Zerlegebetriebe sind ausschließlich Bestimmungen an Schlachtkörpern und Teilstücken möglich. Deren **Ziel** ist einerseits die Preisgestaltung gegenüber den Erzeugern, andererseits die wertgerechte Sortierung von Schlachtkörpern und Teilstücken für die Weitervermarktung. Die Anforderungen an die **Genauigkeit** sind theoretisch hoch, zumal wenn über große Tierzahlen die Überprüfbarkeit der Treffsicherheit einer Methode (wie bei den Handelsklasseneinstufungen) leicht möglich ist. Unter praktischen Bedingungen im Bandtakt lassen sich diese Anforderungen nur unvollkommen realisieren. Zielgrößen sind die Gewebe- und Teilstückanteile, Teilstückgewichte sowie Kriterien des Körperbaus (Formausprägung der Körperregionen) und der Konformation (Verteilung von Muskel- und Fettgewebe im Schlachtkörper).

4.2 Direkte Methoden zur Erfassung

Die direkte Erfassung der Schlachtkörperzusammensetzung ist über die chemische Analyse und über die grobgewebliche Zerlegung möglich. Die **chemische Analyse** (nach Homogenisierung) wird bei den Großtieren nur im Ausnahmefall, beim Geflügel aber regelmäßig durchgeführt. Bei letzterem ist die leichte Durchführbarkeit entscheidend.

Die grobgewebliche **Zerlegung** geht bei allen Fleischarten von einer standardisierten **Teilstückzerlegung** des gekühlten Schlachtkörpers aus (Einzelheiten bei den jeweiligen Tierarten), die für die Rotfleischarten als sog. „DLG-Schnittführung" (SCHEPER und SCHOLZ 1985) dokumentiert ist. Diese Schnittführung ist ein Kompromiß zwischen handelsüblichen Zuschnitten und den Erfordernissen der wissenschaftlichen Untersuchung einschl. der Standardisierung. Ein Vorteil der DLG-Schnittführung liegt darin, daß sie jederzeit leicht mit betriebsspezifischen Schnittführungen kombinierbar ist. So können Gegebenheiten der Praxis untersuchbar gemacht werden, ohne daß die wissenschaftliche Vergleichbarkeit mit anderen Untersuchungen verloren geht. Nur für Schweinehälften existiert auch auf der Ebene der EU eine **Referenzmethode,** die hinsichtlich der Teilstückzerlegung eng an die DLG-Schnittführung angelehnt ist (WALSTRA und MERKUS 1995). Die **grobgewebliche Zerlegung** selbst wird teilstückbezogen durchgeführt, indem die Gewebekompartimente Muskelfleisch, Fett (subkutan, intermuskulär), Sehnen und Faszien sowie Knochen (beim Schwein auch Schwarten) soweit, wie mit dem Messer möglich, voneinander getrennt werden. Üblicherweise werden die Gewebegewichte innerhalb der Kompartimente addiert und als Anteile des Kaltschlachtgewichtes berechnet. Alle weiteren, oben genannten Zielgrößen der Schlachtkörperzusammensetzung lassen sich gleichfalls rechnerisch ableiten.

Aus Kostengründen empfiehlt es sich, die grobgewebliche Vollzerlegung nur an einer Teilstichprobe durchzuführen und am Rest der Stichprobe die fehlenden Zerlegedaten aus Teilzerlegungen heraus zu berechnen. Bei erheblicher Zeiteinsparung ist der Informationsverlust minimal (BRANSCHEID u. a. 1990 a). Die intensiv zerlegte Teilstichprobe muß allerdings in ihrer Zusammensetzung möglichst exakt der Gesamtstichprobe entsprechen. Dies wird in der Regel nur zu erreichen sein, wenn etwa ein Drittel der Stichprobe grobgeweblich vollzerlegt wird.

4.3 Erfassung über Hilfsmerkmale

Für die Ermittlung der Schlachtkörperzusammensetzung auf der Basis von Hilfsmerkmalen ist nicht nur die *Leistungsfähigkeit der eingesetzten Meßmethoden* entscheidend, sondern in hohem Maße auch die *Validität der erfaßten Hilfsmerkmale*. So ist zum Beispiel die höchstwertige computertomographische Methode, wenn sie lediglich zur Erfassung linearer Meßstrecken eingesetzt wird, einer Schätzmethode, bei der dieselben Meßstrecken mit Hilfe von Ultraschall oder per Lineal von Hand erfaßt werden, keinesfalls an Genauigkeit überlegen. Es empfiehlt sich, diesen skeptischen Maßstab an jede Schätzmethode anzulegen.

Die in der Schlachtkörperwertermittlung eingesetzten **Hilfsmerkmale** lassen sich folgenden Gruppen zuordnen:

Maße der äußeren Körperform

Im einzelnen zählen zu diesen Maßen: Meßstrecken der Körperlänge, Minima und Maxima der Körperbreite bzw. -tiefe (Brust, Taille, Becken) und Komplexmaße, wie Keulenspiralmaß beim Rind, Schinkenwinkel beim Schwein und Brustfläche bei Puten. Als derartige Komplexmaße sind auch die Konvexität bzw. Konkavität der äußeren Körperform, wie sie bei Rind (Abb. 4.1) und Schaf sowie teilweise beim Schwein (Sauen M1 und M2) mit den Handelsklassen erfaßt werden, zu sehen. Die Bestimmung der Fettabdeckung bei Rind und Schaf nach Stärke und Ausdehnung ist ebenfalls hierzu zu rechnen. Diese Maße werden visuell, mit Hilfe von Maßband und Schiebelehre sowie bei Schlachtgeschwindigkeit apparativ (Klassifizierungsgerät SKG II; vgl. Kap. 4.4.6) und durch die Videobildauswertung (Video Image Analysis – VIA) erfaßt. Bei Rind und Schaf ist die visuelle Erfassung derartiger Merkmale Grundlage der Handelsklasseneinstufung (s. Kap. 4.7), beim Schwein haben visuelle und apparative Erfassung Bedeutung für die Typbewertung und damit Sortierung der Schlachtkörper.

Bei Puten können Körpermaße zur Bestimmung von Schlachtkörper- und Teilstückgewichten sowie Teilstückanteilen benutzt werden. Zur Schätzung der geweblichen und chemischen Körperzusammensetzung sind diese Maße kaum geeignet.

Gewebsdickenmaße

Erfaßt werden Fett- und Muskelgewebsdicken, die im Körperinneren liegen und teilweise während des Schlachtprozesses (Maße in der Spaltebene) oder durch Anschnitt (Rückenregion) der direkten Messung zugänglich gemacht werden. Bei Schwein, Rind und Schaf liegen die wertvollsten Maße in der Region der letzten Rippen, wo die Fettabdeckung und die Stärke des Rückenmuskels (M.longissimus dorsi) in einem Meßgang erfaßt werden können. Aufgrund des Enthäutungsprozesses wird aber bei Rind und Schaf der Nutzen der Fettdickenmaße in dieser Region relativiert, so daß – allerdings mit mäßigem Erfolg – nach mechanisch geschützteren Fettdepots gesucht wurde (z. B. Flanke). Sofern im Rückenbereich gemessen wird, empfehlen sich Meßstrecken seitlich der Mittellinie, da die Maße in der Spaltebene in ihrer Genauigkeit von der Spalttechnik beeinflußt werden.

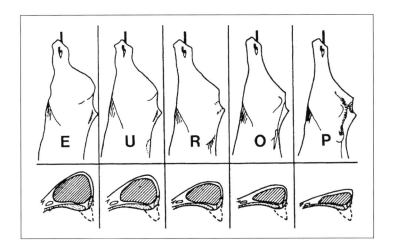

Abb. 4.1: „Maße" der Körperform zur visuellen Bestimmung der Fleischigkeitsklasse beim Rind: Profile der Keule und Rückenmuskelquerschnitte in den verschiedenen Handelsklassen (AID 1993)

Zur Erfassung eignet sich, wenn die Meßstrecken unmittelbar zugänglich sind, die Handmessung (Lineal, Schiebelehre), die mit elektronisch gestützten Instrumenten selbst bei Schlachtgeschwindigkeit bis zu ca. 200 Schlachtkörpern/Stunde möglich ist (Abb. 4.2). Derartige Geräte arbeiten mit Schiebelehren, die mit Potentiometern ausgerüstet sind. Die Meßstrecken werden unter visueller Kontrolle abgegriffen. In Deutschland dienen solche Geräte zur Ermittlung des Muskelfleischanteils von Schweinehälften mit Hilfe des ZP-Verfahrens (s. 4.7.6). Die Videobildauswertung wird derzeit nur im Labormaßstab zur Messung von Gewebsdickenmaßen eingesetzt (z. B. Leistungsprüfungsanstalten).

Die Messung von Gewebsdicken, die im Körperinneren verborgen liegen und daher nicht unmittelbar zugänglich sind, wird mit invasiven Methoden (opto-elektronische Einstichsonden, Endoskop) und mit nicht-invasiven Methoden (Ultraschalltechniken, Methoden der

Computertomographie) durchgeführt. Letztere erlauben den Einsatz am lebenden Tier. Sinnvolle Zielgrößen für die Schätzungen mit Hilfe dieser Merkmale sind die Gewebe-, aber auch die Teilstückanteile. Obwohl die Fettdicken bereits als Einzelmaße beachtliche Korrelationen zu den Gewebeanteilen aufweisen (zum Muskelfleischanteil beim Schwein bis zu $r = 0{,}7$, beim Rind bis zu $r = 0{,}6$) ist die Berechnung valider Schätzformeln nur unter Hinzunahme der Muskeldicken (generell $r < 0{,}4$) oder vergleichbarer Meßgrößen und teilweise des Schlachtgewichtes möglich. Dies ist nicht zuletzt dadurch begründet, daß die Gewebsdicken nicht allein in Beziehung zu den Gewebeanteilen, sondern auch zu der Körpergröße und damit dem Schlachtgewicht stehen, also ein „Korrektiv" auf das Schlachtgewicht erforderlich ist, um die Gewebeanteile richtig zu schätzen.

Abb. 4.2: Die dargestellte Schiebelehre wird zur Erfassung von Gewebsdickenmessungen im Rahmen der Klassifizierung von Schweinehälften nach dem ZP-Verfahren genutzt. Die Erfassung anderer Meßstrecken (Schinken- und Taillenbreite) ist möglich. Die Datenerfassung erfolgt mit Hilfe eines Potentiometers elektronisch, der Muskelfleischanteil wird durch die beigegebenen Programme automatisch berechnet. Ein Protokollausdruck der Daten wird unmittelbar ausgegeben oder nach Speicherung der Daten später erstellt. Dem Gerät ist ein Kalibrierklotz beigegeben, mit dem die Justierung des Gerätes an mehreren Meßstrecken geprüft wird.

Flächenmessungen an Gewebestrukturen

Flächenmessungen zur Bestimmung der Schlachtkörperzusammensetzung werden, soweit es die Gewebe betrifft, vor allem im Bereich des M. longissimus dorsi und hier bevorzugt in Höhe der letzten Rippen vorgenommen. Die Messung erfolgt nach Trennschnitt durch den Rückenmuskel auf deren Anschnittfläche oder nicht-invasiv mit Hilfe der Methoden des Ultraschalls oder der Computertomographie. Dabei wird die eigentliche Messung durch Planimetrie (bevorzugt an Photographien) oder durch elektronische Auswertung (VIA) des mit den verschiedenen Instrumenten erstellten Bildes vorgenommen. Sofern z. B. als Fleisch-Fettflächenverhältnis verarbeitet, können derartige Flächenmessungen unmittelbar ohne Bezug zu einem Referenzwert der Zerlegung genutzt werden, wie in der Schweinezucht mit großem Erfolg belegt. Hinsichtlich der Schätzung von Gewebeanteilen bieten Flächenmessungen, z. B. von Muskelstrukturen, unter allen Umständen einen Informationsgewinn gegenüber einfachen Streckenmessungen an derselben Muskelstruktur, der in Bezug auf das Bestimmtheitsmaß (%) bis zu 50 %-Punkte betragen kann. Der Informationsgewinn erhöht sich, wenn mit computertomographischen Methoden schichtweise Flächenbilder additiv erfaßt werden. Mit aufwendigen Ultraschall-Meßanordnungen kann dieses Ziel ebenfalls erreicht werden. Eine solche Konfiguration ist in der Schlachtkette einsetzbar, wie das dänische Gerät Autofom zeigt (s. 4.7.7).

Messungen auf Basis der physiko-chemischen Gewebebeschaffenheit

Die in diesem Bereich eingesetzten Methoden machen sich zunutze, daß Fett und Fleisch sich physiko-chemisch geradezu gegensätzlich verhalten. Die Prinzipien, die zur Messung herangezogen werden können, sind: das spezifische Gewicht, der Ohm'sche und der kapazitive Widerstand und damit die Impedanz, die Kernspin-Resonanz sowie die Radiographie. Die Bestimmung des **spezifischen Gewichtes** hat nur historische Bedeutung. Die zu verschiedenen Anregungszeitpunkten erfaßte **Kernspin-Resonanz** stellt eine methodische Ergänzung zur Magnet-Resonanz-Tomographie (MRT) dar, mit der in der Bildgebung Fett und Muskel selektiv gegeneinander differenziert werden können. Dies kann dann z. B. über die Auswertung von Flächenanteilen genutzt werden. Die **Widerstandsmessungen** schließlich erfassen die Unterschiede von Fleisch (hoher Elektrolytgehalt) und Fettgewebe (niedriger Elektrolytgehalt) in ihren elektrischen Eigenschaften. Sowohl die Kernspin-Resonanz als auch die Widerstandmessungen können an lebenden Tieren wie auch an Schlachtkörpern gemessen werden. Bei der Kernspin-Resonanz verhalten sich allerdings warme Schlachtkörper völlig anders als gekühlte. Abgeschwächt gilt dies für die Widerstandsmessungen ebenfalls.

Die **Genauigkeit der Schätzungen** auf Basis der verschiedenen Meßsysteme wird generell mit Hilfe der Regression der geschätzten Werte auf die tatsächlichen Referenzwerte beurteilt. Drei statistische Parameter werden am häufigsten herangezogen:

Korrelationskoeffizient (R) bzw. Bestimmtheitsmaß (R^2 bzw. B [%])

Der Korrelationskoeffizient ist ein Maß für die Straffheit der Beziehung von geschätzten und tatsächlichen Werten zueinander und kann sich dem Betrage nach im Bereich zwischen 0 und 1 ausprägen. Die Ausprägung der Korrelation ist – unter sonst gleichen Bedingungen – stark abhängig von der untersuchten Tierzahl (je größer die Stichprobe desto straffer die Korrelation) und von der Streuung des geschätzten Merkmals, die in der gewählten Stichprobe vorgefunden wird. Die größere Streuung ergibt straffere Korrelationen. Dies muß in Stichprobenziehungen berücksichtigt werden:

- Stichproben für Formelberechnungen sollten eine möglichst hohe Streuung aufweisen, da dadurch robustere Schätzformeln zu erzielen sind.
- Stichproben für Formelüberprüfungen sollten an den Streuungen orientiert sein, die die Merkmale unter Praxisverhältnissen tatsächlich ausprägen, werden also in der Streuung eingeschränkt sein und schon aus diesem Grund zu niedrigeren Korrelationen führen.

Der Korrelationskoeffizient ist als komplexe „Verhältniszahl" zweier Meßwerte zueinander unabhängig von der Größenordnung dieser Meßwerte.

Das Bestimmtheitsmaß kann unmittelbar als Quadrat des Korrelationskoeffizienten (R^2) berechnet werden. In Prozent ausgedrückt ($R^2 \cdot 100$) gibt das Bestimmtheitsmaß den Anteil der Varianz der zu schätzenden Größe an, der mit Hilfe der Schätzformel erklärt werden kann.

Schätzfehler, Standardfehler, Reststandardabweichung (RSD, $s_{y \cdot x}$ oder s_e)

Der Schätzfehler[1] ist die Standardabweichung der Abweichungen vom jeweiligen Referenzwert, die die *einzelnen* Schätzwerte der geprüften Methode aufweisen. Dieser Schätzfehler hat Ähnlichkeit mit der mittleren quadratischen Abweichung (Mean Square Error)[1], die aber – im Gegensatz zum Schätzfehler – von der systematischen Verzerrung (bias) der Schätzung beeinflußt wird. Da bei Prüfung einer Schätzformel die Verzerrung unter allen Umständen gesondert zu berücksichtigen ist, eignet sich die Mittlere quadratische Abweichung weniger gut als der Schätzfehler, um die Validität einer Schätzformel zu beurteilen. Der Schätzfehler gibt die Treffsicherheit einer Schätzung an und drückt somit die Breite der Punktwolke aus, die die Einzelschätzungen der geprüften Methode um die Regressionsgerade der geschätzten auf die tatsächlichen Werte bilden. Ein Streifen, der die Breite eines Ordinatenabschnittes von $\pm$ 2 RSD um die Regressionsgerade hat, erfaßt mit hoher Wahrscheinlichkeit 95 % aller möglichen Schätzungen. Der Schätzfehler wird – bei Schätzung des gleichen Referenzwertes – durch die Streuung der Stichprobe wenig beeinflußt und eignet sich daher besonders gut zur Beurteilung, wenn unterschiedliche Populationen geprüft und hinsichtlich der Genauigkeit der Schätzungen verglichen werden sollen (z. B. Studien auf

---

[1] $RSD = \sqrt{\Sigma(d_i - d)^2 / (n-1)}$ $MSE = \sqrt{(RSD)^2 + (bias)^2}$

Ebene der EU). Ein Nachteil des Schätzfehlers ist seine Abhängigkeit von der Größenordnung des jeweiligen Merkmals. Hierdurch kann z. B. die Schätzgenauigkeit für Teilstückgewichte bei Teilstücken stark unterschiedlichen Gewichtes kaum unmittelbar mit Hilfe des Schätzfehlers verglichen werden, weil der Schätzfehler bei den schweren Teilstücken absolut sehr hoch und dadurch scheinbar schlechter ist. In solchen Fällen empfiehlt es sich, den Schätzfehler als Prozentanteil der Standardabweichung des geprüften Merkmales auszudrücken (RSD: s · 100). Dieser *relative Schätzfehler* erlaubt den direkten Vergleich der Schätzsicherheit von Merkmalen mit stark unterschiedlicher Dimension.

Verzerrung, systematische Abweichung, „bias"

Die Verzerrung ergibt sich aus der Differenz der Mittelwerte der Schätzungen und der Referenzwerte. Sie ist der statistische Parameter, der auch unter Praxisverhältnissen leicht darstellbar ist. Dies gilt besonders, wenn die Verzerrung in den einzelnen Materialschichten (Rassen, Gewichts-, Geschlechtsgruppen) untersucht wird. Obwohl am Gesamtmaterial einer Stichprobe, die einer Formelberechnung zugrunde gelegt hat, keine Verzerrung auftritt, zeigen die Materialschichten bereits an dieser Berechnungsstichprobe charakteristische Verzerrungen, die Aufschlüsse über die Zuverlässigkeit der Schätzung geben. Ein ihr verwandter, aber seltener eingesetzter Parameter ist die „mittlere systematische Abweichung", die als Mittelwert des Absolutbetrages aller Einzelabweichungen der Schätzung berechnet wird. Im Gegensatz zur Verzerrung zeigt diese, ob die Schätzungen mit großen Fehlern im Sinne *gleichzeitiger Über- und Unterschätzungen* erfolgen.

Für die praktische Versuchstätigkeit ist wichtig, zu beurteilen, ob eine Schätzung zuverlässig ist, d. h. wann die genannten statistischen Parameter befriedigende Schätzverhältnisse anzeigen. Folgende Hilfestellungen können bezüglich der Korrelation und des Schätzfehlers gegeben werden:

- **Zur Korrelation:** Eine Schätzung sollte zumindest so sicher sein, daß die geschätzten Werte mehr als 50 % gemeinsamer Ursachen der Varianz mit den Referenzwerten aufweisen. D. h. die Schätzung sollte mit einem Bestimmtheitsmaß B > 50 % bzw. R^2 > 0,5 erfolgen. Hieraus gefolgert werden Korrelationen mit r > 0,8 als relativ zuverlässig eingeschätzt. Für Schätzungen am Schlachtkörper sind Korrelationen von r > 0,9 (über 80 % gemeinsame Varianz von Schätzung und Referenz) als absolut zuverlässig zu betrachten.

- **Zum Schätzfehler:** Wegen der Abhängigkeit des Schätzfehlers von der Dimension der Meßwerte kann aus seiner absoluten Größenordnung keine Schlußfolgerung auf die Validität einer Schätzung gezogen werden. Für Schlachtkörperbewertungen ergeben sich die wichtigsten Aussagen aus dem relativen Schätzfehler (bezogen auf die Standardabweichung in %): Soll die in einer Population vorgefundene Standardabweichung genutzt werden, um z. B. vier Güteklassen scharf zu differenzieren, so darf der Schätzfehler nicht mehr als 25 %, bei 2 Güteklassen nicht mehr als 50 % der

Standardabweichung betragen. Diese 50 % würden somit auch eine Mindestanforderung an die Schätzgenauigkeit überhaupt darstellen. Allerdings können sich Schlachtkörperbewertungen bei langfristiger Anwendung im Sinne einer Selektion einschränkend auf die Standardabweichung auswirken (Beispiel: Handelsklassen Schwein), ohne daß dadurch die Genauigkeit der Schätzung kritischer zu beurteilen wäre. In solchen Fällen kann es sinnvoll sein, den Schätzfehler auf den Mittelwert des Merkmales zu beziehen. Erreicht er zum Beispiel Werte von ≤ 5 % des Mittelwertes, so dürfte in den meisten Fällen von einer befriedigenden Schätzsicherheit auszugehen sein.

4.4 Nichtinvasive Methoden zur Erfassung der Schlachtkörperzusammensetzung

Methoden, die ohne Eingriff in den Tierkörper anwendbar sind, weisen entscheidende **Vorteile** auf:
- Sie können sowohl am lebenden Tier als auch am Schlachtkörper eingesetzt werden.
- Am Schlachtkörper sind sie in hygienischer Hinsicht positiv einzuschätzen, obwohl auch invasive Methoden praktisch keine Risiken mit sich bringen.
- Sie erweitern das Spektrum der nutzbaren Hilfsmerkmale.

Ihre **Nachteile** liegen in
- dem höheren apparativen Aufwand und den höheren Kosten sowie
- der meist schwierigeren Überprüfbarkeit und Kontrolle.

Die nichtinvasiven Methoden haben alle ihren Ursprung in der biomedizinischen Forschung und sind daher primär nicht an die Ziele der Tier- und Schlachtkörperbewertung angepaßt.

4.4.1 Ultraschall

Die physikalischen Grundlagen beruhen auf der Impuls-Echo-Technik. Mit deren Hilfe werden sog. akustische Grenzflächen (im Regelfall anatomische Grenzflächen), an denen Medien mit unterschiedlichem Schallwellenwiderstand (akustischer Impedanz) aneinandergrenzen, ausgelotet. Aus der Zeit, die die ausgesendeten Schallwellen benötigen, um zum Empfänger zurückzukehren, kann man die Distanz zu der reflektierenden Grenzschicht ermitteln. In der Praxis haben verschiedene Ultraschallverfahren Anwendung gefunden (Übersicht bei AUGUSTINI u. a. 1993).

Beim **A-Scan-Verfahren** wird eine Streckenmessung an einem Meßpunkt vorgenommen, indem die empfangenden Echos als Peaks auf einer Distanz- oder Zeitachse abgebildet werden (Abb. 4.3).

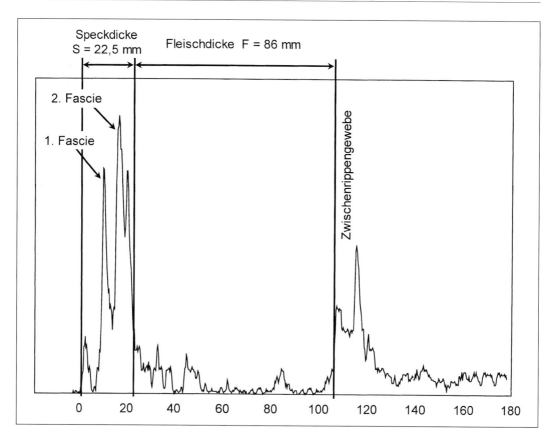

Abb. 4.3: Linearer Scan des A-Scan-Gerätes US-Porkitron. Die Grenzlinien zwischen den Gewebeschichten werden in Orientierung an Echo-Peaks gezogen. Scharf abgegrenzte Bindegewebsfascien dienen vor allem im Speck zum Auffinden der Meßpunkte. Dabei entstehen Schwierigkeiten dadurch, daß erst die dritte Fascie die Trennlinie zwischen Fett- und Muskelgewebe darstellt.

Beim **B-Scan-Verfahren** werden die Schallreflexionen nicht in Form von Amplituden, sondern als Helligkeitspunkte auf einem Bildschirm dargestellt. Dies ist die Voraussetzung für die Erstellung zweidimensionaler Abbildungen, die aus zeitlich und räumlich versetzten Ultraschallimpulsen zusammengesetzt werden. An diesen Abbildungen sind Strecken- und Flächenmessungen möglich (Abb. 4.4).

Das **Real-Time-Verfahren** stellt eine Weiterentwicklung des B-Scan-Verfahrens dar. Es vermittelt den Eindruck eines bewegten Bildes, das aus multiplen, parallelen, linearen B-Scan-Bildern erzeugt wird.

In der Praxis erfolgt die Messung von Fett- und Muskelgewebedicken am Schlachtkörper bzw. lebenden Tier (Bestimmung des Magerfleischanteiles) mit ausreichender Sicherheit zur

Klassifizierung und im Rahmen der Mastleistungsprüfung. Für wissenschaftliche Zwecke wird die Messung von Gewebeflächen bevorzugt.

Die Wiederholbarkeit linearer Ultraschallmessungen beträgt W = 0,99 und die Bestimmtheitsmaße für die Messungen von Speck- bzw. Fleischdicken im Kotelettstrang zum Vergleichsmaßstab (MRT) betragen R^2 = 0,92 und 0,79 (DOBROWOLSKI u. a. 1993). Noch nicht völlig befriedigend gelöst ist die automatisierte Bildauswertung von Flächenbildern, während Streckenmessungen ohne Bedienereinwirkung zuverlässig bestimmbar sind.

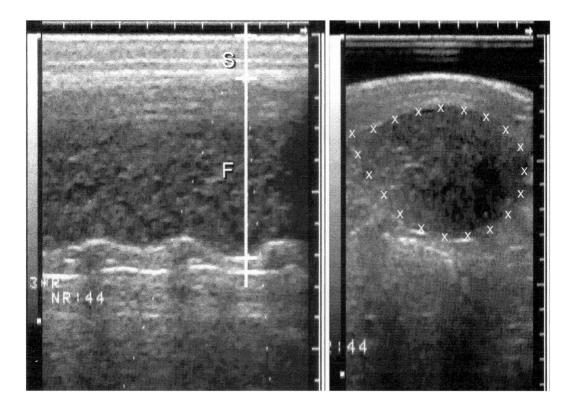

Abb. 4.4: Zwei Sonographien eines Gerätes im B-Scan-Verfahren. Links Meßvorgang im Bereich der letzten Rippen seitlich der Mittellinie bei Ausrichtung des Schallkopfes parallel zur Wirbelsäule. Die Speck- (S) und die Fleischdicke (F) sind eingezeichnet, in der Grenze zum Zwischenrippengewebe liegen die Bögen von drei Rippen. Der Kotelettmuskel ist als echoarmer Strang erkennbar. Rechts Meßvorgang in derselben Körperregion desselben Schweines, aber Ausrichtung des Schallkopfes senkrecht zur Wirbelsäule. Nunmehr wird der echoarme Kotelettmuskel (durch Kreuze markiert) im flächenhaften Querschnitt abgebildet, die Kotelettfläche kann gemessen werden.

Ein gravierendes Problem sind die Ankopplung des Ultraschall-Meßkopfes an die Körperoberfläche, die hierfür ausreichend durchfeuchtet sein muß, und insbesondere die Herausarbeitung der Echos. Diese erfordern besondere Sorgfalt, so daß sie relativ zeitaufwendig und bisher nicht automatisierbar sind. Am Schlachtkörper sollten Ultraschallgeräte deshalb nicht mit höheren Geschwindigkeiten als 250 Messungen je Stunde gefahren werden. Trotz allem können, bedingt durch zu starkes Abflämmen (Schwein), einzelne Schlachtkörper nicht meßbar sein, weil bei diesen aufgrund der veränderten Struktur der Schwarte keine auswertbaren Echos erhalten werden. Im Rahmen der Handelsklasseneinstufung sind in solchen Fällen Ersatzverfahren einzusetzen. Die volle Automatisierbarkeit des Ultraschallverfahrens wird in jüngster Zeit erstmalig durch eine Meßanordnung erreicht, bei der eine Serie von Meßköpfen in einer U-förmigen Bügelvorrichtung angeordnet werden, durch die der Schlachtkörper zur Messung gezogen wird (s. Kap. 4.7.7 und Abb. 4.23). Diese Meßanordnung ist bei praktisch jeder Schlachtgeschwindigkeit einsetzbar. Bedingt durch die außerordentlich erhöhte Informationsmenge (Erfassung der gesamten Rückenlänge) erreicht die Ermittlung des Muskelfleischanteils mit Bestimmtheitsmaßen um $R^2 = 0{,}80$ und Schätzfehlern unter 2.0 eine Genauigkeit im online-Betrieb, wie sie sonst nur unter Laborbedingungen zu erzielen ist.

Eine dritte Ultraschalltechnik stellt die Erfassung der Geschwindigkeit dar, mit der der Ultraschall die zu messenden Gewebe durchläuft. Die Geschwindigkeit in fettreichen Geweben ist geringer als in muskelreichen. Diese im internationalen Schrifttum als **„Velocity of Sound"** (VOS) bezeichnete Methode befindet sich derzeit noch im Entwicklungsstadium, zeigt aber für die Schätzung des Muskelfleischanteils beim Rind mit RSD = 1,3 % unter Versuchsbedingungen eine hohe Genauigkeit (WOOD u. a. 1991).

4.4.2 Röntgen-Computer-Tomographie (CT)

Die CT ermöglicht eine räumliche Auflösung in Form von Schichtdarstellungen. Das zu untersuchende Objekt befindet sich im Mittelpunkt eines großen Rades, auf dem eine Röntgenquelle und dieser gegenüber spezielle Detektoren angebracht sind, die die Absorption der Röntgenstrahlen durch das Objekt messen. Eine Aufnahme dauert etwa fünf Sekunden. Während dieser Zeit rotiert das ganze System 360° um das Objekt, wobei bis zu 360 Projektionen erzeugt werden können. Aus den sich ergebenden Absorptionswerten werden von einem Computer transversale Schnittbilder rekonstruiert und auf einem Monitor in verschiedenen Graustufen dargestellt.

Die Bilder der Röntgen-CT dienen in erster Linie dazu, die Skelettstrukturen des Körpers sichtbar zu machen. Aber auch Weichgewebe sind gut darstellbar, da z. B. Muskel- und Fettgewebe gut gegeneinander abgrenzbare Absorptionskanten für Röntgenstrahlen aufweisen. Mittels CT sind sowohl Messungen von Distanzen (z. B. Rückenspeckdicke), Flächen (z. B. Rückenmuskelfläche) als auch die Ermittlung der Körperzusammensetzung durchführbar. Für letztere werden die unterschiedlichen Absorptionseigenschaften der Gewebe genutzt, die auf den Tomographien als Grauwertstufen kenntlich sind und eine sichere Identifikation zulassen.

Studien von ALLEN und VANGEN (1991) an lebenden Schweinen und an Schlachtkörpern weisen für die Bestimmung der Menge (kg) von Fett (und Energie) Bestimmtheitsmaße von $R^2 = 0,95$ und für Protein von $R^2 = 0,75$ aus. Die relativen Schätzfehler (bezogen auf Standardabweichung) liegen für Fett zwischen 20 und 30 %, für Protein zwischen 30 und 50 %. Die beeindruckenden Zahlen relativieren sich etwas dadurch, daß sie nur unter Berücksichtigung des Körpergewichtes in den Schätzformeln zu erzielen sind. Der Zeitaufwand für derartige Untersuchungen ist beachtlich (3–5 Tiere pro Tag).

Der Einsatz des Röntgen-CT lohnt sich wegen der enormen Kosten nur an lebenden Tieren und dort insbesondere für Verlaufsuntersuchungen des Gewebe- und Energieansatzes. Wegen der begrenzten Ausmaße können nur Tiere bis höchstens zur Größe von Schweinen und Schafen tomographiert werden. In Referenzuntersuchungen zur Erfassung der grobgeweblichen Zusammensetzung von Schlachtkörpern ist die Tomographie mit einer vereinfachten Zerlegung (vgl. BRANSCHEID u. a. 1990 a), die weit höhere Genauigkeit bei unverhältnismäßig günstigerer Kostenkalkulation und Flexibilität in der Versuchsdurchführung bietet, nicht konkurrenzfähig. Insgesamt machen die hohen Investitions- wie auch Folgekosten die Nutzung derartiger Geräte für die Tierzucht und die Agrarforschung schwierig.

4.4.3 Magnet-Resonanz-Tomographie (MRT)

Die Magnet-Resonanz-Tomographie, auch als MR-Imaging (MRI) oder Kernspintomographie bezeichnet, beruht auf den physikalischen Eigenschaften von Wasserstoffatomkernen (Protonen), deren Kernspin in einem Magnetfeld ausgerichtet wird. Die sich kreiselförmig bewegenden Kerne werden durch einen spezifischen Hochfrequenzimpuls aus der Richtung gekippt, um gleich darauf wieder in die Ausgangslage zurückzukehren. Dabei werden gewebespezifische Antwortsignale (Kernresonanz) abgegeben, die mit speziellen Antennen empfangen und von einem Computer als Graustufenwert in Bildinformationen umgesetzt werden.

Mit Hilfe der MRT können vor allem die weichen, wasser- oder fetthaltigen Strukturen des Körpers (Muskel- und Fettgewebe) dargestellt werden.

Für die absoluten Mengen an Muskel- und Fettgewebe werden am lebenden Schwein hohe Schätzgenauigkeiten von $R^2 = 0,80–0,91$ und relativen Schätzfehlern (bezogen auf Standardabweichung) von ca. 30 % erreicht, wobei allerdings das Lebendgewicht als Prädiktor einzubeziehen ist.

Die Gewebeanteile werden mit deutlich geringerer Zuverlässigkeit geschätzt. Die Bestimmtheitsmaße liegen bei $R^2 < 0,85$ mit sehr hohen relativen Schätzfehlern zwischen 50 und 80 % (BAULAIN 1994). Nicht zuletzt das, verglichen mit dem Röntgen-CT, geringere Auflösungsvermögen des MRT dürfte für die etwas abfallenden Ergebnisse ursächlich sein.

Die Vor- und Nachteile des Verfahrens sind ebenso wie die Einsatzgebiete dieselben wie bei der Röntgen-CT. Somit eignet sich die MRT vor allem zu Lebendtieruntersuchungen und biologischen Grundlagenstudien.

4.4.4 Total Body Electrical Conductivity (TOBEC), Elektromagnetic Scanning (EMS)

TOBEC (bzw. synonym EMS) macht sich die stark unterschiedlichen elektromagnetischen Eigenschaften von Fett und Fleisch zunutze. Das Meßobjekt wird zur Messung durch einen Tunnel geführt, der von Elektromagneten umgeben ist. Diese Elektromagneten induzieren ein schwaches elektromagnetisches Feld (2,5 MHz), dessen Energie von dem durchlaufenden Körper in Abhängigkeit von seiner Leitfähigkeit teilweise absorbiert wird. Die Leitfähigkeit ist im wesentlichen vom Wassergehalt abhängig, der bei Schlachttieren gegenläufig proportional zum Fettgehalt ist. Die Wirkung des durchlaufenden Meßobjektes wird durch im Instrument installierte Detektoren erfaßt und erreicht ihr Maximum, wenn der Körper als Ganzes im elektromagnetischen Feld liegt. Dieses für einen jeweiligen Körper spezifische Maximum kann zur Abschätzung des Fettgewebe- und des Fleischanteils, gleichzeitig aber auch des chemischen Protein- und Fettgehaltes genutzt werden. Obwohl zunächst für die Ganzkörperanalyse gedacht, eignet sich TOBEC auch für die Bestimmungen an isolierten Teilstücken.

Wie generell in elektromagnetischen Feldern, so spielt auch bei TOBEC die standardisierte Ausrichtung der Meßobjekte bei der Messung für deren Genauigkeit eine Rolle.

Für die Schätzung des Muskelfleischanteils beim Schwein werden Bestimmtheitsmaße von bis zu $R^2 = 0,82$ bei einem Schätzfehler von 2,29 % erzielt, wobei in den Schätzformeln außer den TOBEC-Meßwerten das Schlachtgewicht, die Schlachtkörperlänge und die Schlachtkörpertemperatur als Prädiktoren zu berücksichtigen sind (BERG u. a. 1994). Die Temperatur muß allerdings nur dann einbezogen werden, wenn starke Schwankungen zu erwarten sind, was unter den Verhältnissen am Schlachtband normalerweise nicht der Fall ist. Naturgemäß erhöhen sich die Schätzgenauigkeiten erheblich, wenn mit denselben Prädiktoren das Gewicht des Muskelfleisches im Schlachtkörper geschätzt wird. Die Genauigkeiten liegen zwischen $R^2 = 0,83$ bei RSD = 1,80 kg (BERG u. a. 1994) und $R^2 = 0,90$ bei RSD = 1,64 kg (FORREST 1994).

Die Vorteile des TOBEC-Gerätes liegen bei vollautomatischer Durchführung in der großen Geschwindigkeit, mit der gemessen werden kann (über 1.200 Messungen pro Stunde). Hierdurch dürften sich die relativ hohen Anschaffungskosten des Gerätes hinreichend kurzfristig amortisieren lassen. Für den Einsatz in der Schlachtkette ist ein Nachteil, daß die Schlachtkörper für die Messung vom Haken gelöst werden müssen. Vom Rind können nur Teilstücke, nicht jedoch ganze Schlachtkörper gemessen werden. Bei kalten Schlachtkörpern fällt die Zuverlässigkeit der Schätzung geringfügig ab. Die Berücksichtigung der Schlachtkörpertemperatur in der Schätzformel führt zu geringfügigen Verbesserungen der Schätzgenauigkeit. Nach Lösung der installationstechnischen Probleme könnte eine breitere Anwendung des Gerätes als Klassifizierungssystem für Schweinehälften möglich sein.

4.4.5 Bioelektrische Impedanzanalyse (BIA)

Auch die Bioelektrische Impedanzanalyse macht sich die elektromagnetischen Unterschiede von Muskel- und Fettgewebe zunutze. Allerdings ist das Meßprinzip ein anderes als bei TOBEC. Es werden hierbei zwei Elektrodenpaare an das Meßobjekt in möglichst weit auseinanderliegenden Körperpositionen angelegt. Die Positionierung erfolgt an lebenden Probanden (Mensch, Tier) durch Spangen oder Manschetten und damit nicht-invasiv. Am Schlachtkörper könnte zur Erleichterung der Automatisierung die Positionierung mit Hilfe von oberflächlich eingestochenen Nadelelektroden sinnvoll sein (Abb. 4.5). Durch die angelegten Elektroden wird ein schwacher Wechselstrom bekannter Frequenz geleitet, der zu Widerstandsmessungen genutzt wird. Folgende Widerstände werden erfaßt:

- Der **Ohm'sche Widerstand** (Leitungswiderstand, Resistanz) im Rahmen einer Anordnung, in der das Meßobjekt wie ein Leiter in den Stromkreislauf gelegt ist.
- Die **Reaktanz** („Kondensatorblindwiderstand") im Rahmen einer Anordnung, in der das Meßobjekt durch Zellwände und Bindegewebsfascien wie ein Kondensator wirkt.

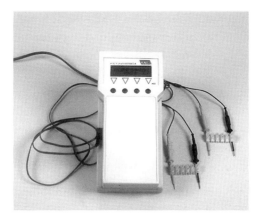

Abb. 4.5: Das hier dargestellte Gerät zur bioelektrischen Impedanzanalyse (BIA) wurde für den Versuchseinsatz am Schlachtkörper modifiziert: die beiden Elektrodenpaare sind als Nadelelektroden ausgeführt. Diese einfache Version erlaubt lediglich den Einsatz einer Frequenz (50 MHz). Das Ergebnis muß auf dem Display abgelesen werden.

Aus Resistanz und Reaktanz läßt sich die Impedanz berechnen, die physikalisch auch als Wechselstromwiderstand oder Scheinwiderstand bezeichnet wird. Die Impedanz ist von der

Leiterlänge, dem Querschnitt und der chemisch-physikalischen Beschaffenheit des Leiters sowie der Frequenz des angelegten Stromes abhängig. Bei Messung biologischer Systeme kann daher eine Abhängigkeit von der Körperlänge (bzw. der von Strom durchlaufenen Meßstrecke) und vom Gewicht unterstellt werden. Dies bedeutet, daß mit dieser Methode die chemische oder gewebliche Zusammensetzung eines (Schlacht)tierkörpers am sichersten geschätzt werden kann, wenn zumindest das Gewicht (und besser auch die Schlachtkörperlänge) in den Schätzformeln berücksichtigt werden. Die an unterschiedlichen Tierarten (Lamm, Schwein, Puten) erzielbaren Sicherheiten der Schätzung des Muskelfleischgewichtes liegen bei $R^2 = 0,7 - 0,8$ und RSD = 2,0–2,9 kg (Übersicht bei THIELE 1993). In der Ermittlung der fettfreien Masse (Weichgewebe) des Schlachtkörpers erzielen SWANTEK u. a. (1992) sogar Schätzfehler bis hinunter auf RSD = 0,79 kg bei $R^2 = 0,84$ (unter zusätzlicher Berücksichtigung von Schlachtkörpergewicht und Schlachtkörperlänge). Die Schätzungen am lebenden Schwein fallen allerdings demgegenüber deutlich ab. Bei hinreichend hoher Genauigkeit liegen die Vorteile des Verfahrens – über die Anwendbarkeit am lebenden Tier hinaus – in der Schnelligkeit der Messung, die auch eine Automatisierbarkeit im Schlachtband ermöglichen sollte, und in den geringen Kosten des Instrumentes.

4.4.6 Videobildauswertung (VIA)

Bei der Videobildauswertung (Video Image Analysis – VIA) wird mit einer hochauflösenden Videokamera ein Bild des Schlachtkörpers erfaßt, der in möglichst exakt standardisierter Ausrichtung zur Optik präsentiert wird. Die unerläßliche Einhaltung des Aufnahmewinkels ist eine wesentliche Ursache dafür, daß die Videobildauswertung zu Bestimmungen am lebenden Tier bisher nicht herangezogen wurde. Nach Erfassung des Bildes liegt dieses in digitalisierter Form vor und kann zur Identifikation und Messung von Meßstrecken und Flächen auf elektronischem Wege und damit vollautomatisch genutzt werden. Die heute vorhandenen Auswertungsprogramme sind ausreichend schnell, um Bestimmungen selbst an Schlachtbändern von Puten mit extrem hohen Geschwindigkeiten (2.000 Stck./h) vorzunehmen (BRANSCHEID u. a. 1996).

Die Zielgrößen der Schätzungen auf Basis der Videobildauswertungen sind andere, als die der vorgenannten Methoden. Speziell die Schätzung von **Gewebeanteilen** gelingt an unzerteilten Schlachtkörpern nicht. Allerdings ergeben sich günstigere Verhältnisse für die Bildauswertung, wenn Schlachtkörper*anschnitte* von Schweinen gemessen werden, wie sie in guter Standardisierung bei der Zerlegung und bei den Untersuchungen der Prüfanstalten anfallen. An solchen Rückenanschnitten lassen sich in der Zerlegelinie mit Bestimmtheitsmaßen $R^2 > 0,80$ und RSD < 2,5 % (BRANSCHEID u. a. 1995) recht hohe Sicherheiten in der Schätzung der Gewebeanteile der wertvollen Teilstücke erzielen (Abb. 4.6, s. S. 152). Stärker beachtete Einsatzmöglichkeiten hat die Videobildauswertung in der Bewertung der Schlachtkörper nach deren **Konformation** und in der Abschätzung der **Teilstückgewichte.** Die Konformationsbewertung hat in Form des dänischen „Beef Classification Centre" (BCC) inzwischen Praxisreife erlangt. Die erzielten Beziehungen zur visuellen Einstufung in die Fleischigkeitsklassen E-U-R-O-P liegen bei $R^2 = 0,93$, allerdings bei relativ hohen Schätzfehlern von RSD = 0,57 Punkte (bei 15 Subklassen). Diese eher geringe Genauigkeit hängt mit dem seinerseits relativ ungenauen, *visuell* ermittelten Referenzwert zusammen. Dies zeigt sich auch daran, daß die Wiederholbarkeit der BCC-Einstufung mit $R^2 = 0,997$ gegenüber der visuellen Klassifizierung mit $R^2 = 0,96$ außerordentlich hoch ist (Slagteriernes Forskninginst. 1996).

Die Abschätzung der Teilstückanteile auf Basis der Videobildauswertung hat dann besonders günstige Voraussetzungen, wenn das Schlachtgewicht als Prädiktor berücksichtigt werden kann. Dies ist bei den Rotfleischarten der Fall. Bei Puten jedoch wird vielfach das Schlachtgewicht nicht erfaßt, so daß hier die Bildauswertung ohne ergänzende Informationen auskommen muß. Dennoch ergibt sich selbst unter diesen Verhältnissen eine außerordentlich hohe Schätzgenauigkeit für die **Gewichte** der fleischtragenden Teilstücke ($R^2 > 0,9$ bei relativen Schätzfehlern bezogen auf die Standardabweichung von RSD < 40 %). Ähnlich genau wird die Gesamtfleischmenge erfaßt. Selbst die **Anteile** der Teilstücke können mit $R^2 = 0,8$ noch sehr zuverlässig geschätzt werden (eigene Daten).

Die Vorteile der Videobildauswertung liegen in der für praktische Anforderungen nicht begrenzten Geschwindigkeit der Merkmalerfassung bei hoher technischer Zuverlässigkeit. Das Gerät wird berührungsfrei und ohne äußere Einwirkungen betrieben. Für Rinderschlachtkörper ergeben sich aber erhebliche Zusatzkosten, da eine Vorrichtung zur Fixierung und Ausrichtung der Schlachtkörper für die Präsentation unerläßlich ist. Diese kann im Einzelfall zu Kosten für den Umbau der Schlachtlinie führen. Ein weiterer Vorteil ist, daß die Videobildauswertung aufgrund ihres völlig unterschiedlichen Meßspektrums ideal kombinierbar mit Methoden ist, die auf die Schätzung von Gewebeanteilen ausgerichtet sind.

Der Vollständigkeit halber ist zu erwähnen, daß auch mechanische Geräte zur Messung der Körperform geeignet sind. Das bis 1989 in Deutschland und derzeit noch in Belgien zur Klassifizierung von Schweinehälften zugelassene Gerät SKG II erfaßt mit Hilfe eines Systems von Klappen, Meß- und Haltestäben die Schinken- und die Taillenbreite sowie den Schinkenwinkel. Vor allem der Schinkenwinkel wird mit guter Genauigkeit gemessen und ist ein geeignetes Kriterium zur Einschätzung der „Typausprägung". Zur Schätzung des Muskelfleischanteils kann aber diese Meßstellenkombination erwartungsgemäß nicht eingesetzt werden. Zur Klassifizierung bedarf das Gerät daher einer apparativen Ergänzung zur Erfassung von Maßen in der Spaltebene. Sinnvoller wäre allerdings die Kombination mit einer Einstichsonde. Wegen der Kosten und der Anfälligkeit von Apparaten mit komplizierter beweglicher Mechanik dürfte dieses Gerät heute mit der Videobildauswertung kaum konkurrieren können.

4.5 Invasive Methoden zur Erfassung der Schlachtkörperzusammensetzung

Die hier verwendeten Instrumente haben den Nachteil, daß sie in den zu messenden Körper eingeführt werden müssen und daher nach heutigem Verständnis nicht am lebenden Tier einsetzbar sind. Damit ist der Einsatz dieser Methoden auf Schlachtkörper begrenzt, die Klassifizierung von Schweinehälften ist das schon beinahe klassische Einsatzgebiet.

Die heute noch eingesetzten Geräte sind fast ausnahmslos optoelektronische Einstichsonden, die mit Hilfe einer Diode Licht konstanter Wellenlängen emittieren und die Stärke des vom durchstochenen Gewebe reflektierten Lichtes erfassen. Während des Durchstiches ergibt sich somit ein Spektrum der Reflexionswerte, das über ein gleichzeitig im Gerät aktiviertes Potentiometer zur Längenmessung ins Verhältnis zur jeweils durchlaufenen Strecke gesetzt wird (Abb. 4.7). Da Fett das emittierte Licht stärker reflektiert als Muskelgewebe, ergeben sich im Reflexionspektrum mehr oder weniger ausgeprägte Peaks, die den Gewebeübergängen bzw. den Grenzlinien entsprechen. Die Grenzlinien werden auf dem Streckenverlauf anhand von Schwellenwerten der Reflexion erkannt und zur elektronischen Bestimmung von Fett- und Muskeldicken genutzt. Die elektronisch gewonnenen Längenmaße werden in entsprechende Schätzformeln eingesetzt und zur Schätzung von Gewebeanteilen genutzt. Zu den Genauigkeiten dieser Geräte wird in Kapitel 4.7.6 eingehend Stellung genommen.

Der Vollständigkeit halber sei erwähnt, daß bei dem heute nicht mehr erhältlichen dänischen Gerät KSA anstelle der Helligkeit die unterschiedliche Leitfähigkeit von Fett und Fleisch zur Abgrenzung genutzt wurde. Ansonsten entsprach die Anordnung der Technik den heute noch üblichen Einstichsonden. Die Schätzgenauigkeit war ähnlich hoch (SACK 1983).

Mit Hilfe einer als Endoskop ausgerüsteten Einstichsonde können ebenfalls invasive Messungen am Schlachtkörper vorgenommen werden, indem durch ein Sichtfenster mit Innenbeleuchtung die Grenzen zwischen Fett- und Muskelgewebe anhand der unterschiedlichen Helligkeit differenziert werden. Die Meßwerte können auf einer außen liegenden Skala abgelesen werden. Ein derartiges Gerät besitzt im Vereinigten Königreich die EU-Zulassung zur Handelsklasseneinstufung von Schweinehälften. Offiziellen Angaben zufolge soll es auch tatsächlich in der Routine eingesetzt werden. Für deutsche Verhältnisse erwies sich das Gerät aufgrund des Zeitaufwandes und der unbequemen Körperhaltung bei der Messung sowie wegen der unzureichenden Genauigkeit als inakzeptabel.

Der entscheidende Nachteil der Einstichsonden ist der Einstich in den Schlachtkörper, der als unschön empfunden wird, wenn auch echte hygienische Risiken von ihm nicht ausgehen (LEISTNER und DRESEL 1988). Ansonsten hat die sehr robuste Meßtechnik und ihre hinreichend schnelle Arbeitsweise diesen Geräten bisher den Bestand sichern können. Obwohl recht genaue Möglichkeiten hierzu gegeben sind, werden diese Geräte bisher nicht zu Einschätzungen des Handelswertes über den Muskelfleischanteil der Hälfte hinaus genutzt. Ein weiterer beachtlicher Vorteil ist, daß Einstichsonden auch am kalten Schlachtkörper einsetzbar sind und damit die Überprüfung einer deklarierten Klassifizierung ermöglichen (BRAN-SCHEID u. a. 1994).

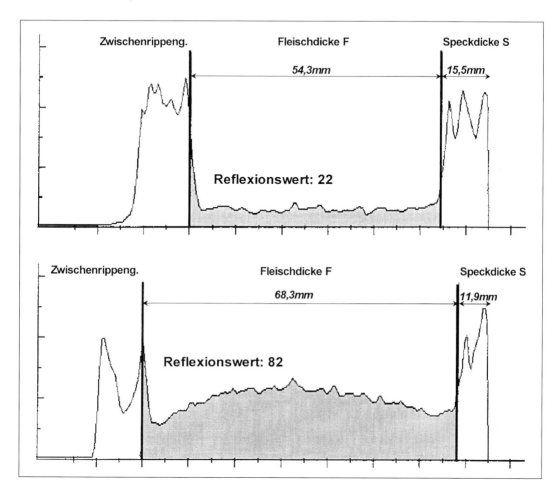

Abb. 4.7: Meßspektren des Choirometers Fat-O-Meat'er: Die Grenzen der Speck- und Fleischdicken werden an den entsprechenden Minima bzw. Maxima anhand von Schwellenwerten automatisch bestimmt, die im Auswertungsprogramm enthalten sind. Aufgrund der mitlaufenden Information aus den Potentiometermessungen können die Grenzpunkte in realistische Längenmaße umgesetzt werden, die ihrerseits in die jeweilige Schätzformel einzusetzen sind. Das obere Spektrum zeigt die Situation eines Muskels mit niedrigem Reflexionswert, das untere eines Muskels mit hohem Reflexionswert, der auf eine Fleischqualitätsabweichung im Sinne von PSE hinweisen kann.

4.6 Ziele und Bedeutung der Handelsklasseneinstufung von Vieh und Fleisch

Ursprünglich verfolgten die Handelsklassen als Instrument der wertgerechten Einreihung des Schlachtviehs ausschließlich das Ziel, den Geschäftsverkehr zwischen anlieferndem Landwirt und seinen Abnehmern auf eine rationale Basis zu stellen und aussagefähige Preisinformationen zu ermöglichen. Hierfür leisteten bereits die Lebendhandelsklassen für *Schlachttiere* gute Dienste (RÜMKER 1966). In der Europäischen Gemeinschaft wurden aber die Möglichkeiten erkannt, die für den freien Binnenhandel in einer in allen Mitgliedsstaaten gleichsinnigen Bewertung von *Fleisch* liegen. Es wurden daher für die wichtigsten Fleischarten gemeinschaftliche Handelsklassenschemata in Kraft gesetzt, die im einzelnen folgende Ziele haben:

- Erleichterung des innergemeinschaftlichen Handels von Fleisch;
- Schaffung von einheitlichen Grundlagen für die Marktordnungsmaßnahmen der EU;
- Verbesserung der Markttransparenz national und international und
- Schaffung einer nach wertbestimmenden Kriterien gestuften Preisnotierung und damit Ausrichtung der landwirtschaftlichen Erzeugung an den Erfordernissen des Marktes.

Unzweifelhaft lassen sich die Ziele der EU nur mit Hilfe einer Einstufung von Schlachtkörpern erzielen, so daß die Handelsklassen für Lebendvieh nur noch lokale Bedeutung haben. Durch den drastischen Rückgang der Auftriebe auf **Schlachtviehgroßmärkten** in den letzten Jahrzehnten ist die **Lebendvermarktung** heute in Deutschland bei Rindern auf einen Anteil von weniger als 2 % und bei Schweinen von deutlich unter 0,5 % soweit zurückgedrängt, daß an dieser Stelle auf die Lebendvermarktung nicht weiter eingegangen werden muß (vgl. aber hierzu die heute im Prinzip noch gültige 2. Durchführungsverordnung zum Vieh- und Fleischgesetz). Ergänzend ist anzumerken, daß dies in anderen EU-Mitgliedsstaaten durchaus anders gesehen werden kann. So wird von KEMPSTER (1990) festgestellt, daß in England mehr als 50 % der Rinder auf Lebendviehmärkten gehandelt werden.

Als Vorteile dieser Auktionsmärkte werden hervorgehoben:
- Einleuchtendere Preisabstufungen
- Vermeidung strittiger Einstufungen in einem entfernt liegenden Schlachtbetrieb
- Sofortige Bezahlung

Derartige Gründe sind in Deutschland allenfalls dann zum Tragen gekommen, wenn Umstellungen des Klassifizierungssystems vorgenommen wurden (z. B. bei Schweinehälften). Allerdings haben sie dann eher dazu geführt, daß im Rahmen der Geschlachtetvermarktung Pauschalverkäufe oder Abrechnung nach Lebendgewicht vorgenommen wurden.

Die **Schlachtbetriebe** haben somit heute den absoluten Vorrang im Marktgeschehen, wobei dies auch durch die frühzeitig national geschaffenen rechtlichen Voraussetzungen forciert wurde. Insbesondere das Vieh- und Fleischgesetz (ViehFlG), das Handelsklassengesetz (HklG) und die Handelsklassenverordnung für Fleisch, die für Rinder seit 1969, für Schweine seit 1965 und Schafe seit 1971 mit nachfolgenden Änderungen in Kraft ist, haben die entsprechenden Wirkungen ausgelöst.

Als Vorteile dieser Entwicklung zur **Geschlachtetvermarktung** bei gleichzeitiger Handelsklasseneinreihung der Schlachtkörper sind aufzuführen:
- Exaktere Bewertung am Schlachtkörper als beim lebenden Tier, da die Körperzusammensetzung und die Ausbeute (Nüchterungsgrad!) hier sicherer zu erfassen sind,
- Förderung der Produktion marktgerechter Schlachttiere und damit
- Harmonisierung von Angebot und Nachfrage.

Allerdings hat sich zunehmend als Nachteil der Handelsklassen auf der Ebene der Schlachtbetriebe herausgestellt, daß sie so weit verbraucherfern sind, daß sie die Probleme eines qualitativ differenzierten Marktes auf der Endhandelsstufe nur unzureichend lösen können. Der Handel behilft sich deshalb seit jeher mit abnehmerspezifischen Sortierungen der Schlachtkörper, in denen die Handelsklassen eher am Rande berücksichtigt werden.

4.7 Handelsklassen für Fleisch

Die Handelsklassen der verschiedenen Fleischarten setzen in ihrer Bewertung unterschiedliche Schwerpunkte, die den jeweiligen Gegebenheiten der Schlachtkörper und der möglichen Endprodukte Rechnung tragen. Sie sind für die Rotfleischarten so ausgerichtet, daß sie Kriterien hervorheben, die vor allem vom landwirtschaftlichen Erzeuger beeinflußt werden. Bei Geflügel dagegen werden Vermarktungsnormen vorgegeben, die ausschließlich an Kriterien orientiert sind, welche die Qualität der Verarbeitung in Schlachtung und Zerlegung betreffen, wenn man einmal vom Schlachtgewicht absieht. Letzten Endes in jedem Fall handelt es sich um Handelsklassen, die für den intermediären Handel größere Bedeutung haben als für den Verbraucher.

4.7.1 Die Handelsklassen für Rindfleisch in der EU und in Deutschland

Rindfleisch wird in Produktionssystemen erzeugt, die stark nach dem Geschlecht und dem Alter fifferenziert sind. Die daraus resultierenden Endprodukte erweisgn sich als derart unterschiedlich, daß bei den Schlachtiörpern eine **Einteilung nach Kategorien** zwingend erforderlich ist. Innerhalb der EU sind fünf Kategorien verbindlich vorgegeben: Jungbullenfleisch (A), Bullenfleisch (B), Ochsenfleisch (C), Kuhfleisch (D), Färsenfleisch (E). National treten die Kategorien Kalbfleisch (KA) und Jungrind (JP) hinzu (Tab. 4.1).

Die Kategorienbezeichnung wird vor dem Buchstaben und der Ziffer von Fleischigkeits- bzw. Fettgewebeklasse durch Kennzeichnung (ggf. auf Etikett) am Schlachtkörper angebracht. Die Kategorie Jungrind (bis 300 kg Lebendgewicht) erscheint allerdings seit Anfang 1996 nicht mehr in"den Preismeldungen und Preisnotierungen, Die Kategorien gelangen im Vermarktungsgeschehen in unterschiedliche Nutzungsrichtungen:

Definition der in Deutschland beim Rind verwendeten Kategorien (Hkl. VO Rindfleiqch)

Kategorie	Bezeichnung	Beschreibune
Kalbfleisch	KA	Fleisch mit Kalbfleischeigensahaften von Tieren, deren Schlachtkörper als Kälber zugeschnitten sind.
Jungrindfleisch	JR	Fleisch von anderen nicht ausgewachqenen männlichen und weiblichen Tieren
Jungbullenfleisch	A	Fleisch von ausgewachsenen[1] jungen männlichen nicht kastrierten Tieren[2] von weniger als zwei Jahren
Bullenfleisch	B	Fleisch von anderen ausgewachsenen männlichen nicht kastrierten Tieren
Ochsenfleisch	C	Fleisch von ausgewachsenen männlichen kastrierten Tieren
Kuhfleisch	D	Fleisch von ausgewachsenen weiblichen Tieren, die bereits gekalbt haben
Färsenfleisch	E	Fleisch von anderen ausgewachsenen weiblichen Tieren

[1] Ausgewachsene Rinder; Rinder mit einem Lebendgewicht von mehr als 300 kg
[2] Die Schlachtkörper junger männlicher nicht kastrierter Tiere unterscheiden sich von den Schlachtkörpern anderer männlicher nicht kastrierter Tiere durch den Grad der Verknöcherung der Dornfortsatzkappen. Die knorpeligen Enden der Dornfortsätze der vier vorderen Brustwirbel dürfen für die Einstufung als Schlachtkörper junger männlicher nicht kastrierter Tiere von weniger als zwei Jahren nicht mehr als Anzeichen einer Verknöcherung und die Dornfortsätze des fünften bis neunten Brustwirbels noch keine wesentliche Verknöcherung aufweisen.

- **Kälberschlachtkörper** sind in allen Teilstücken für den Frischfleischmarkt geeignet und gelangen nur für Spezialprodukte (Babynahrung) mit gewissen Anteilen in die Verarbeitung.
- **Jungrinder** gelangen bei entsprechender Eignung (Fleischfarbe) in den Kälbermarkt. Die Edelteilstücke bis hin zu weniger wertvollen Teilstücken wie den Dünnungen werden ansonsten als Rindfleisch frisch vermarktet.
- **Jungbullen** lassen sich bei Erzielung guter Qualitäten vor allem in relativ niedrigen Schlachtaltern (unter 16 Monate) mit allen Teilstücken als Frischfleisch plazieren, bei älteren Schlachtkörpern (bis 24 Monate) gelangen vor allem die wertvollen Anteile

des Hinterviertels in den Frischfleischmarkt. Andere Teilstücke wechseln je nach Marktlage zwischen Frisch- und Verarbeitungsfleisch, wenn ihr Fettgehalt nicht zu hoch ist.
- **Färsen** und **Ochsen** liefern eine verläßlich gute Fleischqualität noch bis zu Altersgruppen um 24 Monate, ihre geringere Muskelfülle bei höherem Knochen- und Fettanteil behindert aber die zugkräftige Bewertung dieser Qualität. Aus diesem Grund setzen sich die Ochsen nur schwer am Markt durch.
- Schlachtkörper von **Kühen** und **Bullen** sind generell nur als Verarbeitungsware geeignet, wenn man von Edelteilstücken absieht, die mit gewissem Erfolg zu vermarkten sind, wie z. B. Kühe im „Bavette-Schnitt" nach Frankreich.

Die **Einteilung in die Handelsklassen** erfolgt am warmen Schlachtkörper nach einem EU-einheitlichen Schema, das auch für Kalbfleisch und Jungrinder angewendet wird. Die Bestimmung der Handelsklassen wird von entsprechend ausgebildeten Sachverständigen visuell vorgenommen, wobei mit Fleischigkeits- und Fettgewebeklasse zwei Komponenten zu berücksichtigen sind.

Die **Fleischigkeitsklassen** mit einer Qualifizierung zwischen „vorzüglich" und „gering" werden mit den Buchstaben „EUROP" gekennzeichnet (Tab. 4.2; Abb. 4.8, s. S. 153). In einigen Mitgliedsstaaten wird zusätzlich die Handelsklasse S angewendet, die besonders hochwertige Schlachtkörper von Spezialrassen (Doppellender) charakterisiert. Die Einstufung basiert – im Sinne von Körperbau- und Konformationsklassen – auf der Beurteilung der **Körperprofile** (Abb. 4.1) von Keule, Rücken und Schulter mit den Bewertungen „superkonvex" (Hkl. E) bis „sehr konkav" (Hkl. P) sowie auf der Beurteilung der **Muskelfülle** mit den Bewertungen „außergewöhnlich" bis „gering". Ergänzende Bestimmungen über die Ausprägung von Keule, Rücken und Schulter sowie Oberschale und Hüfte sind mit zu berücksichtigen.

Die **Fettgewebeklassen** mit den Abstufungen „sehr gering" bis „sehr stark" verfettet werden mit den Ziffern „1" bis „5" gekennzeichnet (Tab. 4.3; Abb. 4.9, s. S. 153). Die Einstufung in die Fettgewebeklasse ergibt sich aus der Beurteilung der Fettabdeckung in Form der subkutanen Verfettung auf der Körperaußenseite und des Fettansatzes in der Brusthöhle. Besonders markante Zuordnungskriterien finden sich in den Fettsträngen der Keule und den Fetteinlagerungen in der Zwischenrippenmuskulatur.

Das Klassifizierungssystem für Rindfleisch als wertbeschreibendes System des Handels fußt somit in komplexer Weise auf der Differenzierung der Kategorien, der Fleischigkeits- und Fettgewebeklassen sowie auf dem ergänzenden Kriterium des Schlachtgewichtes. Diese Kriterien stehen teilweise in Abhängigkeit zueinander.

Die wichtigsten **Interaktionen** sind:
- **Kategorie und Fleischigkeitsklasse:** Die Jungbullen erzielen aufgrund ihres Körperbaus generell die höchsten Einstufungen in die Fleischigkeitsklasse, gefolgt von

Färsen (und Ochsen) sowie den Kühen (Abb. 4.10). Die Handelsklasse E wird praktisch nur von Jungbullen, die Handelsklasse P am ehesten von Kühen erreicht.
- **Gewicht und Fleischigkeitsklasse:** Höhere Schlachtgewichte führen zu stärkerer Ausprägung der Körperform und damit tendenziell zur Einstufung in höhere Fleischigkeitsklassen (Tab. 4.4)
- **Kategorie und Fettgewebeklasse:** Die weiblichen und kastrierten Tiere weisen endokrin bedingt eine höhere Neigung zur Anlagerung von Fettgewebe auf, so daß zumindest Färsen und Ochsen regelmäßig höhere Fettgewebeklassen als Jungbullen ausprägen. Kühe weisen je nach Ernährungszustand (Reproduktionsphase) teils sehr niedrige, teils auch recht hohe Verfettung auf und neigen stärker als die anderen Kategorien zur Ausbildung der extremen Klassen 1, 4 und 5 (Abb. 4.10).

Tab. 4.2: Handelsklassen für Rindfleisch – Merkmale der Fleischigkeitsklassen (Hkl.VO Rindfleisch)

Fleischig-keitsklasse	Beschreibung			ergänzende Bestimmungen
E vorzüglich	Alle Profile konvex bis superkonvex; außergewöhnliche Muskelfülle	Keule: Rücken: Schulter:	stark ausgeprägt breit und sehr gewölbt bis in Schulterhöhe stark ausgeprägt	Oberschale tritt stark über die Beckenfuge (Symphisis pelvis) hinaus. Hüfte stark ausgeprägt
U sehr gut	Profile insgesamt konvex, sehr gute Muskelfülle	Keule: Rücken: Schulter:	ausgeprägt breit und gewölbt bis in Schulterhöhe ausgeprägt	Oberschale tritt über die Beckenfuge (Symphisis pelvis) hinaus. Hüfte ausgeprägt
R gut	Profile insgesamt gradlinig; gute Muskelfülle	Keule: Rücken: Schulter:	gut entwickelt noch gewölbt aber weniger breit in Schulterhöhe ziemlich gut entwickelt	Oberschale und Hüfte sind leicht ausgeprägt
O mittel	Profile geradlinig bis konkav; durchschnittliche Muskelfülle	Keule: Rücken: Schulter:	mittelmäßig entw. mittelmäßig entw. mittelmäßig entw.	Hüfte geradlinig
P gering	Alle Profile konkav bis sehr konkav; geringe Muskelfülle	Keule: Rücken: Schulter:	schwach entwickelt schmal mit hervortretenden Knochen flach mit hervortretenden Knochen	

Tab. 4.3: Handelsklassen für Rindfleisch – Merkmale der Fettgewebeklassen (Hkl. VO Rindfleisch)

Fettgewebeklasse	Beschreibung	ergänzende Bestimmungen
1 sehr gering	Keine bis sehr geringe Fettabdeckung	Kein Fettansatz in der Brusthöhle
2 gering	Leichte Fettabdeckung; Muskulatur fast überall sichtbar	In der Brusthöhle ist die Muskulatur zwischen den Rippen noch sichtbar
3 mittel	Muskulatur mit Ausnahme von Keule und Schulter fast überall mit Fett abgedeckt; leichte Fettansätze in der Brusthöhle	In der Brusthöhle ist die Muskulatur zwischen den Rippen noch sichtbar
4 stark	Muskulatur mit Fett abgedeckt, an Keule und Schulter jedoch noch teilweise sichtbar, einige deutliche Fettansätze in der Brusthöhle	Fettstränge der Keule hervortretend. In der Brusthöhle kann die Muskulatur zwischen den Rippen von Fett durchzogen sein.
5 sehr stark	Schlachtkörper ganz mit Fett abgedeckt; starke Fettansätze in der Brusthöhle	Die Keule ist fast vollständig mit einer dicken Fettschicht überzogen, so daß die Fettstränge nicht mehr sichtbar sind. In der Brusthöhle ist die Muskulatur zwischen den Rippen von Fett durchzogen.

Tab. 4.4: Fleischigkeitsklassen und Schlachtgewichte bei Jungbullen (Preismeldungen der meldepflichtigen Betriebe 1995; BLE)

Handelsklasse	Schlachtgewicht (kg)	Schlachtgewicht, rel. (R = 100)
E	417	115
U	387	107
R	363	100
O	341	94
P	279	77

- **Gewicht und Fettgewebeklasse:** Mit höherem Gewicht und damit (unter sonst gleichen Bedingungen) höherem Alter steigt die Verfettung an, höhere Fettgewebeklassen werden erreicht. Allerdings setzt bei Jungbullen fleischbetonter Zweinutzungsrassen die verstärkte Fetteinlagerung erst bei Schlachtgewichten von ca. 300 kg ein, bei den Färsen dagegen schon frühzeitiger und stärker ausgeprägt (SACK und SCHOLZ 1987). Bei den Kühen ist höheres Gewicht kaum ein Ausdruck höheren Alters als vielmehr eines besseren Ernährungszustandes, so daß hier das Verhältnis zwischen Gewicht und Verfettung ohne Rücksicht auf das Alter zum Tragen kommt.

Aufgrund derartiger Interaktionen ist der Wert der Handelsklassen für Rindfleisch schwierig zu beurteilen. Das gilt noch verschärft, wenn die Handelsklassen ins Verhältnis zu Teilstück-

und Gewebeanteilen gesetzt werden. Dabei sind zunächst nur für die Fettgewebeklassen die Verhältnisse einigermaßen einleuchtend:

- Die **Fettgewebeklassen** weisen eine starke Differenzierung in den Fettgewebeanteilen (nach Zerlegung) der Schlachtkörper aus. Die Fettgewebeanteile ihrerseits stehen im umgekehrt proportionalen Verhältnis zu den Muskelfleisch- und Knochenanteilen (Tab. 4.5). Zudem zeigen sich in höheren Fettgewebeklassen deutlich bessere sensorische Bewertungen. Diese visuelle Einstufung entspricht damit unmittelbar ihrer Zielsetzung, wenn sie auch zur Vorhersage der tatsächlichen Gewebeanteile nur mäßig geeignet ist (ENGELHARDT u. a. 1992).
- Die **Fleischigkeitsklassen** zeigen im Gegensatz dazu eine nur unzulängliche Differenzierung der Schlachtkörper nach ihrem Fleischanteil, da die Überschneidungsbereiche außerordentlich breit sind (Abb. 4.11). Mit den Fettgewebeklassen gelingt eine wesentlich schärfere Abgrenzung.

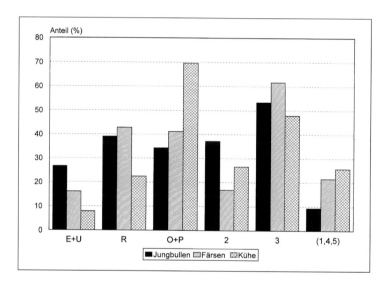

Abb. 4.10: Einstufung der Kategorien in die Fleischigkeits- und Fettgewebeklassen (Preismeldungen der meldepflichtigen Betriebe 1995; Anteile der Kategorien in %; BLE)

Es ist also ein Mißverständnis, die Zielgröße einer Einstufung nach Fleischigkeitsklassen in einer eindimensionalen Bewertung nach Muskelfülle oder Muskelfleischanteil zu suchen. Vielmehr ergeben sich mit höherer Fleischigkeitsklasse (innerhalb einer Kategorie) folgende komplexe Aussagen:

- Die **Wertsumme** der verkaufsfertig zugerichteten und entsprechend ihrer optimalen Verwendung verkauften **Teilstücke** weist mit r = 0,6 eine relativ enge Beziehung zur Fleischigkeitsklasse, aber mit r = 0,3 eine deutlich losere zur Fettgewebeklasse auf

(Kreuzungsbullen; SCHNEIJDENBERG 1991). Hierin findet die in der Praxis immer wieder geltend gemachte Aussage ihre Konkretisierung, nach der die höhere Fleischigkeitsklasse eine bessere Ausnutzung der Schlachtkörper für den Frischfleischmarkt zuläßt. Dies hängt damit zusammen, daß stärker ausgeprägte Muskelpartien sich im Frischfleischbereich besser und daher gewinnbringender zuschneiden lassen. Besonders intensiv wird dies mit Hilfe der sehr differenzierten belgischen und französischen Schnittführungen, die bei stark bemuskelten Schlachtkörpern Anwendung finden, ausgenutzt.

Tab. 4.5: Die Ausprägung verschiedener Merkmale des Schlachtwertes in einzelnen Fettgewebeklassen bei Jungbullen (ohne Berücksichtigung der Fleischigkeitsklasse; BACH u. a. 1987)

Fettgewebeklasse	1	2	3	4
Anzahl (n)	11	37	143	20
Muskelfleisch (%)	72,6	68,4	65,4	62,6
Fettgewebeanteil (%)	4,6	10,9	15,3	19,0
Knochenanteil (%)	16,6	15,2	14,4	14,3
Fettgehalt (M.l.d., %)	0,8	1,8	3,1	4,8
Zartheit (Punkte)	3,0	4,1	4,1	4,6
Aroma (Punkte)	3,0	4,3	4,4	4,6

- Hinsichtlich des an den **Gewebeanteilen** gemessenen Schlachtertrages erlauben die Fleischigkeitsklassen aber ebenfalls verwendbare Zuordnungen. Bei Rindern sind die Verhältnisse insofern verwickelt, als nicht nur Fett- und Fleischanteil sich in gewissem Maße gegenläufig verhalten, sondern zusätzlich der Knochenanteil eine eigene Dynamik entfaltet. Die Aussagekraft der Fleischigkeitsklassen läßt sich daher am besten fassen, wenn man sie auf Zielgrößen richtet, die sich nicht an den Gewebeanteilen des Schlachtkörpers, sondern am Verhältnis der Gewebeanteile zueinander orientieren. In diesem Sinne liefern die Fleischigkeitsklassen eine durchaus konkrete Aussage zur Belastung des in einem Schlachtkörper produzierten Muskelgewebes durch den Knochenanteil: Für alle Kategorien gilt, daß in der höheren Fleischigkeitsklasse weniger Knochengewebe auf die Gewichtseinheit Muskelgewebe entfällt. Die Differenz von Fleischigkeitsklasse zu Fleischigkeitsklasse liegt je nach Kategorie zwischen 2 und 5 % (Abb. 4.12). Die Fettgewebeklassen zeigen eine Differenzierung nach diesem Kriterium nicht, erweisen sich aber naturgemäß als deutlich unterschiedlich in der Menge *Fettgewebe,* die auf die Gewichtseinheit Muskelfleisch entfällt. Nach allem vorher Gesagten ergibt es sich geradezu zwangsläufig, daß die Kategorien sich bei Marktentnahmen hinsichtlich der Belastung des Muskelfleisches durch *beide* weniger wertvolle Fraktionen unterscheiden (Abb. 4.13), wobei die Jungbullen am günstigsten abschneiden.

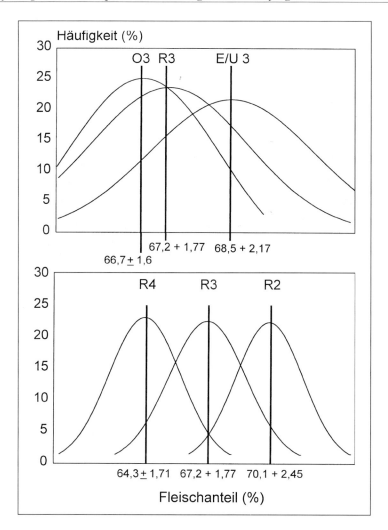

Abb. 4.11: Der Fleischanteil des Schlachtkörpers von Jungbullen in unterschiedlichen Fleischigkeitsklassen (oben) und unterschiedlichen Fettgewebeklassen (unten). (AUGUSTINI u. a. 1993; vereinfacht)

Trotz dieser Bemühungen um ein analytisches Verständnis speziell der Fleischigkeitsklassen muß angemerkt werden, daß eine klarere Definition von Zielgrößen für derartige Handelsklassen dringend erforderlich wäre, damit die Bestimmung zukünftig mit apparativen Methoden erfolgen kann. Solche Methoden lassen sich nur dann zuverlässig beurteilen, wenn sie an exakt meßbaren Referenzkriterien (unabhängigen Variablen) geprüft werden. Diese Prüfung ist Voraussetzung der Ermittlung geeigneter Schätzfunktionen.

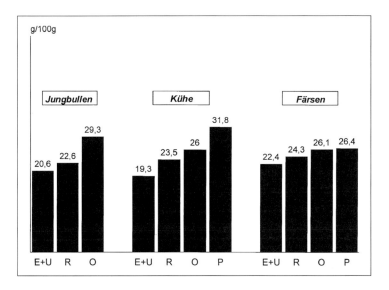

Abb. 4.12: Belastung des angesetzten Muskelfleisches durch den Knochengewebsanteil in Schlachtkörpern verschiedener Fleischigkeitsklassen innerhalb einer Fettgewebsstufe (in g Knochengewebe/100 g Muskelfleisch bei 10–15 % Fettgewebeanteil im Schlachtkörper; SACK und SCHOLZ 1987).

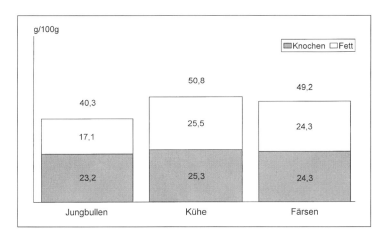

Abb. 4.13: Belastung des angesetzten Muskelfleisches durch den Fett- und Knochengewebeanteil in Schlachtkörpern verschiedener Kategorien (in g Knochen- bzw. Fettgewebe/100 g Muskelfleisch; SACK und SCHOLZ 1987)

Zusätzlich wäre eine Objektivierung und Neuinterpretation der Handelsklassen für Rindfleisch wünschenswert, weil hierdurch die doppelte Bevorzugung der Jungbullen, wie sie im EU-Schema aufgrund der großen Bedeutung der Fleischigkeitsklassen und dementsprechend der Schlachtgewichte gegeben ist, relativiert würde. Bei allen Bemühungen darf aber nicht außer Acht gelassen werden, daß der deutsche Markt mit seiner stark ausgeprägten Zweiteilung in Frischfleisch und Verarbeitungsware gänzlich andere Verhältnisse aufweist als die Märkte der anderen EU-Mitgliedsstaaten und von Drittländern.

4.7.2 Handelsklassen für Rindfleisch in Drittländern

Das bemerkenswerteste System der Handelsklasseneinstufung für Rindfleisch dürfte sich in den USA entwickelt haben. Dieses System hat keine Ähnlichkeit mit den EU-Handelsklassen, fußt aber ebenfalls auf drei Komponenten (Nat. Livestock and Meat Board 1988).

Hinsichtlich der **Kategorien** wird im amerikanischen System in der Kennzeichnung zwischen Ochsen, Färsen und Kühen nicht unterschieden, während Jungbullen („bullocks") und Bullen („bulls") gesondert zu kennzeichnen sind, sofern sie in Handelsklassen eingestuft werden. Jungbullen und Bullen werden anhand der Verknöcherung differenziert.

Die Einstufung in die Handelsklassen ist nicht obligatorisch vorgeschrieben, wird sie aber durchgeführt, so müssen sowohl „yield grades" als auch „quality grades" bestimmt und durch Kennzeichnung am Schlachtkörper ausgewiesen werden. Die Klassifizierung wird am *gekühlten und abgevierteilten Schlachtkörper* durchgeführt.

Die **„quality grades"** (Qualitätsklassen) zielen auf den Genußwert des Fleisches ab. Hierfür werden zwei Teilkomponenten herangezogen:

- die **Reife** („maturity") wird beurteilt anhand der Größe und Ausformung der Knochen und des Verknöcherungsstatus des Schlachtkörpers sowie der Fleischfarbe und der Faserigkeit des Rückenmuskels im Anschnitt.
- die **Marmorierung** („marbling") wird am Anschnitt anhand der Fetteinlagerungen in den Rückenmuskel eingeschätzt, wobei davon ausgegangen wird, daß Aroma, Zartheit und Saftigkeit und damit der Genußwert generell positiv von der Marmorierung beeinflußt werden. Zusätzlich wird die Festigkeit des Fleisches geprüft.

Die Stufen für Reife und Marmorierung werden in gewisser gegenseitiger Abhängigkeit vergeben, da z. B. bei jüngeren Tieren ein geringer Grad der Marmorierung nicht allzu negativ beurteilt werden soll. Wie in Tabelle 4.6 dargestellt, existieren 7 Stufen der Marmorierung und 5 Stufen der Reife. Die für den Frischfleischmarkt am besten geeigneten Qualitätsstufen „Prime", „Choice", „Select" und „Standard" werden nur in den Reifegraden A und B, also den jüngsten Graden vergeben. Jungbullen können übrigens ausschließlich in den Reifegrad A eingestuft werden, so daß für diese die Qualitätsklassen „commercial", „utility" und „cutter" nicht in Frage kommen. Bei Kühen ist im Gegensatz die Einstufung in „prime" ausgeschlossen. Im Reifegrad B sind höhere Marmorierungsausprägungen erforderlich, um eine dem Reifegrad A entsprechende Qualitätsklasse zu erreichen. Dies ist durch die diagonal ansteigenden Linien bei B wie auch bei C, D und E angedeutet. Für die Qualitätsklasse „Select" 6 bedeutet dies z. B., daß ein Schlachtkörper, der der Stufe B^{20} zugeordnet wird (d. h.: im Rahmen der für B vorgegebenen Skala von 0 bis 100 wird die Ausprägung 20 erreicht), nicht nur den Marmorierungsgrad „$slight^0$" (also Ausprägung 0 auf der Skala von 0 bis 100 innerhalb der Marmorierung „slight") erreichen muß, sondern mindestens den Grad „$slight^{20}$", der der Altersstufe B^{20} entspricht. Ähnlich ist in den Qualitätsklassen „commercial", „utility" und „cutter" vorzugehen, die den höheren Reifegraden C, D und E zugeordnet sind. Aus dem Bewertungsschema herausfallende Schlachtkörper (unterhalb der Klasse „cutter") werden als „canner" (zur Herstellung von Konserven) eingeordnet.

Tab. 4.6: Bestimmung der Qualitätsklassen des Handelsklassensystems für Rinder in den USA (National Livestock, 1988)

Marmorierungsgrad[1] ("marbling")	Reife ("maturity")				
	A	B	C	D	E
slightly abundant[2]	Prime				
moderate			Commercial		
modest	Choice				
small				Utility	
slight	Select				
traces	Standard			Cutter	
practically devoid					Canner

[1] ziemlich reichlich, mittel, mäßig, gering, schwach, in Spuren, praktisch fehlend
[2] nach oben offen bis "very abundant"

Die „**yield grades**" (Ausbeuteklassen) haben die Zielsetzung, Unterschiede in der Ausbeute an knochenfreien, scharf getrimmten handelsfähigen Teilstücken des Hinterviertels zuverlässig zu erfassen. Schlachtkörper der Klasse 1 haben die größte Ausbeute, der Klasse 5 die geringste.

Den höchsten Anteil haben die Klassen 2 und 3 (zus. 90 % des Marktangebotes an Bullen und Färsen), Klasse 1 hat knapp 4 % Anteil (USDA 1985). Die „yield grades" werden ohne Berücksichtigung der Qualitätsklassen und des Geschlechtes bestimmt. Folgende Merkmale werden herangezogen:

- die Menge an Subkutanfett,
- die Menge an Nieren-, Becken- und Halsfett,
- die Fläche des Rückenmuskels und
- das Warmschlachtgewicht (bzw. Kaltschlachtgewicht +2 %).

Während Nieren-, Becken- und Herzfett visuell beurteilt und in % des Schlachtgewichtes ausgedrückt werden, werden das Schlachtgewicht (nach Wägung am Schlachtkörper vermerkt), die Rückenmuskelfläche und das Subkutanfett (als Fettdicke über dem Rückenmuskel) direkt erfaßt. Die Ausbeuteklasse ergibt sich letztlich aus einer Schätzformel, in die die fünf ermittelten Werte eingesetzt werden.

Ein vereinfachtes Verfahren gibt die Möglichkeit, zunächst die Fettdicke über dem Rückenmuskel einer vorläufigen Ausbeuteklasse zuzuordnen, die nachfolgend durch die Rückenmuskelfläche korrigiert wird, die ihrerseits auf das Schlachtgewicht zu beziehen ist.

Die Komplexität der Handelsklasseneinstufung von Rinderschlachtkörpern in den USA ist Ausdruck einer jahrzehntelangen Entwicklung mit immer wieder eingebrachten Modifikationen, die auch heute noch nicht abgeschlossen zu sein scheint (vgl. McCOY und SARHAN 1988). Sie zeigt aber auch den beinahe anachronistischen Willen, sich liebevoll mit einem hochgeschätzten Produkt auseinanderzusetzen.

Die treffendste Kritik am USDA-Klassifizierungssystem dürfte darin liegen, daß es zu einer Förderung sehr hoher Fettgehalte im Rindfleisch beiträgt. Ohne daß genaue Zahlen bekannt sind, ist – beurteilt am vorliegenden Anschauungsmaterial (Nat. Livestock and Meat Board 1988) – davon auszugehen, daß in Deutschland Verfettungsgrade, die in den USA zur Einstufung in „prime" und „choice" führen, praktisch nicht erreichbar sind. Aus ernährungsphysiologischen Gründen wären sie bedenklich.

4.7.3 Perspektiven der Handelsklassen für Rindfleisch

Die Rinderklassifizierung ist bisher die Domäne der visuellen Beurteilung durch Sachverständige geblieben. Bestrebungen, Fortschritte in Richtung auf eine subjektiv weniger beeinflußbare apparative Klassifizierung zu machen, sind aber seit einer Reihe von Jahren im Gange und finden zunehmend Beachtung. Im Rahmen der EU-Handelsklassen sind es vor allem die Fleischigkeitsklassen, die einer automatisierten Bestimmung zugänglich sind. Das bereits 1988 vorgestellte „Beef Classification Centre" aus Dänemark (SØRENSEN u. a. 1988) scheint – mit einer Reihe technischer Verbesserungen – inzwischen Praxisreife erreicht zu haben. Als ergänzende Information wird zusätzlich zur Videobildauswertung heute nur noch das Schlachtgewicht genutzt, obwohl in einem ersten Prototyp eine Ergänzung durch eine optoelektronische Einstichsonde bestand. Diese wurde von Hand zur Fettdickenmessung eingesetzt, scheint sich aber trotz anfangs guter Ergebnisse nicht bewährt zu haben.

Der größte technische Fortschritt des BCC-2 dürfte in der Nutzung der dreidimensionalen Darstellung des Schlachtkörpers liegen, die über ein System projizierter Lichtstreifen erreicht wird (Slagteriernes Forskningsinstitut 1996). In der jetzt vorliegenden Version erzielt das Gerät mit dieser Technik hohe Genauigkeit in der Schätzung der Fleischigkeitsklasse (Tab. 4.7). Die Schätzgenauigkeit für die Fettgewebeklasse sowie für die Anteile an verkaufsfähigem Fleisch, Fettabschnitten, Knochen und an Teilstücken des Hinterviertels fallen etwas in der Genauigkeit ab, liegen aber immer noch in für die Praxis ausreichend sicheren Verhältnissen.

Die Wiederholbarkeit der Messungen ist ebenfalls sehr hoch (für die Handelsklassen jeweils $R^2 > 0,99$). Damit ist die hohe Zuverlässigkeit derartiger Geräte soweit belegt, daß es nur noch eine Frage der Zeit sein dürfte bis die apparative Klassifizierung Eingang in die Rinderklassifizierung findet. Aufgrund der sehr hohen Kosten dürfte sie aber zunächst den größeren Schlachtbetrieben vorbehalten bleiben. Über die Genauigkeit der Schätzungen hinaus liegt der Vorteil des BCC-2 darin, daß es nicht nur die Handelsklassen bestimmt, sondern weitere wichtige Kenngrößen erfaßt. Diese beziehen sich auf Gewebe- und Teilstückgewichte sowie deren Anteil und werden zukünftig in der Vermarktung von entscheidender Bedeutung sein, da sie eine elektronische Produktsteuerung und eine sichere Einschätzung des in der jeweiligen Marktsituation gegebenen Produktwertes zulassen. Allerdings ist nicht anzunehmen, daß diese Kenngrößen in den Rang von Handelsklassen gelangen werden. Ihr Wert liegt vor allem in der betriebsspezifischen Information, deren Gewichtung zudem noch von der Marktlage abhängig ist.

Tab. 4.7: Ergebnisse des BCC-2 in der Einstufung von Rinderschlachtkörpern (Slagteriernes Forskninginst. 1996)

Merkmal	Mittelwert (Standardabw.)	$R^{2)}$	SEP[3)]
Fleischigkeitsklasse[1)]	–	0,93	0,57
Fettgewebeklasse[1)]	–	0,75	0,97
Verkaufsf. Fleisch[2)]	75,5 (2,45)	0,70	1,34
Fettabschnitte[2)]	5,2 (1,54)	0,66	0,90
Knochen[2)]	18,9 (2,62)	0,82	1,11
Hinterviertel (Teilstückausbeute)	33,7 (1,73)	0,64	1,04

[1)] Jeweils 15stufig differenziert, Referenz: visuell
[2)] Als Anteil (%) des Schlachtgewichtes
[3)] Standard Error of Prediction

4.7.4 Die Handelsklassen für Schaffleisch in der EU und in Deutschland

Die Handelsklassen für Schaffleisch sind stark an die Handelsklassen für Rindfleisch angelehnt. Auch hier ist die Bestimmung von **Kategorien** erforderlich, allerdings kommen lediglich zwei zur Anwendung.
- Kategorie L für Schlachtkörper von unter zwölf Monate alten Schafen (Lämmern)
- Kategorie S für Schlachtkörper anderer (d. h. älterer) Schafe

In Deutschland werden die Kategorien nicht weiter unterteilt. In einigen anderen EU-Mitgliedsstaaten wird dagegen bei Lämmern die Gruppe von weniger als 13 kg besonders hervorgehoben, in dem bei dieser das Schlachtkörpergewicht, die nicht weiter definierte Fleischqualität, die Fleischfarbe und die Fettgewebeklasse als Zuordnungsmaßstäbe berücksichtigt werden.

Die **Handelsklassen** selbst werden wie beim Rind in einem System aus zwei Komponenten visuell erfaßt (Tab. 4.8):
- Die **Fleischigkeitsklassen** „erstklassig" bis „gering" werden mit den Buchstaben „(S)EUROP" bezeichnet, von denen die Klasse S der Doppellender in Deutschland nicht angewendet wird. Die Definition der Klassen erfolgt über die Körperprofile „konvex" bis „äußerst konvex" in der Hkl. E und „konkav" bis „sehr konkav" in der Hkl. P sowie über die Ausprägung der Muskelfülle („außergewöhnlich" bis „gering"; Abb. 4.14, s. S. 154).
- Die **Fettgewebeklassen,** bezeichnet durch die Ziffern „1" bis „5", beziehen sich auf die Charakterisierung einer „sehr geringen" bis „sehr starken" Verfettung. Die Dicke der Fettschichten auf der Außenseite des Schlachtkörpers (Subkutanfett) und in der Bauch- und Brusthöhle werden für die Beschreibung der Klassen herangezogen. Auch bei Schafen ist die Kennzeichnung am Schlachtkörper in der Reihenfolge Kategorie, Fleischigkeitsklasse und Fettgewebeklasse vorzunehmen.

Obwohl die ermittelten Handelsklassen Grundlage der Preismeldung an die EU sind, haben sie in Deutschland nur geringe Bedeutung. Die Abrechnung erfolgt weit überwiegend nach Schlachtgewicht pauschal und nach Lebendgewicht. Die nach Schlachtgewicht und Handelsklasse in meldepflichtigen Betrieben (4. ViehFlGDV)[1] abgerechneten Lämmer hatten in Deutschland 1995 lediglich einen Anteil am Gesamtaufkommen von 23 %, während die nach Schlachtgewicht pauschal abgerechneten 39 % ausmachten. Nach Lebendgewicht und Handelsklasse pauschal wurden 38 % abgerechnet. In diesen Verhältnissen sind auch langfristig keine Änderungen zu erwarten.

---

[1] Die meldepflichtigen Betriebe haben bei Schaffleisch einen Anteil an den Gesamtschlachtungen (gewerblich, Hausschlachtungen) von 13 %. Über die Abrechnungsform in den nicht meldepflichtigen Betrieben liegen keine Daten vor.

Tab. 4.8: Handelsklassen für Schaffleisch – Merkmale der Fleischigkeits- und Fettgewebeklassen (Rats-VO 2137/92)[1]

Fleischigkeitsklasse	Beschreibung
S erstklassig	alle Profile äußerst konvex; außergewöhnliche Muskelfülle mit doppelter Bemuskelung (Doppelender)
E vorzüglich	Alle Profile konvex bis äußerst konvex; außergewöhnliche Muskelfülle
U sehr gut	Profile insgesamt konvex; sehr gute Muskelfülle
R gut	Profile insgesamt geradlinig; gute Muskelfülle
O mittel	Profile geradlinig bis konkav; durchschnittliche Muskelfülle
P gering	Profile konkav bis sehr konkav; geringe Muskelfülle

Fettgewebeklasse	Beschreibung
1 sehr gering	Keine bis sehr geringe Fettabdeckung
2 gering	Leichte Fettabdeckung; Muskulatur fast überall sichtbar
3 mittel	Muskulatur mit Ausnahme von Hinterviertel und Schulter fast überall mit Fett abgedeckt; leichte Fettansätze in der Brusthöhle
4 stark	Muskulatur mit Fett abgedeckt, an Hinterviertel und Schulter jedoch noch teilweise sichtbar; einige deutliche Fettansätze in der Brusthöhle
5 sehr stark	Schlachtkörper dick mit Fett abgedeckt; starke Fettansätze

[1] Ergänzende Bestimmungen in der Kommissions-VO 461/93

4.7.5 Handelsklassen für Schaffleisch in Drittländern

In Drittländern sind vor allem die neuseeländischen Handelsklassen von Interesse, da das neuseeländische Lammfleisch in direkte Konkurrenz zum deutschen Produkt tritt.

Auch in Neuseeland werden Kategorien bestimmt, die aber stärker differenziert werden als in der EU:
- Lämmer im Alter unter 12 Monaten (kein bleibender Schneidezahn)
- „Hoggets" = Jungschafe, männlich und weiblich (mit nicht mehr als zwei bleibenden Schneidezähnen)
- Böcke als ältere unkastrierte Tiere (mit mehr als zwei bleibenden Schneidezähnen)
- Schafe und Hammel (mit mehr als zwei bleibenden Schneidezähnen).

Während die Böcke nicht weiter in Handelsklassen unterteilt werden und somit nur nach Gewicht gehandelt werden, werden die anderen Kategorien aufgrund einer kombinierten Information von Gewicht und Verfettungsstufe eingereiht. Die übergeordnete Zielrichtung ist dabei, nicht nur die Verwendungseignung für den intermediären Handel, sondern auch die Verbrauchererwartungen richtig anzusprechen. Das System ist für die Lämmer dargestellt (Tab. 4.9).

Tab. 4.9: Handelsklassensystem für Lammschlachtkörper[1] in Neuseeland (NEW ZEALAND MEAT PROD. BOARD 1990)

Kennbuchstabe	Gewichtsklasse	Verfettung und ergänzende Kriterien
Exportklassen		
A	weniger als 9,0 kg	nahezu ohne Fettabdeckung
Y		mit geringem Fettanteil
YL	9,0–12,5 kg	
YM	13,0–16,0 kg	
YX	16,5 kg und mehr	
P		mit mittlerem Fettanteil
PL	9,0–12,5 kg	
PM	13,0–16,0 kg	
PX	16,5–20,0 kg	
PH	20,5 kg und mehr	
T		mit hochgradigem Fettaneil; Export nur in Form getrimmter Teilstücke
TL	9,0–12,5 kg	
TM	13,0–16,0 kg	
TH	16,5 kg und mehr	
Verarbeitungsklassen		
F		mit übermäßigem Fettanteil; Export nur in Form getrimmter Teilstücke
FL	9,0–12,5 kg	
FM	13,0–16,0 kg	
FH	16,5 kg und mehr	
C		
CL	9,0–12,5 kg	
CM	13,0–16,0 kg	
CH	16,5 kg und mehr	
M	alle Klassen	„Manufacturing"; zu dünne Schlachtkörper; beschädigte und nicht mehr für „C" geeignete Schlachtkörper; Gewichtsgruppe unter 9 kg mit zumindest geringem Fettanteil

[1] Schafe unter 12 Monaten bzw. ohne in Abrieb befindliche permanente Schneidezähne

Im Prinzip werden bei den **Lämmern** innerhalb der Verfettungsstufen (5 Verfettungsstufen und 2 Mischgruppen) drei Gewichtsgruppen identifiziert. Dies gilt nicht für die Verfettungsstufe A (praktisch fehlende Verfettung), die für die Exportware nur in der Gruppe mit weniger als 9,0 kg Schlachtgewicht zugelassen ist. Andererseits ist diese Gewichtsgruppe bis 9,0 kg in den höheren Verfettungsstufen nicht zugelassen und wird bei Auftreten der Mischgruppe M zugeordnet, sofern die Schlachtkörper leicht („light") oder stärker verfettet sind.

Für den **Export** geeignet sind:
- als Schlachtkörper: die Klassen A, Y und P
- mit allen Teilstücken nach Trimmen des überschüssigen Fettes: die Klassen T und F
- mit wenigstens drei wertvollen Teilstücken nach Zuschnitt: die Klasse C („Cutter"); Gründe für die Nichteignung einzelner Teilstücke können Verfettung oder Schlachtschäden sein. Nicht für den Export geeignet ist die Klasse M („Manufacturing"), in die alle Lammschlachtkörper einzustufen sind, die sich nicht in die vorgenannten Kombinationen einfügen bzw. die zu große Schlachtschäden etc. aufweisen.

Bei den Exportprodukten wird durch ergänzende Untersuchungen abgesichert, daß die Zartheit hinreichend ausgeprägt ist.

4.7.6 Die Handelsklassen für Schweinehälften in der EU und in Deutschland

Für die Einstufung von Schweineschlachtkörpern ist die Bestimmung des Muskelfleischanteils entscheidend. Hierfür werden Schätzungen auf der Basis von Hilfsmerkmalen eingesetzt, wie sie bereits in Kapitel 4.3 dargestellt wurden. Die Einstufung nach dem Muskelfleischanteil wird fünf EUROP-Klassen zugeordnet (Tab. 4.10; Abb. 4.15, 4.16, s. S. 155). Von seiten der EU gibt es keine methodischen oder technischen Limitierungen, solange die von einem Mitgliedsstaat gewählte Methode die EU-Anforderungen erfüllt (Kommissions-VO 2967/85): gefordert wird ein Schätzfehler von RSD $\leq$ 2,5 %, der in einem von der EU-Kommission festgelegten Versuchsprozedere nachgewiesen werden muß. Im Rahmen dieses Prozederes ist eine repräsentative Stichprobe von mindestens 120 Schlachtkörpern grobgeweblich nach der vorgegebenen EU-Referenzmethode zu zerlegen (WALSTRA und MERKUS 1995). Auf diesen aus der Zerlegung stammenden Referenzwert des Muskelfleischanteils sind die jeweiligen Klassifizierungsergebnisse zu beziehen und daraus der Schätzfehler abzuleiten.

In der EU hat sich ganz überwiegend die Erkenntnis durchgesetzt, daß Kombinationen von Speck- und Muskeldickenmessungen für die bei Schlachtgeschwindigkeit durchzuführende Klassifizierung am geeignetsten sind. Auch Neuentwicklungen tragen dem Rechnung, erhöhen aber u. U. sehr stark die Zahl der Meßstellen. Die günstigsten Meßstellen für die bisherigen Verfahren finden sich im Kotelettbereich.

In Deutschland kommen drei prinzipiell unterschiedliche Möglichkeiten zur Ermittlung des Muskelfleischanteils in Frage:

- Kleinere Betriebe mit weniger als 200 Schlachtungen pro Woche dürfen das einfache **ZP-Verfahren** anwenden, bei dem zwei Meßstrecken im Bereich des M.glutaeus medius in der Spaltebene (Abb. 4.18) erfaßt werden. Die Messungen können mit manuell geführten Geräten unter direkter Sichtkontrolle durchgeführt werden. Schiebelehren mit integrierten Potentiometern ermöglichen die elektronische Datenaufnahme und Berechnung des Muskelfleischanteils nach der vorgegebenen Schätzformel (s. Abb. 4.2). Unter sehr einfachen Verhältnissen können die Schätzergebnisse auch von einer Tabelle mit einem den Fett- und Muskeldicken zugeordneten Koordinatensystem abgelesen werden. Die Zulassung dieses Verfahrens erfolgt nach den von der EU vorgegebenen Bedingungen, also auf der Basis einer Prüfung mit Hilfe eines Zerlegeversuches.

Größere Betriebe können auf die folgenden zwei Möglichkeiten, die mit geeichten Choirometern[1] durchgeführt werden, zurückgreifen:

- **Halbautomatische Choirometer** erfassen nach manueller Positionierung des Gerätes ein Speckmaß (S) und ein Fleischmaß (F) im Kotelett in Höhe der 2./3. letzten Rippe (Abb. 4.17). Erfassung und Protokollierung der Meßwerte müssen automatisch erfolgen. Das Klassifizierungsergebnis wird ebenfalls automatisch auf Basis einer für alle Choirometer dieses Typs einheitlichen Schätzformel berechnet. Auf technische Einzelheiten wird unten noch eingegangen. Die Zulassung der einzelnen Geräte erfolgt aufgrund einer Bauartzulassung zur Eichung durch die PTB (Übers. 4.1).
- **Vollautomatische Choirometer** sind derzeit praxisreif nur in einem Gerätetyp, dem dänischen Gerät Autofom, realisiert. Es ist schon jetzt absehbar, daß für derartige Geräte eine Vielzahl an Messungen und daher eine größere Komplexität der Schätzwertberechnungen charakteristisch sein wird. Das Autofom wickelt den gesamten Klassifizierungsprozeß ohne Interaktion des Sachverständigen ab. Dieser hat vor allem Kontrollfunktionen (Tageseingangs- und -ausgangskontrolle). Die Zulassung der vollautomatischen Geräte erfolgt auf der Basis einer Prüfung mit Hilfe eines Zerlegeversuches (Kommissions-VO 2967/85). Zusätzlich ist die Bauartzulassung zur Eichung vorgesehen.

---

[1] Zur Eichung zugelassene Geräte werden von der Physikalisch-Technischen Bundesanstalt mit Bezeichnungen versehen, die dem Griechischen entlehnt sind: choiros = Schwein, metros = Maß

Tab. 4.10: Handelsklassenschema für Schweinehälften (Hkl. VO Schweinehälften)

Handelsklassenschema	
Handelsklasse	Anforderungen
	Muskelfleischanteil (%) (Schlachtkörper von 50 > 120 kg)
E	55 und mehr
U	50 und mehr, jedoch weniger als 55
R	45 und mehr, jedoch weniger als 50
O	40 und mehr, jedoch weniger als 45
P	weniger als 40
M1	Schlachtkörper von vollfleischigen Sauen
M2	Schlachtkörper von anderen Sauen
V	Schlachtkörper von Ebern und Altschneidern

Das ZP-Verfahren sowie die halb- und vollautomatischen Choirometer unterscheiden sich in der Schätzgenauigkeit. Sie ist beim ZP-Verfahren weitaus am geringsten und beim Autofom mit Abstand am höchsten (Abb. 4.17, Abb. 4.18, Abb. 4.24).

Als **halbautomatische Choirometer** werden invasive und nicht-invasive Techniken eingesetzt, wie sie oben (Kap. 4.4 und 4.5) bereits beschrieben wurden. Im einzelnen sind dies:

- **Ultraschall nach dem A-Scan-Verfahren:** ein Gerät ist zugelassen (Abb. 4.20, s. S. 156).
- **Ultraschall nach dem B-Scan-Verfahren:** zwei Typen desselben Gerätes eines Herstellers sind zugelassen (Abb. 4.21, s. S. 156).
- **Opto-elektronische Einstichsonden:** Es sind Sonden von drei verschiedenen Herstellern im Einsatz, einer der Hersteller führt drei geringfügig unterschiedliche Typen (Abb. 4.22, s. S. 156).

Anders als in den übrigen EU-Mitgliedsstaaten erfolgt in Deutschland die Zulassung dieser halbautomatischen Klassifizierungsgeräte für Schweinehälften nicht nach dem oben beschriebenen EU-Zulassungsverfahren. Dieses kommt lediglich für die einheitlichen Meßstellen und die einheitliche Schätzformel zum Tragen, die mit einem Ultraschall-Scanner an der erforderlichen Stichprobe zu ermitteln sind.

Die halbautomatischen Choirometer werden daher als Einzelgeräte nur im Rahmen der Eichordnung zugelassen. Dem liegt der Gedanke zugrunde, daß fest vorgegebene Meßstrecken und eine für alle Gerätetypen einheitliche Schätzformel die unerläßliche Voraussetzung haben, daß die Geräte die Meßstrecken korrekt erfassen. Dies ist am ehesten über die Eichung der Geräte zu erreichen.

Somit bezieht sich auch das Prüfprozedere (Übers. 4.1) auf die Genauigkeit, mit der die halbautomatischen Choirometer die Messung von Speck- und Muskeldicken durchführen können. Für die Prüfung der Meßgenauigkeit wird ein Ultraschall-Scanner in „Laborausstattung" eingesetzt (Abb. 4.19, s. S. 156). Für die sog. **Bauartzulassung zur Eichung** ist die Physikalisch-Technische Bundesanstalt (PTB) in Braunschweig zuständig. Die ergänzend notwendigen Prüfungen am Schlachtkörper werden durch die Bundesanstalt für Fleischforschung durchgeführt. Über das Ergebnis dieser Prüfungen ist der EU-Kommission Bericht zu erstatten.

Die Meßgenauigkeit der Geräte am technischen Medium (wie z. B. dem Etalon bei der Morgenkontrolle) ist generell hoch, Fehlmessungen sind hier praktisch ausgeschlossen und führen im gegebenen Fall zur Neukalibrierung des Gerätes. Auch am Schlachtkörper weisen die halbautomatischen Choirometer unter Laborbedingungen entsprechend den in der Handelsklassenverordnung für Schweinehälften eng gesetzten Grenzen hohe Übereinstimmung mit dem Referenzgerät auf. In der Tabelle 4.12 sind die Ergebnisse der sechs zugelassenen Geräte dieser Gruppe dargestellt.

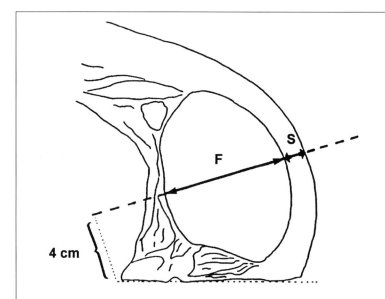

Schätzformel zur Ermittlung des Muskelfleischanteils aus den Maßen S und F (Meßlinie im Kotelettquerschnitt in Höhe der 2./3. letzten Rippe)
Muskelfleischanteil (MF %) = 58,6688 - 0,82809 (S) + 0,18306 (F)

Ermittlung des Fleischmaßes F* als Ersatz für F in obiger Schätzformel (nur für Reflexionssonden): F* = 0,95 (F + Z) -3 [mm]

Schätzgenauigkeit: r = 0,88 $S_{y \cdot x}$ = 1,88

Abb. 4.17: Handelsklasseneinstufung von Schweinehälften mit dem Choirometerverfahren (Hkl. VO Schweinehälften)

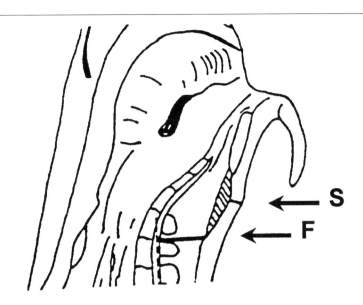

Schätzformel zur Ermittlung des Muskelfleischanteils aus den Maßen S und F (Meßlinien am durch Spaltung längs der Wirbelsäule hergerichteten Schlachtkörper):

Muskelfleischanteil MF % = 47,978 + (26,0429 x S/F) + (4,5154 x $\sqrt{F}$) − (2,5018 x lg S) − (8,4212 x $\sqrt{S}$)

Dabei sind definiert:
Speckmaß (S): Speckdicke, gemessen an der dünnsten Stelle des Speckes (einschl. Schwarte) über dem M. glutaeus medius (in Millimetern)

Fleischmaß (F): Stärke des Lendenmuskels, gemessen als kürzeste Verbindung des vorderen (cranialen) Endes des M. glutaeus medius zur oberen (dorsalen) Kante des Wirbelkanals (in Millimetern)

Schätzgenauigkeit: r = 0,86 $S_{y \cdot x}$ = 2,45

Abb. 4.18: Handelsklasseneinstufung von Schweinehälften mit dem Zwei-Punkte-Verfahren (Hkl. VO Schweinehälften)

Das **vollautomatische Choirometer** Autofom durchläuft aufgrund seiner völlig anderen Funktionsweise ein anderes Zulassungsverfahren als die halbautomatischen Geräte. Kernstück des Gerätes ist ein U-förmiger Edelstahlbügel, der 16 Ultraschallmeßköpfe (A-Scan-Verfahren) enthält (Abb. 4.23, s. S. 157). Der Bügel befindet sich am Ende einer gleichgeformten Wanne, durch die die Schlachtkörper hindurchgezogen und in der sie ausgerichtet werden. Die

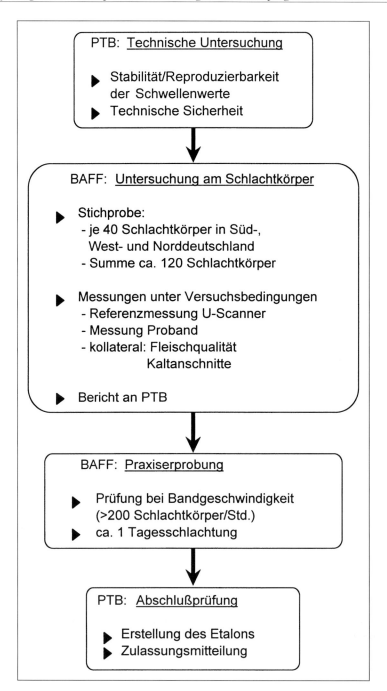

Übers. 4.1: Durchführung der Geräteprüfung für die Zulassung zur Eichung (BRANSCHEID u. a. 1990b)

Ankopplung an die Meßköpfe erfolgt allein durch den Anpreßdruck des Körpereigengewichtes. Das Gerät ist nach dem Enthaaren und vor dem Abflämmen in die Schlachtlinien installiert. Zu diesem Zeitpunkt sind die Schlachtkörper noch ungeöffnet, und die Schwarte ist weich und gut durchfeuchtet, so daß günstige Voraussetzungen für ein Ultraschallscanning bestehen.

Schätzformel zur Ermittlung des Muskelfleischanteils aus den Variablen T 01, T 02 und T 03:

Muskelfleischanteil MF % = 57,5151291 + 0,8717916 · (T 01) + 0,7625082 · (T 02) + 1,3110994 · (T 03).

Dabei sind die Variablen als das Ergebnis der Vektorberechnungen des Gerätes definiert und entsprechen nicht unmittelbaren Meßgrößen.

Schätzgenauigkeit: r = 0,92 $s_{y \cdot x}$ = 1,58

Abb. 4.24: Schätzformel und Schätzgenauigkeit des vollautomatischen Choirometers „Autofom" (Entscheidung Kommission 1977)

Das Autofom erfaßt mit Hilfe der 16 Meßköpfe über die gesamte Rückenpartie hinweg ca. 2.000 Einzelmeßwerte, aus denen mit Hilfe von Vektorberechnungen (neuronales Netzwerk) 127 Strecken- und andere Maße extrahiert und schließlich zu einer Grundinformation von 30 Basismeßwerten konkretisiert werden. Die Basismeßwerte dienen zur Errechnung von sog. T-Variablen (T 01, T 02, T 03). Diese entsprechen nicht mehr unmittelbar erfaßbaren Meßgrößen, sondern stellen den Informationsgehalt von Vektoren im Hinblick auf die Zielgröße Muskelfleischanteil dar. Sie nehmen zum Teil negatives Vorzeichen an. Diese „Informationsladungen" T 01 bis T 03 werden im Rahmen einer üblichen Regressionsberechnung zur Ermittlung der Schätzfunktion (Abb. 4.24) verwendet und gehen, ähnlich wie die Meßstrecken der anderen Geräte, in das Schlachtprotokoll ein. Aufgrund der sehr viel umfassenderen Information, die vom Autofom genutzt werden kann, ist die Schätzgenauigkeit (bezogen auf denselben Datensatz) um einiges höher als bei den bisherigen Systemen. Die Schätzfunktion des Autofom wird auf der Basis eines Zerlegeversuches von der EU-Kommission zugelassen (Kommissions-VO 2967/85). Gleichzeitig wird das Gerät aber auch einer Bauartzulassung zur Eichung bei der PTB unterworfen. Das hierfür erforderliche Prozedere läuft ähnlich ab wie für die anderen Choirometer (Tab. 4.11). Insbesondere wird die Stabilität und Reproduzierbarkeit der Messungen jedes einzelnen Meßkopfes am technischen Substrat geprüft. Der Vorteil des zweigleisigen Prüfprozederes liegt darin, daß das Gerät auch in eichrechtlicher Hinsicht keine Ausnahmeregelung erfordert.

Tab. 4.11: Die Prüfergebnisse der zugelassenen Choirometer (Branscheid u. a. 1990b, 1991)

Gerät (Tierzahl)	Prüfgröße	mittl. syst. Abweichung z	Standardabw. d. Abw. s_z	Korrelation r
FOM S70	Speckdicke, mm	−0,11	1,05	−
(n = 135)	Fleischdicke, mm	−0,12	2,80	−
	Muskelfleisch, %	−	−	0,96
FOM S89	Speckdicke, mm	−0,09	1,30	−
(n = 133)	Fleischdicke, mm	0,51	2,84	−
	Muskelfleisch, %	−	−	0,97
HGP 4	Speckdicke, mm	−0,10	0,87	−
(n = 137)	Fleischdicke, mm	−0,77	2,29	−
	Muskelfleisch, %	−	−	0,98
PG 200	Speckdicke, mm	−0,29	1,30	−
(n = 134)	Fleischdicke, mm	−0,61	2,78	−
	Muskelfleisch, %	−	−	0,95
CSB Ultrameater (n = 134)	Speckdicke, mm	0,26	1,04	−
	Fleischdicke, mm	0,08	2,93	−
	Muskelfleisch, %	−	−	0,95
US-Porkitron	Speckdicke, mm	−0,02	1,24	−
(n = 134)	Fleischdicke, mm	0,11	2,78	−
	Muskelfleisch, %	−	−	0,95
Zugelassene Fehlergrenzen:	Speckdicke, mm	±0,4	1,4	−
	Fleischdicke, mm	±1,0	3,0	−
	Muskelfleisch, %	−	−	0,95

Die Pflicht zur Einstufung in Handelsklassen nach dem Muskelfleischanteil gilt aber nur für Schlachtkörper mit einem Gewicht zwischen 50 bis unter 120 kg. Höhergewichtige Tiere werden den in Tabelle 4.10 aufgeführten Handelsklassen für Sauen (M1, M2) und für Eber und Altschneider (V) zugeordnet. Bei den Sauen erscheint eine stärkere Differenzierung der Fleischigkeitsbestimmung wünschenswert.

4.7.7 Perspektiven der Handelsklassen für Schweinefleisch

Die Handelsklassen für Schweinehälften berücksichtigen mit dem Muskelfleischanteil des Schlachtkörpers das Kriterium, das zusammen mit dem Schlachtgewicht maßgeblich über den Handelswert des Schlachtkörpers entscheidet. Dies wird auch langfristig den Bestand dieser Handelsklassen sichern. Sorge bereitet in der derzeitigen Situation vor allem bei den halbautomatischen Choirometern, daß sich selbst bei Einsatz desselben Klassifizierungsgerätes

Unterschiede zwischen verschiedenen Sachverständigen ergeben. Wenn diese auch gering und für den Einzelfall belanglos sind, sind sie über eine größere Anzahl von Klassifizierungen hinweg meßbar. Dies hat in neuerer Zeit zur Suche nach Möglichkeiten geführt, mit denen die Klassifizierung voll automatisiert werden kann.

Einen ersten realistischen Ansatz der **Automatisierung** stellt das dänische Gerät Autofom dar, auf das im vorangehenden Abschnitt eingegangen wurde. Welche weitere Methoden sich zur vollautomatischen Erfassung der Handelsklasse eignen werden, ist derzeit unklar. Der Videobildauswertung wird auch hier eine gewisse Bedeutung zukommen können.

Die vollautomatische Erfassung wird als beinahe zwangsläufige Konsequenz eine stärkere **Computerintegration** der Schlachtbetriebe mit sich bringen. Diese wird noch attraktiver zu gestalten sein, wenn es gelingt, ergänzende Handelswertbestimmungen in die Gerätesysteme aufzunehmen. Als solche können ähnlich wie beim Rind Gewebe- und Teilstückanteile bzw. Teilstückgewichte herangezogen werden. Größen, die besonderes Interesse beanspruchen, sind Schinkenanteil, Schinkengewicht, Lachsgewicht und Muskelfleischanteil des Bauches. Gerade letzterer weist eine relativ hohe Unabhängigkeit vom Muskelfleischanteil der Hälfte auf (BRANDSCHEID u. a. 1988). Daß derartige Handelswertbestimmungen sich auch zum Aufbau von Bezahlungssystemen gegenüber den Erzeugern („Preismasken") eignen, ist anzunehmen. Sicher geben sie für die Weitervermarktung im intermediären Handel wichtige Anstöße und stabilisieren die mit der treffsicheren Sortierung der Schlachtkörper zu erzielenden Gewinne.

Auch die **Situation in Drittländern** zeigt, daß in andere Richtung führende Entwicklungen nicht zu erwarten sind. Auch hier (z. B. Kanada, USA) steht für die Schlachtkörperbeurteilung von Schweinen der Muskelfleischanteil als Kernkriterium im Vordergrund.

4.7.8 Vermarktungsnormen für Geflügelfleisch

Für die Vermarktung von Geflügelfleisch gibt es ein umfassendes System rechtlicher Regelungen der EU, die für alle Mitgliedsstaaten in einheitlicher Weise gültig sind und durch die nationale Rechtsetzung ohne Modifikation in Kraft gesetzt werden (VO [EWG] 1906/90; VO [EWG] 1538/91; VO Vermarktungsnormen Geflügelfleisch). Im Sinne dieser Regelungen zählen zum Geflügel Hühner, Enten, Gänse, Truthühner (Puten) und Perlhühner. Sehr viel weiter gehend als bei den Rotfleischarten streben die Vermarktungsnormen eine umfassende Regelung der qualitativen Ansprüche an Geflügelfleisch an, von denen die Handelsklassen nur einen Teil repräsentieren. Über diese hinaus werden in die Normen gefaßt: Schlachtkörper- und Teilstückzuschnitte, Herrichtungsformen der Endprodukte, Angebotszustände und Kühlverfahren, Gewichtsklassen, Fremdwassergehalte und Regeln für die Deklaration besonderer Haltungs- und Fütterungsmethoden. Derartige Normen sollen nicht nur im Interesse der Erzeuger und des Handels liegen, sondern richten sich auch unmittelbar auf Ansprüche des Verbrauchers.

Die Definition der Kategorien von Geflügelschlachtkörpern und der Teilstücke[1]

Innerhalb der fünf im Sinne der Vermarktungsnormen zum Geflügel zu rechnenden Gattungen existieren zur Definition der Schlachtkörper jeweils zwei Kategorien. Diese unterscheiden sich hinsichtlich der physiologischen Reife, die am Verknöcherungsstatus des Brustbeines erfaßt werden kann, z. T. werden auch Angaben zur Verfettung gemacht. Es werden definiert:

- Hähnchen und *junge* Puten, (Flug)enten, Gänse und Perlhühner bzw. Frühmastenten und -gänse als Tiere, die einen biegsamen (nicht verknöcherten) Brustbeinfortsatz aufweisen;
- Suppenhühner, Puten, (Flug)enten, Gänse und Perlhühner dagegen als Tiere, die einen rigiden (verknöcherten) Brustbeinfortsatz aufweisen.

Als **Teilstücke** gelten Hälften, Viertel, Hinterviertel am Stück, Brust, Schenkel, Hähnchenschenkel mit Rückenstück, Oberschenkel, Unterschenkel, Flügel, beide Flügel ungetrennt, Brustfilet und Brustfilet mit Schlüsselbein. Bezüglich der Details der Schnittführung bestehen genaue Vorgaben. Teilstücke aus dem Bereich von Ober- und Unterschenkel müssen *in* den Gelenken zugeschnitten werden.

Während Hälften und Viertel grundsätzlich mit Haut zu vermarkten sind, können die kleineren Teilstücke auch ohne Haut angeboten werden.

Die Herrichtungsformen

Für die Vermarktung der Geflügelarten ist die Vorgabe einer einzigen Standardherrichtung der Schlachtkörper nicht sinnvoll, so daß mehrere Möglichkeiten des Zuschnitts bestehen und ein einheitlich definiertes Schlachtgewicht nicht gegeben ist. Allerdings ist eine einmal gewählte Herrichtungsform strikt einzuhalten.

Folgende Möglichkeiten zur Herrichtung bestehen:

- **Teilweise ausgenommen:** im Schlachtkörper noch enthalten sind Herz, Leber, Lungen, Muskelmagen, Kropf und Nieren. Diese Herrichtungsform ist in Deutschland nicht üblich.
- **Bratfertig** (oder mit Innereien): als Innereien zählen Herz (mit oder ohne Herzbeutel), Hals, Muskelmagen (ohne Hornhaut und Mageninhalt) und Leber (ohne Gallenblase) sowie ggf. andere vom Verbraucher als genießbar betrachtete Körperteile. Verbleibt der Hals am Schlachtkörper, zählt er nicht zu den Innereien. Abweichungen sind auf dem Etikett anzugeben.
- **Grillfertig** (oder ohne Innereien).

---

[1] Für Deutschland weniger wichtige Aspekte bleiben hier unerwähnt. Dies sind: Kapaunen, Stubenküken, Mulard-Enten, spezielle französische Teilstücke von Gänsen und Enten aus der Fettleberproduktion (Magret, Maigret).

Für alle drei Herrichtungsformen können, sofern der Kopf nicht entfernt wurde, Luft- und Speiseröhre sowie der Kropf am Schlachtkörper verbleiben.

Die Einstufung in die Handelsklassen

Es sind lediglich zwei **Handelsklassen A und B** vorgegeben, die für Schlachtkörper und Teilstücke gelten. Als Voraussetzung, daß Schlachtkörper und Teilstücke überhaupt diesen Handelsklassen zugeordnet werden können, werden folgende Produkteigenschaften gefordert:
- ganz (d. h. unversehrt unter Berücksichtigung der Herrichtungsform);
- sauber, frei von sichtbaren Fremdstoffen, Schmutz und Blut;
- frei von Fremdgeruch;
- frei von sichtbaren Blutspuren, es sei denn sie sind klein und unauffällig;
- frei von herausragenden gebrochenen Knochen;
- frei von starken Quetschungen;
- bei frischem Geflügelfleisch: ohne Anzeichen früheren Einfrierens.

Für die Handelsklasse A (Abb. 4.25, s. S. 154) sind weitere Spezifizierungen vorgegeben im Hinblick auf:
- die Fleischfülle und die Entwicklung des Brustfleisches;
- die Ausprägung der Fettabdeckung (Fettgewebeanteil);
- das Vorhandensein von Federn, Stümpfen und Haarfedern;
- Beschädigungen, Quetschungen, Verfärbungen;
- Frostbrandspuren bei gefrorenem und tiefgefrorenem Geflügel.

Die Angebotszustände

Für Geflügelfleisch kommen drei Angebotszustände in Frage:
- **frisches Geflügelfleisch,** welches ständig auf einer Temperatur zwischen $-2\ °C$ und $+4\ °C$ gehalten werden muß; bei frischem Geflügelfleisch ist aus hygienischen Gründen das Verbrauchsdatum („Verbrauchen bis ...") anzugeben;
- **gefrorenes Geflügelfleisch,** das – ebenso wie tiefgefrorenes Fleisch – so schnell wie möglich im Rahmen des normalen Schlachtprozesses gefroren und ständig auf einer Temperatur von mindestens $-12\ °C$ gehalten werden muß und
- **tiefgefrorenes Geflügelfleisch,** das ständig auf einer Temperatur von mindestens $-18\ °C$ gehalten werden muß.

Bei den gefrorenen und tiefgefrorenen Produkten kann das eingesetzte **Kühlverfahren** angegeben werden. In Deutschland werden bei Hähnchen ausschließlich **Luft-Sprüh-** und **Luftkühlung,** bei Puten nur **Luftkühlung** eingesetzt, die erhebliche hygienische Vorteile gegenüber der **Tauchkühlung** aufweisen. Diese ist aber weiterhin EU-weit zugelassen.

Die Gewichtsklassen

Gefrorenes und tiefgefrorenes Geflügel (Schlachtkörper und Teilstücke) in Fertigpackungen *kann* in Gewichtsklassen eingestuft werden, für die *Nenngewichte* angegeben werden. Die tatsächliche Füllmenge der Fertigpackungen darf im Mittel einer Stichprobe (zwischen 30 und 80 Schlachtkörper je nach Größe des geprüften Loses) das Nenngewicht nicht unterschreiten. Der Anteil von Fertigpackungen mit Minusabweichungen vom Nenngewicht ist ebenso limitiert, wie die zulässige Größenordnung der Minusabweichungen. Die Nenngewichtsklassen sind für Schlachtkörper und Teilstücke in Abhängigkeit vom Gesamtgewicht als 50 g-, 100 g- oder 200 g-Klassen (letztere nur für Schlachtkörper) zu bilden und anzugeben.

Der Wassergehalt

Bezüglich der Fremdwasseraufnahme existieren **nur für Hähnchen** rechtliche Regelungen. In gewissem Umfang ist die Fremdwasseraufnahme technisch unvermeidbar. Vor allem das Kühlverfahren übt einen Einfluß aus: von der Luftkühlung (praktisch fehlende Wasseraufnahme) steigt der unvermeidbare Fremdwasseranteil über die Luft-Sprühkühlung bis zur Tauchkühlung an.

In den Vermarktungsnormen werden drei Methoden zur Ermittlung des Wassergehaltes angegeben, die sich nach Aufwand und Genauigkeit sowie nach Einsatzbereich unterscheiden; die Höchstwerte, bezogen auf die drei Kühlverfahren, sind in Tabelle 4.12 zusammengestellt:

- Überprüfung der Wasseraufnahme **während des Produktionsbetriebes** („in-plant"-Verfahren nach Anhang VII in 1538/91)

    Mit dieser Methode sichern die Schlachtbetriebe selbst im Sinne der Eigenkontrolle, daß die zulässigen Gesamtwassergehalte nicht überschritten werden. Zur Durchführung wird eine Stichprobe von Schlachtkörpern unmittelbar nach dem Ausnehmen und vor dem ersten Waschen gewogen und nach Abschluß des üblichen Schlachtprozesses am Ende des Abtropfbandes rückgewogen. Aus der Differenz (in % des Schlachtgewichtes; Tab. 4.12) ergibt sich die Wasseraufnahme. Der Aufwand für das Verfahren ist gering.

- Bestimmung des Auftauverlustes mit den **Drip-Verfahren** (Anhang V in 1538/91). Dieses Verfahren ist spürbar aufwendiger als das vorangehend beschriebene. Es wird daher vor allem für die externen (amtlichen) Kontrollen eingesetzt, die in den Schlachtbetrieben mindestens jeden zweiten Monat durchzuführen sind. Für diesen Zweck ist es die in Deutschland festgelegte Methode. Zur Durchführung wird eine Stichprobe von gefrorenen bzw. tiefgefrorenen Schlachtkörpern unter streng standardisierten Bedingungen aufgetaut. Das als *Auftauverlust* (Drip) anfallende Wasser wird quantitativ erfaßt und als Prozentanteil des Schlachtgewichtes ausgewiesen. Die differenzierte Untersuchungstechnik bedingt höhere Grenzwerte des Wassergehaltes als beim vorangehenden Verfahren (Tab. 4.12).

Tab. 4.12: Zulässige Höchstwerte (in % des Schlachtgewichtes) für das „in-plant"-Verfahren, das Drip-Verfahren und den chemischen Test zur Feststellung der Fremdwasseraufnahme (VO [EWG] 1538/91)

Kühlverfahren	Anhang VII Zunahme Schlachtkörpergewicht	Anhang V Auftauverlust	Anhang VI Fremdwasseraufnahme
Luft	0	1,5	2,0
Luft-Sprüh	2,0	3,3	4,5
Tauch	4,5	5,1	7,0

- Bestimmung des Gesamtwassergehaltes mit dem **chemischen Test** (Anhang VI in 1538/91). Der chemische Test ist das bei weitem aufwendigste Verfahren und wird in Deutschland nur ausnahmsweise eingesetzt. Er ist dann unentbehrlich, wenn Schlachtkörper untersucht werden, die mit wasserbindenden Substraten (Polyphosphaten) behandelt wurden. Derartige Schlachtkörper weisen eine erhöhte Fremdwasserbindung auf, die lediglich chemisch nachzuweisen ist, da die Werte mit dem Drip-Verfahren unauffällig bleiben. Die Anwendung von Polyphosphaten an Geflügelschlachtkörpern ist in der EU nicht zugelassen, so daß der chemische Test im Verdachtsfall die Methode der Wahl ist. Der chemische Test beruht darauf, daß bei Hähnchen der *Proteingehalt* innerhalb enger Grenzen Rückschlüsse auf den *natürlichen Wassergehalt* zuläßt. Darüber hinaus ist bekannt, welche zusätzliche Wasseraufnahme (Fremdwasseraufnahme) bei den drei Kühlverfahren als technisch unvermeidbar hinzuzurechnen ist (Tab. 4.12). Somit können Höchstwerte des *Gesamtwassergehaltes* in Abhängigkeit vom Proteingehalt des Fleisches und in bezug auf die Kühlverfahren angegeben werden. Wird nun der *tatsächlich vorhandene Wassergehalt* chemisch-analytisch bestimmt, so kann die Überschreitung des theoretischen Gesamtwassergehaltes durch erhöhte Fremdwasseraufnahme festgestellt werden.

Die Deklaration besonderer Haltungsformen

Vom Verbraucher werden Haltungsverfahren wie auch bestimmte Futterkomponenten besonders beachtet. Sie eignen sich daher zur positiven Hervorhebung von Produkten und finden in Kommunikationsmaßnahmen des Marketing Verwendung. Somit besteht gerade in derartigen Deklarationen ein besonderes wirtschaftliches Interesse. Folgende Angaben zum Produkt sind zulässig:

- Angaben zur **Futterration**
  Folgende Futterbestandteile können deklariert werden (in Klammern gesetzt: Mindestgewichtsanteil an der Ration während des größten Teiles der Mast):
  – Getreide allg. (65 % bei höchstens 15 % Getreidenebenprodukten),

- Mais (50 %),
- Andere Getreidearten bei spezifischem Hinweis (35 %),
- Hülsenfrüchte und Blattgemüse (5 %),
- Milcherzeugnisse (5 % während der Ausmast),
- Ergänzend: Hafermastgänse (500 g Hafer tägl. während der 3wöchigen Endmast).

- Angaben zur **Haltungsform**
  Die Vermarktungsnormen unterscheiden vier verschiedene Haltungsformen, die speziell deklariert werden dürfen. Die Anforderungen, die bei einer Deklaration erfüllt sein müssen, werden detailliert für die Geflügelarten spezifiziert (Tab. 4.13). Folgende Charakteristika können ergänzend festgehalten werden:
    - **Extensive Bodenhaltung** ist mit eingeschränkter Besatzdichte und verlängerter Mast im Vergleich zu konventionellen Verfahren verbunden.
    - **Auslaufhaltung** entspricht in der Besatzdichte *des Stalles* weitgehend der extensiven Bodenhaltung, muß aber während mindestens der Hälfte der Lebenszeit mit einem Auslauf verbunden sein, der bei Tage ständig zugänglich ist. Zusätzlich ist der Einsatz von 70 % Getreide in der Ration während der Ausmast vorgegeben. Das Schlachtalter ist wie bei der extensiven Bodenhaltung festgelegt.
    - **Bäuerliche Auslaufhaltung** regelt die Besatzdichte im Stall teilweise toleranter als die vorangegangenen Verfahren. Der Zugang zum Auslauf wird zeitlich später angesetzt, wird aber aufgrund der stark verlängerten Mast anteilig länger gewährt. Die Fläche des Freiluftauslaufes ist für die meisten Geflügelarten deutlich größer. Darüber hinaus sind Begrenzungen eingeführt, die einer Beschränkung der Betriebsgröße gleichkommen. Auch hier müssen 70 % Getreide, allerdings im *gesamten Mastfutter,* in der Ration enthalten sein. Hinzu kommt, daß die Masttiere aus einer anerkannt langsam wachsenden Rasse stammen müssen. Dementsprechend sind die Schlachtalter z. T. deutlich erhöht.
    - **Bäuerliche Freilandhaltung** unterscheidet sich von dem vorangehenden Verfahren lediglich dadurch, daß die Tiere bei Tage flächenmäßig unbegrenzten Auslauf haben müssen (nicht in Tab. 4.13 aufgeführt).

Der Anteil dieser Produktionsformen in Deutschland ist gering (weit unter 1 %), wenn auch genaue Zahlen nicht verfügbar sind. Vor allem in Frankreich werden die Möglichkeiten der entsprechenden Deklarationen genutzt.

Über die Regelungen der EU hinausgehend berührt die nationale Verordnung über Vermarktungsnormen für Geflügelfleisch auch die Frage von amtlichen oder für gesetzliche Zwecke bestimmte **Preisnotierungen** und **Preisfeststellungen.** Diesen müssen die Handelsklassen zugrunde gelegt werden. In Deutschland erfolgt die Notierung jedoch ohne Differenzierung nach Handelsklassen, die auch nicht sinnvoll wäre.

Tab. 4.13: Vermarktungsnormen für besondere Haltungsverfahren (nach VO [EWG] 1538/91)

Kriterien[1]	Hähnchen	Puten	Gänse	Peking-enten	Flugenten	Perl-hühner
Extensive Bodenhaltung						
Besatzdichte	25[2]	25	15	25	25	25
Schlachtalter	56	70	112	49	70 (w.) 84 (m.)	82
Auslaufhaltung						
Besatzdichte im Stall	27,5[4]	25	15	25	25	25
Flächenbesatz im Freiluft-Auslauf[3]	1	4	4	2	2	1[5]
Ausgänge zum Auslauf:			4 m Wandlänge je 100 m^2 Stallfläche			
Getreideanteil während Ausmast:			70 %			
Schlachtalter	56	70	112	49	70 (w.) 84 (m.)	82
Bäuerliche Auslaufhaltung						
Besatzdichte im Stall						
– kg/m^2	25 (b.40[6])	25	30	25 (w.) 35 (m.)	25 (w.) 35 (m.)	23
– Tiere/m^2	12 (b.20[6])	6,25 (b.10[7])	5 (3b.10[8])	10 (w.) 8 (m.)	10 (w.) 8 (m.)	13
Nutzfläche der Ställe der einzelnen Produktionsstätte:			nicht über 1.600 m^2			
Max. Tierzahl/Stall	4.800	2.500	2.500	4.000 (w.) 3.200 (m.)	4.000 (w.) 3.200 (m.)	5.200
Flächenbesatz im Freiluft-Auslauf[9]	2	6	10	2	2	2[5]
Ausgänge zum Auslauf:			4 m Wandlänge je 100 m^2 Stallfläche			
Zugang zum Auslauf ab Lebenswoche[10]	6	8	8	8	8	8
Getreideanteil im Mastfutter:			70 %			
Schlachtalter	81	140	140	49	70 (w.) 84 (m.)	94

[1] Besatzdichte: höchstens zulässig; in kg Lebendgewicht/m^2 Bodenfläche; Flächenbesatz: mindestens erforderlich, in m^2 je Tier; Schlachtalter: Mindestalter in Tagen
[2] max. 12 Tiere
[3] mind. die Hälfte der Lebenszeit bei Tag ständigen Zugang zu vorwiegend begrüntem Auslauf
[4] max. 13 Tiere
[5] ersatzweise Volieren zulässig
[6] nur bei beweglichen Ställen mit max. 150 m^2 Bodenfläche, die nachts offen bleiben
[7] bis zu 7 Wochen Alter zulässig
[8] 10 Tiere bis zu 6 Wochen Alter; 3 Tiere während der letzten 3 Mastwochen, sofern Stallhaltung
[9] Auslauf mit vorwiegend begrünter Fläche
[10] bei Tag ständiger Zugang zum Auslauf

w. = weiblich; m. = männlich; b. = bis

In der **zusammenfassenden Bewertung** stellen die Vermarktungsnormen für Geflügelfleisch das bei weitem umfangreichste System von Vermarktungsregeln bei Fleisch dar. Namentlich für den innergemeinschaftlichen Handel schaffen die Normen in vielen Punkten Handlungssicherheit, allerdings sind Exporte in Drittländer in einen großen Teil der Regelungen nicht eingeschlossen. Auch für die Verbraucher bringen sie Vorteile mit sich, die diesen aber vielfach gar nicht transparent sein dürften. Als Nachteil muß der hohe Aufwand an Prüfkapazität gesehen werden, der staatlicherseits zur Überwachung der Einhaltung der Normen eingesetzt werden muß. Hierbei ist es wiederum eine Besonderheit im Gegensatz zu den anderen Fleischarten, daß die Überwachungstätigkeit der Länder bis zurück in die landwirtschaftlichen Erzeugerbetriebe ausgeübt werden muß. Ob ein solches System langfristig Bestand haben wird, ist einerseits angesichts des Überwachungsumfanges und andererseits mit Rücksicht auf die Beschränkung der öffentlichen Mittel in diesem Bereich zweifelhaft. In jedem Fall sollte eine weitere Ausweitung der Vermarktungsnormen vermieden werden, da sie sich schon jetzt in vielen Punkten der Grenze dessen nähern, was öffentlich geregelt werden sollte.

Literatur

AID − Auswertungs- und Informationsdienst für Ernährung, Landwirtschaft und Forsten (1989): Handelsklassen für Rindfleisch. AID-Heft 1128

ALLEN, P. und O. VANGEN (1991): New techniques in live evalutation of pigs. Proc. of Electronic Evaluation of Meat in Support of Value Based Marketing. Purdue University, West Lafayette, USA, 1991. p. 267–287

AUGUSTINI, C., A. DOBROWOLSKI und F. HEINING (1993): Objektive Schlachtkörperbewertung beim Rind. Kulmbacher Reihe Bd. 12, 27–53

BACH, H., V. TEMISAN und C. AUGUSTINI (1987): EG-Handelsklassen für Rindfleisch als Grundlage für die Standardisierung. In: Recent developments in marketing and their impact on the standardization of livestock products. Proc. Symp. ECE, 7–11. 7. 1986 (Hrsg. BML) Bonn. p. 220–243

BAULAIN, U. (1994): MR-Imaging zur Erfassung der Körperzusammensetzung in vivo. In „Nichtinvasive Methoden zur Messung der Körperzusammensetzung − Optimierung der quantitativen Analyse" (Hrsg.: E. Kallweit, M. HENNING, U. BAULAIN). Landbauforsch. Völkenrode, Sonderheft 145, 119–126

BERG, E. P., J. C. FORREST und J. E. FISHER (1994): Electromagnetic scanning of pork carcasses in an online industrial configuration. J. Anim. Sci. 72, 2642–2652

BRANSCHEID, W., A. DOBROWOLSKI und R. DÜNKEL (1996): Bestimmung des Schlachtkörperwertes von Puten in der Schlachtkette. Mitteilungsbl. BAFF 35, 122–127

BRANSCHEID, W., A. DOBROWOLSKI und R. HÖRETH (1991): Klassifizierung von Schweinehälften mit Ultraschallgeräten. Fleischwirtschaft 71, 760–762

BRANSCHEID, W., A. DOBROWOLSKI und R. HÖRETH (1994): Untersuchungen zur Zuverlässigkeit der Bestimmung des Muskelfleischanteils von Schweinehälften nach der Kühlung. Arch. Tierzucht 37, 121–131

BRANSCHEID, W., A. DOBROWOLSKI UND R. HÖRETH (1995): Die Video-Image-Analyse. Methode zur online-Erfassung des Teilstückwertes von Schweineschlachtkörpern. Fleischwirtschaft 75, 636–642

BRANSCHEID, W., A. DOBROWOSLKI und E. SACK (1990 a): Vereinfachung der EG-Referenzmethode für die grobgewebliche Vollzerlegung von Schweineschlachtkörpern. Fleischwirtschaft 70, 550–553

BRANSCHEID, W., E. SACK und W. SCHOLZ (1988): Zu den Divergenzen von Handelswert und Handelsklasse bei Schweinehälften. Fleischwirtschaft 68, 1276–1284

BRANSCHEID, W., L. DEMPFLE, A. DOBROWOLSKI, E. SACK und R. HÖRETH (1990 b): Die Handelsklassen für Schweinehälften. Neue Wege der apparativen Klassifizierung. Fleischwirtschaft 70, 1428–1436

DOBROWOLSKI, A., R. HÖRETH und W. BRANSCHEID (1993): Apparative Klassifizierung von Schweinehälften. Kulmbacher Reihe Bd. 12, 1–26

ENGELHARDT, G., W. BRANSCHEID und P. GLODEK (1992): Die Aussagefähigkeit der visuellen Klassifizierungskriterien für die Gewebeanteile beim Rind. Arch. Tierz. 35, 351–360

FORREST, J. C. (1994): Klassifizierung von Schlachtkörpern und Teilstücken mit dem TOBEC-Gerät. In „Nicht-invasive Methoden zur Messung der Körperzusammensetzung – Optimierung der quantitativen Analyse." (Hrsg.: E. KALLWEIT, M. HENNING, U. BAULAIN). Landbauforsch. Völkenrode, Sonderheft 145, 49–58

KEMPSTER, A. J. (1990): Marketing procedures to change carcass composition. In: Reducing fat in meat animals. (Hrsg.: J. D. WOOD and A V. FISHER). London, New York: Elsevier. p. 437–458

LEISTNER, L. und J. DRESEL (1988): Untersuchung der hygienischen Risiken bei der Geräteklassfizierung: Mitteilungsbl. BAFF 100, 7899–7908

Mc COY, J. H. and M. E. SARHAN (1988): Livestock and Meat Marketing. 3rd edition. New York: Van Nostrand Reinhold

National Livestock and Meat Board (1988): Meat evaluation handbook. Chicago: National Livestock and Meat Board.

RÜMKER, J. v. (1966): Zur Geschichte der Handelsklassen für Schlachtvieh in Deutschland. Ber. Landwirtsch. 44, 672–683

SØRENSEN, S. E., S. KLASTRUP und F. PETERSEN (1988): Classification of bovine carcasses by means of video image analysis and reflectance probe measurements. 34th Intern. Congr. Meat. Sci. Technol., Proc., p. 635–638

SACK (1983): Apparative Klassifizierung von Schweinehälften. Fleischwirtschaft 63, 37–42

SACK, E. und W. SCHOLZ (1987) Schlachtkörperzusammensetzung beim Rind. Kulmbacher Reihe Bd. 7, 87–117

SCHEPER, J. und W. SCHOLZ (1985): DLG-Schnittführung für die Zerlegung der Schlachtkörper von Rind, Kalb und Schwein. Frankfurt/M.: DLG-Verl.

SCHNEIJDENBERG, T. C. H. G. P. (1991): Relationship between classification data, retail value and meat quality in cross bred bulls. 42nd Ann. Meeting Europ. Ass. Anim. Prod., Satel. Symp. Dummerstorf/Rostock. p. 86–99

Slagteriernes Forskninginstitut (1996): BCC-2. Objective classification of beef carcasses. Manuscript N° 1325 E. Kopenhagen: Selbstverl.

SWANTEK, P. M., J. D. CRENSHAW, M. J. MARCHELLO und H. C. LUKASKI (1992): Bioelectrical impedance: a nondestruktive method to determine fat-free mass of live market swine and pork carcasses. J. Anim. Sci. 70, 169–177

THIELE, S. (1993): Untersuchungen zur Schätzung des Körperwasser- und Fettgehaltes von Schweinen mittels der bioelektrischen Resistanz- und Reaktanzanalyse. Diss. med.vet. FU Berlin

WALSTRA, P. und G. S. M. MERKUS (1995): Procedure for assessment of the lean meat percentage as a consequence of the new EU reference dissection method in pig carcass classification. Zeist, NL: ID-DLO

WOOD, J. D., P. B. NEWMAN, C. A. MILES und A. V. FISHER (1991): Video image analysis: comparisons with other novel techniques for carcasse assessment. Proc. of Electronic Evaluation of Meat in Support of Value Based Marketing. Purdue University, West Lafayette, USA, 1991. p. 147–174

Rechtliche Regelungen[1]

ViehFlG: Gesetz über den Verkehr mit Vieh und Fleisch (Vieh- und Fleischgesetz) vom 11. Dezember 1989. Bundesgesetzblatt, Jahrgang 1989, Teil I, 2134 v. 19. 12. 89, geändert durch Bundesgesetzblatt, Jahrgang 1994, Teil I, 2018 v. 2. August 1994

Hkl.G: Handelsklassengesetz vom 23. November 1972. Bundesgesetzblatt, Jahrgang 1972, Teil I, 2201–2204 v. 2. 12. 72, geändert durch Bundesgesetzblatt, Jahrgang 1994, Teil I, 2018 v. 2. August 1994

Zweite Durchführungsverordnung zum Vieh- und Fleischgesetz: Einreihung von Schlachtvieh in Handelsklassen und Notierung von Preisen für Schlachtvieh (Schlachtvieh-Handelsklassen- und Notierungsverordnung) vom 2. Mai 1951 (Bundesanzeiger Nr. 90 vom 12. 5. 1951). 1. Änderung 27. Nov. 1964 (Bundesanzeiger Nr. 225 vom 2. 12. 1964); 2. Änderung 4. Mai 1976 (Bundesanzeiger Nr. 89 vom 12. 5. 1976); 3. Änderung 20. Aug. 1979 (Bundesanzeiger Nr. 157 vom 23. 8. 1979)

4. ViehFlGDV: Verordnung über Preismeldungen für Schlachtvieh und Schlachtkörper außerhalb von notierungspflichtigen Märkten (Vierte Vieh- und Fleischgesetz-Durchführungsverordnung – 4. ViehFlGDV, Neufassung vom 23. Juni 1994). Bundesgesetzblatt, Jahrgang 1994, Teil I, 1303–1305 v. 28. 6. 1994, geändert durch Bundesgesetzblatt, Jahrgang 1994, Teil I, 2018 v. 2. August 1994, geändert durch ÄnderungsV vom 8. Dezember 1995 (s. u.)

Hkl.VO Rindfleisch: Verordnung über gesetzliche Handelsklassen für Rindfleisch. Bundesgesetzblatt, Jahrgang 1991, Teil I, 2388–2390 v. 31. 12. 91 geändert durch ÄnderungsV vom 8. Dezember 1995 (s. u.)

Rats-VO 2137/92: VERORDNUNG (EWG) Nr. 2137/92 DES RATES vom 23. Juli 1992 über das gemeinschaftliche Handelsklassenschema für Schafschlachtkörper und die gemeinschaftliche Standardqualität frischer oder gekühlter Schafschlachtkörper und zur Verlängerung der Geltungsdauer der

---

[1] Nur die wichtigsten Änderungen der rechtlichen Regelungen sind berücksichtigt

Verordnung (EWG) Nr. 338/91. Amtsblatt EG Nr. L 214/1–4 v. 30. 7. 92, geändert durch Verordnung (EG) des Rates Nr. 1278/94 v. 30. 5. 94 zur Änderung der Verordnung (EWG) Nr. 338/91 und der Verordnung (EWG) Nr. 2137/92. Amtsblatt EG Nr. L 140/5 vom 3. 6. 94

Kommissions-VO 461/93: VERORDNUNG (EWG) Nr. 461/93 DER KOMMISSION vom 26. Februar 1993 mit Bestimmungen zum gemeinschaftlichen Handelsklassenschema für Schlachtkörper von Schafen. Amstblatt EG Nr. L 49/70–73 v. 27. 2. 93

Hkl.VO Schaffleisch: Verordnung über gesetzliche Handelsklassen für Schaffleisch vom 21. Juni 1993. Bundesgesetzblatt, Jahrgang 1993, Teil I, 993 v. 26. 6. 93

Kommissions-VO 2967/85: VERORDNUNG (EWG) Nr. 2967/85 DER KOMMISSION vom 24. Oktober 1985 mit Durchführungsbestimmungen zum gemeinschaftlichen Handelsklassenschema für Schweineschlachtkörper. Amtsblatt EG Nr. L 285/39–40 v. 25. 10. 85; geändert durch Verordnung (EWG) Nr. 3127/94 der Kommission vom 20. Dez. 1994 zur Änderung der Verordnung (EWG) Nr. 2967/85 mit Durchführungsbestimmungen zum gemeinschaftlichen Handelsklassenschema für Schweineschlachtkörper. Amtsblatt EG Nr. L 330/43–44 v. 21. 12. 94

Hkl.VO Schweinehälften: Verordnung über gesetzliche Handelsklassen für Schweinehälften vom 16. August 1990. Bundesgesetzblatt, Jahrgang 1990, Teil I, 1809–1812 v. 28. 8. 90, geändert durch Verordnung vom 23. Juni 1994. Bundesgesetzblatt Jahrgang 1994, Teil I, 1299, geändert durch ÄnderungsV vom 8. Dezember 1995 (s. u.), geändert durch ÄnderungsV vom 23. Juli 1997 (s. u.)

ÄnderungsV vom 8. Dezember 1995: Verordnung zur Änderung der Vierten und Sechsten Durchführungsverordnung zum Vieh- und Fleischgesetz und zur Änderung der Verordnungen über gesetzliche Handelsklassen für Schweinehälften und für Rindfleisch vom 8. Dezember 1995. Bundesgesetzblatt Jahrgang 1995, Teil I, 1641–1642 vom 16. 12. 1995

ÄnderungsV vom 23. Juli 1997: Verordnung zur Änderung der Verordnung über gesetzliche Handelsklassen für Schweinehälften und zur Änderung der Vierten Vieh- und Fleischgesetz-Durchführungs-Verordnung sowie zur Änderung der Zweiten Rinder-Erzeugerbeihilfe-Verordnung. Bundesgesetzblatt Jahrgang 1997. Teil I, 1904–1905

VO (EWG) 1906/90: Verordnung (EWG) Nr. 1906/90 des Rates vom 26. Juni 1990 über Vermarktungsnormen für Geflügelfleisch. Amtsblatt EG Nr. L 173/1–4 v. 6. 7. 1990 (nachfolgend div. Änderungen)

VO (EWG) 1538/91: Verordnung (EWG) Nr. 1538/91 der Kommission vom 5. Juni 1991 mit ausführlichen Durchführungsvorschriften zur Verordnung (EWG) Nr. 1906/90 des Rates über bestimmte Vermarktungsnormen für Geflügelfleisch (nachfolgend div. Änderungen)

VO Vermarktungsnormen Geflügelfleisch: Verordnung über Vermarktungsnormen für Geflügelfleisch. Bundesgesetzblatt Jahrgang 1994, Teil I, 3990–3991

Entscheidung Kommission 1997: Entscheidung der Kommission vom 30. Mai 1997 zur Änderung der Entscheidung 89/471/EWG zur Zulassung von Verfahren der Einstufung von Schweineschlachtkörpern in Deutschland (97/369/EG). Anhang, Teil 3. Amtsblatt EG Nr. L 157/18 v. 14. 6. 97.

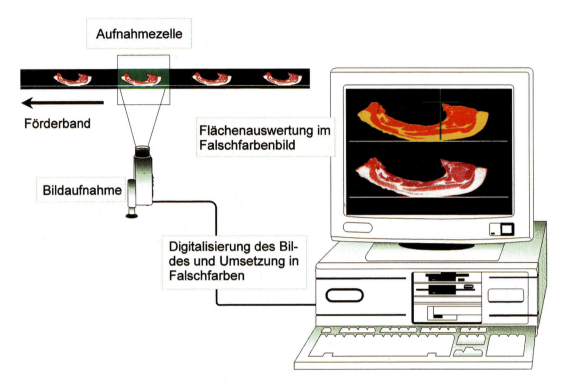

Abb. 4.6: Videobildauswertung an Teilstückanschnitten, wie sie bei der praxisüblichen Zerlegung von Schweineschlachtkörpern anfallen: Aus dem in den Echtfarben aufgenommenen Primärbild (Bildschirm, unten) wird ein in Falschfarben umgesetztes Bild (Bildschirm, oben) erstellt, das der elektronischen Auswertung zugänglich ist. Die roten Bildpunkte (Pixel) werden als Fleischfläche gezählt, die gelben als Fettfläche. Ihre Summe ergibt die Gesamtfläche, auf die die Anteile zu beziehen sind (System VPS 2000, Fa. e&v, Oranienburg).

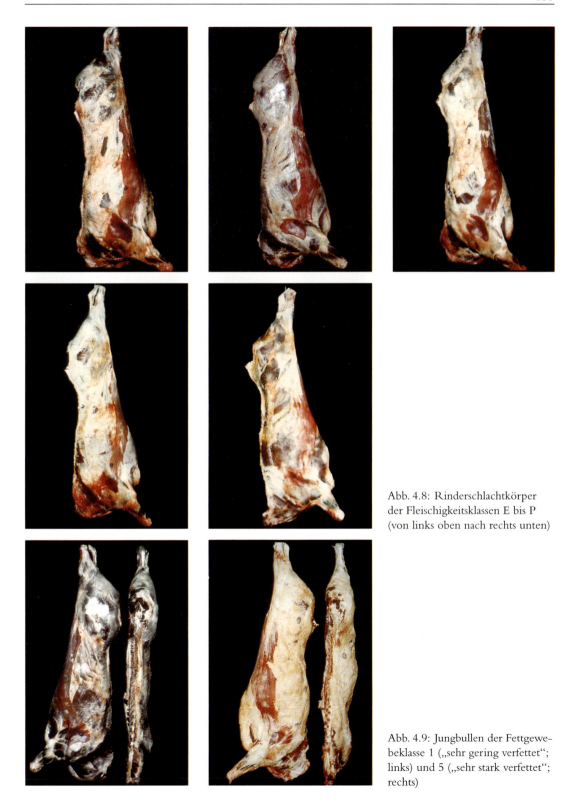

Abb. 4.8: Rinderschlachtkörper der Fleischigkeitsklassen E bis P (von links oben nach rechts unten)

Abb. 4.9: Jungbullen der Fettgewebeklasse 1 („sehr gering verfettet"; links) und 5 („sehr stark verfettet"; rechts)

Abb. 4.14: Lammschlachtkörper der Fleischigkeitsklasse E (links) und P (rechts). Darunter jeweils ein Anschnitt an der 5./6. Rippe und im Bereich des 5./6. Lendenwirbels derselben Schlachtkörper.

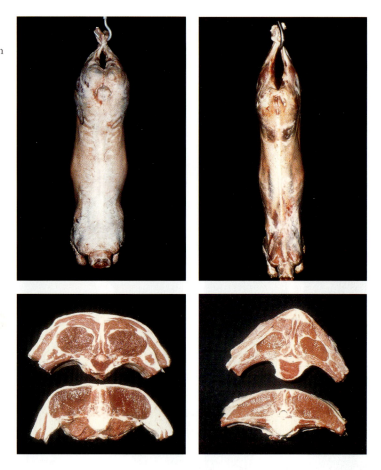

Abb. 4.25: Schlachtkörper der Handelsklasse A: Masthähnchen (linkes Bild) und Puten (rechtes Bild: links weiblicher, rechts männlicher Schlachtkörper)

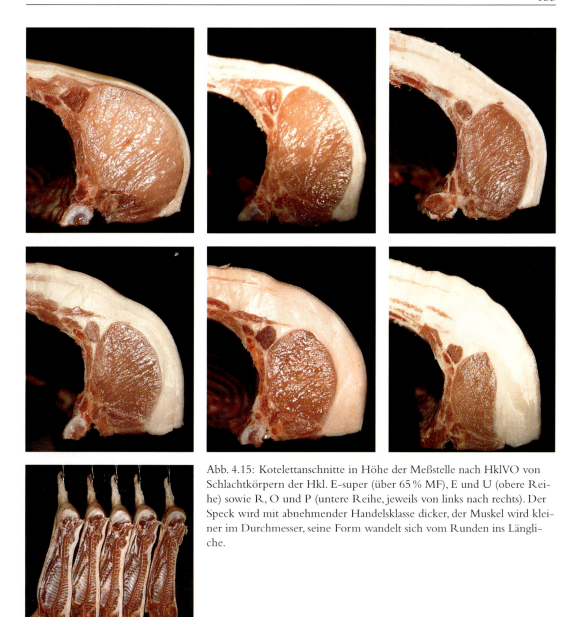

Abb. 4.15: Kotelettanschnitte in Höhe der Meßstelle nach HklVO von Schlachtkörpern der Hkl. E-super (über 65 % MF), E und U (obere Reihe) sowie R, O und P (untere Reihe, jeweils von links nach rechts). Der Speck wird mit abnehmender Handelsklasse dicker, der Muskel wird kleiner im Durchmesser, seine Form wandelt sich vom Runden ins Längliche.

Abb. 4.16: Schlachtkörper der Hkl. E, U, R, O, P (von links nach rechts). Höherer Muskelfleischanteil ist gleichzeitig mit stärkerer Muskelausprägung speziell des Schinkens verbunden.

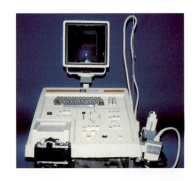

Abb. 4.19: Als Referenzgerät im Rahmen der Bauartzulassung zur Eichung der Choirometer wird der Ultraschall-Scanner Hellige SSD–256 eingesetzt. Hier erfolgt, gleichsam unter Laborbedingungen, die Auswertung von Hand, um unabhängig von Fehlern einer automatischen Auswertung zu sein. Die Dokumentation erfolgt wahlweise fotografisch oder über elektronische Aufzeichnung.

Abb. 4.20: Das nach dem A-Scan-Verfahren funktionierende Ultraschall-Choirometer US-Porkitron (Fa. ZTS). Die Meßeinrichtung enthält zwei Ultraschallköpfe, in ihrem oberen Teil ist die Einrichtung zur Markierung der Meßstelle integriert. Ein für Ultraschall geeigneter Kalibrierklotz aus Plexiglas ist beigegeben.

Abb. 4.21: Das nach dem B-Scan-Verfahren funktionierende Choirometer CSB-Ultrameater Version 1.0 (Fa. CSB). Das Gerät wertet die Sonogramme (vgl. Abb. 4.5) automatisch aus und nimmt die Bilder auf einem Videoband auf. Dort stehen sie für Überprüfungszwecke zur Verfügung. Gleichzeitig erfolgt der vorgeschriebene Papierausdruck. Im Schallkopf ist ebenfalls eine Einrichtung zur Markierung der Meßstelle integriert.

Abb. 4.22: Die Opto-elektronischen Einstichsonden, die in Deutschland zugelassen sind (von links): PG 200 (Fa. Giralda-Opto-Elektronik), HGP 4 (Fa. Hennessy) und Fat-O-Meater (Fa. SFK)

Abb. 4.23: Das Gerät Autofom (Fa. SFK) besteht in der eigentlichen Funktionseinheit aus einem Metallbügel, in den 16 Ultraschallköpfen eingelegt sind (linkes Bild, Mitte). Die elektronisch ausgewerteten Daten werden zur Berechnung des Muskelfleischanteils benutzt. Die Wanne dient der Orientierung und Fixierung des Schlachtkörpers. Zur Meßposition (rechtes Bild) soll der Schlachtkörper bei paralleler Hakenführung mit nach links geneigter Schlachtkörperlage gezogen werden.

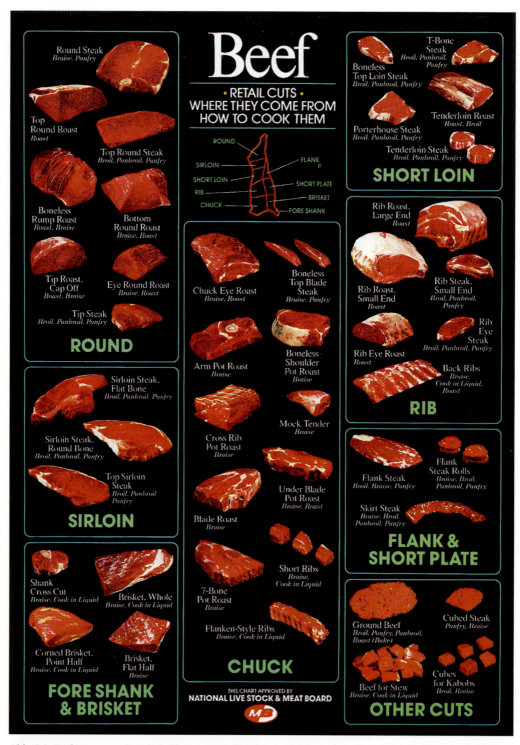

Abb. 5.3: Zerlegung von Rinderhälften zu verzehrsfähigen Teilstücken in den USA mit Hinweisen für die Zubereitung (NATIONAL LIVE STOCK AND MEAT BOARD 1988)

Abb. 5.5: Bullen der Rassen Deutsches Fleckvieh (oben rechts), Deutsche Angus (oben links), Charolais (Mitte rechts), Hereford (oben) und Galloway (rechts)

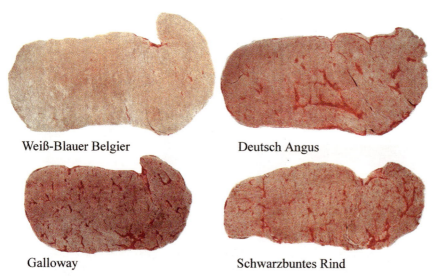

Abb. 5.6: Gefärbte Muskelscheiben des *M. longissimus* unterschiedlicher Rinderrassen (Bullen, 24 Monate, ALBRECHT u. a. 1996)

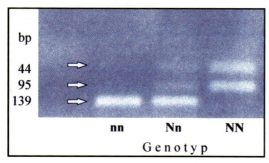

Abb. 6.8: Darstellung der MHS-Genotypen im PCR-Test (Fragmentmuster nach Verdau mit dem Enzym CfoI; Auftrennung auf 3%igem Agarosegel; bp = Länge der Fragmente in Basenpaaren)

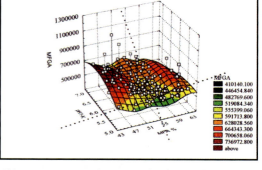

Abb. 6.9: Zusammenhang zwischen Muskelfasergesamtanzahl (MFGA), Fleischqualität und Muskelfleischanteil (WICKE u.a. 1996)

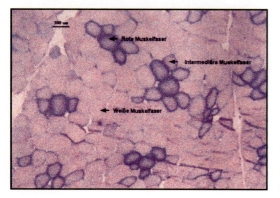

Abb. 6.10: Histologisches Querschnittspräparat *M. longissimus* des Schweines (Biopsieprobe Pietrain, 180 Lebenstage alt, ATPase-Reaktion; homozygot positiv im MHS-Genotyp, 64,5 % MFA mit ausgeprägtem PSE-Fleisch

Abb. 6.2.1: DLG-Schnittführung beim Schwein (SCHEPER und SCHOLZ 1985)

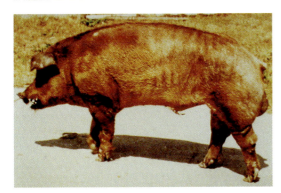

Abb. 6.7: Typische Vertreter von Vater- und Mutterrassen: Pietrain-Eber (oben links), Hampshire-Eber (oben rechts), Duroc-Eber (Mitte links), Eber der Deutschen Landrasse (Mitte rechts), Sau der Deutschen Landrasse (links) (AID)

Abb. 7.5: Wirtschaftlich wichtige Schafrassen in Deutschland: Merinolandschaf (oben links), Deutsches Schwarzköpfiges Fleischschaf (oben rechts), Deutsches Weißköpfiges Fleischschaf (unten links), Texelschaf (unten rechts)

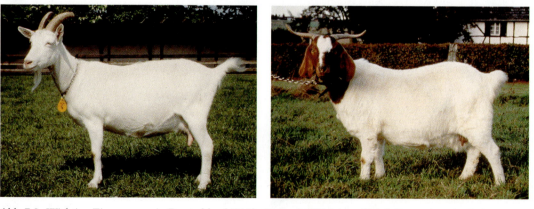

Abb. 7.8: Wichtige Ziegenrassen in Deutschland: Weiße Deutsche Edelziege (links), Burenziege (rechts)

Abb. 8.1: Typische Vertreter des Damwildes

Abb. 9.2: Kaninchen der Rasse Kalifornier (links) und Weiße Neuseeländer (rechts) als typische Vertreter der Fleischkaninchenrassen

Abb. 10.6: Schlachtreifer Broiler (links), Mastputer (rechts)

5 Schlachttierwert von Rind und Kalb

K. Ender und C. Augustini

5.1 Komponenten des Schlachttierwertes

Im Prozeß der Schlachtung der Rinder entstehen der Schlachtkörper, die Schlachtnebenprodukte (verwertbarer Schlachttierabgang) und der Schlachtabfall. Der Wert des Schlachtrindes wird im wesentlichen durch den Schlachtkörper und seine Eigenschaften gebildet. Dazu gehören die Zusammensetzung des Schlachtkörpers (Teilstücke, Gewebe, Nährstoffe), die Ausbildung der Muskulatur (Konformation, Fettansatz) und die Beschaffenheit von Fleisch- und Fettgewebe. Das Schlachtgewicht basiert auf dem Gewicht des warmen Schlachtkörpers (Warmgewicht). Das nach der Kühlung ermittelte Hälftengewicht (kalt) ist Handelseinheit und Ausgangsgewicht für die Zerlegung. Als verwertbarer Schlachttierabgang gelten beim Rind: Haut, Kopf, Füße, Klauen, Blut, Innenfett (Talg), verwertbare Innereien, Därme (Geschlinge). Der Anteil des im Prozeß der Schlachtung entstehenden warmen Schlachtkörpers am Lebendgewicht unmittelbar vor der Schlachtung (Schlachthofgewicht) wird als Schlachtausbeute bezeichnet. Die Schlachtausbeute ist bei Wiederkäuern (Rind, Schaf) mit ausgebildetem Pansen und Vormägen geringer als bei monogastrischen Tieren (Schwein). Das relativ langsamere Wachstum der inneren Organe im Vergleich zum Schlachtkörper führt zu einer Erhöhung der Schlachtausbeute mit zunehmendem Alter bzw. Gewicht. Aufgrund des hohen Magen-Darmvolumens bei Wiederkäuern kann der Anteil der Magen-Darmfüllung die Ausbeute erheblich beeinflussen. Auf eine ausreichende Nüchterung (17–24 h) ist demzufolge zu achten, will man hohe und vergleichbare Schlachtausbeuten erzielen. Allgemein steigt die Schlachtausbeute mit zunehmendem Alter bzw. Lebendgewicht und sinkendem Anteil an Magen-Darminhalt (Tab. 5.1).

Tab. 5.1: Schlachtausbeute in Beziehung zu Lebendgewicht und Magen-Darminhalt (Mastbullen des Schwarzbunten Milchrindes) (ENDER 1985)

Schlachtausbeute %	Lebendgewicht kg	Magen-Darminhalt % zu Lebendgewicht
≥ 60	580	7
56–60	535	9
52–56	448	12
48–52	304	17
≤ 48	250	20

Die Schlachtausbeute ist höher bei:
- Mastbullen   im Vergleich zu   Kühen
- Fleischrindern im Vergleich zu   Milchrindern

- intensiver Haltung im Vergleich zu extensiver Weidehaltung
- schweren/älteren im Vergleich zu leichten/jüngeren Rindern

Die Haltungsform und die Nutzungsform (Fütterungsintensität) üben weiterhin durch die unterschiedliche Ausbildung der inneren Organe und das Hautgewicht einen Einfluß auf die Schlachtausbeute aus. Bei Rindern aus einer Intensivhaltung kann mit einer um 4–6 % höheren Ausbeute gerechnet werden. Dabei bestehen erhebliche Unterschiede zwischen Milch-, Fleisch- und Robustrassen. Fleischrassen und insbesondere solche mit extrem hoher Ausbildung der Muskulatur können in diesem Merkmal 3–10 % über Robust- und Milchrindrassen liegen. Bei Robustrassen ist das um mindestens 1 % höhere Hautgewicht zu berücksichtigen (Tab. 5.2 und 5.3).

Tab. 5.2: Schlachtausbeute von Rindern (%) in Abhängigkeit vom Lebendendgewicht, der Fütterungsintensität und Nutzungsrichtung (ENDER 1985)

Lebendgewicht kg	Schwarzbuntes Milchrind		Mastanpaarung
	intensiv	extensiv	intensiv
385	55,9	49,6	57,7
425	56,5	50,5	58,3
460	57,3	53,0	58,6
500	57,8	53,9	60,0

Tab. 5.3: Schlachtausbeute und Gewichte der Häute von Mastbullen verschiedener Rassen (24 Monate Alter) (ENDER 1995)

	Schlachtausbeute %	Haut kg	% zu Schlachthofgewicht
Deutsche Schwarzbunte	57,0	46,8	6,6
Deutsche Angus	62,2	45,2	6,5
Galloway	59,7	43,9	7,3
Weiß-Blaue Belgier	69,9	40,0	5,9

5.1.1 Schlachtkörper

Die Zusammensetzung der Schlachtkörper kann nach folgenden Kategorien untergliedert werden:
- **Teilstücke** (nach anatomischen, durch das Skelett vorgegebenen Trennschnitten)
- **Gewebe** (grobgewebliche Trennung in Muskelfleisch, Fett und Knochen, soweit das mit dem Messer möglich ist)
- **Nährstoffe** (Eiweiß und Fett als Hauptnährstoffe sowie deren Bausteine)

Zur Charakterisierung der Schlachtkörper gehören weiterhin:
- Beurteilung der Ausbildung der **Muskulatur** (Konformation) und des Fettansatzes
- Bestimmung der **Fleisch-** und **Fettbeschaffenheit**

5.1.2 Teilstücke

Als Standardmethode zur Zerlegung der Schlachthälften in Vorder- und Hinterviertel sowie in die Hauptteilstücke im nationalen Bereich gilt die insbesondere für Zwecke der Leistungsprüfung von der Deutschen Landwirtschafts-Gesellschaft (DLG) empfohlene Schnittführung. Es werden 12 Teilstücke unterschieden (Abb. 5.1):
- **Hinterviertel** (Trennschnitt 8./9. Rippe): Hinterhesse, Keule, Roastbeef mit Hoher Rippe, Filet, Fleischdünnung, Knochendünnung
- **Vorderviertel:** Fehlrippe, Kamm, Bug, Spannrippe, Brust, Vorderhesse

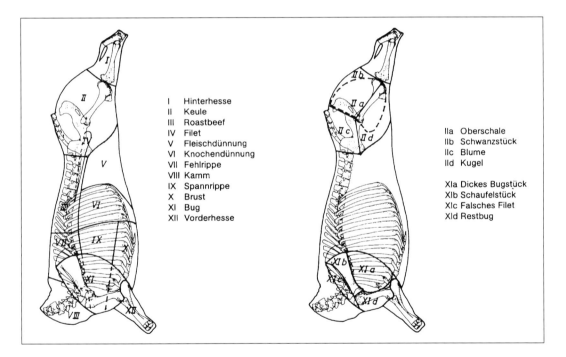

Abb. 5.1: Zerlegung Rind (SCHEPER und SCHOLZ 1985)

Der weitere Zuschnitt richtet sich nach dem künftigen Verwendungszweck. Der wirtschaftlich besonders wichtige Anteil wertvoller Teilstücke wird auch über den sogenannten Pistolenanteil erfaßt. Die Pistole umfaßt die Teilstücke des Hinterviertels ohne Hesse und Dünnung und reicht 2–4 Rippen über den Trennschnitt an der 8./9. Rippe in das Vorderviertel. Bei Jungbullen der Handelsklasse R3 kann bei Trennung zwischen 8./9. Rippe mit einem Anteil der Pistole von 43 % und bei Färsen mit 45 % gerechnet werden.

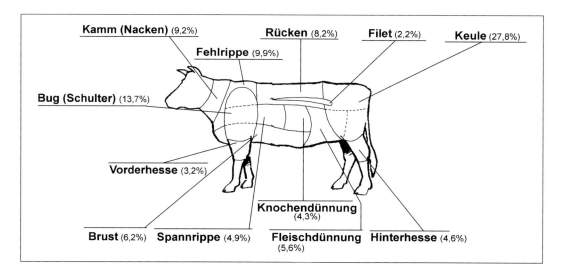

Abb. 5.2: Die Teilstücke beim Jungbullen (SCHEPER u. a. 1996)

Die Abbildung 5.2 zeigt die in Deutschland gebräuchliche Zerlegung in handelsübliche Teilstücke. Beim Jungbullen hat demnach die Keule (27,8 %) den größten Anteil, gefolgt von Bug (13,7 %), Fehlrippe (9,9 %) und Kamm (9,2 %). Das Filet (2,2 %) bildet das kleinste Teilstück. Das Rückenstück des Hinterviertels (8,2 %) nimmt im Umfang eine Mittelstellung ein.

Innerhalb der Europäischen Union bestehen Ansätze zur Vereinheitlichung der national üblichen Methoden, orientiert an den Ansprüchen des europäischen Marktes. Unterschiedlich dazu ist die vom National Live Stock and Meat Board der USA empfohlene Zerlegung, orientiert an den dortigen Verzehrsgewohnheiten unter besonderer Berücksichtigung des Zuschnittes von Steaks und bratfähigen Fleischteilstücken (Abb. 5.3 nach NATIONAL LIVE STOCK AND MEAT BOARD 1988, s. S. 158). Der Verbrauchertrend der letzten Jahre läßt auch für Deutschland eine Erweiterung dieser Verzehrsform erwarten.

Zur detaillierten Beurteilung der Schlachtkörperqualität ist die Zuordnung der Teilstücke nach dem maßgebenden Verwendungszweck des Fleisches erforderlich. Es wird zwischen Braten-, Koch- und Verarbeitungsfleisch unterschieden. Wertbestimmend ist dabei der Anteil des Bratenfleisches. Unter Bratenfleisch wird das Fleisch zusammengefaßt, dem beim Garen Fett, Öl und/oder geringe Mengen Wasser zugesetzt werden. Dazu gehören Kurzbratfleisch, Rouladenfleisch, Schmorfleisch und Gulaschfleisch. Zuzuordnen sind die Einzelhandelsteilstücke der Keule (Oberschale, Blume, Kugel, Schwanzstück), das Roastbeef des Rückens mit Hoher Rippe, das Filet, die Fehlrippe bis zur 5. Rippe und der Bug mit Dickem Bugstück,

Falschem Filet und Dickem Bugstück. Der verwendungsorientierte Zuschnitt erfolgt durch den sachkundigen Fleischer. Die Zusammenfassung der Anteile wertbestimmender Teilstücke, des Rouladenfleisches bzw. des steak- und bratfähigen Fleisches sind wichtige Merkmale zur Charakterisierung der Schlachtkörperqualität beim Rind für die Züchtung, die Produktion, die Verarbeitung und den Handel.

Die Teilstücke liefern vorzugsweise folgendes Bratenfleischsortiment:
- Keule: Rouladenfleisch, Schmorfleisch, Gulaschfleisch
- Filet und Roastbeef: Kurzbratfleisch
- Hohe Rippe: Schmorfleisch
- Fehlrippe: Gulaschfleisch
- Bug: Rouladenfleisch, Schmorfleisch, Gulaschfleisch

Im Schlachtkörper sind die Bestandteile des Sortimentes an Bratenfleisch in unterschiedlichen Anteilen vertreten (Tab. 5.4).

Bei zunehmender Verfettung der Schlachtkörper steigt der Anteil von Gulaschfleisch zu Lasten von Rouladenfleisch.

Tab. 5.4: Anteile des Bratenfleischsortimentes von Schwarzbunten Bullen (GROSSE und WECKE 1986)

	Anteil (%)	Differenz ($\pm$)
Kurzbratfleisch	5,0	0,3
Rouladenfleisch	19,1	0,6
Schmorfleisch	8,9	0,5
Gulaschfleisch	19,4	1,4
Bratenfleisch gesamt	52,4	0,9

5.1.3 Gewebliche Zusammensetzung

Eine umfassende Information über die Schlachtkörperqualität gibt die grobgewebliche Zusammensetzung des Schlachtkörpers. Sie wird über die Vollzerlegung des Schlachtkörpers in die Hauptgewebearten Muskelfleisch, Fettgewebe, Knochen und Sehnen (grobgewebliche Zerlegung) ermittelt. Bei dieser Methode wird der Schlachtkörper zunächst nach der DLG-Schnittführung in Teilstücke zerlegt. Anschließend werden diese weiter grobgeweblich mit dem Messer zerlegt und die Gewebeanteile am Teilstück erfaßt. Die einzelnen Gewebe werden schließlich als prozentuale Anteile am Gewicht der zerlegten Hälfte ermittelt. Muskelfleisch wird definiert als rote, quergestreifte Muskulatur, soweit sie mechanisch erfaßbar ist. Als Knochen gelten sowohl das eigentliche Knochengewebe als auch die den Knochen umgebende Bindegewebshaut und das Knorpelgewebe. Die Sehnen werden beim Rind separat oder gemeinsam mit den Knochen ausgewiesen. Eine zusätzliche Information liefert die Trennung des Fettgewebes in subkutanes (Auflagefett) und intermuskuläres Fett (zwischen den Muskeln eingelagert). Die separate Aufführung des Auflagefettes ist beim Rind weniger gebräuchlich als beim Schwein. Die exakte Abtrennung der Fettgewebe vom Muskelgewebe ist relativ schwierig und zeitaufwendig. Die Anteile der bei der Zerlegung anfallenden Gewebearten zeigen insbesondere beim Fettgewebe eine große Variabilität. Beim Muskelgewebe ist die Variation weitaus geringer. Auch die Variation des Knochenanteils ist höher. Aus diesem Grund ist dieses Merkmal im Gegensatz zum Schwein nicht als das bestimmende Qualitätsmerkmal verwendbar. Entscheidende Einflußgrößen und Ursachen der Variation sind die Rasse, die Nutzungsrichtung (Milch oder Fleisch), das Geschlecht, das Alter und die Mastintensität. Eine ausreichende Information zur grobgeweblichen Zusammensetzung des Schlachtkörpers ist mit der Untergliederung in Fleisch, Knochen und Sehnen gegeben, wobei für das Rind eine Zusammenfassung von Muskelfleisch gemeinsam mit Fett, ausgedrückt als Fleisch, allgemein gebräuchlich ist (Tab. 5.5). Danach sind im Schlachtkörper des Rindes allgemein 80–84 % Fleisch, 14–17 % Knochen und 2–3 % Sehnen. Die Fleischtypen haben dabei etwas mehr Fleisch und weniger Knochen.

Tab. 5.5: Grobgewebliche Zusammensetzung des Schlachtkörpers bei verschiedenen Kategorien und Nutzungstypen (% zu Schlachtkörpergewicht) (PAPSTEIN u. a. 1995)

| | Fleisch | | Knochen | | Sehnen | |
| | Muskelfleisch + Fett | | | | | |
	$\bar{x}$	s	$\bar{x}$	s	$\bar{x}$	s
Jungbullen (600 kg)						
Milchtyp	81,8	1,6	15,7	1,5	2,5	0,4
Fleischtyp	83,4	1,2	14,2	2,4	2,4	0,3
Färsen (450 kg)						
Milchtyp	81,9	1,1	16,0	0,9	2,1	0,2
Fleischtyp	83,0	1,2	14,8	1,1	2,2	0,3
Jungkühe (500 kg)	79,8	1,9	17,0	4,2	2,6	0,4

Eine detaillierte gewebliche Zerlegung des gesamten Schlachtkörpers von Schwarzbunten Bullen unterschiedlichen Alters erbringt z. B. bei der Schlachtung mit 24 Monaten 58,2 % Muskelfleisch, 6,2 % aufgelagertes Fett, 16,7 % eingelagertes (intermuskuläres) Fett, 15,6 % Knochen und 3,2 % Sehnen (Tab. 5.6). Dabei ist die verstärkte Fetteinlagerung zu Lasten des Anteils an Muskelfleisch auch für die Teilstücke typisch.

Die Verfettung des Rindes wird ebenfalls durch das bei der Schlachtung anfallende aber nicht direkt zum Schlachtkörper gehörende Innenfett gekennzeichnet. Der Anteil des Innenfettes im Vergleich zum mageren, fettfreien Fleisch (fettfreies, eßbares Gewebe) geht aus Tabelle 5.7 hervor. Zu beachten ist die hohe Variation dieses Merkmals (ca. 20 % Standardabweichung) gegenüber dem fettfreien, eßbaren Gewebe (ca. 5 % Standardabweichung). Dabei sind die

Färsen auch bei niedrigerem Gewicht fetter als die Bullen. Die Rinder im Fleischtyp weisen einen höheren Anteil fettfreies, eßbares Gewebe auf als die im Milchtyp.

Tab. 5.6: Gewebliche Zusammensetzung des Schlachtkörpers bei Schwarzbunten Bullen unterschiedlichen Alters (PAPSTEIN u. a. 1995)

Merkmal	ME	12 Monate		24 Monate	
		$\bar{x}$	s	$\bar{x}$	s
Muskelfleisch	%	61,4	1,4	58,2	61,4
Aufgelagertes Fett	%	3,5	0,8	6,2	0,9
Eingelagertes Fett	%	12,2	1,2	16,7	2,0
Knochen	%	18,2	1,1	15,6	1,0
Sehnen	%	4,7	0,4	3,2	0,5

Tab. 5.7: Innenfett und fettfreies, eßbares Gewebe des Schlachtkörpers (PAPSTEIN u. a. 1995)

	Innenfett (% zu Warmgewicht)		Fettfreies eßbares Gewebe (% zu Kaltgewicht)	
	$\bar{x}$	s	$\bar{x}$	s
Jungbullen (600 kg)				
Milchtyp	14,8	2,4	63,4	2,6
Fleischtyp	10,5	2,4	68,0	3,9
Färsen (450 kg)				
Milchtyp	15,9	3,4	59,4	2,9
Fleischtyp	12,8	2,8	63,9	2,4

Die Erfassung der verschiedenen Gewebe kann zu der Berechnung von Verhältniszahlen genutzt werden. Die wichtigsten sind das Fleisch/Knochen- und das Fleisch/Fett-Verhältnis sowie das Verhältnis von Fleisch und Fett zu Knochen und Sehnen. Diese Verhältniszahlen sind nicht nur wirtschaftlich wichtige Parameter, sondern auch aufgrund ihres hohen Erblichkeitsgrades geeignete Selektionskriterien.

Obwohl die grobgewebliche Zerlegung der Schlachthälfte als die exakteste Methode zur Erfassung der Schlachtkörperqualität anzusehen ist, kann sie aufgrund des hohen Arbeits- und Kostenaufwandes und der enormen Wertminderung des Schlachtkörpers nur für spezielle Untersuchungen eingesetzt werden. Vielfach werden deshalb in der Leistungsprüfung und bei wissenschaftlichen Versuchen nur einzelne Teilstücke, z. B. die Keule, das Dreirippenstück (Hohe Rippe), grobgeweblich zerlegt und diese Ergebnisse als repräsentativ für die Bewertung der Schlachthälfte genutzt.

5.1.4 Beurteilung der Ausprägung der Muskulatur (Konformation) und des Fettansatzes

Zusätzlich liefern die Beurteilung der Ausprägung der Muskulatur und besonders die des Fettansatzes wichtige Informationen über die Schlachtkörperqualität. Beide werden subjektiv z. B. im Rahmen der Klassifizierung erfaßt. Bewertet werden dafür zur Einordnung in die Fleischigkeitsklasse E bis P die Profile von Keule, Rücken und Schulter (vgl. Kap. 4). Ein hoher Anteil an Muskelfleisch mit guter Ausprägung der Muskulatur wird insbesondere für den Verzehr von Magerfleisch (Braten, Rouladen) angestrebt. Eine ausreichende Fettabdeckung kennzeichnet den Reifezustand des Rindes. Die Steakfähigkeit ist wesentlich an genügend vorhandenes intermuskuläres Fett (eingelagertes Fett zwischen den Muskeln und Muskelgruppen) gebunden. Das intramuskuläre Fett ist eingelagert im Muskelfleisch, und dessen Gehalt wird chemisch analysiert (Tab. 5.8). Von den größten Muskeln des Rückens, der Keule und des Bugs weist der den gesamten Bereich des Rückens von cranial nach caudal durchlaufenden *M. longissimus* den höchsten intramuskulären Fettgehalt auf, gefolgt vom *M. caput longum* des Bugs und dem *M. semitendinosus* der Keule mit dem niedrigsten Gehaltswert. Diese Reihenfolge ist gegensätzlich zum Schwein. Bei Bullen und Färsen haben die Fleischrinder niedrigere Gehaltswerte als Milchrinder.

Tab. 5.8: Intramuskulärer Fettgehalt verschiedener Muskeln (PAPSTEIN u. a. 1995)

	M. longissimus (Rückenmuskel)		*M. semitendinosus* (Schwanzstück)		*M. caput longum* (Bugstück)	
	$\bar{x}$	s	$\bar{x}$	s	$\bar{x}$	s
Jungbullen (600 kg)						
Milchtyp	3,6	1,7	2,8	1,2	3,3	1,7
Fleischtyp	2,4	1,2	1,8	1,3	1,9	0,9
Färsen (450 kg)						
Milchtyp	4,0	1,3	3,4	1,8	4,0	2,1
Fleischtyp	3,1	1,3	3,3	1,9	3,0	1,3
Jungkühe (500 kg)	4,7	2,4	2,5	1,0	3,2	1,2

Das intramuskuläre Fett wird in Form von Fettinseln als Marmorierung sichtbar. Die Marmorierung wurde bisher nur subjektiv mit Hilfe einer 9-Punkte-Skala und Bildtafeln bewertet (9 Punkte mit der stärksten und 1 Punkt mit der geringsten Marmorierung). Eine genauere, objektive Bewertung ist mit der neu entwickelten Methode auf der Grundlage der Video-Bildanalyse möglich (ALBRECHT u. a. 1996, Abb. 5.4). Die bildanalytisch erfaßten Merkmale ermöglichen eine umfassende Charakterisierung der intramuskulären, visuellen Fetteinlagerung einschließlich deren mathematischer Auswertung. Angestrebt wird eine gleichmäßige Verteilung von möglichst feinen, runden Fettpartikeln über den gesamten Muskelquerschnitt (feine und gleichmäßige Marmorierung). Neben dem chemisch ermittelten

Fettgehalt können die Verteilung des Fettes im Muskel sowie die übrigen Charakteristiken des sichtbaren, intramuskulären Fettes sehr unterschiedlich bei verschiedenen Muskeln sein, wobei die genetische Herkunft, das Alter und das Geschlecht einen beachtlichen Einfluß ausüben. Ein ausreichender Gehalt an intramuskulärem Fett ist für den Geschmack, die Bratfähigkeit und als Träger lebensnotwendiger Vitamine unverzichtbar.

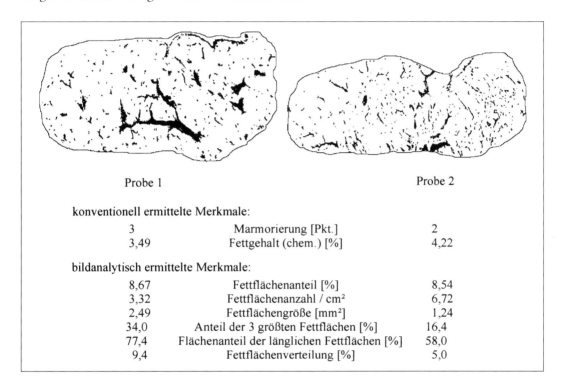

Abb. 5.4: Detektierte Fettflächen von zwei Muskelquerschnitten mit bildanalytisch ermittelten Parametern des intramuskulären Fettes (ALBRECHT u. a. 1996)

5.1.5 Fleischbeschaffenheit

Als Fleischbeschaffenheit wird die Gesamtheit aller das Magerfleisch charakterisierender Eigenschaften, die dessen Genuß-, Gesundheits- und Verarbeitungswert beeinflussen, verstanden. Von wesentlicher Bedeutung für die Sensorik, insbesondere beim Rind, sind dabei die Zartheit und der intramuskuläre Fettgehalt. Das intramuskuläre Fett, die Muskelstrukturmerkmale sowie der Zustand myofibrillärer Proteine und der Kollagenfasern sind maßgebend für zartes Rindfleisch. Die notwendige Zartheit des Rindfleisches wird durch eine Reifungsdauer ab 10–14 Tagen erreicht. Nach belastenden Transporten, Streßbedingungen vor der Schlachtung und besonders langen Nüchterungszeiten kann infolge aufgebrauchter Energievorräte im Muskel (Glykogen) DFD-Fleisch (dunkel, fest, trocken; engl.: dark, firm, dry) auftreten. Beim Rind ist dafür auch der Ausdruck DCB-Fleisch (Dark-Cutting-Beef) gebräuchlich. Es ist von eingeschränkter Verarbeitungseignung und ungeeignet als Frischfleisch. Das Vorkommen dieses Fleischfehlers ist auf < 5 % des Gesamtaufkommens beschränkt, kann jedoch infolge von belastenden Transporten und anderen extremen Streßsituationen insbesondere bei Rindern mit ausgeprägter Ausbildung der Muskulatur auch einen Bereich bis 25 % erreichen. Das als Fleischfehler vom Schwein bekannte PSE-Fleisch (blaß, weich, wäßrig; engl.: pale, soft, exudative) tritt kaum auf und ist für Rinder weniger bedeutend. In Tabelle 5.9 wird für maßgebende Merkmale eine Orientierung zur Kennzeichnung einer guten Fleischbeschaffenheit gegeben.

Tab. 5.9: Orientierungsgrößen guter Fleischbeschaffenheit im Rückenstück (*M. longissimus*) (ENDER 1995)

Merkmal	Maßeinheit	Wert
intramuskulärer Fettgehalt	%	2,5–4,5
Marmorierung	Pkt.	2–4
Farbhelligkeit	L*-Wert	34–40
Tropfsaftverlust	%	3,0–4,5
Scherwert nach Warner/Bratzler (24 h nach der Schlachtung)	kp/cm^3	< 10
Scherwert nach Warner/Bratzler (14 Tage nach der Reifung)	kp/cm^3	< 4,0
pH-Wert (24 h nach der Schlachtung)		5,6–6,0

Die Werte der Fleischbeschaffenheit sind unterschiedlich zwischen den verschiedenen Muskeln. Tabelle 5.10 zeigt Ergebnisse von charakteristischen Muskeln aus den größten Teilstücken Keule, Bug und Rückenstück. Den höchsten Gehalt an intramuskulärem Fett weist der *M. longissimus* auf. Im *M. caput longum* weist der niedrige Scherwert auf ein zartes Fleisch hin. Der *M. semitendinosus* ist relativ hell mit geringerem Safthaltevermögen.

Ebenfalls im Muskelfleisch wird die Körnung oder Faserigkeit bewertet. Sie ist der sichtbare Ausdruck nicht der einzelnen Muskelfasern, wie häufig und irrig angenommen, sondern der Muskelfaserbündel. Eine objektive Bestimmung dieses Qualitätsmerkmales ist auf bildanalytischer Grundlage möglich. Jungbullen des Schwarzbunten Rindes verfügen im *M. semitendinosus* über 1,7 Mill. Muskelfasern. Die Anzahl der Muskelfasern ist genetisch determiniert und liegt bereits zur Geburt fest. Mit dem Wachstum erfolgt eine Hypertrophie dieser Fasern. In Abhängigkeit vom Energie- und Konzentrationszustand wird zwischen glykolytischen und oxydativen bzw. zwischen schnell und langsam kontrahierenden Muskelfasern unterschieden. Es treten auch intermediäre Typen auf. Zum Zeitpunkt der Schlachtung liegt die Fläche der Einzelfasern für Milchrinder bei 2.500 μm^2 und die der Faserbündel bei

0,25 mm². Diese Werte sind allgemein bei Fleischrindern höher als bei Milchrindern als Hinweis auf deren gröbere Muskelstruktur. Eine feine Körnung (Feinfaserigkeit) wird angestrebt. Die Korrelationen der verschiedenen Merkmale der Fleischbeschaffenheit untereinander sind beim Rind weniger eng als beim Schwein.

Tab. 5.10: Merkmale der Fleischbeschaffenheit verschiedener Muskeln von Jungbullen (Schwarzbunte, 24 Monate Alter, intensive Ernährung)

		Musculus semitendinosus (Keule)	*Musculus caput longum* (Bug)	*Musculus longissimus* (Rücken)
Farbhelligkeit	L*	36,9	32,2	32,1
Preßsaft	%	36,6	34,9	31,4
Scherwert	kg/cm²	13,2	9,3	10,0
Fondueverlust	%	47,3	45,8	45,1
intramusk. Fett	%	2,6	3,5	4,8

5.1.6 Nährstoffe

Für die menschliche Ernährung sind die Grundnährstoffe Eiweiß und Fett maßgebend. Der verzehrbare Rinderschlachtkörper eines Jungbullen von 600 kg Lebendgewicht weist für die Hauptnährstoffe Eiweiß und Fett die in Tabelle 5.11 durchschnittlich zu ermittelnden Gehaltswerte auf.

Tab. 5.11: Durchschnittswerte an verzehrbarem Eiweiß und Fett im Schlachtkörper von Mastbullen (600 kg)

		Schwarzbunt	Fleischrind
Eßbares Eiweiß	%	17,7	19,3
Eßbares Fett	%	19,5	13,2

Die Nährwerte ausgewählter Teilstücke nach der DLG-Schnittführung sind in Tabelle 5.12 aufgeführt. Die Gehaltswerte an eßbarem Eiweiß und Fett der Teilstücke unterliegen einem beachtlichen Einfluß von Rasse und Alter der Tiere zur Schlachtung. Das Fleisch von Milchrindern (Holstein-Friesian) ist im allgemeinen eiweißärmer und fettreicher als das von Fleischrindern (Deutsch Angus). Insbesondere die doppellendigen, auf extreme Magerfleischigkeit gezüchteten Weiß-Blauen Belgier weisen einen hohen Eiweißgehalt verbunden mit einem extrem niedrigen Fettgehalt auf. Diese Unterschiede im Nährwert differenziert nach Eiweiß und Fett treten gleichgerichtet in den verschiedenen Teilstücken auf. Im Vergleich zu den Mastbullen der Holstein-Friesian enthält das Fleisch der Keule, des Roastbeefs, des Filets und des Bugs der 6, 12 und 24 Monate alten Weiß-Blauen Belgier 0,5–2,7 %; 1,1–4,1 %, 1,5–2,7 % bzw. 1,0–2,1 % mehr Protein und 4,41–10,78 %; 7,14–18,97 %, 6,0–11,05 % bzw. 5,14–10,85 % absolut weniger Fett.

Tab. 5.12: Eiweiß- und Fettgehalt im Fleisch ausgewählter Teilstücke (ENDER 1995, PAPSTEIN und ENDER 1996)

	Alter	Holstein-Friesian		Deutsch Angus		Weiß-Blaue Belgier	
		Eiweiß	Fett	Eiweiß	Fett	Eiweiß	Fett
	Mon.	%	%	%	%	%	%
Keule	6	20,3	5,58	20,3	5,57	20,8	1,17
	12	19,9	10,28	20,1	8,01	22,0	2,03
	24	18,6	13,92	19,0	12,79	21,3	3,14
Roastbeef	6	19,9	8,73	20,2	8,09	21,0	1,59
	12	18,4	19,10	19,2	13,98	22,0	3,74
	24	16,5	25,71	16,4	23,43	20,6	6,74
Filet	6	18,9	7,19	19,2	8,60	20,4	1,19
	12	19,4	9,74	19,4	10,52	21,0	3,52
	24	17,9	16,37	18,9	12,32	20,6	5,32
Bug	6	19,5	6,13	19,6	5,72	20,5	0,99
	12	19,2	9,84	19,3	9,42	21,0	2,10
	24	18,7	14,46	19,0	13,24	20,8	3,61

Durch weitere Feinzerlegung für die Ansprüche der Verbraucher entstehen die Handelsteilstücke. Sie sind für den Verzehr maßgebend. Repräsentativen Untersuchungen der im Handel angebotenen Teilstücke entstammen die in Tabelle 5.13 dargestellten Nährwerte.

Bei der Qualitätsbeurteilung von Fleischwaren spielt die Bestimmung des „bindegewebseiweißfreien" Fleischeiweißes (BEFFE) eine bedeutende Rolle. Als bindegewebseiweißfreies Fleischeiweiß gilt die Differenz zwischen Gesamteiweiß und der Summe aus Fremdeiweiß, fremden Nichteiweiß-Stickstoffverbindungen und Bindegewebseiweiß (ARNETH 1986).

Der ernährungsphysiologische Wert wird weitergehend von den Amino- und Fettsäuren bestimmt. Die Aminosäurezusammensetzung des Rindfleisches ist relativ konstant (Tab. 5.14). Die Gehaltswerte sinken mit zunehmender Verfettung. Etwa ein Drittel der Aminosäuren entfällt auf die Glutaminsäure gefolgt von Asparaginsäure und Lysin.

Die Fettsäurezusammensetzung beim Rind, typisch für Wiederkäuer, weist einen relativ hohen Anteil kurzkettiger, gesättigter Fettsäuren auf. Das macht das Rinderfett vergleichsweise zum Schwein härter (Tab. 5.15). In allen Fettarten dominieren dabei Palmitinsäure, Stearinsäure und Myristinsäure mit insgesamt ca. 40 %. Einen vergleichbaren Anteil bilden die einfach ungesättigten Fettsäuren Ölsäure und Palmitolsäure. Als mehrfach ungesättigte ist lediglich mit 2–3 % die Linolsäure zu erwähnen. Im Vergleich der Fettarten ist das intramuskuläre Fett durch den höchsten Gehalt an Linolsäure aber auch an Stearinsäure und den niedrigsten Gehalt an Ölsäure gekennzeichnet.

Tab. 5.13: Nährwerte für Rindfleisch (Anonym 1995)

Teilstück	Eiweiß g	Fett g	Energie kcal/kJ
Hüfte	21,15	2,35	106/442
Nuß	20,08	2,85	109/455
Filet	21,02	4,00	121/506
Hochrippe	20,55	8,05	155/647
Unterschale	21,75	3,05	114/479
Falsches Filet	19,90	2,45	102/425
Roastbeef	22,45	4,45	130/543
Oberschale	21,80	2,60	111/463

Tab. 5.14: Gehaltswerte von Aminosäuren (g/kg) im Rindfleisch (LOSAND u. a. 1991)

	Kalb	männl. Jungrind	Mastbulle
Lysin	18,0	18,3	17,5
Histidin	7,9	7,6	18,0
Arginin	13,7	13,9	13,7
Asparaginsäure	19,9	21,5	19,6
Threonin	8,8	8,9	8,5
Serin	8,2	8,2	7,6
Glutaminsäure	30,9	32,6	29,9
Glykokoll	14,2	14,7	13,9
Alanin	13,2	13,5	12,9
Valin	10,2	9,9	9,9
Isoleucin	8,9	8,6	8,9
Leucin	16,5	16,5	15,6
Tyrosin	7,2	6,8	6,6
Phenylalanin	8,3	7,8	8,2
Methionin	4,6	5,3	4,5
Cystin	2,1	2,4	2,2
Prolin	11,7	11,9	11,5

Tab. 5.15: Fettsäurezusammensetzung (%) verschiedener Fettarten beim Jungbullen (KÜHNE u. a. 1986)

	subkutan	intermuskulär	intramuskulär
C 14-0 Myristinsäure	2,8	2,6	2,7
C 16-0 Palmitinsäure	25,0	24,0	24,1
C 16-1 Palmitolsäure	5,3	3,0	1,5
C 18-0 Stearinsäure	13,3	20,8	32,3
C 18-1 Ölsäure	45,0	40,6	30,7
C 18-2 Linolsäure	2,1	2,4	3,4

5.2 Einflüsse tierspezifischer Faktoren

Zu den tierspezifischen Faktoren gehören die Rasse, das Geschlecht und das Alter der Tiere. Verschiedentlich wird auch die Bezeichnung „endogene Faktoren" verwendet.

5.2.1 Rasse

Die genetische Konstruktion des Tiermaterials hat einen erheblichen Einfluß auf Schlachtertrag, Schlachtkörperqualität und Fleischqualität. Die Fleischproduktion erfolgt in Deutschland über selektierte Kühe und Bullen der Milch- bzw. Zweinutzungsrassen sowie in wesentlich geringerem aber zunehmenden Anteilen an Schlachtrindern der speziellen Fleischrindrassen. Auch die Zweinutzungsrassen werden neben der Milchproduktion bewußt zur Mast genutzt. Bei den Milchrindrassen stellt das Fleisch ein Koppelprodukt zur Milch dar. Die Übergänge zwischen den einzelnen Rassegruppen sind oft fließend. Eine besondere Form der Nutzung von rassespezifischen Unterschieden ist die Gebrauchskreuzung mit Anpaarung von Fleischrindbullen an Kühe von Milch- und Zweinutzungsrassen. Die Rassen werden mehr oder weniger intensiv züchterisch zur Verbesserung der Fleischleistung bearbeitet. Diese Merkmale bieten hinsichtlich ihres Erblichkeitsgrades (Heritabilität) hierfür günstige Voraussetzungen. Die Heritabilitätskoeffizienten liegen für Merkmale der Schlachtkörperzusammensetzung bei $h^2 = 0,4–0,6$ und für die Fleischbeschaffenheit bei $h^2 = 0,3–0,4$. Beide Merkmalskomplexe sind im Gegensatz zum Schwein nur unwesentlich negativ miteinander korreliert. Eine orientierende Beurteilung des genetischen Einflusses auf Schlachtkörper- und Fleischqualität ermöglichen die in den Tabellen 5.16 und 5.18 dargestellten Ergebnisse. In Abbildung 5.5 (s. S. 159) sind Bullen für charakteristische Rassen dieser Gruppen dargestellt.

Der Bund Deutscher Fleischrindzüchter und -halter teilt die Fleischrinder im wesentlichen nach ihrem Rahmen ein in:
- Großwüchsige Rassen
- Rassen mit mittlerem Rahmen

- Robustrassen (untergliedert in mittel- bis großrahmige sowie kleinrahmige)
- Zeburassen/Kreuzungsrassen

Auf den Schlachtwert der Rassen der unterschiedlichen Rassengruppen wird nachfolgend orientierend eingegangen (Tab. 5.16 und 5.17).

Im folgenden soll mit einem direkten Vergleich repräsentativer Rassen detailliert auf den Schlachtwert einiger Rassengruppen eingegangen werden.

Großwüchsige und mittelrahmige Fleischrinderrassen

Zu den großwüchsigen Rassen gehören: Charolais, Gelbvieh, Blonde d'Aquitain, Fleischfleckvieh, Uckermärker, Weiß-Blaue Belgier. Im mittleren Rahmen stehen: Angus, Hereford, Limousin, Piemonteser, Pinzgauer, Shorthorn.

Tab. 5.16: Eigenschaften der Fleischleistung von Fleischrassen (NEUMANN und MARTIN 1991)

Rasse	Rahmen Masse	Ausprägung der Muskulatur	Ausbeute	Feinheit Knochenbau
Charolais	+++	++	+++	−
Fleckvieh	+++	++	++	−
Cha x Fl	+++	++	++	−
Weiß–Blaue Belgier	+++	+++	+++	+++
Piemonteser	+++	+++	+++	+++
Blonde d'Aquitaine	+++	+++	+++	+++
Limousin	++	+++	+++	+++
Chianina	+++	+	+++	−
Marchigiana	+++	+	++	−
Romagnola	+++	++	++	−
Hereford	+	++	+	+
Aberdeen Angus	−	++	++	+++
Deutsche Angus	++	++	++	++
Welsh Black	+	+	−	+
Galloway	−	+	−	+
Highland	−	+	−	+

+++ sehr gut ++ gut + ausreichend − gering

Zwischen den Rassengruppen bestehen wesentliche Unterschiede in der Schlachtausbeute, dem Fleisch-/Knochenverhältnis, dem Fettansatz und der Konformation. Die Mastbullen dieser Rassegruppe zeichnen sich durch hohe Schlachtausbeuten, einen niedrigen Fettgehalt und einen hohen Anteil an Magerfleisch aus. Auch nach Anpaarungen an Milchrindkühe bleiben die Unterschiede in der Tendenz erhalten (Tab. 5.18). Bei einer Verringerung des

Rahmens ist eine niedrigere Ausbeute und ein höherer Fettgehalt im Schlachtkörper sowie im Fleisch zu erwarten.

Tab. 5.17: Kennzeichnende Eigenschaften der verschiedenen Fleischrassen (TEMISAN und AUGUSTINI 1987)

Rassegruppe	Fleisch-Fettfl. im Steak	Dicke des Auflagefettes	Marmorierung	Faserigkeit	Eßqualität
kleinrahmige, frühreife Fleischrassen (Angus, Hereford)	–	–	+++	+++	+++
kleinrahmige, spätreife Fleischrassen (Galloway)	–	±	++	++	++
mittelrahmige Fleischrassen (Pinzgauer, Limousin)	+++	±	+	±	++
großrahmige Fleischrassen (Charolais, WB-Belgier)	++	+++	±	–	++

+++ = sehr gut; ++ = gut; + = zufriedenstellend; ± = befriedigend; – = verbesserungsbedürftig

Die Ausprägung der Muskulatur der großwüchsigen Fleischrinder, bietet günstige Voraussetzungen für die Verwendung des Fleisches als Braten- und Rouladenfleisch.

Tab. 5.18: Einfluß der Vaterrasse bei Anpaarung an Milchrindkühe auf die Merkmale der Schlachtkörperqualität (LIBORIUSSEN u. a. 1977)

	Ausbeute %	Fett im Schlachtkörper %	Muskel/Knochen-Verhältnis
Aberdeen Angus-x	53,4	19,5	4,4
Charolais-x	54,1	11,5	4,5
Piemonteser-x	56,2	9,7	4,9
Weiß-Blaue Belgier-x	55,6	10,8	4,6

Diese typischen Rasseunterschiede sind auch bei den Merkmalen der Fleischqualität festzustellen. In der Fleischqualität zeigen sich Rasseeinflüsse vorrangig beim Scherwert und beim intramuskulären Fettgehalt. Bei frühreifen Rassen im mittleren Rahmen (Angus, Hereford) ist das Fleisch besser marmoriert und zarter. Es zeichnet sich damit durch eine günstigere Steakfähigkeit aus (Tab. 5.19).

Bei der Mast von Ochsen treten die typischen Unterschiede zwischen den Anpaarungen der verschiedenen Rassen ähnlich wie bei Mastbullen auf. Zu beachten ist der höhere Fettgehalt mit den entsprechenden Auswirkungen auf andere Merkmale der Schlachtkörper- und Fleischqualität. Gegenüber den Weiß-Blauen Belgiern und den Piemontesern ist die

Fettabdeckung mit > 10 mm gegenüber Hereford- und Angusochsen verdoppelt (Tab. 5.20). In diesen Kreuzungen haben die Weiß-Blauen Belgier den niedrigsten intramuskulären Fettgehalt und die geringste Marmorierung. Die Angus weisen in diesen Merkmalen die günstigsten Ergebnisse auf. In der sensorischen Bewertung des Fleisches treten die Unterschiede zwischen den Rassen weniger deutlich auf (Tab. 5.21).

Tab. 5.19: Einfluß der Vaterrasse auf die Magerfleischqualitätsmerkmale (LIBORIUSSEN u. a. 1982)

	Scherwert kg	intramuskuläres Fett im M.l. %	Farbindex	Sensorik Note
Aberdeen Angus-x	6,7	2,6	12,6	2,2
Charolais-x	6,9	1,2	12,8	2,3
Piemonteser-x	6,3	1,1	12,6	2,2
WB-Belgier-x	7,2	1,1	12,8	2,1

Tab. 5.20: Schlachtkörpercharakteristik von Kreuzungs-Ochsen (CUNDIFF u. a. 1993)

	Endgewicht kg	Ausbeute %	Fettabdeckung mm	Fläche des M.l. in cm^2
Hereford-x	580,8	60,1	10,4	72,9
Angus-x	558,8	60,1	12,3	73,1
Piemonteser-x	524,6	61,4	5,2	82,1
WB- Belgier-x	558,2	61,8	5,5	83,3

Tab. 5.21: Fleischqualität von Kreuzungs-Ochsen (CUNDIFF u. a. 1993)

	Marmorierung[a]	Fettgehalt des M.l. in %	Sensorisches Panel[b]		
			Zartheit	Aroma	Saftigkeit
Hereford-x	525	4,4	5,0	4,7	5,1
Angus-x	567	4,6	5,0	4,6	5,2
Piemonteser-x	477	3,5	5,0	4,6	5,1
WB- Belgier-x	460	3,0	5,1	4,6	5,1

[a]sehr gering = 400 bis 500, gering = 500 bis 599, etc.
[b]Wertnoten: 1 = extrem zäh, mild oder trocken bis 8 = extrem zart, intensiv oder saftig

Bei einigen Fleischrinderrassen, wie beispielsweise bei den Weiß-Blauen Belgiern, den Piemontesern und den Charolais, treten gehäuft sogenannte Doppellender auf. Die Doppellendigkeit ist an ein Gen gebunden und basiert auf einer Verdoppelung der Anzahl an Muskelfasern. Die Fläche der Faserbündel ist ebenfalls verdoppelt. Damit erscheint das Fleisch gröber. Der Gehalt an Kollagen wird bedingt durch das weniger benötigte Bindegewebe geringer. Auffallend ist der extrem niedrige intramuskuläre Fettgehalt und die damit verbundene sehr geringe Marmorierung. In der sensorischen Bewertung der Zartheit gleichen sich die Effekte des niedrigen intramuskulären Fettgehaltes und des ebenfalls niedrigen Gehaltes an Bindegewebe aus. Doppellender haben im Vergleich zu normal bemuskelten Tieren einen höheren Muskelfleischanteil sowie einen geringeren Knochen- und Fettgewebeanteil im Schlachtkörper.

Robustrassen

Zu den eigentlichen Robustrassen zählen Galloway, Highland, Fjällrind und Dexter. Als mittel- bis großrahmige Robustrassen können auch Aubrac, Lincoln Red, Luing, Salers, Welsh Black und Ungarisches Steppenrind betrachtet werden.

Robustrassen sind an ungünstige klimatische Bedingungen und an die Haltung auf wenig ertragreichen Böden angepaßt. Mittel- bis großrahmige Rassen stellen etwas höhere Ansprüche als kleinrahmige. Dichtes Haar und dicke Haut führen zu einem hohen Fellgewicht. Das mindert die Ausbeute. Die Anpassungsfähigkeit an ein knappes Futterangebot hat zu einem niedrigeren Erhaltungsbedarf geführt. Bei reichlichem Futterangebot wird eine Energiereserve in Form von Fett angelegt. Das betrifft alle Arten von Depotfett und führt auch zu einer intensiven Marmorierung. In morphologischen Untersuchungen von sehr restriktiv ernährten Jungbullen der Rassen Galloway im Vergleich zu Schwarzbunten konnten größere subkutane Fettzellen festgestellt werden. Demnach sind Tiere dieser Rasse auch unter extremen Fütterungsbedingungen noch in der Lage, Fett anzusetzen. Die Highlands sind die kleinsten und genügsamsten Robustrinder. Die Robustheit geht zu Lasten der Mastleistung. Die Tiere sind spätreif und verfetten bei intensiver Fütterung schnell. Die Robustrassen werden in der extensiven Fleischrindhaltung mit ganzjähriger Weidehaltung und für die Landschaftspflege eingesetzt. Die Mast kann bis zur Schlachtreife auf der Weide oder im Stall erfolgen und bringt eine besondere Steakfähigkeit des Fleisches hervor. Auf Standorten mit Futter geringer Energiekonzentration sollte im Interesse der Schlachtkörperqualität der Ochsenmast gegenüber der Mast von Bullen der Vorzug gegeben werden. Auf eine intensive Fütterung reagieren die Rinder der Robustrassen mit einer starken Anlegung von Fettreserven in Form von Depotfett.

Zweinutzungs- und Milchrindrassen

Zu den Zweinutzungsrassen gehören Fleckvieh, Schwarzbunte, Rotbunte und Rotvieh, zu den ausgesprochenen Milchrindrassen Holstein-Friesian, Jersey und teilweise das Braunvieh (Brown Swiss).

Züchterische Maßnahmen haben zu Beginn der 70er Jahre die Schlachtkörperzusammensetzung der Rinder der Milchrindpopulation verändert. Die Kreuzung mit dem Holstein-Friesian-Rind in Westdeutschland und in Ostdeutschland die vorhergehende Anpaarung mit dem Jersey-Rind führten zu einer Verringerung der Mastleistung und der Fleischfülle sowie zu einem erhöhten Knochenanteil im Schlachtkörper gegenüber den bis dahin vornehmlich im

Zweinutzungstyp stehenden Deutschen Schwarzbunten und Rotbunten. Durch die Selektion zur Erhöhung der Wachstumskapazität konnten die Mastleistungseigenschaften dieser Population wieder verbessert werden. Die Unterschiede des bodenständigen Schwarzbunten Rindes, der Holstein-Friesian- und Jerseyrasse in einigen ausgewählten Schlachtwertmerkmalen werden beim Vergleich 500 kg schwerer Mastbullen deutlich (Tab. 5.22).

Ausschließlich auf Milchleistungseigenschaften gezüchtete Rassen wie Jersey und Holstein-Friesian zeigen eine geringere Schlachtausbeute. Dies beruht auf ihrem höheren Anteil an für diese bevorzugte Leistung notwendigen, physiologisch wichtigen Organen und am höheren Anteil an Innenfett. Die Schlachtkörper von Holstein-Friesian-Bullen enthalten mehr Knochen, die der Jersey mehr Fett. Während mit Jerseykälbern keine rentable Mast zu betreiben ist, werden Schwarzbunte- und Holstein-Friesian-Bullen auch gemästet und für die Kälbermast genutzt. In der Fleischbeschaffenheit und in den sensorischen Eigenschaften sind die Mastbullen der Zweinutzungs- und Milchrindrassen denen der Fleischrassen ebenbürtig.

Tab. 5.22: Schlachtkörperzusammensetzung der Mastbullen von Zweinutzungs- und Milchrindrassen (PAPSTEIN u. a. 1987)

		Deutsche Schwarzbunte	Holstein-Friesian	Jersey
Schlachtalter	Monate	16	15	20
Schlachtkörpergewicht	kg	285	277	261
Ausbeute	%	59,4	56,3	55,8
eßbare Organe	%	3,2	3,9	3,8
Innenfett	%	4,5	6,8	9,0
Knochen	%	17,2	18,9	14,6
eßbares Eiweiß	%	15,2	14,2	15,8
eßbares Fett	%	13,2	15,7	18,1

Rassenvergleich

Eine besonders aussagefähige Charakterisierung des Schlachtwertes der verschiedenen Rassen und Rassengruppen wird erreicht, wenn repräsentative Stichproben unter vergleichbaren Bedingungen geprüft werden. Für die in Tabelle 5.23 dargestellten Ergebnisse von Jungbullen wurden typische Rassen der Rassengruppen von Fleischrindern ausgewählt. Das sind muskelhypertrophierte Weiß-Blaue Belgier (WBB) als großrahmige Fleischrasse, Deutsche Angus (DA) als mittelrahmige Fleischrasse und Galloway (Ga) als kleinrahmige Robustrasse.

Die Schlachtkörpergewichte der Weiß-Blauen Belgier liegen auf einem sehr hohen Niveau. Die Schlachtkörper zeichnen sich durch eine außergewöhnliche Muskelfülle und ausgesprochene Fettarmut aus. Im Alter von 24 Monaten beträgt die Ausschlachtung nahezu 70 %. Die Analyse der Gewebe und Nährstoffe ergibt hohe Werte im Eiweißgehalt von über 17 % und sehr niedrige Fett- und Knochenanteile. Der intramuskuläre Fettgehalt im *M. longissimus* liegt auch bei 24 Monaten Alter noch unter 1 % und ist maßgebend für die sehr geringe

Marmorierung des Muskelanschnittes. Das Fleisch weist hohe Scherwerte auf. Die Doppellendigkeit äußert sich auch in einer enormen Vergrößerung der Muskelquerschnittsfläche des *M. longissimus*. Mit Weiß-Blauen Belgiern können bei intensiver Fütterung hohe Endgewichte erzielt werden, wobei die Schlachtkörper einen extrem geringen Fettansatz aufweisen. Dabei geht die Ausprägung des hohen Fleischanteils zu Lasten der Merkmale der Fleischbeschaffenheit und des intramuskulären Fettgehaltes. Der Eindruck mageren Fleisches wird durch die helle Fleischfarbe noch verstärkt, so daß Verbraucher mit einem ausgeprägten Gesundheitsbewußtsein durch das Fleisch dieser Rasse angesprochen werden. In der konventionellen Vermarktung nach EUROP erzielen die Schlachtkörper aufgrund der hohen Bewertung der Plastizität der Bemuskelung eine sehr günstige Bewertung, wenngleich qualitative Aspekte zurücktreten. Die Zurückhaltung vieler Züchter und Produzenten beim Einsatz von Weiß-Blauen Belgiern liegt in der hohen Schwergeburtenrate dieser Rasse begründet.

Tab. 5.23: Eigenschaften der Schlachtkörper von Fleischrindbullen verschiedener Zuchtrichtungen bei Stallmast (ENDER 1995, PAPSTEIN und ENDER 1996)

		Weiß-Blaue Belgier		Deutsche Angus		Galloway	
Schlachtalter	Mon.	12	24	12	24	12	24
Schlachtkörpergewicht	kg	264	465	212	433	186	358
Ausbeute	%	67,9	70,1	58,2	61,3	55,6	60,3
Innenfett	%	1,2	2,5	4,5	6,5	3,07	6,8
Knochen	%	13,4	11,8	16,2	13,0	16,6	12,3
Eßbares Eiweiß	%	17,6	17,4	15,1	14,7	14,8	14,2
Eßbares Fett	%	2,5	4,4	9,5	16,7	9,5	20,7
M. longissimus:							
Muskelfläche	cm²	115,5	154,0	70,6	109,6	60,1	93,4
intramuskuläres Fett	%	0,27	0,63	1,34	3,76	1,26	5,45
Marmorierung Pkt.	(1–6)	1,0	1,0	1,6	2,6	1,5	3,0
Scherwert 17 h p. m.	kp/cm²	21,6	11,7	15,8	9,8	12,2	8,5
Farbhelligkeit 17 h p. m.	L*	37,4	34,3	35,3	33,2	33,5	33,4

Deutsche Angus erreichen bei intensiver Fütterung (tägliche Zunahmen ca. 1.000 g) hohe Gewichte. Sie schöpfen ihr Wachstumspotential mit 12 im Vergleich zu 24 Monaten erst zu 50 % aus. Mit Ausschlachtungsergebnissen von 58 % bzw. 61 % liegen sie auf einem hohen Niveau. Die Analyse der Gewebe und Nährstoffe ergibt ein ausgesprochen günstiges Fleisch/Fettverhältnis bei relativ geringem Knochenanteil. Der intramuskuläre Fettgehalt (3,8 %), die Marmorierung (2,6 Pkt.) und die Farbe weisen auf eine gute Fleischbeschaffenheit hin. Für diese Rasse erscheint eine intensive Fütterung bis zu hohen Gewichten sinnvoll. Sie sind so in der Lage, qualitativ hochwertiges, steakfähiges Fleisch in angemessener Quantität zu erzeugen.

Gallowaybullen erreichen unter vergleichbaren Haltungsbedingungen mit 24 Monaten Schlachtkörpergewichte von etwa 360 kg. Im Alter von 12 Monaten weisen sie noch einen verhältnismäßig geringen Fettanteil auf. Bis 24 Monate setzen sie unter den für eine Robustrasse gegebenen, relativ intensiven Fütterungsbedingungen zunehmend Fett an. Die Magerfleischbeschaffenheit der Bullen ist in beiden Altersstufen ausgesprochen gut, insbesondere auch die Zartheit des Fleisches. Galloways zeigen mit 12 Monaten einen intramuskulären Fettgehalt von 1,3 %, mit 24 Monaten steigt er auf 5,4 %. Die Marmorierung ist sehr gut ausgeprägt, was sicher im Genußwert des Fleisches reflektiert wird. Mit Galloways kann quantitativ begrenzt, jedoch von der Beschaffenheit her sehr hochwertiges Fleisch erzeugt werden. Verbraucher, die Fleisch besonderer Produktionsqualität aus speziellen Haltungs- und Fütterungsbedingungen präferieren, können über die Direktvermarktung angesprochen werden.

Für die Eßqualität des Fleisches spielt die Marmorierung eine entscheidende Rolle. Die Abbildung 5.6 (s. S. 160) veranschaulicht die unterschiedliche Marmorierung des Fleisches der verschiedenen Rassen. Zur Abgrenzung des intramuskulären Fettes vom ebenfalls weiß erscheinenden Bindegewebe ist das Fett dunkelrot gefärbt. Auf der Muskelscheibe des Weiß-Blauen Belgier sind kaum Fettpartikel zu sehen. Gleichzeitig vermitteln die Bilder den subjektiven Eindruck der feineren Marmorierung der Galloway gegenüber den Deutsch Angus und Schwarzbunten. In Abbildung 5.7 sind Ergebnisse zur Struktur des intramuskulären Fettes aufgeführt. Ermöglicht werden diese objektivierten Messungen durch die in Kapitel 5.1 beschriebene bildanalytische Methode von ALBRECHT u. a. (1996).

Die Jungbullen der Weiß-Blauen-Belgier, als fleischbetonte Rasse mit Doppellendercharakter, haben äußerst wenig intramuskuläres Fett eingelagert. Die Fettparameter sind daher unter dem Gesichtspunkt der geringen Fettgehalte zu interpretieren. Die Werte für den *M. longissimus* zeigen, daß die Deutsch Angus und Galloway ähnliche Fettflächenanteile aufweisen, aber Unterschiede in der Feinheit und in der Verteilung des Fettes vorhanden sind. Für die Galloway werden der größte Wert für die Anzahl der Fettflächen pro cm^2 und die kleinsten Werte für die Fettflächengröße, den prozentualen Anteil der drei größten Fettflächen, den Flächenanteil der länglichen Fettflächen sowie für die Fettflächenverteilung ermittelt. Damit wird eine feine und gleichmäßige Fetteinlagerung für die Galloway dokumentiert. Zum Vergleich können auch die ebenfalls mit dargestellten Ergebnisse von Schwarzbunten beurteilt werden.

In der sensorischen Analyse des Fleisches bestätigt sich die geringe Marmorierung bei den Weiß-Blauen Belgiern (Abb. 5.8). Bezüglich Aroma, Saftigkeit und Zartheit dominieren die Galloways.

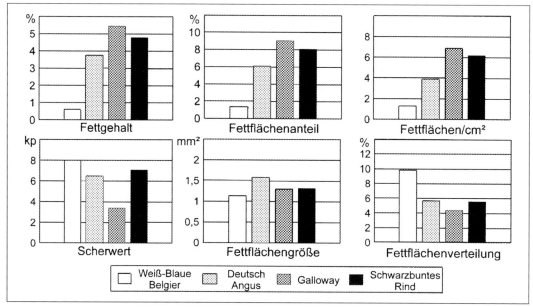

Abb. 5.7: Fettgehalt, Scherwert und bildanalytische Merkmale des intramuskulären Fettes bei verschiedenen Rinderrassen (Bullen, 24 Monate, ALBRECHT u. a. 1996)

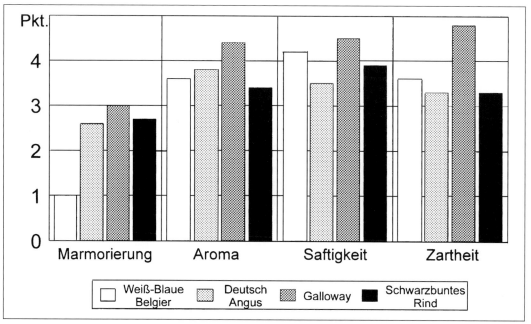

Abb. 5.8: Sensorische Merkmale der Fleischqualität bei verschiedenen Rinderrassen (Bullen, 24 Monate, AUGUSTINI 1996, unveröff.)

5.2.2 Geschlecht

Kategorie

Schlachtkörper- und Fleischqualität werden beim Rind entscheidend vom Geschlecht beeinflußt. Das findet in der Bildung von Kategorien für die Einordnung in Handelsklassen beim Rind seinen Ausdruck. Die nach Geschlecht vorgenommene Untergliederung betrifft die Kategorien Jungbulle, Bulle, Ochse, Kuh, Färse. Unabhängig vom Geschlecht sind die nach Alter gebildeten Kategorien Kalb und Jungrind (siehe Kap. 4.7). In der Tabelle 5.24 werden charakteristische Unterschiede der Schlachtkörper- und Fleischqualität von Rinderkategorien schematisch dargestellt. Jungbullen haben im Vergleich zu den übrigen Kategorien eine geringere Marmorierung und eine gröbere Struktur des Fleisches. Die Schlachtkörper der Mastbullen weisen eine höhere Fleischfülle bei einer geringeren Verfettung auf. Die Farbe des Fleisches ist meist dunkler, und es besteht eine höhere Neigung zur Ausbildung von DFD-Fleisch. Das Fleisch von Ochsen und Färsen ist zarter, saftiger und von einem besseren Aroma. Der Gehalt an Bindegewebe sowie auch dessen Vernetzung ist geringer. Diese Eigenschaften führen zu einer insgesamt besseren sensorischen Bewertung (Tab. 5.25).

Tab. 5.24: Ausbildung der Schlachtkörper- und Magerfleischqualität bei verschiedenen Rinderkategorien (PAPSTEIN und WENDT 1993)

Kategorie	Fleischfülle	Auflagefett	Marmorierung	Faserstruktur
Bulle	+++	+++	−	−
Ochse	++	++	++	++
Färse	+	+	+++	+++
Kuh	+	+	+++	−

+++ sehr gut; ++ gut; + befriedigend; − unbefriedigend

Tab. 5.25: Einfluß der Kategorie auf Geschmackseigenschaften von Rindfleisch (AUGUSTINI 1995)

Kategorie	Zartheit	Saftigkeit	Aroma
Ochsen	4,9	4,0	4,3
Färsen	5,0	4,4	4,3
Jungbullen	4,5	4,0	3,9

In der grobgeweblichen Zusammensetzung bestehen deutliche Unterschiede zwischen Bullen, Ochsen und Färsen (Tab. 5.26). Während Bullen mit 500 kg 65,6 % Muskelfleisch aufweisen, sind dies mit 61,8 % bei den Ochsen und 60,9 % bei den Färsen deutlich weniger. Die Färsen verfetten mit zunehmendem Gewicht stärker als Bullen und auch als Ochsen. Mit 20,7 % bei 500 kg liegen sie im Anteil an Fettgewebe 7,5 % über den Bullen und 2,7 % über den Ochsen. Demgegenüber sind mit 1 % Anteil an Knochen zugunsten von Färsen und Ochsen die Differenzen geringer.

Tab. 5.26: Grobgewebliche Zusammensetzung in % des Schlachtkörpers von Bullen, Ochsen und Färsen der Rasse Fleckvieh (AUGUSTINI u. a. 1992)

Gewichtsgruppe (kg)	200	350	500	650
Bullen				
Muskelfleisch	66,8	66,1	65,6	65,7
Fettgewebe	6,9	11,2	13,2	14,8
Knochen	20,1	16,8	15,5	14,3
Ochsen				
Muskelfleisch	66,0	63,5	61,8	57,7
Fettgewebe	8,2	14,3	18,1	23,7
Knochen	19,4	16,8	14,8	13,8
Färsen				
Muskelfleisch	66,1	64,0	60,9	
Fettgewebe	9,2	15,6	20,7	
Knochen	18,9	15,3	14,1	

Über das Mastverfahren kann Einfluß auf die Ausprägung dieser als Anlage vorhandenen Qualitätseigenschaften genommen werden. Eine wichtige Rolle spielt dabei die Fütterung. Werden Bullen intensiv gemästet und zu einem früheren Zeitpunkt als Ochsen oder Färsen geschlachtet, so verringern sich die sensorischen Unterschiede zwischen diesen Kategorien. Andererseits führt eine extensive Haltung auch bei Ochsen zu sehr mageren Schlachtkörpern. Unter diesen Bedingungen empfiehlt sich eine Nachmast. Mit der Wahl des Zeitpunktes der Kastration, allgemein zwischen 2 und 12 Monaten, kann ebenfalls Einfluß auf die Wachstumsintensität, das Magerfleisch-Knochen-Verhältnis und die Schlachtkörperverfettung genommen werden (Tab. 5.27).

Tab. 5.27: Einfluß des Kastrationsalters auf Schlachtkörper- und Magerfleischqualität schwarzbunter Ochsen bei Weidemast (PAPSTEIN 1995 b)

Kastrationsalter Monate	Lebendgewicht kg	Schlachtk. gew. kg	Magerfleisch/ Knochen	intram. Fett % (M.l.)
2	408	212	2,5	2,4
7	418	217	2,7	1,8
12	420	218	2,8	0,8
Vgl. Jungbulle	435	230	3,1	0,8

Frühkastrate des Schwarzbunten Rindes erreichen beispielsweise mit 450 kg die Schlachtreife (2,5 % intramuskuläres Fett im *M. longissimus*), während Spätkastrate bis 520 kg gemästet werden müssen. Die Ursachen liegen in der frühzeitigeren Unterbindung der anabolen Wirkung der männlichen Sexualhormone (z. B. Testosteron). Bei vergleichbar niedriger Energiezufuhr bleiben Jungbullen auch bis zu hohen Gewichten knochig und sehr fettarm. Der Mäster erhält mit der Kastration und durch die Wahl des Kastrationsalters eine weitere Möglichkeit gegenüber Mastbullen und Färsen auf Standorten für die Jungrindmast Qualitätsrindfleisch zu erzeugen (vgl. Kap. 5.3).

Kühe

Gemerzte Kühe aus den Milch- und Fleischrindbeständen sind zu ca. 35 % am jährlichen Schlachtrindaufkommen beteiligt. Die Schlachtkörper von Kühen werden zur Herstellung verschiedener Fleischerzeugnisse verwendet. Der Anteil des Fleisches von Kühen und ihr Schlachtwert sind somit ein wesentlicher und wenig variabler Bestandteil der Schlachtrindproduktion. Zum gegenwärtigen Zeitpunkt vollzieht sich durch den Aufbau größerer Fleischrindbestände gegenüber Milchkuhherden ein Trend zu einem höheren Angebot an diesen stärker bemuskelten und häufig weniger verfetteten Fleischrindkühen. Die Schlachtkörperzusammensetzung von Kühen der unterschiedlichen Zuchtrichtungen belegt diese Aussage, wenn von einem hohen Anteil der groß- und mittelrahmigen Fleischrindrassen am Gesamtbestand ausgegangen wird (Tab. 5.28). Die kleinrahmigen Fleischrindkühe haben einen geringeren Knochenanteil als die modernen Milchrindrassen (z. B. Holstein-Friesian), verfetten aber nach der Säugeperiode sehr stark, so daß ein optimaler Schlachtzeitpunkt gewählt werden muß.

Tab. 5.28: Schlachtkörperzusammensetzung von Kühen unterschiedlicher Zuchtrichtung (PAPSTEIN und ENDER 1994)

Genotyp		Holstein-Friesian	Charolais	Hereford
Lebendendgewicht	kg	606	622	528
Schlachtkörper	kg	333	373	302
Ausbeute	%	55,0	60,0	57,2
Innenfett	%	7,1	4,2	2,3
Fleischteilstücke[1]	%	43,0	45,1	43,8
Knochen	%	17,8	16,3	14,4
eßbares Eiweiß	%	14,5	15,1	12,2
eßbares Fett	%	17,4	15,0	23,2

[1] Keule, Roastbeef, Hochrippe, Filet

Jungkühe von Fleischrindern

Bei der Bildung der Kategorien wird keine weitere Untergliederung der Kühe nach ihrem Alter vorgenommen. Es bestehen jedoch beträchtliche Unterschiede im Schlachtwert zwischen Altkühen und Jungkühen. Insbesondere mit Jungkühen aus verschiedenen Formen der Fleischrindhaltung wird eine Qualität erzeugt, die mit Färsen vergleichbar ist. Bedeutenden

Einfluß auf die Schlachtkörper- und Magerfleischqualität von Jungkühen der Fleischrindpopulation üben dabei die Trächtigkeit und die anschließende Säugezeit der Kälber aus (Tab. 5.29).

Während der Trächtigkeit wird bis zum Zeitpunkt nach der Abkalbung ein Nettozuwachs an Lebendendgewicht von 63 kg und an Schlachtkörpergewicht von 34 kg erreicht. Bis zur Abkalbung verringert sich der Innenfettanteil um 1,9 % und nimmt während der nachfolgenden Trächtigkeit weiter um 1 % auf 3,1 % zum Zeitpunkt des Absetzens der Kälber und Schlachtung der Jungkuh bzw. der vorgenutzten Färse ab. Bei Schlachtung unmittelbar nach der Kalbung ist der Gehalt an intramuskulärem Fett noch erhöht und die Zartheit verbessert. Das Säugen der Kälber führt zu einer Senkung des Innenfett- und des intramuskulären Fettanteils sowie zu einer Verringerung der Zartheit. Doch auch zum Zeitpunkt des Absetzens wird noch eine gute Qualität erreicht.

Tab. 5.29: Einfluß der Trächtigkeit und Säugezeit der Kälber auf die Schlachtkörper- und Magerfleischqualität weiblicher Jungrinder (Uckermärker x Sbt) (PAPSTEIN und ENDER 1994)

		Zeitpunkt Besamung	Säugezeit (Wochen)		
			0	8	16
Lebendgewicht	kg	365	428	432	453
Ausbeute	%	56,6	56,1	54,8	54,7
Schlachtkörper	kg	203	237	233	244
Innenfett	%	6,1	4,2	3,8	3,1
Fleisch	%	80,8	79,8	80,1	80,0
intramuskuläres Fett[1]	%	4,4	4,7	3,5	3,2
Scherwert vor Reifung[1]	kp/cm^2	15,1	13,4	13,4	14,9
Fondueverlust[1]	%	43,4	40,5	43,2	41,9

[1] im M. longissimus

5.3 Einflüsse produktionstechnischer Faktoren

Unter den produktionstechnischen Faktoren werden sowohl exogene Einflüsse von Fütterung und Haltungsformen als auch endogen durch das Alter und die genetisch bedingte Eignung für entsprechende Produktionsverfahren gegebene Voraussetzungen erfaßt. Die Kälbererzeugung erfolgt sowohl über Milchkühe als auch Mutterkühe. Als Mastverfahren werden unterschieden:

- Kälbermast
- Mast von Jungrindern
- Bullen-, Färsen- und Ochsenmast

Diese kann sowohl im Stall als auch auf der Weide mit unterschiedlichen Intensitätsstufen erfolgen.

5.3.1 Fütterungsintensität

Das Rind wird als Wiederkäuer mit Rationen versorgt, die einen hohen Rohfaseranteil enthalten, also Grünfutter, Silagen und Heu. Konzentrate (Kraftfutter) dienen zur Erhöhung der Energiedichte der Ration. Je intensiver die Mast, um so mehr Konzentrate (leicht verdauliche Kohlenhydrate) werden benötigt.

Das Fütterungsniveau, d. h. die Höhe der Energiezufuhr, beeinflußt erheblich den Eiweiß- und Fettansatz im Rind und damit auch die Schlachtkörper- und Fleischqualität. Die deutlichste Abhängigkeit zeigt sich in der Ausbildung des Fettgewebes und des Fettgehaltes im Fleisch. Mit der Entwicklung des Fettgewebes ist der Fettgehalt des Muskelfleisches eng korreliert und dieser wiederum mit der sensorischen Qualität. Somit wird über die Fütterungsintensität die Fleischqualität nachhaltig beeinflußt. Die Höhe der täglichen Energiezufuhr bestimmt innerhalb biologischer Grenzen die tägliche Zunahme und in Verbindung mit dem Eiweiß- und Fettansatz auch die Schlachtreife. Dabei dominiert der Ansatz an Eiweiß bei zunehmender Fütterungsintensität länger anhaltend als vergleichsweise beim Schwein. Das betrifft sowohl Jungbullen als auch Färsen, obwohl bei Färsen und auch bei Ochsen die Verfettung früher einsetzt als bei Bullen. Diese Neigung zum Fettansatz führt auch dazu, daß unter den Bedingungen einer restriktiven Energiezufuhr sich die Fettgehaltswerte bei Färsen und Bullen weniger verringern als bei Mastbullen. Bei verringerten Zunahmen bilden die Färsen bei restriktiver Fütterung noch 16,2 % Fettgewebe und 1,9 % intramuskuläres Fett aus (Tab. 5.30).

Tab. 5.30: Auswirkungen der Mastintensität auf die Schlachtkörper- und Fleischqualität von Bullen und Färsen der Rasse Fleckvieh (AUGUSTINI u. a. 1990)

Mastintensität	Jungbullen		Färsen	
	intensiv	restriktiv	intensiv	restriktiv
Tageszunahme g	1.048	896	879	741
Fettgewebe %	15,1	9,8	19,7	16,2
Intramuskuläres Fett %	1,4	0,7	2,6	1,9
Helligkeit L★	38,1	36,3	37,4	37,1
Saftigkeit Punkte	4,1	3,6	4,0	3,8
Zartheit Punkte	3,6	3,1	3,9	3,3
Aroma Punkte	3,6	3,6	3,9	3,7

Die Wirkung der Fütterungsintensität auf den Fleischanteil äußert sich darin, daß dieser mit steigenden Tageszunahmen abnimmt. Im Gegensatz dazu nimmt der Fettgewebeanteil zu. Gleichzeitig haben hohe Tageszunahmen einen positiven Effekt auf den Genußwert des Fleisches. Nach einer intensiven Mast, insbesondere auf hohe Gewichte, kann der Optimalwert des Fettanteiles leicht überschritten werden. Somit ist das Mastverfahren auf die angestrebte gewebliche Zusammensetzung des Schlachtkörpers und die beabsichtigte Qualität auszurichten. Bei der Auswahl der Haltungsform sind außerdem die biologischen Voraussetzungen der verschiedenen Rassen und Kategorien zu berücksichtigen. Bei Bullen ist vorrangig mit einer Intensivmast im Stall bei einem frühen Schlachtalter die Erzeugung einer akzeptablen Qualität der Schlachtkörper und des Fleisches möglich.

5.3.2 Kompensatorisches Wachstum

Die Fähigkeit junger Rinder bei einer Unterversorgung mit Nährstoffen und Energie Wachstum zu kompensieren, um bei höherem Angebot schneller zu wachsen, ist bereits aus älteren Schriften bekannt. Während in der Vergangenheit das saisonale Futterangebot den Wachstumsverlauf beeinflußte, sind gegenwärtig sich verstärkend wirtschaftliche Aspekte maßgebend. Dazu gehören Preisunterschiede zwischen den verschiedenen Futtermitteln und deren Verfügbarkeit oder Preisvergleiche zwischen der Energie aus Grob- und Konzentratfutter. Hierbei sind auch Möglichkeiten einer teilweisen Substitution von Getreide durch Grobfutter in der Jungbullenmast von Interesse.

Für Aussagen zum kompensatorischen Wachstum ist der Einfluß von Phasen einer Energierestriktion unterschiedlicher Dauer auf die Eigenschaften des Schlachtwertes zu prüfen. Die Versuchsergebnisse verschiedener Fütterungsgruppen (FG) von schwarzbunten Bullen bei durchgehend hohem Energieniveau (intensiv FG I) bzw. wechselndem niedrig-hohem Energieniveau (restriktiv-intensiv FG II) zeigen den Einfluß auf die Schlachtkörperzusammensetzung und Ansatzleistung während des Wachstumsverlaufes (Tab. 5.31 und 5.32). Eine 25 %ige Energierestriktion bis zum 15. Lebensmonat führt zu bedeutenden Unterschieden in Schlachtkörpergewicht, Knochen- und Fettanteil sowie in den täglichen Ansatzleistungen. Bei einer nachfolgenden 6monatigen Erhöhung des Energieniveaus wird bis zum 21. Lebensmonat kein Wachstumsausgleich erzielt, obwohl im täglichen Ansatz von eßbarem Eiweiß und insbesondere von Fett ein beschleunigtes Aufholwachstum festzustellen ist. Am Mastende sind die wechselintensiv ernährten Mastbullen infolge der Intensität der Restriktion und der Dauer dieser Phase kleinrahmiger, leichter und auch geringfügig fetter. Damit führt auch eine 6monatige intensive kompensatorische Phase nicht zur vollständigen Kompensation im Wachstum und zu einer verstärkten Fetteinlagerung gegenüber dem Eiweißansatz durchgehend intensiv ernährter Rinder. In der letzten Phase vor der Schlachtung vom 19. bis 21. Monat werden täglich 215 g Fett angesetzt gegenüber 105 g in der durchgängig intensiv ernährten Gruppe. Diese Auswirkungen können durch Verringerung der Restriktion und eine bessere Abstimmung der Mastphasen gemindert werden.

Tab. 5.31: Einfluß einer wechselintensiven Ernährung auf die Schlachtkörperzusammensetzung von Bullen des Schwarzbunten Rindes (PAPSTEIN u. a. 1992)

Alter (Monate)		intensiv (I)			restriktiv – intensiv (II)		
		15	18	21	15	18	21
Mastendgewicht	kg	474	549	628	390	487	589
Schlachtkörper	kg	266	305	356	201	262	324
Fleischteilstücke	%	59,3	57,4	57,4	61,8	58,9	57,1
Knochen	%	18,7	17,2	16,8	20,7	17,5	17,1
Nierentalg	%	2,2	3,1	2,9	1,3	2,0	3,3
Eßbares Eiweiß	%	15,8	15,3	15,4	15,9	15,7	15,2
Eßbares Fett	%	10,4	14,5	15,9	7,4	11,8	15,9
Intram. Fett (Ml)	%	1,1	2,5	2,5	0,8	1,6	2,6

Fütterungsgruppe I vom 5.–21. Lebensmonat   hohes Niveau
Fütterungsgruppe II vom 5.–15. Lebensmonat 75 % der Energie von FG 1   niedriges Niveau
                    vom 16.–21. Lebensmonat   hohes Niveau

Tab. 5.32: Ansatzleistung von wechselintensivernährten Bullen des Schwarzbunten Rindes (PAPSTEIN u. a. 1992)

Alter (Monate)	5–15		16–18		19–21	
Fütterungsgruppe	I	II	I	II	I	II
Nettotageszunahme g/Tg	614	414	419	676	552	660
Innenfett g/Tg	60	24	141	121	94	229
Eßbares Eiweiß g/Tg	96	63	46	99	78	85
Eßbares Fett g/Tg	72	34	174	176	105	215

5.3.3 Alter und Mastendgewicht

Alle Merkmale der Schlachtkörper- und Fleischqualität sind, wenn auch in unterschiedlichem Maße, altersabhängig und unterliegen wachstumsphysiologischen Gesetzmäßigkeiten. Der Einfluß des Alters ist nur sehr schwierig zu trennen vom Einfluß des Gewichts. Im allgemeinen kann man davon ausgehen, daß Merkmale, die mit der sexuellen Entwicklung in Verbindung stehen stärker altersabhängig sind, während die Ernährung in der Gewichtszunahme dominiert. Mit dem Alter ändern sich vor allem die Körperproportionen sowie die Verhältnisse der Gewebe und der einzelnen Teilstücke innerhalb des Schlachtkörpers. Der Anteil des Vorderviertels und dessen Teilstücke nehmen von 200–650 kg deutlich um 4,5 % zu. In gleichem Maße verringert sich der Anteil des Hinterviertels und dessen wertvoller Teilstücke, sichtbar am mit zunehmendem Alter bzw. Gewicht um 3,9 % geringer gewordenen Anteil der Pistole und der Keule (1 %) (Tab. 5.33 und 5.34). Deutlich altersabhängige Merkmale der Fleischqualität sind solche, die in Zusammenhang mit der Fettgewebsbildung stehen. Das betrifft alle Arten des Fettgewebes, insbesondere beim Rind auch die Entwicklung des zwischen den Muskeln der Teilstücke und der Muskelgruppen gelegene intermuskuläre Fett. In den mageren Teilstücken Keule und Bug verdoppelt sich dessen Anteil, in den fetten Teilstücken Dünnung, Brust wird er sogar verdreifacht. Die hervortretende Erhöhung des Fettgewebeanteils im Rückenbereich ist zusätzlich auf die Zunahme der Fettabdeckung zurückzuführen (Tab. 5.35).

Tab. 5.33: Viertelanteile des Schlachtkörpers von Bullen der Rasse Fleckvieh im Verlauf des Wachstums (AUGUSTINI u. a. 1992)

Gewichtsgruppe (kg)	200	350	500	575	650
Vorderviertel	43,2	45,0	46,0	47,4	47,7
Hinterviertel	56,6	54,9	53,8	52,8	52,2
„Pistole"	42,0	40,3	39,1	38,3	38,1

Tab. 5.34: Anteil der Teilstücke bei unterschiedlichem Alter von Bullen der Rasse Schwarzbunt (PAPSTEIN u. a. 1992)

Alter in Monaten	12	18
Lebendgewicht, kg	397	569
Ausbeute, %	55,2	57,8
Schlachtkörper, kg	215	324
Keule, %	26,2	25,2
Roastbeef, %	7,8	8,2
Filet, %	2,0	2,1
Bug, %	12,1	12,4
Kamm, %	11,0	11,2
Nierenfett, %	3,9	5,9
Fläche $M.\ longissimus$, cm^2	62,9	85,4

Tab. 5.35: Fettgewebeanteile der Teilstücke von Fleckviehbullen im Verlauf des Wachstums (Mittelwerte in % des Schlachtgewichtes, AUGUSTINI u. a. 1992)

Gewichtsgruppe (kg)	200	350	500	575	650
Kamm	6,2	7,4	9,6	9,9	10,4
Fehlrippe	7,3	10,7	12,4	12,8	12,8
Brust und Spannrippe	14,2	21,7	23,4	25,6	25,5
Bug	7,2	11,0	12,8	13,3	14,3
Vorderhesse	2,6	3,2	3,6	5,3	5,1
Keule	5,3	7,7	8,9	10,2	10,0
Roastbeef	4,1	8,2	9,6	12,5	11,9
Hochrippe	7,9	13,8	15,5	17,2	17,2
Filet	8,7	11,4	13,1	11,8	12,8
Dünnungen	10,6	21,4	27,2	27,9	29,6
Hinterhesse	3,8	5,7	6,5	7,2	9,0

Mit zunehmendem Alter wird das Fleisch unter der Voraussetzung eines konstanten Fettgehaltes zäher. Dieser Effekt wird jedoch durch den allgemein zunehmenden intramuskulären Fettgehalt verdeckt, aufgehoben bzw. verschleiert (Tab. 5.36). In dem vorliegenden Versuch ist der intramuskuläre Fettgehalt von 12 bis 24 Monaten Alter in allen drei untersuchten Muskeln bei den Mastbullen der Rassen Deutsche Schwarzbunte und Deutsche Angus zumindest verdoppelt. Die Galloway weisen sogar noch eine höhere Zunahme der intramuskulären Verfettung auf. Dementsprechend weist der Scherwert auf eine verbesserte Zartheit hin. Die Ursache für die mit dem Alter zunehmende Zähigkeit des Fleisches ist in erster Linie nicht auf den steigenden Kollagengehalt, sondern auf die verstärkte Quervernetzung der Bindegewebsfascien zurückzuführen. Diese Quervernetzung ist eine Folge der sexuellen Reifeprozesse insbesondere bei Bullen. Vielfach sind die Veränderungen der Zartheit zusätzlich überlagert von weiteren Einflüssen, wie der Muskelfaserstärke, der Bündelstruktur, der Kühlung oder der Reifung. Das Safthaltevermögen unterliegt kaum einem Alterseinfluß. Eine Verbesserung tritt mit Zunahme des intramuskulären Fettgehaltes ein.

Tab. 5.36: Altersabhängige Veränderung der Fleischbeschaffenheit bei Mastbullen verschiedener Rassen und Muskeln (PAPSTEIN und ENDER 1996)

Alter	Mon.	Deutsche Schwarzbunte		Deutsche Angus		Galloway	
		12	24	12	24	12	24
M. longissimus							
Farbhelligkeit	L*	35,8	32,1	35,3	33,2	33,5	33,4
Preßsaft	%	29,8	31,4	30,8	33,6	31,0	31,0
Scherwert	kp/cm^2	16,0	10,0	15,8	9,8	12,2	8,5
intramuskuläres Fett	%	2,1	4,8	1,3	3,8	1,3	5,5
M. semitendinosus							
Farbhelligkeit	L*	43,3	36,9	43,1	37,2	41,4	37,9
Preßsaft	%	36,6	36,6	35,6	37,3	33,1	33,5
Scherwert	kp/cm^2	12,0	13,2	15,5	13,8	13,6	14,1
intramuskuläres Fett	%	1,4	2,6	1,1	2,3	1,1	2,9
M. caput longum							
Farbhelligkeit	L*	37,6	32,2	38,1	32,9	36,5	34,6
Preßsaft	%	33,7	34,9	33,7	38,2	32,7	34,5
Scherwert	kp/cm^2	9,8	9,3	10,0	8,6	8,6	7,6
intramuskuläres Fett	%	1,3	3,5	1,0	2,8	1,4	4,3

Die Muskelfarbe unterliegt einer klaren Altersabhängigkeit. Mit zunehmendem Alter wird sie dunkler, und es erhöht sich der Myoglobingehalt. Das Rot wird intensiver und die Reflexion des Lichtes verringert sich (Tab. 5.37). Einfluß nimmt hierbei die Hypertrophie der Muskelfasern. Die deutlich sichtbaren altersabhängigen Veränderungen in der geweblichen

Entwicklung lassen sich für die Merkmale der Fleischbeschaffenheit bis auf den intramuskulären Fettgehalt weniger gravierend ausweisen. Befunde werden dann nachweisbar, wenn im Komplex der vielfältigen, auch gegenläufig wirkenden altersabhängigen Einflußfaktoren einer überwiegt.

Tab. 5.37: Der Einfluß des Alters auf den Gesamtpigmentgehalt und die Hunterlab-Farbwerte im M. *longissimus* von Jungbullen der Rasse Fleckvieh (AUGUSTINI 1987)

Alter (Monate)	Gesamtpigment mg/100 g	Helligkeit L*	Rotton a	Gelbton b
14	7,6	34,4	13,0	7,3
18	15,0	32,6	14,8	7,5
24	21,2	28,8	15,4	7,0

5.3.4 Ochsenmast (Stall- und Weidemast)

Die Mast von kastrierten Bullen (Ochsenmast) ist ein altbekanntes Verfahren, das in Südamerika, den USA, Großbritannien und Frankreich den jeweiligen Strukturverhältnissen angepaßt wurde. Auf diese Weise werden weite Grünlandgebiete durch die Anwendung dieses arbeitsextensiven und umweltfreundlichen Verfahrens für eine kostengünstige Rindfleischerzeugung genutzt. In den Steakhäusern und Restaurants dieser Länder wird Ochsenfleisch aufgrund seiner hohen Eßqualität geschätzt. Dieser Trend beginnt sich auch in Mitteleuropa abzuzeichnen. Auch in Deutschland ist eine stärkere Nachfrage der Konsumenten nach Qualitätsrindfleisch zu erwarten. In Deutschland und in Europa war dieses Verfahren ursprünglich weit verbreitet. Die Ochsenmast, die in den zurückliegenden 30 Jahren von der intensiven Bullenstallmast fast gänzlich verdrängt worden ist, wird mit zunehmender Wertschätzung der Eßqualität und ökologischer Gesichtspunkte wieder an Bedeutung gewinnen. Um im Wettbewerb mit anderen Rinderkategorien am Markt bestehen zu können, muß eine ganzjährig kontinuierliche Qualitätsfleischerzeugung organisiert werden. Diese Möglichkeit besteht mit Jungochsen, die umweltfreundlich und artgerecht im Stall und auf der Weide gehalten werden können. Sie zeigen ein ruhiges Herdenverhalten und stellen im Vergleich zu Jungbullen geringere Ansprüche an Technologie und Ernährung. Die Schlachtergebnisse von 12 und 24 Monate alten Holstein-Friesian und Uckermärker-Ochsen bei einer mittelintensiven Stallmast demonstrieren die Leistungsunterschiede der divergierenden Zuchtrichtungen (Tab. 5.38). Die Überlegenheit der Fleischrindochsen gegenüber denen von Milchrindern ist im Lebendendgewicht, der Schlachtausbeute, dem Fleischanteil und der Ausbildung der Muskulatur ähnlich hoch wie bei den Fleischrindbullen. Die Schlachtkörper der 24 Monate alten Fleischrindochsen enthalten weniger Knochen und Fett. Im Interesse der Qualitätsfleischerzeugung ist eine Reduzierung des Fettgehaltes durch ein niedrigeres Ernährungsniveau oder ein früheres Schlachtalter zu erreichen.

Bei der kombinierten Weide-Stallendmast von Jungochsen gilt es, produktionstechnische Zusammenhänge zu kennen, um sie beim Management berücksichtigen zu können. Die Beherrschung dieses Produktionsprozesses spiegelt sich in den Wachstumsleistungen und in der Schlachtkörperqualität wider. Im ersten Weidejahr üben Futteraufnahme, Nährstoffgehalt des Weidefutters und Parasitenbefall einen starken Einfluß auf die Wachstumsleistung aus. Die anschließende Winterfütterung sollte für einjährige Ochsen restriktiv gestaltet werden, um in der 2. Weideperiode bzw. Endmast das kompensatorische Wachstum zu ersetzen. Eine Endmastphase ist erforderlich, wenn das Energieangebot des natürlichen Grünlandes oder das der extensiv bewirtschafteten Weideflächen zur Erzielung der gewünschten Schlachtreife nicht ausreichen. Besonders junge Ochsen mit ihrem relativ hohen Muskelbildungsvermögen weisen nach Weideabtrieb einen zu geringen intramuskulären Fettgehalt in den Fleischteilstücken auf. Die Endmast verfolgt das Ziel, das Lebendgewicht in kurzer Zeit zu erhöhen, um Steakfleischqualität zu erzeugen (> 2,5 % intram. Fett im *M. longissimus*) und die Fettfarbe zu verbessern. Die Fettfarbe erhält durch den Karotingehalt des Weidefutters einen Gelbton. Durch die Endmast, z. B. mit Verfütterung von Silage, wird diese vom Verbraucher bemängelte Eigenschaft beseitigt. Die Endmast kann ansonsten auf der Weide (Zufütterung von Konzentratfutter) oder im Stall bis zur Erreichung der gewünschten Mastkondition erfolgen. In einem Praxisversuch wurden von August bis April geborene Kälber des Schwarzbunten Rindes in ein Produktionszyklogramm integriert und nach Erreichen eines Alters von 15, 18, 21 und 24 Monaten geschlachtet (Tab. 5.39). Mit zunehmendem Alter erhöhte sich das Schlachtkörpergewicht und die Fläche des Rückenmuskels. Marmorierung und intramuskulärer Fettgehalt erfüllen die Anforderungen an Rindfleisch in Steakqualität. Der intramuskuläre Fettgehalt liegt bereits im Alter von 15 Monaten über 3,2 % und die Marmorierungsnote über 2,6. Die Ausbeute der 24monatigen Fleischrindochsen erreicht 60 %, die der Holstein-Friesian 57 %. Der Knochenanteil sinkt auf 14 % bzw. 16 %.

Tab. 5.38: Schlachtergebnisse von Ochsen der Rassen Holstein-Friesian und Uckermärker bei mittelintensiver Stallmast (Kastration im 8. Lebensmonat) (PAPSTEIN 1995)

Schlachtalter	Mon.	Holstein-Friesian		Uckermärker	
		12	24	12	24
Lebendendgewicht	kg	360	617	381	680
Schlachtausbeute	%	54,5	57,4	56,6	60,4
Keule, Roastbeef, Filet	kg	36,7	62,1	40,5	79,7
M. longissimus	kg	3,81	6,07	4,45	9,27
M. semitendinosus	kg	1,41	2,17	1,65	3,07
M. caput long.	kg	2,18	3,49	2,25	4,14
Knochen	%	19,2	15,5	17,0	13,6
Eßbares Fett	%	10,57	23,73	11,27	20,17
Intram. Fett im *Ml*	%	1,43	7,23	1,83	5,15

Tab. 5.39: Schlachttierqualität von mit 8 Monaten kastrierten Jungbullen des Schwarzbunten Rindes bei einer kombinierten Weide-Stallendmast (PAPSTEIN und WENDT 1993)

		Schlachtalter in Monaten			
		15	18	21	24
Lebendendgewicht	kg	405	472	507	560
Schlachtkörper	kg	228	263	281	317
Innenfett	%	6,7	8,0	7,6	8,1
M. longissimus					
Muskelfläche	cm^2	56,3	60,0	63,3	66,3
Marmorierung	Pkt. (1–6)	2,6	2,8	2,9	3,2
Intramuskuläres Fett	%	2,9	3,2	3,8	4,5

5.3.5 Nachmast von Kühen

Milchkühe, am Ende der Laktation geschlachtet, weisen häufig eine ungenügende Schlachtkörperqualität auf. Für stark abgemagerte (abgemolkene) Milchkühe bis zur 4. Laktation ist eine Weide- bzw. Stallnachmast vor der Schlachtung empfehlenswert, falls preisgünstiges Futter und Stallraum bzw. Weidefläche zur Verfügung stehen. Der Fettgehalt im Schlachtkörper sollte nach der Aufmast 17 % nicht überschreiten. Die Verarbeitungseigenschaften und der Verkaufswert würde dadurch negativ beeinflußt. Vor der Nachmast ist es erforderlich, die Kühe trockenzustellen. Es sollten tägliche Lebendgewichtszunahmen von 800 bis 900 g angestrebt werden.

Tab. 5.40: Einfluß der Nachmast auf die Schlachtkörperzusammensetzung von Kühen des Schwarzbunten Milchrindes (GROSSE und PAPSTEIN 1986)

Dauer der Nachmast	Mon.	Weidenachmast		Stallnachmast		
		0	4	0	4	10
Lebendgewicht	kg	457	477	414	439	499
Ausbeute	%	51,6	51,9	47,8	51,7	53,4
Innenfett	%	4,1	4,2	2,8	4,6	6,6
Intram. Fett im *Ml*	%	1,3	2,0	1,2	3,0	4,3
Knochen, Sehnen	%	19,1	21,9	22,7	20,8	20,0
Eßbares Eiweiß	%	15,9	16,1	15,0	15,0	14,3
Eßbares Fett	%	12,6	8,5	8,6	12,6	16,9

Die Ergebnisse der Weide- bzw. Stallnachmast zeigen eine Erhöhung des Lebendendgewichtes, der Schlachtausbeute, des Innenfettanteils und des intramuskulären Fettgehaltes (Tab. 5.40). Bei einer 8- bis 10wöchigen Weidenachmast führt der Gewichtszuwachs zu keiner Minderung der Schlachtkörperqualität. Hier verhindert das Weidefutter eine übermäßige Verfettung. Bei der Stallmast auf der Basis von wirtschaftseigenem Futter sollte die Nachmast nicht mehr als 8 Wochen betragen, da ansonsten der Fettansatz überwiegt. Gegenüber jüngeren Kühen verlieren ältere die Fähigkeit zum nachträglichen Eiweißansatz, und eine Nachmast ist nicht mehr lohnend.

5.4 Besonderheiten von Kalbfleisch

Kalbfleisch wird mit jungen, intensiv gemästeten Kälbern erzeugt. Von diesem Fleisch wird erwartet, daß es die typischen Kalbfleischeigenschaften aufweist. Als solche Eigenschaften gelten die weiße Farbe, die Zartheit und die leichte Verdaulichkeit. Die Anforderungen an Kalbfleisch beinhalten sowohl Produkteigenschaften als auch Vorgaben für die Erzeugung hinsichtlich Alter und Fütterung. Damit erfolgt eine Abgrenzung zur Kategorie Jungmastrinder.

Die weiße Farbe des Fleisches wird nur von Kälbern aus der speziellen Milchmast garantiert. Bei dieser Ernährungsform mit Verzicht der Zuführung von Rohfaser wird die Ausbildung der Vormägen verhindert. Die Vormägen werden ansonsten von Wiederkäuern in diesem Altersbereich biologisch bedingt ausgebildet. Diese traditionelle Form der Erzeugung von Kalbfleisch weißer Farbe über eine intensive Milchmast führt mit Überschreiten der artspezifischen Säugeperiode und der Verhinderung der Aufnahme von Rohfaser zu gesundheitlichen Störungen und abnormem Verhalten. Der Tierschutz gebietet nunmehr mit zunehmendem Gewicht bzw. Alter die Zufütterung von Rauhfutter und damit die Gewährung von Rohfaser. Im Gegensatz zur Milch ist darin auch Eisen enthalten. Bei der Zufütterung von Rauhfutter und der Fütterung von Konzentraten wird die Ausbildung der Vormägen nicht mehr gehemmt, aber das Fleisch erhält durch die damit verbundene Zufuhr von Eisen eine rosarote Farbe. Man kann somit zwischen weißem und rosarotem Kalbfleisch unterscheiden. Sensorisch bestehen zwischen beiden Formen keine Unterschiede. Voraussetzung ist dabei eine intensive Mast bzw. ein schnelles Wachstum mit hohen Tageszunahmen der Kälber über 1.000 g und die Einhaltung von Gewichtsobergrenzen. Für die Merkmale der Fleischbeschaffenheit sind die aus Tabelle 5.41 ersichtlichen Produkteigenschaften zu erfüllen.

Tab. 5.41: Anforderungen an die Produkteigenschaften von Kalbfleisch (gemessen in der Oberschale – M. semimembranosus)

Produkteigenschaft	angestrebter Wert
pH-Wert	pH 36 p. m. $\leq 5{,}7$
Farbhelligkeit	Helligkeitswert 36 h p. m. $L^\star \geq 40$
Zartheit (gereift)	Scherkraft nach Warner-Bratzler ≤ 4 kp/cm

Für das Verständnis der Verbraucher ist die helle möglichst weiße Farbe des Fleisches das wesentlichste, allgemein bekannte Kriterium für Kalbfleisch. Die Fleischfarbe, präziser die Farbhelligkeit, ist abhängig von Pigmentgehalt und End-pH-Wert. Das Kalbfleisch kann nach seiner Farbe untergliedert werden in: weiß, leicht pink, pink, dunkel pink und rot (VALIN 1991). Innerhalb dieser Klassen und innerhalb der Schlachtkörper besteht eine breite Variation hinsichtlich Farbhelligkeit und Pigmentgehalt. Bereits geringe Veränderungen im End-pH-Wert können zu Überlappungen der Klassen führen. In hellen Muskeln ist die Farbhelligkeit in gleicher Weise beeinflußt durch den Pigmentgehalt, den End-pH-Wert und den pH-Wert-Abfall.

Gleichfalls an Kalbfleisch geknüpfte Erwartungen hinsichtlich einer besonderen Zartheit werden häufig nicht erfüllt. Dabei hat die Farbe mehr Bedeutung für die Klassifizierung zur Schlachtung. Demgegenüber dominiert in der Akzeptanz seitens der Verbraucher die Zartheit. Geruch und Geschmack sind vergleichsweise nachgeordnet. Die Zartheit des Kalbfleisches hängt im wesentlichen ab:
- vom Gehalt an Kollagen und dem Grad an Doppelbindungen,
- vom Rigor mortis und der Reifung sowie
- der Zubereitung des Fleisches.

Gegenüber dem Schlachtalter überwiegen die Einflüsse von Schlachtung, Kühlung und Reifung. Mängel in der Zartheit sind häufig mit hohen Kochverlusten und einer geringen Wasserhaltekapazität verbunden. Entscheidend dafür sind ein zu niedriger End-pH-Wert verbunden mit einem beschleunigten pH-Wert-Abfall nach der Schlachtung. Die Qualitätseigenschaften des Kalbfleisches werden somit maßgebend vom glykolytischen Potential des Muskels zur Schlachtung bestimmt.

Als Verfahren für die Erzeugung von Kalbfleisch sind die spezialisierte Stallmast und die Mutterkuhhaltung möglich. In der spezialisierten Stallmast werden die Kälber bis zu einem Alter von maximal 250 Tagen mit einem Schlachtkörpergewicht bis 180 kg intensiv gemästet. Die Mast kann mit Milch, Milchaustauschertränke, pelletiertem Kraftfutter, Heu oder energiereicher Silage erfolgen. Für das spezielle weiße Kalbfleisch sind die Alters- bzw. Gewichtsgrenzen niedriger anzusetzen. Für die spezialisierte Stallmast wird künftig die Haltung in Gruppenbuchten angestrebt. In Einzelbuchten ist entsprechende Bewegungsfreiheit zu garantieren. Es eignen sich sowohl Kälber der Fleischrassen als auch der Zweinutzungs- und Milchrindrassen beiderlei Geschlechts.

In dem Verfahren mit Kälbern aus der Mutterkuhhaltung wird ausschließlich rosarotes Kalbfleisch erzeugt. Diese Tiere sind während der gesamten Mast an der Mutterkuh zu belassen. Eine Zufütterung von Kraftfutter ist möglich. Die Schlachtung erfolgt bei einem höheren Alter von 320 Tagen und 200 kg Schlachtkörpergewicht. In Ergänzung zur Veränderung der Fleischfarbe führt das Fütterungssystem und die daraus folgende Magenausbildung bei der Konzentratmast oder der Mutterkuhhaltung zu einer Verringerung des Ausbeute gegenüber der reinen Milchmast. Der Anteil Knochen ist demgegenüber bei den Milchmastkälbern erhöht.

Die Zerlegung der Schlachtkörper (Abb. 5.9) erfolgt in Hals (Nacken), Rücken (Kotelett), Keule, Schulter (Bug), Bauch, Brust und Haxen. Die Keule wird weiter zerlegt in Oberschale, Hüfte (Blume), Unterschale (Schwanzstück) und Kugel (Nuß). Diese vier Teilstücke liefern mit

Besonderheiten von Kalbfleisch

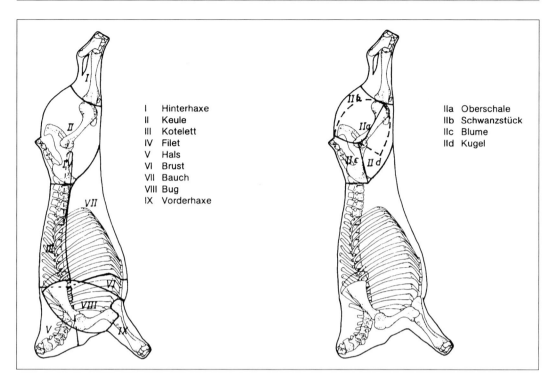

Abb. 5.9: Zerlegung beim Kalb (SCHEPER und SCHOLZ 1985)

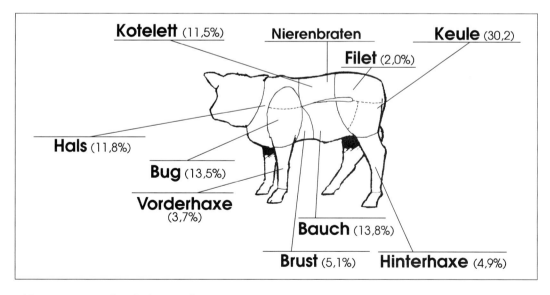

Abb. 5.10: Die Teilstücke beim Kalb

30,2 % am Schlachtkörper die bekannten Kalbsschnitzel (Wiener Schnitzel). Aus der Rückkenpartie stammen zu 11,5 % Kotelett und Nierenbraten (Abb. 5.10). Die Zubereitung weiterer Formen von Kalbsbraten ist auch aus weiteren Teilstücken möglich. Eine besondere Form der Verwendung, unabhängig vom Teilstück, ist die Verarbeitung zu Babynahrung. Dafür eignen sich auch ohne Qualitätsabstriche die Teilstücke des Vorderviertels.

Literatur

ALBRECHT, E.; WEGNER, J.; ENDER, K.: Eine neue Methode zur objektiven Bewertung der Marmorierung von Rindfleisch. Fleischwirtschaft 76 (1996), 95–98

ANONYM: Rindfleisch – herzhaft und delikat. CMA – Bonn 1995

ARNETH, W.: Der BEFFE-Wert und seine Bestimmung. Kulmbacher Reihe, Band 6 (1986), S. 156–170

AUGUSTINI, C.: Einfluß produktionstechnischer Faktoren auf die Schlachtkörper- und Fleischqualität beim Rind. In: Rindfleisch – Schlachtkörperwert und Fleischqualität. Kulmbacher Reihe, Band 7 (1987), 152–179

AUGUSTINI, C.: Technische Maßnahmen zur Erhaltung und Verbesserung der Fleischqualität beim Rind. Galloway-Journal 4 (1995), 97–104

AUGUSTINI, C.; BRANDSCHEID, W.; SCHWARZ, F. J.; KIRCHGESSNER, M.: Wachstumsspezifische Veränderungen der Schlachtkörperqualität von Mastrindern der Rasse Fleckvieh. 2. Einfluß von Fütterungsintensität und Schlachtgewicht auf die grobgewebliche Zusammensetzung von Jungbullenschlachtkörpern. Fleischwirtschaft 72 (1992), 1706–1711

AUGUSTINI, C.; TEMISAN, V.; KALM, E.; GRUHE, M.: Mastintensität und Fleischqualität beim Rind. Mitteilungsblatt der Bundesanstalt für Fleischforschung, Heft 29 (1990), S. 123–129

CUNDIFF, L. V.; GREGORY, K. E.; WHEELER, T. L.; SHACKELFORD, S. D.; KOHMARAIE, M.: Carcass and meat characteristics of Tuli, Boran, Brahman, Belgian Blue Piemontese, Hereford and Angus Breed crosses in the cattle germplasm evaluation programm. Agricultural Research Service. U. S. Department of Agriculture, Roman L. Hruska U. S. Meat Research Center, Clay Center, Nebraska 68933 USA (1993)

ENDER, B.: Vergleichende Untersuchungen zum Schlachtwert und zur Fleischbeschaffenheit bei robusten und fleischbetonten Rindern im Hinblick auf deren Marktfähigkeit. Diplomarbeit. Universität Göttingen (1995)

ENDER, K.: Umrechnungsfaktoren von Schlachtkörpermasse auf Lebendmasse beim Rind. Tagungsbericht Nr. 236 der AdL Dummerstorf. S. 104–109 (1985)

GROSSE, F.; PAPSTEIN, H.-J.: Wachstumsuntersuchungen an SMR-Kühen. Mastleistung, Schlachtwert. Forschungsbericht des FZT Dummerstorf (1986)

GROSSE, F.; WECKE, K.-H.: Das Bratenfleischsortiment von Mastjungbullen des Schwarzbunten Milchrindes. Fleisch 40 (1986). S. 6–9

KÜHNE, D.; FREUDENREICH, P.; RISTIC, M.: Fettsäuremuster verschiedener Tierarten. 2. Mitt.: Fette von Wiederkäuern, Kaninchen und Hähnchen. Fleischwirtschaft 66 (1986), S. 403–406

LIBORIUSSEN, T.; ANDERSEN, B. B.; BUCHTLER, L.; KOUSGAAD, K.; MOLLER, A. J.: Crossbreeding Experiment with beef and dual-purpose sire breeds on danish dairy cows – part IV. Livestock Production Science 4 (1977), 31–43

LIBORIUSSEN, T.; BECH ANDERSEN, B.; BUCHTLER, L.; KOUSGAARD, K.; JUEL MÖLLER, A.: Crossbreeding experiment with beef and dual-purpose sire breeds of Danish dairy cows. IV Physical, chemical and palatability characteristics of longissimus dorsi and semitendinosus muscles from crossbred young bulls. Livestock Prod. Sci. 4 (1977), 31–43

LOSAND, B.; GABEL, M.; MEIER, H.; KARSTEN, J.: Aminosäurenansatz von Masthybridbullen. 42. Jahrestagung der EVT. Berlin (1991). N5.51

NATIONAL LIVESTOCK AND MEAT BOARD (1988): Meat evaluation handbook. Chicago: National Livestock and Meat Board.

NEUMANN, W.; MARTIN, J.: Schlachtkörperzusammensetzung und Fleischqualität bei verschiedenen Genotypen. Proceedings Beef Carcass And Meat Quality Evaluation. Research Center of Animal Production Dummerstorf/Rostock

PAPSTEIN, H.-J.: Extensive Rinderhaltung, Qualitätsfleischerzeugung und -Vermarktung, Spezialisierung der Produktion – Ochsen. DGfZ-Schriftenreihe (1995)1, 95–103

PAPSTEIN, H.-J.; ENDER, K.: Auch Jungkühe können Qualitätsfleisch liefern. Bauern-Zeitung 35 (1994) 52, 22–23

PAPSTEIN, H.-J.; ENDER, K.: Proteinansatz im Schlachtkörper unterschiedlicher Genotypen. Schriftenreihe FBN Dummerstorf. Heft 8 (1996). S. 81–89

PAPSTEIN, H.-J.; ENDER, K.; LOSAND, B.: Jungrindermast braucht gezielte Förderung. Neue Landwirtschaft. Heft 2 (1995). S. 61–63

PAPSTEIN, H.-J.; ENDER, K.; PAPSTEIN, I.: Wachstumsuntersuchungen an großrahmig-breiten Bullen des Schwarzbunten Rindes (Zuchtrichtung SMR). Archiv f. Tierzucht 35 (1992) 6, 551–560

PAPSTEIN, H.-J.; OTTO, E.; WECKE, K.-H.: Ausschlachtungsergebnisse von 500 kg schweren Mastbullen der Milchrassenkreuzung. Archiv f. Tierzucht 30 (1987) 4, 395–400

PAPSTEIN, H.-J.; WENDT, M.: Rindfleischqualität über Ochsenmast. Tagungsbericht FBN. Rinderzucht, Fleischqualität und Extensivierung (1993) 23–32

SCHEPER, J.; SCHOLZ, W.: DLG-Schnittführung für die Zerlegung der Schlachtkörper von Rind, Kalb, Schwein und Schaf. Deutsche Landwirtschafts-Gesellschaft e. V. Frankfurt/M. 1985

SCHEPER, J.; STIEBING, A.; GAREIS, M.: Fleisch und Fleischerzeugnisse. AID Verbraucherdienst. Bonn 1005 (1996)

TEMISAN, V.; AUGUSTINI, C.: Wege zur Erzeugung von Qualitätsrindfleisch. Kulmbacher Reihe Bd. 7 (1987) 299–337

VALIN, C.: Biochemical muscle characteristics and veal quality traits. Proceedings of Symposium on veal calf production. Wageningen, Netherlands (1991)

6 Schlachttierwert des Schweines

G. v. Lengerken, M. Wicke, K. Fischer

6.1 Komponenten des Schlachttierwertes

Bestimmende Faktoren des Schlachttierwertes des Schweines sind: Lebend- bzw. Schlachtgewicht, Schlachtausbeute, verwertbarer Schlachttierabgang, grobgewebliche Zusammensetzung bzw. Teilstücke des Schlachtkörpers sowie Qualität des Muskel- und Fettgewebes.

6.1.1 Schlachtgewicht, Schlachtausbeute, gewebliche Zusammensetzung, Teilstücke

Unter dem **Schlachtgewicht** ist bei Mastschweinen nach der 4. ViehFlGDV (Stand Jan. 1996) das Warmgewicht des geschlachteten, ausgeweideten Tieres ausschließlich der Zunge, der Geschlechtsorgane, des Rückenmarks, der Organe der Brust- und Bauchhöhle, der Flomen, der Nieren, des Zwerchfells und der Zwerchfellpfeiler zu verstehen. Außerdem muß das Gehirn entfernt werden, sofern der Kopf gespalten wird.

Bei den in Deutschland geschlachteten Schweinen ist im Verlauf der letzten 10 Jahre eine starke Anhebung des durchschnittlichen Schlachtgewichtes zu verzeichnen. Lag es 1985 noch bei 83 kg (alte Bundesländer), so beträgt es gegenwärtig ca. 90 kg (alte und neue Bundesländer), obwohl durch die Änderung der 4. ViehFlGDV seit 23. 6. 1994 Flomen, Nieren, Zwerchfell, Zwerchfellpfeiler nicht mehr dem Schlachtgewicht zugerechnet werden dürfen, was einer Gewichtsverminderung um ca. 2,6 % entspricht (BRANSCHEID u. a. 1994). Die Ursachen liegen zum einen darin, daß sich mit zunehmendem Lebend-/Schlachtgewicht die Schlachtkosten pro Gewichtseinheit verringern. Zum anderen haben sich im Zuge der Selektion auf erhöhten Protein- und verringerten Fettansatz die Ansatzverhältnisse dahingehend geändert, daß auch noch mit Gewichten über 110 kg entsprechend magere Schlachtkörper erzeugt werden können.

Die **Schlachtausbeute** liegt beim Mastschwein im Mittel bei knapp 80 %. Wie weit die Werte im Einzelfall abweichen, hängt von mehreren Faktoren ab. So verbessert sich die Schlachtausbeute nicht nur mit zunehmender Nüchterungsdauer, sondern auch mit ansteigendem Schlachtgewicht und höherem Muskel- und Fettgewebe (Tab. 6.1). Außerdem schlachten männliche Kastraten trotz geringeren Muskelfleischanteils besser aus als Sauen.

Vom **verwertbaren Schlachttierabgang** sollen an dieser Stelle nur die für die menschliche Ernährung bevorzugten Organe Leber, Herz und Zunge, deren Anteil in Relation zum

Schlachtgewicht bei insgesamt 2,6 % liegt, sowie das Blut (ca. 3,9 %) und das Flomen (je nach Muskelfleischanteil 1,4–2,9 %), erwähnt werden. Hinsichtlich weiterer Details wird auf Kapitel 13 verwiesen.

Der Begriff **grobgewebliche Zusammensetzung** erstreckt sich auf die Gewichtsanteile (in Prozent des Kaltgewichts) von Muskelgewebe (Skelettmuskulatur), Fettgewebe (Auflagefett, inter- und intramuskuläres Fett), Knochen, Sehnen und Schwarten, soweit diese durch manuelle Zerlegung (Messer) getrennt werden können.

Tab. 6.1: Ausschlachtung von Schweinen in Abhängigkeit vom Schlachtgewicht, von der Fleischfülle und von der Nüchterungsdauer (SCHMID 1987)

Schlachtgewicht (warm) kg[2]	Hkl. E + I %	Nüchterungsdauer, Std.[1] Ausschlachtung			
		6	12	18	24
79	50	79,47	80,77	81,75	82,51
	70	79,66	80,97	81,94	82,70
81	50	79,68	80,99	81,97	82,72
	70	79,87	81,18	82,16	82,91
83	50	79,86	81,17	82,15	82,90
	70	80,06	81,36	82,34	83,10
85	50	80,02	81,32	82,30	83,56
	70	80,21	81,52	82,50	83,25
87	50	80,14	81,45	82,43	83,18
	70	80,33	81,64	82,62	83,37
89	50	80,23	81,54	82,52	83,28
	70	80,43	81,74	82,71	83,47

[1] Von letzter Fütterung bis Verladung ab Hof
[2] Mit Flomen, Nieren u. Zwerchfell

Während der Anteil an Knochen, Sehnen und Schwarten mit insgesamt ca. 18 % weitgehend konstant ist, gibt es je nach genetischer Herkunft, Geschlecht, Fütterung und Haltung erhebliche Unterschiede in den Anteilen von Muskel- und Fettgewebe, so daß zwischen diesen ein nahezu umgekehrt proportionales Verhältnis besteht (Tab. 6.2).

Da der Muskelfleischanteil nicht nur erheblich variieren kann, sondern gleichzeitig auch die wichtigste quantitative Komponente des Handelswertes darstellt, war es folgerichtig, dieses Kriterium als Basis für die Handelsklasseneinstufung heranzuziehen (siehe Kap. 4).

Die von einem Schweineschlachtkörper zu gewinnenden Teilstücke besitzen einen stark unterschiedlichen Handelswert. Die sog. **wertvollen Teilstücke** (Schinken, Bug, Kamm, Kotelett und Lende) beinhalten die größeren Muskelpartien, und werden zu hochpreisigen Braten- und Kurzbratstücken zugeschnitten (Abb. 6.1).

Tab. 6.2: Durchschnittliche Gewebeanteile (%)[1] in Schweineschlachtkörpern unterschiedlicher Muskelfleisch- und Gewichtsbereiche (HÖRETH 1995)

Bereich	n	Muskelfleisch	Fettgewebe	Knochen	Sehnen	Schwarten
≥ 60 %						
80 < 90 kg	14	62,5	18,2	12,0	2,7	4,2
90 < 100 kg	14	62,3	18,8	11,9	2,5	4,1
55 < 60 %						
80 < 90 kg	31	57,4	23,8	11,9	2,4	4,1
90 < 100 kg	25	57,2	24,8	11,4	2,2	4,0
50 < 55 %						
80 < 90 kg	32	52,9	28,2	12,0	2,3	4,2
90 < 100 kg	36	52,0	29,6	11,7	2,2	4,2
≤ 50 %						
80 < 90 kg	13	48,4	32,6	12,3	2,1	4,2
90 < 100 kg	16	48,4	33,8	11,5	2,0	4,1

[1] Rest auf 100 % entspricht dem Zerlegeverlust

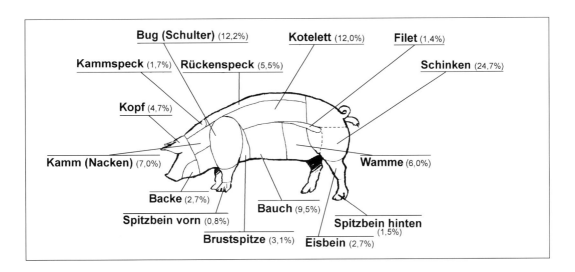

Abb. 6.1: Die Teilstücke beim Schwein (SCHEPER u. a. 1996)

Aus Tabelle 6.3 ist erkennbar, daß sich in Abhängigkeit vom Muskelfleischanteil des Schlachtkörpers nicht nur dessen Fettgewebeanteil verändert, sondern auch das relative Gewicht der Teilstücke. Um derartige Verschiebungen prüfen bzw. darstellen zu können, bedarf es eines exakt standardisierten Zerlegeverfahrens. Dies wird über die DLG-Schnittführung realisiert (Abb. 6.2 und 6.2.1, s. S. 161), auf die sich die in den Tabellen 6.3 und 6.4 angegebenen Daten beziehen.

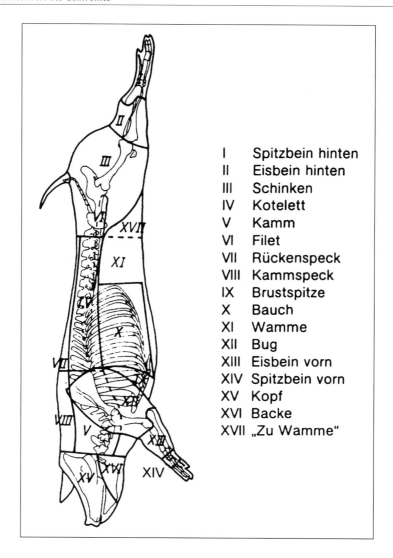

Abb. 6.2: DLG-Schnittführung beim Schwein (SCHEPER und SCHOLZ 1985)

Mit zunehmendem Magerfleischanteil des gesamten Schlachtkörpers vergrößern sich gerade die wertvollen Teilstücke, während der Anteil des Rückenspecks entsprechend zurückgeht. Relativ kleiner werden auch die Teilstücke Bauch, Wamme, Zuwamme und Backe.

Die mit geringerer Schlachtkörperverfettung einhergehende Zunahme an Fleischfülle ist in den fleischtragenden Körperregionen und damit auch in den Teilstücken unterschiedlich stark ausgeprägt. Zu besonders markanten Veränderungen kommt es in Schinken, Bug, Bauch, Kotelett und Kamm (Tab. 6.4). Hierbei ist die Erhöhung des Magerfleischanteils im Bauch, wo überschüssiges intermuskuläres Fettgewebe nicht einfach weggeschnitten werden kann, von besonderem Interesse. Dieses Teilstück wird dadurch auch am Frischfleischmarkt absetzbar und erbringt höhere Erlöse als bei einer Vermarktung als Verarbeitungsware.

Tab. 6.3: Durchschnittliche Teilstückanteile (in % des Schlachtkörpergewichtes) nach DLG-Schnittführung in Abhängigkeit vom Muskelfleischanteil des Schlachtkörpers (HÖRETH 1995)

Teilstücke	Muskelfleischanteil/Schlachtkörper			
	≥ 60 % n = 67	55 < 60 % n = 154	50 < 55 % n = 124	< 50 % n = 48
Schinken	26,8	25,9	25,0	24,5
Bug	13,7	13,4	13,1	13,0
Kotelett	13,7	13,0	12,3	11,7
Kamm	7,8	7,5	7,3	7,1
Filet	1,7	1,7	1,6	1,4
Bauch	9,3	9,7	10,2	10,7
Wamme	3,4	3,6	3,9	4,0
Zuwamme	1,9	2,0	2,2	2,3
Brustspitze	3,3	3,4	3,6	3,5
Eisbein, hinten	3,1	3,1	3,0	2,9
Spitzbein, hinten	1,4	1,4	1,4	1,4
Eisbein, vorn	2,0	2,0	1,9	1,9
Spitzbein, vorn	0,7	0,8	0,7	0,7
Kopf	4,6	4,5	4,4	4,4
Backe	2,7	3,0	3,2	3,3
Rückenspeck	2,9	3,8	4,8	5,6
Kammspeck	1,0	1,2	1,4	1,6

Tab. 6.4: Durchschnittliche Anteile (%) an Muskelfleisch (M) und Fettgewebe (F) in ausgewählten Teilstücken (DLG-Schnittführung) in Abhängigkeit vom Muskelfleischanteil (%) des Schlachtkörpers (HÖRETH 1995)

Teilstücke		Muskelfleischanteil/Schlachtkörper			
		> 60 % n = 67	55 < 60 % n = 154	50 < 55 % n = 124	< 50 % n = 48
Schinken	M	74,9	70,9	66,4	62,3
	F	13,2	17,3	21,6	25,8
Bug	M	68,4	64,6	60,7	57,0
	F	16,6	20,5	24,7	28,5
Kotelett	M	77,6	74,6	71,7	68,4
	F	5,6	7,9	10,6	13,0
Kamm	M	74,7	71,1	68,0	65,4
	F	11,0	14,3	17,5	19,6

Bauch	M	57,2	51,4	45,1	39,7
	F	27,7	34,6	42,0	48,3
Eisbein, hi.	M	53,4	51,8	48,9	46,7
	F	16,7	18,9	22,0	24,9
Eisbein, vo.	M	42,1	40,3	38,6	37,1
	F	11,4	13,2	14,9	16,6
Brustspitze	M	61,1	57,0	51,9	48,3
	F	18,2	22,9	28,8	33,0
Backe	M	38,1	33,8	30,0	25,5
	F	48,0	53,4	58,2	63,8

6.1.2 Qualität des Skelettmuskelfleisches

Die **Rohnährstoffzusammensetzung** des schieren Skelettmuskelfleisches (ohne grobe Sehnen, Fascien und **intermuskuläres** Fett) ähnelt grundsätzlich der von Fleisch anderer Schlachttierarten, d. h., es liegen z. B. im *M. longissimus dorsi* 22–24 % Eiweiß, 1–3 % Fett, 72–75 % Wasser und 1,0–1,2 % Asche vor.

Im Zuge der Umzüchtung des noch in den 50er Jahren verbreiteten Fettschweins zum heute vom Markt gewünschten Fleischschwein hat sich auch eine erhebliche Verringerung des intramuskulären Fettgehaltes zugunsten des Wasser- und Eiweißgehaltes eingestellt (Tab. 6.5). Der Aschegehalt blieb dagegen weitgehend konstant. Die in Tabelle 6.5 angegebenen Daten wurden an Schweinen der Deutschen Landrasse (LPA-Material) erfaßt, die inzwischen nur noch vereinzelt direkt zur Mast verwendet werden. Die heute üblichen Mastschweine sind Endprodukte spezieller Kreuzungs- und Hybridzuchtprogramme, deren Ziel es ist, die erwünschten Leistungseigenschaften der jeweiligen Ausgangsrassen/-linien zu kombinieren bzw. zu verstärken.

Tab. 6.5: Veränderung im Fleisch-/Fettflächenverhältnis und in der Rohnährstoffzusammensetzung (%) im Kotelett *(M. longissimus dorsi)* im Zeitraum zwischen den 50er und 80er Jahren (SCHEPER 1982)

Jahr	Fleisch-/Fettflächen-Verhältnis 1:	Fett %	Eiweiß %	Wasser %	Asche %
1958/59	1,12	4,6	22,1	71,3	1,1
1964	0,80	2,4	23,5	72,9	1,2
1971/72	0,66	2,5	22,8	73,5	1,2
1982	0,49	1,7	23,7	74,0	1,1
1989[1]	–	1,2	22,8	75,1	1,0

[1] SEUSS 1989

Wie Tabelle 6.6 zeigt, kann bei den meisten heutigen Gebrauchskreuzungen nur noch mit einem intramuskulären Fettgehalt von < 1,5 % gerechnet werden, wobei Kastraten auf Grund ihrer höheren Gesamtverfettung etwa 0,2 bis 0,4 Prozentpunkte höhere Gehaltswerte als Sauen aufweisen. Analoges gilt für den Unterschied zwischen den Vater- und Mutterrassen. Der Rückgang des intramuskulären Fettgehalts, der kaum die Membranlipide (Komplexlipide), aber um so mehr die im Perimysium lokalisierten Neutralfette (Triglyceride) betrifft, mag aus ernährungsphysiologischer Sicht als positiv angesehen werden. Andererseits hat das intramuskuläre Fett für das artspezifische Aroma eines Fleisches und auch für dessen Zartheit und Saftigkeit erhebliche Bedeutung (siehe auch Abb. 6.4). Aus diesem Grund werden zunehmend wieder höhere intramuskuläre Fettgehalte von mindestens 2 % gefordert.

In diesem Zusammenhang ist bemerkenswert, daß die intramuskuläre Fetteinlagerung im gesamten Muskelsystem sehr ungleichmäßig verteilt ist. Es bestehen nicht nur zwischen einzelnen Muskeln des gleichen Tieres, sondern sogar innerhalb bestimmter Muskeln beträchtliche Unterschiede. Das Tiermaterial, von dem diese Daten gewonnen wurden, beinhaltete auch nicht-marktkonforme, stärker verfettete Mastschweine. Deshalb liegen auch die Werte für den *M. longissimus dorsi* höher als bei den in Tabelle 6.6 angeführten Kreuzungsschweinen. Aber es wird ersichtlich, daß dieser Muskel, der häufig als Meßstelle benutzt wird, beim Schwein zu den Muskeln gehört, in denen die niedrigsten Fettgehalte vorliegen. Da sich die intramuskuläre Fetteinlagerung in den einzelnen Körperregionen wahrscheinlich in individuell unterschiedlichen Entwicklungsstadien vollzieht, kann aus dem Wert eines gegebenen Muskels nicht immer mit hoher Sicherheit auf die Werte anderer Muskeln geschlossen werden (Tab. 6.7). Die Korrelationskoeffizienten zwischen muskelspezifischen Fettgehalten können, je nach gegenübergestelltem Muskelpaar, von 0,2 bis 0,8 reichen. Zu den Muskeln, deren Fettgehalte mit denen der meisten anderen Muskeln noch am engsten korreliert sind (r = 0,6-0,8), zählen *M. biceps femoris, M. triceps brachii* und *M. longissimus dorsi*. Die Straffheit des Zusammenhangs zwischen intramuskulärem Fettgehalt und Schlachtkörperverfettung (Muskelfleischanteil) ist ebenfalls lokalisationsabhängig und scheint darüber hinaus auch von der genetischen Herkunft beeinflußt zu sein (FISCHER 1994).

Die Verteilung des intramuskulären Fettgehaltes innerhalb des *M. longissimus* ist in Abbildung 6.3 dargestellt. Es wird ersichtlich, daß im zentralen Bereich des Kotelettmuskels der geringste intramuskuläre Fettgehalt zu finden ist. Dies entspricht in etwa mit dem 13./14. BW der Meßstelle zur Selektion gegen die Rückenspeckdicke auf der Zuchtebene bzw. der Klassifizierungsstelle (2./3. letzte Rippe). Demgegenüber ist in der cranialen sowie caudalen Region des *M. longissimus* fast doppelt soviel intramuskuläres Fett eingelagert. Diese Inhomogenität in der Fettverteilung wirkt sich auf den sensorischen Gesamteindruck aus (Abb. 6.4).

Ob und in welchem Ausmaß Muskelgewebe nach der Schlachtung in Richtung **PSE** oder **DFD** verändert ist, hat bei Schweinefleisch für die Ausprägung der meisten technologischen, sensorischen und z. T. auch hygienischen Qualitätsfaktoren zentrale Bedeutung. Die üblicherweise erfaßten chemisch-physikalischen Merkmale der Fleischbeschaffenheit, wie z. B. pH-Wert, Leitfähigkeit, Farbe und Wasserbindung kennzeichnen beim Schwein letztlich den PSE-/DFD-Status. Dabei wird der Begriff PSE-Fleisch (pale, soft, exudative) für extrem helles, wäßriges Fleisch mit offener Struktur und der Begriff DFD-Fleisch (dark, firm, dry) für dunkles, festes, trockenes Fleisch mit geschlossener Struktur verwendet.

Tab. 6.6: Intramuskulärer Fettgehalt (%) im M. longissimus ausgewählter Rassen sowie Kreuzungsprogramme

Herkunft	intramuskulärer Fettgehalt (%) im M. longissimus
Deutsche Landrasse	$1,26^{1)}$ ... 1,62
Deutsches Edelschwein	1,69
Leicoma	1,80
Duroc	$2,11^{1)}$
Pietrain	$0,64^{1)}$ ... 1,22
Hampshire	$1,47^{1)}$
Pi★(DE★DL)	$0,93^{1)}$ ... 1,72
BHZP	$1,04^{1)}$
Dalland	$1,31^{1)}$

[1)] KALLWEIT u. BAULAIN 1995

Die Ursachen für das Entstehen von **PSE-Fleisch** liegen in einer erblichen Prädisposition, welche Fehlregulationen im Stoffwechsel des Muskels sowie erhöhte Anfälligkeiten des Kreislauf- und Nervensystems bedingt. Unter Belastungsbedingungen, wie z. B. Transport und Schlachtung kommt es, insbesondere bei streßanfälligen Tieren, zu einem überstürzten Glykogenabbau. Dabei wird Wärme freigesetzt, die zu einer Erhöhung der Fleischtemperatur und in Verbindung mit niedrigen pH-Werten zu einem Ausfällen bzw. Niederschlagen der Sarkoplasmaproteine auf die Myofibrillen führt. Dies bewirkt letztlich eine offene Struktur mit der Folge eines verringerten Safthaltevermögens und einer Farbaufhellung durch verstärkte Lichtstreuung und -reflexion.

DFD-Fleisch entsteht bei Schweinen, die längerfristigen Belastungen ausgesetzt sind. Unter dem Einfluß von Katecholaminen (Streßhormone) und motorischen Belastungen, ggf. unterstützt durch Nüchterungseffekte, kommt es zu einer Glykogenverarmung der Muskulatur zum Zeitpunkt der Schlachtung. Die unmittelbare Folge besteht in einer unzureichenden pH-Wert-Senkung post mortem, die zu einer geschlossenen Mikrostruktur mit hoher Wasserbindung und verringerter Lichtstreuung (dunkle Farbe) führt.

Schon aus der Fülle möglicher und sich verstärkender Ursachen ergibt sich, daß weder die PSE- noch die DFD-Kondition ein Alles-oder-Nichts-Ereignis darstellt. Zwischen normaler und extremer Ausprägung sind alle nur denkbaren Übergangsformen zu finden. Diese Abweichungen treten auch nicht in allen Muskeln eines Schweineschlachtkörpers in gleicher

Intensität auf. So kommen PSE-Mängel bevorzugt in den Teilstücken Kotelett *(M. longissimus dorsi)*, Schinken *(M. glutaeus medius, M. semimembranosus, M. adductor, M. biceps femoris)* und Filet *(M. psoas major)* vor, während die Muskulatur von Kamm, Bug und Bauch kaum betroffen ist (LINKE und HEINZ 1972). Die Ursachen sind vor allem in der muskelspezifischen Fasertypenverteilung zu suchen. Für PSE prädestinierte Muskeln weisen höhere Anteile an weißen (Typ IIB) und geringere Anteile an roten (Typ I) Muskelfasern auf als PSE-unempfindliche Muskeln. Weiße Muskelfasern sind u. a. durch glykolytischen Stoffwechsel und größeren Durchmesser gekennzeichnet. Sie reagieren auf Belastungen generell mit stärkerer Milchsäurebildung als rote Fasern.

Tab. 6.7: Muskelspezifische Fettgehalte (%) bei Mastschweinen (n = 90, verschiedene Rassen) – $\bar{x}$, 1. und 3. Quartil (FISCHER 1994)

Muskel	Teilstück	$\bar{x}$	1. Quartil[1]	3. Quartil
M. rectus femoris	Nuß	1,13	0,71	1,38
M. adductor	Oberschale	1,19	0,88	1,41
M. psoas major	Filet	1,22	0,89	1,48
M. long.d. (15. Bw.)	Kotelett	1,33	0,95	1,56
M. triceps br.(c.long.)	Bug	1,79	1,43	2,05
M. long. d. (5. Lw.)	Kotelett	1,85	1,28	2,32
M. glutaeus med.	Schinkenspeck	1,92	1,32	2,44
M. long. d. (8. Bw.)	Kotelett	1,98	1,46	2,49
M. biceps femoris	Unterschale	2,10	1,55	2,56
M. supraspinatus	Bug	2,37	1,94	2,88
M. infraspinatus	Bug	2,43	1,88	2,91
M. spinalis	Kotelett	2,55	1,91	3,33
M. semimembranosus	Oberschale	2,85	2,11	3,50
M. serratus ventralis	Kamm	4,13	3,02	4,88
M. semitendinosus	Unterschale	5,21	3,73	6,09
M. trapezius	Kamm	5,77	4,52	6,80
M. semispinalis cap.	Kamm	7,02	5,44	8,16

Bereich, in dem die mittleren 50 % aller Werte liegen – kleinste signifikante Differenz ($P < 0,05$): 0,36
[1] 1. bzw. 3. Quartil entspricht den Werten, unter welchen 25 % bzw. 75 % der nach Größe geordneten Werte liegen.

Auch in der Empfindlichkeit für DFD-Abweichungen gibt es erhebliche topographische Unterschiede, die sich letztlich ebenfalls durch das Fasertypenprofil erklären lassen. Dieses ist ausschlaggebend für die Ausstattung eines Muskels mit zu Milchsäure konvertierbaren Substraten. Die doppelte Konzentration der quantitativ wichtigsten dieser Substanzen (Glykogen, Glucose, G-6-P) sowie die Konzentration des bereits gebildeten Lactats wurden von MONIN und SELLIER (1985) unter dem Begriff „glykolytisches Potential" zusammen-gefaßt. Da weiße Muskelfasern höhere Kohlenhydratreserven benötigen als rote, hat auch der

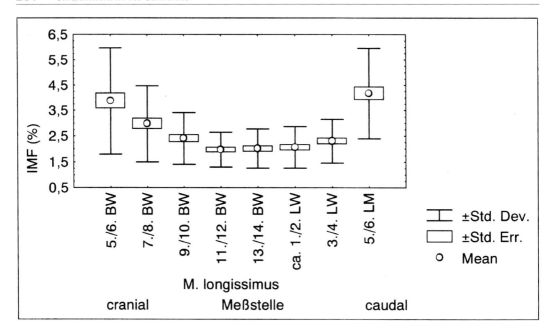

Abb. 6.3: Verteilung des intramuskulären Fettgehaltes innerhalb des M. longissimus (n = 50) in Abhängigkeit von der Lokalisation (Institut für Tierzucht Halle 1996, unveröff.)

ganze Muskel ein um so höheres glykolytisches Potential, je mehr weiße Fasern er besitzt. Sehr niedrige Werte, die die Wahrscheinlichkeit erhöhen, daß es post mortem zu einer unzureichenden Säuerung kommt, weisen einige Muskeln auf, die in den distalen Bereichen der Gliedmaßen (*M. flexor digitalis profundus, M. extensor carpi radialis, M. peroneus tertius*) bzw. in der Nackenregion (*M. semispinalis capitis, M. splenius, M. trapezius*) lokalisiert sind oder lateral dem Schulterblatt aufliegen (*M. supraspinatus, M. infraspinatus*). Umgekehrt liegen in den typischen PSE-Muskeln, wie z. B. *M. longissimus dorsi, M. biceps femoris, M. glutaeus medius, M. semimembranosus,* sehr hohe glykolytische Potentiale vor (Tab. 6.8). Erwartungsgemäß zeigen der End-pH-Wert und der mit dem Fasertypenprofil eng zusammenhängende Gesamtpigment-Gehalt eine dem glykolytischen Potential entgegengerichtete Abstufung.

Eine **Vorausbestimmung der im Schlachtprozeß entstehenden Fleischqualitätsmängel** kann mit Hilfe von pH-Wert-Messungen vorgenommen werden. Man kann prinzipiell 4 Verlaufstypen im pH-Wert-Abfall beim Schwein unterscheiden (Abb. 6.5):
- eine mehr oder weniger schnelle, höchstens 8 Stunden dauernde pH-Wert-Senkung mit höherem pH-Endwert (mehr als 6,2), d. h. eine unzureichende Glykogenolyse mit der Folge, daß *DFD-Fleisch* ausgeprägt wird,
- eine allmähliche pH-Wert-Senkung, höchstens 24 Stunden dauernd, bis pH-Endwerte zwischen 5,6–6,0; Ausprägung einer *normalen Fleischbeschaffenheit,*

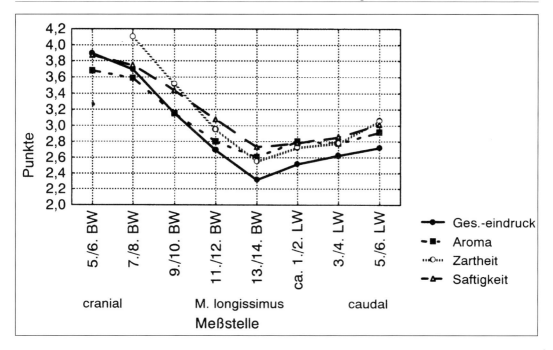

Abb. 6.4: Sensorischer Gesamteindruck von gegrillten Proben aus dem M. longissimus (n = 50) in Abhängigkeit von der Lokalisation (Institut für Tierzucht Halle 1996, unveröff.)

- eine schnelle pH-Wert-Senkung auf 5,8 und niedriger innerhalb von 45 Minuten post mortem und sehr niedrige pH-Endwerte um 5,4; Entstehung von *PSE-Fleisch,*
- ein langsamer aber stetiger pH-Wert Abfall mit sehr niedrigem End-pH-Wert („*acid meat condition*") hervorgerufen durch das hohe glykolytische Potential beim Hampshire (RN^--Gen) (MONIN und SELLIER 1985).

Unter praktischen Verhältnissen erfolgt die pH_1-Messung (30–60 Minuten) zur Vorausbestimmung von PSE-Fleisch und die pH_2-Messung (18–24 Stunden) zur Feststellung der DFD-Kondition. Für eine normale Beschaffenheit werden pH_{45}-Werte von $\geq 5,8$ und pH_2-Werte von $\leq 6,0$ allgemein akzeptiert. Als Richtwert für eine abnorme Fleischsäuerung wird im Fleischhygienegesetz (VwVFlHG VO 1986) ein Grenzwert von $\leq 5,6$ bzw. für eine verzögerte oder unvollständige Glykogenolyse ein pH_{24}-Wert von $> 6,2$ angegeben. Bei Festlegung von Grenzwerten ist unbedingt das Kühlverfahren zu berücksichtigen (GARRIDO und HONIKEL 1995). Zur Bestimmung bedient man sich heute Einstabmeßketten, die eine schnelle und meist ausreichend genaue Bestimmung des pH-Wertes am Schlachtband ermöglichen. Für die pH_1-Messung ist es erforderlich, daß der genaue Zeitpunkt der Messung p. m. festgelegt ist, wobei die Bestimmung unter Praxisbedingungen in der Regel am Ende des

Schlachtprozesses bzw. vor Beginn der Tiefkühlung erfolgt. Um gleiche Aussagen zu ermöglichen, ist bei unterschiedlichen Meßzeitpunkten eine Korrektur der Werte erforderlich. Eine pH_1-Wert-Messung unter 30 Minuten p. m. bei sehr schnellem Zeittakt des Schlachtbandes sind hinsichtlich der Genauigkeit der Erfassung einer PSE-Kondition von geringerer Aussage.

Tab. 6.8: Topographische Variation von glykolytischem Potential, End-pH-Wert und Gesamtpigment-Gehalt nach HORNSEY; – n = 11 – Deutsche Pig und Westhybrid (FISCHER 1995)

Muskel M.	Glyk. Potential[1] µmol/g	End-pH-Wert	Ges.-Pigment mg/100g
longissimus–14. Bw.	93,6	5,50	3,9
biceps femoris (prox.)	86,4	5,56	5,4
glutaeus medius	84,9	5,52	4,5
semimembranosus	83,9	5,52	4,9
tensor fasciae latae	74,4	5,59	5,4
obliquus ext. abdominis	69,8	5,60	6,3
psoas major	68,8	5,60	7,5
semitendinosus	65,2	5,68	6,6
triceps brachii	64,4	5,64	8,7
rectus femoris	59,2	5,70	7,3
gastrocnemius	56,7	5,74	9,2
rectus abdominis	54,2	5,77	8,9
spinalis	47,6	5,85	10,0
vastus medialis	46,0	5,94	11,1
extensor carpi rad.	45,4	5,96	9,6
splenius	43,8	5,91	9,1
infraspinatus	43,7	5,95	12,3
semispinalis capitis	41,4	5,93	11,2
supraspinatus	36,2	5,94	14,4
vastus intermedius	31,6	6,12	16,7
kleinste signifikante Differenz (p < 5 %)	14,2	0,16	1,43

[1] Berechnet als Summe der Konzentrationen von Glykogen, Glucose, G-6-P und $^1/_2$-Lactat

Für eine vergleichbare Wertung der Fleischqualität sind objektive Meßverfahren notwendig. Diese haben sich vor allem auf die Erfassung der charakteristischen Abweichungen des pH-Wertes, der Farbhelligkeit und des Wasserhaltevermögens zu beziehen. Die Beurteilung von Schweinefleisch mit PSE- und DFD-Kondition erfolgt deshalb in Regel anhand von Grenzwertüber- bzw. -unterschreitungen für diese objektiv erfaßbaren Merkmale (Tab. 6.9).

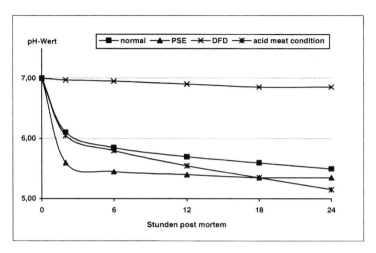

Abb. 6.5: Verlaufstypen im pH-Wert-Abfall

Tab. 6.9: Mögliche Grenzwerte zur Einschätzung der Fleischbeschaffenheit (zusammengestellt nach Literaturangaben)

Methode Lokalisation	Zeit (p. m.)	Normal Kotelett/ Schinken	PSE Kotelett/ Schinken	DFD Schinken	acid meat condition Schinken
pH	45 min	> 5,8	< 5,8	–	–
pH	24 h	< 5,8	–	> 6,2	< 5,4
LF	2 h	< 4,0	> 4,5	–	–
LF	24 h	< 5,0	> 7,0	–	–
Py	24 h	> 30	< 30	–	–
L★	24 h	40–50	> 50	< 35	–
RF	30 min	< 30	> 30	–	–
DV	24 h	< 5,0	> 5,0	< 1,0	–

Der Nachteil dieser Einstufungsverfahren liegt vor allem darin, daß die Grenzwerte zumeist aus Normalverteilungen und nicht direkt aus ökonomischen Verlustberechnungen abgeleitet sind.

6.1.3 Beschaffenheit des Fettgewebes

Die Beschaffenheit des Fettgewebes ist aus technologischer sowie ernährungsphysiologischer und sensorischer Sicht von Interesse, zumal sie beim Schwein durch die produktionstechnischen Bedingungen in weiten Bereichen beeinflußbar ist. So wird für die Herstellung von

Dauerwaren ein kerniger Speck benötigt, dessen Fett eine feste Konsistenz und eine hohe Oxidationsstabilität aufweist. Letztere ist insbesondere bei solchen Produkten erforderlich, die eine lange Reifungszeit benötigen und keinen Oxidationsschutz durch Räucherung besitzen (luftgetrocknete Produkte).

Sowohl die Konsistenz als auch die Oxidationsstabilität eines Fettes hängen vor allem von dessen **Fettsäurenzusammensetzung** ab. Schweinefett enthält üblicherweise 35 bis 40 % gesättigte Fettsäuren und 40 bis 50 % einfach-ungesättigte Fettsäuren (Monoene). Der Rest besteht aus mehrfach-ungesättigten Fettsäuren (Polyene, auch „PUFA" = polyunsaturated fatty acids), zu deren quantitativ wichtigsten Vertretern die Dien-Linolsäure und die Trien-Linolensäure mit einer Kettenlänge von jeweils 18 C-Atomen und 2 bzw. 3 Doppelbindungen gehören. Polyenen wird im Hinblick auf die Verarbeitungseignung eines Fettgewebes besondere Beachtung geschenkt, weil mit steigender Zahl an Doppelbindungen der Schmelzpunkt einer Fettsäure sinkt und ihre Oxidationsbereitschaft sprunghaft zunimmt. Aus fleischtechnologischen Gründen wird deshalb in der Schweiz eine Begrenzung des Polyensäurengehaltes im Fett der äußeren Rückenspeckschicht auf 12 Mol-% favorisiert, wobei die Diene 10 Mol-%, die Triene 1 Mol-%, die Tetraene 0,5 Mol-% und die Pentaene + Hexaene 1 Mol-% nicht überschreiten sollen (WENK u. a. 1990). Die Polyene stehen beim Schlachttier Schwein auch deshalb im Blickfeld, weil sie von Monogastriern direkt aus dem Futter in das Tierkörperfett übernommen werden können. Das Ausmaß einer Anreicherung hängt aber nicht ausschließlich von der Fütterung ab, sondern u. a. auch von der Lokalisation des Fettgewebes (Tab. 6.10) und der Schlachtkörperzusammensetzung. Je stärker ein Schwein zum Fettansatz neigt, um so mehr wird es Fettsäuren de novo synthetisieren. Die hierbei entstehenden Produkte, vor allem Palmitin-, Stearin- und Ölsäure, „verdünnen" die aus dem Futter stammenden Fettsäuren. Für den Bereich 52 bis 62 % Muskelfleischanteil (MPA-Formel) kann pro Prozent mehr Muskelfleisch mit einer Steigerung des Linolsäureanteils in der äußeren Rückenspeckschicht um mindestens 0,2 Prozentpunkte (bei stärker linolsäurehaltigem Futter bis zu 0,5 Prozentpunkte) gerechnet werden (FISCHER u. a. 1992).

Massive Beeinträchtigungen der sensorischen Qualität gehen jedoch von den extrem oxidationsbereiten Pentaenen und Hexaenen (5 bzw. 6 Doppelbindungen) aus. Glücklicherweise sind sie nur in wenigen Futtermitteln (z. B. Seetieröle) enthalten, so daß eine stärkere Anreicherung im Schweinefett – wenngleich dies aus ernährungsphysiologischen Gründen verschiedentlich sogar als erwünscht angesehen werden mag – leicht zu vermeiden ist.

Im Hinblick auf die technologische Verwertbarkeit des Speckes ist auch dessen **Wassergehalt** von Bedeutung, der in annähernd umgekehrtem Verhältnis zum **Fettgehalt** steht. Ebenso wie beim Fettsäuremuster gibt es auch bei der Rohnährstoffzusammensetzung des Fettgewebes topographische Unterschiede. So ist bei annähernd gleichem Eiweiß- und Aschegehalt der Fettgehalt im Fettgewebe des Bauchs am niedrigsten (36–92 %) und im Flomen (73–93 %) sowie in der unteren Rückenspeckschicht (72–93 %) am höchsten (SCHWÖRER und

REBSAMEN 1990). Die topographische Variation des Trockensubstanzgehaltes, der sich mit dem Wassergehalt zu 100 % ergänzt, ist in Tabelle 6.10 für weitere Meßstellen angegeben.

Als Begleiterscheinung der genetischen Selektion auf sehr hohen Magerfleischanteil ist auch das Fettgewebe wasserreicher geworden, so daß der Fettanteil im Rückenspeck zuweilen weniger als 84 % beträgt. Ein solcher Speck, von PRABUCKI (1991) als „leeres Fettgewebe" bezeichnet, hat eine weichere Konsistenz, beeinträchtigt die Qualität der daraus hergestellten Produkte und erschwert die Kalkulation von Produktrezepturen.

Tab. 6.10: Fettsäuretypenmuster und Trockensubstanzgehalt in Abhängigkeit von der Lokalisation (SEWER 1993)

Fettsäuren Mol-%	Fettgewebe				
	RSA	RSI	FLM	SCHI	SCHU
Gesättigte FS	37,9 b	41,6 c	48,8 d	37,0 a	37,3 a
Monoene	48,0 c	45,7 b	39,9 a	51,7 e	50,7 d
Polyene	14,1 d	12,7 c	11,4 a	11,3 a	12,0 b
Diene	11,53 e	10,56 d	9,34 b	9,06 a	9,72 c
Triene	1,14 e	0,99 d	0,86 a	0,91 b	0,97 c
Tetraene	0,47 d	0,38 b	0,32 a	0,42 c	0,43 c
Pentaene	0,49 c	0,40 a	0,40 a	0,44 b	0,44 b
Hexaene	0,45 c	0,39 a	0,45 c	0,42 b	0,41 b
Trockensubstanz %	86,9 b	89,8 c	91,2 d	86,2 a	87,0 b

n = 504, verschiedene Rassen

a–e: Mittelwerte in der Horizontalen mit unterschiedlichen Buchstaben sind signifikant unterschiedlich ($p < 0,05$)

RSA   Rückenspeck – Außenschicht   SCHI   Auflagefett – Schinken
RSI   Rückenspeck – Innenschicht   SCHU   Auflagefett – Schulter
FLM   Flomen

6.2 Einflüsse tierspezifischer Faktoren

6.2.1 Einfluß von Alter bzw. Gewicht

Protein-, Fett- und Mineralstoffansatz sind altersabhängig. Bei gleicher Wachstums- und Ernährungsintensität entsprechen sich Alter und Gewicht der Schweine weitestgehend, so daß in der Produktion meist das Gewicht (Lebend-, Schlachtkörpergewicht) als Bezugsgröße zur Beurteilung des Schlachttierwertes verwendet wird.

Kennzeichnend für das postnatale Wachstum ist, daß die Prozesse der Muskelfaservermehrung (Hyperplasie) weitestgehend abgeschlossen sind und die Muskelmassezunahme fast ausschließlich durch die Zunahme von Faserdicke (Hyperplasie) und Faserlänge bedingt wird.

Die Intensität des Wachstums der einzelnen Organe erfolgt in einer bestimmten Reihenfolge und ist weitestgehend genetisch fixiert. Dieser als „allometrisches" Wachstum bezeichnete Vorgang zeigt sich in der Geschwindigkeit, mit der die einzelnen Organe und Gewebe ihre endgültige Größe erreichen. Für Organe und Fett kann diesbezüglich folgende Reihenfolge angegeben werden:

Hirn → Organe → Knochen → Muskulatur → Organfett → subkutanes Fett → intermuskuläres Fett → intramuskuläres Fett

Wachstum ist stets das Resultat von aufbauenden (anabolen) und abbauenden (katabolen) Prozessen. Das Gleichgewicht von Zellteilung und Zellabbau, von Proteinsynthese und Proteinabbau (turn over) wird stark vom Alter beeinflußt. Während in der Fötalzeit und in sehr frühem Jugendwachstum verstärkt eine anabole Stoffwechsellage vorliegt, halten sich beim adulten Tier diese Prozesse im Gleichgewicht. Während des Wachstums des Schweines ändern sich die Ansatzverhältnisse von Muskel- und Fettgewebe. Mit steigendem Gewicht nimmt der Energiegehalt je Gewichtseinheit Zuwachs durch die stärkere Fetteinlagerung zu. Neben dem erhöhten Grundumsatz bei höherem Gewicht des Schweines hat auch der stärkere Fettansatz Einfluß auf den steigenden Futterenergieaufwand je kg Zuwachs mit zunehmendem Mastalter.

Die aus der Tabelle 6.11 ersichtlichen Veränderungen der Körperzusammensetzung im Verlaufe des Wachstums zeigen eine relative Zunahme der Trockensubstanz und des Fettgehaltes bei abnehmendem Eiweiß- und Mineralstoffanteil.

Aus biologischer Sicht sind Verlaufskurven des Ansatzes und die Gewebeanteile bestimmende Faktoren für das anzustrebende Mastendgewicht. Wie Tabelle 6.12 zeigt, haben heutige Fleischschweine schon bei Mastbeginn einen hohen Proteinansatz, der zwar infolge des starken Fettansatzes mit steigendem Lebendgewicht abnimmt, aber bei 100 kg Lebendgewicht noch um 100 g/Tag liegt. Demzufolge können auch bei Lebendgewichten > 100 kg noch fleischreiche Schlachtkörper erzeugt werden.

Tab. 6.11: Nährstoffgehalt in Originalsubstanz (OS) des Schweinekörpers – weibliche und männliche Kastraten der Landrasse (ohne Magen-Darm-Inhalt) in Abhängigkeit vom Lebendgewicht (PFEIFFER u. a. 1984)

Alter d	Lebend-gewicht kg	Trocken-masse %	Wasser %	Eiweiß %	Fett %	Mineral-stoffe %
1	1,3	20	80	11,0	1,5	3,5
47	10	32	70	16,4	11,2	3,5
77	20	31	69	16,4	12,5	3,4
112	40	38	62	16,0	19,1	3,3
142	60	45	55	15,6	24,5	3,1
168	80	48	52	15,1	29,2	3,0
194	100	51	49	14,7	33,4	2,9
222	120	53	47	14,2	37,2	2,7

Tab. 6.12: Protein- und Fettansatz beim Schwein in Abhängigkeit vom Lebendgewicht (bei täglichen Zunahmen um 700 g) (KIRCHGESSNER 1987)

Lebendgewicht kg	Proteinansatz g/Tag	Fettansatz g/Tag
30	126	142
40	130	169
50	131	195
60	130	222
70	127	248
80	122	275
90	115	301
100	107	328

Die Veränderung der Teilstückanteile (Prozent des Hälftengewichts) in Abhängigkeit vom Schlachtgewicht verdeutlicht Tabelle 6.13. Mit höherem Schlachtkörpergewicht verringern sich der Magerfleischanteil sowie der Anteil an Schinken und Kotelett. Die Teilstücke Bauch und Rückenspeck hingegen erhöhen sich im Anteil.

Die Fetteinlagerung bzw. der Fettansatz verläuft beim Schwein nicht gleichmäßig in den einzelnen Körperregionen. Die Zunahme des Seitenspecks ist in der Endmast stärker als die des Rückenspecks ausgeprägt.

Tab. 6.13 Durchschnittliche Anteile des Muskelfleisches sowie von Teilstücken (in % des Hälftengewichts – kalt) in Abhängigkeit vom Schlachtgewicht – verschiedene Rassen (HÖRETH 1995)

	Gewichtsbereich		
	60 < 80 kg n = 178	80 < 100 kg n = 181	100 < 110 kg n = 34
Muskelfleisch %	56,77	54,85	53,59
Teilstück %			
Schinken	25,75	25,51	24,94
Bug	13,44	13,16	13,21
Kotelett	12,85	12,68	12,63
Kamm	7,53	7,32	7,38
Filet	1,63	1,59	1,60
Bauch	9,70	10,07	10,40
Wamme + Zuwamme	5,56	5,99	5,90
Rückenspeck	3,78	4,48	4,96
Kammspeck	1,20	1,33	1,44

6.2.2 Einfluß von Rasse bzw. Genotyp

Ein Einfluß der Rasse bzw. genetischen Herkunft (Genotyp) äußert sich vornehmlich über Verlauf und Umfang des Wachstums. Entscheidende Kriterien sind Wachstumsintensität und Wachstumskapazität. Dabei ist zu beachten, daß heute in Ländern mit intensiver Schweinefleischerzeugung zum überwiegenden Teil aus der Kreuzung von genetisch und leistungsdifferenzierten Populationen hervorgegangene Hybridschweine zur Schlachtung kommen (Abb. 6.6).

Als Ausgangsrassen werden zur Erzeugung von Mutterlinien großrahmige, fruchtbare und streßunempfindliche Rassen (Mutterrassen) verwendet. Für die Erzeugung der eigentlichen Schlachtschweine werden an die so erzeugten F_1-Sauen Eber aus sogenannten Vaterrassen oder Vaterlinien angepaart (Tab. 6.14; Abb. 6.7, s. S. 161). Diese Vatertiere sollen sich durch hohe Schlachtleistungen, d. h. hohen Magerfleischanteil bzw. niedrigen Fettanteil im Schlachtkörper auszeichnen. Dabei wird oft (z. B. Süddeutschland) besonderer Wert auf eine starke Ausprägung der wertvollen Fleischteilstücke wie Schinken, Bug, Kotelett und Kamm gelegt.

Zuchttiere der Rasse Duroc werden wegen der geringen Streßempfindlichkeit und des hohen IMF-Gehaltes sowohl zur Verbesserung der Mutterrassen als auch als Endstufeneber in der Hybridschweineerzeugung eingesetzt (z. B. Dänemark).

Je nach verwendeten Ausgangsrassen, d. h. deren Leistungspotential und Kombinationseignung, können sich Schlachtkörper auch bei optimaler Ausschöpfung ihres Wachstumspotentials erheblich in der Gewebe- und Teilstückzusammensetzung sowie in den Merkmalen der Fleischqualität unterscheiden (siehe Tab. 6.15 bis Tab. 6.17).

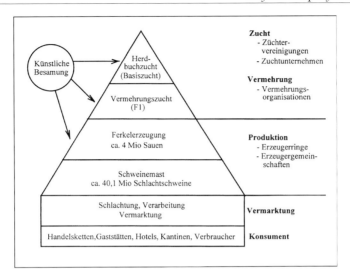

Abb. 6.6: Organisation der deutschen Schweineproduktion (ZDS 1994)

Tab. 6.14: Mutter- und Vaterrassen zur Erzeugung von Hybridschweinen

Mutterrassen	Vaterrassen
Edelschwein (Large White/Yorkshire)	Pietrain
Landrassen	Hampshire
Leicoma	Pietrain x Hampshire
(Duroc)	Belgische Landrasse (Duroc)

Schweine mit sehr hohem Magerfleischanteil, insbesondere starker Betonung der Rücken-, Schulter- und Schinkenausprägung (z. B. Rasse Pietrain) weisen häufiger Fleischqualitätsmängel, d. h. PSE-Fleisch, auf, als Schweine der Mutterrassen bzw. Schweine mit stärkerem Fettanteil im Schlachtkörper. Die Gründe dafür liegen in der mit zunehmender Muskelhypertrophie verbundenen höheren Empfindlichkeit des Endokrinums und Muskelstoffwechsels.

Bei Schweinerassen mit starker Muskelhypertrophie ist die genetische Veranlagung zum Malignen-Hyperthermie-Syndrom (MHS) häufig mit hoher Frequenz vertreten. Diese Störung der Ca^{++}-Regulation der Muskelzellen bedingt beim Schwein eine besondere Streßanfälligkeit bzw. führt bei Schlachttieren zur Ausbildung von PSE-Fleisch. Dieses Syndrom wird durch eine Mutation (Aminosäureaustausch) am Ryanodin-Rezeptor bedingt und autosomal rezessiv vererbt. Mit dem Defektallel homozygot behaftete Tiere prägen unter Narkose mit starken Triggersubstanzen (z. B. beim Halothantest) einen generalisierten Muskelspasmus, verbunden mit starker Blut-pH-Senkung aus. Heterozygote Merkmalsträger tun dies im allgemeinen nicht und werden deshalb in der Schweinezucht gemeinsam mit den homozygot negativen Tieren als „streßunempfindlich" bezeichnet.

Tab. 6.15: Vergleich der Schlachtkörperqualität verschiedener Rassen und Genotypen (weibliche Prüftiere; zusammengestellt nach Angaben ZDS 1993)

Rasse Genotyp	MFA (%)	FFV (1:)	Mld (cm²)	innere Länge (cm)	Ø RSD (mm)	pH$_{1-K}$	LF$_{24}$-K	Opto-Star (Pkt.)
Landrasse (U)	55,9	0,46	44,9	101	25	5,94	5,7	67
Landrasse (S)	56,5	0,41	44,2	101	24	6,35	3,9	70
Edelschwein	56,1	0,41	43,2	99	25	6,31	3,8	72
Leicoma	54,0	0,52	39,9	98	26	6,15	4,1	67
Pietrain	64,3	0,18	60,3	93	18	5,66	9,1	58
Landrasse (B)	63,1	0,21	59,3	93	21	5,62	8,7	61
Hampshire	59,3	0,32	50,8	97	22	6,50	3,9	69
Duroc	55,8	0,38	40,6	95	26	6,39	3,2	72
Pi★DL	60,8	0,27	53,7	97	20	5,95	6,2	66
Pi★DE	61,0	0,26	53,8	97	21	6,26	5,3	67
Pi (DE★DL)	60,7	0,27	53,3	98	21	6,04	6,1	60

Die Entwicklung des Halothan-Feldtestes (EIKELENBOOM und MINKEMA 1974; LENGERKEN und ALBRECHT 1977) schaffte die züchterische Voraussetzung für eine Selektion gegen das Defektallel. Inzwischen wird aber nur noch der MHS-Gentest als molekulargenetischer Test (FUJII u. a. 1991) in der Züchtungspraxis eingesetzt, der eine eindeutige Bestimmung der drei Genvarianten (NN, Nn, nn) erlaubt (Abb. 6.8, s. S. 160).

Bei der Verpaarung von streßunempfindlichen (NN-) Sauen mit fleischreichen, aber streßempfindlichen (nn-) Ebern werden zwar halothanunempfindliche, aber heterozygote MHS-Genotypen erzeugt, die Träger des Defektallels sind. Heterozygote Genträger sind in der Schlachtleistung den homozygot negativen Tieren zwar deutlich überlegen, in der Fleischqualität liegen sie aber zwischen den homozygoten Genotypen (Tab. 6.17). Zur Verbesserung der Fleischqualität ist deshalb zukünftig auch die Reduzierung bzw. Eliminierung des MHS-Gens in den Vaterrassen erforderlich.

Der Einfluß der Rasse bzw. des Genotyps äußert sich nicht nur in den Wachstums- und Schlachtleistungsmerkmalen. Es gibt auch deutliche genetisch bedingte Unterschiede in der Form bestimmter Muskeln, in der Struktur des Muskels und der Stärke der Muskelfasern. So nehmen sowohl Breite als auch Tiefe des Kotelettmuskels in Abhängigkeit vom Magerfleischanteil (DE > DL > Pi) zu. Die Tiefe steigt jedoch stärker an, so daß sich hieraus Unterschiede in der Form des Kotelettmuskels ergeben. Tiere mit einem größeren Kotelett haben demzufolge einen runderen Muskel. Fleischreiche Tiere mit höherem Schinkenanteil am Schlachtkörper haben eine niedrigere Faseranzahl, dafür aber viel dickere Muskelfasern.

Die Züchtung auf hohen Muskelfleischanteil beim Schwein hat zu einer Steigerung des Anteils weißer Muskelfasern bei Verminderung des Anteils an roten Fasern und zu einer Vergrößerung aller Muskelfasern geführt. Diese morphologischen Veränderungen wirken sich nachteilig hinsichtlich der Streßempfindlichkeit und Fleischqualität der Schweine aus.

Tab. 6.16: Durchschnittliche Anteile des Muskelfleisches sowie von Teilstücken (in % des Hälftengewichts – kalt) bei ausgewählten genetischen Herkünften (BAFF Kulmbach, unveröff.)

	Herkunft		
	BHZP	PI × DL	Westhybrid
n	51	53	48
Schlachtgewicht, kg	94,24	94,23	94,92
Muskelfleisch %	56,46	60,73	56,61
Teilstück %			
Schinken	25,42	26,57	25,80
Bug	13,33	13,37	13,17
Kotelett	12,37	12,95	12,28
Kamm	8,11	8,06	7,96
Filet	1,55	1,58	1,50
Bauch	10,46	10,56	10,63
Wamme + Zuwamme	5,45	5,18	5,60
Rückenspeck	3,61	3,27	3,85
Kammspeck	1,43	1,25	1,41

Tab. 6.17: Schlachtkörper- und Fleischqualitätsmerkmale verschiedener MHS-Genotypen (Institut für Tierzucht Halle, unveröff.)

Leistungsmerkmal	MHS-Genotyp		
	NN	Nn	nn
Magerfleischanteil (FOM-Wert) %	49,90	52,80	57,00
Refl. %	28,40	29,10	35,00
pH_1-Wert (Kotelett)	6,43	5,91	5,58
Leitfähigkeit (mS/sec)	3,37	4,29	15,49
Intramuskulärer Fettgehalt (%)	2,10	2,00	1,60

Der Zusammenhang zwischen der Muskelfasergesamtanzahl des *M. longissimus,* der Fleischqualität und dem Fleischanteil ist in der Abbildung 6.9 (s. S. 160) in einem dreidimensionalen Oberflächendiagramm (LSQ-Werte, gefittet) dargestellt. Die von den berechneten Werten gebildete Oberfläche läßt sich in verschiedene Bereiche einteilen.

Die in Längsrichtung verlaufende gepunktete Linie trennt das Tiermaterial in eine Gruppe mit niedrigem (MFA < 55 %) und hohen Muskelfleischanteil (MFA > 55 %). Durch die querverlaufende Linie wird die Fleischqualität anhand des $pH_{120min\ p.\ m.}$-K dargestellt. Die dadurch entstandenen Viertel lassen sich wie folgt charakterisieren:

Bereich 1 (hinten links): **gute** Fleischbeschaffenheit bei **geringem** MFA und sehr **hoher** MFGA

Bereich 2 (vorne links): **schlechte** Fleischbeschaffenheit bei **geringem** MFA und **geringer** MFGA (ungünstigste Variante)

Bereich 3 (vorne rechts): **schlechte** Fleischbeschaffenheit bei **hohem** MFA und **geringer** MFGA

Bereich 4 (hinten rechts): **gute** Fleischbeschaffenheit bei **hohem** MFA und **hoher** MFGA (günstigste Variante)

Nur ca. 5,6 % der Schweine sind dem Bereich 4 zuordenbar. Diese Probanden realisieren einen hohen Muskelfleischanteil (MFA > 55 %) bei gleichzeitig guter Fleischbeschaffenheit (pH_1-K > 5,7) und hoher Muskelfasergesamtanzahl (MFGA > 600.000).

Vergleiche der Muskelstrukturmerkmale von Schweinen unterschiedlichen Halothangenotyps zeigen, daß nn-Genotypen größere Durchmesser bei weißen, intermediären und roten Fasern gegenüber Nn/nn-Genotypen sowie einen geringeren Anteil an oxidativen Muskelfasertypen insgesamt besitzen. Zudem sind auch die verbliebenen wenigen roten Muskelfasern bei streßempfindlichen Tieren stark hypertrophiert (siehe Abb. 6.10, s. S. 160 und Tab. 6.18).

Die Züchtung auf Fleischfülle hat beim Schwein aber auch zu einer Verschiebung der hormonellen Lage geführt. Die Bildung von Wachstumshormonen (GH) und entsprechender Rezeptoren hat sich vergleichsweise erhöht, die der Glukokortikoide (katabole Hormone) verringert. Im Vergleich zum Wildschwein liegt die Konzentration von GH bei Schweinen der Landrasse 2,5mal höher, die Cortisolkonzentration bis zu dreifach niedriger.

Tab. 6.18: Vergleichende Unterschiede von Muskelstrukturmerkmalen in Abhängigkeit vom MHS-Genotyp (Institut für Tierzucht Halle, unveröff.)

Merkmal	Muskelfasertyp	MHS-Genotyp		
		NN $\bar{x}$	Nn $\bar{x}$	nn $\bar{x}$
Typenanteil (%)	ROT	12,0^a	10,9^{ab}	9,9^b
	INTERMEDIÄR	15,1^{ab}	14,7^a	16,3^b
	WEISS	66,1	68,9	67,9
Durchmesser (µm)	ROT	60,2^a	69,3^b	72,7^b
	INTERMEDIÄR	61,6^a	73,1^b	75,6^b
	WEISS	81,2^a	93,2^b	92,7^b
	Ø	74,2^a	85,8^b	86,3^b

(unterschiedliche Buchstaben bedeuten signifikanter Unterschied bei p< 0,05)

6.2.3 Einfluß des Geschlechtes

Zwischen weiblichen, männlichen und kastrierten männlichen Schweinen gibt es Unterschiede im Wachstum und der Schlachtkörperzusammensetzung. Eine zusammenfassende Wichtung von Literaturergebnissen ist der Tabelle 6.19 zu entnehmen.

Tab. 6.19: Tendenzen von Schlachtkörpermerkmalen bei Ebern, Sauen und Kastraten

Parameter	Eber	Sauen	Kastraten
Schlachtkörperlänge (cm)	↑	↔	↓
Rückenmuskelfläche (cm^2)	↓	↔	↓
Rückenspeckdicke (mm)	↓	↔	↑
IMF (%)	↓	↔	↑
Ausschlachtung (%)	↓	↔	↔
MFA (%)	↑	↔	↓

HOPPENBROCK 1994; STAMER u. a. 1993; KELLER 1994; BLENDL u. a. 1989; ROTH u. a. 1992; WEILER u. a. 1992; MALMFORS und NILSSON 1978; STEINBERG u. a. 1993

Dieser Geschlechtseinfluß hat seine Ursache in dem Vorhandensein und der anabolen Wirkung der Geschlechtshormone bzw. der Verfügbarkeit entsprechender Rezeptoren der Muskelzellen (siehe Tab. 6.20).

Tab. 6.20: Wirkung von Hormonen bei Kastraten, Sauen und Ebern

Kastraten	Sauen	Eber
nur Wirkung von geschlechtsunabhängigen Wachstumsfaktoren	Wirkung von Östrogenen und erhöhte Sekretion von GH und IGF I	Wirkung von Östrogenen und Androgenen

Hierdurch bedingt treten nicht nur Unterschiede in der täglichen Zunahme zwischen den Geschlechtern, sondern vor allem im Ansatz an Protein und Mineralstoffen sowie in der Fettbildung auf, die sich am Ende der Mast in deutlichen Differenzen in der Gewebe- und Teilstückzusammensetzung des Schlachtkörpers auswirken. Eber weisen den höchsten Proteinansatz auf, gefolgt von den Sauen. Sie besitzen demzufolge auch einen vergleichsweise höheren Proteinbedarf. Kastraten haben den niedrigsten Proteinansatz, zeigen über die verstärkte Fettbildung und -einlagerung aber die höchsten Zunahmen. Die durch die Steroidhormone bedingten Differenzierungen zwischen den Geschlechtern treten mit zunehmendem Alter, besonders ab Beginn der Pubertät, immer deutlicher hervor. Das durch Geschlecht und Kastration bestimmte Eiweißansatzvermögen beeinflußt die Schlachtleistungsergebnisse. Eine rationierte Fütterung führt bei Kastraten zur deutlichen Erhöhung des Magerfleischanteils, hat jedoch bei Sauen und Ebern kaum Einfluß durch eine hormonell bedingte begrenzte Futteraufnahme. Zu beachten ist, daß die für Sauen und Kastraten berechneten Schätzformeln zur Ermittlung des Muskelfleischanteiles bei Ebern offensichtlich dazu führen, daß deren tatsächlicher Muskelfleischanteil erheblich (bis 3 %) unterschätzt wird (DOBROWOLSKI u. a. 1993).

In den Ausschlachtungsergebnissen sind Eber den Kastraten um 1–2 Prozentpunkte unterlegen. Die Gründe hierfür liegen in der bei Ebern starken Ausbildung des Geschlechtstraktes, der inneren Organe, einer etwas höheren Blutmenge sowie dem stärker ausgebildeten Skelett. Eber und Sauen sind aber den Kastraten um ca. 3 Prozentpunkte im Muskelfleischanteil überlegen (Tab. 6.21 und Tab. 6.22).

Tab. 6.21: Einfluß des Geschlechts auf Schlachtkörperqualität und Fleischbeschaffenheit (Institut für Tierzucht Halle, unveröff.)

Rasse	Geschlecht	MFA % (FOM)	FM (mm)	SM (mm)	i. L. (cm)	pH_1 (Kotelett)	pH_{24} (Schinken)
DL	Eber	54,6	52,0	15,4	106	6,3	5,7
	Sauen	54,9	54,1	15,5	105	6,1	5,6
	Kastraten	52,7	52,1	18,1	104	6,2	5,6
DE x Pi	Eber	56,0	59,2	15,6	98	5,8	5,6
	Sauen	57,0	64,9	16,0	98	5,7	5,5
	Kastraten	53,3	61,1	20,0	96	5,7	5,6

Tab. 6.22: Durchschnittliche Anteile des Muskelfleisches sowie von Teilstücken (in % des Hälftengewichts – kalt) in Abhängigkeit vom Geschlecht (BHZP, PIxDL, Westhybrid) (BAFF Kulmbach, unveröff.)

	Börge	Sauen
n	78	74
Schlachtgewicht kg	93,9	95,1
Muskelfleisch %	56,39	59,69
Teilstück %		
Schinken	25,59	26,31
Bug	13,32	13,27
Kotelett	12,39	12,71
Kamm	8,00	8,09
Filet	1,49	1,60
Bauch	10,71	10,38
Wamme + Zuwamme	5,29	5,52
Rückenspeck	3,84	3,28
Kammspeck	1,43	1,28

Die meisten Untersuchungen ergeben keine signifikanten Unterschiede in der Fleischbeschaffenheit zwischen den Geschlechtern (pH_1-Wert, LF-Wert, Wasserbindungsvermögen, Helligkeit des Fleisches), d. h. daß der Anteil an Qualitätsmängeln im Sinne von PSE- und

DFD-Fleisch offensichtlich nicht vom Geschlecht, sondern von Rasse, genetischen und vor allem Umwelteinflüssen abhängig ist (HOPPENBROCK 1994). Es gibt allerdings Hinweise, daß Eber in der Keulenmuskulatur eine dunklere Fleischfarbe als Sauen und Kastraten aufweisen, die möglicherweise durch eine höhere Bewegungsaktivität der männlichen Tiere hervorgerufen wird.

Im intramuskulären Fettgehalt (Marmorierung) gibt es dahingehend übereinstimmende Ergebnisse, daß Eber schlechter als Sauen und diese wiederum schlechter als Kastraten abschneiden. Das Fett von Ebern besitzt mehr polyungesättigte Fettsäuren als das von Sauen und Kastraten. Der höhere Anteil gesättigter Fettsäuren bei Kastraten wird durch die höhere de novo-Fettsynthese bedingt.

Als wesentliche Faktoren bei der Beurteilung von Fleisch und Fett gelten die Qualitätskriterien Geruch und Geschmack. Hier gibt es deutliche Einflüsse durch das Geschlecht, bedingt durch ein mögliches Auftreten des stark unangenehmen Ebergeruches. Der **Geschlechtsgeruch** des Ebers setzt sich aus verschiedenen Steroiden zusammen. Diese Steroide haben Pheromon- und keine Hormonwirkung. Die dominierende und für den unangenehmen urin- bzw. schweißartigen Geruch im Schlachtkörper verantwortliche Substanz ist das Androstenon.

Androstenon wird im Hoden in den Leydigzellen synthetisiert. Die Biosynthese der Hodensteroide – Androgene, Östrogene, Pheromone – verläuft vom Azetat über Cholesterin bis zu den Zwischenprodukten Pregnenolen und Progesteron. Stimulierende (vermehrte Freisetzung des GnRH im Hypothalamus → Freisetzung von LH im HVL) oder inhibierende Einflüsse (negatives Feedback bzw. exogene Einflüsse) wirken deshalb in gleicher Weise und Ausmaß auf die Hormonbildung wie auf die Pheromonbildung (CLAUS und ALSING 1976). Die Verteilung der Zwischenprodukte auf die Endprodukte unterliegt einem enzymatischen Verteilersystem (CLAUS und WEILER 1987). Damit führt eine über LH angeregte erhöhte endokrine Hodenfunktion sowohl zu einer erwünschten hohen Produktion von Androgenen und Östrogenen, aber gleichermaßen zu einer unerwünschten hohen Androstenonbildung.

Die endokrinologischen Hodenfunktionen unterliegen Schwankungen, welche eine Speicherung der Pheromone erforderlich machen. Für eine kurzfristige Bereitstellung (über das Patschen des Speichels) dient die Einlagerung in die Speicheldrüse als Puffer. In weitaus größeren Mengen wird jedoch besonders das lipophile Androstenon in das gesamte Körperfett eingelagert. Dort wird es bei sinkender Hodenproduktion wieder freigesetzt und der Speicheldrüse zugeführt. In der Speicheldrüse wird schließlich aus Androstenon das gesamte Ebergeruchsbukett neu synthetisiert (CLAUS und KARLSON 1983).

Bei der Beurteilung der Verbraucherakzeptanz bezüglich Eberfleisch und -geruch muß beachtet werden, daß für den Geruchsstoff Androstenon ein individuell stark unterschiedliches Wahrnehmungsvermögen besteht (GRIFFITH und PATTERSON 1970). Es wird davon ausgegangen, daß etwa 25 % der Bevölkerung mit ansonsten normalen Geruchsempfindungen Androstenon überhaupt nicht wahrnehmen können, und im Gegensatz dazu 25 % der Bevölkerung schon bei geringer Geruchsstoffkonzentration mit starker Ablehnung reagieren.

In dem unterschiedlichen Wahrnehmungsvermögen für Androstenon liegt auch das Problem der Festlegung eines Grenzwertes, bis zu dessen Höhe keine Beanstandung des Schlachtkörpers erfolgt. Momentan liegt dieser Grenzwert in der EU bei 0,5 µg Androstenon je 1 g Fett.

Neben der Androstenonkonzentration beeinflußt die Art der Zubereitung (Kochen oder Verarbeitung) und die Verzehrsweise (warm oder kalt) erheblich die Verbraucherreaktion. Es gibt zahlreiche Untersuchungen zur Brauchbarmachung von Eberfleisch über verschiedene Formen der Verarbeitung. Im allgemeinen sind diese Verarbeitungsverfahren jedoch nur im begrenzten Umfang in der Lage, größere Mengen geruchsbelasteten Fleisches vermarktungsfähig zu machen.

Die **Photoperiode** hat regulierenden Einfluß im Fortpflanzungsgeschehen des Hausschweines. Abnehmende Tageslichtdauer (Herbst/Winter) stimuliert bei Ebern und Sauen die Funktion der Keimdrüsen, zunehmende Tageslichtdauer (Frühjahr/Sommer) hemmt dagegen die Funktion der Keimdrüsen. Somit ist besonders bei Wintermastgruppen unter natürlichen Tageslichtbedingungen mit einer sehr hohen Prozentzahl (> 50 %) zu beanstandender Schlachtkörper von Ebern zu rechnen (BRANSCHEID u. a. 1993).

Stimulierend auf den Pubertätsverlauf wirken auch **Kontakte zu andersgeschlechtigen** Stallgefährten. Werden Sauen und Eber in einem Stall gemästet, kann mit erhöhten Androstenongehalten im Schlachtkörper gerechnet werden.

Es ist bekannt, daß sich die **Rassen** und Einzeltiere im Zeitpunkt des Pubertätseintrittes unterscheiden und demzufolge auch im Androstenongehalt.

Das klassische und wohl auch älteste Verfahren zur **Unterdrückung des Ebergeruches** ist die Kastration, welche zu erheblichen Veränderungen des Wachstums und somit auch zu einer veränderten Schlachtkörperqualität führt.

In Deutschland darf die **chirurgische Kastration** bis zu einem Alter von acht Wochen ohne Betäubung durchgeführt werden. Untersuchungen zum Schmerzempfinden und zur Verhaltensbeeinflussung (Mc GLONE u. a. 1993) geben immer wieder den Anstoß, im Sinne des Tierschutzes über andere Wege als die chirurgische Kastration beim Ferkel nachzudenken.

Ein neuer Weg ist die sogenannte **Immunokastration** der männlichen Schweine. Dieses Verfahren basiert auf der Inaktivierung des Hormons LH. Bedingt durch die unterschiedlichen Immunreaktionen des Einzeltieres ist es jedoch bisher nicht gelungen, diese Behandlungsmethode für die Praxis zu standardisieren.

Interessant sind auch die Bemühungen, ein Verfahren zu entwickeln, mit dessen Hilfe direkt **gegen Androstenon immunisiert** wird. In diesem Falle würde nämlich im Gegensatz zur Immunokastration die Hodenaktivität nicht generell unterdrückt werden.

6.3 Einflüsse produktionstechnischer Faktoren

6.3.1 Einfluß der Ernährung

Die Wirtschaftlichkeit der Schweinemast wird maßgeblich durch die Kenngrößen Mastleistung, Futterverwertung, Muskelfleischanteil und Tierverluste beeinflußt. Die Obergrenzen dieser Leistungsparameter sind genetisch fixiert und deren möglichst vollständige Ausschöpfung wird durch eine optimale Nährstoffzufuhr angestrebt.

Wie aus Abbildung 6.11 ersichtlich ist, steigt der tägliche Fettansatz mit steigender Zunahme an, während der tägliche Proteinansatz bis etwa 80 kg relativ konstant bleibt, um dann bis zum Mastende abzufallen.

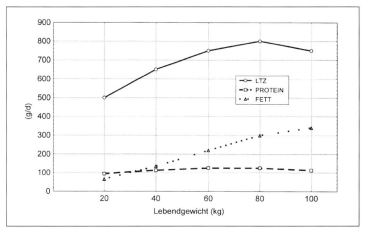

Abb. 6.11: Täglicher Ansatz von Protein und Fett im Verlauf der Mast (zusammengestellt nach Literaturangaben)

Die Intensität der **Fütterung** übt auf das Wachstum und die Schlachtkörperzusammensetzung des Schweines einen großen Einfluß aus. Eine hohe Energiezufuhr führt zu einer starken Ausschöpfung des genetisch bedingten Wachstumsvermögens. Gleichzeitig ist die hohe Energiezufuhr mit einem starken Fettansatz und damit mit einem ungünstigeren Fleisch : Fett-Verhältnis verbunden.

In Tabelle 6.23 sind die Bedarfsempfehlungen der Gesellschaft für Ernährungsphysiologie (GfE) für Mastschweine an umsetzbarer Energie und Lysin dargestellt. Die ausgewiesenen Energiebedarfswerte gelten für den thermoneutralen Bereich. Je MJ ME sind mindestens 0,76 g Lys erforderlich (ROTH u. a. 1993). Die Bedarfsrelation von essentiellen Aminosäuren zu nichtessentiellen Aminosäuren kann mit ca. 45 : 55 angegeben werden.

Über **Futterrestriktionen** können Veränderungen in der Schlachtkörperzusammensetzung erreicht werden. Restriktionen von 10 % im Vergleich zur ad libitum Fütterung bringen nur geringe Verbesserungen in der Schlachtkörperzusammensetzung und im Futteraufwand. Schon die „klassischen" Fütterungsversuche von Mc MEEKAN (1940) haben gezeigt, daß der höchste Anteil an Muskelfleisch durch die geringe Fettbildung bei niedriger Fütterungsintensität vorliegt. Nachteilig wirkt sich aber dabei aus, daß damit auch die Fleischmenge im Schlachtkörper reduziert wird. Um bestes Wachstum mit einem höchstmöglichen Eiweißansatz, verbunden mit minimalen Fettansatz zu realisieren, ist eine Futterrationierung in der Endmast unter Beachtung von Genotyp und Geschlecht (geschlechtsgetrennte Mast) in der Schweinemast angezeigt. Aus wirtschaftlichen Gründen hat sich die Methode mit einer hohen Fütterungsintensität im ersten Mastabschnitt – zur gezielten Ausnutzung der höheren Wachstumsintensität junger Mastschweine – und niedriger Intensität im zweiten Mastabschnitt durchgesetzt.

Tab. 6.23: Bedarf der Mastschweine an Umsetzbarer Energie und Lysin (GfE 1987)

Zunahme g/d	Lebendmassebereich (kg)			
	20–40	40–60	60–80	80–100
ME (MJ/d)				
400	13,36			
500	15,35	20,96		
600	17,33	22,91	27,72	31,01
700	19,31	24,89	29,71	33,99
800		26,87	31,69	35,97
900		28,86	33,67	37,96
1.000			35,66	39,94
Lysin (g/d)				
400	9,8			
500	11,3	12,6		
600	13,0	14,0	14,8	14,5
700	14,5	15,4	16,6	16,0
800		17,4	18,2	17,2
900		19,2	19,9	19,3
1.000			22,1	21,6

Gezielte Futterrestriktionen (bis zu 60 %) im frühen Wachstumsabschnitt und bis zu 30 Tagen führen, sofern durch günstige Umwelt- und Fütterungsbedingungen ein kompensatorisches Wachstum gewährleistet wird, zu keiner nennenswerten Beeinträchtigung in der Schlachtkörperzusammensetzung. Demgegenüber bewirkt eine um 15 % gegenüber der Normfütterung reduzierte Energiezufuhr neben dem verminderten Zuwachs, einen um 10 % verminderten Eiweißansatz sowie eine beträchtliche Reduktion des Fettansatzes um 25 %. Auch ist die Futterverwertung verschlechtert (Tab. 6.24). Eine zu starke Wachstumsverzögerung über einen noch längeren Zeitraum hingegen führt zu einer Beeinträchtigung des Eiweißansatzes (LENGERKEN und LIEBERT 1983).

Der Einfluß der Ernährung auf die **Fleischqualität** im Sinne von PSE/DFD muß unter dem Gesichtspunkt einer ausreichenden Versorgung mit Nährstoffenergie zur Absicherung notwendiger biochemischer Abläufe im Fleisch sowie in der unmittelbaren Beeinflussung der geschmacklichen Eigenschaften, insbesondere im Fettgewebe, gesehen werden. Dabei ist zwischen einer Langzeitwirkung und einer Fütterung vor der Schlachtung zu unterscheiden. So wird vielfach die Verabreichung von leicht löslichen Kohlehydraten vor der Schlachtung zur Auffüllung der Glykogenreserven und damit zur Vorbeugung von DFD-Fleisch empfohlen. Hierbei jedoch ist nur dann ein positiver Effekt zu erwarten, wenn nachweislich eine Unterbilanz im Glykogenvorrat (z. B. lange Transportdauer) vorhanden ist. Ein Glykogenüberangebot kann auch das Gegenteil bewirken. Eine Langzeitwirkung der Fütterung auf die Beschaffenheit des Fleisches im engeren Sinne ist relativ unbedeutend. Tendenziell wird bei sehr intensiv ernährten Mastschweinen eine schlechtere Fleischqualität im Sinne von PSE beobachtet. Dies kann mit größeren Muskelfaserquerschnittsflächen sowie mit einer beschleunigten Fasertransformation von oxidativen zu glykolytischen Muskelfasertypen während des intensiven Wachstums mit den daraus resultierenden negativen Auswirkungen auf den post mortalen Fleischbildungsprozeß erklärt werden.

Das intramuskuläre Fett steigt mit zunehmender Fütterungsintensität an. Dagegen verhindern ein geringes Futteraufnahmevermögen und eine sehr gute Futterverwertung einen höheren Anteil an intramuskulärem Fett.

Tab. 6.24: Einfluß der Energiezufuhr auf den Stoffansatz und die Futterverwertung (BOGNER 1982)

		Energiezufuhr		
		Norm −15 %	Norm	Norm +15 %
Zuwachs	%	85	100	105
Eiweißansatz	%	90	100	105
Fettansatz	%	75	100	110
Futterverwertung	%	105	100	110

Als Rationsbestandteil können sich Futterfette bei monogastrischen Tieren sehr stark auf den Schlachttierwert und speziell auf die **Fettqualität** auswirken. Mit steigendem Fettanteil ist ein Rückgang im Fleischanteil zu verzeichnen. Die fütterungsseitige Beeinflussung des intramuskulären Fettgehaltes erscheint kaum möglich (VAN DER WAL u. a. 1993). Von HARTFIEL (1984) werden 6 % Futterfett in der Schweinemast als optimale Einsatzhöhe angegeben.

Ein Großteil von Qualitätseigenschaften des Fettgewebes (feste Konsistenz; geringe Oxidationsanfälligkeit; diätetische Forderung nach einfach ungesättigten Fettsäuren) ist durch

Tab. 6.25: Mögliche Auswirkungen von Futterfett auf die Produktqualität (KREUZER 1994)

in der Wirkung dominierende Fettsäuren (FS)	produktqualitative Auswirkungen	mögliche Erklärungen
native Futterfette		
mittelkettige FS (z. B. Kokos-/Palmkernfett)	• steigende Fetthärte • günstigere Oxidationsresistenz • mehr Cholesterol? • weniger essentielle FS • ggf. Kokosgeschmack • wenig Änderung im FS-Muster	• gesättigte FS • Blutspiegel steigt • artfremde FS • bevorzugte Verwertung mittelkettiger FS als Energiequelle
langkettige gesättigte FS (z. B. Rindertalg)	• leicht steigende Fetthärte • talgig • ggf. weniger intramuskuläres Fett	• gesättigte FS • artfremde FS • bei Verzehrsdepressionen
Ölsäure (z. B. Rapsöl) Linolsäure (z. B. Mais-, Sojaöl)	• Rückgang der Fetthärte • Rückgang der Fetthärte • steigende Oxidationsneigung • vermehrt essentielle FS	• ungesättigte FS • mehrfach ungesättigt • instabile Doppelbindung
Omega-3-FS (Lein-/Fischöl)	• vermehrt essentielle und sogar pharmakologisch wirksame FS • extreme Oxidationsneigung	• vermutete Sonderwirkung der n-3-FS • Doppelbindungen
technologisch bearbeitete Futterfette		
unveresterte FS (Spaltfette)	• keine spezif. Wirkung freier FS • ggf. Rückgang der Verfettung	• Verzehrsdepressionen (stechend)
oxidierte FS (z. B. Fritier-/Bratfette)	• ggf. sinkender diätetischer Wert • sinkendes intramuskuläres Fett • Oxidationsneigung wenig betroffen	• mehr Transfettsäuren • Verzehrsdepressionen • oxidierte FS sind unverdaulich
technologisch gehärtete FS (z. B. Pflanzen- und Fischöle)	• ggf. sinkender diätetischer Wert • Fettkonsistenz wenig betroffen	• erhöhter Gehalt an Transfettsäuren

den Einsatz von Futterfetten beeinflußbar. Tabelle 6.25 zeigt einen Überblick möglicher Auswirkungen einer steigenden Futterfettaufnahme auf die Qualität des Fleisches (KREUZER 1994).

Vor allem zwischen der Konzentration der aus technologischen Gründen vielbeachteten Polyensäuren im Rückenspeckfett und deren Anteil im Futter besteht ein außerordentlich enger, linearer Zusammenhang, der sich aber je nach Schlachtkörperverfettung (Muskelfleischanteil) im Niveau und Steilheit verändert darstellt (FISCHER 1992). Soll der Polyensäurengehalt im Rückenspeck 15 % der Gesamtfettsäurenmenge nicht überschreiten, darf er in den Futterrationen 18 bis 21 g/kg Futter (bezogen auf 88 % Trockensubstanz) nicht überschreiten. Die stärkere Begrenzung trifft für Schweine mit geringerem Fettansatz (höherem Magerfleischanteil) zu, weil durch die Akkumulation bei gleicher Polyensäurenaufnahme die Konzentration im Depotfett dieser Tiere höher liegt. Bei Futterrationen mit höherem Polyensäurengehalt ist die Se-Versorgung auf einem Niveau von 0,2 mg/kg Trockensubstanz zu gewährleisten und 5 mg Vitamin E/kg Trockensubstanz über die übliche Bedarfsangabe hinaus zu verabreichen. Entscheidend bleibt die vom Tier insgesamt aufgenommene Menge an Polyensäuren, wobei der Zeitpunkt dieser Aufnahme (kontinuierlich über die ganze Mastzeit oder konzentrierter in bestimmten Mastabschnitten) kaum eine Rolle spielt (WENK u. a. 1990). Somit kann durch Auswahl entsprechender Genotypen (zu erwartender Fleischanteil) und die Einstellung des Futters (Polyensäuregehalt in Relation zur umsetzbaren Energie) das Fettsäurenmuster im Schweinefett exakt gesteuert und spezifischen Wünschen der Abnehmer angepaßt werden.

Damit besitzen der Polyensäuregehalt in Relation zur umsetzbaren Energie sowie das genetisch bedingte Fettansatzvermögen den höchsten Einfluß auf die Qualität des Fettgewebes (FISCHER u. a. 1992).

Die Ausschöpfung des genetisch bedingten Eiweißansatzes, insbesondere bei Genotypen mit hohem Muskelbildungsvermögen, erfordert neben der bedarfsgerechten Energiezufuhr eine optimale Eiweißversorgung nach Menge und eine ausgewogene Aminosäurezusammensetzung. Eine Proteinversorgung unterhalb der Bedarfsnorm bewirkt eine Erhöhung des Rohfettgehaltes. So reagieren Rassen mit einem besonders hohem Fleischansatzvermögen empfindlicher auf einen **Proteinmangel** in der Ration als Genotypen mit geringerem Proteinansatzvermögen. Dies führt im allgemeinen zu geringeren Zunahmen und **stärkerer Verfettung,** wobei insbesondere das subcutane Fettgewebe mit einer geringeren Muskeleinlagerung davon betroffen ist (FOWLER 1976). Eine über den Bedarf hinaus zugeführte Proteinmenge führt jedoch zu keiner weiteren Verbesserung der Schlachtkörperzusammensetzung.

Für die Proteinsynthese des Schweines besteht insbesondere ein Bedarf an einzelnen Aminosäuren. Stehen nicht alle Aminosäuren des Bedarfsmusters in Menge und Qualität zur Verfügung, führt dies zu Wachstumsdepressionen, verschlechtertem Futteraufwand und geringerem Schlachtkörperwert. So führt ein Lysinmangel in der Regel zu geringerem Fleischansatz und erhöhtem Fettgewebeanteil. Auch ist ein ausgewogenes Verhältnis zwischen essentiellen und nicht essentiellen Aminosäuren zur Ausschöpfung des Proteinansatzvermögens der Schweine erforderlich.

6.3.2 Einfluß der Haltung

In der Produktion werden Mastschweine in der Regel in Gruppen gehalten. Dabei richtet sich die Gruppengröße in erster Linie nach dem Alter, der Fütterungs- und der Aufstallungsform. Entsprechend dem Durchschnittsgewicht muß laut Schweinehaltungsverordnung jedem Schwein in Gruppenhaltung eine gewichtsabhängige uneingeschränkt benutzbare Bodenfläche zur Verfügung stehen. Im Gewichtsabschnitt 85 bis 110 kg beträgt diese 0,65 m^2/Tier.

Über 75 % der Schweine werden in der Endmast aus Gründen des Arbeitskraftaufwandes, der Sauberkeit und Hygiene sowie des Arbeitskomforts auf Voll- und Teilspaltenboden gehalten (Tab. 6.26). Die aus Gründen des Tierwohlbefindens immer wieder geforderte Haltung auf Einstreu führt zu höheren Kosten und ist hygienisch ungünstiger als einstreulose Haltungsverfahren. Der Einfluß der Aufstallungsart auf das Leistungsverhalten des Schweines ist als gering einzuschätzen.

Tab. 6.26: Aufstallungsarten in der Endmast (Anonymus 1996)

Aufstallungsart	Anteil Betriebe in %	
	1991/92	1994/95
mit Einstreu	10,8	7,9
Teilspaltenboden	54,7	47,1
Vollspaltenboden – Keller	12,2	12,4
Vollspaltenboden – Außenlager	11,7	18,2
Tieflaufstall	0,7	1,1
sonstige	9,9	13,3

Der für die Haltung von Mastschweinen optimale **Temperaturbereich** (Thermoneutralität) zur Erzielung guter Mastleistungen liegt um ca. 20 °C. Eine drastische Verringerung der Umgebungstemperatur auf einen Temperaturbereich von unter 10 °C führt neben einer schlechteren Mastleistung auch zu einer veränderten Schlachtleistung. Dabei wird der Fettansatz im Verhältnis zum Fleischansatz stärker reduziert. Dies kommt in einem besseren Fleisch-Fett-Verhältnis zum Ausdruck. Aufgrund einer höheren Futteraufnahme ist bei suboptimaler Umgebungstemperatur mit einer höheren Masse an inneren Organen zu rechnen. Interessanterweise führt eine niedrige Umgebungstemperatur zu einer Verschiebung der Lokalisation der Fetteinlagerungen (Tab. 6.27). Diese Fettansatzverlagerung ist durch die Minimierung des Wärmeverlustes in Kälteperioden durch die Körperoberfläche zu begründen. Allgemein wird anerkannt, daß niedrige Temperaturen ante mortem einen positiven Einfluß auf die Fleischbeschaffenheit ausüben.

Neben der direkten Klimawirkung wird immer wieder ein möglicher ungünstiger Einfluß einer bewegungsarmen Haltung auf die Fleischqualität diskutiert. Jedoch zeigen Vergleiche zwischen in Freiland gehaltenen Schweinen (z. B. Scharrel-Schweine) und Tieren aus der Intensivmast keine statistisch gesicherten Unterschiede in der Fleischqualität.

Dies betrifft auch die Wirkung zusätzlicher **Bewegungsmöglichkeiten** innerhalb einer Intensivmast (AUGUSTINI u. a. 1982; VAN DER WAL 1991; HANSSON u. a. 1991).

Eine direkte Beeinflussung des Schlachttierwertes durch die **Gruppengröße** sowie die **Buchtenfläche** während der Mastperiode ist nicht eindeutig nachweisbar, lediglich eine indirekte Beeinträchtigung der Körperzusammensetzung über die Mastleistung ist möglich.

Tab. 6.27: Effekt der Umgebungstemperatur auf die Körperfettverteilung bei Schweinen (LE DIVIDICH u. a. 1991)

	Umgebungstemperatur (°C)		
	12	**20**	**28**
bei gleicher Futteraufnahme			
Fett im Schlachtkörper (%)	91	100	104
Rückenfett (%)	92	100	105
Flomen (%)	85	100	117
bei gleicher Zunahme			
Fett im Schlachtkörper (%)	97	100	98
Rückenfett (%)	109	100	95
Flomen (%)	83	100	120

Insgesamt ist der Einfluß der Haltungsfaktoren auf die Schlachtleistung begrenzt. Dabei besitzen klimatische Faktoren, insbesondere erhöhte Temperaturen, die größte Bedeutung. Aber auch hierbei gilt der bekannte Grundsatz, daß Genotypen mit einer guten Konstitution Belastungen besser ausgleichen als umweltlabile Tiere.

Literatur

AUGUSTINI, C.; FISCHER, K.; SCHÖN, L.: Bewegungsfördernde Haltung und Fleischbeschaffenheit beim Schwein. Fleischwirtschaft 62 (1982), 1161–1167

BAFF Kulmbach: Institut für Fleischerzeugung und Vermarktung der Bundesanstalt für Fleischforschung Kulmbach

BLENDL, H.; WITTMANN, W.; HAUSER, M.: Unerwünschte Einschränkung des Futteraufnahmevermögens beim Schwein durch derzeitige Selektionsmethoden. Handbuch der tierischen Veredlung. Osnabrück 1989, 202–211

BOGNER, H.: Marktgerechte Schweineproduktion. 1982, Paul Parey, Hamburg/Berlin

BRANSCHEID, W.; DOBROWOLSKI, A.; HÖRETH, R.: Die Schnittführung ändert sich: Was man demnächst bei der Abrechnung berücksichtigen sollte. afz, Nr. 21 (1994), 29

BRANSCHEID, W.; FISCHER, K.; KÜHNE, D.; KLETTNER, P.-G.; DOBROWOLSKI, A.: Investigations on slaughter value, meat quality and suitability for processing of boars. 44th Ann. Meet. EAAP, Aarhus, Denmark, 16.–19. August 1993, P 2.7

CLAUS, R.; ALSING, W.: Einfluß von Choriongonadotropin, Haltungsänderung und sexueller Stimulierung auf die Konzentration von Testosteron im Plasma sowie des Ebergeruchsstoffes im Plasma und Fett eines Ebers. Berl. Münch. Tierärztl. Wschr. 89 (1976), 354–358

CLAUS, R.; KARLSON, P.: Sex in der Luft. Müchn. med. Wschr. 125 (1983), 767–770

CLAUS, R.; WEILER, U.: Umwelteinflüsse auf das geschlechtsspezifische Wachstumsvermögen. Übers. Tierernährg. 15 (1987), 301–316

DOBROWOLSKI, A.; HÖRETH, R.; BRANSCHEID, W.: Apparative Klassifizierung von Schweinehälften. In: Kulmbacher Reihe, Band 12 (1993), 1–26

EIKELENBOOM, G.; MINKEMA, D.: Prediction of pale, soft and exudative muscle with a non-letal test for the halothane-induced porcine malignant hyperthermia syndrome. Neth. J. Vet. Sci., Utrecht 99 (1974), 421

FISCHER, K.: Topographic variation of glycolytic potential in skeletal muscles of pigs. 2nd Dummerstorf Muscle-Workshop „Muscle Growth and Meat Quality", Rostock, 17.–19. 5. 1995

FISCHER, K.: Zur Topographie des intramuskulären Fettgehalts bei Rind und Schwein. Mitteilungsblatt BAFF 33 (1994), 112–120

FISCHER, K.; Freudenreich, P.; Hoppenbrock, K. H.; Sommer, W.: Einfluß produktionstechnischer Bedingungen auf das Fettsäuremuster im Rückenspeck von Mastschweinen. Fleischwirtschaft, 72 (1992), 200–205

FOWLER, V. R.: Meat Animals: Growth and productivity. Plenum-Press. – New York and London, 1976, 285

FUJII, J.; OTSU, K.; ZORAZATO, F.; DE LEON, S.; KHANNA, V. K.; WEILER, J. E.; O'BRIEN, P. J.; MAC LENNAN, D. H.: Identification of a mutation in Porcine Ryanodine Receptor associated with Malignant Hyperthermia. Science 253 (1991), 448–451

GARRIDO, M. D.; HONIKEL, K. O.: Beziehungen zwischen Qualitätsmerkmalen von Schweinefleisch kurz nach dem Schlachten und nach Beendigung der Kühlung. Fleischwirtschaft 75 (1995), 1437–1440

GfE: Gesellschaft für Ernährungsphysiologie – Energie- und Nährstoffbedarf landwirtschaftlicher Nutztiere, Nr. 4 Schweine. DLG-Verlag, Frankfurt/M. 1987

GRIFFITH, N. M.; Patterson, R. L. S.: Human olfactory response to 5a-androst–16-en-3-one. J. Sci. Food. Agric. 21 (1970), 4–6

HANSSON, I.; LUNDSTRÖM, K.; ENFÄLT, A.-C.; KARLSSON, A.; ESSEN-GUSTAVSSON, B.; HAKANSSON, J.: Effect of moderate indoor exercise on carcass composition, meat quality and muscle enzym activities in pigs. 37th ICOMST, Sept. 1991, 1–6, Kulmbach. Proc. Vol. 1, 103–106

HARTFIEL, W.: Tagung „Einsatz tierischer Fette in der Tierernährung" anläßlich der Messe „Huhn und Schwein 1983", Hannover, 22. 6. 83 (Hrsg.: Interessengemeinschaft Fett, Bonn, 2, 1984)

HOPPENBROCK, K. H.: Ebermast – eine Alternative für Schweinemäster?. DGS 11 (1994), 15–17

HÖRETH, R.: Zusammensetzung von Schweineschlachtkörpern und der Anteil der Teilstücke nach Änderung der 4./6. DVO. Mitteilungsblatt BAFF 34 (1995) 5–12

Institut für Tierzucht und Tierhaltung mit Tierklinik der Landwirtschaftlichen Fakultät der Martin-Luther-Universität Halle-Wittenberg

KALLWEIT, E.; BAULAIN, U.: Intramuskulärer Fettgehalt im Schweinefleisch. SUS 43 (1995) 40–42

KELLER, K.: Vergleichende Untersuchungen zur Wachstumsleistung und zur Schlachtkörperqualität von Schweinen unterschiedlichen Geschlechts unter besonderer Berücksichtigung der Androstenonkonzentration im Rückenfettgewebe. Diplomarbeit Halle/S. 1994

KIRCHGESSNER, M.: Tierernährung. Frankfurt/M.: DLG-Verlag, 7. Aufl., 1987

KREUZER, M.: Futterfett im Spannungsfeld von Beschaffenheit und diätetischer Qualität der Produkte. 3. Tagung Schweine- und Geflügelernährung, Halle, 29. 11. bis 1. 12. 1994

LE DIVIDICH, J.; MORMEDE, P.; CATHELINE, M.; CARITEZ, J. C.: Body composition and cold resistance of the neonatal pig from European (Large White) and Chinese (Meishan) breeds. Biology of the Neonate, 59 (1991) 268–277

LENGERKEN G. V.; LIEBERT, F.: Einfluß einer restriktiven Ernährung in frühen Wachstumsabschnitten auf Mastleistung und Schlachtkörperqualität. Tag.-Ber., ADL, 1983, 77–86

LENGERKEN, G. V.; ALBRECHT, V.: Eignung biochemischer Kennwerte und ausgewählte Regulationssysteme für die Früherkennung einer Prädisposition zur Ausbildung von Fleischqualitätsmängeln beim Schwein. Diss. B, Univ. Leipzig, 1977

LINKE, H.; HEINZ, G.: Qualitätsabweichungen bei Schweinefleisch – Topographie der Farbaufhellung bei wäßrigem, blassem Fleisch. Fleischwirtschaft 52 (1972), 208–212

MALMFORS, B.; NILSSON, R.: Meat quality traits of boars in comparison with castrates and gilts. Swedish J. agric. Res. 8 (1978), 209–217

Mc GLONE, J. J. u. a.: The development of pain in young pigs associated with castration and attemts to prevent castration-induced behavioral changes. J. Anim. Sci. 71 (1993), 1441–1446

Mc MEEKAN, C. P.: Growth and development in the pig, with special reference to carcass quality characters. J. of Agric. Sci. (Chamb.), 30 (1940), 276–336

MONIN, G.; SELLIER, P.: Pork of Low Technological Quality with a Normal Rate of Muscle pH Fall in the Immediate Post-Mortem Period: The Case of the Hampshire Breed. Meat Science 13 (1985), 49–63

PFEIFFER, H.; LENGERKEN, G. VON; GEBHARDT, G. (Hrsg.): Wachstum und Schlachtkörperqualität bei landwirtschaftlichen Nutztieren – Schweine. Berlin: Deutscher Landwirtschaftsverlag, 1984

PRABUCKI, A. L.: Qualitätsanforderungen an Schweinefleisch. Tagungsbericht Heft 5, 1991, Institut für Nutztierwissenschaften, Gruppe Ernährung, ETH Zürich

ROTH, F. X.; MARKERT, W.; KIRCHGESSNER, M.: Anim. Physiol. a. Anim. Nutr. 70 (1993), S. 196–206

ROTH, S. u. a.: Mast- und Schlachtleistungsergebnisse von Ebern und Kastraten der Kreuzung Pietrain x DL. Vortragstagung der DGfZ/GfT in Weihenstephan 1992

SCHEPER, J.: Zusammenhänge zwischen ausgewählten Merkmalen des Schlachtkörpers und der Fleischbeschaffenheit beim Schwein. Vortragstagung „Kulmbacher Woche" 1982

SCHEPER, J.; SCHOLZ, W.: DLG-Schnittführung für die Zerlegung der Schlachtkörper von Rind, Kalb, Schwein und Schaf. Frankurt/M.: DLG-Verlag, 1985

SCHEPER, J.; STIEBING, A.; GAREIS, M.: Fleisch und Fleischerzeugnisse. AID Verbraucherdienst. Bonn 1005 (1996)

SCHMID, W.: Zur Vermarktung von Schlachtschweinen – Ausschlachtung und Einflußgrößen. Bayer. Landw. Jahrb., Sonderheft 1 (1987), 161–174

SCHWÖRER, D.; REBSAMEN, A.: Züchterische Aspekte hinsichtlich der chemischen Zusammensetzung von Schweinefleisch und Fettgewebe. Workshop „Schweinefleischbeschaffenheit nach der Halothansanierung" am 17./18.12. 1990 in Nordhausen/Thüringen

SEUSS, I.: Nährwert und Bewertung. Kritische Betrachtung der Inhaltsstoffe im Vergleich. In: Fleisch und Wurst. Bedeutung in der Ernährung des Menschen. Kulmbacher Reihe, Bd. 9, S. 49

SEWER, G. J. F.: Lipide im Fettgewebe und Magerfleisch von Mastschweinen aus Kreuzungen bei unterschiedlicher Fütterung. Diss. 10303 ETH Zürich 1993

STAMER, S.; NÜRNBERG, K.; KANITZ, W.; KALM, E.: Vergleichende Untersuchung zur Mast von Ebern und Börgen. Züchtungskunde 65 (1993), 131–137

STEINBERG, M.; HÖRÜGEL, K.; PACHE, St.: Untersuchungen zur Mast unkastrierter männlicher Mastschweine. Ergebnisbericht der Sächsischen Landesanstalt für Landwirtschaft 1993, 17–20

WAL, P. G. VAN DER: Free range pigs: carcass caracteristics and meat quality. 37th ICOMST, Sept. 1991, 1–6, Kulmbach. Proc. Vol. 1, 202–205

WAL, P. G. VAN DER; MATEMAN, G.; DE VRIES, A. W.; VONDER, G. M. A.; SMULDERS, G.; GEESINK, H.; ENGEL, B.: Meat Sci. 34 (1993), S. 27–37

WEILER, U.; CLAUS, R.; HOFÄCKER, S.: Ebermast und Geschlechtsgeruch: eine physiologische Analyse. Lohmann Information (Juli/August 1992), 1–10

WENK, C.; HÄUSER, A.; VOGG-PERRET, D.; PRABUCKI, A. L.: Einfluß mehrfach ungesättigter Fettsäuren im Futter auf die Qualität von Schweinefleisch: Fat. Sci. Technol. 92 (1990) 552–556

WICKE, M.; LENGERKEN, G. v.; NONN, H.; KLUGE, H.; JEROCH, H.: Beeinflussung der Schlachtkörperqualität von Schweinen durch N-reduzierte Fütterung und Futterfetteinsatz. Kühn-Archiv 87 (1993), 203–211

WICKE, M.; MAAK, S.; GIESEL, M.; FIEDLER, I.; LENGERKEN, G. v.: Assessment of the total muscle fiber number of the M. longissimus in live pigs and its relationship to meat quality. Poster in XXVth European Muscle Congress, September 14–17, 1996, Montpellier, France

ZDS: Schweineproduktion 1993 in Deutschland (Zahlen aus der Deutschen Schweineproduktion 1993, Ausgabe 1994).

ZDS: Schweineproduktion 1994 in Deutschland (Zahlen aus der Deutschen Schweineproduktion 1994, Ausgabe 1995).

Gesetzliche Grundlagen

VO zum Schutz von Schweinen bei Stallhaltung (Schweinehaltungsverordnung) vom 18. Februar 1994

7 Schlachttierwert des Schafes und der Ziege

R. Süß und G. v. Lengerken

7.1 Komponenten des Schlachttierwertes

Der Schlachtkörper des Schafes ist entsprechend der EG-Handelsklassenverordnung vom 01. 7. 1993 wie folgt definiert:

... ganzer Körper eines geschlachteten Tieres nach Ausbluten, Enthäuten und Ausweiden: ohne Kopf (Trennung zwischen Hinterhauptbein und Atlas), Füße (Trennung zwischen Carpus/Tarsus und Metacarpus/Metatarsus), Genitalorgane, Euter, Geschlinge und Schwanz (Trennung zwischen 6. und 7. Schwanzwirbel). Nieren und Nierentalg gehören zum Schlachtkörper.

Bei der Klassifizierung wird eine Differenzierung in:
- „L" – Schlachtkörper < 12 Monate alter Lämmer – und
- „S" – Schlachtkörper anderer Schafe – vorgenommen.

In Deutschland werden bevorzugt Lämmer mit einer Mastendmasse von 35–45 kg vermarktet. Die Schlachtausbeute dieser Tiere variiert in Abhängigkeit von Fütterungsintensität, Mastendmasse und Rasse zwischen 44 und 53 %.

Da das Ausschlachtungsergebnis durch eine Vielzahl von Faktoren beeinflußt ist, sind Angaben zur Charakterisierung der jeweiligen Bedingungen erforderlich. Allein die Einbeziehung des Kopfes zum Schlachtkörper erhöht die Ausbeute bei einem 40 kg Lamm um 3 Prozentpunkte. Wird das gleiche Tier vor der Schlachtung geschoren, ergibt sich ein Effekt von 2 Prozentpunkten.

Nach DLG-Schnittführung (Abb. 7. 1) ist beim Schaf eine Einteilung in folgende Teilstücke üblich (in Klammern: Anteil am Schlachtkörper kalt bei Lämmern von 35–40 kg Mastendmasse und einem Alter von 110–140 Tagen):

- Keule (34 %) Trennschnitt zwischen 5. und 6. Lendenwirbel
- Nierenstück (Lende) (7 %) 1.–5. Lendenwirbel
- Kotelett (8 %) 6.–13. Brustwirbel
- Schulter (Bug) (18 %)
- Dünnung (6 %) Bauch und Flanke
- Brust (14 %)
- Kamm (4 %) 1.–5. Brustwirbel
- Hals (9 %) 1.–7. Halswirbel

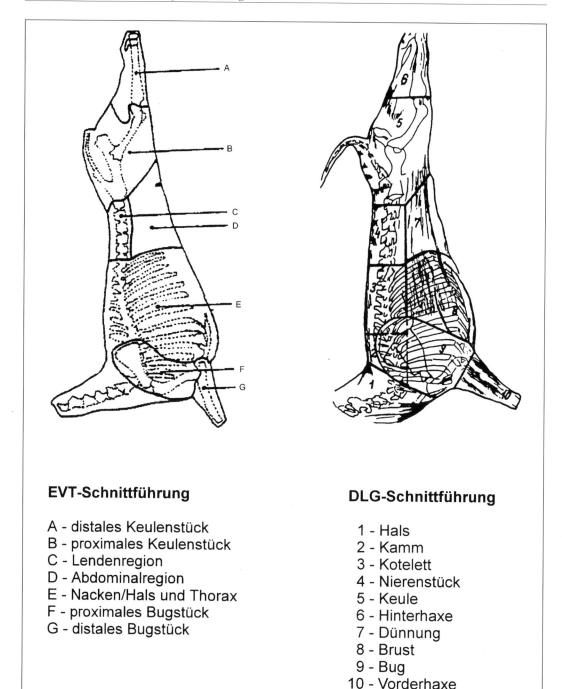

EVT-Schnittführung

A - distales Keulenstück
B - proximales Keulenstück
C - Lendenregion
D - Abdominalregion
E - Nacken/Hals und Thorax
F - proximales Bugstück
G - distales Bugstück

DLG-Schnittführung

1 - Hals
2 - Kamm
3 - Kotelett
4 - Nierenstück
5 - Keule
6 - Hinterhaxe
7 - Dünnung
8 - Brust
9 - Bug
10 - Vorderhaxe

Abb. 7.1: Vergleich EVT-Schnittführung (FISCHER u. a. 1994) und DLG-Schnittführung beim Schaf (SCHEPER und SCHOLZ 1985) beim Schaf

Zusätzlich kann auch eine Abtrennung der Vorder- (3 %) und Hinterhaxe (5 %) von Schulter bzw. Keule erfolgen.

Keule, Nierenstück und Kotelett bilden die sogenannten wertvollen (wertbestimmenden) oder fleischreichen Teilstücke, die vorzugsweise zum Braten, Kurzbraten oder Grillen genutzt werden. Teilweise wird auch die Schulter hinzugerechnet. Entsprechend liegt der Anteil wertvoller Teilstücke am gesamten Schlachtkörper bei 48–51 % bzw. 66–70 %. Die übrigen Teilstücke genießen eine etwas geringere Wertschätzung. Sie können zu Gulasch, Ragouts, Hackfleisch verarbeitet werden oder finden in Eintöpfen Verwendung (Abb. 7.2).

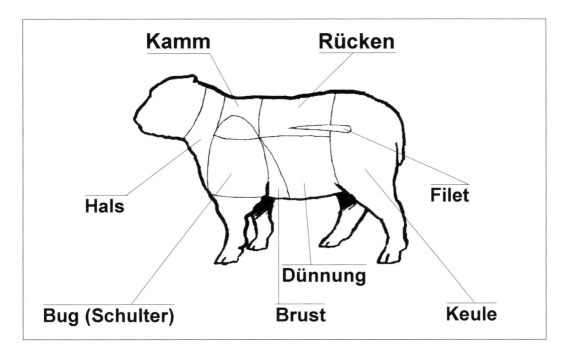

Abb. 7.2: Die Teilstücke beim Schaf (SCHEPER u. a. 1996)

Im Gegensatz zu Schwein und Rind ist beim Schaf im Handel eine Zerlegung des Schlachtkörpers in zwei Hälften durch Trennung entlang der Wirbelsäule eher unüblich. Bevorzugt wird eine Zerteilung bei transversaler Schnittführung in die drei Teile:
- Keulen (Schnittführung zwischen 5. und 6. Lendenwirbel)
- Rücken (Sattel, sogen. Doppelkoteletts: 6. Brust- bis 5. Lendenwirbel ohne Dünnung und Brust)
- Vorderviertel (Schnittführung zwischen 5. und 6. Brustwirbel, einschließlich Dünnung und kompletter Brust).

Bei Zerlegung der Schlachtkörper von Mastlämmern in Gewebeanteile in der vom Markt bevorzugten Gewichtsklasse ergeben sich im Mittel folgende Werte:
- Fleisch   54–63 %
- Fett   18–28 %
- Knochen/Sehnen   15–20 %

Hieraus läßt sich ein Fleisch-Fett-Verhältnis von 1 : 0,25–0,50 und ein Fleisch-Knochen-Verhältnis von 1 : 0,30–0,37 ermitteln.

Als repräsentative Teilstücke für wissenschaftliche Untersuchungen werden sowohl Keule und Nierenstück als auch Schulter (Bug) verwendet. Die entsprechenden Korrelation zum Gesamtfettanteil sind in der Regel etwas enger als zum Gesamtfleischanteil. Tabelle 7.1 beinhaltet eine Übersicht über die Beziehungen zwischen ausgewählten Hilfsmerkmalen und der geweblichen bzw. chemischen Zusammensetzung des Schlachtkörpers.

Tab. 7.1: Korrelationen zwischen ausgewählten Hilfsmerkmalen und den Gewebeanteilen bzw. chemischen Komponenten des Schafschlachtkörpers von Lämmern

korrelierende Merkmale	Korrelationskoeffizient
Fettauflage Schlachtkörper : Fleisch Schlachtkörper	–0,85[1]
Fettauflage Schlachtkörper : Fett Schlachtkörper	0,78[2]
Fläche mld : Fleisch Schlachtkörper	0,53[1]
Fleischanteil Keule : Fleisch Schlachtkörper	0,86[3]
Fleisch-Fett-Verhältnis Nierenstück : Fett Schlachtkörper	0,90[2]
Fleisch Kotelett : Fleisch Schlachtkörper	0,84[3]
Fett Kotelett : Fett Schlachtkörper	0,94[3]
Fett Nierenstück : Fett Schlachtkörper	0,90[2]
Knochen Kotelett : Knochen Schlachtkörper	0,88[3]
Rohprotein Kotelett : Rohprotein Schlachtkörper	0,42[3]
Rohprotein Nierenstück : Rohprotein Schlachtkörper	0,41[3]
Rohfett Kotelett : Rohfett Schlachtkörper	0,76[3]
Nierentalganteil : Rohfett Schlachtkörper	0,54[3]
Nierentalganteil : Fett im Schlachtkörper	0,65[2,3]
Nierentalganteil : Fleisch Schlachtkörper	–0,53[3]
Nierentalg + Fettauflage : Fett Schlachtkörper	0,82[2]

[1] Nitter 1988
[2] Göhler 1987
[3] Al-Rikabi 1988

Mit Blick auf eine Kosteneinsparung in der Leistungsprüfung bei gleichzeitiger Erweiterung des Prüfumfanges sowie der erstmals möglichen Nutzung hinsichtlich der Schlachtkörperqualität eigenleistungsgeprüfter Zuchttiere gewinnt der in vivo Einsatz von Ultraschallgeräten zur Bestimmung von Fettauflage und Muskeldicke bzw. -fläche zunehmend an Bedeutung

(Abb. 7.3). Die Ultraschall-Maße erreichen im Vergleich zu entsprechenden Daten am Schlachtkörper analoge Beziehungen zu den Gewebeanteilen, wobei eine Messung in der Mitte der Lendenregion am günstigsten ist (Tab. 7. 2).

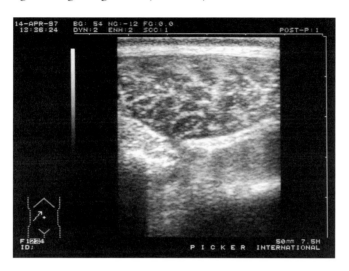

Abb. 7.3: Ultraschallaufnahme vom Rückenmuskel beim Lamm – Region 13. Brust-/1. Lendenwirbel (OCULUS CS 9100, 7,5 Mhz Linearsonde)

Bei einem Trockensubstanzgehalt von 40–45 % kann der Rohproteingehalt im Schlachtkörper mit 15–17 % und der Rohfettgehalt mit 20–28 % angegeben werden, was einem Rohprotein-Rohfett-Verhältnis von 1 : 1,3 bis 1 : 1,8 entspricht. Betrachtet man die einzelnen Teilstücke, so variiert bei einheitlicher Mastendmasse der Trockensubstanzgehalt von etwa 34 % in der Keule bis zu 51 % in der Brust. Die maximalen Differenzen zwischen einzelnen Teilstücken im Rohprotein- und Rohfettgehalt betragen 4,5 bzw. 21 % (AL-RIKABI 1988).

Eine spezifische Bedeutung für die Bewertung des Schlachtkörpers hat die Fettauflage. Dabei geht es nicht nur um Beziehungen zur Verfettung des Gesamtschlachtkörpers im Sinne eines Hilfsmerkmales (Tab. 7.1) als vielmehr um die Forderung nach einer optimalen (1–3 mm) und ausgeglichenen Fettabdeckung.

Von zunehmendem Interesse ist auch beim Schaf der intramuskuläre Fettgehalt. Bei Lämmern von 35–40 kg variieren die Werte in Abhängigkeit von Rasse und Geschlecht im Mittel zwischen 1,5 und 5,5 %. Gleichzeitig ist auf Unterschiede zwischen einzelnen Muskeln (M. longissimus > M. semimembr. > M. psoas major) aber auch innerhalb einzelner Muskeln zu verweisen. In eigenen Untersuchungen treten an der üblichen Referenzstelle (13. Brust-/1. Lendenwirbel) im M. longissimus mit 2,54 % die geringsten Werte auf. Der Gehalt steigt nach caudal auf 2,96 % und cranial auf 3,36 %. Die topografische Differenzierung ist bei weiblichen Lämmern deutlicher ausgeprägt als bei Bocklämmern.

Tab. 7.2: Korrelationskoeffizienten zwischen verschiedenen Ultraschall-Maßen am lebenden Tier und den Gewebeanteilen im Schlachtkörper bzw. in den Teilstücken Keule, Kotelett und Lende beim Schaf (QUANZ 1994 a)

Merkmale	Korrelationskoeffizient	
	Schlachtkörper	wertvolle Teilstücke
Muskeldicke über 13. Rippe zu Fleischanteil	0,13	0,10
Muskeldicke Mitte Lende zu Fleischanteil	0,35	0,40
Fettauflage über 13. Rippe zu Fleischanteil	–0,65	–0,50
Fettauflage über Mitte Lende zu Fleischanteil	–0,69	–0,62
Fettauflage 13. Rippe und Lende zu Fleischanteil	–0,74	–0,61
Verhältnis Fettauflage/Muskeldicke Mitte Lende zu Fleischanteil	0,74	0,67
Fettauflage über 13. Rippe zu Fettanteil	0,64	0,58
Fettauflage über Mitte Lende zu Fettanteil	0,69	0,67
Muskeldicke 13. Rippe zu Fettanteil	–0,19	–0,07
Verhältnis Fettauflage/Muskeldicke Mitte Lende zu Fettanteil	–0,74	–0,70

Neben dem rein quantitativen Aspekt als Komponente der Gesamtverfettung hat der intramuskuläre Fettgehalt vor allem Bedeutung für die sensorische Bewertung hinsichtlich Zartheit, Saftigkeit, Aroma und Geschmack. Nach vorliegenden Untersuchungen an Merinolangwollschafen besteht bei IMF-Gehalten von 3,5–4,4 % wahrscheinlich aus der Sicht der Sensorik ein Optimum.

Schaffett hat den höchsten Schmelzpunkt aller tierischen Fette. Er liegt in Abhängigkeit von Fütterungsintensität, Alter und Rasse im subkutanen Fett bei 35–42 °C, im Fleischfett (intra- und intermuskuläres Fett) bei 35–41 °C und im Nierentalg bei 39–45 °C. Der hohe Schmelzpunkt ist Ausdruck des relativ frühzeitigen Einbaus von gesättigten Fettsäuren, wobei Stearinsäure als Hauptkomponente der Talgigkeit gelten kann (FREUDENREICH 1993).

Gegenüber Schwein und Rind ist ein höherer Myristin- und Stearin- bei etwa gleichem Palmitin- aber deutlich geringerem Ölsäuregehalt zu beobachten.

Von den verschiedenen Fettdepots weist Talg das ungünstigste Fettsäuremuster mit einem sehr hohen Stearin- bei niedrigem Öl- und Linolsäuregehalt auf. Das intramuskuläre Fett, welches als Bestandteil des sogenannten Fleischfettes einen wesentlichen Maßstab für den Konsumenten darstellt, ist am günstigsten zu bewerten, wobei Unterschiede zwischen den einzelnen Muskeln bestehen. So liegt der Anteil Stearinsäure im M. longissimus ca. 4 % höher als in der Oberschale. Im Gegensatz zu subkutanem und intermuskulärem Fett steht der Anteil des intramuskulären Fettes offensichtlich nur in loser Beziehung zum Fettgehalt des Schlachtkörpers insgesamt und ist stärker altersabhängig.

Zum spezifischen Geruch und Geschmack von Schaffleisch tragen vor allem verzweigtkettige flüchtige Fettsäuren mit 8 und 9 C-Atomen, wie 4-Methyloctan- und 4-Methylnonansäure, bei (BRENNAND und LINDSAY 1992, YOUNG u. a. 1997).

Die in Tabelle 7.3 enthaltenen Angaben zu wichtigen Parametern der Fleisch- und Fettqualität beziehen sich auf Lämmer mit einer Schlachtkörpermasse von 17–22 kg und ein Alter bis zu 150 Tagen.

Tab. 7.3: Übersicht über wichtige Parameter der Fleisch- und Fettqualität von Lämmerschlachtkörpern (Univ. Halle)

Merkmal	Maßeinheit	Variation von Mittelwerten
Fleischqualitätsparameter		
Dripverlust 24 h p. m.	%	0,90–1,25
Dripverlust 48 h p. m.	%	1,50–2,10
Fleischfarbe Minolta L★		36–44
Fleischfarbe/Rem. 525 nm	%	18–23
pH-Wert M. semimembr. 24 h p. m.		5,7–5,8
Kochverlust	%	44–48
Myoglobingehalt	mg/g	2,8–3,6[1]
Kollagengehalt	mg/g	4,8[2]
Fettqualitätsparameter (Auflagefett)		
Säurezahl		1,3–2,2
Schmelzpunkt	°C	35–38
Verhältnis unges./gesättigte Fettsäuren		1,05–1,20
Anteil mehrfach unges. Fettsäuren	%	6,5–8

[1] nach Boikovski (1984)
[2] nach Marinova und Pinkas (1983)

Die Farbe des Fettes ist beim Lamm im Gegensatz zum Rind für die Qualitätsbewertung nicht so bedeutsam.

Tab. 7.4: Ernährungsphysiologischer Wert von Schaffleisch – Gehalte in 150 g eßbaren Anteilen (nach KETZ und WEIBELZAHL 1985)

Kennzahl	Maßeinheit	mager	mittelfett	fett	Keule	Kotelett
Energie	kJ	1.260	1.950	2.700	1.500	2.300
	kcal	300	480	645	375	555
Vitamin B1	mg	0,24	0,20	0,18	0,24	0,20
Vitamin B2	mg	0,33	0,24	0,24	0,33	0,27
Vitamin B6	mg	0,47	0,39	0,33	0,44	0,50
Kalium	mg	495	525	[1]	570	525
Phosphor	mg	285	270	140	315	210
Eisen	mg	3,6	3,5	2,7	4,1	3,3
Zink	mg	4,1	3,6	3,0	4,8	3,3

[1] keine Angabe

Angaben zum ernährungsphysiologischen Wert von Schaffleisch enthält Tabelle 7.4. Fleischqualitätsmängel wie PSE oder DFD sind beim Schaf nicht bekannt.

7.2 Einflüsse tierspezifischer Faktoren

7.2.1 Alter und Mastendmasse

Unter weitgehend standardisierten Bedingungen bezüglich der Vorbereitung der Tiere auf die Schlachtung und einheitlicher Schlachtkörperdefinition ist unter der Voraussetzung einer Schur ante mortem mit zunehmenden Alter und steigender Mastendmasse mit einem leichten Anstieg der Schlachtkörperausbeute zu rechnen, der auf die physiologische Austrocknung und die zunehmende Einlagerung von Fettgewebe zurückzuführen ist (Tab. 7.5). Bei dem heute üblichen Verzicht auf eine Schur der Mastlämmer wirkt sich dagegen eine Verlängerung der Mastdauer über eine höhere Fellmasse (längere Wollwachstumszeit) reduzierend auf die Schlachtausbeute aus.

Tab. 7.5: Schlachtausbeute von MF-Reinzucht- und Masthybridlämmern in Abhängigkeit von Alter und Körpermasse (nach AL-RIKABI 1988)

Mastendmasse (kg)	Alter (Tage)		Ausbeute (%)	
	Reinzucht	F_1-Kreuzung	Reinzucht	F_1-Kreuzung
30	158	132	46,4	48,4
35	167	149	46,0	48,6
40	196	166	47,9	48,8
45	210	188	48,2	50,3
50	250	213	49,6	51,6

Bezüglich der Zusammensetzung des Schlachtkörpers (Tab. 7.6) ist eine Erhöhung der Mastendmasse in der Tendenz mit einem Rückgang von Keulen- und Schulteranteil bei gleichzeitiger Zunahme der weniger fleischreichen Teilstücke Brust und Dünnung verbunden. Bei Mastendmassen von mehr als 40 kg sinkt der Anteil fleischreicher Teilstücke insgesamt.

Mit den Veränderungen in der Körpermasse sind zugleich unterschiedlich gerichtete Auswirkungen in den Geweben verbunden (Abb. 7.4).

Eine Steigerung der Körpermasse von 36 auf 48 kg führt zur:
- Verringerung des **Fleischanteils** von 65,9 auf 58,4 %,
- Verdopplung des **Fettanteils** von 12,4 auf 24,3 % und
- Verringerung des Anteils **Knochen/Sehnen** von 20,4 auf 16,9 % (POPP u. a. 1978).

Tab. 7.6: Anteile einzelner Teilstücke bei Mastlämmern (Merinolangwollschaf) in Abhängigkeit von Alter und Mastendmasse (Univ. Halle)

Mastendmasse/ Alter (kg/Tage)	Teilstück					
	Keule mit Hinterhaxe (%)	Schulter mit Vorderhaxe (%)	Nierenstück (%)	Kotelett (%)	Hals + Kamm (%)	Brust + Dünnung (%)
30,1/102[1]	35,3	18,9	7,4	8,4	11,8	18,2
35,4/120	34,3	18,5	7,3	8,3	12,4	19,2
40,3/126	34,0	18,7	7,5	8,4	12,2	19,2
45,5/146	33,4	17,8	7,4	8,5	12,0	20,8
50,4/155[2]	33,1	17,7	7,4	8,2	12,9	20,7

[1] nur weibl. Lämmer
[2] nur männl. Lämmer

Beim Fettgewebe handelt es sich vor allem um eine signifikante Zunahme des subkutanen und intermuskulären Fettes.

Diese Situation widerspiegelt sich entsprechend in der chemischen Zusammensetzung des Schlachtkörpers, die durch einen kontinuierlichen Anstieg der Trockensubstanz sowie des Rohfettgehaltes gekennzeichnet ist (Tab. 7.7). Demgegenüber nimmt der Rohproteingehalt leicht ab (von 16,8 auf 14,7 %). Das Rohprotein : Rohfett-Verhältnis erweitert sich dadurch bei Steigerung der Mastendmasse von 30 auf 50 kg von 1 : 1,19 auf 1 : 2,03. Zwischen Körpermasse bzw. Alter und Rohfettgehalt ermittelte Korrelationen liegen im Bereich von etwa 0,7.

Neben dem Fettgehalt zeigt auch die Fettqualität eine eindeutige Beziehung zum Alter. Sie ist vor allem durch einen zunehmenden Anteil gesättigter Fettsäuren charakterisiert. Leichtere Lämmer (36 kg) haben gegenüber 45 und 54 kg schweren Tieren signifikant weniger Palmitin- und Stearin- aber mehr Myristin- und Ölsäure (TICHENOR u. a. 1970). FREUDENREICH (1993) empfiehlt, im Hinblick auf ein ausgeglichenes Fettsäuremuster einen

Stearinsäureanteil von 25 % im intermuskulären Fett des Koteletts nicht wesentlich zu überschreiten, was zu einer Limitierung des Mastalters auf 6 Monate führen würde. Mastendmasse und Alter sind insbesondere auch im Hinblick auf die Etablierung des schaftypischen Fleischgeschmacks zu beachten. Dabei wird allgemein unterstellt, daß dieser bei einer Körpermasse von weniger als 30–35 kg in 100–120 Lebenstagen noch nicht von Bedeutung ist.

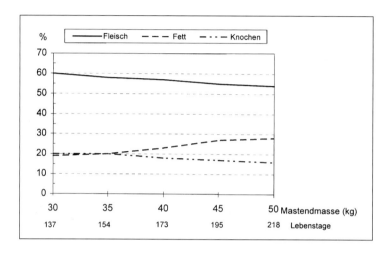

Abb. 7.4: Gewebeanteile im Schlachtkörper von Mastlämmern bei unterschiedlicher Mastendmasse (nach AL-RIKABI 1988)

Tab. 7.7: Chemische Zusammensetzung des Schlachtkörpers von Lämmern in Abhängigkeit von der Schlachtkörpermasse (nach AL-BAKKOUR 1989)

Schlachtkörper-masse (kg)	Tierzahl	TS (%)	Quotient Roh-protein : Rohfett	Fettmenge gesamt (kg)
7,7	20	35,8	1,30	1,40
9,6	21	35,9	1,25	1,67
12,2	21	37,8	1,18	2,29
14,6	24	39,0	0,99	3,16
17,0	9	40,7	0,91	4,02

Zur mastendmasseabhängigen Entwicklung verschiedener qualitativer und quantitativer Fett-Merkmale sei auch auf Tabelle 7.14 verwiesen.

7.2.2 Rasse

Weltweit gibt es heute etwa 550 Schafrassen unterschiedlicher Nutzungsrichtung, wobei die Fleischnutzung regional differenziert sowohl von Altschafen als auch Lämmern erfolgt. Eine Klassifizierung der Rassen aus der Sicht der Fleischproduktion ist nach folgenden Aspekten sinnvoll:

- Fleischerzeugung als Haupt- oder Nebennutzung (Stoffwechseltyp),
- Fleischerzeugung in Reinzuchtpopulationen oder über Kreuzungen,
- Erzeugung leichter oder schwerer Lämmer,
- Weide- oder Stallmast.

In Deutschland stammen gegenwärtig in der Schafhaltung 90 % der Erlöse aus der Vermarktung von Schlachtlämmern. Entsprechend erfolgt seit vielen Jahren bei den wirtschaftlich bedeutendsten Rassen vorrangig eine Selektion nach Mastleistung und Schlachtkörperwert, wofür eine kombinierte Eigen-, Halbgeschwister- und Nachkommenprüfung in Prüfstationen die Grundlage bildet. Bei diesen Rassen handelt es sich entweder um spezialisierte Fleischschafrassen, wie Texel, Deutsches Schwarzköpfiges und Weißköpfiges Fleischschaf oder Zweinutzungsrassen mit betonter Fleischleistung, wie Merinoland-, Merinofleisch- oder Merinolangwollschafe, wobei die beiden letztgenannten Rassen vorwiegend in den neuen Bundesländern anzutreffen sind (Abb. 7.5, s. S. 162). Wenn sich auch das Rassenspektrum in den letzten Jahren wesentlich erweitert hat, haben die genannten Rassen einschließlich Kreuzungen zwischen diesen den weitaus größten Anteil am Gesamtschafbestand (etwa 90 %).

Bezüglich der Schlachtkörperausbeute besteht die Tendenz, daß bei gleicher Mastendmasse schneller wachsende Genotypen eine höhere Ausbeute aufweisen. Dabei ist zu berücksichtigen, daß starke Unterschiede in der Wolleistung den Schlachtertrag beeinflussen. Zwischen verschiedenen einheimischen Fleischschaf- und Zweinutzungsrassen sind die Unterschiede bei optimalen Fütterungs- und Haltungsbedingungen aber nur gering. Wie Tabelle 7.8 zeigt, haben lediglich Texelschafe eine deutlich höhere Schlachtausbeute.

Bei der in der Praxis vielfach angewandten Gebrauchskreuzung Deutsches Schwarzköpfiges Fleischschaf x Merinofleischschaf liegt die Ausbeute im Vergleich zu reinrassigen Merinofleischschafen 2–3 % höher (KAULFUSS u. a. 1993).

Zwischen den Rassen lassen sich in Verbindung mit dem Rahmen recht unterschiedliche Formen des großen Rückenmuskels, der Keulenausprägung und der Dornfortsätze erkennen. Sie führen aber in der Regel nur zu einer unterschiedlichen optischen Bewertung der Schlachtkörper, kaum zu Differenzierungen in der Teilstückzusammensetzung.

Texelschafe nehmen bezüglich des Schlachtkörperwertes eine Ausnahmestellung ein. Sie ist durch einen höheren Fleischanteil, eine signifikant größere Rückenmuskelfläche, eine geringere Verfettung des Schlachtkörpers (Nierentalg, Fettauflage, Fettnote) und eine günstigere Keulen- und Rückenkonformation (Tab. 7.9) gekennzeichnet.

Tab. 7.8: Schlachtausbeute männlicher Prüflämmer bei intensiver Fütterung in Abhängigkeit von der Rasse (Hessische Landesanstalt 1989/90–1993/94)

Rasse	Mastendmasse (kg)	Schlachtausbeute im Mittel der Prüfjahre (%)	Schlachtausbeute (%)-Variation zwischen Prüfgruppen
Merinolandschaf	43,2	49,3	45,6–53,0
Suffolk	44,1	49,7	42,3–55,5
Dt. Schwarzköpfiges Fleischschaf	43,8	49,1	44,9–52,0
Texel	43,5	51,2	43,6–54,4
Merinofleischschaf	42,8	48,5	47,0–50,1

Konkurrenz könnten Texelschafe zukünftig durch ein bei Dorset Horn in den USA gefundenes spezielles Gen für Muskelhypertrophie erhalten. Dieses als *callipyge* bezeichnete Gen verursacht eine besonders ausgeprägte Bemuskelung an Keule und Rücken (23–52 % mehr Muskelanteil in der Keule und 47 % größere Rückenmuskelfläche als normale Lämmer) bei gleichzeitig reduziertem Becken- und Nierenfettanteil (um 38 %) sowie 27 % geringerer Fettauflage. Tiere mit Muskelhypertrophie verfügen zudem über eine 7,5 % höhere Schlachtausbeute. Allerdings zeigen nur heterozygote Individuen, die das Gen über den Vater erhalten, eine entsprechende phänotypische Ausprägung (polare Überdominanz bzw. negatives mütterliches Imprinting).

Tab. 7.9: Ergebnisse der Schlachtleistungsprüfung von Schafen in Abhängigkeit von der Rasse (QUANZ 1994 b)

Merkmal	Maßeinheit	Rasse			
		Merinolandschaf	Dt. Schwarzk. Fleischschaf	Texel	Suffolk
Rückenmuskelfläche [1]	cm^2	15,2	14,9	18,4	16,5
Nierentalg [1]	g	223	169	152	184
Fettauflage US	mm	4,2	4,28	3,66	4,35
Muskeldicke US	mm	25,9	25,9	28,0	26,6
Fett EUROP	Pkt. (1–5)	2,42	2,42	1,8	2,22
Fleischigkeit EUROP	Pkt. (1–5)	2,29	2,48	1,60	2,00
Keulenumfang	cm	34,3	34,4	36,7	34,6
Bemuskelung Keule	Pkt. (1–9)	6,3	7,1	8,4	7,7

[1] Mittelwert der Prüfergebnisse 1988–94, sonst Prüfergebnisse 1993/94

Zwischen den Rassen bestehen sehr deutliche Differenzierungen in der Fettverteilung (Tab. 7.10). So ist bei Nachkommen von Finnschafen der Anteil des Nierentalges am Gesamtfett nahezu doppelt so hoch wie bei Oxford Down und Texel, die Fettauflage aber 1 bzw. 0,7 mm geringer. Im Gesamtfettgehalt treten hingegen meist keine wesentlichen Unterschiede auf.

Tab. 7.10: Schlachtkörpermerkmale männlicher Lämmer bei unterschiedlichen väterlichen Genotypen (PUNTILA u. a. 1993)

Merkmal	Maßeinheit	Genotyp Vater		
		Oxford Down	Texel	Finnschaf
Schlachtkörpermasse kalt	kg	22,1	23,1	20,8
Ausbeute	%	45,3	46,7	43,9
Konformation	Punkte 1–5	4,25	4,44	3,33
Fettklasse	Punkte 1–4	2,32	2,37	2,05
Nierentalg	kg	0,40	0,45	0,74
Nierentalganteil am Gesamtfett	%	10,0	11,3	19,3
Muskelfläche	cm^2	11,4	11,9	9,8
Muskeltiefe	mm	28,1	28,9	25,3
Fettauflage	mm	2,82	2,5	1,83

Aus der Sicht des Verbrauchers ist eine derartige Verteilung des Fettes, die auch bei Fettschwanz- und Fettsteißschafen anzutreffen ist, durchaus günstig zu bewerten, da Depotfette leicht vom eigentlichen Schlachtkörper zu trennen sind und damit im Gegensatz zu subkutanem und intermuskulärem Fett die Qualität des „Endproduktes" nicht beeinträchtigen. Derartige rasseabhängige Differenzierungen in der Fettverteilung existieren auch zwischen subkutanen und intermuskulärem Fett.

Neben dem beschriebenen Rasseneinfluß auf quantitative Fettparameter sind analog zu Rind und Schwein gleichfalls Unterschiede in der Fettqualität zu beobachten. In vergleichenden Untersuchungen von fünf Genotypen zeigen sich im Keulenauflagefett in Schmelzpunkt und Säurezahl Differenzierungen zugunsten von Texel- und Blaukopf-Nachkommen, die sich auch entsprechend im Fettsäuremuster und günstigeren Quotienten ungesättigter zu gesättigter Fettsäuren widerspiegeln (SÜSS u. a. 1993).

Vorgefundene Untersuchungsergebnisse zum Rasseeinfluß auf die sensorische Bewertung des Fleisches sind widersprüchlich. Bei gleicher Schlachtreife scheinen Effekte wenig wahrscheinlich. Zudem können sie durch die positiven Korrelationen zwischen sensorischen Eigenschaften und grobgeweblichen Fettanteil fleischreicher Teilstücke (QUANZ 1995) sowie intramuskulären Fettgehalt überdeckt sein. Im letzteren Fall spielt aber offensichtlich auch das Level (Schwellenwert) eine Rolle, so daß teilweise gefundene Unterschiede in IMF und

Grillverlust (Tab. 7.11) nicht unbedingt zu einer abweichenden sensorischen Bewertung des Fleisches führen müssen. Beim Vergleich von Rassen stark unterschiedlicher Nutzungsrichtung lassen sich bei weitgehend einheitlicher Mastendmasse dagegen gesicherte Einflüsse auf Zartheit, Saftigkeit und Geschmack nachweisen (QUANZ 1995). Eine geschmackliche Ausnahmestellung des Fleisches einzelner Rassen, wie sie zum Teil für Landschafrassen, insbesondere Heidschnucken (wildbretartiger Geschmack) postuliert wird, ist nicht zu belegen.

Tab. 7.11: Fleischqualität des Koteletts bei unterschiedlichen Genotypen des Schafes (FREUDEN-REICH 1993)

Merkmal	Maßeinheit	Genotyp			
		Dt. Schwarzköpf. Fleischschaf (SKF)	Merinolandschaf (ML)	ML x Milchschaf (MS)	SKF x (MLxMS)
Anzahl Tiere		11	13	10	10
Intramusk. Fett	%	2,2	1,6	1,6	2,0
Grillverlust	%	26,1	28,7	29,5	22,3
Zartheit	Pkt. 1–6	5,0	4,5	5,0	4,9
Saftigkeit	Pkt. 1–6	4,6	4,2	4,5	4,6
Aroma/Geschmack	Pkt. 1–6	4,6	4,5	4,8	4,7

Zwischen den Genotypen bestehende Unterschiede in der Wachstumsintensität führen zusammen mit der Variation in den Körperproportionen und deren Zusammensetzung zu einem unterschiedlichen Alter bei der Schlachtreife.

Die unterschiedliche Schlachtreife der einzelnen Rassen modifiziert und relativiert den genotypischen Einfluß auf die Schlachtkörperzusammensetzung. Bei einheitlicher Körperreife reduziert sich der Einfluß der Rasse erheblich. Rahmen und Reife wirken sich wie in Tabelle 7.12 dargestellt aus.

Tab. 7.12: Zusammensetzung der Keule von Hammeln verschiedener Rassen im Alter von 5 Monaten (in % des Knochengewichtes; HAMMOND 1958)

Gewebe	Typ/Rasse			
	frühreif/klein Southdown	frühreif/groß Suffolk	spätreif/klein Welsh	spätreif/groß Lincoln
Knochen	100	100	100	100
Muskeln	503	485	512	366
Fett	201	173	100	99

7.2.3 Geschlecht

Der Geschlechtseinfluß auf Merkmale des Schlachtkörperwertes resultiert aus abweichenden biologischen Wachstumsfunktionen von Fleisch und Fett, die sich in einem altersabhängig differenzierten täglichem Zuwachs widerspiegeln (Abb. 7.6). Dies führt zu einer unterschiedlichen physiologischen Reife. Geschlechtsbedingte Unterschiede sind etwa bis zum Alter von 75 Tagen unbedeutend. Danach stellen sie eine maßgebliche Variationsursache dar.

Der Fleisch-Fett-Quotient sinkt unter Intensivmastbedingungen zwischen 30 und 50 kg Körpermasse bei männlichen Lämmern von 3,52 auf 2,29 und bei weiblichen von 3,62 auf 1,57, so daß oberhalb eines Optimums mit zunehmender Mastendmasse eine Verschlechterung der Schlachtkörperqualität eintritt, die zudem bei weiblichen Tieren gravierender ausfällt. Bei gleicher Fütterungsintensität erreichen weibliche Lämmer die Schlachtreife in der Regel bereits bei einer 4–6 kg geringeren Körpermasse.

Die bei Körpermassen > 30 kg auftretende stärkere Fetteinlagerung weiblicher Tiere ist Ursache für eine in der Tendenz etwas höhere Schlachtkörperausbeute gegenüber Böcken. Hammel sind wiederum weiblichen Tieren in der Ausbeute leicht überlegen. Hinsichtlich der Teilstückanteile weisen Schlachtkörper weiblicher Tiere tendenziell mehr Brust und Dünnung sowie einen etwas höheren Anteil fleischreicher Teilstücke auf. Zwischen Bock- und Hammellämmern bestehen dagegen keine wesentlichen Unterschiede in der Teilstückzusammensetzung. Bocklämmer haben im Vergleich zu weiblichen Tieren eine größere Muskelfläche (Tab. 7.13).

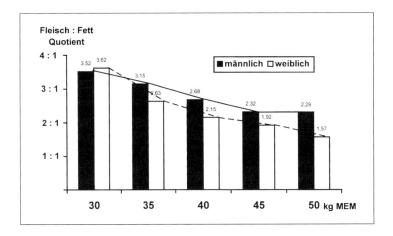

Abb. 7.6: Verhältnis täglicher Fleischzuwachs zu täglichem Fettzuwachs bei Schafen mit unterschiedlicher Mastendmasse (GÖHLER 1987)

Tab. 7.13: Einfluß des Geschlechtes auf den Schlachtkörperwert von Mastlämmern (Univ. Halle)

Merkmal	Maßeinheit	Geschlecht ♂	Geschlecht ♀	♂ relativ, ♀ = 100
Anzahl		126	125	
Schlachtkörpermasse kalt	kg	19,2	17,3	90
Keule	%	28,4	28,7	101
Muskelfläche	cm^2	14,9	13,7	92
Fleisch-Fett-Verh.		0,40	0,50	125
Nierentalg	%	1,34	2,20	164
Fettauflage	mm	3,52	4,38	124
Dripverlust	%	1,19	1,21	102
Farbe	Rem.	20,4	20,6	101
Kochverlust	%	46,1	45,3	98
Säurezahl		1,46	1,36	93
Schmelzpunkt	°C	36,4	35,8	98

Die größten Differenzen zwischen den Geschlechtern sind demzufolge bei hoher Mastendmasse und höherer Fütterungsintensität zu beobachten.

Besonders deutliche geschlechtsbedingte Unterschiede zeigen sich in der Verfettung des Schlachtkörpers. Bei gleicher Mastendmasse (30 bis 50 kg) weisen abgesehen von der leichtesten Klasse Schlachtkörper weiblicher Lämmer signifikant ungünstigere Werte in den relevanten Parametern Fleisch-Fett-Verhältnis des Nierenstückes, Nierentalganteil, Fettauflage, chemisch-analytischer sowie grobgeweblicher Fettanteil auf (Tab. 7.14). Bocklämmer haben auch einen statistisch gesichert geringeren intramuskulären Fettgehalt. In eigenen Untersuchungen weisen männliche Merinofleischschaflämmer im M. longissimus einen Gehalt von 3,5 % auf, während weibliche Tiere im Mittel 5,4 % erreichen. Bei Merinolangwollschafen betragen im gleichen Muskel die geschlechtsbedingten Unterschiede 1,3 %. Die Differenzierung im M. semimembranosus ist wesentlich geringer. Bei allen Körpermassen sind weibliche Tiere auch stärker verfettet als Kastraten. Der Einfluß der Kastration ist etwa ab 20 % der Schlachtreife bis zu deren Erreichen feststellbar. Neben dem 7–10 % geringeren Fettanteil sind Schlachtkörper von Bocklämmern bei gleicher Masse durch einen 5–12 % höheren Fleisch- und 1,6–2,3 % höheren Knochenanteil charakterisiert.

Im Zusammenhang mit der unterschiedlichen Schlachtreife unterscheiden sich weibliche und Bocklämmer gleichfalls in der Fettverteilung.

Die Kastration bewirkt eine Verlagerung des Fettes von intermuskulär zu subkutan, ohne daß sich im Gesamtfett des Schlachtkörpers signifikante Unterschiede ergeben (BUTTERFIELD u. a. 1985). Hammel haben damit einen höheren Anteil subkutanes Fett, während Bocklämmer einen höheren Anteil intermuskuläres Fett aufweisen (jeweils bezogen auf insgesamt abtrennbares Fett).

Tab. 7.14: Fettgehalt und Fettqualität von Mastlämmern in Abhängigkeit von Geschlecht und Mastendmasse (GÖHLER 1987)

Merkmal	Geschlecht	Mastendmasse (kg)				
		30	35	40	45	50
Nierentalganteil	♂	1,14	1,15	1,47	1,37	1,52
%	♀	1,52	1,65	3,00	3,95	6,19
Fettauflage	♂	1,50	2,80	3,30	3,80	7,00
mm	♀	2,30	3,70	6,00	9,30	9,00
Fett SK %	♂	17,4	19,1	22,4	24,9	25,2
(grobgew.)	♀	17,3	22,7	26,0	28,8	33,0
Fett SK (chem.)	♂	20,3	19,9	23,7	24,5	26,3
%	♀	21,8	22,8	27,9	37,7	38,9
Fleisch-Fett-	♂	0,28	0,32	0,38	0,44	0,44
Verhältnis	♀	0,28	0,39	0,46	0,53	0,63
Säurezahl	♂	2,21	2,09	2,22	2,30	2,06
	♀	2,07	2,22	2,29	1,43	1,58
Erstarrungspunkt	♂	32,5	31,5	30,3	31,6	31,1
°C	♀	31,1	30,5	29,9	30,8	30,5

SK = Schlachtkörper

Geschlechtsbedingte Unterschiede treten teilweise auch in der Fettqualität auf. Die Säurezahl im Keulenauflagefett als Kriterium für den Anteil freier Fettsäuren reduziert sich bei weiblichen Lämmern und Mastendmassen > 40 kg erheblich im Vergleich zu Bocklämmern (Tab. 7.14). Der Schmelzpunkt des Auflagefettes liegt bei Böcken gegenüber dem von Kastraten bis zu 4,5 °C niedriger und die Konzentration von 4-Methylnonansäure ist erhöht.

Während die Mehrzahl der Autoren keinen Geschlechtseinfluß auf Kochverlust, pH-Wert und Safthaltevermögen und nur einen geringgradigen im Wasserbindungsvermögen konstatieren, bestehen nach Freudenreich (1993) zwischen Bock- und Zibbenlämmern signifikante Unterschiede in Grillverlust (26,6 zu 22,9 %), Wasserbindung nach Grau-Hamm (7,37 zu 6,70) und Zartheit (4,8 zu 5,1 auf 6 Punkteskala) bei gleichzeitig auch signifikantem Einfluß des Schlachtgewichtes von < 17–30 kg auf alle genannten Merkmale.

7.3 Einflüsse produktionstechnischer Faktoren

Die Schaffleischerzeugung ist im internationalen Maßstab durch eine außerordentlich Vielfalt der Produktionsverfahren gekennzeichnet. Sie reicht in Abhängigkeit von den Standortbedingungen von ausschließlicher Freilandhaltung bis zur ganzjährigen Stallhaltung und vom alleinigen Angebot von Milch oder Weidefutter über Mischrationen bis zu Konzentrat-Alleinfutter. Auf Grund der vergleichsweise naturnahen Produktion gilt Lammfleisch vielfach als „Öko- oder Bioprodukt" schlechthin. In Deutschland zählen die nur mit Konzentratfertigfuttermitteln im Stall betriebene sogenannte Intensivmast, die Stallmast mit wirtschaftseigenem Futter und Weidemast mit oder ohne Konzentratzufütterung zu den üblichen Mastverfahren.

7.3.1 Einfluß der Ernährung

Der Einfluß der Ernährung resultiert aus Wechselwirkungen zwischen Ernährungsniveau (Energiekonzentration), Nährstoffgehalt der Ration, Fütterungstechnik (Frequenz, Sequenz, Futterdarbietungsform) und Stadium der Schlachtreife des Tieres. Er manifestiert sich in erster Linie über die von der unterschiedlichen Nährstoffversorgung gesteuerten Wachstumsintensität und die damit gegebene mehr oder weniger starke Ausschöpfung des genetisch determinierten Eiweißansatzvermögens (Wachstumspotentials) in der Zeiteinheit. Innerhalb Rasse und Geschlecht ergeben sich dadurch bei altersabhängiger Schlachtung unterschiedliche Mastendmassen und bei gewichtsabhängiger Schlachtung ein unterschiedliches Alter bei der Schlachtreife. In der Rangfolge der die Schlachtkörperzusammensetzung beeinflussenden Faktoren (Varianzanteile) nimmt die Fütterungsintensität nach Mastendmasse und Geschlecht den dritten Platz ein.

Wie Tabelle 7.15 verdeutlicht, wirkt sich eine höhere Fütterungsintensität positiv auf die Schlachtausbeute aus, d. h. die günstigsten Ausschlachtungsergebnisse lassen sich durch eine Intensivmast erreichen. Beim Vergleich extremer Rationen (ad libitum Verabreichung eines Stroh-Konzentratgemisches mit 45 % Strohanteil bzw. pelletiertes Fertigfutter ohne Stroh) können beachtliche Unterschiede von bis zu 8,5 Prozentpunkten in der Ausbeute auftreten.

Tab. 7.15: Beziehungen zwischen Fütterungsintensität, Wachstumsintensität und Schlachtkörperausbeute bei Schafen (nach SCHLOLAUT u. a. 1974)

Merkmal	Maßeinheit	Fütterungsintensität (%)		
		100	90	80
Lebendmassezunahme	g/d	419	348	302
Energieaufwand	StE/kg Zunahme	2.240	2.358	2.443
Schlachtausbeute	%	49,3	48,1	47,9

Auch bei Ernährung auf extensivem Grünland sind mit im Mittel 38–41 % nur niedrige Schlachtkörperausbeuten zu erreichen. Die Einbeziehung von Lämmern in die Landschaftspflege ist deshalb aus der Sicht der Qualitätslammfleischerzeugung sehr problematisch und in Verbindung mit den geringen Zunahmen sowie Nachteilen im Schlachtkörper nicht zu empfehlen.

Die Teilstückzusammensetzung wird durch eine unterschiedliche Fütterungsintensität nur unwesentlich beeinflußt. Dies trifft auch auf die grobgewebliche Zusammensetzung der wertvollen Teilstücke Keule, Lende und Kotelett zu (QUANZ 1995). Die Zusammensetzung des gebildeten Körpergewebes ist insgesamt aber in starkem Maße von der Intensität der Fütterung abhängig, was sich vor allem in Veränderungen im Wasser- und Rohfettgehalt des Schlachtkörpers widerspiegelt (Abb. 7.7). Bei intensiver Mast kommt es zu einer vergleichsweise raschen Fettauf- und -einlagerung. Umgekehrt führt eine geringere Fütterungsintensität bei gleicher Mastendmasse zu höherem Fleisch- und Knochen- und niedrigeren Fettanteilen durch eine Verzögerung des Fettansatzes.

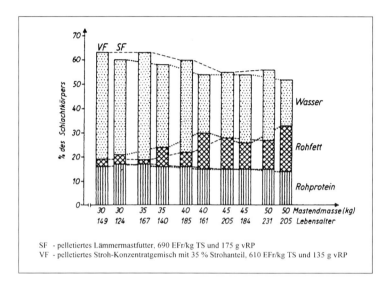

Abb. 7.7: Veränderung der chemischen Komponenten des Schlachtkörpers von Schafen bei unterschiedlicher Fütterungsintensität (nach AL-RIKABI 1988)

Während das Fleisch-Fett-Verhältnis damit sehr leicht durch Fütterung zu beeinflussen ist, zeigen sich bezüglich des Fleisch-Knochen-Verhältnisses in erster Linie alters- und rasseabhängige Effekte. Auch die Ausprägung der Muskelpartien kann nur sehr wenig durch die Fütterung beeinflußt werden. Entscheidend für den Verfettungsgrad des Schlachtkörpers ist die Mastendmasse der Schlachtlämmer im Verhältnis zur Körpermasse ausgewachsener Tiere der betreffenden Rasse. Dabei wird allgemein das Erreichen der Schlachtreife bei etwa 60–65 % der Masse der Mutterschafe unterstellt. Daraus läßt sich ableiten:
- je intensiver gemästet wird, um so früher tritt die Schlachtreife ein,
- je stärker das Muskelbildungsvermögen ausgenutzt ist, desto mehr Nährstoffe stehen für die Fettbildung zur Verfügung.

Bei Tieren einheitlicher Schlachtreife ist der Fütterungseinfluß auf die Körperzusammensetzung relativ gering. Durch eine mehrphasige Fütterung mit differenzierter Intensität kann Einfluß auf Fettgehalt und Fettverteilung genommen werden.

Obwohl teilweise von geringeren Scherkraftwerten bei höherer Fütterungsintensität berichtet wird, hat diese offensichtlich keinen wesentlichen Einfluß auf die Zartheit (QUANZ 1995), da in der Tendenz Tiere nach einer semi-intensiven (250 g tägliche Lebendmassezunahme) gegenüber intensiver (330 g) und extensiver Fütterung (180 g) in allen sensorischen Merkmalen, so u. a. der Saftigkeit, die beste Beurteilung aufweisen. Der Bindegewebsanteil als ein wichtiger Faktor für die Zartheit steigt mit zunehmendem Alter und Mastendmasse an und ist gleichfalls durch Rationsgestaltung beeinflußbar. Er variiert in der fettfreien Trockenmasse bei drei verschiedenen Rationen aus Kraftfutter und Heu sowie drei Mastendgewichten von 4,2 bis 7,5 %. (TERZIS 1977). Die extremsten Unterschiede innerhalb der Mastendmassegruppe treten bei mehr als 40 kg auf und betragen 2,6 Prozentpunkte.

In Abhängigkeit vom Alter wirkt die Fütterungsintensität auch auf die Fettbeschaffenheit. Intensiv gemästete Lämmer zeigen höhere Anteile ungesättigter Fettsäuren im Körperfett, welches dadurch einen günstigeren Schmelzpunkt und eine weichere Konsistenz aufweist. Die Unterschiede im Schmelzpunkt des Auflagefettes können eine beachtliche Größenordnung von 8,5 °C erreichen (VIMINI u. a. 1984).

Hochenergetische Rationen korrelieren außerdem positiv mit dem Anteil verzweigter und ungeradzahliger Fettsäuren (BUSBOOM u. a. 1981).

7.3.2 Einfluß verschiedener Futtermittel

Bei Verabreichung von unterschiedlichen Rationen mit konstant einheitlichem Energie- und Proteingehalt treten keine signifikanten Effekte in Mastleistung und Schlachtkörpermerkmalen auf.

Ein spezifischer Einfluß einzelner Futtermittel ist vor allem hinsichtlich der Fettqualität im Schlachtkörper nachweisbar. So bewirken steigende Heuanteile in der Ration eine Erhöhung des Palmitinsäure- und Reduzierung des Ölsäureanteils im Depotfett. Der Schmelzpunkt steigt mit zunehmenden Alter und Rohfasergehalt in der Ration, wobei auch Rassenunterschiede bestehen. Rationen mit hohem Luteingehalt (Luzerne) führen zu gelbem Fett. Der höhere Luteingehalt bewirkt gleichzeitig einen intensiveren Geschmack. Die Verfütterung von Gerste hat einen positiven Einfluß auf die Fettqualität. Der wesentlich höhere Anteil von omega-3-Fettsäuren (C18:3, C20:5 und C22:6) bei ausschließlicher Ernährung auf extensivem Grünland (DEMISE u. a. 1995) resultiert aus dem etwa doppelt so hohen Anteil von Linolensäure im Gras im Vergleich zu Heu und Pellets. In analoger Weise führt der deutlich höhere Anteil von Linolsäure in Pellets zu einem höheren Anteil von omega-6-Säuren (C18:2, C20:4) nach 10wöchiger Heu- und Konzentratfütterung im Stall. In diesem Zusammenhang wird neuerdings über ein optimales Verhältnis von Linol- und Linolensäure im Hinblick auf die Verringerung der die Arteriosklerose befördernden low density Lipoproteine (LDL) diskutiert, welches sich bei Grünfutterrationen günstiger gestaltet (55 % Linolensäure).

Der Einfluß der Futterzusammensetzung auf das Fettsäuremuster im Lammfleisch ist mehrfach beschrieben, wobei die genannten mehrfach ungesättigte Fettsäuren im Mittelpunkt des Interesses stehen. Als mögliche Ursache dafür, daß diese teilweise nicht oder nicht vollständig den mikrobiellen Aktivitäten im Pansen unterliegen bzw. vor ihnen geschützt sind, wird neben der quantitativen Verfügbarkeit die unterschiedliche Passagegeschwindigkeit in Kombination mit der Wirkung der Schlundrinne diskutiert.

Neuere Ergebnisse aus Frankreich bestätigen auch einen nachhaltigen Einfluß der Zusammensetzung der Ration auf Geruch und Geschmack des Fleisches (ROUSSET-AKRIM u. a. 1997). Beim Vergleich leichter (13–13,5 kg) und schwerer Schlachtkörper (17–18 kg) von Limousine-Lämmern die zur Muttermilch entweder eine Mischfutter- oder Weideergänzung (Kleegras) erhielten, wurde ein intensiverer Schafgeschmack bei den Weidetieren festgestellt, der bei geringerer Wachstumsintensität am ausgeprägtesten war und für den in erster Linie verzweigtkettige flüchtige Fettsäuren (4-Methylnonan, 4-Methyloctan) verantwortlich sind. Allerdings ist auf mögliche Interaktionen mit Alter und Pubertätseintritt zu verweisen. Verstärkt wird der Schafgeschmack wahrscheinlich bei langsamer wachsenden Weidetieren durch einen ausgeprägteren, von 3-Methylindol und Alkylphenol stammenden, allgemeinen „Tiergeruch". Differenzierungen in der Geruchs- und Geschmacksintensität sind auch in Abhängigkeit von der Grünfutterart beschrieben.

Eine besondere Situation ist in der Milchlämmererzeugung gegeben. Das Milchlamm ist noch weitgehend frei von artspezifischen Geschmacks- und Geruchsstoffen. Talgigkeit tritt hier überhaupt nicht auf. Erst mit Beginn der reinen milchfreien Trockenfütterung nach dem Absetzen kommt es zu deutlichen Veränderungen des Fettes.

7.3.3 Einfluß der Haltung

Die teilweise beschriebenen Effekte des Haltungssystems beruhen bei Lämmern in erster Linie auf der meist unterschiedlichen Futtergrundlage. So treten beim Vergleich von Stall- und Weidemast innerhalb Altersgruppen wesentliche Unterschiede im Fleisch-Fett-Verhältnis zugunsten der Weidelämmer auf (SCHÖN 1968). THERIEZ u. a. (1992) ermitteln jedoch bei einem Vergleich von Intensivmast (Stallhaltung) mit extensiver Haltung auf der Weide nur bei der leichten Gruppe (25 kg Mastendmasse) einen solchen Einfluß des Haltungssystems, indem Intensivmasttiere erheblich höhere Fettanteile, aber geringere Wasser- und Proteingehalte aufweisen. Bei 32 kg Mastendmasse, d. h. mit Erreichen der Schlachtreife, sind diese Unterschiede nicht mehr von Bedeutung. Die Verteilung des Fettgewebes am Schlachtkörper wird nicht beeinflußt.

Durch eine Stallendmast kann die Muskelfläche im Vergleich zu auf extensivem Grünland erzeugten Lämmern um ca. 2 cm^2 vergrößert werden.

Eine Einflußnahme des „Haltungssystems" auf die Fleischbeschaffenheit scheint nicht eindeutig. Da Weidehaltung in vielen Fällen mit einem geringeren Nährstoffangebot verbunden ist, sind die Lämmer bei der Vermarktung entsprechend älter. Unter diesen Bedingungen ist die Fleischfarbe in der Regel dunkler, und die Scherwerte sind höher. Die Angaben zum Einfluß auf das Wasserbindungsvermögen sind widersprüchlich.

Die Fettqualität, bewertet anhand der Kriterien Schmelzpunkt, Konsistenz und Farbe, verschlechtert sich.

Schlußfolgerungen für die Erzeugung von Lämmern mit guter Schlachtkörperqualität:
- In Abhängigkeit von der adulten Körpermasse und der Gewebezusammensetzung ergibt sich für jede Rasse ein optimales Schlachtgewicht.
- Frühreife Rassen setzen, intensiv ernährt, schon im früheren Alter und bei niedrigerer Körpermasse mehr Fett an.
- Schwere Schlachtkörper mit geringer Verfettung (günstiges Verhältnis von Fleisch zu Fett) sind nur mit großen Rassen und/oder eine weniger intensive Fütterung zu erreichen.
- Bei gleich intensiver Fütterung und gleich hohem Fleisch-Fett-Verhältnis können Lämmer schwererer Rassen eine höhere Mastendmasse erreichen.
- Lämmer leichter Rassen müssen entweder mit einer geringeren Mastendmasse geschlachtet oder weniger intensiv gefüttert werden.
- Im allgemeinen erzeugen großrahmige Rassen im Durchschnitt bei jeder Schlachtkörpermasse Lämmer mit weniger Fett im Vergleich zu kleinrahmigen Rassen.
- In allen Untersuchungen mit Texel zeigten diese bei gleicher Schlachtreife die geringste Verfettung und den höchsten Fleischanteil.
- Geschlechtsgetrennte Mast bzw. frühere Schlachtung weiblicher Tiere führt zu besserer Fleischqualität.

7.4 Schlachttierwert der Ziege

Die Ziegenfleischerzeugung hat in der Deutschland nur eine geringe wirtschaftliche Bedeutung. Die äußerst begrenzte Nachfrage erstreckt sich in der Regel auf Lämmer mit einer Körpermasse von 15 bis max. 20 kg und konzentriert sich stark auf die Zeit vor Ostern. Genutzt werden dabei vorrangig männliche Lämmer der beiden Milchziegenrassen Weiße und Bunte Deutsche Edelziege (Abb. 7.8, s. S. 162), die Nebenprodukte der Milcherzeugung darstellen. In den letzten Jahren hat allerdings auch die Fleischziegenhaltung (Burenziegen) an Bedeutung gewonnen.

Die Vermarktung von Ziegen erfolgt damit in Deutschland wesentlich leichter als die von Schaflämmern. Im internationalen Maßstab ist auch die Nutzung deutlich schwererer und älterer Tiere üblich. Nach FAO-Angaben wurden 1993 weltweit bei stark steigender Tendenz 247,5 Mio. Ziegen geschlachtet und eine Produktion von fast 3.000 kt Schlachtkörper erzielt (im Vergleich zu 1985 beträgt die Steigerung 36 bzw. 43 %).

Die mittlere Schlachtausbeute variiert zwischen 36–54 %, wobei höhere Werte bei steigender Körpermasse und höherem Ernährungs- = Energieniveau zu verzeichnen sind. Kastraten weisen dabei günstigere Schlachtkörpererträge auf als Böcke, weibliche Tiere sind letzteren wiederum unterlegen.

Unter vergleichbaren Bedingungen entspricht das Ausschlachtungsergebnis dem von Schaflämmern (Tab. 7.16). Offensichtlich wird die geringere Masse der Haut (–4 %) durch ein höheres Gewicht der Eingeweide und der Leber kompensiert (PALENIK 1990).

Tab. 7.16: Vergleich von milchgefütterten Ziegen (Weiße hornlose Ziege) und Merinolämmern in der Schlachtausbeute (PALENIK 1990)

	Schaflämmer	Ziegenlämmer
1. Versuch		
Körpermasse vor Schlachtung (kg)	15,03	15,53
Ausbeute (%)	47,19	47,07
2. Versuch		
Körpermasse vor Schlachtung (kg)	12,74	12,08
Ausbeute (%)	46,00	46,45

In Deutschland gibt es kein spezielles Klassifizierungsschema für Ziegen und auch international sind solche selten. Spezielle Systeme werden zur Zeit in Frankreich, Schottland, Australien, Mexiko und Botswana genutzt.

Die visuelle Bewertung der Ziegenschlachtkörper führt in Anbetracht der meist konkaven Profile bei geringer Muskelfülle in Verbindung mit dem langen und schmalen Körperbau (Quotient aus Keulenumfang und -länge 0,7 – GOLZE u. a. 1993; nur 11,5 cm^2 Rückenmuskelfläche bei 8 Monate alten Bocklämmern – CAO u. a. 1989) sowie der geringen Fettabdeckung in der Regel zu einer ungünstigen Einstufung. Vorteile hinsichtlich des optischen Eindrucks hat die Nutzung von Fleischziegen in Reinzucht und Kreuzung (Tab. 7.17).

Eine Zerlegung der Ziegenschlachtkörper ist analog zum Schaf möglich, und wenn sie durchgeführt wird auch üblich. Da Ziegenlämmer in der Regel in Deutschland aber mit wesentlich geringerem Schlachtkörpergewicht vermarktet werden, empfiehlt es sich in der Praxis nicht, diese zu halbieren. Für Schlachtkörper von 8–9 kg lassen sich folgende Teilstückanteile auf der Basis der gleichen Schlachtkörper-Definition wie bei Schaflämmern errechnen:

- Keule mit Hinterhaxe   29–32 %
- Rücken   14 %
- Hals und Kamm   17–18 %
- Bug mit Vorderhaxe   20–23 %
- Brust und Dünnung   17–20 %

Tab. 7.17: Wachstumsintensität und Schlachtkörperwert verschiedener Ziegenrassen (Bocklämmer) unter einheitlichen Umweltbedingungen (nach SNELL 1995)

Genotyp	tägl. LMZ (g) von Geburt bis Absetzen (63. LT)	Ausbeute %	wertvolle Teilstücke %	Nierentalganteil %	Konformationsnote[1]
Bunte Deutsche Edelziege (BDE)	166	41	48	0,8	8,4
Burenziege	149	40	48	1,0	6,7
Burenz. x BDE	168	41	48	1,0	7,3
Kaschmirziege	135	41	47	2,4	9,1

[1] Konformation 1 = vorzüglich; 15 = gering

Bei 30–35 kg schweren und etwa 200 Tage alten Ziegen werden die in Tabelle 7.18 aufgeführten Anteile einzelner Teilstücke erreicht.

Tab. 7.18: Zusammensetzung der linken Schlachtkörperhälfte von Ziegenlämmern (nach GOLZE u. a. 1993)

Merkmal	Maßeinheit	F_1 Buren x WDE (n = 7)		WDE[1] (n = 7)	
		Mittelwert	Streuung	Mittelwert	Streuung
Ausbeute	%	44,23	4,13	43,8	3,32
Schlachtkörper kalt	kg	13,4	4,38	15,0	3,53
Hals/Kamm	%	12,78	1,04	14,42	2,40
Bug	%	16,87	0,78	15,62	1,37
Vorderhaxe	%	3,78	0,36	2,72	0,47
Brust/Dünnung	%	18,92	1,63	24,85	3,22
Nierenstück	%	7,00	0,63	6,77	0,98
Kotelett	%	8,17	1,38	8,19	1,04
Keule	%	26,45	0,96	23,05	1,00
Hinterhaxe	%	6,04	0,51	4,32	0,61
wertvolle Teilstücke	%	47,64	1,61	42,68	3,10

[1] Weiße Deutsche Edelziege

Die Vorteile der Fleischziegen in der visuellen Bewertung widerspiegeln sich bei F_1-Burenziegen in einem gegenüber Weißen Deutschen Edelziegen 5 % höheren Keulenanteil (mit Hinterhaxe) und Anteil wertvoller Teilstücke.

Die Fettablagerung erfolgt bei Ziegenlämmern hauptsächlich im Abdomen, weniger als intramuskuläres Fett (im Kotelett nur 1–2 %) und kaum in Form von subkutanem Fett, wodurch der Fettanteil im Schlachtkörper gegenüber Schaflämmern aber auch im Vergleich zu Schwein und Rind wesentlich geringer ist. Bei deutlichen Rassenunterschieden (höherer

Talganteil bei Burenziegen) beträgt der Nierentalganteil etwa das 2,5fache von vergleichbaren Schaflämmern, die Fettauflage jedoch bei 41 kg schweren Tieren nur 40 %. Die Konzentration des Fettes im Abdomen wird insofern als Vorteil angesehen, als daß es sich beim Schlachten relativ leicht entnehmen läßt. Bei der Bewertung des IMF-Gehaltes sind die im Vergleich zu anderen Tierarten niedrige Schlachtkörpermasse von 8,5–10 kg und das geringe Schlachtalter zu berücksichtigen.

Die nahezu fehlende Fettabdeckung ist wesentliche Ursache für höhere Kühlverluste (3,6–6,9 % im Vergleich zu 2 % bei Lämmern).

Fleisch-, Fett- und Knochenanteil variieren in Abhängigkeit von Körpermasse, Alter, Geschlecht, Rasse/Genotyp, Ernährungsniveau, Wachstumsintensität sowie Kastrationszeitpunkt von 56–72 %, 4–24 % bzw. 15–24 %. Ziegenschlachtkörper haben bis zu 10 % mehr Fleisch und einen höheren Knochenanteil als Schafschlachtkörper. Das Fleisch-Knochen-Verhältnis liegt im Bereich von 2,7–3,6 zu 1. Zwischen den Teilstücken weisen die Gewebeanteile bei 18 kg schweren Burenziegen folgende Extreme auf (FREUDENREICH 1993):

- Fleisch: 57 % (Brust/Dünnung) bis 66,2 % (Keule)
- Knochen und Sehnen: 17,9 % (Brust/Dünnung) bis 26,5 % (Bug)
- Fett (ohne Talg): 8,6 % (Keule) bis 24,0 % (Brust/Dünnung).

Dabei haben weibliche Ziegen einen höheren Fettanteil als Böcke und Kastraten.

Wasser-, Protein- und Fettgehalt liegen in Kotelett, Filet und Keule bei 65–80 %, 14,5–29 % bzw. 2,0–12,9 %. Auch bei Ziegen nimmt mit steigender Schlachtkörpermasse der Fettgehalt zu, während Wasser, Asche und Protein abnehmen.

Es besteht ein Einfluß von Fütterung, Alter, Genotyp und Gewebe auf das Fettsäuremuster. Dabei spiegelt sich bei vorrangiger oder ausschließlicher Milchfütterung der hohe Gehalt an lang- und mittelkettigen Fettsäuren in der Ziegenmilch auch im Fett wider. Der in der Regel erhöhte Anteil mittelkettiger Fettsäuren ist ernährungsphysiologisch günstig zu bewerten. Der Anteil der Linolsäure variiert bei 8 Monate alten und im Mittel 27,6 kg schweren männlichen Lämmern von 3,67 % im Nierentalg bis zu 8,57 % in der Keulenmuskulatur (*M. longissimus* 5,85 % – CAO u. a. 1989). Bestimmte Fettsäuren (14 : 0, 16 : 0, 18 : 2) zeigen zudem eine Abhängigkeit von der Rasse. Stearinsäure ist bei Ziegen offensichtlich weniger stark eingelagert. Abgesehen von einem höheren Anteil Ölsäure ist die Fettsäurezusammensetzung bei Ziege und Schaf ähnlich. Gegenüber Rindfleisch besteht ein günstigeres Verhältnis von mehrfach ungesättigten zu gesättigten Fettsäuren.

Nach Angaben von BRENNAND und LINDSAY (1992) scheint aus der Gruppe der flüchtigen Fettsäuren die 4-Äthyloctansäure als spezifisch für den Ziegengeschmack relevant. Böcke weisen gegenüber Hammeln eine höhere Konzentration der für den spezifischen Geschmack verantwortlichen Fettsäuren mit 8 bis 10 C-Atomen auf.

Tab. 7.19: Vergleich von Fleischqualitätsmerkmalen bei Schaf und Ziege (SCHÖNFELDT u. a. 1993 a, b)

Parameter	M. long. thoracis et lumborum			M. semimembranosus		
	Schaf	Angoraziege	Burenziege	Schaf	Angoraziege	Burenziege
Wasser	64,62	64,74	65,37	63,98	64,22	64,35
Protein	26,64	26,82	27,24	29,37	29,07	29,19
Fett	7,13	7,00	6,24	4,71	4,67	4,40
Asche	1,06	1,07	1,08	0,99	0,97	1,01
Dripverlust	5,24	3,68	3,19	14,59	14,41	15,51
Geschmack	4,29	4,02	3,88	4,13	4,09	4,06
Saftigkeit	4,08	3,86	3,74	3,98	3,71	3,42
Zartheit	4,75	3,07	2,42	3,84	3,28	2,94
Scherkraft	32,05	45,76	62,94	38,96	54,05	60,44
Kollagengehalt	3,18	3,65	3,74			

* Merkmale 1–5: Angaben in %; Merkmale 6–8: Noten einer 6-Punkte-Skala (6 = extrem günstig); Merkmal 9: Newton; Merkmal 10: HydroxyprolinN/Gesamt N x 10^3 Angaben bei Merkmalen 1–4 beziehen sich auf gekochte Proben

In der sensorischen Bewertung schneidet Ziegenfleisch in der Tendenz generell ungünstiger als Schaffleisch ab (Tab. 7.19). Dabei werden insbesondere für Zartheit – Fleisch weiblicher Tiere ist zarter – deutlich schlechtere Noten vergeben. Dies spiegelt sich entsprechend auch in den Scherkraftwerten wider. Ursache dürfte der wesentlich niedrigere Kollagengehalt und eine bessere Löslichkeit des Kollagens im Schaffleisch sein (KIRTON 1970, SMITH u. a. 1974, SCHÖNFELDT u. a. 1993 a, b). Die Unterschiede in Zartheit, Scherwert und Kollagengehalt sind auch zwischen den beiden Ziegenrassen zugunsten der Angoraziege statistisch gesichert. Das Wasserbindungsvermögen ist bei Ziegen im Vergleich zu anderen Tierarten sehr hoch, was sich entsprechend günstig auf den Kochverlust auswirkt. Die Fleischfarbe ist in starkem Maße von Genotyp und Schlachtalter beeinflußt. Bei alleiniger Fütterung von Ziegenmilch führen niedrigere Myoglobingehalte zu hellerem Fleisch als bei Konzentrateinsatz oder Milchaustauschern (MÜLLER u. a. 1985).

Fleischfehler wie PSE und DFD sind bei Ziegen nicht bekannt.

Literatur

AL-BAKKOUR, J.: Wachstumsverlauf und Schlachtkörperzusammensetzung in Abhängigkeit von der Fütterungsintensität. Diss. Univ. Leipzig 1989

AL-RIKABI, F.: Mastleistung und Schlachtkörperzusammensetzung von Merinofleischschafen und Masthybriden bei unterschiedlicher Mastendmasse und verschiedener Fütterungsintensität. Diss. Univ. Leipzig 1988

BOIKOVSKI, S.: Fattening performance of crossbred lambs of different dairy breeds. 4. Three-breed crossbreds based on F1 crossbreds of East Friesian with Pleven Blackhead sheep. Zhivotnovodni-Nauki., 21 (1984) 5, 28–33

BRENNAND, C. P.; LINDSAY, R. C.: Distribution of volatile branched-chain fatty acids in various lamb tissues. Meat Science 31 (1992) 411–421

BUSBOOM, J. R.; MILLER, G. J.; FIELD, R. A.; CROUSE, J. D.; RILEY, M. L.; NELMS, G. E.; FERRELL, C. L.: J. Anim. Sci. 52 (1981) 83

BUTTERFIELD, R. M.; THOMPSON, J. M.; REDDACLIFF, K. J.: Changes in body composition in relation to weight and maturation in Australian Dorset Horn wethers and rams. Anim. Prod. Edinburgh 40 (1985) 1, 129–134

CAO, By; YUAN, XF; LI, JW; LUO, MF; GUAN, YF; LUO, J; LU, YZ; DU, HJ; ZHANG, FL: Studies on meat quality of male kids of an improved dairy breed. Acta-Veterinaria-et-Zootechnica-Sinica. 1989, 20: 2, 107–111

DEMISE, S.; MATTHES, H.-D.; NÜRNBERG, K.; MÖHRING, H.: Fleischqualität und Fettsäurezusammensetzung von extensiv und intensiv gefütterten Lämmern. Vortrag DGfZ/GfT Hannover 20./21. 9. 1995

FISHER, A. V.; DE BOER, H.: The EAAP standard method of sheep carcass assessment. Carcass measurements and dissection procedure. Report of the EAAP working group on carcass evaluation, in cooperation with the CIHEAM Instituto Agronomico Mediterraneo of Zaragoza and the CEC Directorate General for Agriculture in Brussels. Livestock Prod. Sc. 38 (1994) 149–159

FREUDENREICH, P.: Schlachtkörperwert und Fleischqualität von Schafen und Ziegen. Kulmbacher Reihe Bd.12 „Beiträge zur Erzeugung und Vermarktung von Fleisch" 1993, 54–81

GÖHLER, H.: Zur Fettbeschaffenheit bei Lämmern. Tag.-Ber., Berlin (1987) 263, 51–60

GOLZE, M.; H. GITTER; S. HAACKER und D. KÖHLER: Ergebnisse der Schlachtkörperzusammensetzung und Fleischbeschaffenheit von Fleischziegen. Symp. MLU Halle 1993

HAMMOND, J.: Zuwachs und Fleischproduktion. In: Hammond, Johannson, Haring, Handbuch der Tierzüchtung Bd. 1, Parey, Hamburg 1958

KAULFUSS, K.-H., SÜSS, R., MÜLLER, U.; STRITTMATTER, K. v. LENGERKEN, G.: Mastleistung und Schlachtkörperqualität von Hybridlämmern auf der Muttergrundlage Merinofleischschaf (Ost). Vortrag DGfZ-Tagung 28./29. 9. 93 in Göttingen

KETZ, H.-A.; WEIBELZAHL, H.: Zum ernährungsphysiologischen Wert von Schaffleisch. Fleisch 39 (1985) 8, 151–152

KIRTON, A. H.: N. Z. J. Agric. Res. 13 (1970) 167

MARINOVA, P; PINKAS, A.: Variation of some meat quality characters in sheep. Zhivotnovodni-Nauki. 1983, 20: 8, 39–44

MÜLLER, R.: STEINHART, H.; SCHEPER, J.: Schlachtkörperzusammensetzung und Fleischqualität von Ziegenlämmern. Einfluß der Fütterung. Fleischwirtschaft 65 (1985) 2, 194–200

NITTER, G.: Selektionsmöglichkeiten auf Schlachtkörperqualität. Symposium „Züchtungsmaßnahmen zur Leistungssteigerung in der Schafproduktion". Univ. Leipzig 1988

PALENIK, S.: Carcass value of milk-fed kids and lambs. (Jatocna hodnota mliecnych kozliat a jahniat.) Zivocisna-Vyroba-UVTIZ (CSFR). (Sep 1990). v. 35 (9) p. 817–824.

POPP, T.; TERZIS, P.; WASSMUTH, R.: Schlachtkörper- und Fleischqualität schwarzköpfiger Fleischschaflämmer nach Mast zu unterschiedlichen Endgewichten bei unterschiedlicher Fütterungsintensität. Dt. Schäferzeitung 70 (1978) 93–95

PUNTILA, M. L.; SORMUNEN-CRISTIAN; R.; RINTALA, O.: Comparison between Oxford Down, Texel and Finnsheep as sire breed of market lambs fed under concentrate feeding. 44th Annual Meeting EAAP, Aarhus, Dänemark 1993

QUANZ, G.: Fleischanteilsschätzung bei Lämmern mittels Ultraschallhilfsmerkmalen in Abhängigkeit von Geschlecht und genetischer Herkunft. 2. US-Workshop bei der HLT Neu-Ulrichstein 3. 11. 94 (1994 a)

QUANZ, G.: 23. Mast- und Schlachtleistungsprüfung beim Schaf 1993/94 in Neu Ulrichstein. HLT 1994 b

QUANZ, G.: Lammfleisch ist (k)eine Geschmacksfrage. Dt. Schafzucht 26/1995, 640–643

ROUSSET-AKRIM, S.; YOUNG, O. A.; BERDAGUE, J.-L.: Diet and growth effects in panel assessment of sheepmeat odour and flavour. Meat Sci. 45 (1997) 2, 169–181

SCHEPER, J.; SCHOLZ, W.: DLG-Schnittführung für die Zerlegung der Schlachtkörper von Rind, Kalb, Schwein und Schaf. Frankurt/M.: DLG-Verlag, 1985

SCHEPER, J.; STIEBING, A.; GAREIS, M.: Fleisch und Fleischerzeugnisse. AID Verbraucherdienst. Bonn 1005 (1996)

SCHLOLAUT, W.; SCHÖN, I.; AGDE, K.: Mastleistung und Schlachtkörperwert von Merinolandschaflämmern bei unterschiedlicher Fütterungsintensität. Züchtungskunde, Stuttgart 46 (1974) 302–308

SCHÖN, L.: Schlachtwert und Methoden der Schlachtwerterfassung bei Schlachtkörpern von Lämmern. Mitteilungsblatt BAF 22/1968, 696–699

SCHÖNFELDT, H. C.; NAUDE, R. T.; BOK, W.; S. M. VAN HEERDEN, SMIT, R.: Flavour- and tenderness-related quality characteristics of goat and sheep meat. Meat Science 34 (1993a) 363–379

SCHÖNFELDT, H. C.; NAUDE, R. T.; BOK, W.; S. M. VAN HEERDEN, SOWDEN, L.; BOSHOFF, E.: Cooking- and juiciness-related quality characteristics of goat and sheep meat. Meat Science 34 (1993b) 381–394

SMITH, G. C.; PIKE, M. E.; CARPENTER, Z. L.: J. Food Sci 39 (1974) 1145

SNELL, H.: Grundlagen der Lammfleischerzeugung mit Ziegen. AID-Information für die Agrarberatung 3 (1995) 5, 39–44

SÜSS, R.; SPILKE, J.; v. LENGERKEN, G.; STRITTMATTER, K.: Einfluß des Genotyps auf die Fettqualität von Lämmerschlachtkörpern. Vortrag 1. Institutssymposium am 9./10. 12. 93 in Halle

TERZIS, P.: Untersuchungen über die Fleischqualität Schwarzköpfiger Fleischschafe und Kreuzungslämmer. Diss. Univ. Gießen 1977

THERIEZ, M.; TOURAINE, B.; VIGNERON, B.; PRUDHON, M.: Effects of indoor or outdoor rearing on the chemical composition of lambs. Animal Production 54 (1992) 389

TICHENOR, D. A.; KEMP, J. D.; FOX, J. D.; MOODY, W. G.; Deweese, W.: Effect of slaughter weight and castration on ovine adipose fatty acids. J. Anim. Sci., Albany, 31 (1970) 671–675

VIMINI, R. J.; FIELD, R. A.; CROUSE, J. D.; MILLER, G. J.: Factors affecting melting point of subcutaneous fat from heavy ram and wether lambs. International-Goat-and-Sheep-Research. 2 (1984) 2, 105–113

YOUNG, O. A.; BERDAGUE, J.-L.; VIALLON; C.; ROUSSET-AKRIM, S.; THERIEZ, M.: Fat-borne volatiles and sheepmeat odour. Meat Sci. 45 (1997) 2, 183–200

8 Schlachttierwert von Gehegewild

W. Branscheid

Zum Gehegewild werden allgemein Damwild, Rot- und Sikahirsche, Rehwild, Muffelwild sowie Wildschweine gerechnet. In Deutschland wird überwiegend Damwild (ca. 95 % Anteil, Abb. 8.1, s. S. 163) und in geringerem Umfang Rot- und vereinzelt Sikawild zum Zweck der Fleischerzeugung in Gehegen gehalten. Allerdings nimmt die Verwendung von Rotwild zu. Die Darstellung beschränkt sich aufgrund der Bedeutung daher auf Damwild, ergänzt durch einzelne Aspekte des Rotwildes.

Zoologisch betrachtet gehört Damwild (*Cervus dama*) zur Familie der *Cervidae* (Hirsche) und ebenso wie das Rotwild (*Cervus elaphus*) zur Unterfamilie der *Cervinae* (Edelhirsche). Rechtlich ist Gehegewild als gefangenes Wild zu betrachten. Für die Produktionsbedingungen und die Tötung in Deutschland ist insbesondere das Tierschutzrecht heranzuziehen. Das Bundesjagdgesetz, z. B. mit der Regelung von Schuß- und Schonzeiten greift nicht. Der Handel mit Fleisch von Gehegewild unterliegt dagegen, wie bei Fleisch landwirtschaftlicher Nutztiere, dem Fleischhygienegesetz. Auf die bei Gehegewild bestehenden Besonderheiten der Betäubung und Fleischgewinnung wird in diesem Kapitel eingegangen.

8.1 Komponenten des Schlachttierwertes

8.1.1 Lebendgewicht, Jagdgewicht und Schlachtgewicht

Für die Vermarktung kommen beim Dam- und Rotwild vor allem die jungen männlichen Tiere (Spießer) mit einem Alter von 15 bis 24 Monate infrage, aber, soweit verfügbar, werden auch weibliche Tiere (Schmaltiere) angeboten.

Ausgangspunkt der Ermittlung des Schlachttierwertes ist das **Lebendgewicht.** Dieses liegt üblicherweise für Damspießer zwischen 45 und 50 kg und für Schmaltiere zwischen 35 und 40 kg. Standortspezifische Einflüsse und die Herkunft der Elterntiere können für erhebliche Unterschiede in der Lebendgewichtsentwicklung verantwortlich sein. Im Gegensatz zu den anderen fleischproduzierenden Tierarten erfolgt die Zunahme des Lebendgewichtes beim Damtier mit ausgeprägter jahreszeitlicher Abhängigkeit. Dabei fällt bei beiden Geschlechtern in gleicher Weise die Periode des geringsten Wachstums jeweils in die Monate zwischen November und März (Abb. 8.2). Während in den Hauptwachstumsphasen bis zu 200 g (weiblich) bzw. 250 g (männl.) tägliche Zunahme erreicht werden, ist im Winter mit Gewichtsverlusten bis zu etwa 20 g/Tag die Bilanz sogar negativ. Von der Geburt bis zur Nutzung liegen die täglichen Zunahmen von Spießern im günstigen Falle zwischen 95 und 120 g, von Schmaltieren bis zu 20 % niedriger.

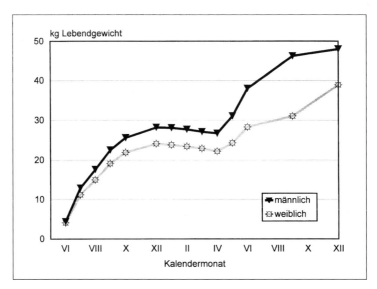

Abb. 8.2: Entwicklung der Lebenstageszunahmen im ersten Lebensjahr von männlichen und weiblichen Damtierkälbern (BRÜGGEMANN 1987)

Aufbrechen und Zerwirken (Zerlegen) der Schlachtkörper führen zunächst zu der Herrichtung in der Decke mit Haupt und Läufen, aber ohne Brust- und Baucheingeweide. Das diesem Zustand entsprechende **Jagdgewicht** macht bei Spießern im jagdüblichen Altersbereich (45–50 kg) etwas mehr als 70 % des Lebendgewichtes aus (MATZKE u. a. 1986; BRÜGGEMANN 1989).

Die für moderne Vermarktungsformen und für den Vergleich zu den anderen Tierarten wichtigere Herrichtung ist die des ausgeweideten Schlachtkörpers ohne Decke, Haupt und Läufe. Dieses so definierte **Schlachtkörpergewicht** hat je nach Alter und Geschlecht einen Anteil am Lebendgewicht von weniger als 50 % bis über 55 %. Dieser Anteil entspricht der **Schlachtausbeute.** Da bei den landwirtschaftlichen Nutztieren eine der Schlachtung vorangehende Nüchterung die Regel ist, fallen die Ausschlachtungsergebnisse beim Damtier ungerechtfertigt schlecht aus. Zieht man vom Lebendgewicht der Damtiere das Gewicht des Panseninhaltes ab, so ergibt sich eine besser vergleichbare Ausschlachtung, die um 3–8 Prozentpunkte höher und im Mittel beider Geschlechter bei ca. 61 % liegt.

8.1.2 Teilstück- und Gewebeanteile

Der Wert des Schlachtkörpers wird vor allem durch die **Anteile der Teilstücke** bestimmt (Abb. 8.3). Das größte Teilstück ist die Keule mit einem Anteil von etwa 40 %. Sie eignet sich für hochwertige Verwendung, wie Steaks oder zum Braten und Grillen. Der Rücken als edelstes Teilstück (zum Kurzbraten, Grillen und Braten) hat einen Anteil von etwa 18 %.

Ähnlich hoch sind der Anteil der Schulter (Nutzung zum Braten, Grillen, Schmoren) und des deutlich geringerwertigen Bauches, der für langerhitzende Zubereitungsformen (Kochwildbret) geeignet ist. Der Hals fällt mit etwa 10 % ins Gewicht und ist am ehesten als Gulaschfleisch und als Kochwildbret zu verwenden. Insgesamt beträgt der Anteil der als Bratenfleisch geeigneten wertvollen Teilstücke beim Damtier beinahe 75 % des Schlachtkörpers.

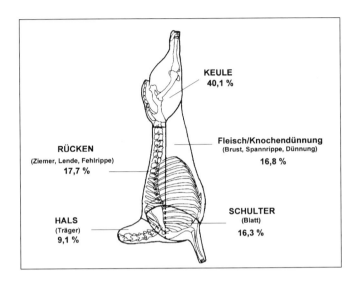

Abb. 8.3: Bezeichnung und Anteile der Teilstücke von Damtierspießern mit einem Schlachtgewicht von 24 kg (MATZKE u. a. 1986; HOGG 1990)

Die **Gewebeanteile** im Schlachtkörper insgesamt und dementsprechend in den Teilstücken hängen beim Damtier u. a. von jahreszeitlichen Einflüssen ab, da die Tiere in Vorbereitung auf den Winter erhebliche Mengen Fett (Feist) einlagern, die zum Frühjahr hin wieder abgebaut werden. Daraus resultieren z. B. Schwankungen des Nierenfettanteils von ca. 2 % bis unter 0,5 % (BRÜGGEMANN 1989).

Zu den jagdüblichen Schußzeitpunkten (Herbst und Frühjahr) ist bei Spießern der Anteil des Gesamtfettes mit 8,5 % niedrig und der Wildbretanteil mit ca. 71 % relativ hoch. Der Knochenanteil beträgt 16 % (FREUDENREICH 1995).

8.1.3 Inhaltsstoffe des Fleisches

Die Schwankungen des Fettgewebeanteils sind auf die großen Fettkompartimente mit Speicherfunktion beschränkt, so daß das **intramuskuläre Fett** generell in niedrigen Anteilen (unter 2 %) vorliegt. Diese für den Schlachttierwert mitentscheidende Größe bleibt trotz der Schwankungen in der Gesamtverfettung weitgehend konstant.

Die Fettqualität wird im wesentlichen durch das **Fettsäuremuster** bestimmt. Im Vergleich mit Mastlämmern weisen Damtiere in den drei Kompartimenten des intramuskulären und subkutanen Fettes sowie des Nierenfettes den höheren Anteil an gesättigten Fettsäuren auf (Abb. 8.4). Allerdings sind Damtiere zum Schlachtzeitpunkt physiologisch erheblich älter als Lämmer, ihr Anteil der Fettsäuren aus der de novo-Synthese ist also höher. Ansonsten scheinen die Unterschiede zu anderen Tierarten in der Fettzusammensetzung eher gering zu sein. Rotwild verhält sich ähnlich wie die Damtiere (Übersicht bei BERRISCH-HEMPEN 1995).

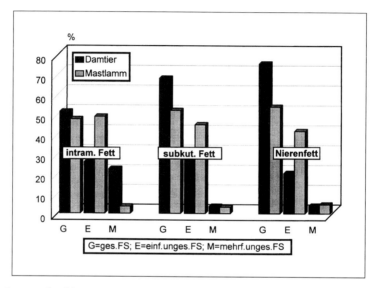

Abb. 8.4: Fettsäureanteile (% von ges. Fettsäuren) der verschiedenen Fettkompartimente von Damtier und Mastlamm (FREUDENREICH 1995)

Diätetisch bedeutsam ist auch der **Cholesteringehalt,** wenn er auch wegen des allgemein niedrigen Fettgehaltes (unter 1 %) nicht überschätzt werden sollte. Entgegen älteren Angaben (Übersicht bei MORITZ 1995) ergibt die Neuuntersuchung mit einer an Fleisch angepaßten Methode lediglich Cholesteringehalte im Bereich zwischen 60 und 70 mg pro 100 g (je nach Teilstück; HONIKEL und KLÖTZER 1995).

Einhergehend mit dem niedrigen Fettgehalt sind die **Wassergehalte** (mit etwa 76 %) und die **Eiweißgehalte** (mit etwa 23 %) geringfügig höher als bei den landwirtschaftlichen Nutztieren. Auch **Phosphor-** und **Eisengehalt** (Myoglobin) liegen etwas höher (Tab. 8.1). Rotwild unterscheidet sich nicht wesentlich von Damtieren (ZOMBORSZKY u. a. 1995).

In der Proteinfraktion spielt der Bindegewebs- bzw. **Kollagenfaseranteil** eine wichtige Rolle für die Zartheit des Fleisches. In den wichtigsten Muskeln der Vor- und Hinterhand sowie des Rückens liegen die Gehalte an Kollagen bei Spießern zwischen 1,2 % (*M. long. dorsi*) und 2,4 % (dickes Bugstück), entsprechen daher etwa den Werten, die auch bei Lamm- und

Kalbfleisch erreicht werden. Die Löslichkeit ist zudem mit Werten zwischen 20 und 30 % relativ sehr viel höher als bei den anderen Fleischarten, wodurch die Zartheit nachhaltig beeinflußt wird.

Tab. 8.1: Chemische Zusammensetzung von Wildfleisch (FREUDENREICH 1995; ZOMBORSZKY u. a. 1995; UHEROVA u. a. 1992)

Makronährstoffe	Protein (%)	Bindegewebe/ Protein (%)	Fett (%)	Wasser (%)
Damtier (M. long. d.)	22,9	1,3	0,3[1]	75,6
Rotwild (M. long. d.)	21,7	–	1,0	76,9
Mineralstoffe[2]	Ca (mg/100 g)	P (mg/100 g)	Fe (mg/100 g)	Cu (µg/100 g)
Damtier (M. long. d.)	84	900	17	710
Rotwild (M. long. d.)	110	850	18	890
Vitamine [2]	Thiamin (mg/100 g)	Riboflavin (mg/100 g)	Panthothensre. (mg/100 g)	B_6 (mg/100 g)
Rotwild (Keule)	0,32	0,20	2,86	0,52

[1] Fettgehalt ohne HCl-Aufschluß, daher ca. 0,5 % niedriger
[2] Werte gerundet

Die ernährungsphysiologisch ebenfalls beachteten **Puringehalte** scheinen bei Wild generell in demselben Bereich wie bei den schlachtbaren Haustieren zu liegen (Übersicht bei MORITZ 1995).

Unter den für die Fleischerzeugung genutzten Tierarten nimmt somit Wildbret hinsichtlich seiner chemischen Zusammensetzung lediglich durch die Fettgehalte eine Sonderstellung – hier aber eine wichtige – ein, da diese unabhängig von Teilstück, Alter, Geschlecht und Jahreszeit stets niedrig liegen.

8.1.4 Physikalische, histologische und sensorische Kriterien der Fleischqualität

Von den physikalischen Kriterien der Fleischqualität (MATZKE 1988; FREUDENREICH und FISCHER 1989; FREUDENREICH 1995) wird in Anlehnung an die Verhältnisse bei Schwein und Rind dem **pH-Wert** besonderes Gewicht gegeben. Frühpostmortal (1 h p. m.) liegen normale pH-Werte im Bereich von 6,5, der End-pH-Wert ist mit ca. 5,7–5,5 in jedem Fall 24 Std. nach dem Schlachten erreicht. Das **Safthaltevermögen** (gemessen am Drip-Verlust) ist bei Damtieren relativ hoch. Das Fleisch weist der kräftig roten **Farbe** entsprechend niedrige Helligkeitswerte L★ auf (um L★ = 30).

Hinsichtlich der **Mikrostruktur** ist das Fleisch von Damtieren, etwa im Vergleich zum Rind, deutlich im Vorteil (Tab. 8.2). Die Fasern sind insgesamt beim Damtier sehr viel feiner (Muskelfaserfläche) als beim Rind, wobei dies besonders akzentuiert für die weißen

Muskelfasern gilt. Deren Fläche ist beim Damtier beinahe um die Hälfte kleiner. Zudem sind die roten Muskelfasern in der Rückenmuskulatur beim Damtier in deutlich höherem Anteil als beim Rind vorhanden. Im mikroskopischen Bild des Damtiermuskels fällt übrigens schon bei oberflächlicher Betrachtung der außerordentliche Reichtum an Zellkernen auf, der auf eine hohe Stoffwechselleistung hinweist.

Tab. 8.2: Muskelfaserflächen und Anteil der Muskelfasertypen[1] bei Damtier (Spießer) und Rind (Jungbulle) (BAFF Kulmbach, unveröff.)

Fasertyp	Damtier			Rind		
	Rot	Intermediär	Weiß	Rot	Intermediär	Weiß
Fläche je Muskelfaser (in μm^2)						
Rücken	1.750	1.930	2.400	2.750	3.280	4.550
Keule	1.400	2.000	2.630	4.190	4.350	5.410
Anteil der Fasertypen (%)						
Rücken	48	15	37	31	30	39
Keule	29	14	57	28	28	44

[1] histochemische Darstellung nach SZENTKUTI und EGGERS (1985)

Die **sensorische Prüfung** der gereiften Edelteilstücke von Damtieren im üblichen Schlachtalter ergibt generell günstige Noten bezüglich Zartheit, Saftigkeit und Aroma. Ein spezifisches Wildaroma kommt bei sorgfältigem Vorgehen während der Schlachtung und Kühlung nicht zum Tragen und entspricht auch nicht der Verbrauchererwartung bei dieser Fleischart. Selbst Fleischproben von gestreßten Tieren mit erhöhten End-pH-Werten scheinen, wenn man von zu erwartenden Problemen mit der Haltbarkeit absieht, kein Fehlaroma aufzuweisen (FREUDENREICH und FISCHER 1989).

8.2 Einflüsse tierspezifischer Faktoren

8.2.1 Geschlecht

Der optimale Nutzungstermin für Damtierspießer liegt in dem Bereich von 15 bis 18 Lebensmonaten, d. h. im Herbst des zweiten Lebensjahres vor Eintritt in die Brunft. Die **Lebendgewichtsentwicklung** der weiblichen Tiere verläuft vor allem im zweiten Lebensjahr deutlich flacher als die der männlichen Tiere (Abb. 8.2). Die Endgewichte nach 18 Monaten liegen für die Spießer bei 45 bis über 50 kg und für die weiblichen Tiere mit etwa 40 kg entsprechend niedriger. Der Geschlechtsdimorphismus ist bereits zum Zeitpunkt der Geburt deutlich (100 bis 300 g höhere Durchschnittsgewichte der Hirschkälber) und verschärft sich vor allem im Sommerhalbjahr des zweiten Lebensjahres erheblich.

Tab. 8.3: Ausschlachtungsergebnisse von Damtieren verschiedener Altersgruppen (MATZKE u. a. 1986; MATZKE 1993)

Gewichtsklasse	30–35		> 35–40		45–50	50–55
Geschlecht	Spießer	Schmalt.	Spießer	Schmalt.	Spießer	Spießer
n	3	4	14	14	25	6
Lebendgew. (kg)	34,3	32,1	38,4	37,9	42,7	52,8
Anteil (%)[1]						
Jagdgewicht	73,1	69,1	69,4	69,1	72,0	73,1
Schlachtgewicht	52,8	53,5	55,5	54,6	56,9	56,2
Teilstückanteile[2]						
Keule	39,8	40,3	41,2	41,2	40,1	38,2
Rücken (m. Fil.)	17,5	19,3	17,0	19,2	17,7	20,1
Schulter	16,4	15,5	16,7	15,4	16,3	15,4
Fleisch/Knoch.-dünnung	16,9	17,2	15,9	17,2	16,8	17,2
Hals	9,3	7,6	9,2	7,0	9,1	9,1
Nierenfett	0,7	–	0,6	1,8	0,6	0,8

[1] am Lebendgewicht
[2] am Schlachtgewicht

Die Vorteile der männlichen Tiere im Lebendgewicht werden durch die bessere **Schlachtausbeute** noch verschärft. Gegenläufig wirken allerdings die günstigeren **Teilstückverhältnisse** der weiblichen Tiere, die sich im 2 % höheren Anteil der wertvollen Teilstücke Keule und Rücken ausdrücken. Die geschlechtsspezifische Betonung der vorderen Körperhälfte bei den Spießern wird im höheren Hals- und Schulteranteil deutlich (Tab. 8.3). In den Körperproportionen verhalten sich kastrierte männliche Tiere erwartungsgemäß intermediär zu den beiden Geschlechtern, sind aber eher den Spießern angenähert (FREUDENREICH 1995; HOGG u. a. 1990).

Unterschiede zwischen den Geschlechtern ergeben sich auch im Hinblick auf die **gewebliche Zusammensetzung**, insbesondere die Verfettung. Dies zeigt sich am Nierenfettanteil, der bei Schmaltieren, gleiche Jahreszeit vorausgesetzt, höher als bei den männlichen Tieren liegt. Dabei können die Schmaltiere Werte von bis zum Dreifachen der Nierenfettanteile der Spießer erreichen (Tab. 8.3). Sie geben in der Winterperiode allerdings davon auch größere Mengen wieder ab als die Spießer. Auch bei Kastraten liegen die Nierenfettanteile erheblich über denen der Spießer (3,3 % gegenüber 1,8 %; FREUDENREICH 1995). Beim **Rotwild** scheinen die Geschlechtsunterschiede – vom Gewicht abgesehen – etwas weniger akzentuiert zu sein (Tab. 8.4).

Die Unterschiede in der **Verfettung** drücken sich auch in deren anderen Komponenten aus, wie sich am Vergleich von Spießern und Kastraten zeigen läßt (Abb. 8.5): die Kastraten erreichen Anteile des intermuskulären und des subkutanen Fettes, die jeweils ca. 2,5 % (absolut) höher liegen als bei Spießern. Insgesamt weisen Kastraten fast 4,5 % mehr Fett auf als die Spießer, haben allerdings etwas geringere Knochen- und Sehnenanteile, so daß die Differenz im Muskelfleischanteil relativ gering ist (bei Spießern 2,5 % höher; FREUDENREICH 1995).

Tab. 8.4: Ausschlachtungsergebnisse von Rotwild (MATZKE 1993)

Kategorie	Kälber		Spießer	Schmaltiere	Alttiere
	männlich	weiblich			
n	4	7	5	5	4
Lebendgew. (kg)	58,9	46,8	84,8	69,9	94,8
Anteile (%)[1]					
Jagdgewicht	69,5	66,1	64,4	64,2	66,7
Schlachtk.gewicht	52,1	54,8	53,3	50,8	54,8
Teilstückanteile (%)[2] Keule	39,6	39,3	39,0	40,0	37,3
Rücken (m. Filet)	16,8	16,5	17,4	17,1	16,5
Schulter	18,5	18,2	17,8	17,4	16,8
Dünnungen	14,3	15,5	15,1	15,4	16,1
Hals	8,8	10,0	9,0	8,7	7,7
Fettabschnitte	2,7	4,0	2,0	2,5	7,6

[1] am Lebendgewicht
[2] am Schlachtgewicht

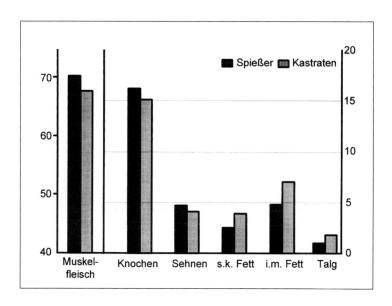

Abb. 8.5: Anteile der Gewebe (%) bei Spießern und Kastraten von Damtieren (FEUDENREICH 1995)

Die Zunahme der Verfettung erfolgt aber bei den Kastraten in den Teilstücken uneinheitlich. Keule und Rücken sind kaum betroffen, während sich der Fettgehalt im subkutanen und intermuskulären Kompartiment von Schulter, Hals und Bauch um ein mehrfaches erhöht (Abb. 8.6). Es ist anzunehmen, daß die Verhältnisse bei weiblichen Tieren ähnlich liegen.

Trotz der großen Schwankungen im Anteil des intermuskulären Fettgewebes erreichen die Bratenstücke im **intramuskulären Fettgehalt** (chemisch-analytisch erfaßt; Fettbestimmung ohne Salzsäureaufschluß; FREUDENREICH 1995) auch beim Kastraten Werte von generell weniger als 1 %. Auch die weiblichen Stücke dürften mit derselben Analysenmethode ähnlich niedrig liegen (vgl. BRÜGGEMANN 1989).

Für die **Kastraten** gilt also zusammengefaßt, daß sie nicht nur stärker verfetten als die intakten Spießer, sondern gleichzeitig auch um etwa 10 % niedrigere Gewichte im ersten und 15 % niedrigere Gewichte im zweiten Lebensjahr erreichen (HOGG u. a. 1990). Da, anders als etwa beim Rind, die Kastraten in der Fleischqualität keine Vorteile aufweisen, ist die Kastration bei Damtieren weder wirtschaftlich noch in anderer Hinsicht sinnvoll.

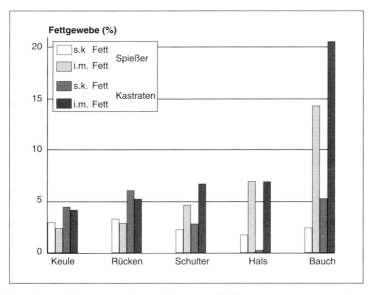

Abb. 8.6: Anteil (%) des subkutanen (s. k.) und intramuskulären (i. m.) Fettes in den Teilstücken von Spießern und Kastraten von Damtieren (FREUDENREICH 1995)

8.2.2 Alter und Gewicht

Die **Altersentwicklung** wird bei den Hirscharten wie bei keiner der Nutztierarten stark vom Einfluß der Jahreszeit überlagert (vgl. Abb. 8.2). Hierdurch bedingt nehmen beim Damtier die **Teilstückanteile** keine geradlinige Entwicklung, sondern oszillieren in sechsmonatigem

Rhythmus. Dabei handelt es sich jedoch um Schwankungen, die nur für die fetteren Teilstücke und hier speziell die Spannrippe Größenordnungen von 4 % Anteil am Schlachtkörper ausmachen können. Diese Schwankungen dürften mit dem jahreszeitlichen Auf- und Abbau von **Fettdepots** verbunden sein, so daß etwa der mindere Anteil der Dünnungen bei leicht erhöhtem Anteil der wertvollen Teilstücke im Frühjahr und die umgekehrten Verhältnisse im Sommer physiologisch zu erklären sind. Sie gehen mit Schwankungen des Nierenfettanteils und des intermuskulären Fettgehaltes einher (BRÜGGEMANN 1989).

Hierdurch kommt es zu der mit den landwirtschaftlichen Nutztieren kaum vergleichbaren Erscheinung, daß frühere Altersperioden mit relativ hohen Fettgehalten gefolgt werden von späteren Phasen mit niedrigeren Fettgehalten.

Erst in Altersklassen, die über den Zeitraum von 18 Monaten hinausgehen, ergeben sich auch stärkere Effekte in den Teilstückanteilen. Vor allem steigt bei Spießern von 12 auf 24 und mehr Monate Alter der Anteil der Keule (geringfügig) und des Halses an, während der Anteil des Bauches abnimmt (GREGSON und PURCHAS 1985; HOGG u. a. 1990). Die Schlachtausbeute ist in diesem Zeitraum noch wenig durch das Alter beeinflußt. Erst in Lebensaltern bis zu über 4 Jahren sinkt beispielsweise der Anteil des **getrimmten** Schlachtkörpers am Lebendgewicht von fast 48 % (1,2 Jahre) auf etwa 45 % (mehr als 4,2 Jahre) und entsprechend steigt der Anteil der Abschnittfette von 2,6 % auf 6,9 %. Es wird somit auch beim Damtier mit höherem Alter verstärkt Fett eingelagert (ASHER 1985; GREGSON und PURCHAS 1985).

Zunehmendes Alter ist während der Wachstumsphase zumindest im Endeffekt mit einer Gewichtszunahme gekoppelt, so daß eine Interaktion zwischen Gewicht und Alter besteht. An Spießern, die zum jagdüblichen Termin erlegt werden, läßt sich einigermaßen zuverlässig der Trend des reinen **Gewichtseinflusses** bei enger Altersvarianz ablesen (Tab. 8.3). Besonders die sehr leichten Tiere (unter 35 kg) weisen Nachteile wegen der verminderten Schlachtausbeute auf. Über den gesamten in diesem Alter üblichen Gewichtsbereich erfolgt mit steigendem Lebendgewicht ein leichter Anstieg des Rückenanteils und ein leichter Abfall des Keulenanteils (jeweils 2 bis 3 %), während der Anteil der Schulter etwa konstant bleibt. Der Anteil der weniger wertvollen Teilstücke wie auch der Nierenfettanteil verändern sich kaum bzw. steigen leicht an.

Damtiere sind bis zu einem Alter von ca. 4 Jahren uneingeschränkt für die Verwendung im Frischfleischverzehr geeignet, erst ältere Tiere (Hirsche, Althirsche und Alttiere) sind ausschließlich in der Verarbeitung zu Fleischerzeugnissen zu nutzen. KREUZER u. a. (1991) geben hierfür eine breite Palette von Rezepturen an.

8.2.3 Auswahl des Nutzungstermins

Die Auswahl des Nutzungstermins sollte prinzipiell so erfolgen, daß **Alter, Schlachtkörpergewicht** und **Schlachtkörperwert** in einem optimalen Verhältnis zueinander stehen.

Als Nutzungstermine wird man somit am ehesten die Zeitpunkte wählen, zu denen noch nicht voll ausgeprägte Fetteinlagerung vorhanden ist. Dies entspricht den üblicherweise gewählten Terminen zwischen dem 15. und 18. Lebensmonat. Etwa vom 16. Lebensmonat an soll – unabhängig von der saisonalen Fetteinlagerung – die altersbedingte Fetteinlagerung zunehmen (REINKEN 1987).

Die Nutzung in der zweiten Sommerperiode macht es möglich, daß die unproduktive zweite Winterung nicht noch mit zu überbrücken ist. Vom Schlachtkörperwert, also auch den Teilstückanteilen her, gibt es keine Argumente, bei Spießern den Nutzungstermin erst in das dritte Lebensjahr zu verlegen. Sinnvoll wird die verzögerte Nutzung primär bei stark untergewichtigen Tieren. In Neuseeland, wo eine starke Exportorientierung mit starkem Druck auf Standardisierung gegeben ist, wird ein Mindestschlachtgewicht von 24 kg vorgegeben, so daß sich bei Untergewichten die Fortsetzung der Mast zwangsläufig ergibt (HOGG u. a. 1990). Unter deutschen Verhältnissen mit hohem Anteil der Direktvermarktung dürften aber untergewichtige Tiere günstig zu vermarkten sein, so daß auch für diese die Nutzung erst im dritten Jahr nicht zu empfehlen ist.

Als zweites kann verzögerte Nutzung eines Teiles einer Herde dann sinnvoll sein, wenn man gezwungen ist, das Angebot zu entzerren, insbesondere weil etwa im Frühjahr die Nachfrage ansonsten nicht zu befriedigen wäre. Teilweise läßt sich dieses Problem aber auch über den Zukauf von Schlachtkörpern lösen. Insgesamt werden die höchsten Deckungsbeiträge dort erzielt, wo die Nutzungsgewichte am schnellsten mit den geringsten Grundfutterkosten erreicht werden (REINKEN 1987; BACH 1991). Auch dies weist schon darauf hin, daß eine zweite Winterung mit zusätzlichem Aufwand an Ergänzungsfutter nur sehr schwer **wirtschaftlich** durchzuführen ist.

8.3 Einflüsse produktionstechnischer Faktoren

8.3.1 Einflüsse der Fütterung und Haltung

Da Gehegewild in ganzjähriger Weidehaltung gehalten wird, sind Einflüsse durch eine **Rationsgestaltung** zumeist gering. Die Gewichtseinbußen während der Winterperiode können aber durch Zufütterung eingeschränkt und teilweise bis zu geringer Gewichtszunahme aufgehoben werden (REINKEN 1987). Bei Rotwild hat sich sogar gezeigt, daß eine fast lineare Lebendgewichtszunahme möglich ist, wenn die Tiere während der ersten Winterperiode unter Stallhaltung und intensiver Fütterung geführt werden. Im weiteren Wachstum bleibt der einmal erzielte Gewichtsvorteil erhalten. Einflüsse auf die Teilstückanteile und die Fleischqualität ergeben sich jedoch nicht (ADAM und MOIR 1985).

Die ganzjährige Beifütterung ist vor allem bei ungünstiger Futterbasis wirksam. Unter günstigen Verhältnissen sind auch ohne Kraftfuttergaben Lebendgewichte von 50 kg bis zum

Nutzungstermin (15–18 Monate) zu erzielen. Grundsätzlich ist sogar zu empfehlen, auf eine Beifütterung während der vorangehenden Sommermonate zu verzichten, wenn die Schlachtung im Herbst vorgesehen ist. Hierdurch wird der übermäßige Ansatz von Oberflächenfett vermieden (MATZKE 1988).

Für die Dam- und Rotwildhaltung zur Fleischerzeugung ist unter deutschen Verhältnissen grundsätzlich nur die Haltung im Gehege sinnvoll. Andere, d. h. intensivere Haltungsformen bieten sich nur für Forschungszwecke an.

8.3.2 Einflüsse durch die Art der Erlegung und die Weiterbehandlung des Fleisches

8.3.2.1 Vorbehandlung vor der Schlachtung

Bezüglich der Behandlung der Tiere vor der Schlachtung, der Schlachtung selbst und der nachfolgenden Ausschlachtung sind beim Damtier einige Spezifika zu beachten. So geschieht unter den deutschen Verhältnissen die Betäubung und Tötung bevorzugt durch **waidgerechte Erlegung** der Tiere. Im allgemeinen fehlen in Deutschland die entsprechenden Einrichtungen für eine reguläre Schlachtung.

Die **Schlachtung nach Betäubung** durch Bolzenschuß, wie sie vor allem in Neuseeland praktiziert wird, ist wegen der notwendigen Immobilisierung und der damit verbundenen Beunruhigung der Tiere nicht empfehlenswert. Sie wird für unvereinbar mit den Grundsätzen des Tierschutzes bei dieser hochsensiblen Tierart gehalten (KREUZER u. a. 1991). Die starke Beunruhigung führt zudem vielfach dazu, daß durch die physische Belastung die Glykogenreserven der Muskulatur soweit ausgeschöpft werden, daß eine normale Fleischreifung nicht mehr zustande kommt und eine Qualitätsabweichung im Sinne von DFD entsteht. Der Zusammenhang zur **Streßbelastung** ist für Rotwild experimentell belegt (SMITH und DOBSON 1990): Mit höherer Belastung vor der Schlachtung zeigen sich stark erhöhte Cortisol- und End-pH-Werte (24 h p. m.). Lange Transport- und Wartezeiten, verbunden mit längeren Nüchterungszeiten, erhöhen, wie bei anderen Wiederkäuern auch, das Risiko des Auftretens von DFD.

Dies läßt sich auch an pH-Wert-Spektren von neuseeländischen Marktentnahmen (Rotwild) ablesen, die Ähnlichkeit mit der pH-Verteilung beim Schwein aufweisen (Abb. 8.7). Die pH_{20min}-Werte reichen in einen tiefen Bereich hinein, der einer PSE-ähnlichen Abweichung zuzuordnen wäre. Allerdings zeigt das Fleisch keine Farbabweichung und keinen erhöhten Tropfsaftverlust. Ursache der sehr tiefen frühpostmortalen pH-Werte ist die vorangegangene Elektrostimulierung. Unter den pH_{24h}-Werten sind die in den oberen Bereich abweichenden Werte bemerkenswert, die oberhalb von 6,0 mit der Ausprägung von DFD verbunden sind. Diese entsprechen dem mit 20 % relativ hohen Anteil von DFD beim Rotwild in Neuseeland (HONIKEL 1994).

Damtiere erweisen sich gegen Belastungen, wie sie unter moderaten Verhältnissen im Zusammenhang mit der Schlachtung auftreten, als relativ robust. So zeigt sich der Grad der Beunruhigung zwar sehr deutlich in den Kenngrößen der Glykolyse, führt aber letzten Endes nicht zu einer ausgeprägten Qualitätsabweichung des Fleisches (Abb. 8.8). Mit zunehmender Belastung sinkt der Glykogengehalt des Muskels drastisch, gegenläufig nimmt der Lactatgehalt zu, die stärker belasteten Tiere weisen zudem ein um mehr als ein Drittel erniedrigtes glykolytische Potential[1] und entsprechend erhöhte Temperatur auf. Dennoch reicht, gemessen an den pH_{24h}-Werten, das glykolytische Potential noch dazu aus, eine Fleischsäuerung im normalen Bereich zu bewirken (zwischen pH 5,60 geringe und pH 5,74 starke Beunruhigung). Anzeichen für DFD gibt es nicht. Für die offensichtlich robuste Stoffwechsellage sind nicht zuletzt die oben beschriebenen Strukturmerkmale der Muskulatur verantwortlich. Wird allerdings noch stärkerer Streß wirksam, so ergibt sich auch unter den deutschen Bedingungen der Gatterhaltung ein hohes Risiko von DFD-Fleisch. Es sind dann pH_{24h}-Werte über 6,0 keine Seltenheit, extreme Gruppen weisen Mittelwerte bis zu pH_{24h} 6,95 auf. Die dunkle Farbe und der geringe Dripverlust weisen bei diesem Fleisch unzweifelhaft die DFD-Qualitätsabweichung aus (BRÜGGEMANN 1987).

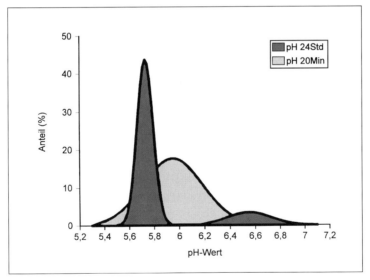

Abb. 8.7: Verteilungsspektrum der pH-Werte des Fleisches (M. longissimus dorsi) von Rotwild-Spießern unter Schlachthofbedingungen (nach HONIKEL 1994; halbschematisch)

---

[1] Summe aller energiereichen Substrate des Muskels

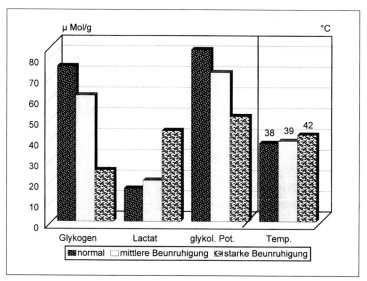

Abb. 8.8: Einfluß von Belastung vor der Schlachtung auf Kenngrößen der Glykolyse bei Damtierspießern (Teilstück Keule; FREUDENREICH und FISCHER 1989)

8.3.2.2 Betäubung und Tötung

Die im Sinne des Tierschutzes und der Fleischqualität geeignetste Form der Tötung ist somit der waidgerechte Schuß, der daher auch von der Tierschutzschlacht-Verordnung (TierSchlV, Entwurf) vorgegeben werden soll. Für den Schuß bestehen folgende Möglichkeiten (MATZKE 1988; KREUZER u. a. 1991).

- **Kopfschuß** (seitlich oder frontal): Tierschutzgerechte Tötungsart, da die sofortige Bewußtlosigkeit herbeigeführt wird. Zerstörung von Wildbret wird vermieden. Erfolgt der Schuß mit Kleinkaliber, ist die Gefährdung der Umgebung gering, da das Geschoß nicht wieder austritt, allerdings sind dann kurze Schußentfernungen (unter 25 m) erforderlich (nur für kleine Gehege geeignet). Unmittelbar nach dem Schuß ist die Entblutung durch die Durchtrennung der Halsschlagadern unerläßlich, da es sonst zu Problemen der Haltbarkeit kommt. Vom Ausblutungsgrad bleiben dagegen Wildaroma und Farbe des Wildbrets unbeeinflußt.
- **Trägerschuß** (auf den ersten Halswirbel): Tierschutzgerechte Tötungsart, da auch hier die Tiere sofort zusammenstürzen (keine Beunruhigung im Gatter). Die getroffenen Blutgefäße sorgen für rasche Entblutung. Nachteil ist die erforderliche höhere Treffsicherheit als beim Kopfschuß.
- **Blattschuß** (Kammer-, Lungen- oder Leberschuß): Für weniger geübte Schützen könnte dieser Schuß vorzuziehen sein, sollte aber wegen der umfassenden Schädigung wertvoller Teile in Gehegen vermieden werden. Da er nur mit größeren Kalibern

möglich ist, wird die Ausblutung zwar günstig beeinflußt, die Tiere legen aber zumeist noch eine gewisse Fluchtstrecke zurück, so daß dieser Schuß mit einer Beunruhigung der anderen Tiere im Gatter verbunden ist. Diese kann sich bei nachfolgend geschossenen Tieren nachteilig auf die Fleischqualität auswirken (DFD). Die TierSchlV (Entwurf) sieht nur den Haupt- und Trägerschuß als zulässig vor.

- **Pansen- und Waidwundschüsse** sind als gravierender Verstoß gegen das Tierschutzgesetz zu werten und sollten zum Entzug der Tötungserlaubnis in Gehegen führen. Treffer des Magen-Darm-Traktes verursachen zudem erhebliche Verunreinigungen des Schlachtkörpers, die fleischbeschaulich gemaßregelt werden.

Die wichtigsten Aspekte von Tötung und Behandlung nach der Schlachtung sind in Tabelle 8.5 zusammengefaßt.

Tab. 8.5: Tötung von Damtieren und Behandlung nach der Schlachtung (MATZKE 1988 verändert)

Betäubung und Tötung im Gehege
Sicherheit
– Oberstes Gebot: Gefährdung von Menschen ausschließen
Tierschutz
– Möglichst sofortige Bewußtlosigkeit und rascher Tod, am besten durch Kopfschuß mit Zerstörung des Gehirns
– Keine Gefährdung anderer Gehegetiere durch Ausschüsse
– Keine Schüsse durch Magen-Darmtrakt (gleichzeitig Hygiene!)
Qualität
– hoher Ausblutungsgrad; ggfs. Jugularis-Schnitt
– Vermeidung von Beunruhigung durch Fehlschüsse etc. (DFD-Fleisch)
Behandlung nach der Schlachtung
– Aufbrechen spätestens 45 Minuten nach der Tötung
– Einhaltung hygienischer Sorgfalt, Vermeidung von Verunreinigung des Schlachtkörpers mit Magen-Darminhalt
– Reinigen von Brust- und Bauchhöhle nur mit Trinkwasser, kein Gras oder Wischtücher
– Aufbrüsten des Schlachtkörpers zur rascheren Kühlung
– Zuordnung der Organe zum jeweiligen Schlachtkörper (Fleischbeschau)
– Messer nicht in das Fleisch stechen
– Schutz des Wildkörpers vor Staub und Fliegen
– umgehende Verbringung in den Kühlraum

8.3.2.3 Weiterbehandlung nach der Schlachtung

Im Anschluß an die ersten Schritte der Verarbeitung, die zwangsläufig unter provisorischen Verhältnissen im Gehege stattfinden, ist im Kühlhaus nach guter handwerklicher Praxis der **Fleischgewinnung** zu verfahren (ausführliche Darstellung bei KREUZER u. a. 1991). Dies schließt die Pflicht zur Fleischuntersuchung (FlHG) ein. Die ebenfalls vorgeschriebene Schlachttieruntersuchung (FlHG), d. h. die Untersuchung des lebenden Tieres vor der Schlachtung, ist bei Gehegewild in Form einer regelmäßigen Veterinärkontrolle der gesamten Herde vorgesehen (Richtl. des Rates 91/495/EWG).

Als Sonderfall ist es bei Gehegewild zulässig, die **Schlachtkörper in der Decke** hängen zu lassen, wenn nach den Untersuchungsergebnissen keine gesundheitlichen Bedenken dagegen bestehen. Dies hat den Vorteil, daß die Schlachtkörper schonender durchgekühlt werden (Vermeidung von „Cold shortening") und daß sie oberflächlich nicht austrocknen. Nachteilig ist die problematische Hygienesituation, die aber dadurch etwas entschärft wird, daß aus der Decke geschlagene Schlachtkörper nicht zusammen mit Schlachtkörpern in der Decke aufgehängt werden dürfen. Das Einfrieren von Schlachtkörpern in der Decke ist unzulässig (FlHV). Das Haupt wird aus hygienischen Gründen stets vom Schlachtkörper abgesetzt.

Bezüglich Kühlen, Lagern und Transportieren ist mit Fleisch von Gehegewild nach denselben Vorgaben zu verfahren wie mit Fleisch allgemein (FlHV). Insbesondere muß das Fleisch 24 Stunden nach der Schlachtung eine Kerntemperatur von +7 °C erreicht haben. Schlachtkörper in der Decke müssen, wenn sie bei höchstens +7 °C gelagert werden, innerhalb von 9 Tagen, wenn sie bei höchstens +1 °C gelagert werden, innerhalb von 17 Tagen zur Weiterverarbeitung angeliefert werden.

Wie bei dem Fleisch anderer Wiederkäuer auch, so empfiehlt sich bei Damtieren eine **Reifung,** die als Schlachtkörperreifung (u. U. in der Decke) oder als Teilstückreifung im Vakuumbeutel erfolgen kann. Da zwischen 9 und 16 Tagen Reifungszeit noch deutliche Verbesserungen vor allem im Hinblick auf die Zartheit festzustellen sind (FREUDENREICH 1995), sollte man eine etwa zweiwöchige Reifung zur Regel machen.

Die **Tropfsaftverluste,** die während dieser Zeit auftreten, sind unter identischen Kühlbedingungen deutlich niedriger als beim Rind und bewegen sich je nach Teilstück zwischen 5 und 6 % (Rind über 8 %). Während der Reifung wird das Fleisch geringfügig heller.

8.3.2.4 Synopse der Einflußfaktoren

Da beim Damtier Transport und Vorbereitung im Schlachtbetrieb unter deutschen Verhältnissen wegfallen, sind naturgemäß weniger Faktoren zu beachten, die die Qualität im Umfeld der Schlachtung negativ beeinflussen können als bei Schwein und Rind. Die wichtigsten sind (vgl. Tab. 8.5):

- Grad der **Beunruhigung** vor der Tötung: Die Belastung der Tiere vor dem Schuß sollte so gering wie möglich gehalten werden, daher sollten Fehlschüsse keinesfalls vorkommen, Blattschüsse vermieden werden. Müssen die Tiere zum Schuß in ein spezielles Gehege verbracht werden, sollten sie schon frühzeitig durch Anfüttern daran gewöhnt werden. Fremde Personen sollten möglichst nicht zugegen sein.
- Zeit zwischen **Betäubung** (Schuß) und **Entblutung:** Diese Zeit ist vor allem dann kurz zu halten, wenn durch den Schuß keine relevanten Blutungen hervorgerufen wurden (Kopfschuß).
- **Hygienesituation** während des Aufbrechens: Da die ersten Schritte der Verarbeitung des Schlachtkörpers unter hygienisch besonders ungünstigen „Feldbedingungen", ablaufen, ist hier besondere Sorgfalt erforderlich. Einzelheiten sind bei MATZKE (1991) und KREUZER u. a. (1991) angegeben. In jedem Fall sind die einschlägigen Regelungen (FlHV) einzuhalten.
- **Kühlung:** Wenn die Kühlung in der Decke erfolgt, so ist der limitierende Faktor die Hygiene, die eine möglichst rasche Verbringung in einen leistungsfähigen Kühlraum erforderlich macht. Wird im Schlachthaus unmittelbar nach der Schlachtung die Decke entfernt, so ist in den ersten Stunden nicht zu stark herunterzukühlen, um „Cold shortening" zu vermeiden.

Literatur

ADAM, C. L. und C. E. MOIR (1985): Effect of winter nutrition of young farmed red deer on their subsequent growth at pasture. Anim. Prod. 40, 135–141

ASHER, G. W. (1985): Meat production from fallow deer. In: Biology of deer production (Hrsg. P. F. HENNESSY und K. R. DREW). Royal Soc. New Zealand Bull. 22, 299–301

BACH, P. (1991): Ökonomik der Dam- und Rotwildhaltung in Gehegen. In: Damwild und Rotwild in landwirtschaftlichen Gehegen (Hrsg.: H. BOGNER). Hamburg, Berlin: Verl. P. Parey, p. 150–172

BAFF Kulmbach, Institut für Fleischerzeugung und Vermarktung

BERRISCH-HEMPEN, D. (1995): Fettsäurenzusammensetzung von Wildfleisch. Vergleich zum Fleisch schlachtbarer Haustiere. Fleischwirtschaft 75, 809–813

BRÜGGEMANN, J. (1987): Schlachtertrag, Schlachtkörperzusammensetzung und Wildbretqualität des Damwildes aus dem Gatter. In: Nutztierartige Damwildhaltung. (Hrsg. Karl-Marx-Univ. Leipzig, Sektion Tierprod. Vet. Med.) Leipzig: Eigenverlag, p. 74–84

BRÜGGEMANN, J. (1989): Untersuchungen zur Entwicklung von Lebendmasse, Schlachtkörperzusammensetzung und Wildbretqualität des Damwildes (Dama dama L.) in Abhängigkeit von Geschlecht und Art der Bewirtschaftung. Diss. agr. Univ. Leipzig

FREUDENREICH, P. (1995): Qualitätskriterien und Einflußfaktoren auf die Fleischqualität bei der Wildfleischerzeugung. Vortrag „Sächsischer Gatterwildtag" 17. 3. 95, Köllitsch, Sachsen

FREUDENREICH, P. und K. FISCHER (1989): Untersuchungen zur Fleischqualität von Damtieren. Mitt. bl. der BAFF, 28, 176–183

GREGSON, J. E. und R. W. PURCHAS (1985): The carcass composition of male fallow deer. In: Biology of deer production (Hrsg. P. F. HENNESSY und K. R. DREW) Royal Soc. New Zealand Bull. 22, 295–298

HOGG, B. W.; L. M. CATCHESIDE und G. J. K. MERCER (1990): Carcass composition in male fallow deer: age and castration effects on dissected tissue distribution. Anim. Prod. 51, 405–413

HONIKEL, K. O. (1994): Veränderungen nach dem Schlachten und bei Kühlung von Hirschfleisch. Mitt. bl. der BAFF 33, 197–200

HONIKEL, K. O. und E. KLÖTZER (1995): pers. Mitteilung

KREUZER, W.; W. HOSPER und S. BAUER (1991): Damhirschfleisch aus landwirtschaftlicher, nutztierartiger Haltung. Schlachten, Zerlegen und Verarbeiten zu Fleisch- und Wursterzeugnissen. Stuttgart: Kaisser-Druck

MATZKE, P. (1988): Einflüsse der Tötung und Behandlung der Schlachtkörper auf die Qualität von Damwild- und Rotwildfleisch aus Gehegen. Agrarmagazin „Unser Land", Heft 4 (1988), 57–61

MATZKE, P. (1991): Wildbretbehandlung und -verwertung. In: Damwild und Rotwild in landwirtschaftlichen Gehegen (Hrsg.: H. BOGNER). Hamburg, Berlin: Verl. P. Parey, p. 134–149

MATZKE, P. (1993): Daten zum Schlachtwert von Rotwild und von Damtieren. Pers. Mitteilung

MATZKE, P.; K. POPP; I. GUNTER und E. SCHMIDT (1986): Einige Aspekte der Tötung, Schlachtkörperzusammensetzung, Fleischbeschaffenheit und Verwertung von Damwild in Gehegen zur Fleischproduktion. Bayr. Landw. Jahrb. 63, 749–755

MORITZ, A. (1995): Cholesterin- und Puringehalte von Wildfleisch. Fleischwirtschaft 75, 814–818

REINKEN, G. (1987): Damtierhaltung. Stuttgart: Verl. E. Ulmer

SMITH, R. F. und H. DOBSON (1990): Effect of preslaughter experience on behaviour, plasma cortisol and muscle pH in farmed deer. Vet. Rec. 126, 155–158

SZENTKUTI, L. und A. EGGERS (1985): Eine zuverlässige Modifikation der Myosin-ATPase-Reaktion zur histochemischen Darstellung von drei Fasertypen in der Skelettmuskulatur von Schweinen. Fleischwirtschaft 65, 1398–1404

UHEROVA, R.; V. BUCHTOVA und M. TAKAOSOVA (1992): Nährwertfaktoren in Wildfleisch. Fleischwirtschaft 72, 1155–1156

ZOMBORSZKY, Z.; G. SZENTMIHALYI; I. SARUDI; P. HORN und C. SZABO (1995): Protein, fat and mineral content of game meat. Zb. Biotehniske fak., Univ. v. Ljubljani, Kmetijstvo (Zootehnika), Supl. 22, 109–113

Rechtliche Regelungen

Bundesjagdgesetz: Bekanntmachung der Neufassung des Bundesjagdgesetzes. Vom 29. September 1976. Bundesgesetzblatt, Jahrgang 1976, Teil I, 2849–2861

FlHG: Bekanntmachung der Neufassung des Fleischhygienegesetzes. Vom 8. Juli 1993. Bundesgesetzblatt, Jahrgang 1993, Teil I, 1189–1197

FlHV: Verordnung über die hygienischen Anforderungen und amtlichen Untersuchungen beim Verkehr mit Fleisch. Vom 30. Oktober 1986. (Bundesgesetzblatt, Jahrgang 1995, I, S. 1678). Zuletzt geändert durch Verordnung vom 15. März 1995. Bundesgesetzblatt, Jahrgang 1995, I, S. 327–377)

Richtl. des Rates 91/495/EWG: Richtlinie des Rates vom 27. November 1990 zur Regelung der gesundheitlichen und tierseuchenrechtlichen Fragen bei der Herstellung und Vermarktung von Kaninchenfleisch und Fleisch von Zuchtwild. (91/495/EWG). Amtsblatt EG Nr. L 268, 41–55

TierSchlV: Verordnung zum Schutz von Tieren im Zusammenhang mit der Schlachtung oder Tötung. Entwurf (BML) vom 16. 3. 1995

9 Schlachttierwert des Kaninchens

H. Pingel

Das Kaninchen gehört zu den jüngsten Haustieren. In Notzeiten (Kriegs- und Nachkriegszeiten) diente das Kaninchen der zusätzlichen Fleischversorgung auf der Grundlage der Fütterung mit Garten- und Küchenabfällen. Das Image des Kaninchenfleisches als „Armeleuteessen", die unzureichende Aufklärung der Verbraucher über die diätetischen Vorzüge des Kaninchenfleisches und das Fehlen einer qualitätsorientierten Vermarktung bewirken, daß Kaninchenfleisch in Deutschland eine Marktnische bleibt.

Seit Ende des vorigen Jahrhunderts wird die Kaninchenzucht von der Rassezucht geprägt. Von den etwa 400.000 Rassekaninchenzüchtern werden jeweils im Mittel nur etwa 3 bis 5 Zuchthäsinnen gehalten. Der überwiegende Anteil des erzeugten Kaninchenfleisches wird selbst verzehrt. Auch von den etwa 450 spezialisierten Kaninchenmastbetrieben wird ein großer Teil des produzierten Fleisches über den Direktkontakt abgesetzt. Der jährliche Verbrauch an Kaninchenfleisch wird auf 0,3 kg je Kopf der Bevölkerung geschätzt.

9.1 Komponenten des Schlachttierwertes

Der Schlachttierwert eines Kaninchens wird bestimmt durch die Schlachtausbeute von etwa 55–60 %, dem Anteil fleischreicher Teilstücke, dem Fleisch-Knochen-Verhältnis und dem Fettanteil. Unter Schlachtausbeute des Kaninchens wird der prozentuale Anteil des Schlachtkörpers einschließlich der verwertbaren Organe Herz, Leber und Niere zum Lebendgewicht nach mindestens 12stündiger Nüchterung verstanden. Als fleischreiche Teilstücke gelten beim Kaninchen Keule und Rücken, die etwa 50 % des Schlachtkörpers ausmachen. Die größten Fleischanteile bringen der *M. longissimus dorsi* im Rückenstück und der *M. semimembranosus* in der Keule. Auch Schulter und Oberarm sind reich bemuskelt und geben ein wertvolles Fleischstück. Zum Schlachtkörper zählen in der Regel auch der Kopf, jedoch nicht die Vorder- und Hinterpfoten.

Die einzelnen Teilstücke besitzen zum Schlachtkörper ohne Kopf, aber mit Herz und Leber folgende prozentualen Anteile:

Vorderschenkel und Brust	22 bis 24 %
Rücken	34 bis 38 %
Keulen	32 bis 36 %
Herz und Leber	5 bis 7 %

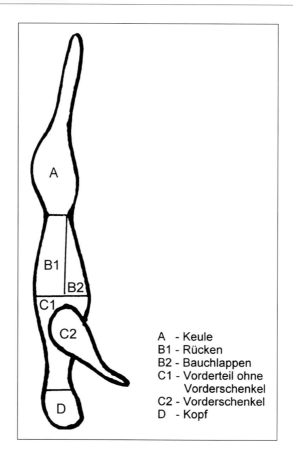

Abb. 9.1: Schnittführung am Kaninchenschlachtkörper (nach SCHARNER 1972)

Die Teilstücke Rücken und Keule enthalten über 75 % Muskulatur. Das Fleisch-Knochen-Verhältnis beträgt 4 bis 5 : 1 (LÖHLE und WENZEL 1986). Kaninchenfleisch ist eiweißreich, fettarm und leicht verdaulich. Der Eiweißgehalt liegt im Mittel bei 20 % und der Fettgehalt bei 6 %. Kaninchenfett hat einen hohen Anteil essentieller Fettsäuren, ist aber geschmacklich oft von minderer Qualität.

Kaninchenfleisch zeigt im Anschnitt keine Feuchtigkeit und ist von heller Farbe. Bedingt durch weiche Bindegewebsanteile ist es als zart einzustufen. Die Muskelfaserdicke des langen Rückenmuskels und des zweiköpfigen Oberschenkelmuskels von 100 Tage alten Mastkaninchen liegt zwischen 30 und 35 μm.

Die wichtigsten Merkmale bei der Erfassung des Schlachttierwertes von Kaninchen sind die Schlachtausbeute und der Anteil an Rücken und Keule. Die Schlachtausbeute wird durch Wägung des ausgenommenen, gekühlten Schlachtkörpers und Relativierung auf das Lebendgewicht nach 12stündiger Nüchterung bestimmt. Berücksichtigt werden neben dem

Schlachtkörper die verwertbaren Organe Herz, Leber und Nieren. Die Teilstückzerlegung erfolgt allgemein nach der in Abbildung 9.1 dargestellten Schnittführung.

Die Bestimmung des Muskel-Knochen-Verhältnisses erfordert die völlige Entbeinung. Oft wird dies auf eine Hinterkeule beschränkt. Eine Einschätzung des Fettgehaltes des Schlachtkörpers kann nach dem Grad der Verfettung der Niere erfolgen. Bei hohem Fettgehalt ist die Niere vollständig von einer Fettschicht bedeckt. Die Kriterien der Fleischqualität werden nach den bei anderen Tierarten üblichen Methoden bestimmt.

9.2 Einflüsse tierspezifischer Faktoren

9.2.1 Rasse

In der Kaninchenfleischproduktion wird die Meinung vertreten, daß mittelgroße Kaninchen, die ausgewachsen zwischen 4 und 5 kg wiegen, gegenüber den spätreifen großen Rassen und den frühreifen und schnell verfettenden kleinen Rassen den höchsten Schlachttierwert aufweisen. Zu den wichtigsten Fleischkaninchenrassen gehören die aus Kalifornien stammenden Rassen Weiße Neuseeländer (Albinos) und Kalifornier (Teilalbinos, Abb. 9.2, s. S. 163). Die in Deutschland gezüchteten mittelgroßen Rassen wie Helle Großsilber, Weiße und Blaue Wiener u. a. haben eine geringere Bedeutung erlangt. Ein Rassenvergleich (Tab. 9.1) zeigt, daß der Schlachtkörperanteil am Lebendgewicht zwischen 59,2 und 56,3 % schwankt. Der Anteil der fleischreichen Teilstücke Rücken und Keule am Schlachtkörper liegt zwischen 49,0 und 47,6 %. Allerdings ist bei diesem Vergleich das Schlachtalter nicht einheitlich. Die Deutschen Riesen als Vertreter der spätreifen großen Rasse sind mit 105 Tagen, die mittelgroße Rasse Helle Großsilber im Alter von 91 Tagen und die Kleinchinchilla als kleine Rasse mit 84 Tagen geschlachtet worden. Die erreichten Körpergewichte machen etwa 60 % des adulten Gewichtes aus, was als günstiges Schlachtgewicht angesehen wird.

Eine gezielte Selektion auf hohen Fleischansatz hat bei Kaninchen nur in begrenztem Umfang stattgefunden. Die gewünschte Walzenform oder „Blockigkeit" allein verspricht nach LÖHLE und HAUBOLD (1980) keine Weitervererbung eines hohen Fleischansatzes. Schlankere Typen liefern oft genausoviel oder sogar mehr Fleisch, wenn die begehrten Teilstücke Rücken und Keulen als Kriterien für guten Fleischansatz herangezogen werden. Bis zu einem gewissen Grad kann die Fleischfülle durch Abtasten geschätzt werden. Diese ist als gut zu bezeichnen, wenn der Raum zwischen den Dorn- und Querfortsätzen des Lendenwirbelabschnittes der Wirbelsäule so mit Muskeln angefüllt ist, daß die Spitzen der Dornfortsätze kaum zu fühlen sind.

Nachkommenprüfungen über einen längeren Zeitraum sind nur in Dänemark durchgeführt worden, wobei zwischen den Nachkommengruppen deutliche Unterschiede in der Schlachtausbeute auftreten. Nach JENSEN (1982) liegt die Schlachtausbeute verschiedener Nachkommengruppen zwischen 53,2 bis 58,9 %.

Tab. 9.1: Mastleistung und Schlachttierwert verschiedener Kaninchenrassen (SCHLOLAUT und LANGE 1983)

	Dt. Riesen, weiß	Helle Großsilber	Kleinchinchilla
Zahl der Tiere	31	30	30
Mastendgewicht (g)	4.315	2.940	1.841
Alter bei Mastende (Tage)	105	91	84
Tgl. Zunahme			
5. Woche bis Mastende (g)	49	38	25
Futterverwertung			
5. Woche bis Mastende (kg)	3,3	3,5	3,5
Schlachttierwert			
Ausschlachtung warm (%)	59,2	57,7	56,3
Fellanteil (%)	16,0	13,7	15,7
Kopfanteil (%)	7,1	7,4	8,6
Vorderteil (%)	41,1	39,9	40,1
Rücken und Keule (%)	48,6	49,0	47,6

Beim Vergleich der Schlachtleistung von Wild- und Hauskaninchen zeigt sich, daß die Schlachtausbeute der Wildkaninchen deutlich der von Hauskaninchen überlegen ist. Trotz dieser im Vergleich zum Wildkaninchen besseren Wachstumsleistung vieler Rassen bzw. Genotypen des Hauskaninchens scheint doch eine Verschlechterung im Merkmal Schlachtausbeute eingetreten zu sein. Diese ergibt sich daraus, daß Wildkaninchen einen deutlich geringeren Fell- und Eingeweideanteil und damit einen höheren Anteil des bratfertigen Rumpfes haben (MANGOLD und FANGAUF 1949).

Tab. 9.2: Schlachtkörperzusammensetzung von Hybriden und deren Ausgangslinien (nach RISTIC und ZIMMERMANN 1992)

	Hybriden	Ausgangslinien
Rücken (in %)	23,3	22,8
Muskel	76,7	77,4
Knochen	18,4	17,2
Sehnen	1,3	2,2
Intramuskuläres Fett	1,7	1,7
Hinterkeulen (in %)	33,2	34,0
Muskel	70,2	69,5
Knochen	20,7	18,6
Sehnen	3,6	6,3
Intramuskuläres Fett	2,4	3,0
Vorhand (in %)	11,7	12,8
Nierenfett (in %)	1,2	1,0
Leber (in %)	7,2	5,1

In der modernen Kaninchenfleischproduktion werden Masthybriden, d. h. Kreuzungen verschiedener Linien, eingesetzt. Bei einem Vergleich des Schlachttierwertes derartiger Hybriden mit den Ausgangslinien (Tab. 9.2) sind in der Schlachtkörperzusammensetzung und in Merkmalen der Fleischqualität keine bedeutenden Differenzen zu beobachten (RISTIC und ZIMMERMANN 1992). Im sensorischen Test wird die Keule der Linientiere in den Merkmalen Saftigkeit und Zartheit besser beurteilt als die der Masthybriden. Die Scherkraftmessung ergibt jedoch bessere Werte bei den Hybriden. Der Nährstoffgehalt ist bei beiden Genotypen gleich. Demnach ist generell nicht zu erwarten, daß Rassen- und Linienkreuzungen eine Verbesserung des Schlachttierwertes bringen.

9.2.2 Alter und Geschlecht

Das Geschlecht hat bei Kaninchen eine unbedeutende Wirkung auf die Schlachtkörperzusammensetzung. Demgegenüber hat das **Schlachtalter** einen deutlichen Effekt auf die Schlachtausbeute. Mit zunehmendem Alter verändert sich bei Kaninchen die Zusammensetzung des Körpers, weil das intensive Wachstum der einzelnen Gewebearten zu unterschiedlichen Zeitpunkten abläuft. Bei einem Kaninchen mit 4 kg Schlachtgewicht ist das intensivste Wachstum des Knochengewebes bei 900 g Körpergewicht zu verzeichnen. Muskelgewebe steigt bis zum Körpergewicht von 2,3–2,6 kg an, während Fettgewebe erst ab einem Körpergewicht von 2,2 kg an schneller zunimmt. Daraus leitet sich als günstiges Schlachtgewicht der Bereich um 60 % der Wachstumskapazität ab.

Nach PARIGI-BINI u. a. (1992) steigt der Anteil des Schlachtkörpers kalt am Lebendgewicht vom 9- bis 13-Wochen-Alter von 55,4 % auf 58,9 % an, vorwiegend bedingt durch den rückläufigen Anteil des Verdauungstraktes, neben dem Fell der wichtigste Bestandteil des Schlachtabfalls (Tab. 9.3). Allerdings steigt der Anteil am Nieren- und Schulterfett des Schlachtkörpers von 2,5 auf 4,2 %, aber auch das Muskel-Knochen-Verhältnis von 6,4 auf 7,9 % an.

Wie Tabelle 9.4 zeigt, nimmt der Anteil des Fleisches bis zum 84. Lebenstag deutlich zu und bleibt danach relativ konstant. Die Anteile der Teilstücke verändern sich unterschiedlich. Der Hinterkeulenanteil ist durchgehend gleich, der Rückenanteil nimmt bis zum 84. Lebenstag stark zu, während der Restkörper und die verwertbaren Innereien im Anteil zurückgehen.

Die grobgewebliche Zusammensetzung des täglichen Zuwachses verändert sich in den verschiedenen Altersabschnitten sehr stark. Der Fleischanteil des Zuwachses steigt bis zum Altersabschnitt 9.–12. Woche von 36 % auf fast 50 %, um danach wieder auf 36 % abzufallen. Der Depotfettanteil erhöht sich kontinuierlich von 1,7 % auf 21,3 %, während der Knochenanteil von 7,3 % auf 3,0 % zurückgeht (Tab. 9.5).

Aus diesen Angaben läßt sich ableiten, daß bis zur 12. Woche gemästet werden sollte, um den maximalen Fleischzuwachs zu nutzen. Danach steigt auch der **Fettgehalt** schnell an, gekoppelt mit einem erhöhten Futteraufwand.

Tab. 9.3: Schlachtkörperzusammensetzung von Kaninchen unterschiedlichen Alters (PARIGI-BINI u. a. 1992)

	9 Wochen	13 Wochen
Schlachtgewicht (kg)	2,07	3,07
Schlachtkörper kalt (%)	55,4	58,9
Schlachtabfall (%)		
Blut	2,3	2,7
Verdauungstrakt	20,4	15,7
Fell und Pfoten	17,7	19,0
Sonstiges	0,8	1,2
Schlachtkörper (%)		
Nierenfett	1,9	3,3
Schulterfett	0,6	0,9
Muskel	84,2	85,1
Knochen	13,3	10,7
Muskel-Knochen-Verhältnis	6,38	7,95

Tab. 9.4: Einfluß des Alters auf den Fleischansatz bei Kaninchen (RUDOLPH u. a. 1986)

	Alter in Tagen				
	28	56	84	112	147
Lebendgewicht, g	574	1.572	2.755	3.610	4.075
Fleischertrag, g	194	592	1.139	1.469	1.678
% zum Lebendgewicht	33,8	37,7	41,4	40,7	41,2
% zum Schlachtkörper	61,7	68,4	69,5	67,9	64,8
Anteil am Fleischertrag in %					
Keulen	32,6	34,1	34,4	34,9	34,9
Rücken	21,9	26,3	29,3	30,2	30,9
Bauchlappen, Läufe, Vorderteil	25,5	22,1	22,5	22,8	23,3
Verwertbare Innereien	20,0	17,5	13,8	12,1	10,9

PARIGI-BINI u. a. (1992) stellen bei steigendem Schlachtalter von 9 auf 13 Wochen eine leichte Erhöhung des Fettgehalts, aber einen Rückgang der Cholesterinkonzentration fest. Letzteres wird darauf zurückgeführt, daß der Anteil an Zellmembranen in der Muskulatur abnimmt. Den geringsten Cholesteringehalt von 44,8 mg je 100 g hat der Rückenmuskel. Die Fettsäurezusammensetzung des Schulter- und Nierenfettes verändert sich ebenfalls mit steigendem Alter, wobei sich vor allem der Anteil an den einfach ungesättigten Fettsäuren erhöht. Das Verhältnis der ungesättigten zu den gesättigten Fettsäuren steigt von 1,32 in der 9. auf 1,45 in der 13. Lebenswoche an.

Einen deutlichen Einfluß hat das Schlachtalter auf sensorische Merkmale. Die Zartheit nimmt mit zunehmendem Alter ab und hängt vom Anteil und Typ des Bindegewebes, das die

Muskelfasern umgibt, ab. Andererseits wird das Aroma mit zunehmendem intramuskulärem Fettgehalt stärker ausgeprägt und bewirkt den arttypischen Geschmack. Gleichermaßen wird die Saftigkeit verbessert. Bei älteren Rammlern kann es vorkommen, daß das Aroma als zu streng beurteilt wird.

Tab. 9.5: Grobgewebliche Zusammensetzung des Zuwachses beim Kaninchen in verschiedenen Altersabschnitten (RUDOLPH u. a. 1986)

	Alter in Wochen				
	0–4	5–8	9–12	13–16	17–21
Fleisch	36,1	39,1	49,4	38,4	36,1
Depotfett	1,7	2,5	7,8	16,7	21,3
Knochen	7,3	5,2	3,8	3,6	3,0

9.3 Einflüsse produktionstechnischer Faktoren

9.3.1 Ernährung

Als Pflanzenfresser ist das Kaninchen in der Lage, Futterstoffe, die vom Menschen nicht verwertet werden können, in hochwertiges Protein umzuwandeln. Das Kaninchen dient häufig als Verwerter von Küchen- und Gartenabfällen sowie Abfallprodukten der Nahrungsmittelherstellung in Ergänzung zu Grünfutter im Sommer oder Rüben und Heu im Winter.

Die intensive Kaninchenfleischproduktion basiert auf einer bedarfsgerechten Ernährung mit pelletiertem Alleinfutter. Durch einen entsprechenden Anteil an Grünmehl ist ein hoher Rohfasergehalt in der Ration zu sichern. Andernfalls kommt es zu Darmerkrankungen (Enteritis) und erhöhten Verlusten.

Bei unterschiedlicher Fütterungsintensität hat sich gezeigt, daß gegenüber der üblichen Mast mit bedarfsgerechtem pelletierten Alleinfutter eine extensive Grünfuttermast nicht nur die Mastdauer verdoppelt, sondern auch die Schlachtausbeute senkt (Tab. 9.6). Dagegen ist der Fettgehalt deutlich verringert. Während die intensiv ernährten Kaninchen einen höheren Rückenanteil haben, ist bei den extensiv ernährten der Keulenanteil höher. Bei freier Strohaufnahme in Ergänzung zu einem rohfaserarmen Konzentrat (4 %) beobachten REYNE und SALKIDO-MILIAUS (1981) eine Erhöhung des 70-Tage-Gewichtes von 1,52 auf 1,72 kg, aber einen Rückgang der Schlachtausbeute von 61,4 auf 57,7 %. Bei einem 12 % Rohfaser enthaltenden Pelletfutter mit 20 % Strohmehl ist die Schlachtausbeute 61,3 %.

Eine Verringerung der Fütterungsintensität durch Restriktion der Futtermenge auf 80 bzw. 60 % der ad libitum-Menge bewirkt eine deutliche Senkung der Schlachtausbeute, senkt aber auch die durch Enteritis hervorgerufenen Verluste. Die Enteritis tritt vor allem nach dem Absetzen auf. Deshalb kann die Futterrestriktion auf wenige Wochen nach dem Absetzen beschränkt werden, ohne daß die Schlachtausbeute beeinträchtigt wird.

Tab. 9.6: Mast- und Schlachtleistung sowie Teilstückanteil von Kaninchen der Rasse Weiße Neuseeländer bei unterschiedlichen Mastmethoden (SCHLOLAUT u. a. 1978)

Mastmethode		Alleinfutter	Grünfutter
Alter bei Mastende	Tage	91	166
Mastendgewicht (vor der Nüchterung)	kg	3,0	3,0
Durchschnittliche Nettozunahme pro Tag	g	23	9
Nüchterungsverlust (nach 18stündiger Nüchterung)	%	6,7	4,6
Schlachtkörpergewicht, kalt	kg	1,61	1,44
Eßbare Innereien	kg	0,14	0,16
Schlachtausbeute (Schlachtkörper und eßbare Innereien, relativ zum Gewicht nach der Nüchterung)	%	61	56
Eßbarer Anteil am Schlachtkörper, ohne Kopf (Muskeln, Fett, Sehnen)	%	82	80
Knochen- und Knorpelanteil (ohne Kopf)	%	18	20
Nährstoffgehalt des eßbaren Anteils des Schlachtkörpers und der Innereien	%		
Wasser		63	73
Rohprotein		18	20
Fett		17	4
Teilstückanteile am Schlachtkörper	%		
Kopf		7	9
Vorderteil		23	24
Rücken und Bauch		34	30
Keulen		33	36
Nierenfett		4	1

9.3.2 Haltung

Gegenüber der konventionellen Haltung von Rassekaninchen in Holzbuchten wird die kommerzielle Kaninchenfleischproduktion in Käfiganlagen im Stall durchgeführt. Je nach Größe der Käfige werden Gruppen von 4 bis 8 Kaninchen gehalten. Für Mastkaninchen bis zu 3,0 kg ist eine Mindestbodenfläche von 0,08 m² bei einer Käfighöhe von 35 cm zu gewähren. Der Vorteil der Käfighaltung auf Drahtboden ist die verringerte Ansteckungsgefahr, da die Tiere nicht oder nur wenig mit Kot und Urin in Berührung kommen. Für die Nutzung von Altbauten bietet sich die Bodenhaltung auf Tiefstreu bei einer Besatzdichte von maximal 8 Tieren je m² an. Ein Vergleich dieser beiden Haltungsformen zeigt jedoch eine eindeutige Überlegenheit der Käfigmast im Lebendgewicht bei der Schlachtung im Alter von 12 Wochen (Tab. 9.7). Hinsichtlich der Schlachtkörperzusammensetzung fällt der um 2 Prozentpunkte höhere Anteil des Vorderteils bei den Käfigtieren auf. Der höhere Nierenfettgehalt der Käfigtiere ist erwartungsgemäß auf die geringere Bewegungsmöglichkeit zurückzuführen.

Der pH-Wert 24 h p. m. wird durch die Haltungsform nicht beeinflußt, es besteht jedoch ein deutlicher Unterschied zwischen Rücken- und Keulenfleisch mit 5,53 und 5,76.

Auf den Muskelfaseranteil und -durchmesser übt die Haltungsform keinen Einfluß aus. Der Anteil an roten, weißen und intermediären Muskelfasern im Rückenmuskel beträgt 10,2 %, 74,4 % und 15,4 %. Der Durchmesser der entsprechenden Muskelfasern liegt bei 56,1 µm, 77,1 µm und 62,7 µm.

Tab. 9.7: Einfluß der Haltungsform auf die Schlachtkörper- und Fleischqualität von Zika-Kaninchen

	Käfig	Boden
Lebendgewicht, g	3.319	2.846
Schlachtkörper kalt, g	1.802	1.541
Zusammensetzung des Schlachtkörpers in %		
Kopf	7,5	7,9
Vorderteil	35,6	33,6
Rücken mit Bauchlappen	22,6	23,0
Hinterkeulen	29,7	30,7
Nierenfett	1,31	0,75

Von den Klimafaktoren wirkt bei Kaninchen vor allem eine hohe Umgebungstemperatur negativ. So führen Umgebungstemperaturen über 25 °C zur Verlangsamung des Wachstums. Aufgrund des verringerten Fellanteils (ca. 1,4 %) steigt aber der Anteil des Schlachtkörpers am Lebendgewicht.

In kleinen Kaninchenhaltungen ist auch eine Weidemast von Kaninchen denkbar. In Versuchen in Neu-Ulrichstein sind bei Weidehaltung vom Absetzen bis zum Schlachten 2.000 kg Lebendgewicht/ha erzeugt worden. Bei 55 % Schlachtausbeute und 22 % Protein des Fleisches entspricht das 240 kg Protein/ha (SCHLOLAUT und LANGE 1983).

Behandlung vor dem Schlachten

Wie bei allen Schlachttieren ist auch bei Kaninchen eine sorgsame Behandlung vor dem Schlachten angeraten. Insbesondere sind lange Transportwege und Wartezeiten vor dem Schlachten zu vermeiden. Bei Erschöpfungszuständen wird eine verminderte Haltbarkeit des Fleisches festgestellt.

9.4 Schlachtung und Kühlung

Ein großer Teil der in Deutschland erzeugten Kaninchen wird für den Eigenverbrauch manuell geschlachtet. Größere Betriebe liefern die Kaninchen an spezielle Kaninchenschlachtbetriebe oder verfügen über eine eigene Schlachtanlage, die den hygienischen Ansprüchen genügen muß.

Nach einer Nüchterungszeit von 12 Stunden, allerdings bei Tränkmöglichkeit, wird der Schlachtprozeß mit dem Betäuben eingeleitet. Die **Betäubung** wird mit einem kräftigen Schlag mit einem Rundholz hinter den Ohren, mit einer elektrischen Betäubungszange oder mit einem Bolzenschußgerät vorgenommen. Der Bolzen wird dabei auf der Stirn zwischen dem Ohrenansatz angesetzt. Bei der Betäubung mit Elektroschock darf die Herzfunktion nicht außer Kraft gesetzt werden. Bei zu hoher Stromstärke tritt Herzstillstand ein, die Ausblutung ist unzureichend und es bilden sich Blutgerinsel und Blutflecken in der Muskulatur.

Die **Ausblutung** erfolgt nach dem Einstich in die Halsschlagader an der Stelle, wo Hals und Unterkiefer den Winkel bilden. Zuvor werden die Tiere mit den Hinterläufen an Haken aufgehangen. Kurze Zeit nach dem Abstechen streckt sich das Kaninchen und wird bewegungslos.

Ist das Tier genügend ausgeblutet, beginnt das **Abbalgen** des noch warmen Tieres. Zunächst wird das Fell der Keulen bis zum After aufgeschnitten, jeweils ein Rundschnitt an den Läufen in Sprunggelenkhöhe angebracht und das Fell der Hinterpartie kopfwärts abgestreift. Der Schwanz wird bis zu den letzten Wirbeln ausgelöst und das Fell danach über den Rumpf bis zu den Vorderläufen gezogen. Wo das Fell dem Schlachtkörper fest ansitzt, wird es vorsichtig mit dem Messer abgetrennt. Die Vorderläufe werden aus dem Fell gelöst und am Vorderfußwurzelgelenk abgeschnitten. Die Pfoten verbleiben am Fell. Bleibt der Kopf am Schlachtkörper, werden die Ohrmuscheln dicht am Kopf abgeschnitten. Nach dem völligen Abstreifen des Felles werden die Augen mit der Messerspitze herausgeschält.

Das **Ausnehmen** des Kaninchens gliedert sich in folgende Arbeitsgänge:
- Öffnen der Bauchwand vom Nabel zum After oder umgekehrt, ohne die Innereien zu verletzen,
- Auslösen der Geschlechtsorgane und des Afters,
- Herausnahme der Innereien (die Leber wird nach Entfernen der Gallenblase gesondert gelegt),
- Durchtrennen des Zwerchfelles und Herausnahme von Lunge, Herz sowie Speise- und Luftröhre,
- Entfernung von anhaftenden Haaren und verschmiertem Blut.

In größeren Kaninchenschlachtereien werden die Kaninchen nach dem Fließbandsystem an eine umlaufende Kette aufgehängt.

Nach dem Ausnehmen der Schlachtkörper ist die **Kühlung** in kalter Luft bis auf eine Kerntemperatur von +4 °C vorzunehmen. Eine Vorkühlung in Eiswasser ist wegen der hohen Fremdwasseraufnahme und der Gefahr der Keimübertragung problematisch.

Die für die **Frischvermarktung** vorgesehenen Schlachtkörper können bis zu 7 Tagen bei 0 °C gelagert werden. In Anlehnung an die Behandlung von Hasen und Wildkaninchen ist es unter Umständen günstiger, den Schlachtkörper nicht gleich nach der Schlachtung auszunehmen, sondern nur die Harnblase auszupressen. Nicht ausgenommene Schlachtkörper können bis zu 3 Wochen bei 0 bis +4 °C gelagert werden. Die **Gefrierlagerung** erfolgt bei

−18 °C, nachdem die Schlachtkörper zuvor 2 Stunden bei −48 °C in einem Schockfroster eingefroren worden sind.

Die **Vermarktung** der Kaninchen kann
- als ganzer Schlachtkörper mit Kopf,
- als ganzer Schlachtkörper ohne Kopf oder
- zerlegt in verschiedene Teilstücke

erfolgen.

Ansprechender für den Verbraucher ist das Angebot von Teilstücken. Das Zerlegen des Schlachtkörpers kann schon am Haken vorgenommen werden.

9.5 Gesetzliche Regelungen

Zum Kaninchenfleisch gehören alle zum Verzehr geeigneten Teile des Hauskaninchens. Die gesundheitlichen und tierseuchenrechtlichen Anforderungen bei der Herstellung und Vermarktung von Kaninchenfleisch sehen vor, daß die Tiere vor dem Schlachten einer Schlachttieruntersuchung unterzogen werden (in der Regel auf dem landwirtschaftlichen Betrieb vor der Versendung). In diesem Fall beschränkt sich die Schlachttieruntersuchung auf dem Schlachthof auf Feststellung von Transportschäden. Erfolgt im Erzeugerbetrieb keine Schlachttieruntersuchung, ist diese im Schlachtbetrieb von einem amtlichen Tierarzt vorzunehmen.

Bei der Untersuchung ist festzustellen:
a) ob die Tiere von einer auf Mensch oder Tier übertragbaren Krankheit befallen sind oder ob bestimmte Anzeichen oder das Allgemeinbefinden der Tiere den Ausbruch einer solchen Krankheit befürchten lassen;
b) ob die Tiere Anzeichen einer Krankheit oder einer Störung des Allgemeinbefindens erkennen lassen, durch die ihr Fleisch nicht zum Verzehr geeignet sein kann.

Geschlachtete Kaninchen sind sofort nach dem Schlachten zu untersuchen.

Ungeeignet für den Verzehr bzw. untauglich für den Genuß sind Kaninchen mit:
- auf Mensch und Tier übertragbaren Krankheiten
- bösartigen Tumoren
- Parasitenbefall
- Rückständen von verbotenen Stoffen
- umfangreichen Verletzungen
- Abweichungen in Farbe, Geruch, Geschmack, Konsistenz
- starker Abmagerung.

Die Schlachttier- und Fleischhygieneuntersuchung kann unterbleiben, wenn keine Merkmale festgestellt werden, die das Fleisch als bedenklich zum Genuß für Menschen erscheinen lassen und das Fleisch zum eigenen Gebrauch verwendet oder unmittelbar an einzelne natürliche Personen zum eigenen Verbrauch abgegeben wird.

Literatur
JENSEN, J. P.: Ergebnisse der Dänischen Nachkommenprüfung für Mastkaninchen. 2. Internat. Kolloquium, Univ. Rostock 1982
LÖHLE, K.; HAUBOLD, W.: Untersuchungen über Körpermaße, Körpermasse und Ausschlachtungsergebnisse bei Kaninchenbroilern. In: Das Kaninchen als Modelltier und Züchtungsobjekt. Hrsg.: W. RUDOLPH, Univ. Rostock 1980, 45–56
LÖHLE, K.; WENZEL, U.: ABC der Kleintierzucht. Deutscher Landwirtschaftsverlag, Berlin, 1986
MANGOLD, E.; FANGAUF, R.: Handbuch der Kaninchenfütterung. Neumann-Verlag Radebeul 1949, 128
PARIGI-BINI, R.; XICCATO, G.; CINETTO, M.; VALLE ZOLTE, A.: Effect of slaughter age and weight on carcass and meat quality of the commercial rabbit. Journal of appl. Rabbit Research 15 (1992), 819–826
REYNE, J.; SALKIDO-MILIAUS, V. H.: Le Lapin peut-il equilibrer seul son ingestion de cellulose. Cumiculture 8 (1981), 26–28, 117–120
RISTIC, M.; ZIMMERMANN, E.: Slaughter value of young rabbits from fattening hybrids and pure breeding animals. Journal of appl. Rabbit Research 15 (1992), 827–831
RUDOLPH, W.; SOTTO, V.; DUNKER, M.: Growth and carcass traits in New Zealand White rabbits. Archiv für Tierzucht 29 (1986), 9–11
SCHARNER, E.: Zur Qualitätsbeurteilung von Kaninchenfleisch. Fleisch 26 (1972) 5, S. 84–86
SCHLOLAUT, W.; LANGE, K.: Kaninchenzucht und -haltung. 3. Aufl. 1983, Muskator-Information
SCHLOLAUT, W.; LANGE, K.; SCHLÜTER, H.: Der Einfluß der Fütterungsintensität auf die Mastleistung und die Schlachtkörperqualität beim Jungmastkaninchen. Züchtungskunde 50 (1978), 401–411
RICHTLINIE DES RATES 91/495/EWG: Regelung der gesundheitlichen und tierseuchenrechtlichen Fragen bei der Herstellung und Vermarktung von Kaninchenfleisch und Fleisch von Zuchtwild.

10 Gewinnung und Qualität von Geflügelfleisch

H. Pingel, M. Wicke, G. v. Lengerken

10.1 Komponenten des Schlachttierwertes

Der Schlachttierwert bei Geflügel wird bestimmt durch die Schlachtausbeute, die grobgewebliche Zusammensetzung des Schlachtkörpers, den Anteil der fleischreichen Teilstücke Brust und Schenkel, das Aussehen und die Beschaffenheit des Schlachtkörpers sowie durch die Qualität des Fleisches und des Fettes.

Die **Schlachtausbeute** ergibt sich aus dem Anteil des ausgenommenen Schlachtkörpers ohne Kopf und Ständer, aber mit den Organen Herz, Leber und gereinigten Magen am Lebendgewicht vor dem Schlachten nach 12stündiger Nüchterung (Abb. 10.1).

Häufig wird auch der Hals vom Schlachtkörper getrennt (grillfertiger Rumpf). Herz, Leber und Magen bilden zusammen mit dem Hals, und ggf. den Flügelspitzen, das Geflügelklein. Die Teilstücke des Broilers im Ergebnis einer maschinellen Zerlegung sind in Abbildung 10.2 dargestellt.

Tabelle 10.1 enthält eine Zusammenstellung der Schlachtausbeute verschiedener Geflügelarten, getrennt nach Rumpf, Hals, genießbare Innereien und Abdominalfett. Beim Abdominalfett handelt es sich um die an den Bauchwänden befindlichen Fettschichten. Das Organfett ist hierbei nicht berücksichtigt.

Tab. 10.1: Schlachtausbeute der Mastgeflügelarten (% zum Lebendgewicht)[1]

	Schlacht-alter (Wochen)	Schlacht-ausbeute	Rumpf	Hals	genießbare Innereien	Abdomi-nalfett
Broiler	5–6	73–74	64–65	4–5	4	1,5
Suppenhuhn	80	66–67	55–56	4–5	4	3,0
Pute, leicht	14	79–80	71–72	4	3,5	0,5
Pute, schwer	24	83–84	75–76	4	3,0	1,0
Pekingente	7	73,7	60,4	6,4	5,7	1,2
Flugente	12	73,8	62,8	5,1	4,5	1,4
Mulardenente	9	74,0	61,6	6,1	5,5	0,8
Gans	16	73,2	60,4	4,4	6,2	2,2
Perlhuhn	14	75,5	65,5	4,0	5,0	1,0

[1] Jahrbuch Geflügelwirtschaft 1995

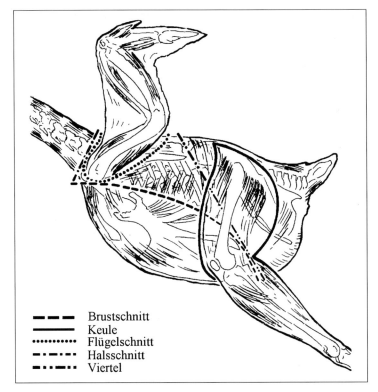

- - - - Brustschnitt
———— Keule
•••••••• Flügelschnitt
-·-·-·- Halsschnitt
-··-··- Viertel

Abb. 10.1: Schnittführung bei der Zerlegung von Geflügel (PINGEL u. a. 1988)

Die höchste Schlachtausbeute haben Puten mit über 80 %, während Broiler und Wassergeflügel im Bereich von 73 bis 74 % liegen. Die geringe Schlachtausbeute beim Suppenhuhn hängt mit dem hohen Gewicht des Eierstocks und Eileiters zusammen, die den Schlachtabfall vergrößern. Deutliche Differenzen zwischen den Geflügelarten bestehen auch im Anteil des Halses, der genießbaren Innereien und des Abdominalfettes.

Die Schlachtkörper sollten eine voll bemuskelte Brust- und Schenkelpartie aufweisen. Die **grobgewebliche Zusammensetzung** der Schlachtkörper der wichtigsten Geflügelarten (Tab. 10.2) zeigt, daß Puten und Perlhühner den höchsten Muskelanteil aufweisen. Besonders der Brustmuskelanteil ist bei diesen Geflügelarten stark ausgeprägt. Wassergeflügel ist gekennzeichnet durch den hohen Gewichtsanteil der Haut, bedingt durch die subkutane Fettablagerung.

Geflügelfleisch weist als Besonderheit auf, daß es überwiegend mit kompletter Haut vermarktet wird. Deshalb haben **Farbe und Beschaffenheit** der Haut eine große Bedeutung für den Wert des Schlachtkörpers. Die Haut sollte mit einer gleichmäßigen, aber dünnen Fettablagerung im Unterhautgewebe dem Schlachtkörper ein ansprechendes Aussehen verleihen. Sie darf keine Federrückstände und Verletzungen aufweisen. Bei der Vermarktung des Schlachtkörpers oder Teilen desselben wird zartes und saftiges Fleisch mit angenehmem

Geruch und arttypischem Geschmack verlangt. Bei der Zubereitung (Grillen, Kochen) darf kein zu hoher Substanzverlust auftreten.

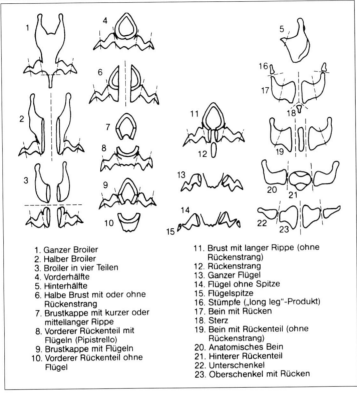

Abb. 10.2: Ergebnis der maschinellen Zerlegung beim Broiler (nach SCHOLTYSSEK 1987)

Tab. 10.2: Grobgewebliche Zusammensetzung der Geflügelschlachtkörper (ohne Hals und Flügelspitzen) in % (Univ. Halle, unveröff.)

	Alter (Wochen)	Muskel	Haut	Knochen	Brustmuskel (Filet)	Schenkel mit Haut u. Knochen
Broiler	6	62	13	25	20	36
Suppenhuhn	80	62	16	22	15	35
Pute, leicht	14	70	10	20	30,5	28
Pute, schwer	24	72	8	20	33	27
Pekingente	7	48	30	22	15	27
Flugente	12	60	22	18	20	25
Mulardenente	9	56	23	19	18	28
Gans	16	54	23	23	18	26
Perlhuhn	14	70	12	18	25	29

Die Muskulatur des Hausgeflügels zeichnet sich durch große Faserdichte, feste Fügung und feine Faserung aus. Die Muskeln werden nur durch wenig intramuskuläres Bindegewebe voneinander getrennt, ein Grund für die Zartheit des Geflügelfleisches. Der Anteil an Bindegewebseiweiß ist im Brustmuskel wesentlich niedriger als im Schenkelmuskel (Tab. 10.3).

Tab. 10.3: Anteil an Bindegewebseiweiß in der Brust- und Schenkelmuskulatur (KOCI und MISIKOVA 1976, verändert)

Art	Broiler		Mastpute		Mastgans	
	Brust	Schenkel	Brust	Schenkel	Brust	Schenkel
Bindegewebseiweiß in g/100 g Gesamteiweiß	1,46	3,38	1,32	3,64	2,29	3,39
Hydroxyprolin in g/100 g Gesamteiweiß	0,16	0,38	0,15	0,41	0,26	0,38

Zwischen den einzelnen Geflügelarten und auch zwischen Muskeln einer Geflügelart bestehen deutliche Unterschiede im Anteil an weißen und roten Fasern, wodurch die Differenzierung der Fleischfarbe bedingt wird. Die Tabelle 10.4 informiert über den Anteil roter und weißer Muskelfasern im *M. pectoralis* und *M. iliotibialis lateralis* von Broilern, Puten und Enten.

Das Brustfleisch von Broilern und Puten sowie das Schenkelfleisch der Broiler ist eindeutig dem Weißfleisch zuzuordnen. Demgegenüber gehört das Schenkelfleisch der Puten und generell das Fleisch von Wassergeflügel zur Kategorie rotes Fleisch.

Das spezifische **Aroma** und der entsprechende Geschmack hängen vom Fett des Fleisches ab. Die Zusammensetzung des Fettes, sein Aroma und sein Geschmack sind für jede Geflügelart charakteristisch.

Tab. 10.4: Anteil der Muskelfasertypen im *M. pectoralis* (großer Brustmuskel) und im *M. iliotibialis lateralis* des Oberschenkels in %

	Broiler[1]	Pute[1]	Pekingente[2]	Flugente[2]
M. pectoralis				
rote Muskelfasern	5–10	5–10	87	85
weiße Muskelfasern	90–95	90–95	13	15
M. iliotibialis lateralis	20–30	70	59	48
rote Muskelfasern				
weiße Muskelfasern	70–80	30	41	52

[1] SMITH u. a. (1993)
[2] KNUST (1995)

Der Fettgehalt des verzehrbaren Teils des Schlachtkörpers weist zwischen den Geflügelarten große Unterschiede auf, was in erster Linie auf den Fettdepots in der Unterhaut beruht, die bei Wassergeflügel wesentlich größer gegenüber den anderen Geflügelarten sind (Tab. 10.5).

Tab. 10.5: Nährstoffgehalt des verzehrbaren Teils des Schlachtkörpers verschiedener Geflügelarten (RICHTER u. a. 1989, 1992)

	Alter in Tagen	Trockenmasse %	Rohprotein%	Rohfett%	Rohasche%
Suppenhennen	500	35,0	18,9	14,4	1,0
Broiler	49	33,6	17,4	13,3	0,95
Puten	98	29,7	20,2	7,9	1,0
Pekingenten	51/56	47,5	13,9	32,4	0,8
Flugenten	70/80	35,6	17,4	17,0	1,0
Gänse	210	47,3	15,7	29,4	0,8
Perlhühner	98	28,9	20,1	7,3	1,1

Im Hinblick auf die Verarbeitung sollte das Fleisch bestimmte Eigenschaften aufweisen. Es muß emulgierfähig sein und auch ein gewisses Wasserbindevermögen aufweisen. Diese Eigenschaften sind nicht nur zwischen den Geflügelarten unterschiedlich, sondern auch zwischen den einzelnen Muskeln. So hat Schenkelfleisch eine höhere Emulgierfähigkeit und ein besseres Wasserbindevermögen als Brustfleisch.

10.2 Methoden zur Erfassung des Schlachttierwertes

Ausgangspunkt für die Bestimmung der Schlachtkörperzusammensetzung bildet das mengenmäßige Erfassen der Bestandteile beim Schlachten, Ausnehmen und Zerlegen des Geflügels. Dafür kann das in Abbildung 10.3 dargestellte Schema dienen. Im Rahmen der drei Bewertungssysteme sind demnach folgende Kriterien maßgebend:

- **Schlachtausbeute**: Rumpf, Hals, genießbare Innereien und Abdominalfett
- **Anteil der Teilstücke**: Brust, Schenkel, Rücken und Flügel
- **Grobgewebliche Zusammensetzung**: Muskel, Haut und Knochen.

Geflügelteilstücke werden aus gekühlten, ausgenommenen Schlachtkörpern hergestellt. Der Handel von Schlachtgeflügel in dieser Herrichtungsform hat sich während der letzten 20 Jahre in vielen Ländern stark verbreitet. Als gängigste Produkte können Hälften, Viertel, Brust und Schenkel angesehen werden. Bei Puten und schweren Broilern (Roastern) wird der Schenkel bisweilen auch in Ober- und Unterschenkel zerlegt. Hals und Flügelspitzen sind meistens neben Magen, Herz und teilweise Leber Bestandteile des Geflügelkleins.

Das Aussehen des Schlachtkörpers ist abhängig
- von der Form, die in starkem Maße von der Bemuskelung geprägt wird,
- von der Hautfarbe in Verbindung mit Federrückständen,
- von Schäden der Haut, wie Druckstellen, Hämatome und Brustblasen sowie
- von Deformationen und Brüchen der Knochen

und wird visuell eingeschätzt.

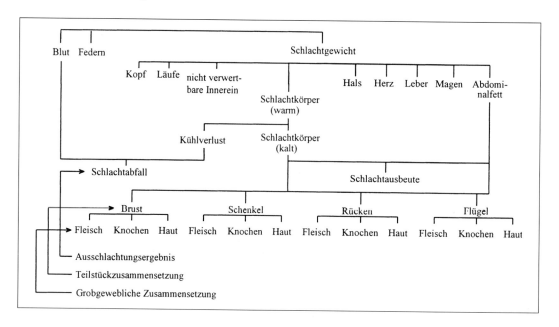

Abb. 10.3: Schema für die Schlachtung und Zerlegung von Geflügel (Lebendmasse nach 12stündiger Nüchterung)

Bei der Einschätzung der Qualität von Geflügelfleisch ist zu berücksichtigen, in welcher Form dieses dem Konsumenten zugeführt wird, ob als koch-, brat- oder grillfertiger Schlachtkörper oder als verarbeitetes Spezialprodukt. Bei der Verarbeitung kommen zu den von den Konsumenten erhobenen Qualitätsanforderungen in bezug auf Frische und Keimfreiheit, Koch-, Brat- oder Grillverlust, Zartheit, Saftigkeit, Farbe, Geruch und Nährstoffgehalt noch Anforderungen nach solchen Eigenschaften hinzu, die die Herstellung eines bestimmten Produkts mit hoher Qualität begünstigen. Die Erfassung dieser Kriterien entspricht den bei anderen Tierarten angewandten Methoden. Für Geflügel sind die in Tabelle 10.6 aufgeführten Merkmale am wichtigsten.

Die Fleischfülle ist eines der wichtigsten Merkmale des Schlachttierwertes und gewinnt bei zunehmender Zerlegung der Schlachtkörper an Bedeutung. In den Zuchtbetrieben wird der Fleischfülle an Brust und Keulen verstärkt Aufmerksamkeit geschenkt. In den Schlachtbetrieben wird bisher Geflügel nach dem Gewicht bewertet ohne Berücksichtigung des Verfettungsgrades und des Fleisch-Knochen-Verhältnisses. Der Grund liegt im Fehlen von Schnellbestimmungsmethoden, die während des Schlachtprozesses eine genaue Bestimmung dieser Merkmale erlauben.

Tab. 10.6: Qualitätsmerkmale und ihre Meßverfahren beim Geflügel (nach SCHOLTYSSEK 1988, verändert)

Merkmal	Hilfsmerkmal	Geräte bzw. Methode	Dimension
Fleischfülle	Schlachtkörpergewicht	Waage	kg
	Teilstücke	Zerlegung und Waage	kg bzw. %
Aussehen	Farbe, subjektive Beurteilung	Farbfächer, Fotometer	
Schlachtausbeute	Lebend- und Schlachtgewicht	Waage	kg bzw. %
Knochenanteil	Repräs. Knochen (z. B. Unterschenkel)	Waage	g bzw. %
Verfettungsgrad	Abdominalfett, Serumlipide	Waage oder Zangechemische Methode	g bzw. cm %
Zartheit	Scherkraftmaß, Sensorik	Warner-Bratzler Rangtest	kg/cm^2 Pkt.
Saftigkeit	Locker geb. Wasser, Sensorik	Preßprobe Rangtest	cm^2 Pkt.
Geschmack	Sensorik	Rangtest	Pkt.
Haltbarkeit	Keimzahl	Abschabe- oder Tauchmethode	n
Zubereitungsverlust	Koch-, Grill- oder Bratverlust	Waage	%
Nährwert	Eiweiß-, Fett-, Wasseranteil, Menge an Amino- und Fettsäuren	chemische Analyse	%

Die grobgewebliche Zerlegung der Schlachtkörper ist zwar genau aber zeitaufwendig und kann bestenfalls für Stichproben angewandt werden. Die in der Vergangenheit übliche subjektive Klassifizierung der Schlachtkörper ist sicherlich fragwürdig, da sich nach der Zerlegung der Schlachtkörper oft keine Unterschiede im Muskelanteil zwischen Klasse A und B ergeben. Letztere sind darüber hinaus häufig fettärmer und deshalb eigentlich wertvoller, wenn man von dem geringeren Gewicht absieht.

Diese unbefriedigende Situation zwingt zur Suche nach objektiven Schnellmethoden zur Bestimmung des Schlachttierwertes innerhalb des schnellen Ablaufes im Schlachtprozeß, der nur wenige Sekunden für eine solche Bestimmung zuläßt.

Eine Möglichkeit bietet sich mit der TOBEC-Methode, die auf der Messung der elektrischen Leitfähigkeit beruht. Der ganze Schlachtkörper wird in eine Kammer verbracht, wo die Energieabsorption in einem Hochfrequenz-Magnetfeld gemessen wird. Muskel-, Fett- und Knochengewebe weisen eine definierte Leitfähigkeit auf, so daß eine genaue Schätzung des Fett- und Proteingehaltes möglich ist.

Im Gegensatz zur Magnet-Resonanz-Tomographie, mit der genaue Volumenschätzungen für Brust- und Keulenmuskeln sowie für Abdominalfett mit sehr hohen Korrelationen zu den Gewichten dieser Teile vorgenommen werden können, erfordert das TOBEC-Verfahren einen wesentlich geringeren Aufwand an Zeit und Kosten (WIEDERHOLT 1996).

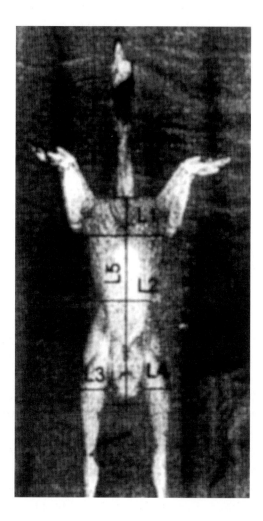

Abb. 10.4: Videobildauswertung an Putenschlachtkörpern mit dem System VTS (nach BRANSCHEID u. a. 1996)

BRANSCHEID u. a. (1996) schlagen für die Schätzung der Schlachtkörperzusammensetzung von Puten eine Kombination der Videobildauswertung mit der Bioelektrischen Impedanzanalyse (BIA) vor. Diese Methode ermöglicht eine Schätzung der Gewebeanteile Muskel und Knochen (%) sowie Haut und Fett (%). Die Schätzung der Teilstückgewichte gelingt mit der Videobildauswertung allein mit hoher Genauigkeit und kann in die Schlachtkette integriert werden. In der Frontalansicht (Abb. 10.4) werden die Brustbreite (L1), die Taillenbreite (L2), die Schenkeldicke (L3 und L4), die Schlachtkörper- und Brustlänge (L5) sowie die Brustfläche gemessen.

Die Kombination der BIA mit der Videobildauswertung ist geeignet, den Schlachtkörperwert, zumindest hinsichtlich des Fleisch-Knochen-Anteils, mit hinreichender Genauigkeit, als Voraussetzung für eine gerechte Bezahlung, zu schätzen (siehe Kap. 4).

10.3 Einflüsse tierspezifischer Faktoren

Geflügelfleisch ist in vielen Ländern der Welt zum Volksnahrungsmittel geworden und nimmt im Weltmaßstab über 25 % des Gesamtfleischverbrauches ein. Der Pro-Kopf-Verbrauch liegt im Weltmaßstab bei 8 kg/Jahr. In Deutschland werden jährlich über 13 kg Geflügelfleisch je Kopf der Bevölkerung gegessen. Davon entfallen über 7 kg auf Masthühner bzw. Broiler (aus dem engl.: to broil = auf dem Rost braten), 1 kg auf Suppenhuhn, 3,7 kg auf Pute, 0,8 kg auf Ente und 0,3 kg auf Gans. Der Verbrauch an Fleisch von Perlhühnern, Tauben, Wachteln und Fasanen ist noch sehr niedrig, obwohl diese Produkte das Warensortiment ähnlich wie Pute und Wassergeflügel mit Qualitätsprodukten bereichern können.

10.3.1 Einfluß der Herkunft

Die **Mastgeflügelzüchtung** erfolgt in wenigen international tätigen und spezialisierten Zuchtunternehmen. In den Zuchtunternehmen werden leistungsdifferenzierte Linien gezüchtet und über die Vermehrungsstufen Großeltern und Eltern miteinander gekreuzt (Abb. 10.5). Von den Brütereien werden den Mästern Hybriden aus 3- oder 4-Wegekreuzungen bereitgestellt.

Schon im vorigen Jahrhundert wurde die Kreuzung von Malaienhähnen, einer Kämpferrasse, mit Hennen anderer Rassen empfohlen, weil die Kreuzungsprodukte sich durch hohe Fleischigkeit auszeichnen. Diesem Prinzip folgt die heutige Züchtungspraxis, indem Hähne der fleischwüchsigen Rasse Weiße Cornish (entstanden aus der Rasse Cornwallkämpfer) mit Hennen der fruchtbaren Rasse Weiße Rocks verpaart werden.

Broiler erreichen heute im Alter von 5 bis 6 Wochen ein Lebendgewicht von 1.800 g und benötigen dafür 3 bis 4 kg Futter (Abb. 10.6, s. S. 163). Vor 60 Jahren benötigten die Broiler 14 Wochen, um das genannte Lebendgewicht zu erreichen und verbrauchten bis zu 8 kg Futter. Aufgrund des schnellen Wachstums werden die männlichen Broiler zum Teil zur

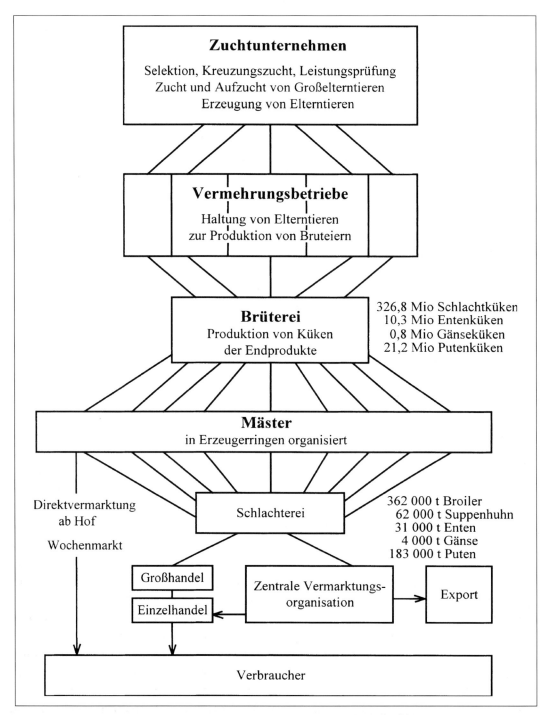

Abb. 10.5: Organisation der deutschen Geflügelfleischproduktion (nach BESSEI 1988, ergänzt)

Roasterproduktion herangezogen. Sie werden bis zu einem Alter von 10 Wochen gemästet und erreichen über 4 kg Lebendgewicht mit 12 kg Futter. Roaster haben eine höhere Schlachtausbeute als Broiler und zeichnen sich durch guten Geschmack aus. Sie sind ähnlich wie Puten sehr gut geeignet für die Herstellung delikat schmeckender Produkte, insbesondere wenn sie mit reichlich Getreide gefüttert werden.

Suppenhennen sind Legehühner, die nach Beenden des Eierlegens geschlachtet werden. Suppenhennen von leichten Legerassen haben ein Alter von 1,5 Jahren und mehr und wiegen etwa 1,8 kg. In Kleintierhaltungen nimmt man auch gern Hähnchen von mittelschweren Rassen, die bis zu einer Lebendmasse von 1.000 g zartes und saftiges Fleisch liefern.

In speziellen Qualitätsprogrammen, insbesondere in Frankreich, werden wegen der stark verkürzten Mastzeit bei Broilern auf gegenwärtig 30 bis 35 Tagen inzwischen langsamwüchsigere Rassen in Kreuzungsprogramme einbezogen. Damit soll gewährleistet werden, daß das Körpergewicht im Alter von 12 Wochen nicht über 2 kg liegt.

In der **Putenzucht** sind durch jahrzehntelange Auswahl nach dem Phänotyp schwere breitbrüstige Typen mit starker Brustmuskulatur entwickelt worden. Anstelle der früher verwendeten breitbrüstigen Bronzepute wird heute überwiegend der weiße Farbschlag genutzt, der nach der Körpergröße in große, mittelgroße und kleine weiße Breitbrustputen eingeteilt wird (Abb. 10.6, s. S. 163).

Bei den in Deutschland bevorzugten schweren Puten erreicht ein Puter im Alter von 24 Wochen 18 bis 20 kg bei einem Futteraufwand um 3 kg und eine Pute im Alter von 14 bis 16 Wochen 6 bis 8 kg bei einem Futteraufwand von 2,3 bis 2,5 kg. Die hohen Lebendmassen der Puter machen sie besonders geeignet für die Zerlegung und für die Herstellung von Spezialprodukten.

Bei **Wassergeflügel** dominieren Pekingenten, deren Stammform die Stockente (*anas platyrhynchos*) ist. Für den Markt werden aber immer mehr Flugenten (*cairina moschata*) sowie Kreuzungen zwischen Flugerpel und Pekingente erzeugt. Diese Kreuzung bringt sterile Hybriden hervor, bezeichnet als Mularden, bei denen der von den Flugenten bekannte Geschlechtsdimorphismus kaum noch auftritt.

Die Wassergeflügelarten Gänse und Enten haben vor allem Bedeutung als Festtagsbraten zu den Feiertagen am Jahresende. Sie liefern auch verschiedene delikate Spezialitäten, wie geräucherte Spickbrust, Leberpastete, Schmalz usw. Das Fett des Wassergeflügels hat einen spezifischen, von vielen Verbrauchern geschätzten Geschmack. Pekingenten erreichen mit 7 Wochen ein Lebendgewicht von über 3 kg bei einem Verbrauch von 8 kg Futter. Bei den Flugenten erreichen männliche Tiere mit 11 bis 12 Wochen 4,5 kg bei einem Futterverbrauch von 12 kg und weibliche 2,5 kg bei einem Futterverbrauch von 6 kg. Die einheimische Gänseproduktion ist stark zurückgegangen und hat nur noch lokale Bedeutung (Dithmarschen, Niederrhein, Oberlausitz). Von besonderer Bedeutung ist die Kreuzung der deutschen Legegans als Vatergrundlage mit der italienischen Gans als Muttergrundlage.

Die Gänsemast wird zwecks Verbesserung des Schlachttierwertes bis zum 16-Wochenalter ausgedehnt und mit Weidenutzung kombiniert. Die Lebendgewichte im 16-Wochenalter liegen zwischen 5 und 7 kg.

Von geringer Bedeutung in der Geflügelfleischproduktion Deutschlands sind Perlhühner, Wachteln und Tauben sowie Jagdgeflügel wie Fasan und Rebhuhn.

Das Fleisch von **Perlhühnern** zeichnet sich durch spezifischen Geschmack und Zartheit aus. **Japanische Wachteln** haben als Modelltiere für die Züchtungsforschung Verbreitung gefunden. Über die Züchtung von schweren Mastwachteln, die in 4 bis 6 Wochen bis 300 g schwer werden, kann Wachtelfleisch für Delikateßwaren erzeugt werden.

Schlachttauben sind als Delikatesse seit langem bekannt. Sie erreichen die Schlachtreife mit 4 Wochen bei einem Gewicht von 500 bis 600 g. Ein Zuchtpaar kann im Jahr etwa 15 Jungtiere erzeugen.

Innerhalb der Arten hat es intensive züchterische Bemühungen gegeben, in Verbindung mit schnellerem Wachstum und besserer Futterverwertung, den **Fleischanteil** zu erhöhen. Die negative Korrelation zwischen diesem Merkmalskomplex und der Reproduktionsleistung hat zu einer Spezialisierung von Vater- und Mutterlinien geführt. Während in letzteren die Bruteier- und Kükenzahl je Henne stärker beachtet wird, ist in den Vaterlinien die Mast- und Schlachtleistung einseitig verbessert worden, um bei der Erzeugung von Masthybriden diese Merkmale komplementär auf das Endprodukt zu übertragen. Die Rassen sind in den Hintergrund getreten und durch die kommerziellen Hybriden von Zuchtunternehmen verdrängt worden.

Aufgrund der relativ hohen Erblichkeitsgrade (h^2) für Merkmale der Schlachtkörperzusammensetzung zwischen 0,3 und 0,6 sind durch systematische Selektion fleischreiche Linien entwickelt worden, wobei das Hauptaugenmerk auf den Brustfleischanteil gelegt wird, der auch am lebenden Tier mit ausreichender Genauigkeit eingeschätzt werden kann. In der Praxis wurde lange Zeit nur auf der Grundlage der subjektiven Bonitur selektiert (Broiler, Breitbrustpute), da Messungen der Brustmuskeldicke mit Meßschieber oder Ultraschall zeitaufwendig sind.

Der Schenkelfleischanteil kann bei allen Geflügelarten weder durch subjektive Bonituren noch mit Hilfe von Körpermaßen am lebenden Tier eingeschätzt werden. Die Korrelationskoeffizienten zwischen solchen Körpermaßen wie die Unterschenkel- oder Lauflänge zum Schenkelanteil liegen in der Regel nur wenig über Null. Deshalb ist eine züchterische Einflußnahme nur über Nachkommen- oder Geschwisterprüfungen möglich. Diese wird trotz des hohen Aufwandes zunehmend in der praktischen Züchtung angewandt, weil die Zerlegung der Schlachtkörper in Teilstücke zunimmt und bei diesen ein hoher Muskelanteil gefragt ist.

Zwischen den kommerziellen Masthybriden innerhalb der Geflügelarten sind die Unterschiede in der Schlachtkörperzusammensetzung und im Anteil der Teilstücke Brust und Schenkel gering. Tabelle 10.7 zeigt die Schlachtkörperzusammensetzung von 4 kommerziellen Broilerherkünften.

Der Brustmuskel von Broilern und Puten besteht fast ausschließlich aus weißen Muskelfasern und besitzt daher eine gewisse Disposition für erniedrigte pH-Werte und erhöhte Leitfähigkeitswerte. Im Brustmuskel von Broilern mit den niedrigsten pH-Werten (5,6–5,8) ist auch die größere Zahl an „Riesenfasern" zu finden (KLOSOWSKA u. a. 1977).

Im Brustmuskel von schnellwüchsigen breitbrüstigen Puten sind vergleichbar zum Schwein ein geringes Wasserbinde- und schlechtes Gelbildungsvermögen zu finden. Während in einer langsamwüchsigen Putenlinie die pH-Werte im Brustmuskel 6,45 und 5,90 jeweils 30 und 180 Minuten post mortem betragen, fällt der pH-Wert in einer schnellwüchsigen Putenlinie wesentlich schneller ab und die Werte liegen bei 6,10 und 5,55. Ähnliche statistisch signifikante Differenzen zwischen diesen beiden Putenlinien bestehen im Abfall der Glukose-6-Phosphatase, des ATP- und Glykogengehaltes, des Laktats und der Myosin-ATP-ase (BARBUT u. a. 1995).

Im kleinen Brustmuskel von Puten und Broilern (*Musculus supracoracoideus*) aus schnellwüchsigen, fleischreichen Linien kommt es zunehmend zur **degenerativen Myopathie,** insbesondere wenn die Tiere durch unsachgemäßes Behandeln beim Fangen oder Anhängen an das Schlachtband stark mit den Flügeln schlagen. Die Grünfärbung des Muskels ist auf die unzureichende Blutversorgung zurückzuführen.

Tab. 10.7: Einfluß des Genotyps auf die Schlachtkörperzusammensetzung von 34 Tage alten Broilern (RISTIC u. a. 1995)

Merkmal	Genotyp			
	A	B	C	D
Lebendgewicht, g	1.757	1.686	1.720	1.688
Futteraufwand, kg	1,633	1,622	1,620	1,619
Anteil der Teilstücke am Schlachtkörper, %				
Brust	27,8	28,0	28,6	27,8
Schenkel	29,7	29,6	29,3	30,6
Rücken, Flügel und Hals	38,7	38,8	38,5	38,2
Abdominalfett	2,9	2,5	2,6	2,5
Gewebeanteil Brust, %				
Muskel	71,8	72,9	73,9	72,2
Fett	5,0	3,9	3,5	4,8
Haut, Knochen, Sehnen	21,4	21,4	21,1	21,1
Gewebeanteil Schenkel, %				
Muskel	57,0	57,1	57,5	57,8
Fett	5,6	5,2	5,4	5,6
Haut, Knochen, Sehnen	35,9	36,2	36,0	34,8

Enten und Gänse haben im Gegensatz zu Broilern und Puten nur 15 bis 20 % weiße Muskelfasern im Brustmuskel. Bei diesen Geflügelarten besteht keine Disposition für derartige Fleischqualitätsmängel.

Die intensive Selektion auf Wachstum und Fleischansatz hat zu einem erhöhten Auftreten von **Beinanomalien** geführt. Diese Beinanomalien bewirken ein häufiges Aufliegen der Tiere mit der Brust auf dem Boden, was zunächst zu Druckstellen auf der Haut im Bereich des Brustkiels und später zu Entzündungen führen kann. In den Zuchtbetrieben werden Tiere mit solchen Mängeln von der Zucht ausgeschlossen.

Das **Aussehen des Schlachtkörpers,** das von **Hautfarbe** und -schäden, Federrückständen und der Knochenstabilität bestimmt wird, unterliegt dem Einfluß genetischer Faktoren. Beim Huhn ist das Allel W (Faktor für weiße Haut) dominant über w (Faktor für gelbe Haut). Von den verbreiteten Hühnermastrassen haben Helle Sussex eine weiße Hautfarbe, während Weiße Cornish (als Vatergrundlage), Weiße Rocks und New Hampshire gelbhäutig sind.

Um zu verhindern, daß die Haut der Schlachtkörper dunkle Pigmentflecken aufweist, werden für die Fleischproduktion vorwiegend Rassen mit weißer **Gefiederfarbe** verwendet, wie Weiße Cornish als Vatergrundlage und Weiße Rocks. Die früher bedeutenden breitbrüstigen Bronzeputen sind durch die Große Weiße Breitbrustpute verdrängt worden. Beim Wassergeflügel dominieren weiße Rassen (Pekingente, Deutsche Legegans) schon wegen der Nachfrage nach weißen Daunen. Geflügelarten, bei denen weiße Schläge selten sind, wie Perlhuhn, finden nur geringen Absatz auf dem deutschen Markt. Bei Rassen mit farbigem Gefieder tritt während des Rupfens eine pigmentierte Flüssigkeit aus der Federpapille aus, verteilt sich in der Haut und macht diese unansehnlich. Dunkle Federstoppeln haben denselben Effekt.

Die **intensive Selektion** auf schnelles Wachstum hat vor allem bei Broilern dazu geführt, daß die Tiere schon in einem frühen Alter zum **Fettansatz** neigen. Bei dieser Selektion haben solche Tiere einen Selektionsvorteil, die aufgrund ihres Appetits mehr Energie aufnehmen als für das Wachstum erforderlich ist. Die überschüssige Energie wird in Fett angesetzt. Bei Puten ist trotz des durch Selektion stark beschleunigten Wachstums die Zunahme des Fettgehaltes noch kein Problem. Im Vergleich zu Broilern ist der Fettgehalt gering.

Hinsichtlich des **Fettgehaltes** des Schlachtkörpers kann die Selektion auf Fleischansatz Veränderungen bringen. Eine Erhöhung des Muskelanteils führt zu geringem Fettgehalt des Schlachtkörpers, wie an Pekingenten durch Selektion auf Brustauflagendicke (Eigenleistung) sowie auf Anteil an Brust- und Schenkelmuskulatur am Schlachtkörper von Vollgeschwistern nachgewiesen wurde. Der Brustmuskelanteil stieg innerhalb von 10 Jahren von 10,9 % auf 15,6 %. Gleichzeitig stieg der Keulenmuskelanteil einschließlich Knochen auf 16,1 %. Der Rohfettgehalt des Schlachtkörpers sank von 30,5 % auf 26,9 %. Unterschiede im Fettgehalt zwischen Rassen und Linien sind häufig nachgewiesen worden (KAIN 1989).

Eine effektive Methode zur Senkung des Fettgehaltes ist die **Selektion** auf niedrigen Futteraufwand. Der Vergleich von zwei divergierend auf Futteraufwand selektierten Entenlinien erbrachte nach 8 Generationen eine deutliche Differenzierung im Hautanteil und damit im Gehalt an subkutanem Fett. Bei Erpeln dieser beiden Linien betrug der Futteraufwand von der 4. bis zur 7. Lebenswoche 3,13 und 4,33 kg. Im Zusammenhang damit stehen die Differenzen im Brust- und Schenkelhautanteil von 3,5, im Rohfettgehalt des Schlachtkörpers von 8,4 und im Grillverlust des ganzen Schenkels von 9,3 Prozentpunkten (KLEMM und PINGEL 1992). Bei Broilern ist beobachtet worden, daß die alleinige Selektion auf niedrigeren Futteraufwand den Fettgehalt des Schlachtkörpers in dem Maße verringert, wie die alleinige Selektion auf hohen Futterkonsum diesen erhöht. Selektion auf verringerten Abdominalfettgehalt auf der Basis der Geschwisterleistung ist ebenfalls effektiv, wirkt sich aber weit weniger auf den Futteraufwand aus. Deshalb ist auch eine Selektion nach Hilfskriterien für den Fettgehalt wenig praktikabel. In den Zuchtunternehmen für Broiler, Puten und Enten wird die direkte Selektion auf niedrigen Futteraufwand seit Jahren angewandt.

Bei den Bemühungen um eine Senkung des Fettgehaltes in Schlachtkörpern muß beachtet werden, daß Fett maßgeblich den artspezifischen **Geschmack** bedingt. Geflügelfett hat auch einen hohen Anteil an essentiellen mehrfach ungesättigten Fettsäuren, die allerdings die Haltbarkeit herabsetzen können.

10.3.2 Einfluß von Geschlecht und Alter

Bei allen Geflügelarten nimmt die Schlachtausbeute bis zu einem bestimmten Alter zu. Der Einfluß des Geschlechts zeigt sich dahingehend, daß weibliche Tiere meist einen höheren Brustfleischanteil aufweisen als männliche. Der Einfluß des Alters auf den Muskelfleischanteil der Brust und des Schenkels ist bei Lauf- und Wassergeflügel unterschiedlich, wie an Broilern und Flugenten gezeigt wird (Tab. 10.8).

Tab. 10.8: Einfluß des Schlachtalters auf den Brust- und Schenkelmuskelanteil (in %) am Schlachtkörper bei Broilern[1] und Flugenten[2]

	Alter in Wochen	Brustmuskel	Schenkelmuskel
Broiler	5	16,7	17,6
	8	18,5	17,1
Flugenten	7	7,2	19,8
	11	20,1	16,3

[1] RISTIC und KORTHAS 1987;
[2] Univ. Halle, unveröff.

Bedeutende Veränderungen hinsichtlich **Schlachtkörperanteil** und **-zusammensetzung** mit zunehmendem Alter sind:
- Erhöhung des Schlachtkörperanteils,
- Erhöhung des Brustanteils,
- schwache Erhöhung des Oberkeulenanteils,
- Senkung des Unterkeulenanteils,
- Senkung des Flügelanteils und
- Erhöhung des Fettanteils.

Diese Veränderungen sind im Hinblick auf eine hohe Schlachtkörperqualität gegeneinander abzuwägen, wobei ein möglichst geringer Fettgehalt des Schlachtkörpers und eine günstige Futterverwertung zu beachten sind. Eine Erhöhung des Schlachtalters ist dann sinnvoll, wenn die Schlachtkörper zerlegt werden sollen. Es muß jedoch eine Verschlechterung des Futteraufwandes in Kauf genommen werden.

Das Schlachtalter hat auch auf den **Geschmack** einen großen Einfluß. Zartheit und Saftigkeit verschlechtern sich bei Broilern ab 9. Lebenswoche, die Intensität des Geschmacks, gemeint ist hier die Strenge des Geschmacks, nimmt eindeutig zu. Dies hat einen gewissen Zusammenhang mit der Annäherung an die Geschlechtsreife. Broiler mit hohen Hodenmassen sind im Geschmack Broilern mit geringen Hodenmassen überlegen. Beim Vergleich eines langsamwüchsigen Broilers mit einer 16-Wochenmasse von 1.481 g mit einem schnellwüchsigen Broiler mit einer 9-Wochenmasse von 1.475 g sind erstere im Geschmack eindeutig besser eingestuft worden. Werden letztere auch bis 16 Wochen auf eine Masse von 2.576 g gemästet, besteht kein Geschmacksunterschied mehr (TOURAILLE u. a. 1981).

Tab. 10.9: Einfluß von Geschlecht und Alter auf Fett- und Proteingehalt des Schlachtkörpers in % von Broilern, Puten und Enten

Geschlecht	Alter (in Wochen)	Trockensubstanz	Rohfett	Rohprotein
		Broiler[1]		
1,0	5	37,5	18,1	17,0
	7	39,4	19,7	17,0
0,1	5	36,5	16,7	17,4
	7	40,9	21,8	16,2
		Puten[1]		
1,0	18	33,8	10,0	19,2
	24	36,5	14,1	19,2
0,1	14	36,2	13,3	19,4
	18	39,5	17,3	18,5
		Mulardenenten[2]		
1,0	6	43,0	23,3	18,4
	9	42,9	22,2	19,3
0,1	6	44,1	26,8	16,0
	9	43,4	22,6	19,3

[1] LEESON und SUMMERS 1980 a, b
[2] eigene Ergebnisse

Der bessere Geschmack älterer Tiere hängt mit dem höheren Fettgehalt, insbesondere im Unterhautgewebe, zusammen. Dank dieses Depotfetts kann die beliebte knusprig gebratene Haut erzeugt werden. In Tabelle 10.9 wird für Broiler, Puten und Enten der Einfluß des Alters und Geschlechts auf den Fettgehalt des Schlachtkörpers aufgeführt. Bei allen Geflügelarten haben die weiblichen Tiere den höheren Fettgehalt. Mit zunehmendem Alter steigt der **Fettgehalt** an. Bei Enten ist der Effekt des Alters geringer, was auf das intensive Wachstum des Brustmuskels ab der 5. Lebenswoche beruht. Nach HOOD (1984) steigt bei Broilern zunächst die Anzahl der Fettzellen, d. h. die Hyperplasie überwiegt. Ab der 14. Lebenswoche bleibt die Zellzahl konstant und es überwiegt die Vergrößerung der Fettzellen (Hypertrophie). Das Abdominalfett nimmt bis zur 4. Lebenswoche vorwiegend durch Hyperplasie zu. Nach der 6. Lebenswoche nimmt die Zellzahl je g Fettgewebe ab, d. h. das hypertrophische Wachstum gewinnt an Bedeutung.

Der Zeitpunkt, zu dem alle Körperteile ihre volle **Befiederung** erlangt haben, ist für die Festlegung des Schlachtalters wichtig. Tiere, deren Rücken spärlich befiedert sind, haben zahlreiche Stoppelfedern, wodurch die Rupffähigkeit beeinträchtigt wird. Schwierigkeiten in der Befiederung treten bei Enten und Gänsen dahingehend auf, daß sobald sich ein geschlossenes, gut rupfbares Federkleid entwickelt hat, die Jugendmauser einsetzt, die neuen Federn schnell nachgeschoben werden und als Federstoppeln in der Haut nur mit großer Mühe beim Rupfen entfernt werden können.

10.4 Einflüsse produktionstechnischer Faktoren

Der Einfluß produktionstechnischer Faktoren auf den Schlachttierwert des Geflügels ist vielfältig. Sie lassen sich nach ihrer Wirkungsweise in Langzeit- und Kurzzeitfaktoren einteilen. Zu den Langzeitfaktoren (länger als 24 h vor der Schlachtung) zählen die Produktionsbedingungen im Mastbetrieb wie Ernährung, Haltung, Management und mögliches Krankheitsgeschehen. Deutlich größere Auswirkungen als die Langzeitfaktoren haben die Kurzzeitfaktoren innerhalb von 24 h vor der Schlachtung, weil diese den Muskelstoffwechsel unmittelbar vor der Schlachtung beeinflussen. Die einzelnen Faktoren wie Nüchterung, Einfangen und Transport der Tiere können kumulativ wirken.

10.4.1 Einfluß der Ernährung

Mit der Fütterung ist die Bedarfsdeckung an Nähr- und Wirkstoffen für Erhaltung und Wachstum zu sichern. Das geringe Fassungsvermögen des Verdauungstraktes sowie eine relativ geringe Verweildauer der Futtermittel erfordern beim Geflügel den Einsatz hochverdaulicher und wenig voluminöser Futterstoffe bzw. Futtermischungen.

Bei Mastgeflügel werden überwiegend Alleinfuttermittel ad libitum eingesetzt, die dem **Energie- und Nährstoffbedarf** im jeweiligen Alter angepaßt sind und eine maximale Wachstumsrate bei günstiger Futterverwertung gewährleisten sollen (Tab. 10.10). In den ersten Lebenswochen werden Starterrationen mit höherem Proteingehalt eingesetzt. Mit zunehmendem Alter wird der Proteingehalt der Ration gesenkt und das Energie-Eiweiß-Verhältnis erweitert.

Tab. 10.10: Protein- und Energiegehalt von Alleinfutter für Mastgeflügel (Jahrbuch Geflügelwirtschaft 1995)

	Rohprotein %	Methionin %	Lysin %	Umsetzbare Energie MJ
Alleinfutter I für Masthühnerküken	22	0,50	1,20	12,6
Alleinfutter II für Masthühnerküken	18	0,44	0,98	12,2
Alleinfutter I für Putenküken	28	0,55	1,70	11,0
bis 2. Woche	26	0,52	1,50	11,0
3.–5. Woche Alleinfutter für Mastputen				
A	23	0,45	1,40	11,4
B	21	0,42	1,25	11,4
C	18	0,36	0,90	11,8
D	14	0,28	0,80	11,6
Alleinfutter für Entenküken	17	0,35	–	10,6
Alleinfutter für Mastenten	15	0,30	–	11,4

Verschiedene Untersuchungen zeigen, daß es beim Broiler möglich ist, den **Fettgehalt** durch Veränderung des Energie-Protein-Verhältnisses beträchtlich zu variieren. Broiler, die ein Futter mit einem engen **Energie-Protein-Verhältnis** erhalten, z. B. 10,7 kJ umsetzbare Energie und 235 g Rohprotein je kg Futter, sind ausgesprochen fettarm. Demgegenüber ist der Fettanteil um nahezu das Fünffache gesteigert, wenn die Ration ein relativ weites Verhältnis von Energie zu Protein (14,2 kJ umsetzbare Energie und 175 g Rohprotein je kg Futter) aufweist (Tab. 10.11).

Bei Puten haben ein hoher Energie- und niedriger Proteingehalt in der Ration die Zartheit von Brustfleisch deutlich verbessert (GREY u. a. 1986).

Die Erhöhung des Proteingehaltes im Futter führt zu feuchter Einstreu, wodurch das Auftreten von Sprunggelenksentzündungen gefördert wird. Die Tiere liegen mit der Brust auf der Einstreu, und es kommt zu Druckstellen und Brustblasenbildung mit entsprechender Abwertung der Schlachtkörperqualität. Auch mangelhafte Qualität des Futterfettes wirkt in diese Richtung.

Der Einfluß der Ernährung auf den Fettgehalt im Schlachtkörper ist bei den verschiedenen Broilerherkünften relativ einheitlich. An der Gesamtvarianz im Abdominalfettgehalt ist das

Schlachtalter mit 7 %, der Rationstyp mit 14 %, die Herkunft mit 4 % und das Geschlecht mit 16 % beteiligt (EHINGER und SEEMANN 1982).

Tab. 10.11: Nährstoffgehalt des Fleisches männlicher Broiler in Abhängigkeit von Energie- und Rohproteingehalt des Futters (JEROCH und PETER 1987)

Gehalt je kg Futter		Gehalt des Fleisches		
Umsetzbare Energie (MJ)	Rohprotein (g)	TS (%)	Protein (%)	Fett (%)
10,7	175	30,1	19,5	9,1
	205	28,4	19,5	7,9
	235	25,4	20,1	3,9
12,4	175	34,0	18,4	14,7
	205	31,7	18,8	11,2
	235	29,1	18,6	8,3
14,2	175	37,6	18,7	18,3
	205	32,5	18,0	12,8
	235	29,5	18,2	9,8

Bei Puten wirkt sich die Variation des **Energie-Protein-Verhältnisses** der Ration nicht so stark auf den Fettgehalt des Schlachtkörpers aus als bei Broilern. Enten und Gänse verfügen über die Fähigkeit, eine Energiereduzierung im Mischfutter sogar bis zu 30 % durch entsprechende Steigerung des Futterverzehrs zu kompensieren, so daß der Fettgehalt im Schlachtkörper nur wenig zurückgeht.

Hauptbestandteil des Geflügelfutters ist Getreide. Weizen und Hafer ergeben den besten **Fleischgeschmack** vor Mais und Gerste; Milo fällt wegen des Tanningehaltes deutlich ab. Ergotropikazusätze müssen offensichtlich stärker auf geschmackliche Effekte geprüft werden. Sie sind mindestens drei Tage vor der Schlachtung abzusetzen, um Geschmacksbeeinträchtigungen zu vermeiden (JENSEN 1982). Der Geschmack des Brustfleisches wird durch die Fütterung weniger beeinflußt als der des Schenkelfleisches, was mit dem höheren Fettgehalt des letzteren zusammenhängt. Einen deutlichen Geschmackseinfluß haben die Futterfette. Sojaöl bewirkt einen besseren Geschmack als Talg. Fischmehl mit höherem Fettgehalt kann wegen des hohen Gehalts an mehrfach ungesättigten Fettsäuren, die oxydationsanfällig sind, einen fischigen Geschmack verursachen.

Enzyme verbessern die Verdauungsleistung und reduzieren die Viskosität der Exkremente, so daß die Einstreu trocken bleibt. Damit wird auch dem Auftreten von Sprunggelenkentzündungen und dem Liegen auf dem Boden mit den ungünstigen Folgeerscheinungen entgegengewirkt.

Wünscht der Konsument gelbhäutiges Geflügelfleisch, kann über die Zusammensetzung des Futters darauf Einfluß genommen werden. Ein hoher Anteil an gelbem Mais und Grünmehl in der Ration oder die Aufnahme großer Mengen Gras oder Möhren verstärken die gelbliche **Pigmentierung** der Haut.

Die von anderen landwirtschaftlichen Nutztieren bzw. tierischen Produkten (Milch, Eier) bekannte Tatsache, daß das **Fettsäuremuster** der entsprechenden Fette durch die Fütterung modifizierbar ist, trifft gleichfalls für Geflügel zu. Diese Einflußnahme ist besonders dann ausgeprägt, wenn die Futterration noch zusätzlich aufgefettet wird, um einen höheren Energiegehalt zu erreichen. Insbesondere der Gehalt an ungesättigten Fettsäuren im Geflügelfleisch steht in enger Beziehung zur jeweiligen Konzentration im Futterfett. Aber auch die Verwendung von Mais bzw. Hafer im Futter anstelle der fettärmeren Körnerfrüchte Weizen bzw. Gerste verursacht ein anderes Fettsäuremuster. Wenn die Fettsynthese vorrangig aus Kohlehydraten erfolgt, sind vor allem gesättigte Fettsäuren im Fett vorzufinden (festere Konsistenz). Bei höherem Anteil an ungesättigten Fettsäuren im Geflügelfleisch besteht die Gefahr eines beschleunigten Fettverderbs. Die Schlachtkörper werden schmierig. Deshalb wird empfohlen, eine Woche vor der Schlachtung den Zusatz an Vitamin E auf 100–200 mg je kg Futter zu erhöhen, um die antioxidative Wirkung für die Stabilisierung der Fettgewebe zu nutzen, d. h. Ranzigkeit und fischigen Geschmack zu vermeiden. BLUM u. a. (1992) stellen fest, daß eine 12tägige Lagerung bei +4 °C den Geschmack des Broilerfleisches verschlechtert. Wenn dem Futter 160 mg Vitamin E je kg zugesetzt worden ist, tritt die Geschmacksveränderung nicht auf.

Putenfleisch besitzt eine geringere oxidative Stabilität im Vergleich zu Broilerfleisch, was auf das Unvermögen der Puten, ausreichende Mengen an Vitamin E im Fett und in der Muskulatur zu deponieren, zurückzuführen ist. Deshalb ist bei Puten eine erhöhte Vitamin E-Zulage zum Futter in den letzten Wochen vor dem Schlachten angebracht (SKLAN u. a. 1982).

Ein beachtenswerter Aspekt hinsichtlich des Fleischgeschmacks ist die Wirkung der Darmflora (SHRIMPTON 1966). So rührt der typische Wildgeschmack teilweise vom Stoffwechsel der Blinddarmflora her. Es wird vermutet, daß aus dem mikrobiellen Stoffwechsel Metaboliten in die Skelettmuskulatur eindringen. Keimfrei aufgezogene oder mit Antibiotikazusätzen gefütterte Broiler sollen aufgrund der veränderten Zusammensetzung der Darmflora einen faden Fleischgeschmack gegenüber konventionell gehaltenen und gefütterten Broilern aufweisen.

10.4.2 Einfluß der Haltung

Die Haltung des Mastgeflügels muß ein intensives Wachstum und die Ausübung der essentiellen Verhaltensweisen ermöglichen. Sie muß eine ausreichende Versorgung mit Luft, Wasser und Futter gewährleisten und wegen der mangelnden Fähigkeit des jungen Kükens zur aktiven individuellen Thermoregulation eine dem Tieralter angepaßte Temperaturgestaltung erlauben. Für eine erfolgreiche Mast von qualitätsgerechtem Schlachtgeflügel ist eine tiergerechte

Umwelt zu gewährleisten. Da junge Tiere besonders hohe Anforderungen an die Umwelt stellen, ist der Umweltgestaltung während der Mast besondere Aufmerksamkeit zu schenken.

Dominierend in der Mast ist die intensive Bodenhaltung auf Tiefstreu, z. T. auch auf Rostböden oder auf Tiefstreu und Rostböden kombiniert. Die Käfighaltung hat sich in der Mast nicht durchgesetzt. Käfigaufstallung während der Mast verringert infolge der Immobilisation die Stabilität der Knochen des Schulterbereiches, und es kommt beim Fangen der Masttiere, beim Hineinsetzen und Herausnehmen aus den Transportkäfigen sowie beim Anhängen an das Schlachtband zu Knochenbrüchen, vornehmlich des Oberarms. Diese haben meistens unansehnliche Hämatome im Schulterbereich zur Folge.

Die bei Bodenhaltung verwendete Tiefstreu aus Stroh oder Hobelspänen dient der Wärmeisolierung gegen den Boden, schafft ein günstiges Mikroklima und bindet den Kot mit der darin enthaltenen Flüssigkeit. Mängel in der Tiefstreubeschaffenheit haben Auswirkungen auf die Schlachtkörperqualität infolge der erhöhten Ammoniakbildung und der Entstehung von Brustblasen bei feuchter, verklumpter Einstreu. Die Einstreuqualität kann durch Belüftung und Trocknung des Kotes verbessert werden. Dies hat eine deutliche Reduzierung der Ammoniakemissionen zur Folge. Ein weiterer Aspekt ist die Einhaltung der richtigen Besatzdichte von maximal 35 kg Körpergewicht je m^2 in der Endmastphase. Dabei spielt die Ausstattung des Stalles mit Tränk- und Fütterungseinrichtungen sowie die Lüftungskapazität eine Rolle (max. 6 m^3 Frischluft je kg Körpergewicht).

Küken können ihre Körpertemperatur in den ersten Lebenstagen nicht regulieren. Für ihr Wohlbefinden benötigen die Küken der verschiedenen Mastgeflügelarten in der ersten Lebenswoche folgende Temperaturen im Tierbereich:

- Broilerküken   32–33 °C,
- Putenküken   36–38 °C,
- Enten- und Gänseküken 30 °C und
- Flugentenküken   32–34 °C

In jeder folgenden Lebenswoche wird die Temperatur um 2–4 °C herabgesetzt, bis eine Raumtemperatur von 18–20 °C erreicht ist.

Mit der Gestaltung des Beleuchtungsprogrammes besteht die Möglichkeit, die Bewegungsaktivität der Masttiere zu erhöhen und damit dem Auftreten von Beinschäden entgegenzuwirken. Anstelle des üblichen Beleuchtungsprogrammes von 18–20 h Licht- und 4–6 h Dunkelphase wird ein intermittierendes Lichtprogramm angewendet, bei dem während eines 24-Stundentages ständige Licht- und Dunkelphasen wechseln, z. B. 8 Perioden mit 1 Stunde Licht und 2 Stunden Dunkelheit. Mit diesem Lichtprogramm wird das Auftreten von Beinschäden deutlich gesenkt.

Die Versorgung mit Futter und Wasser wird durch automatische Systeme sichergestellt, insbesondere durch Rohrfütterungssysteme und Nippeltränken. Diese sind in der Höhe verstellbar und werden der Tiergröße angepaßt. Zur Ausstallung und Reinigung werden sie hochgezogen, so daß Verletzungen der Tiere beim Fangen und Verladen vermieden werden. Nippeltränken können nicht mit Futter verschmutzt werden und gewährleisten Trinkwasserqualität. Es tritt weniger Spritzwasser gegenüber anderen Tränksystemen auf. Die Einstreu bleibt trockener und vermeidet Irritationen der Haut durch nasse Einstreu und Ammoniakentwicklung.

Die Anzahl der Tränk- und Fütterungseinrichtungen im Stall sind so zu berechnen, daß das Wachstumsvermögen voll ausgeschöpft wird. Ihre Anordnung und Verteilung ist auf Förderung der Bewegungsaktivität auszurichten, um Beinschwächen vorzubeugen.

Im Sinne einer ökologisch orientierten Produktionsweise rückt die Auslaufhaltung von Mastgeflügel wieder mehr in den Vordergrund, da sie in qualitätsmäßiger Hinsicht den ideellen Wert des Geflügelfleisches erhöht.

In Frankreich gibt es seit 1960 Bemühungen zur Erzeugung von Produkten mit hoher sensorischer Qualität. Für diese Produktion wurden strenge Vorschriften hinsichtlich der Hygiene, der Futterqualität und der Haltung erlassen, die gewährleisten sollen, daß die sensorischen Merkmale der Fleischprodukte den Wünschen der Konsumenten stärker gerecht werden.

Die spezifischen Anforderungen in diesem Programm sind:
- Schlachtalter mindestens 81 Tage,
- Fütterung mit mindestens 75 % Getreide, ohne Tiermehl und Tierfett,
- Belegungsdichte 11 Tiere je m^2 bei natürlichem Licht sowie
- Auslauf ab spätestens 6. Lebenswoche mindestens 2 m^2 je Tier.

Es werden alte französische Fleischrassen, wie La Bresse, La Fleche oder Faverolles mit verzwergten Broilermüttern gekreuzt, damit das typische Broilergewicht von 1,8 kg erst in einem Alter von über 81 Tagen erreicht wird. Dieses Schlachtalter ist entscheidend für den besseren Geschmack derartiger Broiler. Ansonsten ist das Fleisch im Vergleich zu den üblichen Broilern fester und zäher (CUBIOLI u. a. 1994). Nach diesem Programm werden auch Puten, Enten, Gänse und Perlhühner produziert.

Zur Wirkung der Auslaufhaltung bei Broilern sind verschiedene Untersuchungen durchgeführt worden, ohne einen Einfluß auf die Fleischqualität gefunden zu haben. Bei Enten mit Weidehaltung hat KNUST (1995) einen höheren pH-Wert im Brust- und Schenkelfleisch festgestellt, da die weniger intensive Ernährung auf der Weide die Glykogenspeicherung im Muskelfleisch verringert. Die höhere Scherkraft bei Weidehaltung ist bei insgesamt verringertem Muskelanteil möglicherweise auf den höheren Bindegewebsgehalt zurückzuführen. Haltungsformen für Mastgeflügel mit Auslauf bzw. Weide führen in erster Linie zu einer ideellen Aufwertung des Produkts. Eine Beeinflussung des Geschmacks ist weniger eine Frage der Haltung als des Schlachtalters.

Die Haltungsformen können nach der Verordnung (EWG) Nr. 1538/91 etikettiert werden, wenn bestimmte Anforderungen erfüllt werden (siehe Kap. 4).

Der ausgeprägte Geschlechtsdimorphismus bei Broilern, Puten und Flugenten läßt eine geschlechtsgetrennte Mast vorteilhaft erscheinen. Die getrennte Haltung von männlichen und weiblichen Küken führt zu ausgeglicheneren Partien, den Futteransprüchen der Geschlechter kann besser entsprochen werden und die männlichen Tiere können auf höhere Lebendmassen gemästet werden.

Da die Geflügelproduktion in der Zukunft vor allem in tropischen und subtropischen Ländern ansteigen wird, ist die Wirkung der **Umwelttemperatur** auf den Schlachttierwert von Bedeutung. Erhöhte Umgebungstemperaturen haben geringere Zunahmen, jedoch eine höhere Schlachtausbeute zur Folge. Letzteres hängt mit dem höheren Fettgehalt zusammen. Teilweise ist auch nachgewiesen worden, daß hohe Umgebungstemperaturen zu höheren pH-Werten führen. Dies könnte mit der verringerten Futteraufnahme und einem abgesenkten Glykogengehalt der Muskeln erklärt werden. Je Grad Temperaturerhöhung zwischen 10 und 30 °C soll der Fettgehalt des Schlachtkörpers um 0,19 % ansteigen.

10.4.3 Transport der Schlachttiere

Vor der Schlachtung soll Geflügel 8–12 Stunden genüchtert sein. Diese **Nüchterungszeit** schließt Transport und Wartezeit ein. Bis zum Verladen ist jedoch eine Wasseraufnahme zu gewähren. Eine Nüchterung von 10–12 Stunden vor dem Schlachten geht mit einem Verlust an Körpergewicht von 2,5–5 %, bedingt durch den Rückgang an Magen- und Darminhalt einher. VEERKAMP (1995) gibt einen Gewichtsverlust von 0,25 bis 0,35 % je Stunde Nüchterungszeit an. Eine über 12 Stunden hinausgehende Nüchterungszeit, besonders wenn den Tieren neben Futter auch Wasser enthalten wird, führt zur Dehydrierung der Gewebe und reduziert die Schlachtausbeute. Die Nüchterungszeit ist erforderlich, um einer starken Verschmutzung der Tiere während des Transportes und der Schlachtanlagen beim Ausnehmen vorzubeugen. Es kommt außerdem zu einer veränderten bakteriologischen Situation. So wird bei einem Futterentzug bis zu 10 h ein Rückgang der Schlachtkörperkontamination durch den Darminhalt beobachtet. Eine über 16 Stunden hinausgehende Nüchterung verringert die Zartheit, erhöht sowohl im Brust- als auch im Schenkelmuskel die pH-Werte und bewirkt zudem noch eine dunklere Färbung, so daß von DFD-ähnlichem Fleisch gesprochen werden kann.

Wird Geflügel am Ende der Mast ausgestallt und auf **Transportfahrzeuge** verladen, führt dies bei der üblichen Bodenhaltung zwangsläufig zum Treiben der Tiere. Starkes Treiben ruft eine eindeutige Abweichung der Fleischqualität des Schenkelmuskels mit um 0,3–0,5 Einheiten erhöhten pH-Werten hervor, was auf einen vorzeitigen Glykogenabbau und eine nachfolgend verzögert ablaufende Glykolyse schließen läßt. Das am Ausstallen der Tiere beteiligte Personal muß fachmännisch und ohne Hektik vorgehen, um Schädigungen und unnötige Belastungen zu vermeiden. Beim Einfangen der Tiere ist zu verhindern, daß sie sich blindlings in Ecken zusammendrängen und erdrücken. Die Ställe werden zum Einfangen verdunkelt, oder es wird

Blaulicht eingesetzt. Zunehmend kommen Geräte zum Einsatz, die ein automatisches Einfangen der Tiere ermöglichen. Die Tiere werden in spezielle Plast-Transportkäfige verladen, die leicht zu reinigen und zu desinfizieren sind und eine ausreichende Luftzirkulation ermöglichen. Um Quetschungen und Druckstellen zu vermeiden, haben sich Gummimatten auf den Böden der Transportkäfige bewährt. Die Anzahl der Tiere je Transportkäfig richtet sich nach dem Körpergewicht. Als Richtnorm gilt 170 cm^2 je kg Körpergewicht. Ein zu geringer Besatz der Transportkäfige kann ebenfalls zu Schäden an den Schlachttieren führen. Als Mindesthöhe der Käfige ist die Schulterhöhe der Tiere anzusehen, um ein Übereinanderklettern zu verhindern. Für Broiler, Suppenhennen und Enten beträgt sie 23 cm, für Puten und Gänse 35 cm.

Der **Transport** soll für die Tiere psychisch und physisch wenig belastend gestaltet werden. Oft ist der Transport des Geflügels über längere Strecken nicht vermeidbar. Untersuchungen zum Einfluß der Transportentfernung zeigen, daß kurze Entfernungen (< 20 km) sowie lange Transportwege (> 90 km) zu einem normalen Glykogenabbau in der Muskulatur während des Schlachtprozesses führen, ein mittlerer Weg (45 km) diesen jedoch verlangsamt (pH 24 h p. m. > 6,2). Der Transport über diese mittlere Entfernung ist wahrscheinlich für die Tiere eine besondere Belastung, da eine Anpassung an die Umwelt noch nicht erfolgen kann (RISTIC 1987).

Der Transport darf nicht länger als 8 Stunden dauern. Bei Wartezeiten im Schlachtbetrieb vor dem Entladen ist für ausreichende Belüftung zu sorgen, damit es nicht zum Wärmestau im Fahrzeug kommt.

Beim Transport der Tiere zum Schlachthof können im Sommer im Fahrzeug hohe Temperaturen auftreten, die später zu Fleischschqualitätsabweichungen führen. Wärmebelastete Puten (1 h, 42 °C) zeigen einen auffällig starken Todeskampf. Das Fleisch weist nach Hitzestreß und starkem Todeskampf eine höhere Zähigkeit, schlechtere Wasserbindungskapazität, einen niedrigeren pH-Wert und eine dunklere Farbe auf. Dies erklärt auch die Abhängigkeit der Zartheit von der Jahreszeit, denn in der kühleren Jahreszeit wird zarteres und im Sommer meist zäheres Brustfleisch erzeugt (FRONING u. a. 1978). Sowohl das Ausmaß als auch die Geschwindigkeit der Glykogenolyse sind sehr wichtig für die Zartheit des Muskels. Fleisch mit niedrigem End-pH-Wert ist zäher. Auch Saftigkeit, Aroma und Gesamteindruck werden bei wärmebelasteten Tieren schlechter eingeschätzt.

Steigt die Temperatur und die Luftfeuchtigkeit in den Transportbehältern bei gleichzeitiger Verlängerung der Transportzeit stark an, kommt es außerdem zu erheblichen Minderungen des Körpergewichts und der Schlachtausbeute. Es ist deshalb zweckmäßig, die Transporte in die kühleren Morgenstunden zu legen.

Beim **Entladen** ist größte Sorgfalt nötig, damit die Schlachtkörperqualität nicht durch Druckstellen, Abschürfungen, Knochenbrüche sowie Erregung der Tiere herabgesetzt wird. Die Schlachttiere werden den Käfigen entnommen und manuell an den Ständern in die am Schlachtband befindlichen Bügel eingehängt.

Alle Maßnahmen im Zusammenhang mit dem Transport zum Schlachtbetrieb können sich kumulativ auf die Entstehung von Defekten am Schlachtkörper, beim postmortalen Muskelstoffwechsel und bei der Rigorentwicklung wirken. Schlachtkörperdefekte, wie Hautbeschädigungen (Quetschungen, Risse), gebrochene Knochen und Gelenke, Hautläsionen sowie Muskelhämorrhagien sind in hohem Maße auf unsachgemäße Handlungen am Tier wie Fangen, Transport, Entladen und Anhängen zurückzuführen. Hautbeschädigungen entstehen vor allem in den letzten 24 Stunden vor dem Schlachten.

Belastungen vor dem Schlachten haben auch Einfluß auf die bakterielle Kontamination der Tiere. Bei belastetem Geflügel wird die Darmschranke herabgesetzt, so daß Mikroorganismen die Darmwand leichter passieren können. Bei Flugenten ist festgestellt worden, daß belastete Tiere häufiger Träger von Bakterien in Organen und Muskeln sind als unbelastete Tiere (FEHLHABER 1992).

Tab. 10.12: Prämortale Einflußfaktoren auf die Schlachtkörper- und Fleischqualität von Broilern (nach SCHOLTYSSEK 1988)

Merkmal	Herkunft	Geschlecht	Alter	Fütterung	Haltung	Transport
Fleischfülle	xx	x	x	xx	x	0
Aussehen	x	0	0	x	xx	x
Schlachtausbeute	x	x	xx	x	x	x
Knochenanteile	x	x	xx	0	0	0
Verfettungsgrad	x	xx	xxx	xxx	x	0
Zartheit, Saftigkeit	0	0	x	x	x	xx
Geschmack	0	x	xx	x	x	x
Haltbarkeit	0	0	x	x	0	xx
Bratverlust	0	0	x	0	0	x
Nährwert	x	x	xx	xx	0	0

0 = kein Effekt; xxx = starker Effekt

Zusammengefaßt wird in Tabelle 10.12 die Wirkung der produktionstechnischen Faktoren auf den Schlachttierwert des Geflügels dargestellt. Mit der Zahl der Kreuze werden die Einflußfaktoren gewichtet, wobei zu bedenken ist, daß vielfältige Wechselwirkungen zwischen den Einflußfaktoren bestehen und die gewünschte Qualität dem Zusammenwirken vieler Faktoren entspringt.

10.5 Schlachtung, Kühlung und Zerlegung

Die Schlachtung des Geflügels dient der Gewinnung von Geflügelfleisch als Lebensmittel, wobei dessen lebensmittelhygienische Unbedenklichkeit zu gewährleisten ist. Die Geflügelschlachtung hat sich zu einem hochmechanisierten und teilweise automatisierten Prozeß entwickelt. Die Arbeitsgänge des Schlachtprozesses sind in Abbildung 10.7 aufgeführt.

326 *Gewinnung und Qualität von Geflügelfleisch*

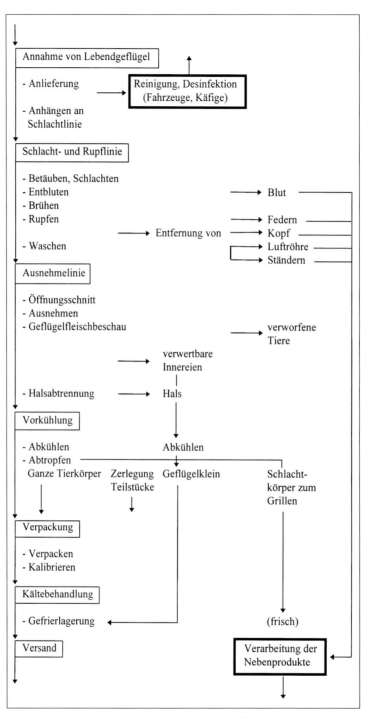

Abb. 10.7: Arbeitsgänge beim Schlachtprozeß (PINGEL u. a. 1988)

10.5.1 Betäuben

Nach dem Anhängen der Tiere an die Schlachtkette erfolgt das Betäuben, das sofort zur Bewußtlosigkeit bis zum Tod durch Entbluten führen muß. In den meisten Schlachtbetrieben erfolgt das Betäuben auf eklektrischem Wege in einem Wasserbad. Der Kopf der Tiere taucht etwa 4 Sekunden in ein stromführendes Wasserbad ein. Dabei werden folgende Stromstärken empfohlen:

- Broiler   120 mA
- Enten und Gänse   130 mA
- Puten   150 mA

Die ordnungsgemäße Betäubung ist wichtig für eine ausreichende Ausblutung. Der Ausblutungsgrad sollte mindestens 3,5 % des Körpergewichts ausmachen. Die höchsten Ausblutungsgrade von über 4 % des Körpergewichtes erreichte DZIALEK (1983) mit einer Betäubungsbadspannung von 75 Volt bei Broilern sowie von 100 V bei Enten und Gänsen. Mit diesen Betäubungsbadspannungen ist auch eine ausreichend anhaltende Betäubung gesichert.

Die gewünschten Reaktionen, wie verzögerte Reflexe, geringes Flügelschlagen, ein zum Rücken gebogener Kopf, Federabspreizen im Halsbereich und geöffnete Augen halten noch bis zu 3 bis 4 Minuten an. Herzstillstand tritt bei diesen Spannungen nicht ein. Bei überhöhter Betäubungsspannung kommt es infolge von Herzstillstand zu mehr Schlachtschäden und Restfedernanteile, die den Schlachtkörper auch für den Verbraucher sichtbar unansehnlich machen.

Bei unzureichender Betäubung kann es zu heftigem Flügelschlagen mit Brechen des Oberarmknochens und Hämatomen im Schulterbereich kommen. Die Ausblutung wird verlangsamt und bleibt unvollständig. Dies hat zur Folge, daß die Tiere bis zum Brühen nicht vollständig getötet sind und im Brühbad durch Reflexbewegungen keimreiches Brühwasser in Lunge und Luftsäcke ansaugen. Diese Kontamination läßt sich danach schwer rückgängig machen. Auch die Hautmuskeln verbleiben in der Kontraktionsphase und erschweren das Rupfen, so daß der Schlachtkörper nicht federfrei wird (UJTENBOOGART 1991).

In enger Verbindung mit unsachgemäßer elektrischer Betäubung ist auch das Auftreten von Blutpunkten im Brustmuskel und roten Flügelspitzen zu sehen. Mit erhöhter Stromspannung bis zu 200 Volt oder erhöhter Stromfrequenz kommt es häufiger zu solchen Veränderungen. Bei der konventionellen elektrischen Wasserbadbetäubung geht der elektrische Strom durch den ganzen Körper, wodurch die tonische Muskelkontraktion unmittelbar stimuliert wird, so daß Rupturen der Blutgefäße und Schädigungen der Muskelfasern auftreten. Beim Rupfen wird das aus den Blutgefäßen ausgetretene Blut in die Flügelspitzen gepreßt. Mit der Zerlegung der Schlachtkörper werden die Hämorrhagien in der Muskulatur für den Verbraucher sichtbar. Derartige Defekte stören die Akzeptanz des Produktes und führen zu geringerem Absatz und damit zu ökonomischen Verlusten.

Mit der Entwicklung und Anwendung eines praxisreifen Verfahrens der Gasbetäubung könnte diesen negativen Auswirkungen auf die Schlachtkörperqualität entgegengewirkt werden. Es ist nachgewiesen worden, daß mit Gas betäubte Tiere zarteres Brustfleisch haben als elektrisch betäubte (MOHAN RAJ u. a. 1990). Bei der Gasbetäubung kommen die Schlachttiere auf ein Laufband, mit dem sie die Gasbetäubungsanlage durchlaufen. Generell besteht ein Widerspruch zwischen der Notwendigkeit der Betäubung aus Gründen des Tierschutzes und den Forderungen nach hoher Fleischqualität, da *alle* bisher in der Praxis angewendeten Methoden der Betäubung mehr oder weniger neagtive Auswirkungen auf die Fleischqualität haben.

10.5.2 Entbluten

Schlachttiere sind nach der Betäubung durch geeignete automatische Schlachtwerkzeuge zur vollen Ausblutung zu bringen. Hierdurch werden der pH-Wert und weitere Merkmale der Fleischbeschaffenheit günstig beeinflußt.

In modernen Schlachtanlagen erfolgt das Abstechen der Tiere maschinell. Der Kopf des Tieres wird durch Führungsmaschinen erfaßt und der Halsschnitt durch ein waagerecht rotierendes Messer vorgenommen, wobei die Halsschlagader durchtrennt wird. Der Blutentzug setzt etwa 5–10 s nach dem Betäuben ein und umfaßt 25–50 ml je kg Körpergewicht. In der Regel dauert die Ausblutung 1,5 bis 2 Minuten. Da ein Teil der Tiere schon bei der Betäubung getötet wird, sollte die Entblutungszeit mindestens 3 Minuten betragen, damit eine Verunreinigung des Brühwassers mit Blut vermieden wird.

10.5.3 Brühen

Im Anschluß an die Ausblutung werden die Schlachtkörper gebrüht, um eine Lockerung der Federn in den Federfollikelschäften zu erreichen. Es wird zwischen

- Niedrigbrühen bei 50–54 °C mit einer Dauer von 2–5 min und
- Hochbrühen bei 55–60 °C mit einer Dauer von 1–3 min

unterschieden.

Als Frischware vorgesehene Tiere müssen bei 50–54 °C gebrüht werden. Bei höheren Brühtemperaturen werden beim anschließenden Rupfen Epidermisteile entfernt, was sowohl das Aussehen als auch die Haltbarkeit des Schlachtkörpers beeinträchtigt. Die Epidermis verleiht dem Schlachtkörper während der Lagerung bei −2 °C bis +4 °C guten Schutz gegen Austrocknung und verhindert das Fleckigwerden. Das für die Gefrierlagerung vorgesehene Geflügel kann bei 55–60 °C gebrüht werden, wodurch die Haut eine hellere Farbe bekommt.

Das Brühen erfolgt als Tauchbrühverfahren in einem Heißwasserbad, durch das die an einem Transportband hängenden Schlachtköper gezogen werden. Das im Brühbad befindliche Wasser wird trotz ständiger Wassererneuerung sehr schnell verschmutzt und stellt eine wesentliche

Quelle für Kontaminationen dar. Andere Brühverfahren wie Sprüh- und Dampfverfahren sind hygienisch günstiger, haben sich aber wegen hoher Energie- und Wasserkosten nicht durchgesetzt. Brühtemperatur und -dauer haben einen starken Einfluß auf Hautschäden und Restfederanteil und damit auf das Aussehen des Schlachtkörpers. Je höher und länger die Brühtemperatur und -dauer, desto geringer ist der Restfederanteil aber desto häufiger sind Hautschäden zu beobachten. Lange Brühdauer und hohe Brühtemperaturen bewirken meist ein zäheres Brustfleisch und erhöhen den Grill- und Kochverlust beim Zubereiten.

10.5.4 Rupfen

Das Rupfen dient der vollständigen Entfederung der Schlachtkörper und wird in Schlachtbetrieben maschinell vorgenommen. Verwendet werden geriffelte, nicht abgenutzte Gummifinger, um die Federn zu lösen. Die Rupffinger sind auf Trommeln befestigt, welche sich beiderseits des Transportbandes befinden und sich gegenläufig bewegen. Bei noch vorhandenen Federn, Stümpfen (Federenden) und Haarfedern an Bürzel und Schwingen ist manuelles Nachrupfen erforderlich. Der Rupfprozeß dauert etwa 30 Sekunden.

Bei Wassergeflügel erfolgt nach dem Vorrupfen das Eintauchen in ein Wachsbad (max. 60 °C) und anschließendes Kühlen in einem Wasserbad. Das erstarrte Wachs wird mit den Restfedern abgezogen. Zu heiße Wachsbäder können zu unansehnlichen Hautveränderungen führen. Aus Qualitätsgründen wird in kleinen Schlachtbetrieben bei Wassergeflügel das Trockenrupfen mit speziellen Maschinen angewandt. Sie enthalten auf einer Achse mehrere Scheiben, die nicht parallel zueinander angeordnet sind. Die am Schlachtkörper verbliebenen feinen Gefiederreste werden abgesengt. Das Trockenrupfen ist zur Erleichterung der Arbeit am schlachtwarmen Tierkörper auszuführen.

10.5.5 Ausnehmen

Nach dem Abtrennen von Kopf und Ständern (Läufen) werden die Schlachtkörper gewaschen und gelangen in die Ausnehmelinie. Das Geflügel wird überwiegend vollständig ausgenommen in den Herrichtungsformen brat- (mit Innereien) oder grillfertig (ohne Innereien) in den Handel gebracht. Beim Ausnehmen werden folgende Arbeitsgänge ausgeführt:
- Öffnung der Bauchhöhle,
- Umschneiden der Kloake, Vorlagerung der Kloake nach außen,
- Erweiterung der Bauchhöhlenöffnung,
- Ausnehmen (Herausverlagerung) der Eingeweide (Magen, Darm, Leber, Herz, Milz) im natürlichen Zusammenhang sowie
- gesonderte Gewinnung der Leber nach Abtrennen der Gallenblase, des Herzens und des Muskelmagens.

Durch den Einsatz von Kloakenpistolen, Bauchhöhlenschneidern und Eviszatoren ist das Ausnehmen weitgehend automatisiert.

Herz, Leber ohne Gallenblase und geschälter Muskelmagen können gesäubert und hygienisch verpackt wieder in den Schlachtkörper eingelegt werden.

Nach dem Ausnehmen und dem Abschneiden der Hälse werden die Schlachtkörper in Sprühwaschanlagen gründlich geduscht, um Blutreste, ausgetretene Gallenflüssigkeit und Verschmutzungen zu entfernen.

10.5.6 Kühlen

Nach dem Ausnehmen und Waschen beträgt die Temperatur des Schlachtkörpers etwa 30 °C. Das Abkühlen der Schlachtkörper und der verwertbaren Innereien ist notwendig, um eine stickige Reifung zu verhindern und die erforderliche Haltbarkeit zu gewährleisten. Die Kerntemperatur ist innerhalb einer Stunde auf 4 °C zu senken. Hierzu wird Eiswasser, aber auch Kaltluft verwendet. Bisher wurde vorwiegend das Tauchkühlverfahren im Eiswasserbad im Gegenstromverfahren angewandt.

Durch die gemeinsame Kühlung einer großen Anzahl von Schlachtkörpern steigt der Keimgehalt im Wasser, so daß Kreuzkontaminationen mit pathogenen Keimen auftreten können. Sowohl durch die Bewegung der Schlachtkörper im Eiswasser als auch durch die Wasserbewegung selbst wird die Fremdwasseraufnahme begünstigt. Durch Abtropfen nach der Tauchkühlung ist zu sichern, daß der Auftauverlust (Dripverfahren) unter 5,1 % liegt.

Verfahren ohne die bei der Tauchkühlung vorhandenen hygienischen Nachteile sind die Luftsprühkühlung und die Kühlung im Kaltluftstrom. Die Luftkühlung setzt voraus, daß die Schlachtkörper niedrig gebrüht wurden und die Epidermis intakt ist. Andernfalls bewirkt die Luftkühlung eine Braunverfärbung der Hautoberfläche. Der Auftauverlust darf bei Luftkühlung nicht über 1,5 % und bei Luft-Sprüh-Kühlung nicht über 3,3 % liegen (RISTIC 1996). Dabei liegt der Dripverlust über der Fremdwasseraufnahme.

Über die Auswirkungen der Kühlungsrate auf die Zartheit des Geflügelfleisches liegen unterschiedliche Ergebnisse vor. Einesteils wird ausgesagt, daß eine schnelle Kühlung zu zäherem Fleisch führt, andernteils wird dieser Effekt verneint.

10.5.7 Zerlegung

Die Zerlegung der Schlachtkörper von Geflügel ist nach den Vermarktungsnormen der EU vorzunehmen. Diese sieht folgende Teilstücke vor:
- **Hälfte:** halber Schlachtkörper, gewonnen durch geraden Längsschnitt am Brustbein und Rücken entlang.
- **Viertel:** durch Querschnitt einer Hälfte gewonnenes Hinter- bzw. Vorderteil.

- **Hinterviertel am Stück:** beide Hinterviertel am Stück, verbunden durch einen Teil des Rückens, mit oder ohne Rumpf.
- **Brust:** Brustbein und beidseitige Rippen oder Teile davon, einschließlich anhaftendem Muskelfleisch, angeboten als ganze Brust oder als Brusthälfte.
- **Schenkel:** Femur (Oberschenkelknochen), Tibia (Schienbein) und Fibula (Wadenbein) einschließlich anhaftendem Muskelfleisch. Die beiden Schnitte werden an den Gelenken angesetzt.
- **Hähnchenschenkel mit Rückenstück:** das anhaftende Rückenstück darf höchstens 25 % des Gewichts des Teilstücks ausmachen.
- **Oberschenkel:** Femur (Oberschenkelknochen) einschließlich anhaftendem Muskelfleisch. Die beiden Schnitte werden an den Gelenken angesetzt.
- **Unterschenkel:** Tibia (Schienbein) und Fibula (Wadenbein) einschließlich anhaftendem Muskelfleisch. Die beiden Schnitte werden an den Gelenken angesetzt.
- **Flügel:** Humerus (Oberarmknochen), Radius (Speiche) und Ulna (Elle) einschließlich anhaftendem Muskelfleisch. Die Entfernung der Flügelspitze einschließlich Karpal(-Mittelhand-)knochen, ist fakultativ. Bei Truthahnflügeln können Humerus bzw. Radius/Ulna, einschließlich anhaftendem Muskelfleisch separat angeboten werden. Die Schnitte werden an den Gelenken angesetzt.
- **Beide Flügel, ungetrennt:** beide Flügel am Stück, verbunden durch einen Teil des Rückens, der gewichtsmäßig 45 % des Gesamtgewichts des Teilstücks ausmacht.
- **Brustfilet:** ganze oder halbe entbeinte Brust, d. h. ohne Brustbein und Rippen. Bei Putenbrust darf das Filet auch ausschließlich aus innerem Brustmuskel (pectoralis profundus) bestehen.
- **Brustfilet mit Schlüsselbein:** ganzes oder halbes Brustfilet (ohne Haut) mit Schlüsselbein und Brustbeinknorpel, wobei Schlüsselbein und Knorpel höchstens 3 % des Gesamtgewichts dieses Teilstücks ausmachen dürfen.

Die Zerlegung soll nach Erreichen der Kerntempeartur von +4 °C vorgenommen werden (Kaltzerlegung) bei einer maximalen Raumtemperatur von +12 °C. Bei der Warmzerlegung ist nur nach Teilstücken zu zerlegen, ohne die Knochen auszulösen.

10.5.8 Reifung

Eine ausreichende Reifung ist vor allem für das Qualitätsmerkmal Zartheit wichtig. Wird die Muskulatur unmittelbar nach der Schlachtung, d. h. vor dem Einsetzen des Rigors entbeint, dauert es 3 bzw. 7 Tage bis das Brust- bzw. Schenkelfleisch die Scherkraftwerte erreicht, die das nach dem Rigor entbeinte Fleisch aufweist.

Die Reifung von Teilstücken sollte immer am Knochen erfolgen. Zu zeitiges Entbeinen wird als Hauptursache für erhöhte Zähigkeit gesehen. Um eine ausreichende Zartheit des

Fleisches zu gewährleisten, sollte der Knochen erst nach der Reifungs ausgelöst werden. Die Verbindung des Muskels mit dem Knochen während der Reifung hat einen Streckungseffekt und wirkt somit positiv auf die Zartheit des Brust- und Schenkelfleisches. Ist der Muskel noch mit dem Knochen verbunden, ist eine starke Kontraktion während des Rigor mortis nicht möglich. Deshalb empfiehlt UIJTENBOOGAART (1991) nach Versuchen mit Broilern, das Brustfleisch erst nach einer Kühlung über Nacht vom Brustkasten zu lösen. Eine andere Möglichkeit zur Streckung des Brustmuskels beim Geflügel ist das Zusammenbinden der Flügel.

DAWSON u. a. (1987) schätzen ein, daß bis zu 3 h p. m. entbeinte Broiler solch hohe Scherwerte aufweisen, daß das Fleisch vom Verbraucher als zäh bezeichnet wird. Es wird deshalb bei Broilern eine Mindestabhängedauer von 4 h p. m. vor der Zerlegung empfohlen.

Ein Vergleich der Scherwerte zwischen Broilern und Enten (SMITH und FLETCHER 1992) ergibt, daß diese bei der Ente sehr langsam, beim Broiler dagegen schneller abfallen. Diese bedeutenden Unterschiede werden mit der unterschiedlichen Faserzusammensetzung des Brustmuskels der beiden Tierarten, verbunden mit unterschiedlich schnellen Glykogenabbauraten, erklärt. Bei Enten erscheint im Vergleich zu Broilern eine längere Reifungszeit empfehlenswert.

Obwohl der Zusammenhang zwischen zu zeitigem Entbeinen und erhöhter Zähigkeit des Fleisches bekannt ist, werden in den Schlachthöfen häufig wegen äußerer Mängel aussortierte Schlachtkörper sofort nach der Kühlung zerlegt.

10.5.9 Verpacken und Lagern

In modernen Schlachtbetrieben werden die Schlachtkörper klassifiziert, vakuumverpackt (Schrumpffolie, Entzug der Luft aus dem Beutel durch Vakuum) und in einheitlichen Chargen (Kalibrierung) vermarktet oder der Kältebehandlung zugeführt.

Geflügelschlachtkörper, -teilstücke und -produkte werden in gekühltem oder gefrostetem Zustand gelagert.

Die **Kühllagerung** erfolgt bei −1 °C bis +4 °C und 85 bis 95 % Luftfeuchtigkeit. Die Lagerdauer ab Schlachtung bis zum Verkauf an den Verbraucher darf maximal 7 Tage betragen. Eine durchgehende Kühlkette bis zum Verbraucher muß gewährleistet sein. Für die Fleischqualität ist nach RISTIC (1996) die Lagertemperatur bei 0 bis −1 °C am günstigsten.

Als **Gefrierverfahren** werden vorwiegend das Gefrieren in bewegter Kaltluft bei Temperaturen von etwa −30 bis −40 °C und das Gefrieren in Gefrierflüssigkeit (Sole, die z. B. Salze, Glycerol, Zucker enthalten kann) angewendet. Bei Erreichen einer Kerntemperatur von −12 °C ist das Geflügel als gefroren anzusehen. In den Gefrierlagerräumen soll die Temperatur höchstens −18 °C betragen.

In den Muskeln treten beim Gefrieren um so größere Veränderungen ein, je langsamer der Prozeß verläuft. In den Zellen wird Wasser von Proteinen getrennt, sammelt sich zwischen den

Zellen und bildet Eiskristalle. Wird der Schlachtkörper langsam eingefroren, entstehen große Kristalle im Muskelgewebe. Es ist aber für die Fleischbeschaffenheit günstiger, kleine Kristalle zu erzeugen und größere Konzentrationsgefälle zu unterbinden. Daher ist das schnelle Tiefgefrieren im Kaltluftstrom (Schockfrostanlage) am gebräuchlichsten. Es nimmt bei vorgekühlten Schlachtkörpern 2–3 Stunden in Anspruch.

Bei Enten, Gänsen und Suppenhennen ergeben sich nach längerer Lagerung Veränderungen am Depotfett. Durch Autoxydation mehrfach ungesättigter Fettsäuren entstehen Verbindungen, die in frischen Fetten nicht vorkommen. Fleisch von unsachgemäß oder zu lange gelagertem Wassergeflügel schmeckt deshalb meist ranzig. Aroma und Geschmack sind beeinträchtigt. Es wird daher empfohlen, geschlachtete Enten und Gänse bei tieferen Temperaturen als Broiler zu lagern.

Bei einer relativen Luftfeuchtigkeit von 85 bis 95 % sollte die in Tabelle 10.13 aufgeführte Lagerungsdauer nicht überschritten werden. Die Untersuchung der Lagerfähigkeit des Geflügels soll nicht später als 3 Monate nach Lagerungsbeginn erfolgen.

Tab. 10.13: Maximale Lagerungsfristen für gefrorenes Schlachtgeflügel (FEHLHABER 1992)

	Lagerungstemperatur (°C)	Lagerungsdauer (Monate)
Broiler	–18	6
	–21	9
	–28	12
Wassergeflügel und Hühner	–18	6
	–21	7
	–28	11
Puten	–18	7
	–21	8
	–28	12

BAKER und DARFLER (1981) haben beide Hälften von Broilern, Puten und Enten frisch bzw. nach Frostung und Auftauen angeboten. Hinsichtlich Zartheit ergab ein modifizierter Dreieckstest keine signifikanten Unterschiede. Die Personen, die die Proben von frischem und gefrostetem Fleisch unterscheiden konnten, bevorzugten jedoch das frische Fleisch.

Die bisherigen Untersuchungen besagen, daß die Gefrierlagerung bis zu den maximalen Lagerfristen nur geringe Veränderungen im Geflügelfleisch hervorruft. Beim Auftauen wird jedoch der Reifungsprozeß fortgesetzt und kann bei Fleisch, das vor der Gefrierung nicht genügend gereift war, zu höherer Zartheit führen. Bei unsachgemäßer Gefrierlagerung kann es zur Austrocknung und Fettveränderungen kommen. Die Geflügelhaut wird dunkel und lederartig und bei geringem subkutanem Fettgehalt wird das Muskelgewebe strohig und trokken. Eine besondere Form der Austrocknung ist der Gefrierbrand. Gegen solche Austrocknung bietet eine gleichmäßige subkutane Fettschicht und eine Verpackung in wasserdampfdichte

Folien den besten Schutz. Werden die zulässigen Lagerungszeiten überschritten oder ist die Lagerungstemperatur zu hoch, entstehen durch Fettveränderung Geruchs- und Geschmacksabweichungen (faulig, fischig, ranzig) bis hin zur Genußuntauglichkeit des Produkts (FEHLHABER 1992).

Zusammengefaßt wird in Tabelle 10.14 die Wirkung verschiedener Faktoren des Schlacht- und Verarbeitungsprozesses auf Merkmale der Fleischqualität dargestellt.

Tab. 10.14: Postmortale Einflußfaktoren auf die Fleischqualität von Broilern(nach UIJTENBOOGA-ART 1991)

Einflußfaktor Merkmal	Betäuben	Ausbluten	Brühen	Rupfen	Entbeinungszeitpunkt	Reifungsdauer	Kühlrate	Lagerungsbedingungen
Zartheit (Scherkraft)	(x)	0	0	(x)	xxx	xxx	xx	x
Farbe	(x)	(x)	x	0	0	0	0	(x)
Geschmack	0	0	0	0	0	0	0	(x)
pH 20 min p. m.	x	0	0	0	x	–	–	–
pH 24 h p. m.	0	0	0	0	0	x	x	x
Emulgiervermögen	(x)	0	0	0	(x)	0	0	0
Wasserbindevermögen	(x)	0	0	0	(x)	xx	(x)	0
Blutflecken	xx	x	0	x	0	0	0	0

0 = keine Effekte   xxx = starker Effekt

10.6 Gesetzliche Regelungen

Der Handel von Geflügelfleisch unterliegt der Verordnung (EWG) Nr. 1538/91 der Kommission vom 5. Juni 1991 über bestimmte Vermarktungsnormen und dem Geflügelfleischhygienegesetz (vgl. Kap. 4).

Hühner haben mit Abstand den größten Anteil an der Geflügelfleischproduktion. Der Hauptanteil entfällt auf sogenannte „Hähnchen" (Broiler), die sich besonders zum Backen, Braten und Grillen eignen. Es handelt sich bei der Masthähnchenproduktion um nicht geschlechtsreife männliche und weibliche Tiere aus speziellen Kreuzungen, die ab einem Alter von 30 Tagen geschlachtet werden. Die Tiere haben einen biegsamen (nicht verknöcherten) Brustbeinfortsatz. Geschlachtete geschlechtsreife Hühner oder Hähne von Lege- oder Mastrassen werden als Suppenhühner gehandelt, bei denen der Brustbeinfortsatz verknöchert ist. Vor der Geschlechtsreife chirurgisch kastrierte Hähne nennt man Kapaune. Sie werden in geringem Umfang in Frankreich und Italien als Delikatesse produziert. Schlachtkörper von weniger als 650 g Schlachtgewicht (ohne Innereien, Kopf und Ständer) werden als Stubenküken gehandelt.

Bei Puten wird unterschieden zwischen (junge) Pute, (junger) Truthahn, 4 bis 7 Monate alte Tiere mit biegsamem Brustbeinfortsatz und Pute/Truthahn, über 1 Jahr alte Tiere mit verknöchertem Brustbeinfortsatz.

Bei Enten und Gänsen wird unterteilt in Frühmastente bzw. -gans einerseits und Ente, Flugente, Gans andererseits, wobei ebenfalls der Grad der Verknöcherung des Brustbeinfortsatzes zur Unterscheidung dient.

Die gesundheitlichen und tierseuchenrechtlichen Anforderungen bei der Gewinnung, Zerlegung, Lagerung und dem Handel von Geflügelfleisch sind im Geflügelfleischhygienegesetz verankert. Dieses Gesetz sieht u. a. Untersuchungen des lebenden und des geschlachteten Geflügels vor und dient dem Schutz des Menschen vor gesundheitlichen Gefahren beim Geflügelfleischverzehr. Die Geflügelfleischuntersuchung gliedert sich in die Schlachttieruntersuchung (lebende Tiere) und in die Untersuchung der geschlachteten Tiere (Schlachtkörper, Fleisch). Von großer Bedeutung ist die Herdenuntersuchung im Herkunftsbestand vor der Ausstellung durch den amtlichen Tierarzt mit Aussagen zum Gesundheitsstatus, zur medikamentellen Behandlung oder zum Einsatz anderer Stoffe, die Rückstände verursachen können sowie zu beobachteten Krankheiten und anderen Störungen. Mit dieser amtstierärztlichen Lebendbeschau ist mit hoher Sicherheit gewährleistet, daß nur gesunde Tiere zur Schlachtung kommen. Nach der Lebendbeschau müssen die Tiere innerhalb von 24 Stunden geschlachtet werden. Ansonsten ist eine erneute Lebendbeschau erforderlich.

Im Geflügelschlachtbetrieb sind nach Eintreffen der Tiere Transportschäden, Besatzdichte im Transportkäfig, Anzahl auf dem Transport verendeter Tiere sowie der Allgemeinzustand nach der Transportbelastung festzustellen.

Die Fleischuntersuchung erfolgt an jedem einzelnen Tier am Schlachtband. Hierfür werden Geflügelfleischkontrolleure, die unter tierärztlicher Aufsicht stehen, eingesetzt. Geeignete Positionen an der Schlachtlinie sind nach FEHLHABER (1992):

- nach dem Entfedern,
- nach der Eviszeration oder
- eventuelle Endkontrolle.

Neben Erkrankungen werden auch Schlachtschäden und unzureichende Bearbeitungszustände ermittelt. Das untersuchte Geflügel wird eingeschätzt als tauglich, tauglich nach Brauchbarmachung und untauglich. Die Untauglichkeit kann sich auf den ganzen Schlachtkörper und die Organe, aber auch auf Teile des Schlachtkörpers oder einzelne Organe beziehen.

Für die Ab-Hof-Vermarktung gilt die Geflügelfleischausnahmeverordnung. Diese sieht vor, daß frisches Geflügelfleisch von einem Landwirt mit kleinerer Geflügelhaltung und Eigenschlachtung ausnahmsweise in geringen Mengen auf den nächstgelegenen Wochenmärkten unmittelbar an den Verbraucher oder unmittelbar an Einzelhandelsgeschäfte geliefert werden kann. Als obere jährliche Begrenzung für die kleinere Geflügelhaltung gelten 2.500

Puten oder Gänse bzw. 10.000 Stück Legehennen oder Jungmastgeflügel. Der nächstgelegene Wochenmarkt muß im Umkreis von 50 km liegen. Als geringe Menge frisches Geflügelfleisch gelten maximal 6.000 kg. Frisches Geflügelfleisch darf nur von Tieren stammen, die im Betrieb des Landwirts während einer Mast- oder Legeperiode hygienisch einwandfrei gehalten worden sind. Die Schlachtkörper müssen unmittelbar nach der Schlachtung auf +4 °C Kerntemperatur herabgekühlt und können bei dieser Temperatur maximal 4 Tage gelagert werden.

Zweimal im Jahr werden Betriebe und Ab-Hof-Vermarkter vom Amtstierarzt überprüft.

Literatur

BAKER, R. C.; DARFLER, J. M.: A comparism of fresh and frozen poultry. Journal of American Dietic Association, 78 (1981), 348–351

BARBUT, S.; MC CURDY, R. P.; QUINTON, M.: Proc. XII. European Symposium Poultry Meat Quality (1995), 173–176

BESSEI, W.: Bäuerliche Hühnerhaltung. Junghennen, Legehennen, Mast. Stuttgart: Ulmer-Verlag 1988

BLUM, J. C.; TOURAILLE, C.; SALICHON, M. R.; RICARD, F. H.; FRIGG, M.: Einfluß von Vitamin E in Broilerfutter. Arch. Geflügelkd. 56 (1992) 1, 37–42

BRANSCHEID, W.: Gibt es eine praktikable Methode für die Schlachtkette? Online-Bestimmung des Schlachtkörperwertes von Puten. DGS 31/1996, 28–31

CUBIOLI, J.; TOURAILLE, C.; RICARD, F.: Meat quality of „Label Fermier" chicken in relation to production factors. 9th European Poultry Conference 1994, Glasgow, Vol II, 25–28

DAWSON, P. L.; JANKY, D. M.; DUKES, M. G.; THOMPSON, L. D.; WOODWARD, S. A.: Effect of post-mortem boning time during simulated commercial processing on the tenderness of broiler breast meat. Poultry Science 66 (1987), 1331–1333

DZIALEK, P.: Untersuchung über den Einfluß des Betäubens auf die Schlachtkörper- und Fleischbeschaffenheit bei Broilern, Enten und Gänsen. Diss. Univ. Leipzig, 1983

EHINGER, F.; SEEMANN, G.: Einfluß von Futter, Alter und Geschlecht auf Mastleistung und Schlachtkörperqualität von Broilern verschiedener Herkunft. 2. Verfettungsgrad. Arch. Geflügelkd. 46 (1982), 177–188

FEHLHABER, K.: Geflügel und Geflügelfleischprodukte. In: Veterinärmedizinische Lebensmittelhygiene (Hrsg.: FEHLHABER und JANETSCHKE). Gustav Fischer Verlag, Jena, Stuttgart, 1992

FRONING, G. W.; BABIJ, A. S.; MATHER, F. B.: The effect of preslaughter temperature, stress, struggle and anesthetization on color and textural characteristics of turkey muscle. Poultry Science 57 (1978), 630–633

GREY, T. C.; GRIFFITHS, N. M.; JONES, J. M.; ROBINSON, D.: A study of some factors influencing the tenderness of turkey breast meat. Lebensmittel – Wissenschaft und Technologie, 19 (1986), 412–414

HOOD, R. L.: Cellular and biochemical aspects of fat deposition in broiler type chicken. World Poultry Science Journal 40 (1984), 160–169

Jahrbuch Geflügelwirtschaft: Stuttgart, Verlag Eugen Ulmer 1995

JENSEN, J. F.: Quality of poultry meat and issue of growing importance. World's Poultry Science Journal 38 (1982), 105–113

JEROCH, H.; PETER, V.: Ernährung und Fütterung. In: Internationales Handbuch Geflügel (Hrsg.: SCHWARK, PETER, MAZANOWSKI) Landwirtschaftsverlag Berlin 1987

KAIN, H. H.: Untersuchungen zur züchterischen Verbesserung des Fleischansatzes und des Futteraufwandes bei Pekingenten. Dissertation, Univ. Leipzig, 1989

KLEMM, R.; PINGEL, H.: Results and effects of direct selection für feed efficiency in the domestic ducks. Archiv für Geflügelkunde, 56 (1992), 216–221

KLOSOWSKA, P.; NIEWIAROWICZ, A.; KLOSOWSKI, B.; TROJAN, M.: Histochemische und histologische Untersuchungen am M. pectoralis imperficialis mit beschleunigter, normaler und verzögerter Glykolyserate in Broilern. Fleischwirtschaft 59 (1977), 1004–1008

KNUST, U.: Untersuchungen zur Charakterisierung der Wirkung von prä- und postmortalen Faktoren auf die Schlachtkörperzusammensetzung und die Fleischqualität von Enten. Diss. Univ. Halle 1995

KOCI, E.; MISIKOVA, E.: Vergleich der Schlachtkörperqualität verschiedener Geflügelarten. 21. Internationale Geflügelvortragstagung „Probleme der Qualitätsverbesserung von Eiern und Geflügelfleisch", Leipzig, 2.–3. Dezember 1976

LEESON, S.; SUMMERS, J. D.: Production and carcass characteristics of the broiler chicken. Poultry Sci. 59 (1980 a) 786–798

LEESON, S.; SUMMERS, J. D.: Production and carcass characteristics of the Large White Turkey. Poultry Sci. 59 (1980 b) 1237–1245

MOHAN RAJ, A. B.; GREY T. C.; ANDSEBY, A. R. GREGORY, N. D.: Effect of electrical and gaseous stunning on the carcase and meat quality of broilers. Brit. Poultry Sci. 31 (1990), 725

PINGEL, H.; SCHRAMM, R.; RUDOLPH, W.: Qualitätsanforderungen an Produkte der Geflügelwirtschaft. In: BRANDSCH, H. (Hrsg.): Geflügelzucht. Landwirtschaftsverlag Berlin, 4. Aufl. 1988

RICHTER G.: Nährstoffgehalt von Geflügelfleisch. Ernährungsumschau 40 (1992), 452–454

RICHTER, G.; GRUHN, K.; OCHRIMENKO, CH.; MEIXNER, B.; HENNIG, A.: Zusammensetzung und Qualitätsparameter von Schlachtkörpern verschiedener Geflügelarten. Nahrung 33 (1989), 133–144

RISTIC, M.: Zur Anwendung von Kühlmethoden für Schlachtgeflügel. Fleischwirtschaft 76 (1996) 7, 688–690

RISTIC, M.: Behandlung von Geflügel vor dem Schlachten und deren Auswirkung auf die Schlachtkörper- und Fleischqualität. Fleisch (1987), 126–129

RISTIC, M.; KLEIN, F. W.; DANNER, K.: Mastleistung und Schlachtkörperwert von Broilern aus Broilerherkunftsprüfungen. Mitteilungsblatt der Bundesanstalt für Fleischforschung Kulmbach 34 (1995), 21–30

RISTIC, M; KORTHAS, G.: Ertrag und Qualität von Putenfleisch. Fleischwirtschaft 67 (1987) 6, 731–734

SCHOLTYSSEK, S.: Geflügel. In: KALLWEIT, KIELWEIN, FRIES, SCHOLTYSSEK: Qualität tierischer Nahrungsmittel, Ulmer-Verlag Stuttgart 1988

SHRIMPTON, D. H.: Metabolism of the intestinal microflora in birds and its possible influence on the composition of flavour precursors in their muscles. Journal applied Bacteriology. 29 (1966) 2, 222

SKLAN, O.; BARTOV, I.; HURWITZ, S.: Tocopherol absorption and metabolism in the chick and turkey. Journal of Nutrition 112 (1982), 1394–1400

SMITH, D. P.; FLETCHER, D. L.: Duckling and chicken processing yields and breast meat tenderness. Poultry Science 71 (1992), 197–202

SMITH, D. P.; FLETCHER; D. L.; BUHR, R. J.; BEYER, R. S.: Pekingduckling and broiler chicken pectoralis muscle structure and composition. Poultry Science 72 (1993), 202–208

TOURAILLE, C.; KOPP, J., VALIN, C.; RICARD, F. H.: Qualite' du poulet. Arch. Geflügelkunde 45 (1981), 69

UIJTENBOOGART, T. G.: Post mortem processing factors and poultry meat quality. Poultry meat quality, Proc. of 10th Europ. Symp., Netherland, 1991

Universität Halle: Institut für Tierzucht und Tierhaltung mit Tierklinik, unveröffentlicht

VEERKAMP, C. H.: Current and new poultry processing equipment: Requirements and performance. Poultry Meat Quality. Proc. of XII. Europ. Symp., Zaragoza, Spain, 1995, 283–288

WIEDERHOLD, S.: In vivo Messungen ausgewählter Merkmale der Körperzusammensetzung bei Wassergeflügel mit Hilfe der Magnet-Resonanz-Tomographie (MRT). Diss. Univ. Halle, 1996

Verordnung (EWG) Nr. 1538/91 der Kommission vom 5. Juni 1991 über Vermarktungsnormen bei Geflügelfleisch.

11 Schlachttiertransport

K. Troeger, G. v. Lengerken, W. Branscheid

Unter den spezifischen Bedingungen des Transportes werden Tiere mit einer Vielzahl an **Belastungsfaktoren** (Stressoren) konfrontiert. Im wesentlichen sind es:

- Trennen von Artgenossen und gewohnter Umgebung,
- Physische Belastungen durch nichtgewohnte Ortsveränderungen,
- Einschränkung der Bewegungsmöglichkeit auf dem Fahrzeug,
- Zusammenkommen mit fremden Tieren,
- Neue und ungewohnte sonstige Einwirkungen wie: Fahrzeugbewegung und veränderte klimatische Bedingungen gegenüber dem gewohnten Stall,
- Aussetzen der Futter- und Wasseraufnahme.

Die Folge ist, daß es zu starken Erregungen und zusammen mit den ungewohnten lokomotorischen Belastungen zu einer sehr starken Beanspruchung des Herz-Kreislaufsystems sowie des Wärme- und Wasserhaushaltes kommt.

Die Empfindlichkeit gegenüber Transportbelastungen ist zwischen den Tierarten unterschiedlich. Monogastriden wie Schweine und Geflügel werden durch den Transport zum Schlachthof stärker als Wiederkäuer (Rinder, Schafe) in Mitleidenschaft gezogen. Mit dem Tiertransport werden damit tierschutzrelevante und ökonomische Fragen angesprochen, wobei erstere heute zunehmend durch die Öffentlichkeit kritisch hinterfragt werden und – verstärkt durch oft unsachgemäße und einseitige Berichterstattung in den Medien – mit dazu beitragen, daß von einem inzwischen nicht unerheblichen Teil der Bevölkerung in Deutschland der Verzehr von Fleisch abgelehnt wird.

Negative ökonomische Auswirkungen beziehen sich auf die während des Transportes verendeten Tiere bzw. durch den Transport bedingte Notschlachtungen, Körpergewichtsverluste, Verletzungen und Hautschäden sowie das Auftreten von Fleischqualitätsmängeln (PSE-/DFD-Fleisch/Hämatome). Die tiergerechte Behandlung im Rahmen der Tiertransporte zum Schlachthof soll diesen Verlusten entgegenwirken auch wenn andererseits in der Praxis aus Sicht der Minimierung der Transportaufwendungen (Personal, Zeit und Bereitstellung von Transport- und Liegeflächen) dem tierartgerechten Transport nicht immer entsprochen wird.

Die bedeutsamsten Einwirkungen während des Transports erfolgen beim Be- und Entladen der Fahrzeuge unter den massiven Einwirkungen der Menschen (Tiertreiber). Die Art und Ausgestaltung des Transportfahrzeuges und die Bedingungen während des Transports können über ethologische, physiologische, klinische sowie über Parameter der Fleischqualität beurteilt werden.

Der Gesetzgeber schreibt eine Reihe von Mindestanforderungen zum Transport von landwirtschaftlichen Nutztieren vor. Im Tierschutzgesetz sowie im Gesetz zum Europäischen Übereinkommen Schutz von Schlachttieren und der TierSchlV werden allgemeine tierschutzrelevante Fragen reglementiert. Darüber hinaus hat die EU die Richtlinie 91/628/EWG über den Schutz von Tieren beim Transport am 29. 6. 1995 mit verschärften Auflagen hinsichtlich Transportzeit, Behandlung der Tiere während des Transportes und Kontrollmaßnahmen verabschiedet (Richtlinie 95/29/EG). Diese Richtlinie ist inzwischen in Deutschland in nationales Recht umgesetzt worden. Grundsätzlich ist durch den Transporteur zu sichern, daß die Transportfähigkeit der Tiere gegeben ist und ein sorgfältiger Transport zum Zielort erfolgt. Für kranke und verletzte Tiere gibt es zusätzliche Anforderungen. Sie dürfen nicht mit den „klinisch" gesunden Tieren zusammen zum Schlachthof transportiert werden.

11.1 Nüchterung vor dem Transport und bis zum Schlachten

Mit dem Futterentzug (Nüchterung) mehrere Stunden vor Transport und Schlachtung sollen zusätzliche Belastungen des Tieres durch einen vollen Verdauungstrakt und unnötige Futterverluste vermieden werden. Eine unzureichende Nüchterung kann alle anderen transportbedingten Belastungen verstärken und bei **Schweinen** zu erhöhten Verlusten führen. Längere Nüchterungszeiten sind andererseits immer mit Gewichtsverlusten verbunden. Sie liegen beim Schwein zwischen 0,12 und 0,20 % pro Stunde und werden zunächst durch die Ausscheidung von Kot und Harn verursacht (FISCHER 1994). Die Entstehung von Verlusten an Schlachtkörpersubstanz beginnt wahrscheinlich zwischen 9 und 18 Stunden nach der letzten Fütterung. Je nach zusätzlichen (Transport-) Belastungen machen sie 0,06 bis 0,11 % pro Std. aus (WARRISS 1993).

Wegen des andersartigen Verdauungstrakts sind bei **Rindern** (Wiederkäuermägen) nüchterungsbedingte Verluste an Schlachtkörpersubstanz je nach Begleitumständen außerordentlich variabel. So reichen die in verschiedenen Untersuchungen nach 48stündiger Nüchterung ermittelten Schlachtkörperverluste von < 1 bis 8 % (WARRISS 1993). Nach Angaben von ENDER u. a. (1984) treten bei Bullen nach Transporten von 100–200 km Lebendmasseverluste von 6–10 % auf, während der Wartezeit steigen diese noch um 2–5 %. In jedem Fall werden Gewebesubstanzverluste durch Entzug von Wasser zusätzlich erhöht. Dies wird zuweilen bei der Vorbereitung der Tiere auf den Transport und bei der Bereitstellung am Schlachthof übersehen (FISCHER 1994). Im besonderen durch Elektrolyttränken lassen sich nüchterungs- und transportstreßbedingte Schlachtkörper-Gewichtsverluste vermindern (SCOTT u. a. 1993). Futterentzugszeiten von 12, 24, 48 und 96 Stunden führten bei Jungbullen (etwa 400 kg Lebendgewicht) zu Verlusten an Lebendgewicht von 6, 8, 12 und 14 % (WYTHES 1982).

Untersuchungen aus Neuseeland, Australien und den USA (WARRISS u. a. 1987) zeigen bei **Schafen** durchschnittliche Lebendgewichtsverluste von 0,09 bis 0,34 % und Schlachtgewichtsverluste zwischen 0,08 und 0,15 % pro Stunde, wobei die Verluste an Schlachtgewicht zwischen 12 und 24 Stunden nach Futterentzug beginnen. Tabelle 11.1 zeigt nüchterungsbedingte Gewichtsabnahmen beim Schaf.

Tab. 11.1: Einfluß der Nüchterung auf Gewichte (kg) von Tierkörperkomponenten beim Schaf (nach WARRISS u. a. 1987)

Nüchterungszeit (h)[1]	Lebendgewicht (Schlachtzeitpunkt)	Schlachtgewicht (warm)	% Kühlverlust	Lebergewicht	Mageninhalt
0	32,2	16,4	4,7	0,63	4,6
24	30,6	16,0	4,7	0,52	3,6
48	29,8	15,7	4,5	0,48	3,7
72	29,2	15,4	4,2	0,45	3,3

[1] uneingeschränkte Wassereinnahme

Futterentzug kann auch die spätere Fleischbeschaffenheit beeinflussen (EIKELENBOOM u. a. 1989). Dies trifft im besonderen beim **Schwein** zu. Im Vergleich zu einer nicht genüchterten Tiergruppe trat bei der Gruppe mit 24stündiger Nüchterungszeit vor dem Transport weniger PSE-Fleisch auf, die End-pH-Werte in Kotelett- und Schinkenmuskulatur lagen höher, ohne in den DFD-Bereich zu geraten. Die Muskelfarbe war somit dunkler und das Wasserbindevermögen besser. Keine signifikanten Unterschiede zur Kontrollgruppe ergaben sich dagegen nach 16stündigem Futterentzug. Nach anderen Untersuchungen (FISCHER und AUGUSTINI 1986) führen jedoch eine 12stündige Nüchterung vor dem Transport in Verbindung mit verlängerten Standzeiten am Schlachthof (12 bis 48 h) fast immer zu unerwünscht hohen End-pH-Werten im Kamm (*M. semispinalis capitis*) mit deutlicher Verschiebung in den DFD-Bereich und zu Gewichtsverlusten bei Schlachtkörper und Leber. Somit kann die Einhaltung sehr langer Nüchterungszeiten kein sinnvoller Beitrag zur Lösung des PSE-Problems sein.

Entscheidender für die spätere Fleischqualität ist nicht so sehr der Zeitpunkt des Futterentzuges vor dem Transport sondern die Nüchterungszeit insgesamt, d. h. die Zeit vom Futterentzug bis zur Schlachtung. Diese sollte unter Beachtung der Kriterien Gewichtsverluste, Mortalität beim Transport und hygienische Anforderungen (Darm-Blut-Schranke) zwischen 8–18 Stunden liegen. In Abhängigkeit von der Länge der Ausruhzeit sollten Schweine also 4–12 Stunden vor Transportbeginn kein Futter mehr aufnehmen können.

11.2 Be- und Entladen

11.2.1 Physiologische Reaktionen

Entsprechend den Marktanforderungen verfügen heutige Schlachttiere – mit Ausnahme selektierter Milchrinder – im Vergleich zu den Zuchtrichtungen früherer Epochen über eine wesentlich größere Muskelmasse, einen geringeren Fettansatz und ein schnelleres Wachstumsvermögen. Dieses Wachstum wird in der Regel bei eingegrenzter Bewegungsmöglichkeit und reduziertem Kontakt zum Menschen realisiert. Mit dem Ausstallen der Tiere zum Transport werden durch nervale und lokomotorische Belastungen Stoffwechselzustände induziert, die die Adaptationsfähigkeit des Tieres bis zur Grenze der Regulierbarkeit beanspruchen. Bei besonders belastungsanfälligen Tieren, wie Schweinen und Geflügel, tritt dies in besonderem Maße auf und kann den Tod des Tieres zur Folge haben.

Die **Belastungen** können über biochemische und physiologische Kriterien gemessen werden. Dazu gehören Herz- und Atemfrequenzsteigerungen, Erhöhung der Körpertemperatur und der belastungsabhängigen Enzyme sowie die Erhöhung von Cortisol, ß-Endorphin und Veränderungen des Hämatokritwertes. Wie aus der Tabelle 11.2 zu ersehen ist, führen transportbedingte Belastungen zu einer starken Erhöhung bestimmter Enzyme und Metaboliten. Zwischen dem Grad der Belastung und der Höhe des Enzymspiegels im Blut konnten LENGERKEN und PFEIFFER (1977) allerdings keine linearen Beziehungen nachweisen. Andererseits hatten aber alle Tiere mit ausgesprochenen Extremwerten in den belastungsabhängigen Enzymen und Metaboliten nach der Schlachtung im Kotelettmuskel Beschaffenheitsveränderungen im Sinne des PSE-Fleisches. Innerhalb der LDH-Isoenzyme kommt es bei Belastungen bei absoluter Erhöhung aller Isoenzymfraktionen zu einem verstärkten Anstieg des LDH 5-Anteils. Bei Belastungen treten also vermehrt Enzyme der Skelettmuskulatur in den intrazellulären Raum, wobei bei zunehmender Belastungsintensität und -dauer die Organe Herz und Leber ebenfalls mit einem verstärkten Enzymaustritt reagieren.

Da vor allem bei den biochemisch-physiologischen Kennwerten, insbesondere den muskelspezifischen Kennwerten (Kreatinkinase, Laktatdehydrogenase), zwischen der Stärke und der Höhe der Belastung, zumindest im Regulationsbereich des Tieres, keine linearen Abhängigkeiten bestehen, dienen diese Kriterien in der Regel für wissenschaftliche Untersuchungen. Herz- und Atemfrequenzsteigerungen (Hecheln, Speichelfluß, Stau der Ohrvenen) können demgegenüber heute mit modernen Methoden gemessen oder über visuelle Beobachtung eingeschätzt werden. Allen Merkmalen gemeinsam ist, daß die sogenannten Basiswerte (Ausgangswerte) nur unzureichend bestimmbar sind, da sie abhängig vom Alter des Tieres, der Tageszeit und der Art der Einordnungsfähigkeit des Tieres in die jeweilige Umwelt sind. Trotzdem liefern starke Erhöhungen der Herzfrequenz deutliche Aussagen zur Belastung des Tieres. Dies gilt insbesondere für das Mastschwein, das einen normalen Toleranzbereich der Herzfrequenz zwischen etwa 80–220 Schlägen/Minute und leicht darüber hinaus hat. Beim Überschreiten von 220–240 Herzschlägen kommt es zur Desynchronisation und später zum Herzstillstand. Um dem entgegenzuwirken legen sich Schweine nieder bzw. bleiben laufende Schweine bei diesem Level stehen. Das heutige Hausschwein hat nicht nur deutliche Schwachstellen im kardiovaskulären System (niedriges relatives Herzgewicht und Blutvolumen, ungünstiges Systole-Diastole-Verhältnis), sondern auch mangelhaft ausgestattete Wärmeabgabemechanismen, eine niedrige ZNS-Erregungsschwelle und eine wenig sichere Darm-Blut-Schranke. Bei streßempfindlichen Schweinen kommen besondere Insuffizienzen der Skelettmuskulatur hinzu (verringertes Ca^{++}-Speichervermögen, hoher Anteil weißer und großer Muskelfasern, geringe Kapillarisierung der

Tab. 11.2: Normierte Veränderungen biochemischer Kennwerte im Blutplasma durch Transport und Schlachtung (Basiswerte = 1,00) (LENGERKEN und PFEIFFER 1977)

Variable	gemessen im Blut nach Transport	gemessen im Schlachtblut
β-HBDH	1,26+	1,56+
LDH gesamt	1,36+	1,82
LDH-1	0,84+	0,69+
LDH-2	0,88+	0,86+
LDH-3	0,85	0,94
LDH-4	1,48+	2,20+
LDH-5	5,61+	10,70+
ICDH	2,03+	2,25
CK	1,98+	3,11+
MDH	1,41+	1,82
SP	1,35+	1,68+
GPT (AlAT)	1,06	1,18
AP	1,08	1,24
Cholesterin	1,00	1,00
Harnstoff-N	1,08	1,24
Eiweiß gesamt	0,99	0,98
Albumin	0,98	0,97
Kalium	1,08	1,76+
Natrium	1,01	1,05
Magnesium	1,11	1,17
anorg. Phosphat	1,06	1,21+
Kupfer	1,22	1,14

+ = signifikant ($\alpha \leq 0{,}01$)

β-HBDH	– β-Hydroxybutyratdehydrogenase		MDH	– Malatdehydrogenase
LDH-	– Lactatdehydrogenase-Isoenzym 1–5		SP	– Saure Phosphatase
ICDH	– Isocitratdehydrogenase		GPT = AlAT	– Alanin-Aminotransferase
CK	– Creatinphosphokinase		AP	– Alkalische Phosphatase

344 *Schlachttiertransport*

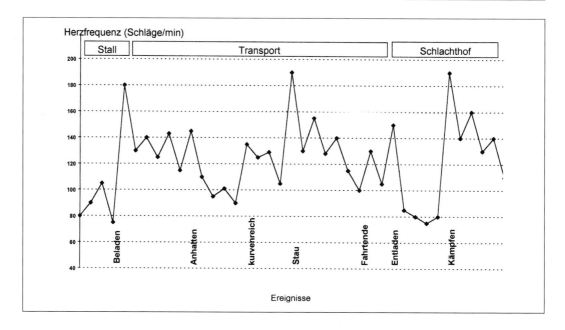

Abb. 11.1: Verlauf der Herzfrequenzrate während und nach dem Transport von Schlachtschweinen (MICKWITZ 1994)

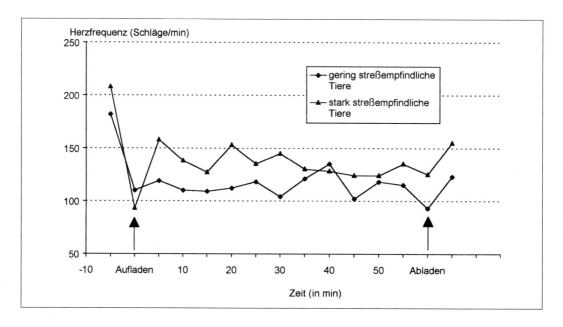

Abb. 11.2: Verlauf der Herzfrequenzrate bei unterschiedlich streßempfindlichen Schweinen (nach SCHÜTTE u. a. 1996, verändert)

Muskulatur). Die Sauerstoffverfügbarkeit ist demzufolge begrenzt. Belastungen führen, um diese Mängel zu kompensieren, zu einer erhöhten Herzfrequenz verbunden mit einem Anstieg des Blutdruckes (THIELSCHER 1986).

Ausgesprochene Spitzen stellen, wie Abbildung 11.1 zeigt, die Be- und Entladung der Tiere und langanhaltende Fahrzeugstops (Stau) dar. Bei stärker streßempfindlichen Tieren liegt die Herzfrequenzrate generell höher als bei weniger streßempfindlichen Schweinen (Abb. 11.2). Beim Heraustreiben des Schweines aus der Mastbucht kann die Herzfrequenz (Hf) um das Doppelte ansteigen. Mit dem Beladen des Fahrzeugs werden in Abhängigkeit von der Belastungsanfälligkeit des Tieres Hf-Werte teilweise weit über 200 gemessen. Sobald sich die Tiere auf dem Fahrzeug befinden, gehen diese zurück (ca. 150 Hf/min). Fahrzeugstops führen durch Wärmestau und Beunruhigung der Tiere zu erneutem Anstieg der Herzfrequenz. Gleiches trifft für das Entladen zu.

11.2.2 Ver- und Entladevorrichtungen

Als Ver- und Entladevorrichtungen kommen Rampen und Hebebühnen in Betracht. Die Laderampe besitzt eine Neigung von weniger als 20°, bei Schafen bis 30°. Großtiere, besonders wenn sie von einer Person geführt werden, verweigern auch nicht Rampen mit Steigungswinkeln bis zu 45°. Rinder begehen diese sehr steilen Rampen jedoch nicht mehr freiwillig, so daß für Be- und Entladevorgänge ein maximaler Steigungswinkel von 20° gefordert werden muß (MÜLLER 1994).

Hebebühnen sind so konstruiert, daß Tiere nicht eingeklemmt werden können. Dies ist bei Lämmern ganz besonders wichtig, da diese selbst bei heftigen Schmerzen keine Lautäußerungen geben. Darüber hinaus sollten Lämmer mit Hebebühnen und Hubwagen nur unter strikter visueller Kontrolle transportiert werden. Sowohl bei der Rampe als auch bei der Hebebühne ist der Boden rutschfest und besitzt bei der Laderampe Querleisten (2 cm hoch im Abstand von 20 cm).

Laderampen und Ladeplattformen sind mit einem undurchsichtigen Seitenschutz versehen (Verblendung für Schafe bis mind. 1,30 m, für Rinder bis mind. 1,10 m, für Schweine bis mind. 0,70 m Höhe). Die Stufe zum Treibgangboden ist nicht höher als 12 cm, der Spalt zwischen den Seitenwänden, der Rampe bzw. der Ladeplattform und dem Ladeboden ist kleiner als 1,5 cm. Die Ladeböden sollten heller als die Umgebung sein.

Die **Treibstrecke** einschließlich Fahrzeuginnenraum sollte hell und so ausgeleuchtet sein, daß die Tiere nicht geblendet werden und immer vom Dunkleren ins Hellere gehen. Spiegelnde Flächen und Schlagschatten sind zu vermeiden. Die Treibgänge sind so breit, daß sich die Tiere überholen und gegenseitig zum Mitlaufen anregen können, ohne sich zu verkeilen. Für Schweine wird eine Gangbreite für das Laufen von 4–5 Tieren bei einer maximalen Gruppenstärke von 15 Tieren empfohlen (LAMBOIJ 1996).

11.2.3 Handling der Tiere

Wer gewerbsmäßig Tiere transportiert, muß ein Sachkundigennachweis besitzen. Dieser bezieht sich auf Grundkenntnisse zur Anatomie und Physiologie sowie den einschlägigen tierschutzrechtlichen Vorschriften sowie über Kenntnisse und praktische Fähigkeiten zu Transport und Nottötung von Tieren.

Das **Verladen** hat in Ruhe mit Hilfe des Landwirts bzw. einer den Tieren bekannten Person zu erfolgen. Für das Beladen ist ausreichende Zeit einzuplanen. Vom Personal gemachte Fehler rühren oft von hohem Zeitdruck, aber auch von unzureichenden ethologischen Kenntnissen und praktischen Erfahrungen her, so daß es nicht gelingt, die Tiere unter Ausnutzung ihres Erkundungsverhaltens, ihres Herdentriebs und ihrer jeweiligen Fluchtzonen zur Vorwärtsbewegung zu veranlassen. Ein Ausweg wird dann oft nur in der Anwendung roher Zwangsmaßnahmen (Zerren/Schieben des Tieres, Schlagen auf empfindliche Körperstellen, Elektrotreiber) gesehen, die eine massive Belastung darstellen. Unter der Fluchtzone ist eine gedachte kreisförmige Grenzlinie um das Tier zu verstehen, deren Überschreitung, vom Tier durch Fluchtreaktionen beantwortet wird (GRANDIN 1978). Dringt ein Treiber von schräg-hinten in diesen Bereich ein, wird das Tier vorrücken, um die Distanz wieder herzustellen. Kommt die Person dem Tier innerhalb der Fluchtzone rasch zu nahe, wird es nach vorne ausbrechen oder, vor allem bei blockiertem Weg, wenden und versuchen, hinter den Treiber zu gelangen. Betritt dagegen die Person den Fluchtbereich von schräg-vorne, wird das Tier zurückweichen oder, bei versperrtem Weg, nach vorne ausbrechen. Beim gruppenweisen Treiben besitzt die ganze Gruppe eine größere gemeinsame Fluchtzone. Die Ausnutzung dieser Prinzipien, mit dem Ziel, Schlachttiere zu einer kontrollierten Vorwärtsbewegung zu veranlassen, erfordert Erfahrung und Einfühlungsvermögen.

Die Anwendung des **Elektrotreibstabes** ist für das betroffene Tier immer schmerzhaft und somit belastend. Sie kann schnell zu Panikreaktionen und damit später zu Fleischqualitätsabweichungen führen. Besonders unsinnig ist es, mit Stromreizen Tiere anzutreiben, die keine Fluchtmöglichkeiten nach vorne haben. Nach VAN PUTTEN und ELSHOF (1978) ist mit einer Elektrotreibstabanwendung beim Schwein eine stärkere Belastung verbunden als mit der Passage einer abfallenden Rampe oder eines Einzeltreibganges. Die negativen Reaktionen auf den Elektrotreiber-Einsatz wurden bei aufeinanderfolgender Anwendung zunehmend stärker. Eine negative Wirkung auf die Fleischqualität tritt insbesondere bei streßempfindlichen Schweinen auf. Nach der Richtlinie 93/119/EG über den Schutz von Tieren zum Zeitpunkt der Schlachtung oder Tötung dürfen elektrische Treibstäbe nur bei bewegungsverweigernden ausgewachsenen Rindern und bewegungsverweigernden Schweinen verwendet werden und nur, sofern die Stromstöße nicht länger als zwei Sekunden dauern, in zumutbaren Abständen gesetzt werden und die Tiere sich vorwärts bewegen können. Elektrische Treibstöcke dürfen nur am Hinterviertelmuskel angesetzt werden.

Geeignete **Treibhilfen** sind dunkle Treibschilde, Klatschen oder Plastik- bzw. Gummirohre zum Lenken ausweichender Tiere und zum Schlagen gegen das Treibschild. Beim Treiben sollten nach SCHÄFFER (1996)

- immer zuerst die bereits in Treibrichtung orientierten Tiere entnommen,
- übermäßig lautes Rufen vermieden sowie
- in entgegengesetzter Richtung stehende Tiere durch sachten Druck in die gewünschte Richtung (nicht durch Schlagen) gebracht werden.

11.3 Transportbedingungen

Nach BARTON-GADE u. a. (1993) wird die Mehrzahl der Schlachttiere in Europa weniger als 2 Stunden mit einer Distanz unter 100 km transportiert. Längere Transporte ergeben sich vor allem für Exporttiere und bei größeren Differenzen in den Abrechnungspreisen zwischen den Schlachthöfen. Nach BRANSCHEID u. a. (1995) kommen in Bayern etwa 80 % aller Schweine und Rinder aus einem Einzugsbereich von unter 200 km zur Schlachtung, 60 % unter 100 km. Im grenzüberschreitenden Transport des EG-Binnenmarktes werden etwa 4,5 Mio. Mastschweine transportiert, mit allerdings sehr unterschiedlich langen Transportzeiten (6–15 Stunden und teilweise länger).

11.3.1 Art und Ausstattung der Transportfahrzeuge

Die Transportmittel haben den Anforderungen des Brandschutzes und der Tierhygiene zu entsprechen. Der überwiegende Teil der Schlachttiertransporte erfolgt mit Lastkraftwagen. Dabei kommen sowohl kleinere Fahrzeuge mit Kastenaufbau und ein oder zwei Ladedecks wie auch größere Einheiten aus Zugmaschine und Anhänger oder Zugmaschine und Auflieger (Trailer) mit zwei oder drei Ladedecks zum Einsatz (Abb. 11.3). Die **Mindesthöhe** der Fahrzeuge – bezogen auf den Innenraum – soll 25 cm höher liegen als die Widerristhöhe. Transporte mit kleineren Fahrzeugen ohne Anhänger sind für die Tiere oft belastender, da diese Lkw leichter zu handhaben sind und häufig schneller gefahren werden als größere Transporteinheiten. Bei Lkw mit drei Ladeebenen entstehen häufig beim Entladen (Schweine, kleine Wiederkäuer) Probleme, da die Entleerung des untersten Decks von innen nur in gebückter Haltung möglich ist. Um dies zu vermeiden, wird gelegentlich von außen durch die Lüftungsklappen mit spitzen Gegenständen (z. B. Mistgabel) auf die Tiere eingewirkt. Dies ist außer aus Tierschutzgründen auch wegen einer Beeinträchtigung der Produktqualität (Rotfärbungen der Schwarte) unzulässig.

Mechanisch bedingte Schlachtkörperschäden in Form von Hämatomen bei Rindern sind häufig auf ungeeignete Transportmittel (zu niedrig, zu kurz) zurückzuführen, so etwa Blutungen im Bereich der Sitzbeinhöcker.

Abb. 11.3: Spezialfahrzeug für den Transport von Schlachtschweinen

Der Transportraum und seine Zusatzeinrichtungen müssen so beschaffen sein, daß sie den Tieren keinen Schaden zufügen und Belastungen oder äußere Einwirkungen von ihnen abhalten:

- Der Laderaum ist überdacht, für die Orientierung hinreichend beleuchtet, weist keine spitzen Kanten und glatte Seitenwände auf.
- Der Fußboden ist rutschfest, ohne Stufen überall waagerecht und zur Aufnahme der Fäkalien mit einer saugfähigen Einstreu versehen. Der Fußboden der oberen Stockwerke mehrstöckiger Fahrzeuge ist absenkbar und flüssigkeitsdicht.
- Der Transportraum wird durch Trennwände oder -gitter variabel einsetzbar unterteilt, die auch die Bildung kleiner Transportgruppen ermöglichen. Die Trennwände besitzen eine hinreichende Höhe und weisen eine sichere Verankerung auf.
- Die Ladeklappe reicht über die ganze Fahrzeugbreite und besitzt Vorrichtungen, die das Herausfallen der Tiere beim Öffnen der Türen zuverlässig verhindern.
- Die Belüftung (zur Frischluftzufuhr und zur Wärmeabfuhr) geschieht über Lüftungsöffnungen an Vorder- und Seitenwänden (in 40 cm Höhe für Schweine, in 60 cm Höhe für Schafe, in 130 cm Höhe für Rinder), die nach Bedarf geöffnet oder geschlossen werden können. An den Öffnungen sind Sicherungen gegen Verletzungsmöglichkeiten vorhanden. Es sollte die Möglichkeit zur Zwangsbelüftung bestehen, die sinnvollerweise zentral aus der Fahrerkabine bedient bzw. gesteuert werden kann. Die Luftgeschwindigkeit bei der Zwangsbelüftung liegt bei mindestens 0,1 m/sec.

- Die Wandteile der Fahrzeuge sind zum Teil so beschaffen, daß sie sich zu Fütterungseinrichtungen gestalten lassen, die die Größe des Laderaumes nicht einschränken und freien Zugang zu Futter und Tränke gewähren.
- In jedem einzelnen Abteil besteht von der Seite her freier Zugang, damit die Kontrolle **aller** Tiere und die Betreuung verletzter Tiere möglich ist.

Namentlich für längere Transporte sollte die Installation einer Videokamera zur visuellen Kontrolle des Laderaumes erwogen werden. So könnte auch eine Überwachung des Transportverlaufes im nachhinein möglich gemacht werden. Dies könnte zur Klärung und Einigung in Schadensfällen beitragen. Mobilfunk stellt zur raschen Benachrichtigung bei Notfällen und zur besseren organisatorischen Steuerung der Transportfahrzeuge eine sinnvolle Ergänzung dar.

Die aktualisierte EU-Transport-Richtlinie 91/628/EWG erlaubt über 8 Stunden andauernde Transporte nur in besonders ausgestatteten Fahrzeugen. Diese müssen über eine ausreichende Belüftung, Wasser- und Futterversorgung sowie Einstreu verfügen. Gleiches gilt prinzipiell auch für den Luft- und Schiffstransport. Beim Schiffstransport dürfen Tiere nicht auf dem offenen Deck untergebracht sein, es sei denn, in ausreichend gesicherten Behältnissen oder festen Aufbauten, die jedoch jederzeit zugänglich sein müssen.

11.3.2 Ladedichte

Voraussetzung für einen wenig belastenden Transport ist eine geeignete Ladedichte, die sicherstellt, daß sich alle Tiere niederlegen können.

Um das Problem der Belüftung zu umgehen, besonders bei heißem Wetter, sollte die Fahrt ohne Halt und möglichst an kühlen Stunden des Tages erfolgen. Die meisten Länder schreiben eine **Ladedichte** von 0,35–0,39 m^2/100 kg Lebendgewicht vor. Besser sind 0,45 m^2/100 kg, da hier das Liegen aller Tiere gewährleistet werden kann. Deutsche Empfehlungen sind auf 0,43–0,50 m^2/100 kg ausgerichtet (SCHÜTTE 1994). Eine geringere Dichte (0,5 m^2/100 kg) hat den Nachteil, daß es beim Halt bei Schweinen in gemischten Gruppen zu Kämpfen kommt. Die kürzlich übereinstimmend angepaßte EG-Richtlinie zum Schutz von Tieren während des Transportes schlägt 235 kg/m^2 (0,425 m^2/100 kg) vor. Entsprechend den Witterungsbedingungen und Transportzeiten sollten bis zu 20 % Raumfläche dazugegeben werden (0,510 m^2/100 kg).

Transporte sollten nicht bei Außentemperaturen < 20 °C und keinesfalls bei Temperaturen wesentlich über 30 °C durchgeführt werden. Auch Lärm sollte bei Be- und Entladung möglichst vermieden werden. Fußböden sollen isoliert und nicht schlüpfrig sein.

Bei **Schweinen** besteht ein enger Zusammenhang zwischen Belegungsdichte und der über Herzfrequenz und Körpertemperatur beurteilten Gesamtbelastung des Tiers sowie der Häufigkeit des Auftretens von „Totalverlusten" und PSE-Abweichungen im Fleisch. Nach

Untersuchungen von SCHÜTTE u. a. (1994) hatten (mit einer Belegungsdichte < 200 kg/m² beim Transport) ca. zwei Drittel der Schweine keine PSE-Abweichungen, während PSE-belastete Schlachtkörper zu ca. drei Viertel von Tieren stammen, die enger verladen waren (Tab. 11.3).

Tab. 11.3: Anteile (%) „gute" bzw. „schlechte" Fleischqualität bei Schlachtschweinen nach Transporten mit unterschiedlicher Ladedichte (beurteilt nach PSE-Status im M. long. dorsi; n = 2.119; SCHÜTTE u. a. 1994)

Ladedichte	Anteil (%) Fleischqualität	
	gut	schlecht
Ladedichte (kg/m²)		
< 200	64	27
200–250	16	44
> 250	20	29

Tab. 11.4: Mindestflächen[1] für den Transport (Richtl. 93/119/EG)

Maximale Lebendgewichte (in kg)			Fläche
Rinder	Schweine [2]	Schafe [2]	m²/Tier
	25		0,15
		18	0,20
		30	0,25
50	60	50	0,40
	100	> 50	0,50
100	> 100		0,70
300			1,30
500			1,80
> 500			2,20

[1] in Abhängigkeit vom maximalen Lebendgewicht;
[2] Transport per Bahn, Luft, Straße und Schiff

Schwere Traumata mit intra- und intermuskulären Blutungen sind häufig Folge des Niederstürzens von **Rindern** auf Transportern mit hoher Ladedichte, so daß die Tiere nicht wieder auf die Füße kommen. Die Schwere transportbedingter Hämatome und Quetschungen nimmt mit zunehmender Ladedichte zu (200 kg/m² < 300 kg/m² < 600 kg/m²). Der Grund ist, daß bei weniger zur Verfügung stehender Bodenfläche das Halten der Balance bei bestimmten Fahrereignissen schwieriger wird (TARRANT u. a. 1992). So ist bei niedriger oder mittlerer Ladedichte (200 bzw. 300 kg/m²) ein Balanceverlust von Jungbullen beim Kurvenfahren die Ausnahme, häufig dagegen bei einer hohen Ladedichte von 600 kg/m². Die verursachten Schäden können so groß sein, daß der Schlachtkörper aufgrund „erheblicher sinnfälliger Veränderungen" bei der amtlichen Fleischuntersuchung als untauglich beurteilt werden muß.

COCKRAM u. a. (1996) untersuchten das Verhalten und physiologische Parameter bei **Lämmern** (35 kg Lebendgewicht) während und nach einem 12stündigen Lkw-Transport mit Ladedichten von 0,22, 0,27, 0,31 und 0,41 m^2 pro Schaf. Die Autoren fanden keine, durch die unterschiedlichen Belegdichten verursachte Änderung physiologischer Parameter. Ein Platzangebot von 0,22 m^2 pro Lamm kann dennoch nicht empfohlen werden, da dann nicht genügend Platz für ein Hinlegen der meisten Tiere zur Verfügung steht. Aus diesem Grunde wurde eine Ladedichte für Lämmer (35 kg Lebendgewicht) von wenigstens 0,27 m^2 pro Tier empfohlen. Tabelle 11.4 zeigt einen Vorschlag der EU-Kommission für Mindestflächen beim Transport.

11.3.3 Transportentfernung und -zeit

Die Entfernung und die Dauer der Transporte sind Belastungsfaktoren, denen in der öffentlichen Diskussion besondere Beachtung geschenkt wird. Grundsätzlich kann jedoch aus Entfernung und Dauer nicht allein auf die tatsächlich ausgeübte Belastung rückgeschlossen werden, da z. B. lange und ruhige Fahrten bei günstigen Verhältnissen (Möglichkeit zum Niederlegen, Wärmeabfuhr durch Lüftung) nicht besonders negativ auf die Tiere wirken.

Dennoch erscheint die Begrenzung der Transportdauer sinnvoll. Die Weglänge ist weniger entscheidend, da durch die sich **zeitlich** auswirkenden Nebenumstände des Transportes, wie etwa die Wahrscheinlichkeit von Staus und schleppendem Verkehr, die Transportverhältnisse viel stärker beeinflußt werden. So führt wegen der veränderten Lüftungsverhältnisse im stehenden Fahrzeug der Verkehrsstau statt zu einer willkommenen Ruhepause oft zu einem physiologisch dramatischen Wärmestau. Inlandtransporte sollten so kurz gehalten werden, daß Tränk- und Fütterungspausen bzw. Ausruhezeiten nicht erforderlich sind. Bei Angabe von Transporthöchstdauern ist zu berücksichtigen, daß unter kleinbetrieblichen Verhältnissen nicht nur reine Fahrtzeiten vom landwirtschaftlichen Betrieb zum Schlachthof auftreten, sondern es treten erhebliche Umwege und zeitliche Verlängerungen auf, da üblicherweise mit einem Transport mehrere Erzeugerbetriebe angefahren werden müssen, ehe die volle Zuladung erreicht ist. Dies ist also nicht nur ein logistisches, sondern auch ein tierschutzrelevantes Problem. Diese Belastungen lassen sich mindern, wenn die Fahrtrouten sorgfältig geplant und optimiert werden. In großen Unternehmen erfolgt die Planung EDV-gestützt.

Unter deutschen Verhältnissen erscheint eine **Transportdauer** von **6 Stunden** als Regelwert durchaus realisierbar, eine Höchsttransportdauer von **8 Stunden** sollte keinesfalls überschritten werden.

Eine starke Verkürzung der Transportdauer führt nicht generell zu befriedigenderen Ergebnissen bei der Fleischqualität. So wird nach besonders kurzen Transporten oder bei Wegfall des Transportes – wie bei einigen Mastprüfungsanstalten mit eigenem Schlachthaus –

der PSE-Anteil in Kotelett und Oberschale nicht verringert, zum Teil liegt er sogar deutlich über den Werten nach längeren Transporten (AUGUSTINI 1982).

Tab. 11.5: Maximale Transportzeit (in Stunden) ohne Tränke und Fütterung (Richtl. 93/119/EG)

	Tränke (h)	Fütterung (h)
Kälber < 6 Monate	8	8
Mutterkühe	8	24
Rinder	16	24
Einhufer	6	6
Schweine	8	24

11.3.4 Klima

Das Wetter beeinflußt nicht nur den Belastungsstatus der Tiere während der Fahrt, sondern es bestimmt auch mit, in welcher Kondition die Tiere überhaupt zum Transport gelangen und wie gut sie sich während der Wartezeit am Schlachthof erholen können. Mit steigenden Außentemperaturen nehmen die Transportverluste bei Schweinen und der Anteil an Fleischqualitätsmängeln zu (Abb. 11.4, Tab. 11.6). Ist nicht nur die Außentemperatur erhöht, sondern auch der von der Luftfeuchtigkeit mitbestimmte sogenannte Schwülefaktor (Temperatur + zweifacher Dampfdruck), so wird es für die Tiere immer schwieriger, überschüssige Wärme abzugeben. Daraus resultieren Totalverluste und höhere Körper-/Fleischtemperaturen mit einer Verschlechterung der Fleischqualität (LENGERKEN und SCHMIDT 1980, WÄHAUS 1982).

Tab. 11.6: Anteil an Fleischqualitätsmängeln (in %) bei gering streßempfindlichen Schweinen in Abhängigkeit von der Jahreszeit (LENGERKEN u. a. 1977)

Quartal	M. longissimus dorsi		M. semimembranosus	
	$\overline{X}$	von – bis	$\overline{X}$	von – bis
I	7	0–13	6	3–10
II	10	0–17	4	0–10
III	17	10–23	14	7–23
IV	10	10–20	3	0– 7

Dies gilt um so mehr, je größer die Abweichung des aktuellen Schwülefaktors von den Werten der vorausgegangenen Tage ist. Allerdings können auch sehr niedrige Temperaturen auf dem Fahrzeug dazu beitragen, daß Schweine während des Transportes nicht zur Ruhe kommen und überdurchschnittlich hohe Herzfrequenzwerte aufweisen. Schlachtschweinetransporte sollten deshalb bei extremen Witterungsverhältnissen (< −20 °C oder > +30 °C) nicht durchgeführt werden. An sehr warmen Tagen sollte der Transport in den frühen Morgenstunden erfolgen.

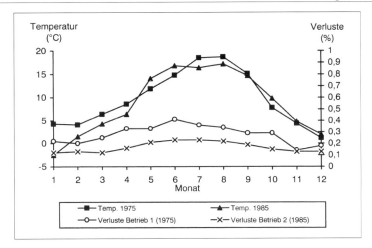

Abb. 11.4: Zusammenhang zwischen Monatsmitteltemperatur und Verlusten von zum Schlachthof transportierten Schweinen (FUSS und LENGERKEN 1976, ULLMANN und LENGERKEN 1986)

Rinder können stark schwitzen. Sie verfügen deshalb über ein besseres Thermoregulationsvermögen und werden durch hohe Temperaturen/Luftfeuchtigkeiten nicht so stark belastet wie Schweine.

11.3.5 Fahrweise

Jedes Anfahren, Beschleunigen, Bremsen, Kurvenfahren setzt die Tiere Schub- und Fliehkräften aus. Eine die Tiere belastende und somit die Herzfrequenz steigernde Fahrweise ist jedoch nicht immer auf einen schlechten Fahrstil mit zu hoher Geschwindigkeit, schnellem Durchfahren von Kurven und häufigen ruckartigen Geschwindigkeitsveränderungen zurückzuführen. Oft sind Fahrstrecken mit schlechter Wegebeschaffenheit nicht zu umgehen, und das Risiko, in Stop-and-Go-Verkehr zu geraten, steigt vor allem im innerstädtischen Bereich. Demnach bieten Schlachtbetriebe im Erzeugergebiet mit guter Verkehrsanbindung (Autobahnnähe) Vorteile.

SCHÜTTE (1994) wies anhand von Herzfrequenzmessungen nach, daß bei ansonsten identischen Transportbedingungen und gleicher Fahrstrecke die Mastschweine durch unterschiedliche Fahrweisen mehr oder weniger belastet werden. Während bei ruhiger Fahrweise die Herzfrequenz im Laufe des gut einstündigen Transportes kontinuierlich von 150 auf 110 Schläge pro Minute abnahm, trat bei „konventioneller Fahrweise" nach Fahrtbeginn eine Zunahme der Erregung (Herzfrequenz) auf. Erst im letzten Drittel der Fahrt sank die Herzfrequenz von 175 auf etwa 140 Schläge pro Minute. Gleichzeitig wurde eine negative Auswirkung auf die Fleischqualität festgestellt.

11.4 Wartestall

Das Verbleiben der Schlachttiere nach dem Transport auf dem Schlachthof bis zur Schlachtung erfüllt zwei **Funktionen**:

- Ausruhen nach dem Transportstreß zur Normalisierung von Herz-Kreislauf und der beanspruchten Stoffwechselprozesse,
- Vorstapelung im Sinne der kontinuierlichen Zuführung der Tiere zur Schlachtung entsprechend dem Schlachttakt.

Allgemeine bauliche Anforderungen an die Schlachthofstallungen sind im Gesetz zum Europäischen Übereinkommen Schutz von Schlachttieren (1979) und in Richtlinie 93/119/EG festgelegt. Danach müssen vorhanden sein:

- ein Schutz vor Witterungsunbilden, das erfordert in unseren Breiten einen baulich allseits geschlossenen Stall mit entsprechender Isolation gegen Hitze und Frost;
- ein Lüftungssystem zum Ausgleich von Temperatur- und Luftfeuchtigkeitsschwankungen;
- trittsichere Bodenflächen, von denen Flüssigkeiten vollständig abfließen können;
- eine Beleuchtung, die eine Inspektion der Tiere jederzeit ermöglicht;
- Tränken, die jederzeit die Trinkwasserversorgung gewährleisten, gegebenenfalls Krippen und Anbindevorrichtungen.

In „modernen" Schlachtstätten haben sich in den letzten Jahren für Schweine überwiegend lange, schmale Wartebuchten mit Tränkeinrichtungen und mechanischen Belüftungssystemen durchgesetzt. In der warmen Jahreszeit werden die Tiere zusätzlich berieselt. Bisher werden allerdings relativ viele Tiere in einer Bucht gehalten. Durch die Belegung mit bis zu mehr als 100 Schweinen wird das Treiben für das Stallpersonal schwierig. So kann die Forderung nach schonendem Treiben und nach gleichmäßiger Ruhezeit nicht eingehalten werden. Um zu verhindern, daß das Stallpersonal aus der Richtung die Ruhebuchten betreten muß, in welche die Tiere vorwärts getrieben werden sollen, sind Personalgänge, parallel zu den Ruhebuchten, vorzusehen.

Bei hohem Tierbesatz treten folgerichtig Rangordnungskämpfe wesentlich häufiger auf, in die dann auch mehrere Tiere verwickelt sind. Diese Kämpfe führen nicht nur allein zu oberflächlichen Verletzungen, die den Wert der Schlachttierkörper mindern, sondern sie führen auch zu Unruhe. Wegen der erhöhten Unruhe legen sich die Tiere erst nach längerer Zeit hin. Letztendlich kann auch die Forderung nach gleicher Buchten- und Transportabteilgröße nicht erfüllt werden, so daß in einer Bucht Tiere aus unterschiedlichen Erzeugerbetrieben, unterschiedlichen Transportfahrzeugen oder Fahrzeugabteilen zusammenkommen.

Als Ausruhfläche sind für das Schwein 0,50 m^2/Tier ausreichend, sofern nur ein Zugang zum Wasser erforderlich ist. Ansonsten werden von WARRIS (1996) 0,55–0,67 m^2/100 kg bei maximal 15 Tieren je Bucht empfohlen. Höhere Belegungsdichten und Tierzahlen führen zu vermehrten Hautschäden.

Ist unter besonderen Bedingungen ein Wärmestau in den Vorwartebuchten unvermeidbar, ist es besser, die Tiere nach kurzer Beruhigung (30 min) zu schlachten. Die Berieselung der Schweine nach dem Transport wirkt sich günstig auf die Normalisierung von Herz-Kreislauf und Muskelstoffwechsel aus. Allerdings sollte bei < 5 °C Stalltemperatur keine Berieselung erfolgen.

Über die Länge der **Ausruhzeit** gibt es in der Literatur sehr viele aber teilweise auch sehr entgegengesetzte Auffassungen. Letztendlich ist ein Kompromiß anzustreben zwischen den ökonomischen Anforderungen (Platzbedarf) und denen, die sich aus der Qualitätssicherung ergeben. Grundsätzlich sollten nur Tiere im „Normalzustand" der Schlachtung zugeführt werden. Dies kann und muß vom Tierarzt beurteilt werden. Bei ruhigen Transporten reicht für Schweine in der Regel eine 2- bis 3stündige Ruhezeit aus, bei Berieselung mit Wasser auch 1–2 Stunden. Längere Ruhezeiten können zu erneuten Rangordnungskämpfen und einer wieder zunehmenden Belastung mit negativen Auswirkungen auf die Fleischqualität führen. So haben LENGERKEN u. a. (1977) bei streßunempfindlichen Hybridschweinen einen Anteil an Fleischqualitätsmängeln im M. longissimus (PSE-/DFD-Fleisch) bei sofortiger Schlachtung nach einem 30 km langen Transport von 13–20 %, nach einer Ausruhzeit von 8 Stunden von 0–10 % und nach 24 Stunden von 0–17 % festgestellt. Kürzere Ruhezeiten führen meist zu einem erhöhten PSE-Anteil, sehr lange „Ruhezeiten" verbunden mit Hunger der Tiere führen zu erhöhter DFD-Kondition.

Der Genotyp (Rasse, Linie, Kreuzungsprodukt) hat bei streßunempfindlichen Schweinen einen geringeren Einfluß auf die Fleischqualität als die spezifischen Bedingungen des jeweiligen Schlachttages (Transport, Klima, Behandlung des Tieres vor und während der Schlachtung, Tötung, Kühlung). Bei streßempfindlichen Tieren (MHS-Genotyp nn bzw. auch Nn) und bei Endprodukten der Vaterrasse Pietrain hat dieser Faktor eine sehr große Bedeutung (PRANGE u. a. 1979; VEITH und LENGERKEN 1979).

Schlachthofstallungen für Rinder sind, neben den allgemein gültigen baulichen Anforderungen (Richtlinie 93/119/EG), grundsätzlich anders zu konzipieren als Ruheställe für Schweine. Rinder, insbesondere Jungbullen, sollten nach Antransport möglichst umgehend geschlachtet werden. Ein zwischenzeitliches Verbringen in Wartebuchten sowie insbesondere der Kontakt mit fremden Artgenossen führt zu Aufregung und motorischer Aktivität, wie gegenseitigem Bespringen – was häufig über den vermehrten Verbrauch von Muskelglykogen zu Fleischqualitätsabweichungen (sog. DFD-Fleisch) führt. Um eine Vermischung einander fremder Jungbullen am Schlachthof zu verhindern, hat es sich in der Praxis bewährt, die Tiere nach dem Abladen direkt in Einzeltreibgänge (mit Rohrbegrenzungen oben gegen das Aufspringen) zu verbringen und möglichst umgehend zu schlachten. Die Bereitstellung einer gewissen Tierzahl kann durch eine Reihe parallel geführter Einzeltreibgänge, die in einen gemeinsamen zur Betäubungsfalle führenden Sammelgang münden, erreicht werden. Einer gut koordinierten Anlieferungslogistik kommt dabei große Bedeutung zu. Daneben müssen auch für Rinder, i.d.R. Kühe oder Kälber, Wartebuchten verfügbar sein.

Die Mindestbodenfläche pro Tier ist gewichtsabhängig und sollte bei Kälbern (200–300 kg) 1,5 m^2, bei Jungvieh (300–400 kg) 1,8 m^2 und bei ausgewachsenen Rindern 2,0 m^2 betragen (STEIGER 1989).

11.5 Kontrollen

Der **Eigenkontrolle** einzelner Prozeßschritte der Fleischerzeugung, -gewinnung und -verarbeitung kommt nicht nur im Rahmen integrierter Qualitätssicherungssysteme eine immer größere Bedeutung zu. So hat ein (zertifizierter) Schlachtbetrieb mit installiertem Qualitätsmanagementsystem die Dienstleistung „Schlachttiertransport" des Spediteurs bei Ankunft am Schlachthof zu prüfen. Es sind die technische Ausstattung und der Zustand des Lkw, die Transportbedingungen (z. B. Ladedichte, Trennung von Mastgruppen, Klimabedingungen), das Handling beim Entladen sowie das Allgemeinbefinden der Tiere zu prüfen. Zu denken wäre auch an Kontrollen von Fahrtenschreibern und gegebenenfalls von Videobändern der Aufnahmen aus dem Inneren des Transportfahrzeuges. Prüfung und Dokumentation können z. B. mit Hilfe einer Checkliste erfolgen und zu einer Bewertung der einzelnen Lieferanten (Spediteure) führen, die ihren Niederschlag in einer Lieferantenkartei findet und als Kriterium für die Lieferantenauswahl dient.

Die **amtlichen Kontrollen** von Schlachttiertransporten sollen nach der Neufassung der EU-Tiertransportrichtlinie 91/628/EWG verstärkt werden. Die Transportunternehmen werden künftig strengeren Kontrollen unterworfen; Tiertransporte dürfen nunmehr auch während der Fahrt angehalten und kontrolliert werden (hier waren bisher nur Verdachtskontrollen zulässig). Die Transporteure benötigen eine tierschutzrechtliche Erlaubnis. Das Personal, das mit den Tieren umgeht, muß die notwendigen Kenntnisse und Fähigkeiten nachweisen. Tiere müssen während des Transports von einem Dokument mit Angabe der Herkunft und des Eigentümers des Tieres, des Versand- und Bestimmungsortes sowie der Tag- und Uhrzeit des Versandes begleitet sein.

Bei der Ausfuhr von Tieren in Drittländer werden die länger dauernden Transporte beim Verlassen des Gemeinschaftsgebietes nochmals kontrolliert, wobei ein Transportplan vorzulegen ist, aus dem die Fahrtroute, die Ruhezeit und die Möglichkeit zum Füttern und Tränken der Tiere hervorgeht. Exporterstattungen für lebende Tiere sollen nur gezahlt werden, wenn die Tiere in gutem Zustand am Bestimmungsort angekommen sind. Beauftragte der Kommission werden die Einhaltung der EG-rechtlichen Vorschriften auch in Drittländern überwachen. Bei Verstößen droht Entzug der Transportgenehmigung und Einbehalten der Exporterstattungen.

Die Umsetzung der EU-Bestimmungen in nationales Recht erfolgte durch die Tierschutztransportverordnung (1997).

Literatur

AUGUSTINI, C.: Ursachen unerwünschter Fleischbeschaffenheit beim Schwein. In: Beiträge zum Schlachtwert von Schweinen, Kulmbacher Reihe Band 3, Bundesanstalt für Fleischforschung, Kulmbach (1982), 165–186

BARTON-GADE, P.; BLAABJERG, L.; CHRISTENSEN, L.: Meat Focus International 2 (1993) 3, 115–118

BRANSCHEID, W.; MICKWITZ, G. VON; MÜLLER, W.: Transport von Schlachtschweinen und Schlachtrindern. Projekt CMA „Schwachstellen und Problemlösungen bei der Produktion von Vieh und Fleisch ". Unveröffentlicht

COCKRAM, M. S.; KENT, J. E.; GODDARD, P. J.; WARAN, N. K.; McGILP, I. M.; JACKSON, R. E.; MUWANGA, G. M.; PRYTHERCH, S.: Effect of space allowance during transport on the behavioural and physiological responses of lambs during and after transport. Anim. Sci. (1996) 62, 461–477

EIKELENBOOM, G.; BOLINK, A. H.; SYBESMA, W.: Effect of fasting before delivery on pork quality and carcass yield (1989) Proc. 35 ICoMST, Vol. III., 999–1005

ENDER, K.; KUHN, G.; LENGERKEN, G. VON: Behandlung von Rindern und Schweinen vor der Schlachtung. Agrar-Empfehlungen für die Praxis. Akademie der Landwirtschaftswissenschaften – Landwirtschaftsausstellung in Leipzig 1984

FISCHER, K.: Transport zur Schlachtstätte. In: Schlachten von Schwein und Rind, Kulmbacher Reihe Band 12, Bundesanstalt für Fleischforschung, Kulmbach (1994), 22–42

FISCHER, K.; AUGUSTINI, C.: Nüchterungsdauer vor dem Schlachten und Fleischbeschaffenheit. Mitteilungsblatt BAFF, Kulmbach (1986) 92, 6879–6886

FUSS, E.; LENGERKEN, G. VON: 1976, unveröffentlicht

GRANDIN, T.: Transportation from the animal's point of view. ASAE Technical Paper (1978) No. 78–6013

LAMBOOIJ, E.; GEVERINK, N. A.; BROOM, D. M.; BRADSHAW, R. H.: Quantification of pig welfare by behavioural parameters. In: Landbauforschung Völkenrode, Sonderheft 166 (1996), 13–19; Proceedings of the EU-Seminar: New information on welfare and meat quality of pigs as related to handling, transport and lairage conditions, 29–30 June 1995, Mariensee

LENGERKEN, G. VON; PFEIFFER, H.: Einfluß von Transport und Schlachtung auf die Variabilität biochemischer Kennwerte im Blutplasma von Hybridschweinen. – Mh. Veter.-Med. – Jena 32 (1977), 620–624

LENGERKEN, G. VON; SCHMIDT, H.: Untersuchungen zum Verlustgeschehen bei Schlachtschweinen – Fleischbeschaffenheitsmängel. – Fleisch. – Leipzig 34 (1980), 234–235

LENGERKEN, G. VON; STEIN, H. J.; PFEIFFER, H.: Einfluß der Ausruhzeit vor der Schlachtung auf die Fleischbeschaffenheit. – Mh. Veter.-Med. – Jena 32 (1977), 376–380

MICKWITZ, G. VON: Informationsblatt der Presse- und Informationsstelle der Freien Universität Berlin zur Grünen Woche 1994

MÜLLER, W.: Technische Anforderungen an einem tierschutzgerechten Tiertransport. In: Hygiene und Tierschutz beim Tiertransport. Deutsche Veterinärmedizinische Gesellschaft e. V., Gießen (1994), 72–81

PRANGE, H.; LENGERKEN, G. VON; JUGERT, L.; OBER, G.: Untersuchungen zur Muskelfleischqualität beim Schwein. 6. Mitt.: Einfluß von genetischer Konstruktion und Geschlecht. – Arch. exper. Veter.-Med. – Leipzig 33 (1979), 27–35

PUTTEN, G. VAN; ELSHOF, W. J.: Observations on the effect of transport on the well-being and lean quality of slaughter pigs. Animal Reg. Stud. (1978) 1, 247–271

SCHÄFFER, D.: Ethologische Untersuchungen an Schlachtschweinen zur Förderung des unbehinderten Laufens beim Austrieb aus der Vorwartebucht, während der Vereinzelung, im Einzellaufgang und beim Restrainerzutritt. Diss. Univ. Halle (1996)

SCHÜTTE, A.: Transporttauglichkeit von Schweinen: In: Hygiene und Tierschutz beim Tiertransport, Deutsche Veterinärmedizinische Gesellschaft e. V., Gießen (1994), 83–98

SCHÜTTE, A.; BROOM, D. M.; LAMBOOIJ, E.: Standard methods of estimating physiological parameters during pig handling and transport. In: Proceedings of the EU-Seminar, 29.–30. 6. 95, Landbauforschung Braunschweig-Völkenrode, Sonderheft 166 (1996), 69

SCHÜTTE, A.; WENZLAWOWICZ M. VON; MICKWITZ, G. VON: Tiertransport und Fleischqualität bei Schweinen. Fleischwirtsch. 74 (1994) 2, 126–132

SCOTT, S. L.; SCHAEFER, A. L.; JONES. S. D. M.; MEARS, G. J.; STANLEY, R. W.: Stress indicators and lean tissue yield in transported cattle treated with electrolytes. Proc. 39th ICoMST (1993)

STEIGER, A.: Transport, Anlieferung, Einstallung und Betreuung der Schlachttiere. Swiss Food 11 (1989)

TARRANT, P. V.; KENNY, F. J.; HARRINGTON, D.; MURPHY, M.: Long distance transportation of steers to slaughter: effect of stocking density on physiology, behavior and carcass quality. Livestock Prod. Sci. 30 (1992), 223–238

THIELSCHER, H. H.: Das Herz/Kreislaufsystem bei freilaufenden Schweinen der deutschen Landrasse. Tierärztl. Umschau, 1986; 41: 330–336

ULLMANN und LENGERKEN 1986, unveröffentlicht

VEITH, U.; LENGERKEN, G. VON: Einfluß unterschiedlicher Transport- und Schlachtbedingungen auf die Fleischqualität von Schweinen aus der Linienzucht und Schlußfolgerungen auf die züchterische Selektion. – Tierzucht. – Berlin 33 (1979), 87–89

WÄHAUS, E.: Transportverluste und Fleischqualitätsmängel beim Schwein in Abhängigkeit vom Wetter, Transportmittel und Fütterungszeitpunkt vor dem Transport. Diss. Berlin (1982)

WARRISS, P. D.: Guidelines for the handling of pigs antemortem – interim conclusions from EC-AIR 3-Projekt CT920262. In: Landbauforschung Völkenrode, Sonderheft 166 (1996), 217–224; Proceedings of the EU-Seminar: New information on welfare and meat quality of pigs as related to handling, transport and lairage conditions, 29–30 June 1995, Mariensee

WARRISS, P. D.: Ante-mortem factors which influence carcass shrinkage and meat quality. Proc. 39th ICoMST (1993), 51–65

WARRISS, P. D.; BROWN, S. N.; BEVIS, E. A.; KESTIN, S. C.; YOUNG, C. S.: Influence of food with-drawal at varians tenies preslaughter on carcass yield and meat quality in sheep. J. Sci. Fd. Agric 39 (1987), 325–334

WYTHES, J. R.: The saleyard curfew issue. Queensland Agric. J. Nov.-Dez. (1982), 1–5

Rechtsvorschriften

Gesetz zu dem Europäischen Übereinkommen vom 10. Mai 1979 über den Schutz von Schlachttieren vom 9. Dezember 1983 (BGBl. II, S. 770)

Richtlinie 91/628/EWG des Rates vom 19. November 1991 über den Schutz von Tieren beim Transport sowie zur Änderung der Richtlinien 90/425/EWG und 91/496/EWG (Abl. EG Nr. L 340, S. 17), zuletzt geändert durch Richtlinie 95/29/EWG vom 29. Juni 1995 (Abl. EG Nr. L 148, S. 52)

Richtlinie 93/119/EWG des Rates vom 22. Dezember 1993 über den Schutz von Tieren zum Zeitpunkt der Schlachtung oder Tötung (Abl. EG Nr. L 340 vom 31. 12. 1993, S. 21)

Richtlinie 95/29/EWG des Rates vom 29. Juni 1995 zur Änderung der Richtlinie 91/628/EWG über den Schutz von Tieren beim Transport (Abl. EG Nr. L 148/52 vom 29. Juni 1995)

TierSchlV: Verordnung zum Schutz von Tieren im Zusammenhang mit der Schlachtung und Tötung (Tierschutz-Schlachtverordnung) v. 3. März 1997 (BGBl. I, S. 405)

Verordnung zum Schutz von Tieren beim Transport vom 25. Februar 1997 (BGBl. I, S. 348)

Abb. 12.1: Punktförmige Blutungen in der Schultermuskulatur vom Schwein infolge Elektrobetäubung

Abb. 12.2: Entbluten im Liegen mit Hohlstechmesser nach Elektrobetäubung im V-Restrainer

Abb. 12.4: Brühtunnel zur hängenden Brühung von Schweineschlachtkörpern (Fa. BANSS, Biedenkopf)

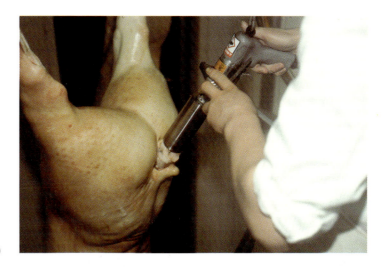

Abb. 12.5: Apparatives Freischneiden des Enddarms (Bung dropper)

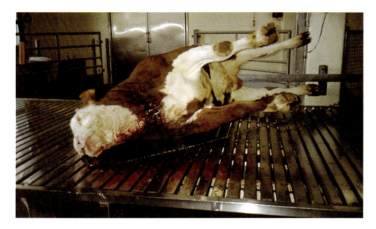

Abb. 12.7: Niedervolt-Elektrostimulierung nach horizontaler Entblutung

Abb. 12.8: Maschineller Hautabzug kopfwärts, Schlachtkörperstabilisierung durch Elektrostimulierung (Rückenbereich)

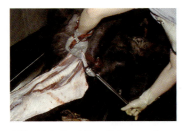
Abb. 12.9: Rodding (Lösen und Verschluß der Speiseröhre)

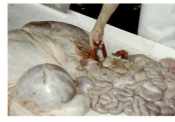
Abb. 12.10: Magen-Darm-Trakt mit verschlossener Speiseröhre

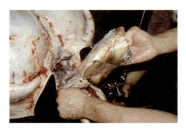
Abb. 12.11: Umhüllen und Verschluß des Enddarms

Abb. 12.13: Zerlegebereich

Abb. 12.14: Hygieneschleuse

12 Fleischgewinnung und -behandlung

K. Troeger

12.1 Zuführung zur Betäubung

Der Behandlung der **Schweine** unmittelbar vor der Betäubung bzw. Tötung kommt hinsichtlich der resultierenden Fleischbeschaffenheit besondere Bedeutung zu. Die Stimulierung der anaeroben Glykolyse in der Muskulatur über humorale Stoffwechselregulation (Adrenalinausschüttung) sowie eine Erhöhung der Körpertemperatur aufgrund physischer und psychischer Belastung fördern die Ausbildung von hellem, wäßrigem Schweinefleisch (PSE). Die baulichen Voraussetzungen der Zutriebswege sollten einen weitgehenden Verzicht auf Elektrotreibstäbe ermöglichen. Mit steigender Zutriebsbelastung wurden deutlich steigende Blut-Adrenalinwerte bei Mastschweinen ermittelt (TROEGER 1989).

In der Mehrzahl der industriellen Schlachtbetriebe ist die Zuführung der Schlachtschweine zur Betäubungsanlage gegenwärtig nicht befriedigend gelöst. Die notwendige Vereinzelung der Schweine vor der Betäubungsanlage erfolgt im allgemeinen über (parallele) Einzellaufgänge. In diesen, allseits durch massive Wände oder Rohre begrenzten, engen Käfigtreibgängen reagieren die Tiere häufig bereits ohne äußere Gewalteinwirkung panikartig, auch ein Absetzen mit Bewegungsverweigerung wird oft beobachtet. Bei diesen Einzel- oder auch Doppeltreibgangsystemen funktioniert in Betrieben mit hoher Schlachtkapazität die kontinuierliche Zuführung der Schweine zur Elektro- oder CO_2-Betäubung i.d.R. nur mit massivem Einsatz von Elektrotreibstäben, mit nachweislich negativer Wirkung auf die Fleischbeschaffenheit (MOJE und TROEGER 1996). Bezüglich der Beleuchtung der Treibwege gilt, daß im Eingangsteil beleuchtete Gänge problemloser betreten werden als dunkle Eingangszonen. Lichteffekte am Gangende setzen Orientierungsreize und wirken somit anziehend auf die Schweine (KLEIBS 1992). Blendwirkungen durch Lampen oder reflektierendes Material (Edelstahl) sind zu vermeiden. Matte Grau- oder Grüntöne erscheinen dagegen geeignet.

Neuerdings existieren Alternativen zum Einzeltreibgangsystem. Mit dem sog. Piglift werden die Tiere im Treibgang von unten angehoben und passiv in die Position für die Elektrobetäubung verbracht. Das System ist für kleinere bis mittlere (ca. 120 Schweine/h) Schlachtzahlen geeignet (BRIESE und WENZLAWOWICZ 1996). Für Schlachtleistungen bis 800 Schweine pro Stunde ist eine neue dänische Entwicklung ausgelegt. Die Tiere werden dabei gruppenweise, ohne Gewaltanwendung und mit nur minimalem Personenkontakt, in die CO_2-Betäubungsanlage verbracht (CHRISTENSEN und BARTON-GADE 1996).

Weniger Probleme bereitet im allgemeinen die Zuführung von **Rindern** über Einzeltreibgänge zum Betäubungsplatz bzw. in die Betäubungsfalle. Die Treibgänge sollten trittsichere

Fußböden aufweisen und oben mit Abweisrohren gegen das Aufspringen versehen sein. Eckige, rechtwinkelige Kurvenführungen sind ebenso wie vorspringende Ecken und Kanten zu vermeiden. Um ein Zurückdrängen der Tiere im Einzeltreibgang zu verhindern, werden häufig schwere Rücklaufsperren mit Drehpunkt oben im Treibgang installiert, die beim Passieren eines Tieres nach vorne geklappt werden. Ist das Tier unter der Sperre durch, schlägt diese durch das mehrere Kilogramm betragende Eigengewicht mit hoher Geräuschentwicklung zurück und trifft dabei nicht selten das nachfolgende Tier am Kopf. Ein derartiges System ist nicht nur tierschutzwidrig, sondern bewirkt auch durch ein Verschrecken der Tiere eine Verschlechterung deren Laufwilligkeit.

12.2 Schweineschlachtung

12.2.1 Betäubungs-/Tötungsverfahren

Die in nationales Recht umzusetzende Richtlinie 93/119/EG führt in Anhang C folgende erlaubte Betäubungs- und Tötungsmethoden für Nutztiere, außer zur Pelzgewinnung, auf:

A. Betäubung	B. Tötung
1. Bolzenschuß	1. Kugelschuß
2. Schuß-Schlag	2. Elektrotötung
3. Elektrobetäubung	3. Kohlendioxid-Exposition
4. Kohlendioxid-Exposition	

Die Betäubung von Schlachtschweinen in Schlachtbetrieben erfolgt fast ausschließlich mit elektrischem Strom oder durch Kohlendioxid-Exposition. Beide Verfahren weisen gewisse Mängel, auch bezüglich der resultierenden Schlachtkörper- und Fleischbeschaffenheit auf. Deshalb wurde in den letzten Jahren vermehrt nach alternativen Methoden gesucht. Experimente mit schlagartigem Unterdruck (Dekompression) oder der Schuß-Schlag-Betäubung (stumpfer Schlag) haben jedoch nicht zu praxisreifen Alternativen geführt.

Lediglich die sog. Jet-Injektion, d. h. die Betäubung bzw. Tötung durch einen Hochdruckwasserstrahl in Kombination mit Elektroimmobilisation (LAMBOOIJ und SCHATZMANN 1994) hat Praxisreife erlangt und wurde 1996 erstmals in einem Schweizer Schlachtbetrieb installiert.

Für eine **Elektrobetäubung** von Schlachtschweinen sind nach der Tierschutz-Schlachtverordnung folgende Anforderungen vorgesehen:
- Das Gehirn muß zuerst oder zumindest gleichzeitig mit dem Körper durchströmt werden.
- Innerhalb der ersten Sekunde des Stromdurchflusses muß eine Stromstärke von mindestens 1,3 Ampere erreicht werden.
- Außer bei Hochvoltbetäubung soll diese Stromstärke mindestens 4 sec gehalten werden, bei Buchtenbetäubung ohne Einzelfixation der Tiere 8 sec.

Grundsätzlich ist zu unterscheiden zwischen den Verfahren mit alleiniger Kopfdurchströmung (Tab. 12.1) – hier wird nur eine temporäre Empfindungs- und Wahrnehmungslosigkeit erreicht – und Verfahren mit einem Stromfluß Kopf-Körper bzw. der Anwendung einer zusätzlichen Herzelektrode – hier resultiert Herzkammerflimmern (cardiac-arrest) mit baldigem Exitus (Tab. 12.2). Die elektrischen Parameter beziehen sich auf die gegenwärtig am Markt verfügbaren Anlagen; die angegebenen Frequenzbereiche sichern die Effektivität der jeweiligen Methode. So sind etwa mit steigender Stromfrequenz immer höhere Stromstärken notwendig, um Herzkammerflimmern auszulösen. Bei den Verfahren mit zusätzlicher Kopf-Körper-Durchströmung ist nur ein Teil der Strommenge (As) der head-only-Verfahren notwendig, da die Stromflußzeiten deutlich kürzer gewählt werden können.

Tab. 12.1: Elektrobetäubungsmethoden (head-only-Verfahren)

	Manuelle Verfahren	**Automatische Verfahren**
Stromfluß	Kopf bilateral	Kopf bilateral
Fixierungseinrichtung	Bucht, Falle	V – Restrainer
Versorgungsteil: Spannung (V)	250–400	ca. 450–700
Stromstärke (A) [1)]	$\geq 1,3$	ca. 5–12
Frequenz (Hz)	50–ca. 500	50–100
Ladung (As)	ca. 10–15	ca. 10–20
Anwendungsteil:	2-Hand-Zange, Gabel	Gabel

[1)] bei Geräten mit konstanter Spannung widerstandsabhängig

Der Betäubungsstrom wirkt sich aufgrund der starken Stimulierung sowohl motorischer als auch vegetativer Nervenbahnen und der dadurch initiierten energieverbrauchenden Muskelkrämpfe sowie massiver Ausschüttung von „Streßhormonen" wie Adrenalin und Noradrenalin prinzipiell negativ auf die Fleischqualität im Sinne einer Zunahme von PSE-Fleisch aus. Dabei ist die wirksame Größe nicht die Spannung oder Amperezahl, sondern die Strommenge (Coulomb = Ampere x Sekunden), die während der Betäubung fließt.

Untersuchungen (TROEGER und WOLTERSDORF 1989) haben gezeigt, daß bei head-only-Betäubungsverfahren ca. 15 Asec ein Optimum bezüglich der resultierenden Fleischqualität darstellen. Wird dagegen ein cardiac-arrest-Betäubungsverfahren (zusätzliche Kopf-Körper-Durchströmung) benutzt, kann die zur Anwendung kommende Strommenge deutlich geringer sein, damit vermindern sich auch die negativen Auswirkungen auf die Fleischqualität (geringere PSE-Rate). Auch aus Tierschutzgründen ist diesen irreversiblen Betäubungsverfahren der Vorzug zu geben.

Häufige **Mängel infolge** einer **Elektrobetäubung** sind auch Knochenbrüche und punktförmige Muskelblutungen (Abb. 12.1, s. S. 360). Während erstere überwiegend bei manueller Zangenbetäubung vorkommen, sind punktförmige Muskelblutungen auch bei automatischen (Hochvolt-)Verfahren, systemabhängig an unterschiedlichen Lokalisationen, mehr oder weniger deutlich ausgeprägt, praktisch regelmäßig vorhanden. Prädestinierte Stellen sind die laterale Schultermuskulatur, die dorsale Rückenmuskulatur oder die mediale Schinkenmuskulatur. Eine Verminderung dieser Blutpunkte in der Muskulatur ist möglich durch Anwendung höherfrequenter Betäubungsströme (HATTON und RATCLIFF 1973). Höherfrequente Ströme von ca. 1.600 Hz führen jedoch zu einer deutlichen Verkürzung der Dauer der Empfindungs- und Wahrnehmungslosigkeit (ANIL und McKINSTRY 1992) bei head-only-Verfahren. Damit ist die Anwendung derartiger Hochfrequenz-Betäubungsströme nur in Kombination mit der Auslösung von Herzkammerflimmern akzeptabel und praktikabel, wobei hierfür wiederum „normale" Frequenzen im Bereich 50–60 Hertz notwendig sind.

Tab. 12.2: Irreversible Elektrobetäubung (cardiac-arrest-Verfahren)

	Manuelle Verfahren	**Automatische Verfahren**
Stromfluß	Kopf bilateral, anschließend Kopf-Körper bzw. Körper-Körper oder nur Kopf-Körper	Kopf bilateral, anschließend Kopf-Körper
Fixierungseinrichtung	Bucht, Falle	Band – Restrainer
Versorgungsteil: Spannung (V)	220–400 80–120 [a]	230–260 150 [a]
Stromstärke (A) [1]	≥ 1,3 ≥ 1,0 [a]	ca. 1,7–2,5 ca. 1,0–1,7 [a]
Frequenz (Hz) [2]	50–ca. 1.000	800
Ladung (As)	ca. 4–5 ca. 3 [a]	ca. 6 ca. 3 [a]
Anwendungsteile:	2-Hand-Zange oder Gabel; Herzelektrode [a]	pneumatische Schwenk-Kopfelektroden; pneumatische Herzelektrode [a]

[1] bei Geräten mit konstanter Spannung widerstandsunabhängig
[2] Zur Auslösung von Herzkammerflimmern (Stromfluß Kopf-Körper/Körper-Körper) 50–60 Hz
[a] nur zur Auslösung von Herzkammerflimmern nach vorheriger bilateraler Kopfdurchströmung

Die derzeit einzige praxistaugliche Alternative zur Elektrobetäubung der Schlachtschweine ist die **Gasanästhesie** mit **Kohlendioxid.** In sogenannten Kompakt-, Kombi- oder Diplift-Anlagen werden die Schweine in „Gondeln" in eine Atmosphäre aus 80 % bis > 90 % CO_2 und Restluft abgesenkt. Die Tierschutz-Schlachtverordnung stellt folgende **Anforderungen** an die CO_2-Betäubung von Schweinen:
- CO_2-Konzentration am ersten Halt der „Gondeln" und am Hauptexpositionspunkt (tiefster Punkt der Anlage) ≥ 80 Vol %
- Erreichung des Hauptexpositionspunkts spätestens 30 sec nach Einschleusen in die Anlage
- Mindestaufenthaltsdauer in der Betäubungsanlage 90 sec

Die Inhalation eines CO_2-/Luftgemisches bewirkt mehr oder weniger heftige Muskelkrämpfe, welche analog zur Elektrobetäubung in der Muskulatur biochemische Vorgänge initiieren, die die Ausbildung von PSE-Eigenschaften fördern. Substantielle Mängel bei Schweinefleisch nach CO_2-Betäubung können nur dann vermieden bzw. vermindert werden, wenn diese energiezehrenden Muskelkontraktionen während des Betäubungsvorganges gering gehalten werden. Eine Möglichkeit, die Stärke und Dauer der Exzitationen zu begrenzen, ist durch die Anwendung von sofort hohen CO_2-Konzentrationen (> 80 %, besser > 90 %) gegeben. Auch spielen offensichtlich die Zutriebs- und Randbedingungen eine Rolle: Bereits vor der Betäubung sehr aufgeregte Schweine zeigen ausgeprägtere Exzitationen als ruhigere Tiere. Auch der Genotyp beeinflußt den Grad der Motorik. Halothanpositive (streßempfindliche) Schweine reagieren in der Regel heftiger auf das Gas als halothannegative Tiere (TROEGER und WOLTERSDORF 1991). Der eigentliche Vorteil der CO_2-Betäubung gegenüber der Elektrobetäubung liegt in einer deutlichen **Verminderung** von Schlachttierkörperschäden, bedingt durch **Knochenbrüche** und punktförmige **Muskelblutungen.**

12.2.2 Entblutetechniken

Die Entblutung sollte möglichst rasch nach Ende des Betäubungsvorganges erfolgen, um den direkten Übergang der Empfindungs- und Wahrnehmungslosigkeit in den Tod durch Blutentzug zu gewährleisten. Eine schnelle, effektive Ausblutung ist auch der Fleischbeschaffenheit dienlich, da betäubungsbedingt in das Blut ausgeschüttete, glykolytisch wirkende Hormone wie Adrenalin schnell aus dem Organismus abgeführt werden. Die Tierschutz-Schlachtverordnung sieht folgende Maximalzeiten zwischen Betäubung und Entbluteschnitt vor:

- Elektrobetäubung: 20 sec
- Kohlendioxidbetäubung: 30 sec (nach Auswurf aus der Anlage)

Nach Elektrobetäubung wird heute die **Entblutung** der **Schlachtschweine** überwiegend auf Plattenbändern im Liegen durchgeführt. Diese Entblutetechnik führt im Vergleich zur Entblutung der Schlachtschweine im Hängen nach Anschlingen einer Hintergliedmaße und Fördern auf die Rohrbahn zu einer deutlichen Verminderung des PSE-Anteils (TROEGER und WOLTERSDORF 1986 a). Der günstige Einfluß dieser Entblutetechnik auf die Fleischbeschaffenheit beruht auf einer Einschränkung der „Muskelarbeit" und damit einhergehender biochemischer Muskelstoffwechselvorgänge sowie einer Verkürzung des Zeitintervalls Betäubung–Abstich im Vergleich zur hängenden Entblutung. Betäubungsbedingte, tonische und klonische Muskelkrämpfe verbrauchen aufgrund der Muskelbelastung durch das Eigengewicht der Tiere bei der hängenden Entblutung deutlich mehr Energie als entsprechende motorische Reaktionen in Seitenlage (liegende Entblutung). Höherer Energieverbrauch bedeutet verstärkter Abbau von ATP, Stimulierung der anaeroben Glykolyse,

Laktatbildung und damit überstürzter Muskel-pH-Abfall. Nach elektrischer Betäubung und Auswurf aus einem Restrainer bzw. einer Falle gelangen die Tiere auf einen Plattenförderer, wo sofort der Entblutestich erfolgen kann (Abb. 12.2, s. S. 360).

Die **Stechtechnik** ist bei hängender und liegender Entblutung unterschiedlich. Während bei der konventionellen Entblutung des hängenden Tierkörpers das Messer mit Schnittrichtung in Längsachse des Tierkörpers zu den großen herznahen Gefäßen (Truncus brachiocephalicus, V. cava cranialis) geführt wird, werden bei der liegenden Entblutung die großen Halsgefäße (A. carotis, V. jugularis) mit einem Querschnitt eröffnet. Die erforderliche Umstellung der Stechtechnik bei Neuinstallation einer Anlage zur liegenden Entblutung bereitet dem Personal häufig Schwierigkeiten.

Soll **Blut** für die **menschliche Ernährung** gewonnen werden, empfehlen sich speziell für die liegende Entblutung geeignete Hohlmesserklingen. Die Blutausbeute pro Schwein ist pro Zeiteinheit bei der liegenden Entblutung bis zu einem halben Liter geringer als bei hängender Entblutung. Sie sollte bei 2,8 bis 3 Litern liegen. Gewinnbare Stoßblutmengen von < 2,0 Litern sind ein Indiz für eine nicht effektive Stechtechnik; die Tiere bluten verzögert aus und können das Bewußtsein wiedererlangen (Tierschutzrelevanz!). Kein Unterschied zwischen horizontaler und vertikaler Entblutung besteht dagegen letztlich beim Ausblutungsgrad der Muskulatur.

Nach CO_2-Betäubung ist eine Entblutung der Schweine im Hängen ohne Fleischqualitätsminderung möglich, wenn die Muskulatur entspannt ist und die Tiere sich im Stadium der Reflexlosigkeit befinden. Eine Verlängerung der Zeitspanne zwischen Auswurf aus der Betäubungsanlage und dem Entblutestich führt jedoch zu einem gewissen Anstieg der PSE-Häufigkeit (TROEGER und WIRTH 1990).

12.2.3 Brüh-, Enthaarungs- und Nachbearbeitungssysteme

Zwischen Entbluteschnitt und Beginn des Brühprozesses sollte eine Zeitspanne von wenigstens fünf Minuten liegen; die Tiere dürfen keine Bewegungen oder Reflexe mehr zeigen (TierschutzschlachtVO).

Der **Brühvorgang** kann sich sowohl auf die substantielle wie die hygienische Fleischbeschaffenheit auswirken. Untersuchungen (TROEGER und WOLTERSDORF 1986 b) ergaben, daß es durch den Brüh- und Enthaarungsprozeß, im Vergleich zur alternativen Enthäutung, durch die thermische und mechanische Belastung der Schlachtkörper, zu einer beschleunigten postmortalen Glykolyse in der Muskulatur kommt. Dies trifft vor allem für die exponiert „außen" am Schlachttierkörper liegenden Teilstücke Kotelett sowie Unterschale zu. Bei streßempfindlichen Schweinen mit geringem Unterhautfett bildet sich häufig auf der lateralen Seite der Unterschale ein etwa ein Zentimeter breiter hellerer Muskelsaum aus (partielle PSE-Veränderung), der selbst bei Kochschinken noch erkennbar ist.

Bezüglich der **hygienischen Anforderungen** an den Brüh- und Enthaarungsprozeß wird in Anlage 2 der Fleischhygiene-Verordnung (1986) gefordert, daß Tierkörper, die nicht enthäutet werden, unverzüglich zu entborsten und gründlich zu reinigen sind. Die heute realisierbaren Keimzahlen auf schlachtwarmen Schweineschlachtkörper-Oberflächen von etwa 1.000 Gesamtkeimen/cm^2 sind vorwiegend durch technische Weiterentwicklungen auf der „unreinen Seite" der Schlachtung möglich geworden. Von vorrangigem Einfluß sind hier die Enthaarungstechnik – mit Frischwasserzuführung zumindest im letzten Abschnitt der Maschinen –, ein bakterizid wirksamer Abflammvorgang sowie die Nachbearbeitungstechnik. Dagegen spielt der Keimgehalt des Brühwassers für den letztlich resultierenden Oberflächenkeimgehalt der Schlachttierkörper nur eine untergeordnete Rolle (TROEGER 1993 b), d. h. Gesamtkeimzahlen im Bereich von 10^3/cm^2 sind mit allen heute üblichen Brühtechniken erreichbar.

In Tabelle 12.3 wird eine Übersicht über **Brüh-, Enthaarungs-** und **Nachbearbeitungstechniken** gegeben. System A (Abb. 12.3) ist als kompakte Einheit platzsparend und zeichnet sich durch geringe Energiekosten aus. Aufgrund einer relativ geringen Brühwassermenge tritt eine schnelle, merkliche Verschmutzung desselben auf. Durchziehbottiche mit Wasserinhalten bis 50 m^3 und mehr (System B) sind verbreitet in industriellen Schlachtbetrieben im Einsatz. Als Nachteile müssen, ebenso wie bei anderen Bottichbrühverfahren, das regelmäßige Auftreten von Brühwasserlungen sowie die potentielle Gefahr des Eindringens von Brühwasser über das Gefäßsystem auch in andere Organe (Herz, Leber) und Muskulatur gelten. Nach Zusatz eines Markerkeims (Bacillus subtilis) zu Brühwasser wurden hochsignifikante Beziehungen zwischen den Markerkeimgehalten des Restblutes in den Herzkammern einerseits und den Markerkeimgehalten in der Beckenaorta, den Organen sowie der Muskulatur andererseits gefunden (TROEGER 1993 a).

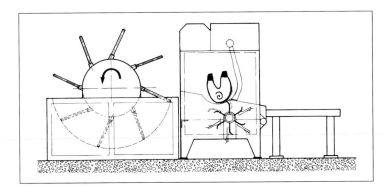

Abb. 12.3: Durchlaufbrühkessel mit Kratzmaschine

Temperaturmessungen in den Herzkammern sowie in der Leber unmittelbar nach dem Ausweiden nach Bottichbrühung ergaben Werte bis 45 °C; in Einzelfällen wurden gelbbraune Leberverfärbungen, wahrscheinlich bedingt durch eine Proteinhitzedenaturierung, festgestellt

(TROEGER 1993 c). Kombinierte Brüh- und Enthaarungsmaschinen (System C) wurden in den letzten Jahren zunehmend durch andere Techniken ersetzt, nachdem Untersuchungen (TROEGER und WOLTERSDORF 1987) gezeigt hatten, daß dabei die Gefahr des Eindringens von verschmutztem und bakteriell belasteten Brühwasser über die Stichstelle in tiefere Gewebe bis in die Beckenarterien in besonderem Maße gegeben ist.

Tab. 12.3: Brüh-, Enthaarungs- und Nachbearbeitungstechniken

System	Brühen	Enthaaren	Nachbearbeiten
A	Durchlaufbrühkessel (Fächerbausystem)	Enthaarungsmaschine mit Abflammeinheit (Frischwasserzuführung)	Reinigungszyklus (Spülen, Trockenschaben in Enthaarungsm.)
B	Durchziehbrühbottich	kontinuierliche Enthaarungsm. (Wasserkreislauf, Frischwasser im letzten Segment)	Trockenpeitsche Flammofen Waschmaschine
C	Brüh- und Enthaarungsmaschine (Besprühen in der Horizontalen bei gleichzeitiger Enthaarung)		Trockenpeitsche Flammofen Waschmaschine
D	Brühtunnel (Brühen im Hängen, Besprühen mit Heißwasser im Kreislauf)	kontinuierliche Enthaarungsm. (Wasserkreislauf, Frischwasser im letzten Segment)	Trockenpeitsche Flammofen Waschmaschine
E	Kondensationstunnel (Brühen im Hängen mit Dampf)	kontinuierliche Enthaarungsm. (Wasserkreislauf, Frischwasser im letzten Segment)	Trockenpeitsche Flammofen Waschmaschine

Waschmaschine = Bürsten- oder Peitschen-Waschmaschine
Enthaarungsm. = Enthaarungsmaschine

Aufgrund dieser Hygienerisiken gewann der Brühtunnel (System D) in den letzten Jahren zunehmend an Bedeutung. Hierbei werden die Schlachtkörper, meist nach Passage einer Vorwaschmaschine, vertikal auf das Rohrbahn durch ein Brühmodul transportiert. Aus den senkrecht in verschiedenen Höhen angebrachten Brühwasserverteilern wird heißes Wasser auf die hängenden Tierkörper gesprüht (Abb. 12.4, s. S. 360).

Durch die Anordnung dieser Sprühköpfe und den kontinuierlichen Transport durch den Tunnel wird ein gleichmäßiges Brühen der Schweine bewirkt. Unter dem Brühtunnel wird das Wasser in einem Bottich aufgefangen und mittels Umwälzpumpen zurück zu den Brühwasserverteilern gefördert. Wärmeverluste werden durch Isolierung der Anlage begrenzt. Obwohl auch bei diesem System das Brühwasser aufgrund der Kreislaufführung hygienisch belastet ist, wird ein Eindringen des Schmutzwassers in die Schlachtkörper durch deren vertikale Position weitgehend verhindert.

Ein weiteres Verfahren, welches den mikrobiologischen Anforderungen gerecht wird, ist die **hängende Brühung mit Dampf** (System E). Die Brühung erfolgt nach dem Kondensationsprinzip in dampfgesättigter, zirkulierender Heißluft in einem Tunnel, durch den die Schweine vertikal transportiert werden. Das von den Tierkörpern ablaufende Kondensat gelangt ins Abwasser. Als Vorteil des Verfahrens gilt der geringe Wasserverbrauch von ca. 1,5 bis 2,0 Liter pro Tier und der damit geringe Abwasseranfall. Nachteilig wirkt sich die relativ lange Passagezeit der Schlachttierkörper durch das Brühmodul in vertikaler Position auf den Ausblutungsgrad im Kopfbereich aus.

Der **Enthaarungsvorgang** erfolgt bei niedrigeren Schlachtkapazitäten (bis ca. 120 Schweine/h) meist in Enthaarungsmaschinen mit Frischwasserzuführung (heiß/kalt) und integrierter horizontaler Abflammeinrichtung (Abb. 12.3). Werden die Schlachtkörper dabei mit nur relativ wenig Wasser berieselt, kann es im Falle von Kotaustritt durch die mechanische Belastung der Schlachtkörper zu erheblichen Oberflächenkontaminationen, vor allem auch mit Enterobakteriazeen, kommen. Bei mittleren bis hohen Schlachtkapazitäten sind in der Regel kontinuierlich arbeitende Durchlaufenthaarungsmaschinen im Einsatz. Hier wird eine relativ große Wassermenge im Kreislauf gepumpt und auf die Schlachtkörper gesprüht. Ein Hygienerisiko besteht, wenn die Maschinen mit Warmwasser von 30 bis 40 °C betrieben werden. Im letzten Abschnitt der Maschine müssen die Schlachtkörper mit Frischwasser besprüht werden.

Nach dem Enthaaren sollte das Entfernen von Augen, Klauen und Ohrenausschnitten sowie das Freischneiden der Sehnen (Flechsen) auf einem Rohrtisch (Flechstisch) oder Plattenband erfolgen, um einen großflächigen Kontakt der Schlachtkörperoberfläche mit der aus der Stichstelle auslaufenden Flüssigkeit, die eine Mischung aus Blut und Brühwasser darstellt, zu verhindern.

Zum **Abflammen** der Restborsten werden die Schweineschlachtkörper bei höheren Schlachtkapazitäten nach Durchlaufen einer Trockenpeitschenmaschine im Hängen durch Flammöfen gefördert. Durch die Hitzeeinwirkung wird bei sachgerechtem Ablauf der Oberflächenkeimgehalt um 1 bis 2 Zehnerpotenzen vermindert.

Der anschließende **Wasch- und Poliervorgang** in einer Nachbearbeitungsmaschine führt häufig wieder zu einem Anstieg der Oberflächenkeimzahlen. Neuerdings kommen dabei anstelle der schlecht zu reinigenden Peitschenwaschmaschinen auch Bürstenwaschmaschinen zum Einsatz. Vergleichende Untersuchungen beider Techniken erbrachten leichte Hygienevorteile für die mit Bürsten ausgerüsteten Waschmaschinen (HESSE und TROEGER 1991).

12.2.4 Ausweiden, Spalten und Herrichten

Die **Entnahme** des **Magen-/Darmtraktes** stellt ein erhebliches Kontaminationsrisiko für die Schlachtkörper dar und ist deshalb als hygienisch kritischer Punkt im Rahmen eines

Hygieneüberwachungsprogrammes einzustufen. Auch eine Verbreitung von Salmonellen kann auf dieser Prozeßstufe erfolgen. Ein Dänisches Qualitätssicherungssystem sieht deshalb das Eintüten des Enddarms auch beim Schwein vor. Die Eröffnung der Bauchhöhle erfolgt durch einen Schnitt in der Mittellinie, die Beckensymphyse wird gespalten, der Enddarm und der Urogenitaltrakt gelöst. Das Darmpaket einschließlich Magen und Milz wird im Schlachtkörper freigeschnitten und aus der Bauchhöhle vorgelagert. Dabei muß ein Kontakt von Enddarm (Krone) und Schlachtkörperoberfläche ebenso vermieden werden wie eine Verschmutzung des Arbeitspodestes durch Darminhalt. Das Verbringen des Magen-/Darmkonvoluts in die Darmschalen ist so zu bewerkstelligen, daß keine Spritzwasserkontaminationen entstehen.

Manuelle Techniken beim Ausweiden werden zunehmend (teil)automatisiert. So wird das manuelle Freischneiden des Enddarms mit anschließendem Vorlagern desselben – und die dabei mögliche Kontamination des Schlachtkörpers mit Darminhalt – neuerdings bereits durch ein technisches Enddarm-Entnahmesystem ersetzt. Dieses besteht aus Entnahmepistole („Bung dropper"), Sterilisationsbecken, Ventilsteuerung, elektronischer Steuerung, Vakuumpumpe sowie Ablagerinne für die Krone (um den Enddarm vom Schlachtkörper fernzuhalten). Bei dieser Technik kommen die Hände des Arbeiters mit dem Schlachtkörper nicht mehr in Berührung, ein Ausfluß von Darminhalt auf den Schlachtkörper ist ausgeschlossen. Kritisch zu sehen ist das apparative Freischneiden des Enddarms, wenn dieser anschließend nicht verhüllt oder verschlossen in die Beckenhöhle verlagert wird (Abb. 12.5, s. S. 361). Nach Durchtrennung des Schlundes etwa 2 cm vor dem Magen werden Magen und Darmtrakt als Ganzes entnommen und in die Schale des Organeförderers verbracht.

Nach **Eröffnen** der **Brusthöhle** durch Durchschneiden des knorpeligen Brustbeins mit dem Messer wird die Leber kreisförmig umschnitten (Durchtrennung des Zwerchfells) und das Mittelfell durchtrennt. Das Geschlinge wird aus der Brusthöhle vorgelagert, der Brustbeinschnitt nach unten verlängert und Luft- und Speiseröhre sowie Zunge gelöst. Das Geschlinge wird als Ganzes entnommen und an einem Haken des Organeförderers aufgehängt.

Das mit dem Ausweiden (Magen-/Darmtrakt, Geschlinge) beschäftigte Personal benötigt zur regelmäßigen Zwischenreinigung der Schutzkleidung eine Schürzenwaschkabine in unmittelbarer Arbeitsplatznähe, d. h. auf dem Arbeitspodest.

Zu einer ordnungsgemäßen **Herrichtung** der Tierkörper gehören weiterhin das Lösen der Flomen von der Bauchdecke, das Lösen der Nieren aus den Fettkapseln sowie die **Längsspaltung** der Wirbelsäule (außer bei Spanferkeln bis zu 4 Wochen). Das Durchtrennen der Schlachtkörper in zwei Hälften erfolgt i.d.R. maschinell mittels Bandsäge oder automatischem Hacker. Bisher meist nicht befriedigend gelöst ist das Problem einer effektiven Zwischenreinigung und -desinfektion der Bandsägen, insbesondere auch des Sägengehäuse-Innenraumes. Zwei Sägesterilisationsbecken – das erste zum Abspülen mittels Warmwasser und das zweite zur 82 °C-Heißwasser-Sterilisation (THRAN 1995) – erscheinen als recht aufwendige Lösung.

12.3 Rinderschlachtung

12.3.1 Betäubungsverfahren

In Europa kommt bei Rindern überwiegend die Betäubung mittels **Bolzenschußapparat** zur Anwendung. Dabei wird durch eine Kartusche oder Druckluft ein Metallbolzen nach vorne getrieben, der den Schädelknochen durchschlägt und in das Gehirn eindringt. Entscheidend für die Wirkung ist die richtige Einschußstelle. Sie befindet sich beim Rind auf dem Schnittpunkt zweier Linien, die vom inneren Augenwinkel des jeweils gegenüberliegenden Auges zum Hornansatz ziehen. Rinder werden üblicherweise in einer Betäubungsfalle geschossen. Diese muß Vorrichtungen zu einer ausreichenden Fixation aufweisen, insbesondere auch des Kopfes der Tiere, um ein sicheres, gezieltes Aufsetzen des Schußapparates zu ermöglichen. Auch für Kälber sind geeignete Fixationsvorrichtungen zu fordern; die üblichen Abmessungen einer Rinderbetäubungsfalle sind nicht geeignet.

Kriterien für eine effektive Betäubung sind:
- sofortiges Niederstürzen,
- stockende Atmung,
- Augen starr, reflexlos,
- keine Aufstehversuche sowie
- kein einseitiges Hochziehen nach Anschlingen und Fördern auf die Entbluterohrbahn.

Als Fehlerquellen für eine ungenügende Betäubung (s. u.) sind zu nennen:
- falsche Ansatzstelle,
- Treibladung zu schwach bzw. Druckabfall (bei pneumatischen Apparaten),
- Kartuschen feucht oder
- Schußapparat schlecht gewartet, defekt.

Nach DRAWER und ENNULAT (1977) beträgt die durchschnittliche Fehlbetäubungsrate beim Rind 5–6 %, beim ungeübten Schützen bis zu 20 %. Der Grund ist in den meisten Fällen eine unzureichende Kopffixierung.

Nach der Bolzenschußbetäubung wird aus Gründen der Arbeitssicherheit oft ein Rückenmarkzerstörer eingesetzt. Dabei wird ein Edelstahl- oder Plastikstab in den Schußkanal eingeführt und der kraniale Teil des Rückenmarks zerstört, um Reflexe zu beenden. Vorrichtungen zur Reinigung und Desinfektion des Rückenmarkzerstörers zwischen zwei Anwendungen sind erforderlich.

Bei der **Elektrobetäubung** von Rindern ist es bei technisch bedingt relativ langer Zeit bis zum Stechen notwendig, daß zusätzlich zur Durchströmung des Gehirns eine elektrische

Durchströmung des Herzens stattfindet. Das damit induzierte Herzkammerflimmern gewährleistet eine bis zum Tod durch Blutentzug anhaltende Bewußtlosigkeit. Die Tierschutz-Schlachtverordnung sieht folgende Mindeststromstärken, die innerhalb der ersten Sekunde des Stromflusses erreicht werden sollen, vor:

- Rinder über 6 Monate: 2,5 Ampere
- Kälber 1,5 Ampere

Bei Rindern über sechs Monate und bei Tötungen ohne Blutentzug muß im Anschluß an die Betäubung (> 4 sec) durch eine mindestens 8 Sekunden andauernde elektrische Herzdurchströmung ein Herzstillstand hervorgerufen werden.

In Neuseeland wurde ein halbautomatisches Elektrobetäubungssystem für Rinder aller Größen, auch behornte Tiere, entwickelt (Forschungsinstitut für die Fleischindustrie MIRINZ). Das System besteht aus einer Betäubungsfalle mit pneumatisch gesteuerter Halsfixationsvorrichtung, Kopfhebevorrichtung, Nasen- und Nackenelektrode mit Wasserzuführung sowie einer seitlichen pneumatischen Auswurfvorrichtung. Die Betäubungsspannung beträgt 550 V, die Stromflußzeiten 4 sec und die Minimalstromstärke 2,1 Ampere.

12.3.2 Entblutetechniken

Nach der Betäubung werden die Rinder üblicherweise mit einer Schlingkette an einer Hintergliedmaße angeschlungen und mit einem Elevator auf die Entbluterohrbahn gefördert, wo sie nach Vorschneiden des Fells mittels eines Hohlmessers entblutet werden (Lebensmittelblut). Eine starke Krümmung der hängenden Tiere nach einer Seite, stärkere Reaktionen auf den Fell- und Entbluteschnitt sowie eine noch regelmäßige Atmung sind Anzeichen einer **ungenügenden Betäubung.**

Die Zeit zwischen Bolzenschußbetäubung und Entblutungsschnitt sollte maximal 60 sec, zwischen Elektrobetäubung und Entblutung maximal 20 sec betragen (TierSchlV). Die gewinnbare Blutmenge liegt bei Jungbullen im Mittel bei 3,6 % und bei Kühen bei 4,7 % des Lebendgewichts (KARSCH 1997).

Nachdem die **Entblutung** von elektrobetäubten Rindern **im Liegen** auf Plattenförderbändern mit Elektroimmobilisationseinheit (80 Volt), z. B. in Neuseeland, seit geraumer Zeit praktiziert wird, werden in neuerer Zeit auch in Deutschland Anlagen zur liegenden Entblutung und Vorenthäutung von Rindern installiert (Abb. 12.6). Dabei geht es vorrangig um eine Optimierung der Arbeitsplatzgestaltung bezüglich Ergonomie und Flexibilität, aber auch um eine Eliminierung von Hygieneschwachstellen der bisher bei der Fließbandschlachtung praktisch ausschließlich angewandten vertikalen Schlachttechnik. Wie Untersuchungen von KARSCH (1997) zeigen, bestehen nach hängender und liegender Hohlmesser-Entblutung von Rindern keine Unterschiede bezüglich des Ausblutungsgrades der Muskulatur, jedoch weisen die Lebern der im Liegen entbluteten Tiere höhere Restblutgehalte auf.

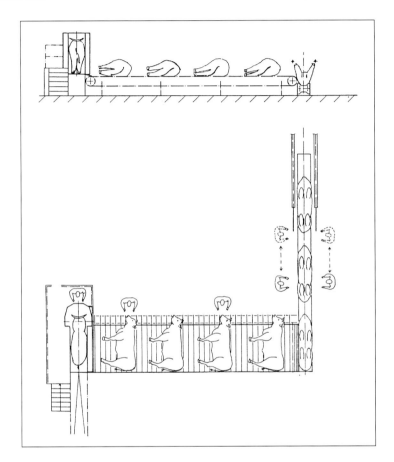

Abb. 12.6: Bandanlage zur Entblutung und Vorenthäutung von Rindern im Liegen (Fa. BANSS, Biedenkopf)

12.3.3 Elektrostimulierung

Die Elektrostimulierung (ES) von Rinderschlachtkörpern wird in Deutschland gegenwärtig nur vereinzelt angewandt, und dann gewöhnlich als Niedervolt-Verfahren (12 bis < 100 V), meist kurz nach der Entblutung. Dazu wird z. B. eine Klammer-Elektrode am Flotzmaul befestigt (Stromfluß → Rohrbahn) und der Tierkörper für ca. 10 bis 30 sec stimuliert. Zweck ist primär eine Unterstützung der Entblutung. Eine verbesserte Farbhaltung von elektrostimuliertem Fleisch, auch nach Vakuumierung, ist ebenfalls beschrieben (LAACK und SMULDERS 1990).

Da in Deutschland Schnellstkühlverfahren mit Lufttemperaturen im Minusbereich für Rinderschlachtkörper wenig angewendet werden, entfällt auch der wesentlichste Grund für den Einsatz der ES, die Verhinderung von cold shortening (Kap. 17.3.3 und 17.5). Einen erheblichen Vorteil bringt die ES nach Untersuchungen von KARSCH (1997) jedoch bezüglich der gewinnbaren Blutmenge, sowohl bei vertikaler wie horizontaler Entblutung. Bei letzterer Technik wird die ES zur Unterstützung der Ausblutung im allgemeinen angewandt (Abb. 12.7, s. S. 361). Auch der Ausblutungsgrad der Muskulatur 24 Stunden p. m. wurde positiv beeinflußt.

12.3.4 Enthäuten

Der Enthäutevorgang unterteilt sich in die manuell durchzuführende Vorenthäutung und den maschinellen Hautabzug. Während dieses aufwendigen Schlachtabschnittes entstehen immer größere Areale ursprünglich „steriler" Schlachtkörperoberfläche, was die konsequente Vermeidung einer Übertragung von Verunreinigungen vom äußeren Fell auf die frischen Fleischoberflächen zum Hauptziel jeder Manipulation und Technik machen muß. Folgende **grundsätzliche Hygieneforderungen** gelten deshalb für die **Enthäutung von Rindern**:
- Trockenschlachtung: kein Abbrausen der Schlachtkörper während der Enthäutung oder bei partiellen Verunreinigungen,
- Messerwechsel nach Durchtrennen der Haut vor der weiteren Vorenthäutung (Schneiden am Fleisch),
- Kontakt von Fell und Muskeloberfläche vermeiden (z. B. durch Einrollen des Fells),
- kein Handwechsel zwischen Fell/Arbeitsgerät/Schlachtkörper ohne Zwischenreinigung und -desinfektion.

An einem modernen vertikalen Rinderschlachtband mit einer Schlachtkapazität von 60 Rindern/Std. kann sich die **Vorenthäutung** beispielsweise in folgende, durch **je einen Mitarbeiter** besetzte **Arbeitspositionen** aufgliedern:
- Erstes freihängendes Hinterbein vorenthäuten,
- Zweites Hinterbein vorenthäuten,
- Vorenthäuten oberer Bauchbereich,
- Flanken/Brust vorenthäuten,
- Kopfplatte vorenthäuten,
- Hals/Unterzungenbereich und Vorderbeine vorenthäuten.

Um ein Einrollen der freigeschnittenen Haut im Bereich Brust und Vordergliedmaßen zu verhindern, wird diese mit zwei Klammern fixiert, die durch eine Kette oder einen Gummizug über den Widerrist miteinander verbunden sind. Auch die Verwendung von Pergamentpapier zur Abdeckung der frisch enthäuteten Fleischflächen im Bereich Schulter/Vordergliedmaße ist praxisüblich. Als Werkzeuge für die Vorenthäutung größerer Flächen dienen meist rotierende Druckluftmesser.

Bei der horizontalen **Schragen-Bandschlachtung** (vgl. Abb. 12.6) wird nach manueller Vorenthäutung von Gliedmaßen, Brust und Bauch das Fell seitlich zurückgeschlagen, wobei die Schwerkraft verhindert, daß es sich wieder nach innen einrollt. Bei der Schragenförderung der Schlachtkörper in Rückenlage unterbleibt jeder Kontakt zwischen Tierkörper und Arbeitsbühnen ebenso wie zwischen Tierkörpern untereinander. Vergleichende Untersuchungen zum Hygienestatus der Rinderschlachtkörper nach Vorenthäutung konventionell im Hängen und im Liegen brachten einen geringgradig, aber signifikant niedrigeren Gesamtkeimgehalt bei der horizontalen Schlachttechnik (HAPPE 1993).

Der **maschinelle Hautabzug** nach erfolgter Vorenthäutung kann kopf- oder schwanzwärts erfolgen. Der maschinelle Hautabzug **kopfwärts** bietet die besten Voraussetzungen für eine hygienische Enthäutung, da am wenigsten manuelle Vorarbeiten notwendig sind. Allerdings ist bei der manuellen Vorenthäutung des Hinterviertels und der Aftergegend mit der entsprechenden Vorsicht vorzugehen, um Verunreinigungen zu vermeiden. Die freipräparierten Hautlappen seitlich der jeweiligen Hinterbeine werden an Ketten fixiert und unter Aufrollen nach unten gezogen. Durch zu starken Zug kann es zum Bruch einzelner Wirbel, zu Blutpunkten in den Muskeln oder zu Muskelabrissen (im Roastbeef) kommen. Der Einsatz von Elektrostimulationsgeräten (ca. 150 V), die den Tierkörper während des Hautabzugs in einem Zustand tonischer Starre halten, haben sich zur Vermeidung dieser technischen Qualitätsprobleme bewährt (FASSBENDER 1994). Fragen der Zwischenreinigung und -desinfektion der Elektroden sind bisher jedoch nicht gelöst (Abb. 12.8, s. S. 361).

Wird die Haut maschinell **schwanzwärts** abgezogen, so ist die manuelle Vorenthäutung am Hinterviertel nur in geringem Umfang erforderlich. Ist der Abzugswinkel am Hinterviertel steil, kann die Haut des Hinterviertels ohne manuelles Freipräparieren der Haut über den Muskeln der Keule sowie der Haut im Afterbereich maschinell abgezogen werden. Allerdings besteht die **Gefahr der Verunreinigung freigelegter Fleischpartien durch von der Haut herabfallende Kotpartikel.** Daher soll der Abzugswinkel zweckmäßigerweise so flach wie möglich gehalten werden und 45–50° nicht übersteigen. Je flacher allerdings der Winkel, desto schwieriger ist der maschinelle Hautabzug des Hinterviertels und der Aftergegend. Die manuelle Vorbereitung der Aftergegend hilft auch bei diesem Hautabzugsgerät, das Verunreinigungsrisiko zu reduzieren (FASSBENDER 1994).

Die manuelle Enthäutung der Vorderbeine und des Brustbereiches vor dem maschinellen Abzug sowie manuelle Unterstützung während des maschinellen Abzuges sind beim Hautabzug schwanzwärts unumgänglich. Der Tierkörper muß dabei immer an den Vorderbeinen mit sauberen, desinfizierten Ketten fixiert werden. Zwischen der Bearbeitung der einzelnen Schlachttierkörper erfolgt sowohl eine Reinigung und Desinfektion der Ketten zum Fixieren, am besten in einem speziell entwickelten Kettendesinfektionskabinett, als auch eine Hände- und Messerreinigung sowie -desinfektion.

12.3.5 Ausweiden, Spalten und Herrichten

Die Fleischhygiene-Verordnung (1986) schreibt in Anlage 2, Kap. III Nr. 2.4 für das Ausweiden von Rindern eine spezielle Technik vor: „Vor dem Ausweiden sind die Darmenden im Becken zu lösen, zu umhüllen und zu verschließen; der Magen und Darmtrakt ist zusammenhängend aus der Bauchhöhle zu entfernen. Die Speiseröhre ist von der Luftröhre zu lösen und zu verschließen." Letzterer Arbeitsgang wird als sog. **Rodding** bezeichnet. Dabei wird nach dem Entbluten im Hängen oder Liegen der kraniale Teil der Speiseröhre nach Erweiterung des Entbluteschnittes und Vorschneiden der seitlichen Halshaut von der Luftröhre freipräpariert. Anschließend wird mittels eines Hilfsgerätes, des Roddingstabs, der Schlund auf der ganzen Länge von der Luftröhre gelöst. Dazu wird die Speiseröhre durch die vordere Öffnung des Roddingstabs geführt, auf der sich ein Gummiring befindet (Abb. 12.9, s. S. 362). Mit der linken Hand wird anschließend die Speiseröhre fixiert und mit der rechten Hand der Stab in Richtung Vormägen geschoben. Nach Erreichen der Endposition wird der Gummiring durch Betätigung der speziellen Mechanik des „Rodders" kurz vor dem Pansen auf die Speiseröhre abgesetzt, die somit verschlossen ist. Damit wird erreicht, daß bei der späteren Entnahme des Magen-/Darmkonvoluts die Speiseröhre nicht durchtrennt werden muß, sondern kaudal verschlossen am Pansen verbleibt (Abb. 12.10, s. S. 362).

Umhüllung und **Verschluß** des **Enddarms** erfolgen üblicherweise durch „Eintüten" und Abbinden. Die anzuwendende Technik richtet sich nach dem Geschlecht und nach der Art des maschinellen Hautabzugs (schwanz- oder kopfwärts). Beim Hautabzug schwanzwärts kann die Haut im Bereich des Afters mit abgezogen werden, so daß ein Freipräparieren und Umhüllen des Enddarmes erst anschließend erfolgt. Wird die Haut kopfwärts abgezogen, muß die Perianalhaut abgetragen werden. Anschließend werden After (und Scheide/Harnröhre) umschnitten und freipräpariert. Enddarm (und Harnröhre) werden mit einer Plastiktüte umhüllt und mit Hilfe eines Elastrators, eines Kunststoffclips oder eines kräftigen Bindfadens verschlossen (Abb. 12.11, s. S. 362). Der abgebundene Enddarm wird ins Becken zurückverlagert (FASSBENDER 1994).

Die **Entnahme des Magen-/Darmtraktes** stellt aufgrund der Gefahr einer Verunreinigung der Schlachtkörper durch Magen-/Darminhalt einen hygienisch kritischen Arbeitsschritt dar. Die Arbeitsbühne muß mit einem Waschkabinett ausgestattet sein, das die regelmäßige Zwischenreinigung von Messer, Schürze, Stiefeln, Händen und Armen mit warmem Wasser gestattet, ferner muß ein Messerdesinfektionsbecken vorhanden sein. Die Bauchhöhle wird in der Mittellinie eröffnet. Der abgebundene und umhüllte Enddarm wird aus der Beckenhöhle gezogen. Das Darmpaket und das Magensystem werden in der Bauchhöhle von ihren natürlichen Verbindungen getrennt und verlagert, bis der Zwerchfellspiegel sichtbar wird. Anschließend wird eine Hand in die Durchtrittspforte der Speiseröhre durch das Zwerchfell eingeführt, die Speiseröhre in der Brusthöhle erfaßt und in die Bauchhöhle verlagert. Dieser Arbeitsschritt ist ergänzend zum Rodding notwendig, um ein Abreißen der Speiseröhre beim Herabfallen des Magen-/Darmpaketes zu verhindern.

Das **Sägen des Brustbeins** mittels einer Stichsäge mit rundem Knopf auf der Spitze soll erst nach abgeschlossener Enthäutung erfolgen. Das **Ausweiden der Brusthöhlenorgane** kann, sofern die Speiseröhre ordnungsgemäß mit dem Magen-Darmtrakt entfernt worden ist, ohne besonderes Kontaminationsrisiko erfolgen. Die Anforderungen an die Ausstattung des Arbeitsplatzes des Brustorgane-Entnehmers entsprechen denen des Arbeitsplatzes der Magen-/Darmtrakt-Entnahme.

Zur **Längsspaltung der Wirbelsäule** in zwei Hälften werden sowohl automatische Kreissägen als auch manuell geführte Bandsägen verwendet. Bei getakteten Schlachtbändern kann die automatische Säge in einem abgeschlossenen Kabinett positioniert werden, um die Umgebung sowie benachbarte Schlachtkörper vor Spritzwasser und Aerosol zu schützen. Um die Gefahr des „Versägens" bei automatischen Systemen, d. h. die Trennung der Wirbelsäule nicht exakt in der Mitte, zu vermeiden, werden zunehmend wieder Bandsägen eingesetzt. Auf das dabei auftretende Problem einer effektiven Zwischenreinigung und -desinfektion wurde bei der Schweineschlachtung hingewiesen.

Zur ordnungsgemäßen **Herrichtung** der Schlachtkörperhälften vor der amtlichen Fleischuntersuchung gehört das Lösen der Nieren aus den Fettkapseln. Die enthäuteten Köpfe sind vor Einhängen in das Untersuchungsband an einem geeigneten, spritzwasser-geschützten Platz (Kopfwaschkabinett) gründlich zu reinigen. Dabei sind auch Verunreinigungen der Nasen-, Maul- und Rachenhöhle zu entfernen. Der entsprechende Mitarbeiter sollte in Arbeitsplatznähe ein Schürzenwaschkabinett zur Verfügung haben.

Nach erfolgter Fleischuntersuchung ist gemäß der Referenzschnittführung der Verordnung (EWG) Nr. 1208/81 zur Bestimmung des gemeinschaftlichen Handelsklassenschemas für Schlachtkörper ausgewachsener Rinder u. a. auch das Rückenmark zu entfernen. Hierfür sind geeignete Arbeitsgeräte (z. B. Auskratzer mit Absaugvorrichtung) zu verwenden.

12.4 Schlachtung kleiner Wiederkäuer

Im folgenden wird die Schlachtung von Schafen und Ziegen behandelt; die Schlachtung von Mastkälbern entspricht weitgehend den unter Kapitel 12.3 (Rinderschlachtung) beschriebenen Verfahren. Lediglich das Spalten der Tierkörper kann bis zu einem Lebensalter von 6 Monaten unterbleiben.

Nach Anlieferung im Schlachtbetrieb sollte den Tieren eine ausreichende **Ruhezeit** gewährt werden. Im besonderen Schafe (Lämmer) werden häufig über längere Strecken, auf internationalen Transporten auch mehrere Tage lang transportiert. Für das Abladen müssen trittsichere Rampen und Treibgänge zur Verfügung stehen. Die **Liegeplatzkapazität** in den Wartebuchten sollten 0,4 m^2/Tier betragen. Wasser muß, für alle Tiere erreichbar, zur Verfügung stehen. Bei einer Aufstallung über Nacht kann durch Stroheinstreu einer stärkeren Verschmutzung des Fells entgegengewirkt werden. Die Wartebuchten sollten sich in einem allseits umbauten Stallgebäude befinden.

12.4.1 Betäubung

Die Betäubung kleiner Wiederkäuer erfolgt sowohl mit Bolzenschuß als auch mit elektrischem Strom. Bei Verwendung von **Schußapparaten** sind in der Regel schwächere Treibladungen (z. B. grüne Kartuschen der Fa. Schermer, Ettlingen) ausreichend. Vor Ansetzen des Schußapparates sollte eine weitestgehende Fixierung des Kopfes des Tieres erfolgen, um Fehlschüsse zu vermeiden. Dazu eignen sich beispielsweise V- oder Band-Restrainer. In Deutschland erfolgt die Betäubung von Schafen und Ziegen noch überwiegend in Betäubebuchten, was aufgrund der Bewegungsfreiheit der Tiere die Gefahr von Fehlschüssen mit sich bringt.

Die manuelle **Elektrobetäubung** von Schafen wird häufig mit Zangen für die Schweinebetäubung durchgeführt. Dies ist aus Tierschutzgründen abzulehnen, da wegen des Fells ein direkter Elektrodenkontakt mit der Haut kaum zustande kommt und der hohe Übergangswiderstand zu wenig Strom für eine schlagartige Bewußtlosigkeit fließen läßt. Elektrobetäubungszangen für Schafe müssen deswegen mit speziellen Elektroden ausgestattet sein, z. B. in Form eines das Fell durchdringenden Dorns.

Nach der Tierschutz-Schlachtverordnung muß bei der Elektrobetäubung von Schaf, Ziege und Kalb innerhalb der ersten Sekunde eine **Mindeststromstärke** von **1,0 A** erreicht werden. Diese Stromstärke ist, außer bei Hochvoltbetäubung, mindestens 4 Sekunden zu halten. Damit das Gehirn auf der Verbindungslinie zwischen beiden Elektroden liegt, sind bei bilateraler Kopfdurchströmung die Elektroden entsprechend Abbildung 12.12 anzulegen.

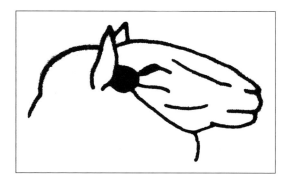

Abb. 12.12: Korrekte Elektrodenansatzstelle bei Elektrobetäubung

Um den Übergangswiderstand gering zu halten, ist das Fell der Tiere im Bereich der Elektrodenansatzstellen naß zu machen. Den Einfluß des äußeren Zustandes des Schafes auf die elektrischen Betäubungsparameter und den Betäubungserfolg zeigt Tabelle 12.4.

Tab. 12.4: Einfluß des äußeren Zustandes von Schafen auf den Betäubungserfolg (Anonymus 1994)

	Äußerer Zustand	
	Fell: lang, trocken	Fell: geschoren, naß
Betäubungsspannung	200 V	200 V
Widerstand R (zwischen den Elektroden)	1.000 Ohm	150 Ohm
Stromstärke I (I = U : R)	0,2 A	1,3 A
Betäubung	ungenügend	effektiv

Neben der bilateralen Kopfdurchströmung (head-only-Methode) wird in Ländern, wie z. B. Neuseeland häufig auch die head-to-back-Elektrobetäubung eingesetzt. Bei den in einem V-Restrainer fixierten Tieren wird das Anwendungsteil manuell mit den Elektroden auf Kopf und Rücken aufgesetzt. Wasserdüsen sind auf die Kontaktflächen gerichtet. Das Versorgungsgerät liefert eine konstante Stromstärke von etwa 1,8 A bei maximal 400 V Betäubungsspannung. So können variable Übergangswiderstände, beispielsweise durch Schmutz oder Wolle, kompensiert werden (CHRYSTALL u. a. 1989).

12.4.2 Entblutung

Auch bei kleinen Wiederkäuern sollte der Blutentzug so rasch wie möglich nach Ende des Betäubungsvorganges erfolgen. Dies gilt insbesondere für Elektrobetäubungsmethoden mit bilateraler Kopfdurchströmung, da hier eine Wiedererlangung des Empfindungs- und Wahrnehmungsvermögens nach 30–60 Sekunden erfolgt. Die Tierschutz-Schlachtverordnung sieht folgende maximale Zeitdauer zwischen Betäubung und Blutentzug vor:
- Bolzenschuß in den Hinterkopf (bei behornten Tieren): 15 sec
- Bolzenschuß (andere Schußpositionen): 20 sec
- Elektrobetäubung: 20 sec.

Die Tiere werden nach der Betäubung in der Regel an einer Hintergliedmaße angeschlungen und mittels Elevator auf die Entbluterohrbahn gefördert. Hier erfolgt die Entblutung entweder als Halsstich oder als Halsschnitt. Bei Schafen und Ziegen wird vorrangig der **Halsstich** angewendet, dabei durchsticht man die Hauptblutgefäße des Halses, die in unmittelbarer Nähe der Luft- und Speiseröhre liegen und den Kopf mit Blut versorgen. Mit dem Stechmesser wird unterhalb des Ohres hinter dem Unterkieferwinkel eingestochen. Dort trifft man auf die Endverzweigung der Arteria carotis und Vena jugularis. Das Messer wird nach dem Einstich um etwa 90° seitlich verkantet und wieder herausgezogen. Wird der Halsstich richtig ausgeführt, kommt es zu keiner Verletzung der Luft- und Speiseröhre. Beim **Halsschnitt** wird das Stechmesser unterhalb des Ohrs hinter dem Unterkieferwinkel eingestochen und danach der Hals gänzlich durchtrennt. Neben den Hauptblutgefäßen des Halses werden auch Luft- und Speiseröhre durchtrennt. Hierbei kann es zu einer

Verunreinigung des ausfließenden Blutes durch z. B. Mageninhalt sowie zu einer Aspiration von Blut in die Lunge kommen.

Wird ein Halsschnitt ohne vorherige Betäubung ausgeführt, spricht man von **Schächten.** In der Bundesrepublik Deutschland darf nach § 4 a Abs. 1 des Tierschutzgesetzes von 1986 ein warmblütiges Tier nur geschlachtet werden, wenn es vor Beginn des Blutentzugs betäubt worden ist. Ausnahmen vom **allgemeinen Betäubungszwang** gelten lediglich für Notschlachtungen sowie rituelle Schlachtungen, wenn zwingende Vorschriften einer Religionsgemeinschaft das Schächten vorschreiben oder den Genuß von Fleisch nicht geschächteter Tiere untersagen. In letzterem Fall kann die zuständige Landesbehörde eine Ausnahmegenehmigung für Schlachten ohne Betäubung erteilen. Ausdrücklich ausgeschlossen ist das betäubungslose Schlachten zum Zwecke des Exports.

Verschiedentliche Äußerungen islamischer Stellen führten zu der Überzeugung der deutschen Behörden, daß betäubungsloses Schlachten im Islam allgemein nicht zwingend vorgeschrieben ist und moslemische Antragssteller daher nicht die Voraussetzung für die Erteilung einer Ausnahmegenehmigung erfüllen. Entsprechende Begehren von moslemischer Seite werden im gesamten Bundesgebiet derzeit durchweg abschlägig beschieden (ANDELS-HAUSER 1996). Als mögliche Kompromißlösung, die sowohl die Interessen des Tierschutzes als auch die schariatrechtlichen Erfordernisse berücksichtigt, wird in einigen Bundesländern bei sämtlichen Schlachtungen von Rindern und Schafen für moslemische Kunden das Verfahren der **Elektrokurzzeitbetäubung** angewendet (Berliner Modell: NOWAK und RATH 1990). Dabei werden die Elektroden einer Betäubungszange mit einer Spannung von 240 V für 2 Sekunden an die befeuchteten Schläfen der Tiere angesetzt.

12.4.3 Enthäuten und Ausweiden

Die manuelle **Vorenthäutung** kann sowohl auf einem Schragen in horizontaler Position als auch an einem vertikalen Schlachtband erfolgen. Nach Entfernen der Gliedmaßenenden wird das Fell durch Gliedmaßenschnitte sowie einen bauchseitigen Mittelschnitt vorgeschnitten. Um den Schlachtkörper nicht zu verunreinigen, ist es vorteilhaft, zunächst die Gliedmaßenschnitte auszuführen. Bei Schragenschlachtung folgt das Ausstoßen der Bauch- und Brustpassagen mit der Faust, auf eine hygienische Arbeitsweise ist dabei besonders zu achten.

Der Restabzug des Felles erfolgt maschinell. Die vorenthäuteten Vordergliedmaßen werden dazu mit Hilfe von Ketten fixiert, das freigeschlachtete Fell der Vordergliedmaßen wird ebenfalls angeschlungen. Der Fellabzug vollzieht sich zunächst horizontal und danach vertikal, was der anatomischen Struktur des Muskelfaserverlaufs auf der Schlachtkörperoberfläche Rechnung trägt (SCHLENKRICH 1989).

Das **Ausweiden** von Schaf- und Ziegenschlachtkörpern erfolgt am hängenden und gespreizten Tierkörper. Dazu wird die Bauchhöhle bis zum Brustbein eröffnet und der Fettdarm freigeschnitten. Nach Entfernen des Urogenitaltraktes wird das Magen-Darm-

Konvolut herausgenommen. Da der Schloßknochen nicht durchtrennt wird, muß dazu der Enddarm durch das Becken gezogen werden. Um eine Verunreinigung des Schlachtkörpers durch Darminhalt zu vermeiden, ist ein Umhüllen und Abbinden des Enddarms, wie bei der Rinderschlachtung vorgeschrieben, empfehlenswert. Das gleiche gilt für das Lösen und den Verschluß der Speiseröhre (Rodding). Nach Öffnen des Brustbeins und Durchschneiden des Zwerchfells erfolgt die Entnahme der roten Organe (Geschlinge). Dabei bleiben Leber und Milz im natürlichen Zusammenhang mit den Organen der Brusthülle.

Eine Trennung der Schlachtkörper in zwei Hälften kann unterbleiben. Zur **ordnungsgemäßen Herrichtung** vor der amtlichen Fleischuntersuchung gehört jedoch das Lösen der Nieren aus den Fettkapseln.

12.5 Kühlen und Kühllagerung

12.5.1 Allgemeines

Die Kühlung von Schlachttierkörpern ist wesentlicher Bestandteil des Fleischgewinnungsprozesses und dient der Aufrechterhaltung und Förderung der hygienischen, technologischen und sensorischen Eigenschaften des Fleisches. Allgemeine Anforderungen an den Kühlprozeß sind:

- Begrenzung des Keimwachstum,
- Erhaltung bzw. Förderung der Fleischqualität sowie
- geringer Gewichtsverlust.

Die Entwicklung der Kühltechnik in den letzten Jahren war ausgerichtet auf die ökonomischen Vorteile, die durch eine Verkürzung der Kühlzeit sowie durch eine Minimierung von Gewichtsverlusten durch Verdunstung entstehen. Letzterem Bestreben sind jedoch Grenzen gesetzt. Eine gewisse Abtrocknung von Schlachtkörperoberflächen während des Kühlprozesses und damit auch ein gewisser Gewichtsverlust sind aus hygienischen und qualitativen Gründen notwendig. Eine nach Tierarten differenzierte Mindestabkühlgeschwindigkeit gibt die Fleischhygiene-Verordnung vor (Tab. 12.5).

Tab. 12.5: Fleischhygienerechtliche Anforderungen an die Kühlung (FlHV, Anl. 2, Kap. IX)

Schlachtkörper:	
Rind, Pferd	≤ 7 °C Kerntemperatur in < 36 Std.
übrige Schlachttiere	≤ 7 °C Kerntemperatur in < 24 Std.
Hauskaninchen	≤ 4 °C Kerntemperatur alsbald
Schlachtnebenprodukte:	≤ 3 °C Kerntemperatur alsbald

Die Kerntemperatur bezieht sich dabei auf den thermischen Mittelpunkt der Schlachtkörper (-hälften); dieser liegt in der Regel in der Tiefe der Keulenmuskulatur.

12.5.2 Kühlverfahren

In der Praxis sind heute ein- und zweistufige Kühlverfahren üblich. Konventionelle **einstufige Kühlsysteme** sind kaum in der Lage, selbst leichtere Rinder-Schlachtkörperhälften in der Tiefe der Muskulatur innerhalb von 24 Stunden auf 7 °C abzukühlen. Der Gewichtsverlust kann bis zu 2 % betragen. Eine Erhöhung der Abkühlgeschwindigkeit ist durch **Zweiphasen-Kühlsysteme** möglich, wobei in der ersten Phase Minustemperaturen bis zu –20 °C für 1–2 Stunden angewendet werden, gefolgt von einer Temperaturausgleichsphase bei Temperaturen um den Nullpunkt. Die leistungsfähigeren Kühlsysteme dieser Art können auch zu einem Anfrieren der Schlachtkörperoberflächen führen. Dies bringt, im speziellen bei Rinderschlachtkörpern, Nachteile durch erhöhte Tropfsaftverluste sowie, bei fehlender Elektrostimulation, durch ein Zähwerden des Fleisches (cold shortening) mit sich. Deshalb haben zweistufige Schnellstkühlsysteme überwiegend im Schweinesektor Eingang gefunden. Kühlverluste von weniger als 1 % können so realisiert werden. Da die Investitions- und Betriebskosten bei diesen Systemen hoch sind, kommen sie in der Regel nur bei hohen Schlachtkapazitäten in Betracht. Jedoch gibt es beim Einsatz ultraschneller Kühlverfahren auch bei Schweinefleisch Hinweise auf eine Verschlechterung der Zartheit (DRANSFIELD und LOCKYER 1985).

Die aktuelle Entwicklung geht zu Kühlsystemen, die nicht mit extrem niedrigen Temperaturen fahren, aber auch keine übermäßig hohen Kühlverluste zur Folge haben. Ein derartiges System, das für Rinderschlachtkörper zunehmend an Bedeutung gewinnt, ist die **Kombination** von **Luft** und **Sprühwasser** in der ersten Kühlphase, gefolgt von konventioneller Luftkühlung (TAYLOR 1990). In 15 Minuten-Intervallen wird für jeweils 90 Sekunden über die Hälfte der gesamten Kühlzeit, Wasser auf die Schlachtkörper gesprüht. Damit wird der Gewichtsverlust während 24stündiger Kühlung auf 0,3 % im Vergleich zu 1,5 % bei konventioneller Luftkühlung abgesenkt. Durch die Verdunstungskälte des auf die Oberfläche aufgebrachten Wassers wird zusätzlich Wärme abgeführt und somit die Kühlzeiten vermindert. Als Nachteil muß die verzögerte Abtrocknung der Schlachtkörperoberflächen und damit eine möglicherweise verminderte Haltbarkeit dieses Fleisches gesehen werden. Tabelle 12.6 gibt einen Überblick über praxisübliche Kühlverfahren.

Die **abgestufte Kühlung** mit einem Abhängen der Schlachtkörper bei höheren Temperaturen spielt in industriellen Schlachtbetrieben heute praktisch keine Rolle, da Konditionierungszeiten von 12 bis 24 Stunden den Kühlvorgang insgesamt erheblich verzögern. Ein derartiges Verfahren kann sich jedoch speziell bei extensiv auf Grünland gehaltenden Rindern mit geringer Fettabdeckung als vorteilhaft erweisen, da bei diesen

Schlachtkörpern eher Probleme mit cold shortening auftreten als bei konventionell produzierten Mastrindern. Nach Untersuchungen von CROUSE und SEIDEMAN (1984) reicht eine Kurzzeitkonditionierung der Schlachtkörper für drei Stunden (bei 12 bzw. 26°) jedoch nicht aus, um die Fleischqualität im Vergleich zu konventioneller Kühlung (1 °C von Anfang an) zu verbessern.

Tab. 12.6: Kühlverfahren (WIRTH 1979, FELDHUSEN u. a. 1991)

Verfahren	Parameter
Abgestufte Kühlung	Rind
• Abhängen (high temperature conditioning)	z. B. 15 °C, 4 h
• Kühlen (chilling)	0–4 °C
– Kühldauer (Kerntemperatur ≤ 7 °C)	Rd: ≤ 36 h
Schnellkühlung (quick chilling)	Rind, Schwein
• Kühlraum	
– Temperatur	–1 °C bis +1 °C
– relative Luftfeuchtigkeit	85–90 %
– Luftgeschwindigkeit	1–4 m/sec
– Kühldauer (Kerntemperatur ≤ 7 °C)	Rd: 24–36 h; Sw: 15–18 h
Schnellst-/Schockkühlung (very quick chilling)	Schwein, Rind (+ES)
• Schocktunnel	
– Temperatur	–5 °C bis –8 °C
– relative Luftfeuchtigkeit	ca. 90 %
– Luftgeschwindigkeit	1–4 m/sec
– Kühldauer	120 min
• Ausgleichskühlraum	
– Temperatur	0 ± 1 °C
– relative Luftfeuchtigkeit	ca. 90 %
– Luftgeschwindigkeit	ca. 0,2 m/sec
– Kühldauer, gesamt (Kerntemp. ≤ 7 °C)	Rd: 18–24 h; Sw: 14–15 h
Ultra-Schnellstkühlung (ultra rapid chilling)	Schwein
• Schocktunnel (blastchilling)	
– Temperatur	–20 °C bis –30 °C
– relative Luftfeuchtigkeit	100 %
– Luftgeschwindigkeit	2–4 m/sec
– Kühldauer	60 min
• Ausgleichskühlraum	
– Temperatur	+5 °C
– relative Luftfeuchtigkeit	85/100 %
– Luftgeschwindigkeit	0,2 m/sec
– Kühldauer, gesamt (Kerntemp. ≤ 7 °C)	Sw: 11–13 h

Rd = Rinderhälfte   Sw = Schweinehälfte   ES = Elektrostimulierung

Die **Ultraschnellstkühlung,** die nur beim Schwein angewendet werden sollte, zeichnet sich durch die schnellste Kühlzeit und die geringsten Gewichtsverluste aus. Als Nachteil dieser Methode kann es jedoch zu einer dunklen bis schwärzlichen Verfärbung der Wirbelknochen der Schweinehälften kommen, auch ist die Schwartenoberfläche durch zu geringe Abtrocknung häufig naß, hell und gequollen. Dies wirkt sich nachteilig auf die Haltbarkeit des Fleisches aus.

12.5.3 Kühlung von Schweineschlachtkörpern

An die Kühlung von Schweineschlachtkörpern sind folgende **Forderungen** zu stellen:
- gute Fleischqualität (geringe PSE-Rate),
- geringe Gewichtsverluste sowie
- schnellstmögliche Absenkung der Kerntemperatur auf < 7 °C.

Daraus ergeben sich folgende **Konsequenzen** für die Durchführung der Kühlung:
- Beginn der Kühlung so früh wie möglich (z. B. Verzicht auf Nachtropfförderer),
- System: Zweiphasen-Schnellstkühlung (Schockkühlung) sowie
- Prozeßkontrolle.

Für die Ausbildung von **weißem, wäßrigem Schweinefleisch** ist neben einem niedrigen Muskel-pH-Wert bereits kurz nach der Schlachtung auch eine noch hohe Muskeltemperatur Voraussetzung. Streßempfindliche, ante mortem stärker belastete Schweine weisen 15 bis 20 Minuten nach der Tötung Schinken-Kerntemperaturen von 42 °C und höher auf. Nur durch eine sehr schnelle Abkühlung der Muskulatur läßt sich die Fleischqualität hier noch günstig beeinflussen. Dazu sollten innerhalb von 1–1,5 Stunden post mortem Muskeltemperaturen von < 34 °C und innerhalb 4–5 Stunden post mortem Muskeltemperaturen < 15 °C erreicht werden (HONIKEL 1986). Diese Forderungen sind bei ganzen Schweinehälften, insbesondere in der Schinkenmuskulatur, auch mit Schockkühlverfahren kaum zu realisieren. Effektiver kann der Abkühlvorgang nach dem Zerlegen und Entbeinen schlachtwarmer Tierkörper (**hot boning**) erfolgen. Durch Schnellstkühlung von warmzerlegten Teilstücken mit PSE-Kondition (pH_1-Werte zwischen 5,6 und 5,8) in einer CO_2-Kühlzelle (Lufttemperatur zu Kühlbeginn – 40 °C) für die Dauer einer Stunde und anschließende Kühllagerung bei 0 °C konnte die Ausbildung von PSE-Eigenschaften sowohl bei Kotelett- wie auch Schinkenmuskulatur trotz der bereits niedrigen pH_1-Werte weitgehend verhindert werden (WOLTERSDORF und TROEGER 1988).

Die **Kältekontraktur,** d. h. die Eigenschaft von Muskulatur mit hohen ATP-Gehalten, sich bei tiefen Temperaturen zu verkürzen, ist bei Rind- und Lammfleisch eingehend untersucht worden. Wenige Erkenntnisse liegen diesbezüglich bei warm entbeintem Schweinefleisch vor. Bei Schweineschlachtkörpern mit überstürzter postmortaler Glykolyse (PSE-Kondition) wird sich auch bei Schnellstkühlung von Teilstücken keine nachteilige Wirkung durch Kältekontraktur ergeben, da das erforderliche ATP bereits weitgehend abgebaut ist. Andere Verhältnisse liegen vor, wenn sich der postmortale Glykogen- und ATP-Abbau langsam vollzieht und der Rigor mortis erst mehrere Stunden nach der Schlachtung einsetzt (normale Fleischreifung). Nach Untersuchungen von DRANSFIELD und LOCKYER (1985) nimmt die Zähigkeit von Schweinefleisch mit normalem Glykolyseverlauf zu, wenn die Kühlbedingungen so gewählt werden, daß die Zeit bis zum Erreichen von 10 °C Fleischtemperatur drei Stunden oder kürzer beträgt. Irischen Untersuchungen zur Folge hat dagegen auch eine Ultraschnellstkühlung von Schweineschlachtkörpern (−20 °C; 3 Stunden) keinen negativen Einfluß auf die Zartheit oder den Kochverlust von Kotelettmuskulatur (LONG und TARRANT 1990).

Die während der Abkühlung der Schweineschlachtkörper bis auf 7 °C Kerntemperatur auftretenden **Gewichtsverluste** liegen in der Regel zwischen 1 und 2 %. Sie sind überwiegend abhängig von der Kühllufttemperatur und der relativen Kühlluftfeuchtigkeit. VIETMEYER u. a. (1990) verglichen unterschiedliche Kühlbedingungen in einem zweistufigen Schnellstkühlsystem (Schocktunnel/Ausgleichskühlraum). In der Kühlphase 1 (Schocktunnel) wurden die Schlachtkörper für eine Stunde bei −10°, −20° bzw. −30 °C und einer Luftgeschwindigkeit von 2,5 m/sec gekühlt. Die anschließende Ausgleichskühlung fand für 19 Stunden bei 5 °C und 85 bzw. 100 % relativer Luftfeuchte bei geringer Luftgeschwindigkeit statt. Die höchsten Gewichtsverluste mit etwa 1,8 % traten bei einer Schocktunneltemperatur von −10 °C und 85 % relativer Luftfeuchte im Ausgleichskühlraum auf. Die niedrigsten Gewichtsverluste waren mit etwa 0,7 % bei einer Schocktunneltemperatur von −30 °C und 100 % relativer Luftfeuchte im Ausgleichskühlraum zu verzeichnen. Auf Nachteile letzteren Verfahrens wie unerwünschte Oberflächenveränderungen der Schlachtkörper wurde bereits hingewiesen.

Schockkühltunnel in **industriellen Schweineschlachtbetrieben** werden heute deshalb im allgemeinen mit −15° bis −20 °C bei Durchlaufzeiten von 60 bis 90 Minuten gefahren, die relative Luftfeuchtigkeit im Ausgleichskühlraum sollte 85 bis 90 % nicht übersteigen. Die daraus resultierenden Gewichtsverluste liegen im Bereich von 1,0 bis 1,2 %. Baumaße und Betriebsparameter des Kühlbereiches eines modernen industriellen Schweineschlachtbetriebes mit einer durchschnittlichen Tagesschlachtleistung von 2.300 Tieren (280 Schweine/Stunde) gibt Tabelle 12.7.

Tab. 12.7: Kühleinrichtungen eines industriellen Schweineschlachtbetriebes (Schlachtkapazität 2.300 Tiere/Tag)

	Schocktunnel
Baumaße:	
Fläche	206 m²
Raumvolumen	1.030 m³
Fördererlänge	160 m
Mitnehmerabstand	0,40 m
Betriebsparameter:	
Durchlaufzeit	70 min
Lufttemperatur	–15 °C
Luftgeschwindigkeit	3,0 m/sec
	Ausgleichskühlraum
Baumaße:	
Fläche	750 m²
Raumvolumen	3.375 m³
Rohrbahnlänge	6.650 m
Betriebsparameter:	
Bestückung	4 Hälften/m (0,25 m Abstand)
Lufttemperatur	+3 °C
Luftgeschwindigkeit	0,5 m/sec
	Geschlingekühlraum
Baumaße:	
Fläche	120 m²
Raumvolumen	540 m³
Rohrbahnlänge	60 m
Betriebsparameter	
Bestückung Paletten	15 t
hängend	10 t
Lufttemperatur	+2 °C
Luftgeschwindigkeit	0,5 m/sec
	Nebenproduktekühlraum
Baumaße:	
Fläche	68 m²
Raumvolumen	306 m³
Betriebsparameter	
Bestückung	20 t
Lufttemperatur	+2 °C
Luftgeschwindigkeit	0,5 m/sec

Kühlraum für vorläufig beschlagnahmtes Fleisch	
Baumaße:	
Fläche	50 m²
Raumvolumen	225 m³
Rohrbahnlänge	30 m
Betriebsparameter:	
Lufttemperatur	+2 °C
Luftgeschwindigkeit	0,5 m/sec

12.5.4 Kühlung von Rinderschlachtkörpern

Für Rinderschlachtkörper war noch vor wenigen Jahrzehnten die **abgestufte Kühlung** die üblicherweise praktizierte Methode: Die Tierkörper kamen zuerst einige Stunden in Abhängehallen (ohne Kühlung), anschließend in Vorkühlräume (+6 bis +8 °C) und erst nachdem bereits ein Großteil der Körperwärme energiesparend abgeführt worden war, in Kühlräume (0 bis +4 °C). Entscheidender Nachteil des Verfahrens aus heutiger Sicht ist eine Kühldauer von wenigstens 36 bis 48 Stunden, höhere Kühlverluste und eine Vermehrung der Oberflächenkeime. Der Vorteil liegt in einer besseren Reifung des Fleisches. Bei der **einstufigen Schnellkühlung** werden in der Regel 36 Stunden benötigt, um im Kern der Keule von Rinderhälften < +7 °C zu erreichen. Kürzere Kühlzeiten von < 24 Stunden ermöglicht die **zweistufige Schnellst- oder Schockkühlung.** Dabei werden in der ersten Kühlphase (Schocktunnel) Lufttemperaturen von −3° bis −5 °C angewandt. Um Gewichtsverluste zu reduzieren und die Kühlzeit zu verkürzen, werden die Rinderschlachtkörper vor den Kühleinrichtungen auch häufig mit Wasser besprüht.

Eine zu intensive Kühlung von Rinder- oder auch Schafschlachtkörpern birgt die Gefahr der Kälteverkürzung der Muskulatur (**cold shortening**). Die damit verbundene irreversible Zähigkeit des Fleisches tritt auf, wenn die Muskulatur im Prärigor-Zustand (pH-Wert > 6,0) auf Temperaturen von < ca. 12 °C abgekühlt wird. Die biochemischen Ursachen sind eine vermehrte Freisetzung von Kalziumionen aus dem sarkoplasmatischen Retikulum bei niedrigen Temperaturen (30- bis 40-fache Konzentration in der Nähe der Myofibrillen). Dies führt zu einer starken Aktivierung der Actomyosin-ATPase. Die Reabsorption der Kalziumionen durch das sarkotubuläre System ist bei niedrigen Temperaturen gestört, aber bei „weißer Muskulatur" größer als bei „roter Muskulatur". Dies hat zur Folge, daß cold shortening überwiegend bei roter Muskulatur auftritt. Zur Verhinderung von Fleischqualitätsmängeln muß die Kühlung deshalb so gesteuert werden, daß vor Eintritt des Rigor mortis (pH-Wert ca. 5,9) 15 °C Muskeltemperatur nicht unterschritten werden. Der optimale Muskeltemperaturbereich vor Eintritt des Rigor mortis liegt bei 25°–20 °C. Eine Beschleunigung der postmortalen Glykolyse und damit des Eintritts des Rigor mortis ist durch Anlegen einer Nieder- oder Hochspannung am Schlachttierkörper möglich (Elektrostimulierung siehe

Kap. 12.3.3). Durch Elektrostimulierung läßt sich die Abbauzeit von Kreatinphosphat und ATP etwa halbieren (FABIANSSON und LASER REUTERSWAERD 1985).

Auch bei Rinderschlachtkörpern läßt sich durch Schnellkühlverfahren der **Gewichtsverlust** reduzieren. Nach Untersuchungen von GIGIEL u. a. (1989), die ein konventionelles Kühlverfahren (Keulen-Kerntemperatur 24 Stunden p. m. 14,5 bis 21,0 °C) mit einem Schnellstkühlverfahren verglichen (Keulen-Kerntemperatur 24 Stunden p. m. 9,5 bis 14,8 °C), war der Gewichtsverlust bei Anwendung des Schnellstkühlverfahrens um 0,86 % niedriger.

12.5.5 Qualitätssichernde Maßnahmen beim Kühlprozeß

Im Rahmen von Qualitätssicherungssystemen durchzuführende Prozeßkontrollen in Fleischgewinnungsbetrieben müssen auch den Kühlvorgang als qualitätsrelevanten Prozeßschritt mit einschließen. Nach FELDHUSEN und KOCH (1993) sind dazu folgende Maßnahmen notwendig:

Einmalige Erfassung folgender Kühlbedingungsfaktoren:
- Plan der Kühlanlage: Lage der Verdampfer, Ventilatoren; Luftführung;
- Technische Leistungsdaten (Kühlleistung, Auftauintervalle, Temperaturregelung u. a.);
- Kühlkapazität (Rohrbahnlänge): Bewertung anhand von Schlachtleistungen und notwendiger Kühlzeit;
- Lufttemperatur, Luftgeschwindigkeit an den Ventilatoren sowie
- Lufttemperatur, Luftgeschwindigkeit und relative Luftfeuchtigkeit an mehreren repräsentativen Lokalisationen des Kühlraumes in Höhe der Hintergliedmaße zwischen den Tierkörperhälften.

Regelmäßig (in definierten Abständen) an repräsentativen Tierkörperhälften im Bereich des Schinkens bzw. der Keule sind zu erfassen und zu dokumentieren:
- Oberflächentemperaturen,
- Kerntemperaturen und
- Lufttemperatur 1 cm über der Schinken-/Keulenoberfläche.

Ständig zu erfassen und zu dokumentieren sind:
- Lufttemperaturen und
- relative Luftfeuchtigkeit.

12.5.6 Kühllagerung

Die Kühllagerung ist bei Rindfleisch sowohl für die Fleischreifung als auch für das Verarbeitungsfleisch von Bedeutung. Die Klimabedingungen richten sich danach, ob es sich um verpacktes oder unverpacktes Fleisch handelt. Für unverpacktes Frischfleisch gilt (WIRTH 1979): Die Temperatur der Kühllagerräume sollte −1° bis 0°C betragen. Die Luftbewegung wird gering gehalten (0,1 bis 0,2 m/sec). Die relative Luftfeuchte sollte bei ca. 90 % liegen. Eine höhere Luftfeuchtigkeit würde zu verstärktem Wachstum einer kältetoleranten Keimflora und Schmierigwerden des Fleisches führen. Die aus hygienischer Sicht günstige Absenkung der Luftfeuchte unter 90 % müßte mit erhöhten Kühlverlusten und nachteiligen Oberflächenveränderungen des Fleisches erkauft werden.

Die Aufrechterhaltung der ca. 90 % Luftfeuchte kann problematisch werden, wenn die Kühlaggregate zur Kühlraumgröße zu klein bemessen sind. Die dann notwendig werdenden größeren Temperaturdifferenzen zwischen Raumluft und Kühler führen zu schneller Vereisung desselben, d. h. der Raumluft wird ständig Wasserdampf entzogen. Günstiger sind etwas überdimensionierte Kühler. Dadurch kann die Temperaturdifferenz zwischen Kühler und Raumluft so klein gehalten werden, daß sich weniger Kondenseis bildet und sich eine hohe Luftfeuchte – bei entsprechender Kühlraumlegung – einstellt.

Tabelle 12.8 gibt die maximale Kühllagerungsdauer von nicht vakuumverpacktem Fleisch bei einwandfreier substantieller und hygienischer Ausgangsbeschaffenheit an.

Tab. 12.8: Maximale Lagerdauer von Fleisch bei verschiedenen Kühllagertemperaturen und relativen Luftfeuchtigkeitswerten (GUTSCHMIDT 1964)

Tierart	−1 °C bis 0 °C 85 bis 90 %	+2° bis +4 °C 80 bis 85 %
Rind	3–4 Wochen	≤ 2 Wochen
Schwein	1–3 Wochen	≤ 1 Woche
Kalb	1–3 Wochen	≤ 1 Woche
Schaf	1–2 Wochen	≤ 1 Woche
Hähnchen	8–12 Tage	≤ 6 Tage

Für **vakuumverpacktes Fleisch** ist die Luftfeuchtigkeit des Kühlraumes ohne Bedeutung; schon eine geringe Luftbewegung fördert den Temperaturausgleich. Die Kühlraumtemperatur sollte −1° bis maximal 0°C betragen. Unter hygienischen Bedingungen gewonnenes, vakuumverpacktes Rindfleisch sollte mindestens zwei Wochen reifen. Die **maximale Lagerdauer** sollte sechs Wochen nicht übersteigen. Ein Verderb des Fleisches ist durch die in der Regel dominierende Lactobazillenflora zwar auch bei deutlich längeren Kühllagerungszeiten (bis zu 12 Wochen) im allgemeinen nicht zu erwarten, es kommt jedoch zu sensorischen Veränderungen (sog. Lebergeschmack).

DFD-Fleisch ist für Vakuumverpackung nicht geeignet, da es frühzeitig verdirbt. Besteht aufgrund einer dunkelbraunroten Farbe sowie einer trockenen, klebrigen Fleischbeschaffenheit der Verdacht auf DFD-Fleisch, kann eine pH-Wert-Messung Klarheiten bringen. Fleisch vor Vakuumierung sollte einen pH-Wert < 5,8 und eine Temperatur < +5 °C aufweisen.

12.6 Gefrieren und Gefrierlagerung

Das Gefrieren von Fleisch stellt ein sehr schonendes konservierendes Behandlungsverfahren dar, da das Fleisch hierbei in seiner chemischen Zusammensetzung nicht verändert wird, wie es bei anderen Konservierungsmethoden (Räuchern, Pökeln, Erhitzen, Trocknen) der Fall ist.

Nach Richtlinie 64/433/EWG muß frisches Fleisch, das gefroren werden soll, unmittelbar aus einem zugelassenen Schlacht- oder Zerlegebetrieb stammen. Bei gefrorenem Fleisch muß eine Innentemperatur von mindestens –12 °C erreicht werden; anschließend ist es mindestens bei dieser Temperatur zu lagern. Gefrorenes, frisches Fleisch muß eine Angabe des Monats und des Jahres tragen, in dem es gefroren worden ist.

12.6.1 Gefrierverfahren

Mit der Weiterentwicklung der Gefriertechnologie in den vergangenen Jahrzehnten ist auch die Fleichqualitätsminderung durch den Einfriervorgang deutlich zurückgegangen. Das ehemals langsame Gefrieren bereits langsam abgekühlter Tierkörper wurde durch Schnellgefrierverfahren abgelöst. Prinzipiell können drei Gefrierverfahren unterschieden werden: Gefrieren im Kaltluftstrom, Gefrieren im Kontaktplattenverfahren sowie cryogenes Gefrieren (Tab. 12.9).

Rinder- und Schweineschlachtkörper sowie nicht entbeinte Teilstücke werden heute praktisch ausschließlich im Kaltluftstrom bei –25 bis –45 °C und einer Luftgeschwindigkeit zwischen 2 und 9 m/sec tiefgefroren. Vor dem Gefrierprozeß sollte durch Abkühlung eine Kerntemperatur im Fleisch von mindestens 10 °C erreicht worden sein. Beim Tiefgefrieren auf eine Temperatur von –18 °C soll die **Gefriergeschwindigkeit** entsprechend den Leitsätzen für tiefgefrorene Lebensmittel nicht unter 10 mm pro Stunde liegen. Entsprechend den internationalen Vereinbarungen wird die Geschwindigkeit eines Gefrierprozesses nach dem Fortschreiten der Eisfront im Gefriergut (in cm pro Stunde) beurteilt. Folgende Gefriergeschwindigkeiten werden definiert (JASPER und PLACZEK 1977):

- Langsames Gefrieren: 0,1 bis 0,2 cm pro Stunde,
- Schnelles Gefrieren: 0,5 bis 3,0 cm pro Stunde,
- Sehr schnelles Gefrieren: 5,0 cm pro Stunde.

Die für Lagerhaltung von der Bundesanstalt für Landwirtschaftliche Marktordnung (BALM) vorgesehenen **Rinderhinterviertel** werden, auf eine Kerntemperatur von ≤ 7 °C abgekühlt, unter folgenden Bedingungen eingefroren (KLETTNER 1994):

- Lufttemperatur   –25 bis –30 °C,
- Luftgeschwindigkeit   2–3 m/sec,
- Zeitdauer   24 Stunden.

Tab. 12.9: Gefrierverfahren

Verfahren	Vorrichtung	Gefriergut	Kühltemperatur
Kaltluft 2–9 m/sec	Gefriertunnel	Schlachttierkörper; Teilstücke; entbeintes Fleisch	−25 bis −45 °C
Kontaktflächen	Plattenfroster	zerkleinertes, entbeintes Fleisch	−30 bis −40 °C
Cryogen mit CO_2, N_2	Durchlauffroster, Wendelbandfroster	portionierte Teilstücke; Hackfleisch; Organe	CO_2 bis ca. −70 °C; N_2 bis ca. −196 °C

Nach anschließendem Verbringen in den Gefrierlagerraum stellt sich eine Gesamtausgleichstemperatur von −18 °C ein. Der Zeitpunkt, wann der Einfriervorgang abgebrochen und die Gefrierlagerung mit Temperaturausgleich im Kühlgut beginnen kann, ist abhängig von der Kühllufttemperatur sowie der Luftgeschwindigkeit. Tabelle 12.10 gibt Beispiele für schwere bis mittelschwere Rinderhinterviertel.

Das Gefrieren der Schlachttierkörper erfolgt in Gefriertunneln, die gegenüber Kühltunneln geringere Raumquerschnitte aufweisen, um einen starken Luftstrom zu gewährleisten. Um Gewichtsverluste einzuschränken, werden die Hälften oder Viertel auch mit Jute- bzw. Baumwollgewebe oder Polyethylenfolie umhüllt.

Neben dem zweistufigen Verfahren, dem Gefrieren nach Abkühlung, wird auch das einstufige Verfahren, das Gefrieren schlachtwarmer Tierkörper praktiziert. Dieses Verfahren hat nach FRITZSCH (1989) folgende Vorteile:
- Verkürzung der Abkühl- und Gefrierzeiten,
- Einsparung von Transportaufwand,
- Senkung von Investitionskosten,
- Senkung von Substanzverlusten,
- Erhöhung der Lagerdauer sowie eine
- Verbesserung der Qualität.

Tab. 12.10: Zusammenhang zwischen Einfriertemperatur, Luftgeschwindigkeit und Abbruch des Einfriervorganges für Rinderhinterviertel (KLETTNER 1994)

Einfriertemperatur °C	Luftgeschwindigkeit m/s	Abbruch des Einfriervorganges bei Kerntemperatur von ... °C
−35	3,0	− 5
−35	1,5	− 7
−30	3,0	− 8
−30	1,5	−10
−25	3,0	−11
−25	1,5	−13

Das **schlachtwarme Gefrieren** von Rinder- und Schafschlachtkörpern sollte jedoch aus qualitativen Gründen nur nach vorausgegangener Elektrostimulierung der Schlachtkörper durchgeführt werden. Für die Herstellung von Gefrierfleischblöcken (z. B. aus mechanisch entbeintem Fleisch) kommen auch besondere Bandgefrierapparate zum Einsatz. Innerhalb eines wärmegedämmten Gehäuses befindet sich ein endloses Gefrierband mit Gefrierformen sowie die Verdampfer und Lüfter. Außerhalb des Gehäuses befinden sich die mechanisierten Beschickungs- und Entleerungseinrichtungen. Derartige Gefrierapparate haben Gefrierleistungen von 16 bis 30 Tonnen pro Tag (FRITZSCH 1989).

Zum **blockweisen Einfrieren** von beispielsweise standardisiertem Verarbeitungsfleisch eignen sich auch Kontaktgefrierverfahren, wie Kontaktplattenfroster. Die Plattentemperaturen betragen −30 bis −40 °C und die Gefriergeschwindigkeiten sind naturgemäß sehr viel rascher als beim Gefrieren im Luftstrom. Ebenfalls lassen sich Organe verpackt oder unverpackt im Kontakt mit soledurchflossenen Platten schnell einfrieren.

Cryogene Gefrierverfahren haben in Fleischgewinnungsbetrieben weniger Bedeutung; lediglich zum Kühlen/Gefrieren von schlachtfrischen Organen wird gelegentlich Stickstoff eingesetzt. Cryogene Systeme mit kontinuierlichem Durchlauf, wie Durchlauf- oder Wendelbandfroster, haben vornehmlich Bedeutung für portionierte Fleischstücke oder Fleischprodukte. Durch Einsprühen von flüssigem CO_2 oder N_2 entstehen Temperaturen bis zu −70 °C bzw. −196 °C; hohe Gefriergeschwindigkeiten bei gesättigter Luftfeuchte können erreicht werden.

12.6.2 Gefriervorgang und Fleischqualität

Fettarmes Fleisch mit einem Wassergehalt von ca. 74 % beginnt unterhalb von −1,0 °C zu gefrieren; bei −7 °C ist der größte Teil des ausfrierbaren Wassers im Fleisch in Eis übergegangen. Die Aktivität fast aller biochemischer Prozesse wird stark reduziert, die fettspaltenden und somit zu Ranzigkeit führenden Lipasen sind jedoch aufgrund der herabgesetzten Wasseraktivität verstärkt aktiv. Abgetötet werden in der Regel tierische Parasiten wie Trichinen oder Bandwurmfinnen. Bezüglich der Mikroflora erfolgt eine Selektion kälteresistenter sowie a_w-resistenter Mikroorganismen.

Unsachgemäßes Tiefgefrieren wirkt sich **nachteilig** auf die **Fleischqualität** aus. Wird der Temperaturbereich zwischen −1 und −10 °C zu langsam durchschritten, kommt es zur Ausbildung großer Eiskristalle zuerst im extrazellulären Raum, danach auch in der Muskelzelle, mit der Folge der Zerstörung von Zellmembranen und -organellen. Dies führt beim Auftauen zu erhöhtem Saftverlust und verstärkter Enzymaktivität. Geringe Tausaftbildung ist zu erwarten bei schnellem Einfrieren in Kombination mit schnellem Auftauen. Hierbei bilden sich nur kleine Eiskristalle, extrazellulär, vor allem aber auch in den Muskelfasern. Beim Auftauen bilden sich sehr kleine Flüssigkeitströpfchen, die rasch vom Gewebe wieder aufgenommen werden. Mit absinkender Gefriergeschwindigkeit nimmt die extrazelluläre Eisbildung zu.

Unter den in der Praxis üblichen Gefrierbedingungen liegt ausschließlich die Bildung von extrazellulärem Eis vor (ab einer Gefrierzeit von ≥ 30 Minuten für das Intervall −1° bis −7 °C). Dabei kommt es aufgrund unterschiedlicher osmotischer Drücke zu Wasserverschiebungen zwischen intra- und extrazellulärem Raum. Beginnt das extrazelluläre (reine) Wasser zu gefrieren, erhöht sich hier die Salzionenkonzentration, was zur Diffusion von Wasser aus den Muskelfasern in den extrazellulären Raum führt. Eine Schrumpfung der Muskelfasern ist die Folge. Wird nun solchermaßen langsam gefrorenes Fleisch langsam aufgetaut, haben die Muskelfasern durch Umkehrung der osmotischen Verhältnisse Zeit, einen Großteil des extrazellulären Wassers wieder aufzunehmen, was bei zu schnellem Auftauen als Tausaftverlust verloren gegangen wäre.

Durch geeignete Einfrierverfahren ist es auch möglich, die für die Verarbeitung wichtigen **Warmfleischeigenschaften** von schlachtfrischem Fleisch (siehe auch Kap. 20.2.2.1) zu erhalten. Prinzipiell kann warm entbeintes zerkleinertes Fleisch sowohl ungesalzen als auch gesalzen eingefroren werden. Verzichtet man auf Salzzugabe vor dem Einfrieren, ist die Einfriergeschwindigkeit für den Erhalt der Warmfleischeigenschaften von entscheidender Bedeutung. FISCHER u. a. (1980) fanden für Rindfleisch im kritischen Bereich von +10° bis −1 °C Gefriergeschwindigkeiten von bis zu 0,05 °C pro Minute als ausreichend, um das hohe Wasserbindungsvermögen von Warmfleisch zu erhalten, d. h. das Fleisch muß auch im Kern in ca. 3 Stunden von +10° auf −1 °C abgekühlt sein. Durch Salzen des zerkleinerten Warmfleisches vor dem Einfrieren wird eine Konservierung des Warmfleischeffektes, unabhängig von der nachfolgenden Einfriergeschwindigkeit erreicht.

12.6.3 Gefrierlagerung

Der Gefrierlagerung sind zeitliche Grenzen gesetzt, die entscheidend von der Zusammensetzung des Lagergutes und der Lagertemperatur abhängen. Die optimale Gefrierlagerung von Fleisch erfolgt bei −18 bis −30 °C, wobei sich die mögliche Lagerzeit bei −30 °C gegenüber −20 °C fast verdoppelt (Tab. 12.11).

Der im allgemeinen begrenzende Faktor für die Lagerzeit ist der **Fettabbau.** Durch oxidative Prozesse, die zur Ranzigkeit führen, ist vor allem die Gefrierlagerdauer von zerkleinertem, gesalzenen Fleisch deutlich eingeschränkt. Durch die Zerkleinerung kommt es zur Untermengung von Sauerstoff, Salz wirkt zusätzlich prooxidativ. TÄNDLER u. a. (1983) stellten bei Schweinehackfleisch mit 0,75 % Kochsalzzusatz, gelagert bei −20 °C, bereits nach zwei bis drei Wochen beginnende Ranzigkeit fest. Die Gefrierlagerdauer von unverpacktem Fleisch wird außerdem durch Austrocknung und Aromaverlust begrenzt. Durch das Absublimieren von Wasser aus den äußeren Schichten von gefrorenem Fleisch kommt es zum sog. **Gefrierbrand.** Unter Gefrierbrand versteht man ausgetrocknete, in gefrorenem Zustand gelblich-weiß aussehende Areale auf der Fleischoberfläche. Diese Veränderungen sind irreversibel, d. h. auch nach dem Auftauen noch vorhanden, da es zu einer Denaturierung des Eiweißes kam, so daß eine Rehydratisierung nicht mehr möglich ist.

Tab. 12.11: Gefrierlagerzeiten (WIRTH 1979)

	Lagertemperatur	
	–20 °C	–30 °C
Rind	≤ 12 Monate	≤ 24 Monate
Kalb/Lamm	≤ 10 Monate	≤ 18 Monate
Schwein	≤ 6 Monate	≤ 12 Monate
Hähnchen	≤ 12 Monate	≤ 24 Monate

Im Rahmen der Interventionslagerhaltung der BALM werden Rinderviertel in Polyethylenbeutel und zusätzlich in Polyestersäcke verpackt. Die Lagertemperatur beträgt entsprechend einer Vereinbarung mit den Gefrierhäusern –22 °C. Für Rinderviertel gilt hinsichtlich der Lagerungsdauer eine Empfehlung von 6 bis 18 Monaten, maximal 24 Monate. Schweinehälften sollten bei einer Lagertemperatur von –18 °C nicht länger als 8 Monate gefriergelagert werden (KLETTNER 1994). Die geringere Gefrierlagerfähigkeit von Schweinefleisch gegenüber Rindfleisch beruht auf dem höheren Anteil an ungesättigten Fettsäuren, die bereits nach 12 Monaten zu leichten oxidativen Veränderungen und nach 15 Monaten zu deutlicher Ranzigkeit des Fettes führen.

12.7 Zerlegung und Fleischtransport

12.7.1 Allgemeines

Schlachttierkörper werden in der Regel erst zerlegt, nachdem sie im Schlachtbetrieb auf eine Kerntemperaturen von ≤ 7 °C abgekühlt wurden. Vor dem Transport zur Zerlegung werden gekühlte Rinderhälften abgeviertelt. Der Trennschnitt erfolgt im rechten Winkel zur Wirbelsäule zwischen der 8. und 9. oder 9. und 10. Rippe. Damit erhält man das Vorder- und Hinterviertel. Beim sog. Pistolenschnitt verbleibt die Dünnung am Vorderviertel und das Hinterviertel, die sog. Pistole, besteht nur aus Keule und Roastbeef einschließlich Filet.

Die eigentliche Zerlegung findet nach dem Transport der gekühlten Hälften bzw. Viertel in Handwerksbetrieben, zentralen Produktionsstätten des Handels, Fleischwarenbetrieben oder zunehmend auch in reinen **Zerlegebetrieben** statt. Zerlegeprodukte sind durch definierte Schnittführung gewonnene, gut transportable Teilstücke (Grobzerlegung) oder Fleischzuschnitte für die Frischfleischvermarktung bzw. die Verarbeitung (Feinzerlegung). Weiterhin kann die Zerlegung auch auf die Gewinnung bestimmter Teilstücke für die Herstellung hochwertiger Roh- und Kochpökelwaren ausgerichtet werden. Die bei der Feinzerlegung anfallenden Abschnitte, die nicht für die Vermarktung als Frischfleisch geeignet sind, finden als

Verarbeitungsfleisch Verwendung. Die Sortierung des Verarbeitungsfleisches erfolgt nach Vorgaben der „Leitsätze für Fleisch und Fleischerzeugnisse" (s. Kap. 20.2.2.3).

Tab. 12.12: Beispiele betriebsspezifischer Schnittführungen

Grobzerlegung:

Schinken „Hamburger Rund"
- abgetrennt mit geradem Schnitt im letzten Drittel des 1. geraden Wirbels (aus Sicht Schinken), Schloßknochenknorpel an der Trennlinie sichtbar
- ohne Pfote
- ohne Schwanz und Schwanzknochen
- ohne Wamme
- ohne/mit Haxe, quer oder im Vlies abgetrennt
- mit Filetkopf
- ohne jegliche Harnleiter und Enddarmreste
- Speckkante pariert

Kotelett ohne Nacken
- Länge: im 1. geraden Wirbel (Schinkenseite) bis einschl. 5. Rippe, durch gerade Schnitte begrenzt
- Kotelett mit 3 cm $\pm$ 0,5 cm (1. Kotelettrippe) bis 3,5 cm $\pm$ 0,5 cm (Filetkotelettende) Abstand zum Kotelettkern vom Bauch abgetrennt
- mit Deckel
- ohne Knorpel
- ohne Flomenreste
- ohne Nierenreste
- ohne Rückenmark
- ohne Nierenzapfen
- ohne Zwerchfellreste
- ohne Aortareste

Feinzerlegung:

Schinken schier
- abgetrennt mit geradem Schnitt im letzten Drittel des 1. geraden Wirbels (aus Sicht Schinken), Schloßknochenknorpel an der Trennlinie sichtbar
- ohne Pfote
- ohne Schwanz und Schwanzknochen
- ohne Wamme
- mit Filetkopf
- ohne jegliche Harnleiter und Enddarmreste
- ohne Haxe, quer oder im Vlies abgetrennt
- ohne Knochen, beinhaltet die Entfernung des Kugelknochens
- ohne Knorpel
- ohne Schwarte
- ohne Fett

Oberschale mit Deckel
- Schwarte abgehoben
- im Vlies ausgeschnitten
- mit Deckel

Unterschale mit Schwarte
- im Vlies ausgeschnitten
- zur Hüfte mit geradem Anschnitt
- ohne Fettspinne
- mit Schwarte
- mit Fett
- Unterkante der seitlichen Sehne gebrochen

Kugel
- im Vlies ausgeschnitten
- rundgeschnitten
- ohne Fett
- ohne Schwarte
- ohne Knochen /Kniescheibe

Um standardisierte Produkte (Teilstücke) herzustellen, ist eine definierte Schnittführung notwendig. Diese wird betriebsspezifisch festgelegt und basiert in Deutschland meist auf dem sogenannten DLG-Schnitt. Weiterhin ist der Schweizer Schnitt bekannt, da in der Schweiz ein geringerer Bedarf an Wurstwaren als in Deutschland besteht, ist diese Schnittführung darauf ausgerichtet, soviel Frischfleisch wie möglich für den Verkauf zu gewinnen. Die vom Deutschen Fleischerverband entwickelte Schnittführung (DFV-Schnitt) basiert auf dem Schweizer Schnitt. Es ist hierbei für den speziellen innerbetrieblichen Bedarf an Verarbeitungsfleisch ein größerer Spielraum gegeben. Tabelle 12.12 zeigt Beispiele von Standardschnittführungen eines industriellen Zerlegebetriebes.

Nach Grobzerlegung resultieren größere Teilstücke mit Knochen, während die Feinzerlegung das Entbeinen beinhaltet und bis zu ladenfertigen Zuschnitten wie Oberschale, Unterschale und Kugel führen kann. Eine exakt definierte, betriebsspezifische Schnittführung ist auch Grundlage für eine korrekte Zerlegekalkulation. Dabei müssen die Eingangsgewichte, die bei der Grobzerlegung anfallenden Teilstücke sowie die bei der Feinzerlegung gewonnenen Teilstücke und Fleischstandards sowie Schwarten, Sehnen und Knochen exakt gewichtsmäßig erfaßt werden. Angaben über die Methodik der Zerlegekalkulation macht RÖSER (1987).

12.7.2 Bauliche Anforderungen

Die hygienischen Mindestanforderungen, unter welchen Fleisch behandelt, d. h. zerlegt werden muß, sind in der EG-Richtlinie „Frisches Fleisch" (64/433/EWG) bzw. national in der Fleischhygiene-Verordnung festgelegt. In Anhang I, Kap. I der EG-Frischfleisch-Richtlinie – Allgemeine Bedingungen für die Zulassung der Betriebe – werden eine ausreichende Anzahl von Umkleideräumen, Wasch- und Duschgelegenheiten sowie Toiletten gefordert, die so ausgestattet sein müssen, daß die sauberen Teile des Gebäudes vor Kontamination geschützt sind. Toiletten dürfen keinen direkten Zugang zu den Produktionsräumen haben. Kapitel V der Richtlinie – Hygienevorschriften für Personal, Räume, Einrichtungsgegenstände und Arbeitsgeräte – schreibt für das Personal insbesondere auch saubere Schuhe vor; Personen, die mit frischem Fleisch in Berührung kommen, haben zu Beginn jedes Arbeitstages saubere Arbeitskleidung zu tragen. Die Einhaltung dieser Hygienevorschriften impliziert bauliche und funktionelle Voraussetzungen, die am besten durch eine sog. Hygieneschleuse oder Hygienezone realisiert werden können.

Der eigentliche **Zerlegebereich** (Abb. 12.13, s. S. 362) muß eine geschlossene bauliche Einheit bilden; es dürfen neben dem Zugang über die Hygieneschleuse keine weiteren Personaleingänge existieren. Auch dürften außer dem zu bearbeitenden Material und den erforderlichen Transportmitteln keine anderen Warenströme durch den Zerlegebereich laufen.

Die personelle wie materielle **Trennung unterschiedlich reiner Betriebsteile** setzt die Einrichtung wirksamer Hygienebarrieren voraus. Diese Erkenntnis hat sich im Bereich der industriellen Zerlegung erst in den letzten Jahren durchgesetzt, so daß heute vielerorts die

Notwendigkeit des nachträglichen Einbaus von Hygienezonen besteht. Aufgrund der vorhandenen baulichen Gegebenheiten müssen dabei häufig Kompromisse zwischen der hygienisch optimalen Lösung und dem baulich bzw. ökonomisch Machbaren eingegangen werden.

Bedarf und Positionierung von **Hygieneschleusen** (Abb. 12.14, s. S. 362) oder Vorrichtungen mit Schleusenfunktionen sind abhängig von dem notwendigen Personal-, Material- und Transportmittelfluß zwischen unterschiedlich reinen Betriebsteilen, wobei eine Kontamination des jeweils reineren Bereiches verhindert werden soll. Ziel ist es, die Einschleppung, vor allem auch pathogener Mikroorganismen von „außen" in den Bereich der Produktion, d. h. der Bearbeitung und Lagerung von frischem ungeschützten Fleisch zu verhindern.

Als kritisch ist der Anlieferungsbereich der Hälften bzw. Viertel zu sehen. Für den Fahrer des Transportfahrzeuges muß entweder eine Schleusenfunktion gewährleistet sein oder es müssen vom Betrieb abgegrenzte Räumlichkeiten zur Verfügung stehen. Auch die Logistik der Fleischtransportmittel ist ein oft anzutreffender Hygieneschwachpunkt in Zerlegebetrieben. Die in den Betrieb zurückkommenden gebrauchten Fleischtransportbehältnisse müssen separat angeliefert oder gelagert werden. Die Schleusenfunktion erfüllt hier die (automatische) Waschanlage bzw. die Waschstation, wobei eine räumliche Trennung zwischen der Reinigung und der Lagerung der sauberen Transportmittel notwendig ist. Personal das zwischen diesen Bereichen wechselt (z. B. Waschen und Transport von Kisten, Wagen) muß den Hygieneanforderungen genügen, d. h. Vorrichtungen zu Hand- und Stiefelwäsche sind am Übergang in den reinen Bereich zu fordern. Der Bereich der Verpackung sowie der Lagerung von Kartonagen ist ebenfalls vom reinen Produktionsbereich räumlich und personell abzugrenzen. Mitarbeiter dürfen beispielsweise nicht aus der Verpackung ohne Hygienevorkehrungen durch den Zerlegebetrieb laufen, um etwa in den Aufenthaltsraum zu gelangen.

Dies führt zur baulichen Planung des **Personalweges.** Als oberstes Prinzip gilt hier die Kreuzungsfreiheit zwischen unreinem und reinem Personalweg. Besonders in Altbetrieben stellen Umkleideräume oft quasi „Sackbahnhöfe" dar, d. h. Flure oder Treppen werden sowohl mit Straßen- als auch Arbeitsschuhe begangen. Es sollten bauliche Voraussetzungen geschaffen werden, die einen Personalweg gemäß Abbildung 12.15 ermöglichen. Alle Räumlichkeiten befinden sich innerhalb eines Gebäudekomplexes unter einem Dach (keine Wege über den Hof). Durch die räumliche Trennung von Privat- und Arbeitskleidung im Umkleidebereich mit einer dazwischen angeordneten Waschgelegenheit wird eine 1. Hygienebarriere eingebaut. Zwischen Umkleidebereich und Hygieneschleuse wird ausschließlich betriebsinternes Schuhwerk (z. B. Clogs) getragen. Die Wege sollten dabei nicht von Personal in Straßenschuhen (z. B. Büro, Fahrer) gekreuzt werden. Die Hygieneschleuse (2. Hygienebarriere) schließlich trennt den Bereich mit geringer Kontamination vom **reinen Bereich.** Sie sollte möglichst **unmittelbar vor dem Produktionsbereich** angeordnet sein. Hier sollen die Clogs gegen gereinigtes und desinfiziertes Schuhwerk ausgetauscht sowie gereinigte und desinfizierte Schutzkleidung (Schürzen) angelegt werden.

400 Fleischgewinnung und -behandlung

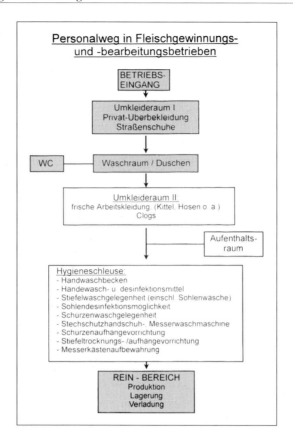

Abb. 12.15: Personalweg in Fleischlieferbetrieben

12.7.3 Technische Ausstattung

Die Hälften bzw. Viertel gelangen über eine Rohrbahn aus dem Kühlraum oder direkt von der Warenannahme in den Zerlegebereich. Hier findet eine Grobzerlegung teilweise noch im Hängen, bei Rindervierteln häufig an einer Schrägzerlegewand mittels Handkreissäge statt.

In Grob- und Feinzerlegung überwiegen **Förderanlagen** auf mehreren Ebenen (Fließbänder aus Edelstahl oder gummiertem Gewebe, Rollenbahnen u. a.). Dazu sind Arbeitstische längs oder quer angeordnet. Die Schneidauflagen bestehen in der Regel aus abnehmbaren, beidseitig verwendbaren, weißen Kunststoffbrettern. Der Logistik des Materialflusses kommt bei modernen Zerlegeanlagen große Bedeutung zu. Jede bei der Grobzerlegung anfallenden Teilstücke (bei Schweinehälften z. B. vorderes Drittel mit Schulter, Brust, Kamm; mittleres Drittel mit Kotelett und Bauch; hinteres Drittel Schinken) werden auf Transportbändern weiter getrennt abgeführt und bearbeitet (entbeint, feinzerlegt). In den

Produktionsablauf integriert sind Entschwartemaschinen, Entvliesmaschinen, Rippenziehgeräte, Anstrippmaschinen, Bandsägen, Kreismesser, pneumatisch angetriebene Rundmesser u. a. Abtransport und Lagerung der Teilstücke nach Feinzerlegung erfolgt meist in genormten Eurokisten, die über Rollbahnen auf verschiedenen Ebenen zu- und abgeführt werden können. Sammeln und Abtransport von Abschnitten (Verarbeitungsfleisch) erfolgen auch in Edelstahl-Fleischwagen. In modernen Betrieben mit Computer-Integrierter Produktion (CIP) laufen alle aus der Zerlegung kommenden Kästen über einen zentralen Kontroll- und Erfassungspunkt, welcher die Zielsteuerung der Kästen und die Ein- und Auslagerung der Behälter z. B. in einem Hochregallager anhand einer exakten Codierung jedes Behälters ermöglicht. Diese Kistencodierung kann z. B. mit Strichcode oder auch Chip erfolgen.

Hygieneschleusen sollten folgende technische Ausstattung aufweisen:

- Handwaschbecken bzw. Reinigungsrinne: Armaturen ohne Handbedienung, Seifenspender/Desinfektionsmittelspender berührungsfrei/Armhebel, Papierhandtuchspender, Papierkorb;
- Stiefelreinigungsmaschine;
- Sohlenreinigungsmaschine;
- Schürzenreinigungsmaschine;
- Reinigungsschleuse für Stechschutzhandschuhe;
- Wasch- und Sterilisationsmaschine für Messer, Messerkoffer, Stechschutzhandschuhe;
- Stiefelaufhänge-/Trocknungsvorrichtung (Warmluft);
- Schürzengarderobe (3-Punkt-Aufhängung) sowie
- Halterungen für Messerkästen.

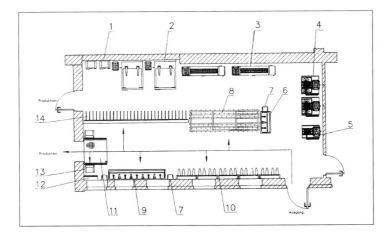

Abb. 12.16: Ausstattung einer Hygieneschleuse

Die **Anordnung** der **Einrichtungen** in den Hygieneschleusen sollte funktionellen und hygienischen Erfordernissen Rechnung tragen. Abbildung 12.16 gibt dafür ein Beispiel. In den Pausen oder zu Arbeitsende betreten die Mitarbeiter die Schleuse durch den vorgesehenen Eingang und reinigen zunächst die Stechschutzhandschuhe mit Wasserhochdruck vor (1). Messerkoffer und Handschuhe werden an vorgesehenem Ort abgestellt (Reinigungspersonal führt Reinigung und Sterilisation in Waschmaschine (2) durch und verbringt Messerkörbe in verschließbare Halterungen (14)). Es folgen Schürzenreinigung (3) und Abhängen der Schürzen an Garderobe (8), Stiefel- (4) bzw. Sohlenreinigung (5) und Wechseln der Stiefel gegen Clogs vor dem Verlassen der Schleuse. Zu Arbeitsbeginn werden die sauberen Stiefel und Schürzen wieder angezogen, nach Händereinigung (9) die Messerkoffer aufgenommen und nach Händedesinfektion (13) der Produktionsbereich durch eine Desinfektionsdurchlaufwanne (11) betreten.

12.7.4 Betriebsablauf in der Zerlegung

Tabelle 12.13 gibt beispielhaft die einzelnen Arbeitspositionen eines industriellen Schweine-Zerlegebetriebes mit einer Zerlegekapazität von 430 Tonnen pro Woche und 35 Mitarbeitern wieder. Die Schweinehälften werden auf der Rohrbahn aus dem Kühlraum über eine Kontrollverwiegung zur Grobzerlegung gefördert. Mittels einer durch Laserstrahl geführten Sägeanlage erfolgt die Zerschneidung der Schweinehälften in die Segmente Schulter, Bauch mit Kotelett sowie Schinken. Diese Teilstücke werden über Bandfördersysteme den einzelnen Arbeitsgruppen zur Weiterbearbeitung zugeführt. Bei der Schinkenzerlegung sind Arbeitsplätze für zusätzliche Feinschnitte vorgesehen. Das mittlere Segment (Kotelett mit Rückenspeck und Bauch) sowie das vordere Segment (Schulter und Nacken) werden an einer gemeinsamen Linie weiter bearbeitet. Alle Teilstücke, die nicht entbeint ohne weitere Feinzerlegung versendet werden, gelangen über eine Zentralverwiegung in das Teilstücke-Kühlhaus.

Teilstücke, die zur weiteren Feinzerlegung bestimmt sind, werden den Feinzerlegebändern direkt zugeführt oder an Dornhakenstangen im Pufferkühlraum zwischengelagert. Im Feinzerlegungsbereich wird an den jeweiligen Arbeitsplätzen das Fleisch von den Dornhakenstangen genommen, auf Zerlegetischen bearbeitet, und anschließend in Kästen bzw. hängend über ein Fördersystem zur Kontroll-Wiegestation gefördert um dann in die Kühlräume verbracht zu werden. Ein extra Sammelraum ist vorgesehen für Nebenprodukte wie Schwarten, Speck, Schwänze usw... Ebenfalls in einem extra Raum befindet sich ein Lager für Kartonagen, Folien und sonstiges Verpackungsmaterial.

Nach Ende der Produktion sind **Reinigungs- und Desinfektionsmaßnahmen** durchzuführen. Hierzu muß ein detaillierter Reinigungs- und Desinfektionsplan vorliegen, dessen Einhaltung zu kontrollieren ist. Der **Reinigungsablauf** besteht aus folgenden Schritten:

- Grobe mechanische Vorreinigung (Entfernung von Fleisch-, Fettstücken u. a.),
- Vorspülen (40° bis 60 °C, Niederdruck 20 bis 25 bar): immer von oben nach unten Richtung Gully,
- Einschäumen (Einwirkzeit mind. 15 Minuten),
- Abspülen (40° bis 60 °C, Niederdruck 20 bar): immer von oben nach unten Richtung Gully,
- Reinigungskontrolle (visuell),
- Desinfektion (Desinfektionsmittel s. 4. Desinfektionsmittelliste der Deutschen Veterinärmedizinischen Gesellschaft für den Lebensmittelbereich, 1996): Wechsel des Mittels in bestimmten Zeitabständen, Einwirkzeit mindestens 1 Stunde bei 20 °C,
- Abspülen des Desinfektionsmittels mit Trinkwasser.

Tab. 12.13 Arbeitspositionen eines industriellen Schweine-Zerlegebetriebes (Zerlegekapazität 430 t/Woche, 35 Mitarbeiter)

Mitarbeiter	Tätigkeit
1	Wamme vorschneiden, evtl. Filetkopf lösen
2	Hinterpfoten absetzen
3	Schinken einrichten vor Kreismesser
4	Vorderviertel einrichten, Rippen, Nacken und Brust einsägen
5	Reserve
6, 7	Hamburger Rundschnitt
8	Schinken anstrippen
9	Aufhängen der nach Gewicht vorsortierten Schinken
10, 11, 12, 13	Zerteilen des Vorderviertels in Nacken, Dicke Rippe, Backe und Schulter, Auflegen der zu entschwartenden Teilstücke auf das Einlaufband der Entschwartemaschine
14	Reserve; Auflegen der zu entschwartenden Teilstücke auf das Einlaufband der Entschwartemaschine
15, 16, 17	Kotelett entspecken und Auflegen der zu entschwartenden Teilstücke auf das Einlaufband der Entschwartemaschine
18	Trimmen der entschwarteten Teilstücke
19, 20	Anstrippen
21, 22	Aufhängen
23 bis 31	Feinzerlegung Teilstücke
32	Trimmen der entschwarteten Teilstücke
33	Auflegen von entschwarteten Teilstücken auf das Zuführband der Entschwartemaschine und auf das Zuführband zur Verpackung
34	Eingabe von Teilstücken in die Folieneinschlagmaschine
35	Entnahme des folienummantelten Fleisches, Verwiegung, Verpackung und Palettierung

Nach erfolgter Reinigung und Desinfektion ist eine schnelle und vollständige Abtrocknung des Raumes und der Einrichtungsgegenstände wichtig, da feuchte Oberflächen gute Bedingungen für Mikroorganismenwachstum bieten. Die Effektivität von Reinigung und Desinfektion muß regelmäßig visuell sowie mikrobiologisch überprüft werden. Dazu werden im allgemeinen Abklatschverfahren (Agar-Kontaktverfahren) eingesetzt, an schwerer zugänglichen Stellen sind Tupferverfahren vorzuziehen (DIN 10113).

12.7.5 Fleischtransport

Fleisch darf erst nach Erreichen einer Innentemperatur von $\leq 7\ °C$ befördert werden; diese Innentemperatur muß während des Transportes gehalten werden können (Fleischhygiene-Verordnung Anlage 2 Kap. IX). Weiterhin schreibt die Fleischhygiene-Verordnung vor, daß Fleisch nur in Fahrzeugen mit allseits geschlossenen Laderäumen oder in entsprechenden Behältnissen befördert werden darf. In besonderen, allseits geschlossenen Behältnissen oder in Umhüllungen dürfen frisches Fleisch und Nebenprodukte auch in Personenkraftwagen befördert werden. Fahrzeugladeräume und Behältnisse müssen so beschaffen sein, daß das Fleisch nicht nachteilig beeinflußt werden kann.

Eine Ausnahme vom Gebot, nur gekühltes Fleisch zu transportieren, ist durch die sog. **Warmfleischregelung** gegeben. Frisches Fleisch darf demnach für eine Beförderungsdauer von maximal 2 Stunden auch ungekühlt aus dem Schlachtbetrieb zu Betrieben befördert werden, die dieses Fleisch oder daraus hergestellte Fleischerzeugnisse unmittelbar an den Endverbraucher abgeben (in der Regel Metzgereien). Damit soll es den Betrieben ermöglicht werden, die technologischen Vorteile der Warmfleischverarbeitung zu nutzen.

Weitergehende hygienische Anforderungen an den Fleischtransport sind in der Richtlinie 64/433/EWG zu finden. Hiernach müssen die Innenwände von Fleischtransportmitteln und andere Teile, die mit Fleisch in Berührung kommen können, aus korrosionsfestem Material sein und sie dürfen weder die organoleptischen Eigenschaften des Fleisches beeinträchtigen noch gesundheitsschädliche Stoffe an das Fleisch abgeben. Die Innenwände müssen glatt sowie leicht zu reinigen und zu desinfizieren sein. Die Transportmittel müssen mit wirksamen Vorrichtungen zum Schutz des Fleisches vor Staub und Insekten versehen und so abgedichtet sein, daß Flüssigkeit aus ihnen nicht ablaufen kann. Tierkörper, Tierkörperhälften oder Tierkörperviertel sind – mit Ausnahme von Gefrierfleisch in hygienisch einwandfreier Verpackung – stets hängend zu befördern. Die aus korrosionsfestem Material bestehende Aufhängevorrichtung muß so angebracht sein, daß das Fleisch den Boden nicht berühren kann. Weiterhin darf frisches Fleisch nur in gereinigten und desinfizierten Transportmitteln befördert werden.

Für eine ausreichende Reinigung und Desinfektion von Transportfahrzeugen empfehlen SCHOLZ und STEIGERT (1990) folgende Vorgehensweise:
- Vorspülen mit 60 °C warmem Wasser,
- Einschäumen mit einem Chlorschaumprodukt (2 %ig, Niederdruckverfahren),

- Abspülen nach 15 bis 20 Minuten Einwirkzeit,
- Aufsprühen eines Desinfektionsmittels auf QAV-Basis (1 %ig, nach DVG-Liste),
- Abspülen der Desinfektionsmittelreste nach einstündiger Einwirkzeit,
- Entnahme von Tupferproben für mikrobiologische Untersuchungen.

Andere Teilstücke sowie Nebenprodukte der Schlachtung sind entweder hängend oder in Verpackungen oder korrosionsfesten Behältnissen zu transportieren. Organe sind stets verpackt zu befördern.

Um beim Be- oder Entladen der Transportfahrzeuge ein Beschlagen der gekühlten Fleischoberflächen zu verhindern, sind Fleischliefer- und Verarbeitungsbetriebe mit **Andockschleusen** auszustatten. Gummimanschetten verhindern hier ein Eindringen warmer (feuchter) Außenluft in den Be-/Entladebereich.

Die **Leistungsfähigkeit** der **Kühlaggregate** von Kühlfahrzeugen für den internationalen Verkehr mit leicht verderblichen Lebensmitteln ist in dem Übereinkommen über internationale Beförderungen leicht verderblicher Lebensmittel und über die besonderen Beförderungsmittel, die für diese Beförderungen zu verwenden sind (1970) festgelegt. Für Langstreckentransporte von Fleisch werden überwiegend (ca. 95 %) Fahrzeuge der Klasse FRC mit verstärkter Wärmeisolierung und mit Kühlaggregaten, die den Innenraum des Fahrzeuges bei einer Außentemperatur von +30 °C auf jede Temperatur zwischen +12° und −20 °C abkühlen können (Kälteleistung 22 kW/Stunde) durchgeführt. Nach Modellrechnungen von RING u. a. (1993) ist es jedoch auch mit diesen Fahrzeugen nicht möglich, ungenügend abgekühlte Tierkörperhälften unter praxisüblichen Transportbedingungen (sehr dichtes Hängen der Hälften) während des Transportes weiter abzukühlen. Aus hygienischer Sicht erscheint deshalb derzeit eine Änderung fleischhygienerechtlicher Vorschriften mit der Zielsetzung einer Verlegung der Kühlung auf den Transport als nicht akzeptabel.

Literatur

ANDELSHAUSER; P.: Schlachten im Einklang mit der Scharia. Die Schlachtung von Tieren nach islamischem Recht im Lichte moderner Verhältnisse. Pro Universitate Verlag Zinsheim, 1. Auflage (1996)

ANIL, M. H.; McKINSTRY, J. L.: The effectiveness of high frequency electrical stunning in pigs. Meat Sci. 31 (1992) S. 481–491

ANONYMOUS: Guidance Notes No. 1. Electrical stunning of sheep, goats and pigs. 2nd Ed., Humane Slaughter Association (Hrsg.), South Mimms, Potters Bar, Herts EN6 3 PA, England (1994), 11 S.

BRIESE, A.; WENZLAWOWICZ VON M.: Einrichtung zur schonenden Zuführung und Ruhigstellung von Schlachtschweinen zur elektrischen Betäubung. Proc. Schlachttechnologie-Workshop 8./9. Mai 1996, Bundesanstalt für Fleischforschung, Kulmbach (1996), S. 15–18

CHRISTENSEN, L.; BARTON-GADE, P.: New Danish developments in pig handling at abottoirs. Proc. Schlachttechnologie-Workshop 8./9. Mai 1996, Bundesanstalt für Fleischforschung, Kulmbach (1996), S. 19–22

CHRYSTALL, B. B.; DEVINE, C. E.; LONGDILL, G. R.; GILL, C. O., SWAN, J. E.: Trends and developments in meat processing. In: Meat production and processing. New Zealand Society of Animal Production, Hamilton, New Zealand (1989) S. 185–207

CROUSE, J. D.; SEIDEMAN, S. C.: Effect of high temperature conditioning on beef from grass or grain fed cattle. J. Food Science 49 (1984) S. 157–160

DRANSFIELD, E.; LOCKYER, D. K.: Cold-shortening. Toughness in excised pork M. Longissimus dorsi. Meat Sci. 13 (1985) S. 19–32

DRAWER; K.; ENNULAT, K. J.: Tierschutzpraxis. Gustav Fischer Verlag Stuttgart (1977) S. 415

FABIANSSON, S.; LASER REUTERSWAERD, A.: Low voltage electrical stimulation and post-mortem energy metabolism in beef. Meat Sci. 12 (1985) S. 205–223

FASSBENDER, C. P.: Leitfaden zur Hygieneschulung in Schlacht- und Zerlegebetrieben. Bundesverband der Versandschlachtereien e. V., Bonn (1994)

FELDHUSEN, F., KOCH, R.: Zur Bedeutung der Kühlung für die Qualitätssicherung von Schweinefleisch. Fleischwirtschaft 73 (1993) S. 1409–1411

FELDHUSEN, F.; VIETMEYER, R.; KOCH, R.; GIESE, W.: Einfluß verschiedener Kühlbedingungen auf Temperaturprofile von Schweinehälften. Fleischwirtschaft 71 (1991) S. 817–824

FISCHER, C.; HONIKEL, K. O.; HAMM, R.: Einfluß der Geschwindigkeit des Einfrierens von Rindfleisch Prärigor auf Muskelstoffwechsel und Wasserbindungsvermögen. Zeitschrift der Lebensmitteluntersuchung und -forschung 171 (1980) S. 105–110

FRITZSCH, K.-H.: Kältebehandlung von Fleisch. In: Fleischgewinnung. VEB Fachbuchverlag Leipzig (1989) S. 176–204

GIGIEL, A. J.; COLLETT, P.; JAMES, S. J.: Fast and slow beef chilling in a commercial chiller and the effect of operational factors on weight loss. Int. J. Refrigeration 12 (1989) S. 338–349

GUTSCHMIDT, J.: Das Kühlen und Gefrieren von Lebensmitteln im Haushalt und in Gemeinschaftsanlagen. DLG-Verlag Frankfurt/Main (1964)

HAPPE, B.: Hygienestatus von Rinderschlachttierkörpern nach Vorenthäutung auf einem Schragenförderband im Vergleich zur vertikalen Bandschlachtung. Vet. med. Diss. FU Berlin (1993)

HATTON, M., RATCLIFF; P. W.: Einige Betrachtungen über elektrische Betäubungsverfahren im Hinblick auf biochemische und Qualitätsfaktoren bei Schweinefleisch. 19. Europäischer Fleischforscherkongreß Paris (1973), S. 54

HESSE, S.; TROEGER, K.: Mikrobiologischer Aspekt eines neuen Nachbearbeitungsverfahrens für Schweineschlachttierköper nach dem Abflammen. Proceedings 33. Arbeitstagung des Arbeitsgebietes Lebensmittelhygiene. Deutsche Veterinärmedizinische Gesellschaft, Gießen (1991) S. 119–127

HONIKEL, K. O.: Einfluß der Kühlung nach dem Schlachten auf die Fleischbeschaffenheit. Mitteilungsblatt der BAFF, Kulmbach Nr. 92 (1986) S. 6901–6906

JASPER, W.; PLACZEK, R.: Kältekonservierung von Fleisch. VEB Fachbuchverlag Leipzig (1977)

KARSCH, W.: Vergleichende Untersuchungen zur Fleischqualität von Rinderschlachttierkörpern nach horizontaler und vertikaler Bandschlachtung unter besonderer Berücksichtigung des Ausblutungsgrades. Vet. ed. Diss. FU Berlin (1997)

KLEIBS, M.: Das Treiben von Schlachtschweinen bei unterschiedlichen Beleuchtungsstärken bzw. Gangmaßen und die bioindikatorische Nutzung des Lauf- und Erkundungsverhaltens zur artgemäßen Gestaltung der Triftregulierung. Diss. Agr. Universität Leipzig (1992)

KLETTNER, P.-G.: Kühlen und Gefrieren von Schlachttierkörpern. In: Schlachten von Rind und Schwein. Kulmbacher Reihe Bd. 13, Bundesanstalt für Fleischforschung, Kulmbach (1994) S. 132–153

LAACK, R. VAN; SMULDERS, F. J. M.: Colour stability of bovine longissimus and psoas major muscle as affected by electrical stimulation and hot boning. Meat Sci. 28 (1990) S. 211–221

LAMBOOIJ, E.; SCHATZMANN, U.: The use of high pressure waterjet combined with electroimmobilization for the stunning of slaughter pigs: Some aspects of meat quality. Meat Sci. 37 (1994) S. 381–389

LONG, V. P.; TARRANT, P. V.: The effect of pre-slaughter showering and post-slaughter rapid chilling on meat quality in intact pork sides. Meat Sci. 27 (1990) S. 181–195

MOJE, M.; TROEGER, K.: Preßluft als Treibhilfe – Eine Alternative zum Elektrotreibstab? Proc. Schlachttechnologie-Workshop 8./9. Mai 1996, Bundesanstalt für Fleischforschung, Kulmbach (1996) S. 9–14

NOWAK, D.; RATH, R.: Zur Integration moslemischer Schlachtvorstellungen in das Tierschutzrecht. Elektrokurzzeitbetäubung vor Schlachtungen nach moslemischem Ritus in Berlin (West). Fleischwirtschaft 70 (1990) S. 167–169

RING, C.; HOLZER, J.; FELDHUSEN, F.: Untersuchungen zur Transporthygiene. Die Fleischerei 44 (1993) S. 788, 791–792, 794

RÖSER, H.: Methodik der Zerlegekalkulation. Die Fleischerei 38 (1987) S. 421–433

SCHLENKRICH, H.: Technologie der Kleintierschlachtung. In: Fleischgewinnung. VEB Fachbuchverlag Leipzig (1989) S. 96–105

SCHOLZ, S.; STEIGERT, M.: Hygienemanagement in modernen Fleischzerlegebetrieben – Schwerpunkt: Kühlfahrzeuge. Fleischwirtschaft 70 (1990)

TÄNDLER, K., KOLB, R.; PÖLLEIN, H.: Gefrierlagerstabilität von zerkleinertem gesalzenem Fleisch. Jahresbericht der Bundesanstalt für Fleischforschung, Kulmbach (1983) C 14

TAYLOR, H. A.: Developments in fresh meat technology. Proceedings 36th ICoMST, Vol II (1990) S. 346–365

THRAN, V.: EU-Kontrolle in Schlacht-, Zerlege- und Fleischverarbeitungsbetrieben. Proceedings Symposium „Eigenkontrolle und deren amtliche Überwachung in Fleischbetrieben" 30. 11. bis 1. 12. 1995, Veterinärmedizinische Universität Wien, S. 14–21

TROEGER, K.: Brüh- und Enthaarungstechnik. Einfluß auf den Keimgehalt von Schweineschlachtkörpern. Fleischwirtschaft 73 (1993 a) S. 128–133

TROEGER, K.: Gewichtung von Hygienerisiken im Schlachtprozeß. Fleischwirtschaft 73 (1993 c) S. 1102–1116

TROEGER, K.: Keimzahlentwicklung in Brühwasser im Schlachtverlauf. Auswirkung auf die Oberflächenkeimgehalte der Schweineschlachttierkörper. Fleischwirtschaft 73 (1993 b) S. 816–819

TROEGER, K.; WIRTH, F.: Die Gasanästhesie von Schlachtschweinen – Einfluß auf die Fleischqualität. Abschlußbericht eines Forschungsvorhabens, Bundesanstalt für Fleischforschung, Kulmbach (1990)

TROEGER, K.; WOLTERSDORF, W.: Elektrobetäubung und Fleischbeschaffenheit beim Schwein. Fleischwirtschaft 69 (1989), S. 1210–1218

TROEGER, K.; WOLTERSDORF, W.: Mikrobielle Kontamination von Schweineschlachtkörpern durch Brühwasser über das Gefäßsystem. Fleischwirtschaft 67 (1987) S. 857–860

TROEGER, K.; WOLTERSDORF, W.: Slaughter technology to improve the quality of pork. Proc. 32. Europ. Meet. Meat Res. Work, Gent, Vol. 1,2:1 (1986 a) S. 73–76

TROEGER, K.: Plasma adrenaline levels of pigs after different preslaughter handling and stunning methods. Proc. 35. ICoMST, Vol. III (1989) S. 975–980

TROEGER, K.; WOLTERSDORF, W.: Die Gasanästhesie von Schlachtschweinen. 1. Betäubungsversuche unter Laborbedingungen mit Mastschweinen bekannten Halothanreaktionstyps. Fleischbeschaffenheit, Tierschutzaspekte. Fleischwirtschaft 71 (1991) S. 137–153

TROEGER, K.; WOLTERSDORF, W.: Einfluß des Brühens und Entborstens bei der Schweineschlachtung auf die Fleischbeschaffenheit. Fleischwirtschaft 66 (1986 b) S. 893–897

VIETMEYER, L.; FELDHUSEN, F.; KOCH, R.: Der Einfluß unterschiedlicher Kühlbedingungen auf Temperaturprofile und Gewichtsverluste von Schweinehälften. Proc. 31. Arbeitstagung des Arbeitsgebietes „Lebensmittelhygiene der DVG, Deutsche Veterinärmedizinische Gesellschaft, Gießen (1990) S. 57–64

WIRTH, F.: Kühlen, Gefrieren, Lagern und Auftauen von Fleisch nach heutigem Erkenntnisstand. Fleischwirtschaft 59 (1979) S. 1787–1797

WOLTERSDORF, W.; TROEGER, K.: Verbesserung der Fleischbeschaffenheit von PSE-Fleisch beim Schwein durch Schnellstkühlung. Fleischwirtschaft 68 (1988) S. 803–808

Rechtsvorschriften

DIN 10113: Bestimmung des Oberflächenkeimgehaltes auf Einrichtungs- und Bedarfsgegenständen, Teil 1, 2 und 3, Entwurf Mai 1995

Richtlinie 64/433/EWG des Rates in der Fassung des Anhanges der RL 91/497/EWG des Rates vom 29. Juli 1991 zur Änderung und Aktualisierung der RL 64/433/EWG zur Regelung gesundheitlicher Fragen beim innergemeinschaftlichen Handelsverkehr mit frischem Fleisch zwecks Ausdehnung ihrer Bestimmungen auf die Gewinnung und das Inverkehrbringen von frischem Fleisch sowie zur Änderung der RL 72/462/EWG (Abl. Nr. L 268 vom 24. 9. 1991, S. 69; geändert durch die RL 92/5/EWG (Abl. Nr. L 57 vom 2. 3. 1992, S. 1) (FrischfleischRL-Binnenmarkt)

TierSchlV (1996): Verordnung zum Schutz von Tieren im Zusammenhang mit der Schlachtung oder Tötung (Tierschutz-Schlachtverordnung) vom 3. März 1997 (BGBl. I S. 405)

Tierschutzgesetz vom 18. August 1986 (BGBl. I S. 1319)

Übereinkommen über internationale Beförderungen leicht verderblicher Lebensmittel und über die besonderen Beförderungsmittel, die für diese Beförderungen zu verwenden sind vom 1. 9. 1990 in der Fassung vom 16. 9. 1988 (BGBl. 2, S. 866)

Verordnung (EWG) Nr. 1208/81 des Rates vom 28. April 1981 zur Bestimmung des gemeinschaftlichen Handelsklassenschemas für Schlachtkörper ausgewachsener Rinder (Abl. Nr. L 123 vom 7. 5. 1981, S. 3)

13 Schlachtnebenprodukte und Schlachtabfälle

W. Branscheid

13.1 Definition

Die Richtlinie 64/433/EG (Art. 2e) definiert als **Nebenprodukte** „frisches Fleisch, soweit es nicht zum Tierkörper gehört, auch wenn es noch in natürlichem Zusammenhang mit dem Tierkörper verbunden ist". Dabei ist Tierkörper im Sinne der Richtlinie „der ganze Tierkörper eines Schlachttieres nach dem Entbluten, Ausweiden und Abtrennen der Gliedmaßenenden, ggf. des Kopfes, des Schwanzes und der Milchdrüse und nach dem Enthäuten". Es handelt sich also um grundsätzlich genußtaugliche Teile (Art. 2a) der Eingeweide aus Brust-, Bauch- und Beckenhöhle einschließlich Luft- und Speiseröhre (Art. 2f) sowie ggf. von Kopf und Schwanz, die vor der Erfassung des Schlachtgewichtes entfernt werden (Übersicht 13.1). Da in Deutschland das Schlachtgewicht nach der 4./6. ViehFlGDV definiert ist, kommen zusätzlich noch die vor der Ermittlung des Schlachtgewichtes zu entfernenden Fleisch- und Fettabschnitte hinzu (s. Kap. 3.1, Abb. 3.3). Auch diese sind grundsätzlich genußtauglich.

In diesem Sinne können **Schlachtnebenprodukte** und **Abschnitte** als die Tierkörperteile bezeichnet werden, die erstens „auf der reinen Seite" des Schlachtbetriebes anfallen, zweitens wie alle Teile des Tieres der Fleischuntersuchung unterliegen und drittens genußtauglich sind, jedoch nicht am Hauptprodukt, also dem für die Weitervermarktung zugerichteten Schlachtkörper oder Teilstück, verbleiben, wie etwa Knochen oder Schwarten. Einzelne Spezialfälle, wie z. B. vor der Enthäutung des Schlachtkörpers zugeschnittene Rindereuter, die gesondert der Fleischuntersuchung zugeführt werden, fügen sich nicht in diese Definition ein.

Diese Definition ist jedoch namentlich für eine Bilanzierung nur bedingt brauchbar, weil (vgl. Kap. 3.1, Abb. 3.2):
- ein Teil der prinzipiell genußtauglichen Nebenprodukte heute ausschließlich oder überwiegend zu den Schlachtabfällen gerechnet wird,
- ein Teil des am Schlachtkörper verbliebenen frischen Fleisches nach der Waage in Form von Abschnitten gesondert weiterbehandelt wird und in eine vergleichbare Marktsituation gerät wie die Schlachtnebenprodukte.

Schlachtabfälle sind durch ihre Genußuntauglichkeit gekennzeichnet, wobei diese Genußuntauglichkeit auch durch fehlende Absatzmöglichkeiten begründet sein kann (z. B. Därme). Die Schlachtabfälle können darüber hinaus weiter differenziert werden, indem ihre Weiterverwendung berücksichtigt wird; danach sind zu unterscheiden (LURCH und TRITT 1992):

- frei handelbare Schlachtabfälle,
- nicht handelbare Schlachtabfälle und
- Abfälle im Sinne des AbfG.

Übersicht 13.1: Einteilung der Schlachtnebenprodukte, -abfälle (VANSELOW 1970; FREUDENREICH und BACH 1993)

Schlachttierabgang		Abschnitte aus dem Schlachtkörper (genußtauglich)	Spezielle Produkte
Nebenprodukte	Schlachtabfälle		
	Schlachtabfälle (handelbar)		
Zunge	Haut/Fell	Knochen	Hirnanhangdrüse
Lunge[1]	Borsten/Haar	Sehnen	Zirbeldrüse
Herz	Klauen	Schwarten	Bauchspeicheldrüse
Leber	Hörner	Fettabschnitte	Nebennieren
Schlund[1]	Pansenschabel	Köpfe	
Restgeschlinge[1]	Darmschleim	Ohren	Bries
	Gallenblase	Spitzbeine	
Milz	Gallenflüssigkeit	Schwänze	
Nieren	Mageninhalt[2]		
Mägen, gereinigt	Darminhalt[2]		
Blase	**Untaugliches Fleisch (nicht handelbar)**		
Blut	Geschlechtsorgane		
Euter[1]	Gebärmutter		
Hirn	Hoden		
Rückenmark[1]	Augen		
Schlachtfette	Ohrenausschnitte		
Köpfe	Schlünde (ungereinigt)		
(Rind, Kalb, Schaf)	Mägen (ungereinigt)		
Kopfhäute[1]	Darm und Harnblase		
Unterfüße (Kalb)[1]	Euter (nicht enthäutet)		
	Unterfüße (nicht gereinigt, enthäutet, enthornt oder enthaart)		
	Fleisch der Stichstelle		

[1] bei den derzeitigen Verzehrsgewohnheiten nur mit Einschränkungen zum genußtauglichen Abgang zu rechnen
[2] nicht TBA-pflichtig und lediglich aus diesem Grund „handelbar"

Die frei **handelbaren Schlachtabfälle** sind Haut, Fett, Borsten, Haar, Klauen, Hörner, Pansenschabel, Darmschleim, Gallenblase, Gallenflüssigkeit, die in der Regel über Spezialbetriebe (vgl. Abb. 3.3) verarbeitet werden und nicht TBA-pflichtig (daher frei handelbar) sind. Von kleineren Schlachtbetrieben werden die meisten dieser Schlachtabfälle dennoch zumeist über die Tierkörperbeseitigungsanstalt (TBA) entsorgt. Die frei handelbaren Schlachtabfälle weisen in der Definition Überschneidungen mit den Schlachtnebenprodukten auf, soweit diese nicht in den menschlichen Verzehr, sondern in eine hochwertige industrielle Verwertung gelangen. Insofern ist es korrekter, für diese Produkte die Bezeichnung **Reststoffe** der Schlachtung zu verwenden. Insbesondere für die Haut ist die Mißverständlichkeit der Begriffe augenfällig.

Die **nicht handelbaren Schlachtabfälle** bestehen im wesentlichen aus dem untauglichen Fleisch (Konfiskaten) und sind TBA-pflichtig (TierKBG und TierKBAV). Auch aus diesen Substraten werden im Prinzip hochwertige Reststoffe gewonnen, die sich für eine Weiterverwendung eignen. Allerdings gehören z. B. veränderte Lungen und Lebern nur fakultativ in diese Gruppe und finden z. T. in der Heimtiernahrung unmittelbar Verwendung.

Die **Abfälle im Sinne des Abfallgesetzes** setzen sich aus Magen-Darminhalten, Fettabscheiderrückständen, Flotaten sowie Sieb- und Rechengut zusammen. Im Prinzip sind diese Abfälle außerhalb der TBA zu entsorgen, obwohl derzeit von dieser Regelung vielfach abgewichen wird (LURCH und TRITT 1992).

13.2 Aufkommen

Grundlage für die Einschätzung der Menge von Schlachtnebenprodukten und Schlachtabfällen ist die Versorgungsbilanz für Fleisch (Kap. 1). An den etwa 6 Mio t Fleisch, die jährlich (1994) in Deutschland erschlachtet werden, haben Schweine- und dann Rindfleisch mit zusammen mehr als 80 % den höchsten Anteil (Tab. 13.1).

Tab. 13.1: Anteil der Fleischarten an der Nettofleischerzeugung[1] des Jahres 1994 in Deutschland (ZMP-Bilanz 1995)

Fleischart	Erzeugung absolut (1.000 t)	Anteil (%)
Rind- und Kalbfleisch	1.420	23,3
Schweinefleisch	3.606	59,1
Schaf- und Ziegenfleisch	40	0,7
Innereien	319	5,2
Geflügelfleisch	626	10,2
Sonstiges Fleisch	94	1,5
Fleisch insgesamt	6.105	100,0

[1] Nettofleischerzeugung = Nettoerzeugung = Schlachtung von Tieren in- und ausländischer Herkunft

Die genaue Zusammensetzung der Nettofleischerzeugung nach Fleischarten ist deshalb für das Aufkommen an Nebenprodukten und Abfällen von besonderem Interesse, weil die **Schlachtausbeute** (Definition s. Übersicht 3.3) tierartspezifisch unterschiedlich ist

(Tab. 13.2). So fällt sie bei Schweinen und den Geflügelarten erheblich günstiger aus als bei den Wiederkäuern, weil diese durch den großen Magen-Darmtrakt belastet sind.

Tab. 13.2: Die Schlachtausbeute (% des Schlachtkörpergewichts) bei den verschiedenen Nutztierarten (FREUDENREICH und BACH 1993)

Tierart	Schlachtausbeute (%)
Rind (gesamt)	54
Jungbulle	57
Kuh	50
Färse	53
Kalb	59
Schaf / Ziege	50
Schwein	80
Mastgeflügel (gesamt)	74

Die nicht in der Schlachtausbeute enthaltenen Schlachttierabgänge und Abschnitte werden üblicherweise als Prozentanteile des Schlachtkörpergewichtes (Definition s. Übersicht 3.4) angegeben, obwohl sie nicht Teil des Schlachtkörpergewichtes sind. Da in der Regel das Schlachtkörpergewicht das einzige Gewicht ist, das für die Bilanzierung zur Verfügung steht, hat die Wahl einer anderen Bezugsgröße für Bilanzen keinen Sinn. Aufgrund dieser Vorgehensweise ergibt sich zum Beispiel beim Rind für das Schlachttiergewicht eine Größenordnung von 150 % des Schlachtkörpergewichtes.

Bei Rindern machen den größten Anteil des Schlachttierabganges die Schlachtnebenprodukte – Blut, Kopf, Mägen und Geschlinge – aus (Tab. 13.3). Das größte Gewicht des Geschlinges hat die Leber. Unter den ungenießbaren Schlachtabfällen (Reststoffen) hat die Haut den größten Anteil. Die Kategorien unterscheiden sich in den Einzelkomponenten nur unbedeutend, die größten Abweichungen zu den übrigen Kategorien weisen die Kühe auf. Die Kälber weichen erstaunlich wenig von den älteren Tieren ab (Tab. 13.4).

Außer dem Schlachttierabgang fallen die Fleisch- und Fettabschnitte, die entsprechend der 4./6. ViehFlGDV zu entfernen sind, aus dem Schlachtgewicht heraus (Abb. 13.1). Die Kategorien weisen auch in diesen Anteilen kaum Unterschiede auf, lediglich der Anteil des Nierenfettes ist bei Färsen und Ochsen erheblich höher als bei Jungbullen und Kühen. Mit im Mittel ca. 7 % ist der Anteil der Fettabschnitte deutlich höher als der der restlichen Abschnitte (weniger als 2 %).

Abweichend von den Verhältnissen bei Rindern haben die Schweine einen relativ niedrigen Blut- und Magenanteil (Tab. 13.4). Ansonsten stimmen die beiden Fleischarten gut überein.

Beim Geflügel ist die Zurichtung für Hühner, Puten, Perlhühner, Enten und Gänse einheitlich geregelt (GFlHG, Vermarktungsnormen). Der Schlachtkörper ist danach als der ganze Körper nach Entbluten, Rupfen und Ausnahmen definiert. Herausnahme der Nieren und Abtrennung der Köpfe sind freigestellt. Schlachtkörper des Geflügels können mit und ohne Innereien (Herz, Leber, gesäuberter Magen und Hals) angeboten werden. Die hier zusammengestellten Daten beziehen sich generell auf die Zurichtung ohne Innereien. Dementsprechend fallen auch beim Geflügel erhebliche Mengen an Schlachtnebenprodukten und Schlachtabfällen an (Tab. 13.5). Dennoch ist die Schlachtausbeute mit mindestens 60 %, teilweise bis zu 70 %, relativ hoch. Günstig ist weiter, daß hier Abschnitte aus der Zerlegung praktisch fehlen.

Tab. 13.3: Schlachttierabgang bei Rindern der verschiedenen Kategorien (in % des Schlachtkörpergewichtes; FREUDENREICH und BACH 1993)

	Jungbullen[1]	Kühe	Färsen[1]	Ochsen[1]	Rinder (ges.)
Lebendgewicht (kg)	583,3	475,9	443,4	546,7	531,9
Schlachtgewicht (warm; kg)	354,0	275,0	257,1	321,9	314,0
Schlachtnebenprodukte					
Geschlinge gesamt	3,64	4,76	4,02	2,75	4,38
Zunge	0,44	0,81	0,48	0,48	0,56
Lunge	0,86	0,86	0,89	0,84	1,22
Herz	0,63	0,83	0,67	0,63	0,69
Leber	1,71	2,26	1,98	0,80	1,91
Restgeschlinge gesamt	1,12	0,94	1,40	1,44	1,13
Speiseröhre	0,14	0,30	0,14	0,13	0,20
Luftröhre	0,64	0,34	0,88	0,91	0,59
Kehlkopf	0,34	0,30	0,38	0,40	0,34
Magen leer gesamt	4,07	7,02	4,52	4,07	5,10
Pansen leer	2,53	3,63	2,84	2,58	2,94
Labmagen leer	0,49	1,21	0,54	0,49	0,73
Blättermagen leer	1,05	2,18	1,14	1,00	1,43
Därme leer	2,61	3,67	3,14	2,86	3,05
Milz	0,30	0,32	0,34	0,31	0,31
Blase	0,11	0,12	0,07	0,09	0,10
Kopf	4,29	5,13	4,37	4,32	4,56
Kopfhäute	2,54	2,12	2,01	1,84	2,29
Blut	5,51	6,19	4,75	5,12	5,58
Darmfett	1,67	1,49	3,31	2,76	1,44
Netzfett	1,84	2,86	3,50	3,24	2,04
Fleisch u. Fett 4./6. DVO	5,02	6,56	9,20	8,31	7,25
Gesamt	**32,7**	**41,2**	**40,6**	**38,6**	**37,2**

	Jungbullen[1]	Kühe	Färsen[1]	Ochsen[1]	Rinder (ges.)
Lebendgewicht (kg)	583,3	475,9	443,4	546,7	531,9
Schlachtgewicht (warm; kg)	354,0	275,0	257,1	321,9	314,0
Schlachtabfälle (handelbar)					
Haut	14,19	12,55	13,59	13,68	13,54
Füße	3,44	3,49	3,51	3,64	3,47
Gallenblase leer	0,04		0,07	0,5	0,09
Hörner		0,18		0,13	
Konfiskate (nicht handelbar)					
Geschlechtsorgane	0,60	1,40	0,43	0,15	0,82
Augen	0,04	0,04	0,04	0,04	0,04
Schlachtabfälle/ Konfiskate ges.	18,3	17,7	17,6	17,7	18,0
Magen/Darminhalte	14,9	14,2	14,2	13,6	14,2
Schlachttierabgang gesamt	65,9	73,1	72,5	69,8	69,4

[1] Rasse Fleckvieh, Nüchterung (mit Tränke) 48 h

Tab. 13.4: Schlachttierabgang bei Kälbern, Schafen/Ziegen und Schweinen (in % des Schlachtkörpergewichtes; aus FREUDENREICH und BACH 1993)

	Kälber	Schafe/Ziegen	Schweine
Lebendgewicht (kg)	236,9	37,7	112,5
Schlachtgewicht (warm; kg)	140,5	19,2	90,0
Schlachtnebenprodukte			
Geschlinge gesamt	5,96	8,17	3,1
Zunge	0,55	0,93	0,33
Lunge	1,44	2,27	0,57
Herz	1,04	1,38	0,35
Leber	2,93	3,59	1,90
Restgeschlinge gesamt	1,81	2,04	0,74
Speiseröhre	0,18		
Luftröhre	1,22		
Kehlkopf	0,41		
Magen leer gesamt	5,02	7,51	1,00
Pansen leer	3,40		
Labmagen leer	0,62		
Blättermagen leer	1,00		
Därme leer	4,65	4,57	4,61

Milz	0,42	0,45	0,17
Blase	0,20	0,12	0,11
Kopf	5,26	9,11	
Kopfhäute	2,50		
Blut	5,84	6,78	3,94
Darmfett	2,25	1,66	
Netzfett	2,10	2,92	
Hirn und Rückenmark			0,16
Nieren- und Mickerfett			1,40
Niere/Flomen/ Zwerchfell etc.			2,66
Füße		4,07	
Bries		0,63	
Gesamt	**40,7**	**43,3**	**17,7**
Schlachtabfälle (handelbar)			
Haut		14,34	12,90
Füße			3,39
Gallenblase leer bzw. voll	0,06		0,18
Hörner		0,54	
Borsten/Klauen			0,56
Darmschleim			0,91
Konfiskate (nicht handelbar)			
Geschlechtsorgane	0,91	1,54	0,70
Augen	0,04	0,20	0,05
Ohrenausschnitte			0,19
Pankreas			0,16
Schlachtabfälle/ Konfiskate ges.	**15,4**	**18,6**	**2,8**
Magen/Darminhalte	**12,5**	**34,6**	**4,6**
Schlachttierabgang gesamt	**68,6**	**96,5**	**25,1**

Tab. 13.5: Schlachttierabgang beim Geflügel (in % des Schlachtkörpergewichtes; FREUDENREICH und BACH 1993)

	Hühner	Jungmast-hühner	Jungmast-puten	Enten	Gänse
Lebendgewicht (g)	1.548	1.591	5.163	2.513	5.402
Schlachtgewicht (warm; g)	1.071	1.108	3.943	1.591	3.661
Schlachtnebenprodukte (genußtauglich)					
Innereien (Leber, Herz, Magen leer)	6,91	7,22	4,85	12,01	8,28
Hals	3,83	2,80	3,51	6,60	4,81
Blut	4,20	3,61	2,79	5,97	6,01
Gesamt	**14,9**	**13,6**	**11,2**	**24,6**	**19,1**
Schlachtabfälle (genußuntauglich)					
Federn	8,50	8,48	7,71	10,06	8,41
Ständer	7,85	7,22	3,45	3,58	3,88
Kopf	4,20	4,96	2,43	6,73	5,76
Kropf		0,90			
Gesamt	**20,6**	**21,6**	**13,6**	**20,4**	**18,1**
Abfälle					
Darm mit Inhalt	7,94	7,85	5,88	12,19	9,81
Mageninhalt	1,31	0,54	0,30	0,82	0,60
Gesamt	**9,3**	**8,4**	**6,2**	**13,0**	**10,4**
Schlachttierabgang gesamt	**44,7**	**43,6**	**30,9**	**58,0**	**47,6**

Auf der Basis der Daten aus den Versorgungsbilanzen und den auf das Schlachtkörpergewicht bezogenen, tierartspezifischen Anteilen der Schlachtnebenprodukte und Schlachtabfälle kann die absolute Menge, die jährlich anfällt, berechnet werden. In der Tabelle 13.6 sind hierfür die Anteile der einzelnen Fleischarten an der Nettoerzeugung (1994) in Deutschland zugrunde gelegt. Bei den Nebenprodukten dürfte allerdings der Anteil der tatsächlich hochwertig verwendeten wegen der Tendenz zu inferiorer Verwendung niedriger liegen als angegeben. Übrigens sind mit dem aufgeführten Spektrum der Fleischarten nur etwa 99 % der Nettoerzeugung erfaßt.

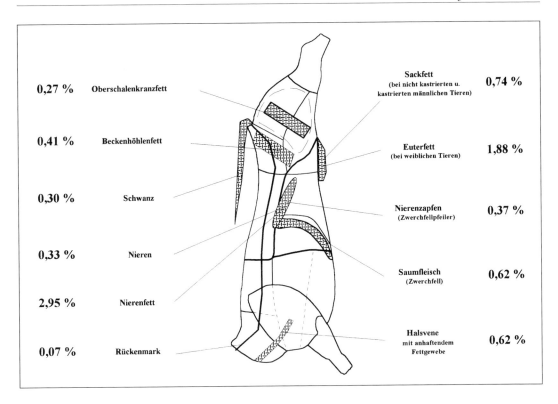

Abb. 13.1: Anteil der Fleisch- und Fettabschnitte nach ViehFlGDV bei Rindern (in % des Schlachtgewichtes; gewichteter Mittelwert n = 133; FREUDENREICH und BACH 1993)

Tab. 13.6: Jährliches Aufkommen an Schlachtnebenprodukten und Schlachtabfällen in Deutschland (bezogen auf Nettoerzeugung 1994; in 1.000 t)

	Rind/Kalb	Schaf/Ziege	Schwein	Geflügel	Gesamt
Schlachtnebenprodukte					
Blut	83	3	148	22	256
Knochen	222	9	424	–	655
Schwarten	–	–	150	–	150
Rest[1] (ohne Blut, Knochen, Schwarten)	447	15	483	61	1.006
gesamt	**752**	**27**	**1.205**	**83**	**2.067**
Schlachtabfälle, handelbar					
Haut	191	5	–	–	196
Rest (ohne Haut)	49	2	59	120	230
gesamt	**240**	**7**	**59**	**120**	**426**

	Rind/Kalb	Schaf/Ziege	Schwein	Geflügel	Gesamt
Schlachtabfälle, nicht handelbar					
Untaugliches Fleisch	12	1	40	–	53
Magen-Darminhalte	203	10	165	51	429
Schlachtabfälle gesamt ohne Haut	263	13	265	170	711
Schlachttierabgang gesamt	1.207	45	1.469	254	2.975

[1] überwiegend Innereien und Fette

13.3 Verwertung

13.3.1 Allgemeines

Für die effektive Verwertung der nicht in der Schlachtausbeute genutzten Produkte gibt es einige limitierende Bedingungen (OCKERMAN und HANSEN 1988):

- Der Prozeß zur Umwandlung der Produkte in verwendungsfähige Gebrauchsartikel muß kommerziell umsetzbar sein.
- Es muß ein Markt für den produzierten Gebrauchsartikel gegenwärtig gegeben oder zumindest zu erwarten sein.
- Das zu verarbeitende Material muß in hinreichender Menge, preisgünstig und regional konzentriert anfallen.
- Lagermöglichkeit (Kühlung) für das Rohprodukt und die hergestellte Ware muß gegeben sein.
- Ausgebildetes technisches Personal zur Steuerung des Herstellungsprozesses muß verfügbar sein.

Diese kritischen Punkte müssen gleichzeitig und am gleichen Ort erfüllt sein, um überhaupt die Verwertung der aus der Schlachtung anfallenden Nebenprodukte in Erwägung ziehen zu können. Unter heutigen Verhältnissen ist es vielfach der fehlende Markt, der die hochwertige Verwendung der anfallenden Ressourcen verhindert. So fallen prinzipiell eßbare Produkte (z. B. Schlachtfette) wegen der fehlenden Nachfrage in technische Verwendung ab. Aber nicht nur die Verbrauchergewohnheiten ändern den Markt für Nebenprodukte, sondern auch das Aufkommen technisch hergestellter Substitute, die sich in besserer Standardisierung, in größerer chemischer Reinheit und zu geringeren Kosten produzieren lassen (z. B. Hormone, Enzyme, Wursthüllen). Aber selbst die Verwendung als Futtermittel ist inzwischen aufgrund der hygienischen Fragen (BSE) und damit zusammenhängender Verbrauchermeinungen zunehmend unerwünscht.

Für die Fleischwirtschaft stellt es nicht zuletzt auch ein Rechtfertigungsproblem dar, wenn ihre Reststoffe trotz ihres außerordentlich hohen und wertvollen Rohstoffgehaltes nicht mehr in einen sinnvollen Stoffkreislauf zurückgeführt werden können. Das ethische Grundproblem der tierischen Erzeugung verschärft sich, wenn zunehmende Anteile des Schlachttiergewichtes nicht mehr nutzbar gemacht werden können. Diese Problematik wird noch inakzeptabler, wenn man sich die grundsätzlich gegebenen Verwendungsmöglichkeiten in ihrer Vielfalt vor Augen führt (Übersicht 13.2). Es wird dabei ersichtlich, daß das Recycling der nach aufwendiger Sterilisation rückgewonnenen Reststoffe nicht ausschließlich eine umweltpolitisch und seuchenhygienisch unerläßliche Aufgabe darstellt (Tier KB G). Vielmehr geht es gleichzeitig um den Erhalt dringend benötigter Ressourcen, deren Vergeudung aus sozialer Verantwortung heraus nicht akzeptabel ist. Dies läßt sich weiter deutlich machen, wenn man die anfallenden Reststoffe des Tierkörpers den Stufen einer abnehmenden Wertleiter der Nutzung zuordnet (OBERTHÜR 1996):

Übersicht 13.2: Verwendungsmöglichkeiten der vom Schlachtkörper abgehenden Produkte (in Anlehnung an OCKERMAN und HANSEN 1988)

Produkt	Verwendung
Spezielle Organe[1]	Pharmazeutika und Hilfsmittel der Ernährungsindustrie; z. B. Adrenalin, ACTH, Albumin, Bilirubin, Cholesterin, Heparin, Insulin, Leberextrakt, Östrogen, Pepsin, Progesteron, Rennin, STH, Thromboplastin, Thymocrescin, Thyroxin
Herz, Haut, Knochen	chirurgische Implantate
Därme	Wursthüllen; Saiten f. Musikinstrumente, chirurg. Nahtmaterial
Genußtaugliches Fettgewebe	Back- und Bratfette, Margarine, Süßwaren, Kaugummi; Glycerin (als Lösungsmittel, Salbengrundlage, medizinische Trägersubstanz, Weichmacher, Futterkonservierung)
Genußuntaugliches Fettgewebe	Schmierstoffe, Reifengrundstoffe, Pestizide, Desinfektionsmittel, Seifen
Knochen	Suppen, Gelatine (Süßwaren, Speiseeis, gelierte Lebensmittel); Leim, Gebrauchsgegenstände (Knöpfe); Futtermittel; Dünger
Blut	Wurstwaren; Diagnostika, Fibrin (pharmazeutisch); Lederbeizen, Adhäsive; Futtermittel; Dünger
Häute, Felle	Kollagen (Wursthüllen, Chirurgie), Gelatine; Lederwaren, Leim; Futtermittel, Dünger
Wolle, Haare	Textilien, Polster, Bürsten, Sportgeräte; Lanolin; Futtermittel, Dünger
Federn	Isolationsmaterial, Bettwaren, Kleidung, Sportgeräte; Futtermittel, Dünger
Klauen, Hörner	Futtermittel; Dünger
Magen-Darm-Inhalt	Dünger; Methan-Produktion; Futtermittel
Gefallene Tiere, Untaugliches Fleisch	Seifen; Futtermittel; industrielle Verwertung

[1] Leber, Nebennieren, Bauchspeicheldrüse, Gehirn, Hypophyse, Schilddrüse, Lungen, Hoden, Ovarien, Thymus, Magen, Dünndarm u. a.

- Nutzung auf der Stufe der **nativen Strukturen,** sei es als biochemische bzw. pharmakologische Substrate (Hormone, Enzyme, Komplexmoleküle), sei es als unmittelbar verwendbare Organstrukturen (Federn, Därme, Haare). Die Bedeutung dieser Gruppe läßt sich auch zahlenmäßig anschaulich machen: OCKERMAN (1992) zählt allein 60 Produkte mit pharmakologischer Wirkung auf, die im Zusammenhang mit der Schlachtung hergestellt werden.
- Nutzung auf der Stufe **hochmolekularer Strukturelemente,** von denen Kollagen und dessen Folgeprodukte die größte Bedeutung haben.
- Nutzung auf der Stufe **niedermolekularer Bausteine,** wie den Fett- und Aminosäuren. Teilweise handelt es sich hierbei um Substanzen, die in der Tierernährung als essentielle, d. h. vom tierischen Organismus nicht synthetisierbare Komponenten der Ration eingesetzt werden.
- Nutzung auf der Stufe der **atomaren Bausteine,** zumeist in Form von Stickstoff oder Phosphor als Dünger mit Langzeitwirkung.
- Nutzung auf der Stufe des **Energiegehaltes,** bei der teilweise nach Fermentation (Biogas) durch Verbrennung die Energie in höherem Anteil rückgewonnen wird.
- **Abbau** ohne Nutzung, z. B. durch Deponierung des Rohmaterials und nachfolgendem mikrobiellem Abbau mit seinen die Atmosphäre belastenden Folgesubstraten Methan, Kohlendioxid, Stickstoff(verbindungen), Schwefeldioxid etc.

13.3.2 Verwertung von Fettgewebe

Die verschiedenen Fettarten unterscheiden sich vordergründig nach ihrem Anfall im Zuge der Be- und Verarbeitung (Übersicht 13.3).

Übersicht 13.3: Anfall der verschiedenen Fettarten im Zuge der Be- und Verarbeitung von Fleisch (FREUDENREICH und BACH 1993)

Ort des Anfalles	Fettart
Schlachtung (vor der Verwiegung)	**genußtauglich:** Fettabschnitte nach 4./6. ViehFlGDV, Netz-Mickerfett, subkutanes Fett, Fett in Schlachtnebenprodukten
	genußuntauglich: Fett in Schlachtabfällen und untauglichem Fleisch
Zerlegung (nach der Verwiegung) und **Letztverteilerstufe**	**genußtauglich:** subkutanes Fett, intermuskuläres Fett, Flomen
Darmverarbeitung	**genußtauglich:** Netz-Mickerfett

Die in der normalen Schlachtung anfallenden Fette sind zum weit überwiegenden Anteil genußtauglich. Die **Mengenbilanz** weist aus, daß beim Schwein der Hauptanteil vom Subkutanfett, beim Rind vom intermuskulären Fett getragen wird (Tab. 13.7). Immerhin machen die Fette, die gesondert vom Schlachtkörper gehandelt werden, ein Drittel (Rind) bis ein Viertel (Schwein) des Schlachtgewichtes aus. Entsprechend erreicht das Aufkommen an Fetten annähernd 30 % der Nettoerzeugung, wobei mehr als 85 % der Fette vom Schwein und Rind stammen. Aufgrund der verminderten Nettoerzeugung ist auch das Fettaufkommen seit 1990 um ca. 20 % von 1,83 auf 1,46 Mio t (1994) gesunken.

Tab. 13.7: Anteil (in % des Schlachtgewichtes) und Aufkommen (in 1.000 t) der verschiedenen Fettarten bei Rindern und Schweinen in Deutschland (FREUDENREICH und BACH 1993; ergänzt)

Fettart	Anteil (%)	Aufkommen (1.000 t) 1990	1994
Rinder			
Fettabschnitte[1]	4,43	88,8	62,9
Netz-/Darmfett	4,42	88,6	62,8
Subkutanes Fett	3,95	79,1	56,1
Intermuskuläres Fett	8,72	174,7	123,8
Fett von Schlachtnebenprodukten, -abfällen, untauglichem Fleisch	2,03	40,7	28,8
Knochenfett	2,72	54,5	38,6
Gesamt	26,3	526,4	373,0
Schweine			
Flomen	1,87	80,8	67,4
Netz-/Mickerfett	1,00	43,2	36,1
Subkutanes Fett	15,70	678,8	566,1
Intermuskuläres Fett	8,54	369,2	308,0
Fett von Schlachtnebenprodukten, -abfällen, untauglichem Fleisch	0,71	30,7	25,6
Knochenfett	2,28	98,6	82,2
Gesamt	30,0	1.301,3	1.085,4

[1] Fett, das vor der Feststellung des Schlachtgewichtes entspr. 4./6. ViehFlGDV abgetrennt wird

Tab. 13.8: Fett- und Wasseranteil in verschiedenen Fettgewebearten (in %; SCHÖN 1978; ergänzt)

Fettgewebearten	Rind		Schwein	
	Fett	Wasser	Fett	Wasser
Talg bzw. Flomen	92	7	91	7
Beckenhöhlenfett	90	8		
Netzfett	83	15		
Darmfett	79	18		
Subkutanes Fett	74	19	86	10
Intermuskuläres Fett	82	14	73	21

Die **Zusammensetzung** und die **Qualität** tierischer Fette werden durch die Tierart und die anatomische Lokalisation bestimmt. Dabei sind die Unterschiede im Fett- und Wassergehalt zwischen den Tierarten gering (Tab. 13.8). Der Fettgehalt schwankt je nach Lokalisation zwischen 74 und 92 %, der Wassergehalt zwischen 7 und 19 %.

Das **Fettsäuremuster** ist für die Härte und die Haltbarkeit des Fettes ausschlaggebend. Schweinefett ist durch einen im Vergleich zum Rind besonders hohen Gehalt an Linolsäure ausgezeichnet (Tab. 13.9), wodurch es von der Konsistenz her weicher, aber auch anfälliger gegen Oxidationsprozesse und Verderb ist.

Tab. 13.9: Fettsäuremuster in verschiedenen Lokalisationen bei Rind und Schwein (Anteil an Gesamtfettsäuren in %; KÜHNE u. a. 1985, 1986)

Fettgewebeart/ Lokalisation	Anteil (%) der Fettsäuren			
	16:0	18:0	18:1	18:2
Rind				
Subkutanes Fett	24,6	11,1	46,6	1,7
Intermuskuläres Fett	24,7	18,3	42,4	1,9
Nierenfett	25,0	29,2	33,5	1,5
Schwein				
Subkutanes Fett				
Speck dorsal	24,4	13,6	44,1	8,9
Speck ventral	25,5	16,8	41,3	8,2
Intermuskuläres Fett	26,0	15,4	43,0	7,3
Flomen	28,5	20,1	37,2	7,3

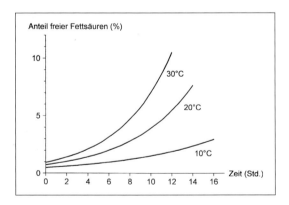

Abb. 13.2: Effekt der Lagertemperatur auf das Auftreten freier Fettsäuren (% Gesamtfettsäuren) in der Rohware (nach FERNANDO 1992, halbschematisch)

Für die Praxis ist die aufwendige Analyse des Fettsäuremusters vielfach nicht möglich, so daß als einfache Kenngrößen der Zusammensetzung der **Schmelzpunkt** und die **Jodzahl** für die

Bewertung herangezogen werden können. Die Jodzahl steht annähernd in Entsprechung zum Anteil der ungesättigten Fettsäuren. Die Daten für Rinder- und Schweinefett weisen die Parallelität zu den Fettsäuremustern aus (Tab. 13.10).

Tab. 13.10: Schmelzpunkt und Jodzahl bei Rinder- und Schweinefett (GRUMMER 1992)

	Schmelzpunkt (°C)	**Jodzahl (g pro 100 g)**[1]
Rinderfett	42–45	43–45
Schweinefett	36–40	63–65

[1] Absorption g Jod / 100 g Fett

Die Qualität der tierischen Fette wird aber nicht nur durch die Charakteristika der nativ vorliegenden chemischen Zusammensetzung bestimmt, sondern die Nachbehandlung der Rohware spielt eine entscheidende Rolle. Neben den Oxidationsprozessen müssen auch biochemische Abbauvorgänge durch gewebseigene Enzyme möglichst weitgehend verhindert werden. Im wesentlichen geschieht dies durch umgehende **Kühlung der Rohware.** So zögert bereits eine Kühlung auf 10 °C das massive Auftreten der wertmindernden freien Fettsäuren hinaus, während bei Raum- oder gar Sommertemperatur relevante Qualitätsstandards schon innerhalb von 12 Stunden überschritten sind (Abb. 13.2). Darüber hinaus hat die Sauberkeit bei der Gewinnung der Rohware starke Auswirkungen auf die Qualität des Endproduktes. Farbe, Haltbarkeit, Geruch und der **Gehalt an freien Fettsäuren** werden hierdurch bestimmt. Dabei stellt der Gehalt an freien Fettsäuren ein Schlüsselkriterium dar, das vor allem bei Verwendung im technischen Bereich, weniger in der Futtermittelindustrie, eine Bedeutung hat. Der Gehalt an freien Fettsäuren wird als Kriterium der Qualität der Vorbehandlung ganz allgemein betrachtet. Besonders problematisch für die Qualität des in **Tierkörperbeseitigungsanlagen (TBA)** gewonnenen Endproduktes ist die Vermengung des Rohmaterials mit Spezialabfällen, die im Grundsatz nicht in TBA und daher nicht in Kontakt mit den weiterverarbeiteten Fetten gelangen sollten. Neben der evidenten mikrobiellen Verunreinigung durch diese Magen-Darminhalte und Fettabscheiderrückstände tragen sie auch zu Farbveränderungen der Fette bei. Zudem genügen bereits kleine Mengen an Fettabscheiderrückständen, um eine Rohproduktcharge in dem entscheidenden Gehalt an freien Fettsäuren nachhaltig zu beeinflussen. Aufgrund dieser in den TBA (Tierfett) und in den knochenverarbeitenden Spezialbetrieben (Knochenfett) besonders drängenden Problematik haben diese sich Qualitätsstandards für die tierischen Fette vorgegeben (Tab. 13.11). In diesen Standards werden nicht nur der Anteil an freien Fettsäuren und die Jodzahl, sondern auch die Verseifbarkeit (Maß für im Fett gelöste Beimengungen) sowie der Lösungsmittel- und der Polyäthylengehalt berücksichtigt. Letztere beziehen sich auf unerwünschte Reste des Extraktionsmediums bzw. Verpackungsreste.

Die aus dem Rohmaterial in **Fettschmelzen** gewonnenen Fette werden entsprechend der Abstufung in den entscheidenden Kriterien verschiedenen Qualitätsklassen zugeordnet. Beim Rind wird die oberste Güteklasse als Premier Jus bezeichnet, es folgen Speisefett und technisches Fett. Beim Schwein wird sortiert in Schmalzsorten und gegebenenfalls technische Fette.

Tab. 13.11: Qualitätsstandards für technische tierische Fette aus TBA und Spezialbetrieben (IG Fett, Bonn)

Qualitätskriterium	Grenzwerte	
	Tierfett	Knochenfett
Freie Fettsäuren (%)	4 bis 10	max. 5
Verseifbarkeit (%)	mind. 97	mind. 98
Lösungsmittel (%)	max. 0,05	–
Polyäthylen (ppm)	max. 200	max. 100
Jodzahl	max. 60	–
Schwefel, Seifen	frei	frei

Die **Absatzwege** und **Absatzmengen** der tierischen Rohfette (Übersicht 13.4) geben weitere Auskünfte über den erreichten Verwendungszweck und damit die Wertigkeit der Fette. Die günstigste Verwendung liegt in der direkten Verarbeitung in Fleisch- und Wurstwaren mit einem Anteil von ca. 60 %. Es folgen die **Fettschmelzen** mit einem Anteil von ca. 20 %, die wiederum lebensmittelfähige Produkte, z. T. aber auch Rohstoffe für Futtermittel und technische Verwendung (Lacke, Farben, Pharmaprodukte, Kosmetika) herstellen. Die drei genannten Nutzungsrichtungen sind etwa zu gleichem Anteil vertreten. Die **Fleischmehlindustrie** (TBA und Spezialbetriebe) mit einem Anteil von knapp 20 % liefert an die Futtermittelindustrie und für die technische Weiterverwendung.

Nach wie vor steht bei der Verarbeitung zu Fleisch- und Wurstwaren ebenso wie bei der Direktverwendung Schweinefett im Vordergrund. Das bei der Schlachtung und Zerlegung anfallende Rinderfett gelangte bisher dagegen zu über 90 % in die Fettschmelzen.

Es ergibt sich offenbar auch zukünftig eine Veränderung der Absatzwege in Richtung auf die inferiore Verwertung. So werden nach Angaben von Schlachtbetrieben aufgrund der erhöhten hygienischen Anforderungen Netz- und Darmfett zunehmend an TBA geliefert (bis zu 40 %) und gehen allenfalls zu 1 % in die menschliche Ernährung. Bei den Schweinefetten wird das Flomen in gleichsinniger Entwicklung verstärkt an Fettschmelzen abgegeben (über 50 %) und selbst beim Speck gehen nur noch knapp 90 % in Verkauf und Verarbeitung. Allerdings existieren genaue statische Angaben über die Verwendung tierischer Fette nur im Bereich der Fettschmelzen. Die übrigen Vermarktungswege gestalten sich unübersichtlich, so daß zwischen Produktion und Letztverwendung eine hinreichende Kommunikation über die geforderten Produktansprüche vielfach nicht besteht.

Die **Fettschmelzen** produzierten 1994 ca. 200.000 t an Fertigwaren (Tab. 13.12), d. h. ca. 10 % weniger als noch 1992. Die Verminderung in 1995 (mit ca. 185.000 t) verstärkt den Trend um weitere 6 %. Von der **Fertigware in Fettschmelzen** stammen zur Zeit (1994 und

1995) etwa 47 % aus Rinderfetten der Rest aus Schweinefetten. Mindestens 17–18 % dieser Fette werden technisch bzw. für Futtermittel verwendet. Fast 60 % gehen auf nicht weiter aufzuklärenden Wegen in den Handel bzw. werden ausgeführt. Somit verbleibt weniger als ein Viertel für die Verwendung in Lebensmitteln.

Übersicht 13.4: Absatzwege und Absatzmengen von tierischem Rohfett in Deutschland (1994, gerundet)

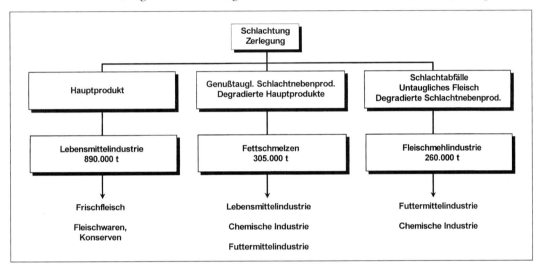

Tab. 13.12: Verwendung der Fertigware aus Fettschmelzen für 1994 (in 1.000 t; Bundesverband Deutscher Talg- und Schmalzindustrie)

Verwendung	Fettarten			
	Speisetalg[1]	Schmalz	Technische Fette	Anteil (%)[2]
Lebensmittel	15,6	27,5	–	21,6
Futtermittel	6,4	1,3	–	3,9
Industrielle Zwecke	24,0	1,2	4,0	14,7
Verkauf an Handel	18,8	22,0	12,5	26,8
Ausfuhr	28,4	31,5	5,9	33,0
Gesamt	**93,2**	**83,5**	**22,4**	**100,0**
Anteil in %[2]	46,8	41,9	11,3	

[1] Einschl. Premier Jus
[2] Anteil an Fertigwaren (total) = 199.100 t

Von den im Jahre 1994 rund 260.000 t in den **TBA** produzierten technischen Rohfetten dürften 30 %, mithin 78.000 t, Verwendung in der **chemischen Industrie** gefunden haben, während die verbleibenden 70 % (182.000 t) in der deutschen oder ausländischen **Mischfutterindustrie** verarbeitet worden sind. Insbesondere der Vorteil des Einsatzes von Fett mit hoher Energiedichte zur Erreichung verbesserter Mastleistungen hat zu diesem hohen Anteil der Verwendung von Fetten in Mischfuttermitteln für Geflügel-, Schweine-, Kälber- und Fischproduktion beigetragen. Darüber hinaus ist ein gewisser Fettanteil in modernen Mischfuttermitteln unerläßlich, da von diesem die Staubbindung und die Gleitfähigkeit von Pellets positiv beeinflußt wird. Ergänzende Effekte sind die Lieferung essentieller Fettsäuren und bessere Absorption fettlöslicher Vitamine.

In der chemischen Industrie finden tierische Fette wegen ihrer relativ gleichmäßigen Zusammensetzung günstige Bedingungen. Rindertalg hat hier die größte Bedeutung und wird vor allem zur Gewinnung der technischen Ölsäure (C18:1) herangezogen. Diese ist zu etwa 30 % im Rohstoff enthalten (Tab. 13.9). Einschränkend für die chemisch-industrielle Verwertung tierischer Fette muß allerdings gesehen werden, daß sie nur ein sehr enges Muster an Fettsäuren mit Kettenlängen zwischen C16 bis C18 enthalten, von denen die C18-Fettsäuren mehr als die Hälfte ausmachen. Im einzelnen werden aus Fetten tierischer Herkunft Basischemikalien wie Fettsäuren, Fettamine, Fettalkohole und Fettsäuremethylester sowie Glycerin hergestellt.

13.3.3 Verwertung von Blut

Blut hat eine Zusammensetzung, die der des Fleisches sehr ähnlich ist, wenn man von seinem sehr geringen Fettgehalt absieht (Tab. 13.13). Dennoch wird es nur zu einem erstaunlich geringen Umfang genutzt. Große Anteile gelangen in das Abwasser der Schlachtbetriebe.

Tab. 13.13: Zusammensetzung des Blutes im Vergleich zu magerem Fleisch (g/100 g; FREUDENREICH und BACH 1993)

Gewebe	Wasser (g)	Eiweiß (g)	Fett (g)	Asche (g)
Blut Schwein	79,2	18,5	0,1	1,0
Blut Rind	80,5	17,8	0,1	0,9
Schweinefleisch	75,1	22,8	1,2	1,0
Rindfleisch	75,0	22,3	1,8	1,2

So wurde vor etwa 10 Jahren von einer Ausnutzung zwischen 20 und 30 % ausgegangen (GROSSE FRIE 1984; STIEBING 1985). Dabei muß allerdings berücksichtigt werden, daß lediglich das Blut von Rindern und Schweinen in einer für die Weiterverarbeitung hinreichenden Qualität gewonnen werden kann. Bei den kleineren Tierarten bereitet schon die hygienische Blutgewinnung vom Einzeltier technisch erhebliche Schwierigkeiten. Neben der Gewinnung ist auch die sachgerechte Lagerung von Blut problembehaftet, da sie eine Kühlung bei tiefen Temperaturen (3 °C) unumgänglich macht. Wegen seiner hervorragenden Eignung als mikrobieller Nährboden unterliegt Blut bei unsachgemäßer Gewinnung und Lagerung einem raschen Verderb, der zur völligen und irreversiblen Degradierung der Rohware führt. Bei anhaltendem Druck der Abwasserprobleme auf die Schlachtbetriebe ist aber abzusehen, daß die hochwertige Nutzung von Blut langfristig konkurrenzfähiger werden könnte. Nach GROSSE FRIE (1984) wäre der Ausnutzungsgrad für Schlachtblut leicht auf ca. 75 % zu erhöhen. Unterstellt man dennoch die bisherigen Verhältnisse, so wurden 1994 lediglich etwa 50.000 bis 80.000 t Rohblut im Ernährungsbereich verwendet bei einem Gesamtaufkommen von etwa 260.000 t pro Jahr (Tab. 13.6).

Als Verwendungsformen kommen in Frage (GROSSE FRIE 1984):

- **Vollblut** (mit Antigerinnungsmittel oder defibriniert)
    - Wurstproduktion
- **Blutfraktionen**
    - Blutplasma (für die Lebensmittelproduktion)
    - Dickblut (mit den hämoglobinhaltigen roten Blutkörperchen als Farbkomponente in Fleischwaren)
    - Blutserum (für die Lebensmittelproduktion und Laboratoriumszwecke).

Die Blutmehlproduktion stellt demgegenüber eher eine Ersatznutzung und damit bereits eine Herabminderung der Qualität dar und kommt vor allem bei Blut zum Tragen, welches nicht gemäß den Hygieneanforderungen der **FlHV**, Anl. 2, gewonnen wurde. Dies betrifft auch das Nachtropfblut. GROSSE FRIE (1984) schätzt diesen Anteil bei Schweineblut auf 20 %, bei Rinderblut auf 5 % der Gesamtblutmenge. 1994 wurden etwa 18.600 t Blutmehl in Deutschland hergestellt (Verband der Fleischmehlindustrie). Es ist auch davon auszugehen, daß ein erheblicher Anteil des Blutes in die Tiernahrungsindustrie geht.

13.3.4 Verwertung von Knochen

Nur zu einem geringen Teil gelangen Knochen in die menschliche Ernährung. Bei zukünftig langsam ansteigendem Anteil des Teilstückhandels dürfte auch der in die Haushalte gehende Knochenanteil weiter absinken. Allerdings wird der Ausnutzungsgrad der Knochen durch die Restfleischgewinnung in Hartseparatoren für die Verwendung in erhitzten Fleischwaren deutlich erhöht. Überwiegend werden die Knochen von Schlacht- und Zerlegebetrieben sowie Metzgereien an die etwa 10 in Deutschland existierenden knochenverarbeitenden Betriebe weitergegeben. Aus dem Rohmaterial wird eine Ausbeute an nutzbaren Substraten von 60 % erzielt, 40 % sind Reststoffe (überwiegend Wasser mit löslichen Substraten). Die nutzbaren Substrate gliedern sich weiter auf in ca. 48 % Fleischknochenmehl und 12 % Fett. Aus dem Fleischknochenmehl würde sich Gelatine mit einem Anteil von 15 % am Gesamtrohstoff extrahieren lassen (GROSSE FRIE 1984). Das Fleischknochenmehl mit etwa 45 % Proteinanteil geht in die Futtermittel- und Düngemittelherstellung. Auch für das Fett, das in der

Regel gute Qualität hat, kommt die Verwendung in Futtermitteln, außerdem auch in der chemischen Industrie in Frage.

Die Herstellung von Gelatine aus dem Fleischknochenmehl wird vor allem mit Rinderknochen betrieben. Diese Gelatine ist die hochwertigste und wird ganz überwiegend in der Photoindustrie genutzt. Der Markt soll allerdings rückläufig sein.

13.3.5 Verwertung von Häuten und Schwarten[1]

Häute von Rindern, Kälbern, Schafen und Ziegen werden praktisch vollständig in der Lederindustrie verwendet, wobei Deutschland mit 20 % Anteil der größte Rinderhautproduzent der EG (gefolgt von Frankreich mit 18 %) ist. In der Mengenstruktur der Rohware für die Häuteproduktion spiegeln sich die Kategorienanteile mit dem starken Überhang der Jungbullen wider (Tab. 13.14). Der Wert der Häuteproduktion 1994 (Grüngewicht) betrug etwa 570 Mio DM. Davon wurden etwa 51 % von Bullen- und Ochsenhäuten, 31 % von Kuhhäuten, 13 % von Färsenhäuten und 5 % von Kalbfellen erzielt. Es kann davon ausgegangen werden, daß etwa 7–8 % des Schlachtgewichterlöses dem Erlös aus den Häuten entsprechen.

Tab. 13.14: Häute- und Fellerzeugung in Deutschland (Lederverband, Frankfurt/M.)

	Stückzahl (1.000 Stück)			Grüngewichte[1] (1.000 t)
Produkt	1991	1994	1994 : 91 (%)	1994
Großviehhäute	6.954	4.328	–37,8	162,7
dav. Bullenhäute	3.223	2.041	–36,7	86,4
Kuhhäute	2.358	1.531	–35,1	52,0
Färsenhäute	1.327	716	–46,0	22,8
Ochsenhäute	46	41	–10,9	1,5
Kalbfelle	648	516	–20,4	7,4
Schaffelle	2.396	2.099	–12,4	–
Ziegenfelle[2]	11	12	+ 9,1	–

[1] geschätzt
[2] gewerblich erfaßter Anteil

Entsprechend der zurückgegangenen Produktion von Rindfleisch hat auch die Produktion von Häuten von 1991 auf 1994 um 38 % in der Stückzahl und um 33 % in den Grüngewichten abgenommen.

Wenn auch alle Häute aus der gewerblichen Produktion hochwertig weiterverwendet werden, so gibt es doch qualitative Unterschiede. Diese beruhen nicht nur auf den bekannten

---

[1] Statische Daten: Lederverband, Frankfurt/M.

Unterschieden der Geschlechter, wonach Bullen- und Ochsenhäute dicker und hochwertiger sind als Färsen- und Kuhhäute. Vielmehr spielen darüber hinaus Häuteschäden eine erhebliche Rolle, die zu einer spürbaren Abqualifizierung der Rohware führen können. Der hierdurch verursachte Wertschöpfungsverlust beträgt etwa 510 Mio DM (für 1995).

Die Schäden lassen sich drei Gruppen zuordnen:
- Haltungs- und krankheitsbedingte Schäden   88 %
- Transportbedingte Schäden (Schlachttier)   7 %
- Schlachtschäden   5 %

Bei Schlachtschweinen werden derzeit in Deutschland die Häute praktisch nicht mehr für die Lederproduktion genutzt, obwohl in der DDR bis zur Wiedervereinigung in nahezu allen Schlachtbetrieben die Croupons aller Schlachtschweine gewonnen wurden. Dieses Verfahren wurde mit der Umstellung der Schlachtbetriebe eingestellt. Dies hängt mit der Herrichtungsform der Teilstücke und Schlachtkörper zusammen, die in den alten Bundesländern üblich ist und die die Enthäutung ausschließt. Dennoch könnte sie ein wirtschaftliches Verfahren sein, denn in Dänemark haben einzelne Schlachtbetriebe die Enthäutung aufgenommen und vermarkten die Rohware nicht zuletzt nach Deutschland.

Werden Schlachtkörper von Schweinen nicht enthäutet, so gelangen die Schwarten – sofern sie nicht entsprechend der Verkehrsauffassung am Teilstück verbleiben – in die Wurstherstellung, die Gelatine und Leimproduktion sowie zur Heimtiernahrungsindustrie. Anteile der einzelnen Vermarktungswege sind jedoch nicht bekannt. Der Absatz scheint aber gesichert zu sein, da das inländische Aufkommen durch Importe ergänzt werden muß.

13.3.6 Verwertung von Drüsen

Von GROSSE FRIE (1984) wird noch ein verhältnismäßig hoher Bedarf an Drüsen in der pharmazeutischen Industrie ermittelt. Dabei machte die Bauchspeicheldrüse (Schweine, Rinder, Kälber) mit einem Bedarf von insgesamt etwa 3.800 t/Jahr für die Bundesrepublik Deutschland den Hauptanteil aus. Das Organ wurde für die Insulinherstellung genutzt. Ebenso wie bei anderen Sekreten der endokrinen Organe (Androgene, Östrogene, Wachstumshormon) kann aber heute mit Hilfe gentechnologischer Methoden ein reinerer und vor allem ein dem Humansekret identischer Wirkstoff synthetisiert werden. Aus diesem Grund ist der Markt für endokrine Drüsen tierischer Herkunft praktisch zusammengebrochen. Nach Auskunft großer Schlachtbetriebe hat sich nur noch für Bauchspeicheldrüsen vom Schwein ein sehr geringer Bedarf bei kaum befriedigenden Preisen erhalten, da an porzines Insulin gewöhnte Patienten weiter mit diesem Produkt versorgt werden müssen. Darüber hinaus scheint ein gewisser Bedarf am exokrinen Sekretionsprodukt des Pankreas, dem proteolytisch wirkenden „Pankreatin", zu bestehen. Gegenüber der früheren Bedeutung handelt es sich jedoch hierbei nur noch um Randerscheinungen der sinnvollen Verwertung, die zudem nur noch für sehr große

Schlachtbetriebe wirtschaftlich sein dürfte. Dies bedeutet, daß namentlich die Bauchspeicheldrüse nunmehr nicht mehr als Schlachtnebenprodukt, sondern als Schlachtabfall weiterbehandelt wird. Als solcher gelangt sie entweder in die TBA oder in Spezialbetriebe der Heimtierfutterindustrie. Auf weitere Verwendungsmöglichkeiten von Drüsen wird insbesondere in Übersicht 13.2 hingewiesen.

13.3.7 Schlachtabfälle

Die Schlachtabfälle werden unterteilt in frei handelbare und nicht handelbare Schlachtabfälle sowie Abfälle im Sinne des Abfallgesetzes (LURCH und TRITT 1992).

Für die **frei handelbaren Schlachtabfälle** gibt es aufgrund dieser freien Handelbarkeit die Möglichkeiten der Verwertung über Spezialbetriebe für Knochen, Federn und Blut und sonstige Abnehmer sowie auch über die TBA. In diesen Betrieben werden aus dem Rohmaterial Futtermittel, technische Fette, Heimtiernahrung, Pharmazeutika oder andere technische Produkte gewonnen. Dabei verdient der Markt für Darmschleim (ausschließlich aus Schweinedärmen) nach Auskunft großer Schlachtunternehmen auch heute noch zur Herstellung von Heparin eine gewisse Beachtung und ist zukünftig sogar möglicherweise noch ausbaufähig. Sicher ist, daß die Herstellung von Heparin mit Hilfe der Gentechnologie auch weiterhin nicht möglich sein wird. Für das Jahr 1982 soll der Bedarf an Darmschleim in der Bundesrepublik Deutschland etwa 8.000 bis 10.000 t betragen haben (GROSSE FRIE 1984). Ein ebenfalls konkurrenzloser Rohstoff unter den handelbaren Schlachtabfällen ist die Gallenflüssigkeit. Von der prinzipiellen Vermarktungsfähigkeit dieses Produktes ist auch zukünftig auszugehen. Der Bedarf in der Bundesrepublik Deutschland wird von GROSSE - FRIE (1984) auf etwa 200 t/Jahr geschätzt. Für die frei handelbaren Schlachtabfälle ist kein bestimmtes Behandlungsverfahren vorgegeben, jedoch scheint die Sterilisation bei 90–100 °C die Regel zu sein.

Die **nicht handelbaren Schlachtabfälle (Konfiskate)** und das als **untauglich beurteilte Fleisch** werden einer speziellen Behandlung unterworfen (NIEMANN 1995):
- **Zerkleinerung** zur Beschleunigung der Befüllung des Autoklaven und des Wärmeüberganges auf das Rohmaterial.
- **Sterilisation** (nach den Vorgaben der Tier KBA V) bei einer Temperatur von 133 °C für mindestens 20 Minuten unter einem Druck von 3 bar. Diese Behandlung gewährleistet ein hygienisch sicheres Produkt.
- **Entfettung** durch mechanische Verarbeitungstechniken (Dekanter).
- **Trocknung** zur Verringerung des Wassergehaltes von 70–80 % auf 5–10 %. Hierdurch wird das Material als Halbprodukt lagerfähig.
- **Vermahlung** und **Siebung** zur Erzielung einer handelbaren Partikelgröße.

Somit werden als Endprodukte dieses Verarbeitungsprozesses Mehle und tierische Fette erhalten. Letztere werden durch nochmaliges Zentrifugieren oder Filtrieren stabilisiert. Die Endprodukte werden überwiegend zu Futtermitteln verarbeitet.

Den höchsten Anteil dieser Produkte (Tab. 13.15) hat mit über 40 % **Tiermehl,** das im wesentlichen aus dem untauglichen Fleisch („Konfiskate") und vor oder im Zusammenhang mit der Schlachtung verendeten Tieren besteht. Tiermehl wird in der Ernährung von Monogastriden mit hohem Bedarf an hochwertigen Eiweißen eingesetzt. An zweiter Stelle stehen mit einem Anteil von etwa 30 % das **Tierfett,** das technisch und in der Tierernährung verwendet wird (vgl. Kap. 13.3.2). Immer noch mit einem beachtlichen Anteil von ca. 20 % steht **Fleischknochenmehl** an dritter Stelle. Dieses Produkt wird – der FMV folgend – ebenso wie das **Fleischfuttermehl** ausschließlich aus Reststoffen der Schlachtung produziert. Die anderen Produkte der Fleischmehlindustrie haben nur geringe Anteile. Für 1994 noch ausgewiesen ist die **Eiweißmischsilage** (EMS), ein Flüssigfutter, das ausschließlich in den neuen Bundesländern produziert wurde. Die Produktionsmengen gingen seit 1991 stark zurück, sodaß der Anteil bereits 1994 von 9 % auf 1 % gesunken war.

Entsprechend der sinkenden Nettoerzeugung von Fleisch und der damit geringeren Menge des anfallenden Rohmaterials (1994:1991 –5,2 %) ist auch die **Produktionsmenge der Fleischmehlindustrie** gesunken (–14,4 %). Diese Verschiebung hat sich besonders stark bei dem Fleischknochenmehl und der EMS ausgewirkt, während die Produktionsmenge für Tiermehl sogar deutlich erhöht wurde.

Tab. 13.15: Produktionsstatistik der deutschen Fleischmehlindustrie (Verband Fleischmehlindustrie, Bonn)

Produkt	1991		1994	
	Produktions-menge (1.000 t)	Anteil (%)	Produktions-menge (1.000 t)	Anteil (%)
Tiermehl	326,3	34	347,4	42
Fleischknochenmehl	247,9	26	174,9	21
Blutmehl	18,1	2	18,6	2
Federmehl	8,2	1	9,2	1
Fleischfuttermehl	–	–	6,1	1
EMS[1)]	82,8	9	5,0	1
Tierfett	274,0	29	257,9	32
Gesamt	**957,3**	**100**	**819,0**	**100**
Anfall Rohmaterial	2.331,9	–	2.209,5	–

[1)] EMS – Eiweißmischsilage, Flüssigfutter

Da die TBA aus den nicht handelbaren Schlachtabfällen in der Regel Futtermittel herstellen, unterliegen sie bezüglich der hygienischen Aspekte dem Tierseuchengesetz, dem Tierkörperbeseitigungsgesetz, der Futtermittelherstellungsverordnung und der Futtermittelbehandlungsverordnung, im Hinblick auf die Produktdefinition sind das Futtermittelgesetz und speziell die Futtermittelverordnung (Anl. 1) zu beachten. Diese verbieten die Verarbeitung von Schlachtabfällen, die Fremdstoffe enthalten, zu Futtermitteln, so daß die Abfälle entsprechend dem AbfG und damit die Magen-Darminhalte, Flotate etc. nicht in TBA entsorgt werden dürften. Entgegen dieser Bestimmung werden jedoch derzeit noch gefüllte Magen-Darmpakete zu Futtermitteln aufbereitet. Zukünftig sollen aber die Mägen und Därme EG-einheitlich erst nach grober Reinigung in die TBA gelangen (vgl. LURCH und TRITT 1992). Die Inkraftsetzung dieser Regelung ist aus den oben genannten Gründen für die Qualität der in TBA hergestellten Halbprodukte von entscheidender Bedeutung.

Die zu beseitigenden Abfälle im Sinne des Abfallgesetzes werden daher regulär keinesfalls zu Futtermitteln, bei entsprechender Eignung aber zu Fetten für die technische Verwendung verarbeitet. Im übrigen bleibt für sie nur die Entsorgung über Verbrennung, anaerobe Vergärung, Kompostierung oder andere landwirtschaftliche Verwertungen.

Einen letzten Komplex, der hier nur am Rande erwähnt werden soll, stellen die Abfälle dar, die in das Abwasser eingeleitet werden. Dabei handelt es sich um Magen-Darminhalte, Darmschleim, Schlachtblut, Gewebsreste, Borsten etc. die in hohem Maße namentlich durch Mikroorganismen des Darmes kontaminiert sind. Ein Teil dieser Abfälle wird noch im Schlachtbetrieb dem Abwasser als Sieb- und Rechengut bzw. Fettabscheiderrückstand wieder entzogen und fällt unter die Abfälle im Sinne des Abfallgesetzes.

13.3.8 Perspektiven der Verwertung

Schon für die Schlachtnebenprodukte besteht ein starker Trend zu inferiorer Verwendung. Dies läßt sich an den Innereien deutlich machen. Von diesen sind inzwischen nur noch Lebern, Nieren, Herzen und Zungen hochwertig handelbar, für Lungen und Pansen gilt dies allenfalls in enger regionaler Begrenzung. Daraus folgt, daß von ca. 1 Mio t in Deutschland produzierter Innereien (Tab. 13.6) gerade 97.000 t (1994; BML) verzehrt werden, d. h. nur 10 % dieser Produkte erreichen eine Wertigkeit, die der tatsächlich gegebenen Beschaffenheit des Rohproduktes gerecht wird. Ein Teil der Innereien ist allerdings unter allen Umständen untauglich zu beurteilen (z. B. Lungen von Schweinen nach Bottichbrühen, Nieren von Rindern im Alter von mehr als 2 Jahren und von Sauen, Ebern und Altschneidern).

Allerdings bewegen sich die im Prinzip verzehrsfähigen Schlachtnebenprodukte auf einem schwierigen Markt, da sie als Nahrungsmittel in direkter Konkurrenz zum Primärprodukt Fleisch auftreten. Gleichzeitig sind sie Koppelprodukte des Fleisches, so daß jede negative Marktentwicklung des Primärproduktes mindestens gleichstark auf die Nebenprodukte durchschlägt.

Aus dieser Sicht fällt die Bilanz der Schlachtnebenprodukte und Abfälle im Verhältnis zur Nettofleischerzeugung (NFE; Tab. 13.16) deutlich zu positiv aus: die Reststoffe der

Schlachtung machen etwa 50 % der Nettofleischerzeugung aus[1], nur etwa ein Fünftel davon (12 % der NFE) sind aber obligatorisch nicht verzehrbare Abfälle bzw. können nicht einer anderen hochwertigen Nutzung (wie die Häute) zugeführt werden. Dennoch ist davon auszugehen, daß von den verbleibenden genußfähigen Schlachtnebenprodukten annähernd die Hälfte (15 bis 20 % der NFE) nicht in die Ernährung gelangen, so daß sich der in den TBA und technisch oder auch in der Heimtiernahrung verwertete Abgang auf mindestens 30 % der Nettofleischerzeugung erhöht. Dies gilt umso mehr als die gesondert ausgewiesenen Knochen und das Blut ebenfalls eine deutliche Tendenz zu inferiorer Verwendung aufweisen. Im Falle des Blutes führt dies in besonderem Ausmaß zu einer Belastung der Abwasserbilanz.

Für die Fette gilt dies weniger, jedoch fällt auch hier auf, daß dieses Rohprodukt zunehmend Schwierigkeiten hat, seinen Markt zu finden. Dies hängt mit der ernährungsphysiologisch gut begründeten Abnahme des menschlichen Verzehrs von tierischen Fetten und mit der Konkurrenz durch pflanzliche Öle zusammen. Es ist bemerkenswert, daß im Sinne der Förderung nachwachsender Rohstoffe die Produktion pflanzlicher Öle in der EG enorm stimuliert wird, daß aber gleichzeitig hierbei die Situation der tierischen Fette – eines obligatorisch, unvermeidbar nachwachsenden Rohstoffes also – nicht bedacht wird. Es erscheint fraglich, ob in diesem Bereich mittelfristig Fortschritte ohne staatliche Einflußnahme möglich sein werden. Lediglich die sich verschärfende Abwasserproblematik könnte hier, wie auch beim Blut, Wirkungen zeigen.

Tab. 13.16: Anteil der Schlachtnebenprodukte und Abfälle an der Nettofleischerzeugung (NFE) des Jahres 1994[1)]

	Aufkommen absolut (1.000 t)	Anteil an NFE (%)
Schlachtnebenprodukte (ohne Blut, Knochen, Schwarten)[2)]	1.006	16,4
Blut	256	4,2
Knochen	655	10,7
Schwarten	150	2,5
Genußtauglicher Abgang (ohne Haut)[3)]	711	11,6
Haut	196	3,2
Gesamt	2.975	48,6

[1)] Nettofleischerzeugung 1994: 6,11 Mio t (ZMP)
[2)] Überwiegend Innereien und Fette
[3)] Schlachtabfälle, untaugliches Fleisch, Magen-Darminhalte

---

[1] Bezieht man den Anteil der Schlachtnebenprodukte und -abfälle auf Lebendgewicht, so resultiert daraus, daß der nicht mit dem Schlachtkörper verwertete Abgang etwa 33 % des Lebendgewichtes, der Schlachtkörper selbst etwa 67 % des Lebendgewichtes ausmachen. Vergl. hierzu auch Kap. 13.2, Tab. 13.2

Aber selbst im Bereich der TBA-pflichtigen Reststoffe und der daraus produzierten Futtermittel treten durch die Rindererkrankung BSE verstärkt Probleme auf, die in der breiteren Öffentlichkeit die Diskussion über die Verwendung von Fleischmehlen in der Tierernährung stimuliert haben. Daß Fleischmehle, die eine unersetzliche Proteinquelle in der Monogastriden-Fütterung darstellen, zunehmend in das Umfeld eines krankmachenden Agens gerückt werden und daß dies mit besonderer Betonung in Deutschland geschieht, könnte die ohnedies bestehenden Strukturnachteile der deutschen Landwirtschaft zukünftig weiter verschärfen.

Die TBA-pflichtigen Reststoffe erhalten damit bezüglich ihrer Nutzung eine politische und ethische Dimension, die über das eigentliche Problem der Reststoffbeseitigung und -verwertung hinausgeht. Wird es zukünftig nicht so sein, daß die Schlachtnebenprodukte und die übrigen Reststoffe, wenn schon nicht in die menschliche Ernährung, so doch wenigstens in die Tierproduktion überführt werden können, so wird die Fleischerzeugung auf der Seite ihrer Beiprodukte volkswirtschaftliche Kritik hinnehmen müssen. Die Nutzung dieser Beiprodukte entspricht in ihrer Historie nicht dem Trend der Zeit, da hier die Rückgewinnung zwar technisch überwiegend gelöst, aber gesellschaftlich nur noch mit Schwierigkeiten durchzusetzen ist.

Literatur

FERNANDO, T. (1992): Blood meal, meat and bone meal and tallow. In: Inedible meat by-products. (Hrsg. A. M. PEARSON und T. R. DUTSON) London, New York: Elsevier. Advances in Meat Research Vol. 8, 81–112

FREUDENREICH, P. und H. BACH (1993): Anfall und Verwertung von Schlachtnebenprodukten. Kulmbacher Reihe Bd. 12, 103–130

GROSSE FRIE, C. (1984): Absatz- und Verwertungsmöglichkeiten für Schlachtnebenprodukte und Schlachtabfälle in der Bundesrepublik Deutschland. Diss. Univ. Bonn

GRUMMER, R. R. (1992): Inedible fats and greases. In: Inedible meat by-products. (Hrsg. A. M. PEARSON und T. R. DUTSON). London, New York: Elsevier. Advances in Meat Research Vol. 8, 113–148

KÜHNE, D.; P. FREUDENREICH; M. RISTIC und J. SCHEPER (1985): Fettsäuremuster verschiedener Tierarten. 1. Mitteilung: Einführung und Fette von Schweinen. Fleischwirtschaft 65, 201–204

KÜHNE, D.; P. FREUDENREICH und M. RISTIC (1986): Fettsäuremuster verschiedener Tierarten. 2. Mitteilung: Fette von Wiederkäuern, Kaninchen und Hähnchen. Fleischwirtschaft 66, 403–406

LURCH, C. H. und W. P. TRITT (1992): Regelung der Entsorgung von Abgängen aus Schlacht- und Verarbeitungsbetrieben. Fleischwirtschaft 72, 1667–1668

NIEMANN, H. (1995): Die Verwertung von Schlachtnebenprodukten und Tierkörpern in ihrer Bedeutung für die Wirtschaftlichkeit der Tierproduktion und den Umweltschutz. Fleischmehl-Industrie Sonderh. 1, 1–5

OBERTHÜR, R. C. (1996): Möglichkeiten und Risiken der Verwertung tierischer Nebenprodukte im Nahrungsmittelkreislauf im Hinblick auf die Verbreitung von BSE. In: Workshop BSE. Stockmeyer Stiftung für Lebensmittelforschung. Werkstattbericht 1, 6–14

OCKERMAN, H. W. und C. L. HANSEN (1988): Animal by-product processing. Cambridge, New York, Basel, Weinheim: VCH

OCKERMAN, H. W. (1992): Pharmaceutical and biological products. In: Inedible meat by-products. A. M. Pearson und T. R. Dutson (Hrsg.). Adv. Meat Res. Series, Vol. 8, 283–328

SCHÖN, I. (1978): Charakteristische Eigenschaften tierischer Fettgewebe. Fleischwirtschaft 58, 1313–1319

STIEBING, A. (1985): Blutplasma – Gewinnung, Zusammensetzung, Lagerfähigkeit und technologische Wirkung bei Brühwurst. Diss. Univ. Berlin

VANSELOW, U. (1970): Zur Verwertung und Bedeutung der Schlachtnebenprodukte. Diss. Techn. Univ. München

Gesetzliche Regelungen

Futtermittelgesetz: Bekanntmachung der Neufassung des Futtermittelgesetzes. Vom 2. August 1995. Bundesgesetzbl. Jahrg. 1995, Teil I, 990–998

Futtermittelverordnung: Bekanntmachung der Neufassung der Futtermittelverordnung. Vom 11. Nov. 1992. Bundesgesetzbl. Jahrg. 1992, Teil I, 1898–1919

Geflügelfleischhygienegesetz (GFlHG). Vom 12. Juli 1973. Bundesgesetzbl. Jahrg. 1973, Teil I, 776–788, Neufassung vom 15. Juli 1982. Bundesgesetzbl. Jahrg. 1982, Teil I, 993–1005

Gesetz über die Beseitigung von Tierkörpern, Tierkörperteilen und tierischen Erzeugnissen (Tierkörperbeseitigungsgesetz – TierKBG). Vom 2. September 1975. Bundesgesetzbl. Jahrgang 1975, Teil I, 2313–2320

Gesetz über die Vermeidung und Entsorgung von Abfällen (Abfallgesetz – AbfG). Vom 27. August 1986. Bundesgesetzbl. Jahrg. 1986, 1410–1420

Richtlinie Frisches Fleisch: Richtlinie des Rates vom 29. Juli 1991 zur Änderung und Kodifizierung der Richtlinie 64/433/EWG zur Regelung gesundheitlicher Fragen beim innergemeinschaftlichen Handelsverkehr mit frischem Fleisch zwecks Ausdehnung ihrer Bestimmungen auf die Gewinnung und das Inverkehrbringen von frischem Fleisch (91/497/EWG) Amtsbl. EG Nr. L 268/69–106

Sechste Vieh- und Fleischgesetz-Durchführungsverordnung (6. ViehFlGDV) Neufassung vom 23. Juni 1994: Verordnung über Abrechnungen für außerhalb von Märkten gehandeltes Schlachtvieh. Bundesgesetzbl., Jahrg. 1994, Teil I, 1305–1306

Vermarktungsnormen: Verordnung (EWG) Nr. 1538/91 der Kommission vom 5. Juni 1991 mit ausführlichen Durchführungsvorschriften zur Verordnung (EWG) Nr. 1906/90 des Rates über bestimmte Vermarktungsnormen für Geflügelfleisch. Amtsbl. EG Nr. L 143/11–22

Verordnung über die hygienischen Anforderungen und amtlichen Untersuchungen beim Verkehr mit Fleisch (Fleischhygiene-Verordnung – FlHV). Vom 30. Oktober 1986. Bundesgesetzbl., Jahrg. 1986, Teil I, 1678–1722

Verordnung über Tierkörperbeseitigungsanstalten und Sammelstellen (Tierkörperbeseitigungsanstalten-Verordnung, TKBAV). vom 1. September 1976. Bundesgesetzbl. Jahrgang 1976, Teil I, 2587–2591.

Vierte Vieh- und Fleischgesetz-Durchführungsverordnung (4. ViehFlGDV). Neufassung vom 23. Juni 1994: Verordnung über Preismeldungen für Schlachtvieh und Schlachtkörper außerhalb von notierungspflichtigen Märkten. Bundesgesetzbl., Jahrg. 1994, Teil I, 1302–1305

Qualität und Warenkunde

Branscheid / Honikel / von Lengerken / Troeger (Hrsg.)

NEU

Qualität von Fleisch und Fleischwaren

1997, 900 Seiten in 2 Bänden, zahlreiche Abbildungen, gebunden
Bestell-Nr. 50513   DM 248,–
(ÖS 1.810,– SFR 220,–)

Aus dem Inhalt: • Marketing von Fleisch und Qualitätsmanagement • Wirtschaftliche Bedeutung • Klassifizierung und Vermarktung von Schlachtvieh und Fleisch • Schlachtwerte von: Rind, Kalb, Schwein, Schaf, Ziege, Geflügel, Kaninchen und Gehegewild • Fleischgewinnung und -behandlung • Schlachtnebenprodukte • Fleischhygiene • Rückstände • Ernährungsphysiologische Bedeutung • u.v.m.

Karl-Ludwig Schweisfurth/ Walter Baumgartner/ Dialogpartner Agrar-Kultur (Hrsg.)

Ökologische Qualität im Fleischerhandwerk

1996, 599 Seiten, über 100 Rezepturen, zahlreiche Abbildungen, A4-Ordner
Bestell-Nr. 50530   DM 218,– (ÖS 1.1591,–SFR 194,-)

Aus dem Inhalt: • Ökologische Qualität in der Metzgerei • Schlachttiere und Zutaten aus Betrieben des ökologischen Landbaus • Tiertransport und Schlachtung • Fleisch und seine Verarbeitungseigenschaften • Bakteriologie und Hygiene • Handwerklich-ökologische Fleischverarbeitung • Fleischerzeugnisse und Wurstwaren • Gewürze und Zutaten • Vermarktung • Rechtsvorschriften • u.v.m.

Möllerherm / Mathes / Krell

Geflügel

Warenkunde · Einkauf · Verkauf

1997, 247 Seiten, durchgehend vierfarbig bebildet, mit zahlr. Beispielen und Checklisten, gebunden
Bestell-Nr. 50531   DM 98,– (ÖS 715,– SFR 89,–)

Aus dem Inhalt: • Erwartungen der Verbraucher • Geflügelrassen • Herkunfts- und Gütesiegel • Schlachtverfahren • Einkauf • Hygienebestimmungen beim Metzger und LEH • Warenpräsentation • Geflügel im Party-Service und Imbißbereich • Kundenberatung und Personalschulung • Geflügelprodukte • u.v.m.

Erhältlich in jeder Buchhandlung!
Deutscher Fachverlag · 60264 Frankfurt

dfv DEUTSCHER FACHVERLAG FACHBUCH